西北工业大学精品学术著作培育项目资助出版
航天器操控技术丛书

# 航天器协作博弈规划与控制

## Game Planning and Control of Spacecraft Cooperative Operations

罗建军　韩　楠　柴　源　著

国防工业出版社
·北京·

**图书在版编目（CIP）数据**

航天器协作博弈规划与控制 / 罗建军，韩楠，柴源著. -- 北京 : 国防工业出版社，2025. 5. --（航天器操控技术丛书 / 李恒年主编）. -- ISBN 978-7-118-13437-7

Ⅰ. V448.2

中国国家版本馆 CIP 数据核字第 2024WE3102 号

※

国防工業出版社出版发行

（北京市海淀区紫竹院南路 23 号　邮政编码 100048）

北京虎彩文化传播有限公司印刷

新华书店经售

*

**开本** 710×1000　1/16　**印张** 24　**字数** 422 千字

2025 年 5 月第 1 版第 1 次印刷　**印数** 1—1500 册　**定价** 158.00 元

---



国防书店：（010）88540777　　书店传真：（010）88540776

发行业务：（010）88540717　　发行传真：（010）88540762

# 丛书编写委员会

**主　编：**

李恒年（太空系统运行与控制全国重点实验室）

**副主编：**

罗建军（航天飞行动力学技术国家级重点实验室）

高　扬（中国科学院空间应用工程与技术中心）

姜　宇（太空系统运行与控制全国重点实验室）

**委　员：**

陈　刚（太空系统运行与控制全国重点实验室）

曹鹏飞（北京航天飞行控制中心）

党朝辉（航天飞行动力学技术国家级重点实验室）

马卫华（航天飞行动力学技术国家级重点实验室）

贺波勇（太空系统运行与控制全国重点实验室）

李海阳（国防科技大学）

刘建平（太空系统运行与控制全国重点实验室）

李　勇（太空系统运行与控制全国重点实验室）

沈红新（太空系统运行与控制全国重点实验室）

王明明（航天飞行动力学技术国家级重点实验室）

张天骄（太空系统运行与控制全国重点实验室）

朱　俊（太空系统运行与控制全国重点实验室）

赵树强（太空系统运行与控制全国重点实验室）

# 丛 书 序

探索浩瀚宇宙，发展航天事业，建设航天强国，是我们不懈追求的航天梦。近年来，中国航天迎来了一个又一个的惊喜和成就：“天问一号”迈出了我国自主开展行星探测的第一步；“北斗三号”全球卫星导航系统成功建成；“嫦娥五号”探测器成功携带月球样品安全返回着陆；中国空间站天和核心舱发射成功，我国空间站进入全面运营阶段。这些重要突破和捷报，标志着我国探索太空的步伐越来越大、脚步将迈得更稳更远。

航天器操控技术作为航天科技的核心技术之一，在这些具有重要意义的事件中，无时无刻不发挥着它的作用。目前，我国已进入了航天事业高速发展的阶段，飞行任务和环境日益复杂，航天器操控技术的发展面临着前所未有的机遇与挑战。航天器操控技术包括星座控制、操控任务规划、空间机器人操控、碰撞规避、精密定轨等，相关技术是做好太空系统运行管理的基础。习近平总书记指出，“要统筹实施国家太空系统运行管理，提高管理和使用效益”，“太空资产是国家战略资产，要管好用好，更要保护好”。这些重要指示，为我们进一步开展深入研究与应用工作提供了根本遵循。

航天器操控技术是做好太空交通管理，实现在轨操作、空间控制、交会控制等在轨操控航天任务的基础。随着航天工程的发展、先进推进系统的应用和复杂空间任务的开展，迫切需要发展航天器操控的新理论与新方法，提高航天器操控系统能力，提升我国卫星进入并占据“高边疆”的技术能力。航天器操控理论与技术的发展和控制科学与工程等学科的发展紧密结合，一方面航天器操控是控制理论重要研究背景和标志性应用领域之一，另一方面控制科学与工程学科取得的成果也推动了先进控制理论和方法的不断拓展。经过数十年的发展，中国已经步入世界航天大国的行列，航天器操控理论与技术已取得了长足进步，适时总结航天器操控技术的研究成果很有必要，因此我们组织编写《航天器操控技术丛书》。

丛书由西安卫星测控中心太空系统运行与控制全国重点实验室牵头组织，航天飞行动力学技术国家级重点实验室、国防科技大学等多家单位参与编写，丛书整体分为4部分：动力学篇、识别篇、操控技术篇、规划篇；“动力学篇”部分介绍我国航天器操控动力学实践的最新进展，内容涵盖卫星编队动力学、星座动力学、高轨操控动力学等；“识别篇”部分介绍轨道确定和姿态识别领域的最新研究成果；“操控技术篇”部分介绍了星座构型控制技术、空间操控地面信息系统技术、站网资源调度技术、数字卫星技术等核心技术进展；“规划篇”部分介绍航天任务规划智能优化、可达域、空间机械臂运动规划、非合作目标交会规划、航天器协作博弈规划与控制等领域的研究成果。

总体来看，丛书以航天器轨道姿态动力学为基础，同时包含规划和控制等学科丰富的理论与方法，对我国航天器操控技术领域近年来的研究成果进行了系统总结。丛书内容丰富、系统规范，这些理论方法和应用技术能够有效支持复杂操控任务的实施。丛书所涉相关成果成功应用于我国“北斗”星座卫星、“神舟”系列飞船、“风云”“海洋”“资源”“遥感”“天绘”“天问”“量子”等系列卫星以及“高分专项工程”“探月工程”等多项重大航天工程的测控任务，有效保障了出舱活动、火星着陆、月面轨道交会对接等的顺利开展。

丛书各分册作者都是航天器操控领域的知名学者或者技术骨干，其中很多人还参加过多次卫星测控任务，近年来他们的研究拓展了航天器操控及相关领域的知识体系，部分研究成果具有很强的创新性。本套丛书里的研究内容填补了国内在该方向的研究空白，对我国的航天器操控研究和应用具有理论支持和工程参考价值，可供从事航天测控、航天操控智能化、航天器长期管理、太空交通管理的研究院所、高等院校和商业航天企业的专家学者参考。希望本套丛书的出版，能为我国航天事业贡献一点微薄的力量，这是我们“航天人”一直以来都愿意做的事，也是我们一直都会做的事。

丛书中部分分册获得了国防科技图书出版基金项目、航天领域首批重点支持的创新团队项目、国家自然科学基金重大项目、科技创新 2030-新一代人工智能重大项目、173 计划重点项目、部委级战略科技人才项目等支持。在丛书编写和出版过程中，丛书编委会得到国防工业出版社领导和编辑、西安卫星测控中心领导和专家的大力支持，在此一并致谢。

丛书编委会

2022 年 9 月

# 前言

随着航天科技与应用的发展，传统单个航天器越来越难以满足空间任务和空间操控在复杂性、自主性和智能化方面的需求。由多颗微小卫星组成的多航天器系统作为一类多智能体系统，可涌现出超越单个航天器的智能形态并能协作完成具有挑战性的任务，且对任务及需求变化具有更快的响应能力、更好的适应性和鲁棒性，这使得多航天器在轨协同操控和协同作业成为航天科技研究与应用的重要方向。另外，随着一箭多星和航天发射次数的增加，在轨航天器和空间碎片数量快速增长，空间变得越来越拥挤、越来越对抗、越来越竞争，空间碰撞和恶意接近事件频繁发生，对在轨航天器的正常运行和安全造成了严重威胁，维护空间安全和实施在轨服务成为当前航天科技应用和空间操控的重要任务。航天器追逃与抵近拒止、航天器协同观测、失效航天器姿态协同接管与协同运输、空间非合作目标协同围捕与空间碎片主动清理、大型航天器在轨组装等新型空间操控任务对航天器协作的智能自主规划与控制提出了挑战，相关理论、方法和技术是世界航天科技关注的焦点和研究的前沿。因此，研究和总结航天器协作规划与控制相关的理论与方法、技术与应用具有重要的理论意义和应用价值。

本书面向空安全维护和在轨服务实施对航天器智能自主协同操控的需求，以多航天器协同操控与协同作业的博弈问题建模、博弈规划与决策控制问题的求解为主线，围绕航天器间典型的合作与竞争、博弈与对抗活动，研究了典型航天器协同操控和协同作业任务的规划与控制问题。全书共分为 11 章，第 1 章为绪论，其他章节分别介绍了航天器相对运动动力学与博弈控制基础、航天器轨道追逃和威胁规避的博弈决策与控制、航天器协同观测的占优构型设计与博弈控制、失效航天器姿态协同接管和协同运输任务的博弈规划与控制、航天器协同在轨组装任务的博弈规划与控制、航天器协同网捕空间碎片的博弈控制等。其中，第 3 章给出了一对一追逃和多对一追逃的微分博弈控制方法；第 4 章提出了基于深度学习的航天器抵近意图推理方法和基于强化学习的抵近规避机动智能决策方法；第 5 章给出了多航天器协同观测的占优构型设计方法和构型建立及保持的博弈控制方法；第 6~8 章分别研究了多颗微小卫星协同接管失效航天器姿态的线性/非线性微分博弈控制问题描述和方法、合作/非合作微分博弈模型和控制方法；第 9 章给出了多航天器协同运输任务的博弈控制问题描述，提出了多颗微小卫星协同运输的多约束合作博弈规划与控制方法、分布式鲁棒合作博弈控制方法；第 10 章给出了多航天器协同完成大型航天器在轨组装任务的博弈规划方法、组装过程的博弈控制方法；第 11 章给出了多航天器协同网捕空间碎片任务的博弈控制问题描述，提出了多颗微小卫星网捕目标的协同控制方法。本书不仅涵盖了航天器协同操控和协同作业问题的博弈建模、博弈决策与控制等内容，而且将理论与方法研究、典型航天器协作任务的特征和实际约束进行了深度融合，给出了大量具有代表性的仿真案例，这使得本书介绍的博弈规划与控制方法更具航天科技特色和实践特性。因此，本书对于多智能体协作博弈规划与控制、多航天器协同操作博弈控制、空间非合作目标操控、空间安全技术研究与应用具有重要理论和实用参考价值。

本书是作者研究团队近几年来关于航天器协同操控与协同作业博弈规划与控制研究成果的总结，由罗建军教授策划和统稿，除本书作者外，参与本书部分章节资料整理的研究生有张鸿林（第 4 章）、王兆（第 5 章）、王闯（第 11 章）等。

本书的研究工作得到了国家自然科学基金（12072269、U24B2001）的资助，本书的出版得到了西北工业大学精品学术著作培育项目资助，在此表示感谢！

本书适合于航空宇航科学与技术、控制理论与工程领域的科学研究和工程技术人员阅读和参考，也可作为高等院校相关专业研究生的教学参考书。期望本书对研究和应用航天器协同操控、多航天器协同作业博弈规划与控制的学者和工程技术人员具有学术参考价值和使用价值，并引发更深层次的创新研究与应用。

作者
2025 年 3 月

# 目录

# Contents

# 01 第1章 绪论

## 1.1 研究背景与意义

航天科技与应用的发展使得空间任务日趋复杂化、自主化，传统的以单个大型航天器为核心的空间系统由于其质量与尺寸的约束，越来越难以满足未来复杂空间任务的需求。而由多个航天器组成的空间系统，能以超越单个航天器的智能形态完成具有挑战性的任务，且与单个大型航天器相比，具备快速空间响应能力、系统局部失效情况下的鲁棒性，以及对任务及需求变化更好的自适应性。因此，多航天器协作逐渐成为航天科技应用与发展的重要方向，并得到了包括美国、欧盟、中国和日本在内的多个航天大国和机构的重视。近年来，有关多航天器协作的演示验证项目或计划被陆续提出，如美国国家航空航天局（NASA）提出的小行星带探测自主纳技术卫星（Autonomous Nanotechnology Satellite，ANTS）计划，由以色列理工学院主导、并得到以色列航天工业公司支持的“空间自主纳星集群飞行和地理定位任务”（Space Autonomous Mission for Swarming and Geo-Locating Nanosatellites，SAMSON）计划，美国国防高级研究计划局（DARPA）资助的面向失效卫星高价值有效载荷回收利用的“凤凰”（PHEONIX）计划，德国宇航中心（DLR）提出的“用于在轨卫星服务和装配的智能建造模块”（iBOSS）计划，以及中国、美国、欧洲等多个国家的科学家提出的多项拉格朗日点集群飞行计划和项目，其中一些计划和项目的概念图如图1-1所示。这些项目与计划涉及了空间探测、太空环境监视、失效卫星在轨服务、航天器在轨重构与建造等重要的新型空间协同操控和协同作业任务，对人类进行空间探索及空间资源利用具有重要的意义。面向航天器协作任务需求开展航天器协作建模与协同控制理论与技术研究，可为未来新型空间协同操控和协同作业任务提供强有力的理论支撑与技术支持。

近年来，有关航天器协作任务的研究主要面向航天器编队集群飞行任务展开。受到自然界鸟群、蜂群等生物群体涌现出的蜂拥协调状态现象的启发[4]，

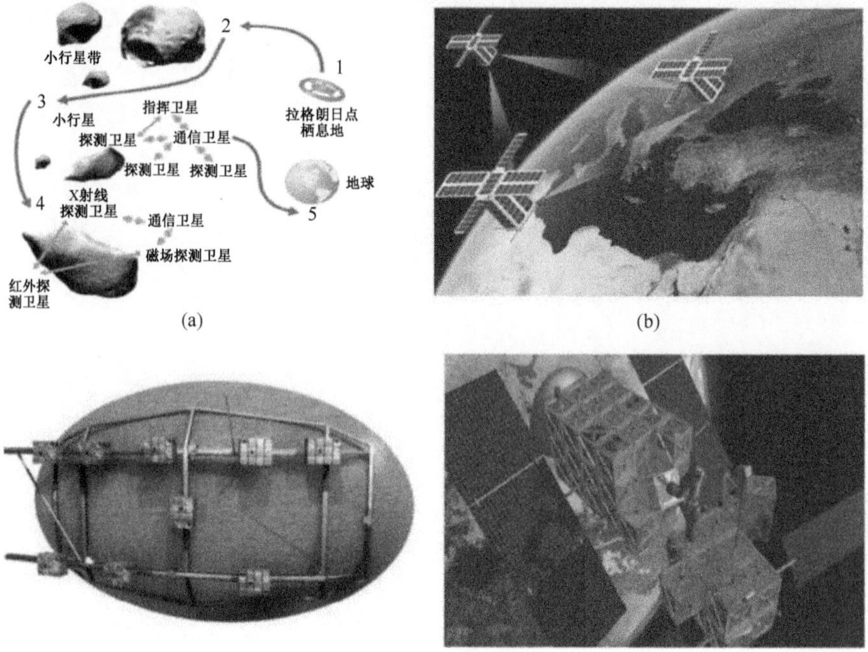


(a) (b)

(c) (d)

**图 1–1 典型空间协同作业计划**[1-3]

(a) ANTS；(b) SAMSON；(c) PHEONIX；(d) iBOSS。

一些学者研究并提出了能够使多个智能体涌现出蜂拥行为的运动机制。Reynolds[5]在 1986 年提出了著名的 Boids 蜂拥模型，其中个体只需满足驱离、内聚和速度匹配这三条基本规则，就能够实现蜂拥协调状态的涌现。Vicsek 等[6]模拟了一群运动速率相同且不变的粒子，在系统演化的每一步，通过使每一个粒子都沿着其邻域内所有粒子运动方向的平均方向来运动，就可实现粒子的运动方向从最初的杂乱无章到最终全局一致地涌现[7]。另一些学者认为自然界蜂拥全局协调的涌现是内在种群同一性机制与外在行为机制共同作用的结果，并基于一致性思想实现了包括同步、交会、速度匹配等在内的群体协同行为。将蜂拥现象的内在机制引入航天器编队集群飞行中，各航天器仅需通过局部状态趋同，就可实现全局秩序的涌现，并在此基础上面向具体任务需求进行严格或松散队形的建立与保持。以这种局部状态趋同的思想为基础，许多航天器协同方法被陆续提出，以满足多约束、通信延迟、信息不完全可知等各种复杂情况下的航天器编队集群飞行任务需求。然而，失效卫星姿态接管、在轨装配、航天器协同运输、非合作目标协同围捕等新型空间协同操作与协同作业提出了与编队集群飞行任务不同的任务目标，需要综合考虑航天器协同行为、目标行为和操控环境之间的动态交互，这使得现有的一些航天器协同方法难以满足这些新型空间协作任务的需求，急需寻找新的解决思路和方法。

博弈论研究了多个个体的决策互动问题，其中每个个体通过优化互相协作或冲突的局部目标来进行各自策略的调整，并在此过程中逐渐达到博弈均衡。博弈论最早起源于经济学，近年来，包括多智能体协同控制、多智能体追逃博弈等一些复杂的智能决策与控制问题相继出现。由于这些问题涉及多个目标之间的优化与权衡，学者们开始尝试从多智能体博弈的角度，利用人工智能和博弈论的框架解决这些问题。通过将多智能体系统中的每一个智能体视作博弈活动的参与者，并根据具体的任务要求为每个智能体设计合适的局部目标函数，各智能体便可通过对局部目标函数的优化获得其各自的控制策略，并在此基础上通过动态稳定的决策互动实现博弈系统的全局镇定，实现博弈活动事先设定的全局目标。在研究过程中，学者们一方面发掘参与者之间的合作和竞争特征，以博弈论或多智能体强化学习为框架进行智能体的目标优化和决策交互；另一方面发掘博弈理论的优化本质，以机器学习、规划与控制的工具与方法来丰富博弈论的均衡求解。多个航天器组成的空间系统本质上是一类多智能体系统。多航天器通过互相协同实现同一目标的过程可以看作是其通过决策互动实现整体系统顶层规划一致或底层控制稳定的过程。因此，博弈论和机器学习为解决航天器协同操控和协同作业所面临的规划与控制问题提供了很好的思路。但是，空间协作任务大多涉及复杂的状态控制约束条件，极易受到动力学不确定性与外界干扰的影响，且对航天器燃料/能量消耗优化程度要求较高，再考虑到某些空间协作任务中目标的非合作特征，现有的博弈规划与控制方法难以对这些复杂因素予以综合考虑与处理。

因此，本书面向空间安全维护和在轨服务任务对航天器智能协作的需求，以多航天器协同操控与协同作业的博弈问题建模、博弈决策与控制问题的求解为主线，从博弈与控制交叉融合的角度研究典型航天器协同操控和协同作业任务的规划与控制问题。

## 1.2 航天器协作的博弈特征

航天器协同操控和协同作业任务涉及的是一个高维系统，其复杂的结构促使人们采用全新的分析手段来解决规划与控制问题。从博弈的观点来看，航天器协作任务中的交互行为充满了博弈特征，所涉及的规划与控制问题均可用博弈论或基于博弈论视角进行建模和分析。

### 1.2.1 典型航天器协作任务

本书列举了如下几种典型的航天器协作任务，并从中选择了几个具有代表性的任务进行博弈规划与控制问题的研究，其中的理论方法和内在思想可迁移到其他航天器协作任务中。

**1. 轨道追逃**

轨道追逃可分为一对一追逃、多对一追逃和多对多追逃。一对一的轨道追逃任务面向有自主机动能力的目标航天器的轨道追逃任务展开，旨在通过机动能力强的追踪航天器对目标航天器进行主动靠近，以此实现对目标航天器的进一步操作。多对一的轨道追逃任务则期望通过多个航天器之间的信息共享和协同追击，实现对机动能力强于自身的目标航天器的有效追踪。而多对多的轨道追逃任务可分解为多对一的轨道追逃和一对一的轨道追逃。

**2. 协同观测**

协同观测任务面向空间目标的态势感知需求展开，旨在通过单个或多个航天器对空间目标的抵近或绕飞，利用航天器上的探测设备和数据处理系统获取目标的运动状态、功能、行为、任务等信息。

**3. 协同姿态接管**

协同姿态接管任务面向失效航天器在轨服务需求展开，旨在通过多颗微小卫星的互相协同，对空间中因执行器故障或燃料耗尽而失效的失效航天器的姿态运动提供控制力矩，以实现其上相机、天线等高价值有效载荷的再利用。

**4. 协同运输**

协同运输任务面向在轨运输和大型航天器在轨组装需求展开，旨在通过多颗微小卫星的互相协同，对在轨构建的大型航天器子结构的姿轨运动进行协同控制，以实现子结构在轨运输和在大型航天器主体结构上的组装。

**5. 协同组装**

协同组装任务面向大型航天器结构在轨组装和空间基础设施构建需求展开，旨在通过多个微小卫星系统在任务层面和控制层面的协同，实现对多个模块的有序组装操作和对组装结构的重构稳定控制。

**6. 协同网捕**

协同网捕任务面向空间非合作目标捕获与空间碎片清除的需求展开，旨在通过多个小型低成本航天器姿轨状态的协同调整，实现对绳网形态及相对于目标方位的调控，以便将目标捕获并锁定在绳网中。在此基础上，进一步通过航天器的协同控制与配合，将目标拖曳离轨。

**7. 协同小行星重定向**

小行星重定向任务面向防止危险小行星撞击地球的需求展开，旨在通过多个航天器对小行星进行捕获和控制，实现对小行星位置和姿态的重定向，以保障地球安全并实现星上矿产资源的利用。

### 1.2.2 博弈的概念与分类

博弈指若干决策个体面对一定的环境条件，在一定的静态或动态约束条件下，依据其各自掌握的信息，从各自的可行策略集中选择能够获得最佳收益的策略并实施的过程。因此，博弈的构成至少包含三个要素，分别是参与者、策略和效用。其中，参与者指的是一场博弈中有决策权的个体；策略表示博弈中每个参与者可能选择的所有行动，策略指所有参与者的策略组合；效用表示的是博弈的结果，这个结果除了与参与者本身所选择的策略有关，还与其他参与者的策略有关。

根据博弈要素和特征的不同可以将博弈划分为不同的类别。根据参与者数目的不同，博弈可以分为“两人博弈”和“多人博弈”。根据策略数目的不同，博弈可以分为“有限博弈”和“无限博弈”。根据参与者局部目标函数的关系，博弈可以分为“零和博弈”和“非零和博弈”。根据参与者发生相互作用时是否具有约束力的协议，博弈可以分为“合作博弈”和“非合作博弈”。此外，根据参与者对博弈三要素的知晓情况，还可将博弈分为“完全信息博弈”和“不完全信息博弈”，其中又可以按照参与者行动的时间序列性，将博弈具体划分为“完全信息静态博弈”“完全信息动态博弈”“不完全信息静态博弈”以及“不完全信息动态博弈”四类，其具体的定义和对应的博弈均衡如表 1-1 所列。

**表 1-1　博弈的分类**

| 信　　息 | 行动顺序 | |
|---|---|---|
| | **静态**<br>（参与者同时选择行动或虽非同时但后行动者并不知前行动者的行动） | **动态**<br>（参与者的行动有先后顺序，且后行动者能够观察到先行动者所选择的行动，并据此调整策略） |
| **完全信息**<br>（每个参与者能掌握其他参与者的策略和效用函数等全部信息） | 完全信息静态博弈：Nash 均衡 | 完全信息动态博弈：子博弈完美 Nash 均衡 |
| **不完全信息**<br>（至少有一个参与者对其他参与者的策略或效用函数等信息不完全掌握） | 不完全信息静态博弈：贝叶斯 Nash 均衡 | 不完全信息动态博弈：完美贝叶斯 Nash 均衡 |

作为一类连续时间的动态博弈，微分博弈通过微分方程描述并分析参与者的博弈现象及规律，是处理多参与者动态冲突、竞争或合作问题的有效数学工具。近年来，在追逃博弈、多智能体协同观测、多智能体编队运动、多智能体避障等任务中，微分博弈方法得到了越来越多的关注与应用。在微分博弈理论发展的过程中，根据不同的任务特点与任务要求，学者们提出了多种类型的微分博弈，这些微分博弈按照不同的标准，具有多种分类方式[8]。

根据参与者局部目标函数的关系，微分博弈可以分为零和微分博弈与非零和微分博弈。零和微分博弈中，所有参与者局部目标函数之和为零，这时参与者的目标是互相冲突的，其中一位参与者局部目标函数的增加量等于另一位参与者局部目标函数的减少量。零和微分博弈的 Nash 均衡为一鞍点解，一般可以通过求解博弈所对应的哈密尔顿-雅可比-伊萨克（Hamilton-Jacobi-Isaacs，HJI）偏微分方程来获得。在文献［9-12］中，零和微分博弈被用来研究航天器追逃博弈过程中的控制问题。非零和微分博弈不对参与者局部目标函数之和做限制，其所对应的 Nash 均衡策略一般通过求解一组耦合的哈密尔顿-雅可比（Hamilton-Jacobi，HJ）偏微分方程组来获得。在文献［13-16］中，非零和微分博弈被用于研究编队飞行、多智能体避障任务中的协同控制问题。

根据参与者是否具有合作的意愿，微分博弈可分为非合作微分博弈与合作微分博弈。非合作微分博弈中的参与者仅追求其各自局部目标函数的最优化。Nash 均衡为非合作博弈的一个经典解，其对应一个状态，在该状态下，任意参与者均无法通过单方的策略调整使得自己的局部目标函数得到进一步的优化。因此，一旦达到 Nash 均衡，各参与者均不愿偏离各自当前的策略，Nash 均衡因此被认为是一个安全的博弈均衡解，在很多非合作微分博弈问题中得到了广泛的应用。文献［13-14］通过寻找非合作微分博弈的 Nash 均衡策略，实现了多智能体的编队与避障控制。与非合作微分博弈中的参与者仅追求其各自局部目标函数的最优化相比，合作微分博弈中的参与者具有共同的利益，可在追求所有参与者全局目标函数最优化的基础上进行各自合作博弈策略的确定。帕累托最优是一种经典的合作博弈均衡解，可在考虑所有参与者所受约束集并集的情况下，通过优化所有参与者局部目标函数的加权组合来获得。文献［17-19］通过合作微分博弈方法研究了耦合子系统间的协同控制问题。

在非合作博弈中考虑决策先后顺序的因素时，非合作博弈可按照参与者决策先后顺序分为 Nash 博弈与 Stackelberg 博弈。在 Nash 博弈中，所有参与者同时进行决策以获得各自的 Nash 均衡策略，参与者决策层级平等。在 Stackelberg 博弈中，参与者按照一定的顺序进行决策，参与者决策层级不平等，存在一个或者多个决策地位高于其他决策者的决策者，即作为领导者的参与者先进行决策并将其策略告知其他参与者，其他参与者在获知领导者策略的基础上作为追随者进行决策。在 Stackelberg 博弈中，所有追随者都被假设为是理性的，会以最优的方式响应领导者的策略，而领导者也在认为追随者会做出最优响应的前提下，优化其自身的目标函数。通过上述决策方式所获得的策略便称作 Stackelberg 策略。目前，Stackelberg 博弈在智能电网管理[20-21]、资源分配问题[22-23]中得到了较多应用，在多智能体协同控制问题中有少量研究[24-25]，文献［25］基于 Stackelberg 博弈研究了领导者-追随者模式下的多无人机分散式最优控制问题。

对于任务分配、卫星调度等离散动态博弈问题，通常会根据问题的特殊性和需求建模为合作博弈或者非合作博弈。基于合作博弈的离散决策问题着重于研究联盟的构成与利益的分配。例如，文献［26］将多智能体的信息收集问题建模为联盟形成的博弈问题；文献［27］针对组网雷达的功率分配问题，通过特征函数的构建和沙普利值的求解得到低复杂度的分布式功率分配方法；文献［28］针对导弹集群的任务分配，构建了带约束的偏好联盟博弈模型，利用分布式自适应博弈得到了最优分配方案。基于非合作博弈的任务规划着重于有约束的 Nash 均衡求解。例如，文献［29］将多雷达多目标的任务分配问题建模为基于博弈的决策问题，并利用最佳反应动态分析设计了基于迭代的博弈算法；文献［30］将多星调度问题建模为潜博弈，并提出基于学习算法的分布任务规划方法；文献［31］针对分布式遥感卫星的任务规划，构建了以观测优先级、观测数量和能量消耗为效用函数，以可见窗口和侧摆角等为约束的博弈模型，并设计了基于粒子群算法的策略优化和基于迭代手段的博弈均衡求解方法。

### 1.2.3 典型航天器协作任务的博弈特征

多航天器协作可视为各航天器在静态或动态约束条件下，通过策略的选择与优化，完成预定操控目标和作业任务目标的过程。协同姿态接管、协同运输、协同组装、轨道追逃等任务均涉及航天器之间的协同与对抗，而博弈论的思想与方法可为这些任务中航天器协同/对抗策略的确定提供很好的描述及解决框架。根据 1.2.2 节分析可知，根据参与者局部目标函数形式的不同，以及对各自局部目标函数优化需求的不同，博弈论可以提供不同的方法来实现参与者策略的确定。航天器协作任务面临多种不同类型的任务目标，在执行任务的过程中，考虑到燃料/能量的宝贵性以及任务所提出的其他指标优化需求：一方面需要使包含航天器燃料/能量消耗在内的局部目标函数得到尽可能的优化；另一方面，当协作任务涉及具有对抗行为的非合作目标时，航天器与目标之间的局部目标函数可能存在冲突性。由于博弈控制论在设计与优化航天器局部目标函数方面的灵活性与多样性，其能够在满足航天器燃料/能量消耗优化需求的同时，以简单统一的框架实现对航天器之间协同问题和航天器与目标之间对抗问题的处理。因此，面向航天器协同操控和协同作业任务需求研究航天器协作的博弈控制方法，具有重要的理论研究意义与实际应用价值。

表 1-2 梳理了典型的多航天器协同作业任务的博弈类型。其中轨道追逃可包括一对一、多对一及多对多追逃。一对一追逃仅涉及两个航天器之间的对抗问题，可通过零和博弈或其他非合作博弈方法予以解决；多对一追逃与多对多追逃不仅涉及追踪航天器及逃逸航天器之间的对抗问题，同时还涉及某一方内部多个航天器之间的协同问题，这种协同问题可通过非零和博弈或合作博弈进行处理。在协同观测与协同围捕任务中，当所观测或围捕的目标不具有主动机动能力与对抗性时，仅涉及多星协同控制问题。这时，除零和博弈方法以外的其余五种方法都可得到应用。当所观测或围捕的目标具有对抗性时，目标与航天器之间的博弈可通过非合作博弈描述，而航天器之间仍保持为原有类型的博弈。在编队飞行任

务中：一方面，多个航天器可通过优化各自的局部目标函数进行博弈控制策略的求解，此时，多航天器之间的协同控制问题可通过非零和博弈或非合作博弈方法来解决；另一方面，多航天器也可通过全局目标函数的优化进行其博弈控制策略的求解，此时，合作博弈方法可用于解决多星协同控制问题。接管控制、协同运输、协同组装任务与编队飞行任务类似，可根据各航天器对目标函数的优化需求，选择不同类型的博弈方法进行多航天器协同控制问题的研究；还可根据多航天器需要同时或先后进行决策的不同需求，选用 Nash 博弈或 Stackelberg 博弈进行研究。

**表 1-2 典型多航天器协作任务的博弈类型**

| 典型任务 | 博弈类型 | | | | | |
|---|---|---|---|---|---|---|
| | 零和 | 非零和 | 合作 | 非合作 | Nash | Stackelberg |
| 轨道追逃 | ✓ | ✓ | ✓ | ✓ | ✓ | ✓ |
| 协同观测 | ✓ | ✓ | ✓ | ✓ | ✓ | ✓ |
| 协同围捕 | ✓ | ✓ | ✓ | ✓ | ✓ | ✓ |
| 编队飞行 | | ✓ | ✓ | ✓ | ✓ | ✓ |
| 接管控制 | | ✓ | ✓ | ✓ | ✓ | ✓ |
| 协同运输 | | ✓ | ✓ | ✓ | ✓ | ✓ |

## 1.3 航天器协作建模与博弈控制研究现状

### 1.3.1 航天器协同动力学建模与控制研究现状

过去 20 年，面向航天器协作任务所进行的研究主要集中在多星编队与集群飞行队形的建立与保持上，其中所涉及的建模及控制问题是学者们关注的重点。在建模方面，由于多星编队/集群协同飞行的过程可通过相对运动动力学模型来描述，因此以牛顿法、拉格朗日法、几何法等不同方法所建立的相对运动动力学模型在多星协同飞行任务的建模中得到了广泛应用。牛顿法是在对航天器进行受力分析的基础上，通过牛顿第二定律建立航天器相对运动动力学模型的方法。在圆参考轨道、中心引力场及近距离这三个假设条件下，基于牛顿法的相对运动动力学模型可简化为经典的 CW 方程[32]。CW 方程为一组线性化方程，能够方便地实现动力学积分，在多星协同飞行任务的建模及控制研究中得到了广泛应用[33-35]。虽然 CW 方程的建立所依赖的三个假设条件简化了相对运动动力学模型的形式，但也增加了其应用的局限性。为了突破这些局限性，学者们研究了非圆形参考轨道及考虑摄动影响的航天器相对运动动力学建模问题。文献 [36] 建立了 TH 方程，该方程能够满足椭圆轨道上航天器相对运动动力学建模需求，并在文献［37-38］中被应用于椭圆轨道上的航天器编队飞行控制问题。拉格朗日法是一种从能量角度出发进行建模的方法，文献［39］以当地垂直当地水平（local vertical local horizontal，LVLH）坐标系中的位置矢量为坐标，建立了航天器相对运动的拉格朗日模型。几何法通过轨道要素差进行航天器之间相对运动的描述，文献［40-42］通过几何法建立了圆/椭圆参考轨道上的航天器相对运动模型。为进一步满足工程任务需要，文献［43-45］在考虑地球扁率及空间摄动影响的情况下，研究了航天器相对运动动力学建模问题。以上模型所描述的均是航天器之间的相对轨道运动。在相对姿态运动建模方面，目前学者们主要通过欧拉角、四元数、罗德里格斯参数、修正罗德里格斯参数（modified Rodrigues parameter，MRP）、旋转矩阵等来进行航天器相对姿态运动的描述。相对姿态动力学主要通过牛顿欧拉法、拉格朗日法来建立。牛顿欧拉法根据航天器所受合外力矩与航天器动量矩变化率之间的关系进行航天器姿态动力学方程的建立，具有物理意义明确的优点，在多星编队飞行姿态协同任务中[46-47]得到了广泛应用。在一些文献中，拉格朗日法也被用于进行航天器相对姿态运动动力学模型的建立。文献［48］基于航天器姿态动力学拉格朗日模型进行了编队航天器姿态协同问题的研究。此外，在文献［49］中，对偶四元数也用于进行航天器相对姿轨运动一体化模型的建立。

在航天器协同控制方面，学者们主要通过集中式控制和分布式控制两种不同的思路来研究多星协同控制问题。集中式控制要求有一个中心航天器作为整个系统协同的中心控制器。在进行协同控制时，中心航天器首先收集其余所有航天器的状态信息，并做出控制决策，之后将计算得到的控制指令分发给其余航天器。集中式控制技术是经典控制技术的延伸，本质上仍然是单结构系统的控制技术[50]，是一种全局控制的思想。其主要缺点在于：首先，当协同飞行任务中的航天器数目较多时，链路带宽约束、通信中断等不确定原因会使得中心航天器可能无法获得所有航天器的状态信息；其次，所有的控制决策完全由中心航天器做出并分发，不利于计算及通信负担的分散，随着航天器数目的增多，中心航天器的计算及通信负担也会增加；最后，当中心航天器出现故障时，整个协同飞行任务就会失效，因此其可靠性和容错性很差。与集中式控制相比，分布式协同控制基于各个航天器的局部信息来构建局部控制器，通过各个航天器的局部决策产生全局期望的协调运动，因此不仅能够有效分散计算及通信负担，还具有强可靠性、高容错性、高效率和内在的并行性等优点，吸引了诸多学者的关注，并成为协同控制发展的主要方向和研究重点。一致性控制方法[51]是在一致性协议上发展起来的一种分布式协同控制方法，其通过相邻个体间的局部信息交换实现全局状态趋同，具有控制器设计简单、计算量小、在线执行效率高的优点，在多星编队和集群飞行的协同控制问题中得到了广泛应用。文献［52］通过将一致性问题转化为误差动力学局部稳定问题，实现了多星的一致性协同控制。文献［53］

设计了一种具有局部分层控制结构的一致性分布式协同控制策略，能够使各航天器彼此协同地跟踪期望轨迹。文献［54］针对存在随机多跳变时延的多航天器编队姿态一致性问题，设计了可消除随机多跳变时延影响并能够实现多航天器编队姿态角速度一致及姿态角有效跟踪的控制器。文献［55］研究了通信拓扑变换情况下的多航天器姿态一致性问题，并根据 Barbalat 引理对闭环系统的稳定性进行了分析。考虑到一致性控制方法难以保证最优性、难以处理具有状态控制约束的分布式控制问题，以及面向复杂非线性动力学系统的一致性控制稳定性分析较为困难，学者们提出并研究了分布式模型预测控制方法及分布式自适应协同控制方法等其他类型的分布式控制方法。其中，分布式模型预测控制通过在滚动时域内不断求解局部优化问题获得局部控制策略，具有约束处理方便、鲁棒性强、可获得各星优化控制策略的优点，在多星协同飞行任务中得到了广泛应用。文献［56］针对具有数百至数千颗卫星的集群最优构型重构问题，在考虑卫星控制约束、避撞约束以及 $J_2$ 项摄动影响的情况下，设计了一种分散式模型预测控制方法，获得了能够减少各颗卫星燃料消耗量的优化控制策略。文献［57］针对多星编队协同飞行问题设计了一种解析模型预测控制方法，在考虑避撞约束的情况下实现了编队队形的重构。分布式模型预测控制方法在每一时刻都需要进行一个优化问题的求解，当系统非线性程度较高时，所需求解的优化问题的复杂程度也会增加，此时各星就会面临较大的计算负担。此外，分布式模型预测控制的稳定性分析也较为困难。另外，分布式自适应协同控制通过引入自适应因子来提高系统的自适应性和容错性。由于其中的自适应因子通过李雅普诺夫（Lyapunov）稳定性分析来确定，因而能够在保证系统稳定性的前提下克服不确定性所带来的影响。与分布式模型预测控制方法相比，分布式自适应协同控制具有稳定性证明方便、计算量小的优点，同时也具有较好的鲁棒性和自适应性，在多星协同飞行控制问题中也得到了关注。文献［48］针对由拉格朗日系统描述的欠驱动柔性航天器协同飞行控制问题，设计了以广义坐标、广义速度及广义加速度为反馈信号的分布式自适应协同控制器。文献［58］针对深空中的编队飞行问题，设计了能够进行模型误差补偿与扰动抑制的自适应协调控制方法。文献［59］在考虑航天器通信能力有限性的情况下，设计了一种能够同时实现避撞、障碍物规避与连通性保持的分布式自适应跟踪控制方法用于进行多星编队飞行的协同控制。

上述有关航天器协作动力学建模与控制方法的研究为航天器编队集群飞行任务的实现提供了很好的理论基础与方法支撑。航天器协作任务是航天器编队集群飞行任务的拓展，但其所提出的任务与控制目标与编队集群飞行任务有所不同。本书面向轨道追逃与抵近规避、失效卫星姿态接管与协同运输、在轨航天器组装等新型航天器协作任务，在现有研究的基础上结合这些任务的具体需求，开展航天器协作的博弈建模与控制方法研究。

### 1.3.2 多智能体博弈控制和求解研究现状

博弈论与控制论作为两门重要的基础科学理论，在过去几十年各自分别形成了较为完善的理论体系。近年来，随着一些复杂研究对象的出现，又由于博弈论与最优控制论在操纵及优化各自目标方面的共同点，一些学者通过博弈与控制的交叉融合来实现一些新型的工程任务目标，而博弈控制论作为这种交叉融合所衍生出的新兴学科，逐渐得到了人们越来越多的重视。博弈控制论讨论的主要对象大致可分为两类：博弈问题的控制论方法和控制问题的博弈论方法[60]。目前，针对这两类对象，学者们主要进行了如下问题的研究：演化博弈的状态空间方法、稳定演化策略的分析、多目标优化的 Nash 均衡、基于势函数的优化理论、多智能体的个体策略寻优与整体涌现、非合作博弈在整体调控下合作的出现以及工程控制中的博弈论方法[54]。其中，微分博弈理论在多智能体控制问题中的研究是控制界讨论的一个热点课题。

微分博弈中各参与者自主决策的关键在于局部目标函数的优化。当各参与者仅通过独立优化各自的局部目标函数进行策略更新时，对应的博弈为非合作微分博弈。此时，当任意参与者均无法通过单方的策略调整使自身的局部目标函数得到进一步的优化时，便达到了 Nash 意义下的博弈均衡[61]。当各参与者在优化自身局部目标函数的同时也对其余参与者的局部目标函数予以考虑，以期优化所有参与者的全局目标函数时，对应的博弈为合作微分博弈。此时，如果各参与者均无法通过策略调整在不损失其余参与者局部目标函数的情况下，使自身的局部目标函数得到进一步的优化，便达到了帕累托意义下的博弈均衡。

基于现有的文献分析，微分博弈均衡的求解方法主要包括解析法、值迭代法和策略迭代法。其中解析法能够获得准确的博弈均衡解，但只适用于一些十分典型、简单且动力学模型精确已知的博弈系统。实际情况下，博弈问题的复杂性往往使得博弈均衡解析解很难求取，即使对于一些简单的博弈问题，非线性都有可能会使得博弈均衡的全局解析解难以甚至无法求取。寻找具有复杂非线性动力学及局部目标函数的博弈系统的均衡解的思路分为两种：一种是采用线性化思想将非线性微分博弈转化为多个线性微分博弈问题，以便于利用线性微分博弈的相关结论；另一种是将强化学习思想引入到微分博弈均衡问题的求解中，提出了值迭代法和策略迭代法。

在利用线性化思想求解方面，主要有基于状态相关黎卡提方程（state-dependent Riccati equations，SDRE）和基于模糊理论的线性化思路。SDRE 的核心思想是将非线性动力学模型参数化为状态矢量和依赖于状态的系数矩阵的乘积，从而解决非线性博弈系统的控制器设计问题。文献［62-63］将非线性动力学模型转化为伪线性动力学模型，则非线性微分博弈可以通过耦合的状态相关黎卡提方程求解来得到博弈均衡，然而这种状态相关线性化的思路需要在每个控制时刻进行耦合的代数黎卡提方程组的求解，对智能体的计算能力要求高。模糊理论的核心思想是通过局部区域的线性模型来重建全局非线性模型的动态特性。文献［64-65］则利用模糊理论对非线性系统强大的逼近能力，将非线性动力学模型表示为多个加权的线性动力学模型，这样，非线性微分博弈可以通过求解多个耦合的代数黎卡提方程来得到博弈均衡，然而模糊线性化的思路在稳定性证明上有一定的困难。

在利用强化学习求解方面，主要有值迭代法和策略迭代法的博弈均衡求解方法。值迭代法的核心思想是根据智能体的状态与策略构建出智能体的收益函数，然后根据收益函数来选取能够获得最大收益的智能体策略。策略迭代法的核心思想是通过连续进行各智能体的策略评价与策略更新实现其各自策略的不断优化，并最终实现对其最优策略的逼近。对于多参与者微分博弈问题来说，其博弈均衡策略求解的核心在于进行一组耦合 HJ 方程组的求解。HJ 方程组的解析解很难求取，很多文献通过基于梯度下降法的学习算法来进行其数值解的逼近。一般而言，基于梯度下降法的策略迭代法需要为每位参与者构建两个逼近结构，其中一个称为评价神经网络，另外一个称为执行神经网络。在进行参与者博弈均衡数值解的逼近时，策略迭代法首先为每一参与者给出一组可行控制策略，之后各参与者分别通过评价神经网络与执行神经网络不断进行当前策略的评估与下一时刻策略的更新，以实现对各自策略的持续优化，并最终实现对博弈均衡数值解的逼近。文献［66］在考虑控制约束的情况下，通过强化学习方法进行了零和微分博弈问题博弈均衡的求解。由于通过静态条件能够得到各参与者博弈均衡策略的显式表达式，因此在博弈均衡数值解学习过程中，执行神经网络可以被省略掉。每次评价神经网络的权值得到更新后，可直接通过博弈均衡策略显式表达式来更新各参与者的博弈策略，这样，仅需为每位参与者构建一个评价神经网络即可，能够有效减小博弈均衡方法的计算量、降低算法设计复杂度并简化稳定性分析。文献［67-68］基于单神经网络逼近结构，分别为 $N$ 人非零和微分博弈、双人零和微分博弈设计了博弈均衡方法。基于策略迭代方法的博弈均衡方法一般要求系统状态满足持续激励条件，而持续激励条件一般通过引入噪声来实现，因此会造成系统状态持续不断的抖振，从而对系统的稳定性甚至安全性产生不利影响。文献［69］通过对过去时刻与当前时刻数据的并行使用，放松了博弈均衡方法对持续激励条件的要求，但要求所使用的过去时刻系统状态满足一组秩判据条件。针对基于策略迭代法的博弈均衡方法要求参与者初始策略组合稳定才能够实现系统镇定的缺点，文献［68］通过保稳项的引入，放松了双人非零和微分博弈问题的博弈均衡方法对初始策略组合的要求，同时提高了博弈过程的稳定性。此外，针对动力学模型未知系统博弈均衡的求解问题，文献［70］通过积分强化学习方法求得了多参与者博弈均衡解，并对方法的收敛性进行了分析。文献［71］为动力学未知的非零和微分博弈问题设计了基于单神经网络的强化学习方法，以降低博弈均衡的求解复杂度。文献［72］针对状态方程中系统矩阵未知的非零和微分博弈问题，设计了基于数据驱动的强化学习方法进行 Nash 均衡的学习。文献［67］针对系统动力学无法精确已知情况下的非零和微分博弈问题，通过执行神经网络来进行博弈均衡策略的求解，并对系统的闭环稳定性进行了分析。

上述有关博弈问题的研究主要面向一般非线性系统展开，在无人机协同控制、多智能体避障、目标拦截等实际工程应用问题中，博弈决策与控制方法也得到了一些学者的关注。文献［13］将多无人机编队控制问题转化为非零和微分博弈问题，各无人机根据观测或接收到的邻近无人机信息进行局部目标函数的优化以达到 Nash 均衡，并以分布式的方式实现编队飞行。文献［73］通过微分博弈方法研究了具有非线性动力学的异构多智能体协同控制问题，实现了从智能体对主智能体的跟踪，但没有考虑控制约束问题。文献［14］通过微分博弈方法研究了多智能体避障问题，在合理构建局部目标函数的情况下，实现了各智能体对静止障碍物及其他移动智能体的躲避。文献［74］针对非隔离空域中的无人机碰撞规避问题，设计了一种基于认知博弈制导的无人机自主防碰撞方法。针对目标拦截问题，文献［75］研究了多参与者追逃博弈问题，并通过对参与者最优策略与轨迹进行分析获得了追逃博弈问题的最优解。文献［76］在考虑动力学不确定性的情况下研究了目标拦截任务对应的零和微分博弈问题，并通过局部目标函数的合理设计实现了对不确定性的抑制。

上述有关多智能体博弈控制的研究为航天器协作任务所面临的博弈控制问题提供了有价值的理论与方法参考。航天器协作任务一般面临复杂的状态控制约束条件、动力学不确定性、环境干扰，以及航天器姿轨耦合效应的影响。此外，与地面和空中任务中的智能体相比，在轨航天器更难以进行燃料与能量的补给，因此其所携带的燃料与能量资源十分宝贵，需要尽可能通过航天器之间的合作实现其全局目标函数的优化。鉴于此，需在考虑空间任务特殊性、复杂性的基础上，进行满足航天器协作任务需求的博弈规划与控制方法研究。

## 1.4 本书内容安排

本书以多航天器协同操控与协同作业的博弈问题建模、博弈规划与决策控制问题的求解为主线，考虑航天器计算、通信、控制能力的有限性，以及空间任务所面临的复杂状态控制约束条件、空间环境扰动等因素，从博弈与控制交叉融合的角度研究了典型航天器协同操控和协同作业任务的规划与控制问题。全书共分为 11 章，各章的主要内容如下。

第 1 章是绪论，介绍了本书研究的背景、博弈概念与分类、典型航天器协作任务的博弈特征，以及航天器协作建模与博弈控制研究现状。

第 2 章介绍了航天器协作动力学与博弈控制方面的基础知识。在动力学方面，给出了航天器轨道与姿态动力学模型、航天器间相对轨道与姿态动力学模型，为后续章节航天器协同操控和协同作业任务的博弈规划与控制提供了动力学基础。在博弈规划与控制基础方面，针对航天器协作规划与控制在优化方法与博弈论方面的数学与控制理论基础需求，对最优控制、多智能体微分博弈与多智能体分布式优化的相关数学基础知识与基本方法进行介绍，为后续章节中博弈规划与控制的设计奠定了基础。

第 3 章面向航天器轨道追逃任务，介绍了一对一和多对一航天器追逃博弈控制方法。对于一对一的航天器轨道追逃问题，针对目标航天器策略已知的情况，构建了基于零和博弈的轨道追逃模型，并基于动态规划法推导了己方航天器的 Nash 均衡策略；针对目标航天器策略未知的情况，构建了基于非零和博弈的轨道追逃模型，并考虑控制约束设计了预测博弈控制方法，从而实现对目标航天器策略的预测和己方航天器策略的优化。对于多对一的轨道追逃问题，将其分解为一对一的轨道追逃问题和多个己方航天器的编队问题，并设计了对应的博弈控制算法实现对目标航天器的追踪。

第 4 章针对空间非合作目标的抵近规避任务，研究了基于深度学习的空间非合作目标意图推理方法和基于深度强化学习的航天器自主机动决策方法。首先，给出了主动应对目标行为的“感知—判断—决策—执行”的智能决策框架，提出了基于深度学习的空间非合作目标意图推理方法，实现一定程度上的对手建模；其次，基于推理结果，提出了基于深度强化学习的航天器机动决策方法，保证航天器在达到任务设定要求的同时取得空间博弈的占优态势；最后，整合封装多种目标意图情形制备航天器博弈策略库，实现在线快速、动态、智能的求解策略。

第 5 章面向空间非合作目标近距离成像任务，介绍了多航天器占优构型设计和保持控制方法。首先，对空间近距离成像需求进行了分析，设计了满足光学观测可见性约束和考虑目标机动行为的多航天器占优观测构型，并给出了评价指标，对观测任务效果进行评估；其次，为了建立并保持所设计的占优构型，基于微分博弈研究了多航天器混合博弈模型构建和策略求解，实现多航天器在空间中的观测占位。

第 6 章面向失效航天器姿态接管任务，考虑多个微小卫星在为失效航天器提供控制力矩过程中的协同性，介绍了考虑干扰因素的线性鲁棒微分博弈控制。对于模型参数已知的情况，将干扰视为博弈参与者构建了鲁棒博弈策略，并考虑微小卫星计算和通信资源有限的情况设计了事件触发策略，能够在减少通信和控制更新的同时保证了对干扰的抑制效果。对于模型参数未知的情况，基于 off-policy 强化学习提出了数据驱动的鲁棒博弈控制方法，实现了对鲁棒博弈策略的逼近。

第 7 章在第 6 章研究的基础上，介绍了应对模型非线性特性的协同姿态接管微分博弈控制方法。对于无限时间收敛的需求，分别从强化学习的思路和线性化的思路入手，研究了无须持续激励条件的并行学习微分博弈控制方法和基于状态相关黎卡提方程的伪线性微分博弈控制方法，实现了非线性微分博弈 Nash 均衡的有效逼近。对于有限时间收敛的需求，构建了有限时间微分博弈模型，提出了基于速度函数的有限时间微分博弈控制方法，为有限时间微分博弈与无限时间微分博弈的求解搭建了桥梁。

第 8 章在第 6 章和第 7 章研究的基础上，介绍了考虑微小卫星控制受限情况下的协同姿态接管博弈控制方法。首先，从非合作博弈和合作博弈的角度出发，利用模型预测控制进行控制受限下多星博弈控制模型的建立和控制器设计，并通过相同条件下的仿真对比说明了合作博弈方法在降低微小卫星总能量消耗方面的优势；然后，针对合作博弈控制方法要求通过一个中央处理器进行所有微小卫星控制策略求解，从而给中央处理器带来较大计算、通信负担的问题，提出基于分布式信息的航天器合作博弈控制方法，实现了合作博弈控制策略在求解过程中的计算及通信负担在各微小卫星之间的分担。

第 9 章介绍了面向空间协同运输任务的多星协同合作博弈控制方法。首先，在考虑协同运输任务所面临的多种复杂状态/控制约束条件的情况下，建立了多星多约束合作博弈控制模型，并提出了基于事件驱动机制的多星闭环合作博弈控制方法，以降低协同运输过程中微小卫星合作博弈控制策略的计算负担；然后，进一步考虑空间环境扰动、系统动力学不确定性产生的影响，提出多星协同运输的鲁棒合作博弈控制方法，该方法可基于微小卫星的局部信息交互实现各星合作博弈控制策略的优化，并在协同运输过程中对外界扰动与系统自身动力学不确定性产生的影响进行抑制。

第 10 章介绍了面向空间协同组装任务的多星协同博弈规划与控制方法。首先，考虑到多个组装模块和多个微小卫星的存在，引起的时空协调需求，提出了考虑任务环境动态变化和任务约束的分布式博弈任务规划方法，保证了空间组装自主、有序地进行；然后，针对组装模块的多星协同轨道运动控制问题，提出了脉冲推力下的约束博弈控制方法，使得微小卫星能够分布式地逼近约束博弈下的 Nash 均衡；最后，针对构型渐增组装结构的多星协同重构稳定控制问题，介绍了分层博弈控制方法，提高了组装结构构型的可扩展性并降低微小卫星的通信需求。

第 11 章针对协同网捕空间目标的任务，研究了多星网捕目标的策略，以及多星携带绳网接近目标并对目标实施捕获的协同控制方法。首先，设计了多星协同网捕目标的总体策略，并给出了协同网捕过程中的绳网动力学模型；然后，建立了多星协同网捕目标的博弈控制模型，该模型通过在微小卫星目标函数中引入对数势函数的方式，将各星接近目标过程中的相对距离约束在安全的范围内，基于所建立的协同网捕博弈控制模型，通过分布式架构进行各星博弈控制策略的求解，实现了多星携带绳网向目标的接近；最后，针对多星协同实施目标捕获的过程，设计了各星的收线律与协同控制方法，使各星能够在保持自身以及整个系统稳定的情况下，在距目标一定距离处控制绳网的位置与形态，安全协同地控制绳网对目标的捕获。

## 参考文献


[1] BROOK S, DAVID B. DARPA phoenix payload orbital delivery (POD) system: "FedEx to GEO" [C]// AIAA SPACE Conference and Exposition. AIAA, 2013.

[2] BARNHART D, HILL L, FOWLER E, et al. A market for satellite cellularization: a first look at the implementation and potential impact of satlets [C]//Proceedings of AIAA Space 2013 Conference and Exposition. AIAA, 2013.

[3] VASSEV E, STERRITT R, ROUFF C, et al. Swarm technology at NASA: building resilient systems [J]. IT Professional, 2012, 14 (2): 36-42.

[4] VISSCHER P K. How self-organization evolves [J]. Nature, 2003, 421 (6925): 799-800.

[5] REYNOLDS C W. Flocks, herds and schools: A distributed behavioral model [C]// Proceedings of the 14th Annual Conference on Computer Graphics and Interactive Techniques. ACM, 1987.

[6] VICSEK T, CZIROK A, BEN-JACOB E, et al. Novel type of phase transition in a system of self-driven particles [J]. Physical Review Letters, 1995, 75 (6): 1226.

[7] OLFATI-SABER, R. Flocking for multi-agent dynamic systems: Algorithms and theory [J]. IEEE Transactions on Automatic Control, 2006, 51 (3): 401-420.

[8] LIN W. Differential games for multi-agent systems under distributed information [D]. Orlando: University of Central Florida, 2013.

[9] LI Z, ZHU H, YANG Z, et al. A dimension-reduction solution of free-time differential games for spacecraft pursuit-evasion [J]. Acta Astronautica, 2019, 163: 201-210.

[10] JAGAT A, SINCLAIR A J. Nonlinear control for spacecraft pursuit-evasion game using the state-dependent Riccati equation method [J]. IEEE Transactions on Aerospace and Electronic Systems, 2017, 53 (6): 3032-3042.

[11] SHEN H, CASALINO L. Revisit of the three-dimensional orbital pursuit-evasion game [J]. Journal of Guidance, Control, and Dynamics, 2018, 41 (8): 1823-1831.

[12] YE D, SHI M, SUN Z. Satellite proximate pursuit-evasion game with different thrust configurations [J]. Aerospace Science and Technology, 2020, 99: 105715.

[13] LIN W. Distributed UAV formation control using differential game approach [J]. Aerospace Science and Technology, 2014, 35: 54-62.

[14] MYLVAGANAM T, SASSANO M, ASTOLFI A. A differential game approach to multi-agent collision avoidance [J]. IEEE Transactions on Automatic Control, 2017, 62 (8): 4229-4235.

[15] GU D. A differential game approach to formation control [J]. IEEE Transactions on Control Systems Technology, 2007, 16 (1): 85-93.

[16] MYLVAGANAM T, SASSANO M. Autonomous collision avoidance for wheeled mobile robots using a differential game approach [J]. European Journal of Control, 2018, 40: 53-61.

[17] SEMSAR E, KHORASANI K. Optimal control and game theoretic approaches to cooperative control of a team of multi-vehicle unmanned systems [C]//Proceedings of 2007 IEEE International Conference on Networking, Sensing and Control. IEEE, 2007.

[18] FELE F, MAESTRE J M, CAMACHO E F. Coalitional control: Cooperative game theory and control [J]. IEEE Control Systems Magazine, 2017, 37 (1): 53-69.

[19] MAESTRE J M, MUNOZ De La Pena, D, CAMACHO E F. Distributed model predictive control based on a cooperative game [J]. Optimal Control Applications and Methods, 2011, 32 (2): 153-176.

[20] MAHARJAN S, ZHU Q, ZHANG Y, et al. Dependable demand response management in the smart grid: A Stackelberg game approach [J]. IEEE Transactions on Smart Grid, 2013, 4 (1): 120-132.

[21] YU M, HONG S. Supply—demand balancing for power management in smart grid: A Stackelberg game approach [J]. Applied Energy, 2016, 164: 702-710.

[22] WEI W, FAN X, SONG H, et al. Imperfect information dynamic Stackelberg game based resource allocation using hidden Markov for cloud computing [J]. IEEE Transactions on Services Computing, 2016, 11 (1): 78-89.

[23] YANG B, LI Z, CHEN S, et al. Stackelberg game approach for energy-aware resource allocation in data centers [J]. IEEE Transactions on Parallel and Distributed Systems, 2016, 27 (12): 3646-3658.

[24] MYLVAGANAM T, ASTOLFI A. A differential game approach to formation control for a team of agents with one leader [C]//Proceedings of 2015 American Control Conference (ACC). IEEE, 2015.

[25] LEE M H, NGUYEN N P, MOON J. Leader—follower decentralized optimal control for large population hexarotors with tilted propellers: A Stackelberg game approach [J]. Journal of the Franklin Institute, 2019, 356 (12): 6175-6207.

[26] SAAD W, HAN T, et al. Hedonic coalition formation for distributed task allocation among wireless agents [J]. IEEE Transactions on Mobile Computing, 2011, 10 (9): 1327-1344.

[27] 靳标，邝晓飞，彭宇，等．基于合作博弈的组网雷达分布式功率分配方法 [J]. 航空学报，2022，43 (1)：324776.

[28] 张赟，邱忠宇，蔡云泽．基于偏好联盟博弈的导弹集群分布式任务分配模型 [J]. 空天防御，2021，4 (3)：24-32.

[29] 韩鹏，丁桂强，刘国彬．基于博弈论的多雷达多目标分配方法研究 [J]. 现代雷达，2020，42 (2)：16-22.

[30] SUN C, WANG X, QIU H, et al. Game theoretic self-organization in multi-satellite distributed task allocation [J]. Aerospace Science and Technology, 2021, 112 (1): 106650.

[31] 刘立昊，董正宏，苏昊翔，等．博弈协商策略下的多星分布式协同任务规划［J］．控制理论与应用，2022，online.

[32] CLOHESSY W. Terminal guidance system for satellite rendezvous [J]. Journal of the Aerospace Sciences, 1960, 27 (9): 653-658.

[33] LI Q, YUAN J, ZHANG B, et al. Model predictive control for autonomous rendezvous and docking with a tumbling target [J]. Aerospace Science and Technology, 2017, 69: 700-711.

[34] WEI C, PARK S Y. Dynamic optimal output feedback control of satellite formation reconfiguration based on an LMI approach [J]. Aerospace Science and Technology, 2017, 63: 214-231.

[35] SHU T, MAI B, HIROSHI Y. Spacecraft formation flying dynamics and control using the geomagnetic Lorentz force [J]. Journal of Guidance, Control, and Dynamics, 2013, 36 (1): 136-148.

[36] TSCHAUNER J. Elliptic orbit rendezvous [J]. AIAA journal, 1967, 5 (6): 1110-1113.

[37] LEE K W, SINGH S N. Variable-structure model reference adaptive formation control of spacecraft [J]. Journal of Guidance, Control, and Dynamics, 2012, 35 (1): 104-115.

[38] HU Q, DONG H, ZHANG Y, et al. Tracking control of spacecraft formation flying with collision avoidance [J]. Aerospace Science and Technology, 2015, 42: 353-364.

[39] XU G, WANG D. Nonlinear dynamic equations of satellite relative motion around an oblate earth [J]. Journal of Guidance, Control, and Dynamics, 2008, 31 (5): 1521-1524.

[40] GARRISON J L, GARDNER T G, AXELRAD P. Relative motion in highly elliptical orbits [J]. Spaceflight Mechanic, 1995, 1359-1376.

[41] ROSCOE C W T, WESTPHAL J J, GRIESBACH J D, et al. Formation establishment and reconfiguration using differential elements in J2-perturbed orbits [C]//Proceedings of 2014 IEEE Aerospace Conference. IEEE, 2014.

[42] DANG Z, ZHANG H. Linearized relative motion equations through orbital element differences for general Keplerian orbits [J]. Astrodynamics, 2018, 2 (3): 201-215.

[43] BIRIA A D, RUSSELL R P. A satellite relative motion model including $J_2$ and $J_3$ via Vinti's intermediary [J]. Celestial Mechanics and Dynamical Astronomy, 2018, 130 (3): 1-40.

[44] ZHANG L, GE P. High precision dynamic model and control considering $J_2$ perturbation for spacecraft hovering in low orbit [J]. Advances in Space Research, 2021, 67 (7): 2185-2198.

[45] BAKHTIARI M, DANESHJOU K, ABBASALI E. A new approach to derive a formation flying model in the presence of a perturbing body in inclined elliptical orbit: Relative hovering analysis [J]. Astrophysics and Space Science, 2017, 362 (2): 36.

[46] DU H, CHEN M Z, WEN G. Leader—following attitude consensus for spacecraft formation with rigid and flexible spacecraft [J]. Journal of Guidance, Control, and Dynamics, 2016, 39 (4): 944-951.

[47] ZOU A, KUMAR K D. Distributed attitude coordination control for spacecraft formation flying [J]. IEEE Transactions on Aerospace and Electronic Systems, 2012, 48 (2): 1329-1346.

[48] CHEN T, SHAN J, WEN H. Distributed adaptive attitude control for networked underactuated

flexible spacecraft [J]. IEEE Transactions on Aerospace and Electronic Systems, 2018, 55 (1): 215-225.

[49] DONG H, HU Q, AKELLA M R. Dual-quaternion-based spacecraft autonomous rendezvous and docking under six-degree-of-freedom motion constraints [J]. Journal of Guidance, Control, and Dynamics, 2018, 41 (5): 1150-1162.

[50] 罗建军, 张博, 袁建平, 等. 航天器协同飞行动力学与控制 [M]. 北京: 中国宇航出版社, 2016.

[51] LU M, LIU L. Leader-following attitude consensus of multiple rigid spacecraft systems under switching networks [J]. IEEE Transactions on Automatic Control, 2019, 65 (2): 839-845.

[52] NAZARI M, BUTCHER E A, YUCELEN T, et al. Decentralized consensus control of a rigid-body spacecraft formation with communication delay [J]. Journal of Guidance, Control, and Dynamics, 2016, 39 (4): 838-851.

[53] 张博, 罗建军, 袁建平. 多航天器编队在轨自主协同控制研究 [J]. 宇航学报, 2010, 31 (1): 130-136.

[54] 蔡光斌, 闫杰, 赵玉山, 等. 具有随机多跳时变时延的多航天器协同编队姿态一致性 [J]. 控制理论与应用, 2018, 35 (10): 1415-1421.

[55] WANG T, HUANG J. Consensus of multiple spacecraft systems over switching networks by attitude feedback [J]. IEEE Transactions on Aerospace and Electronic Systems, 2019, 56 (3): 2018-2025.

[56] MORGAN D, CHUNG S J, HADAEGH F Y. Model predictive control of swarms of spacecraft using sequential convex programming [J]. Journal of Guidance, Control, and Dynamics, 2014, 37 (6): 1725-1740.

[57] SAUTER L, PALMER P L. Analytic model predictive controller for collision-free relative motion reconfiguration [J]. Journal of Guidance, Control, and Dynamics, 2012, 35 (4): 1069-1079.

[58] GURFIL P, IDAN M, KASDIN N J. Adaptive neural control of deep-space formation flying [J]. Journal of Guidance, Control, and Dynamics, 2003, 26 (3): 491-501.

[59] CHEN Z, EMAMI M R, CHEN W. Connectivity preservation and obstacle avoidance in small multi-spacecraft formation with distributed adaptive tracking control [J]. Journal of Intelligent & Robotic Systems, 2021, 101 (1): 1-23.

[60] 程代展, 付世华. 博弈控制论简述 [J]. 控制理论与应用, 2018, 35 (5): 588-592.

[61] TIJS S. Introduction to game theory [M]. London: Springer, 2003.

[62] INNOCENTI M, TARTAGLIA V. Game theoretic strategies for spacecraft rendezvous and motion synchronization [C]//AIAA Guidance, Navigation, and Control Conference. AIAA, 2016.

[63] BARDHAN R. An SDRE based differential game approach for maneuvering target interception [C]//AIAA Guidance, Navigation, and Control Conference. AIAA, 2013.

[64] 丘志鸿. 基于T-S模糊建模思想的一类非线性微分博弈问题均衡的分析及应用研究 [D]. 广州: 广东工业大学, 2011.

[65] 徐自祥, 周德云. 模糊协商微分对策及其折中解 [J]. 信息与控制, 2006, 35 (1): 6.

[66] MU C, WANG K. Approximate-optimal control algorithm for constrained zero-sum differential games through event-triggering mechanism [J]. Nonlinear Dynamics, 2019, 95 (4): 2639-2657.

[67] LIU D, LI H, WANG D. Online synchronous approximate optimal learning algorithm for multi-player non-zero-sum games with unknown dynamics [J]. IEEE Transactions on Systems, Man, and Cybernetics: Systems, 2014, 44 (8): 1015-1027.

[68] ZHANG H, CUI L, LUO Y. Near-optimal control for nonzero-sum differential games of continuous-time nonlinear systems using single-network ADP [J]. IEEE Transactions on Cybernetics, 2012, 43 (1): 206-216.

[69] KAMALAPURKAR R, KLOTZ J R, DIXON W E. Concurrent learning-based approximate feedback-Nash equilibrium solution of N-player nonzero-sum differential games [J]. IEEE/CAA Journal of Automatica Sinica, 2014, 1 (3): 239-247.

[70] SONG R, DU K. Mix-zero-sum differential games for linear systems with unknown dynamics based on off-policy IRL [J]. Neurocomputing, 2020, 398: 280-290.

[71] ZHANG Q, ZHAO D. Data-based reinforcement learning for nonzero-sum games with unknown drift dynamics [J]. IEEE Transactions on Cybernetics, 2018, 49 (8): 2874-2885.

[72] ODEKUNLE A, GAO W, DAVARI M, et al. Reinforcement learning and non-zero-sum game output regulation for multi-player linear uncertain systems [J]. Automatica, 2020, 112: 108672.

[73] TATARI F, NAGHIBI-SISTANI M B, VAMVOUDAKIS K G. Distributed learning algorithm for non-linear differential graphical games [J]. Transactions of the Institute of Measurement and Control, 2017, 39 (2): 173-182.

[74] 茹常剑，魏瑞轩，郭庆，等．面向无人机自主防碰撞的认知博弈制导控制 [J]．控制理论与应用，2014, 31 (11): 1555-1560.

[75] LIANG L, DENG F, PENG Z, et al. A differential game for cooperative target defense [J]. Automatica, 2019, 102: 58-71.

[76] SUN J, LIU C, YE Q. Robust differential game guidance laws design for uncertain interceptor-target engagement via adaptive dynamic programming [J]. International Journal of Control, 2017, 90 (5), 990-1004.

# 02 第 2 章 航天器动力学与博弈控制基础

## 2.1 引言

航天器轨道与姿态动力学是进行航天器运动规划与控制的基础。此外，航天器协同作业任务涉及多个航天器之间的协同与配合，航天器轨道追逃、对目标进行观测与捕获等操作时，也涉及航天器与目标之间的相对运动。因此，航天器之间、航天器与目标之间的相对轨道与姿态动力学模型对航天器协同作业规划与控制方法的设计至关重要。

本章给出了航天器轨道与姿态动力学模型，以及航天器间相对轨道与姿态动力学模型，为后续章节多航天器协作的博弈规划与控制奠定动力学基础。同时，本章针对航天器协作规划与控制在优化方法与博弈论方面的数学与控制理论基础需求，对最优控制、多智能体微分博弈与多智能体分布式优化的相关数学基础知识与基本方法进行了介绍。

## 2.2 航天器动力学模型

### 2.2.1 坐标系定义

(1) 地心惯性坐标系 $O_eXYZ$：主要用于描述航天器在惯性空间中的运动，不同的研究问题一般选取不同的惯性坐标系。这里给出以 2000 年 1 月 15 日的平春分点为基准的地心赤道惯性坐标系，如图 2-1 所示。坐标系原点位于地心 $O_e$ 处，$O_eX$ 轴位于赤道平面内，指向平春分点；$O_eZ$ 轴垂直于赤道平面，与地球自转轴重合指向北极；$O_eY$ 轴可由右手定则确定。

(2) 航天器轨道坐标系 $Oxyz$：原点为航天器质心 $O$，$Ox$ 轴沿航天器径向方向，$Oy$ 轴与 $Ox$ 轴垂直且指向航天器当地地平方向，$Ox$ 轴与 $Oy$ 轴在航天器轨道平面内，$Oz$ 轴垂直于航天器轨道平面，由右手定则确定。此坐标系为原点固连于航天器的运动坐标系。

(3) 航天器本体坐标系 $OX_bY_bZ_b$：坐标系原点位于航天器质心处，坐标系的三个坐标轴分别与航天器的三个惯性主轴重合，该坐标系主要用于描述航天器的指向和姿态运动。

(4) 航天器惯量主轴坐标系 $O_cx_cy_cz_c$：坐标系的三个坐标轴为航天器的惯量主轴，惯量积满足 $J_{xy}=J_{xz}=J_{yz}=0$。

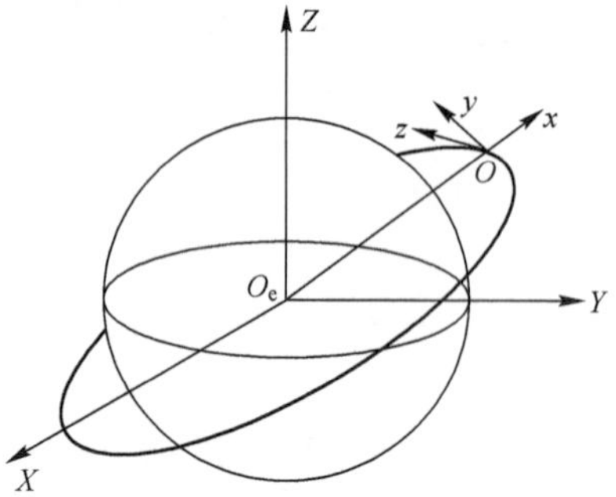


**图 2-1　坐标系示意图**

## 2.2.2　相对轨道动力学模型

本小节给出航天器间相对轨道动力学模型[1]。

如图 2-2 所示，对于地球轨道上的两个航天器 A 与 B，令 $\boldsymbol{r}_0$ 与 $\boldsymbol{r}$ 分别表示目标航天器 A 与追踪航天器 B 的惯性位置矢量，追踪航天器 B 相对于目标航天器 A 的位置矢量记为 $\delta\boldsymbol{r}$，则有

$$\boldsymbol{r}=\boldsymbol{r}_0+\delta\boldsymbol{r} \tag{2-1}$$

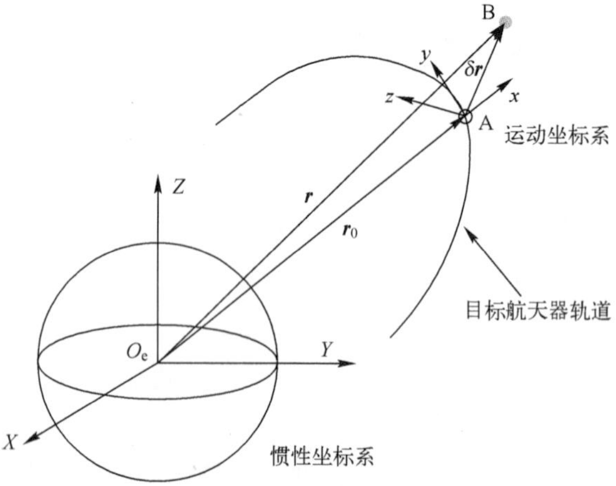


**图 2-2　由固连于航天器 A 上的运动坐标系观察航天器 B**

由于进行协同作业的航天器一般相距很近，可近似认为

$$\frac{\delta r}{r_0} \ll 1 \tag{2-2}$$

式中：$\delta r = \|\delta \boldsymbol{r}\|$，$r_0 = \|\boldsymbol{r}_0\|$。

追踪航天器的运动方程为

$$\ddot{\boldsymbol{r}} = -\mu \frac{\boldsymbol{r}}{r^3} \tag{2-3}$$

式中：$\mu$ 为地球引力常数；$r$ 为追踪航天器的轨道半径。

根据式（2-1）与式（2-3），可得追踪航天器相对于目标航天器的运动方程为

$$\delta \ddot{\boldsymbol{r}} = -\ddot{\boldsymbol{r}}_0 - \mu \frac{\boldsymbol{r}_0 + \delta \boldsymbol{r}}{r^3} \tag{2-4}$$

根据式（2-1），有

$$\begin{aligned} r^2 &= \boldsymbol{r} \cdot \boldsymbol{r} = \boldsymbol{r}_0 \cdot \boldsymbol{r}_0 + 2\boldsymbol{r}_0 \cdot \delta \boldsymbol{r} + \delta \boldsymbol{r} \cdot \delta \boldsymbol{r} \\ &= r_0^2 + 2\boldsymbol{r}_0 \cdot \delta \boldsymbol{r} + \delta r^2 \\ &= r_0^2 \left[ 1 + \frac{2\boldsymbol{r}_0 \cdot \delta \boldsymbol{r}}{r_0^2} + \left( \frac{\delta r}{r_0} \right)^2 \right] \end{aligned} \tag{2-5}$$

根据式（2-2），可以略去式（2-5）括号中最后一项，则

$$r^2 = r_0^2 \left( 1 + \frac{2\boldsymbol{r}_0 \cdot \delta \boldsymbol{r}}{r_0^2} \right) \tag{2-6}$$

由于 $r^{-3} = (r^2)^{-3/2}$，根据式（2-6）可得

$$r^{-3} = r_0^{-3} \left( 1 + \frac{2\boldsymbol{r}_0 \cdot \delta \boldsymbol{r}}{r_0^2} \right)^{-\frac{3}{2}} \tag{2-7}$$

利用二项式定理，并略去 $\delta r / r_0$ 一次方以上的高阶项，可得

$$\left( 1 + \frac{2\boldsymbol{r}_0 \cdot \delta \boldsymbol{r}}{r_0^2} \right)^{-\frac{3}{2}} = 1 - \frac{3}{2} \left( \frac{2\boldsymbol{r}_0 \cdot \delta \boldsymbol{r}}{r_0^2} \right) \tag{2-8}$$

根据式（2-8），可将式（2-7）写为

$$r^{-3} = r_0^{-3} \left( 1 - \frac{3}{r_0^2} \boldsymbol{r}_0 \cdot \delta \boldsymbol{r} \right) \tag{2-9}$$

将式（2-9）代入式（2-4）中，可得

$$\delta \ddot{\boldsymbol{r}} = -\ddot{\boldsymbol{r}}_0 - \mu \left( \frac{1}{r_0^3} - \frac{3}{r_0^5} \boldsymbol{r}_0 \cdot \delta \boldsymbol{r} \right) (\boldsymbol{r}_0 + \delta \boldsymbol{r}) \tag{2-10}$$

将式（2-10）展开，并略去 $\delta \boldsymbol{r}$ 高于一阶的项，可得

$$\delta \ddot{\boldsymbol{r}} = -\ddot{\boldsymbol{r}}_0 - \mu \frac{\boldsymbol{r}_0}{r_0^3} - \frac{\mu}{r_0^3} \left[ \delta \boldsymbol{r} - \frac{3}{r_0^2} (\boldsymbol{r}_0 \cdot \delta \boldsymbol{r}) \boldsymbol{r}_0 \right] \tag{2-11}$$

考虑到目标航天器的运动方程为

$$\ddot{\boldsymbol{r}}_0=-\mu\frac{\boldsymbol{r}_0}{r_0^3} \tag{2-12}$$

将式（2-12）代入式（2-11），可得

$$\delta\ddot{\boldsymbol{r}}=-\frac{\mu}{r_0^3}\left[\delta\boldsymbol{r}-\frac{3}{r_0^2}(\boldsymbol{r}_0\cdot\delta\boldsymbol{r})\boldsymbol{r}_0\right] \tag{2-13}$$

如图 2-2 所示，考虑原点位于目标航天器 A 质心上的轨道坐标系，该坐标系为固连于目标航天器 A 的运动坐标系，其 $x$ 轴沿 $\boldsymbol{r}_0$ 方向，因此有

$$\hat{\boldsymbol{i}}=\frac{\boldsymbol{r}_0}{r_0} \tag{2-14}$$

$y$ 轴与当地地平方向一致，$z$ 轴垂直于航天器 A 的轨道平面，即 $\hat{\boldsymbol{k}}=\hat{\boldsymbol{i}}\times\hat{\boldsymbol{j}}$。运动坐标系的惯性角速度为 $\boldsymbol{\Omega}$，惯性角加速度为 $\dot{\boldsymbol{\Omega}}$。根据相对加速度公式可知

$$\ddot{\boldsymbol{r}}=\ddot{\boldsymbol{r}}_0+\dot{\boldsymbol{\Omega}}\times\delta\boldsymbol{r}+\boldsymbol{\Omega}\times(\boldsymbol{\Omega}\times\delta\boldsymbol{r})+2\boldsymbol{\Omega}\times\delta\boldsymbol{v}+\delta\boldsymbol{a} \tag{2-15}$$

式中：$\delta\boldsymbol{v}$ 与 $\delta\boldsymbol{a}$ 分别为两个航天器间的相对速度和相对加速度，在运动坐标系中可将相对位置、相对速度和相对加速度分别表示如下：

$$\begin{cases}\delta\boldsymbol{r}=\delta x\hat{\boldsymbol{i}}+\delta y\hat{\boldsymbol{j}}+\delta z\hat{\boldsymbol{k}}\\ \delta\boldsymbol{v}=\delta\dot{x}\hat{\boldsymbol{i}}+\delta\dot{y}\hat{\boldsymbol{j}}+\delta\dot{z}\hat{\boldsymbol{k}}\\ \delta\boldsymbol{a}=\delta\ddot{x}\hat{\boldsymbol{i}}+\delta\ddot{y}\hat{\boldsymbol{j}}+\delta\ddot{z}\hat{\boldsymbol{k}}\end{cases} \tag{2-16}$$

对于目标航天器 A 运行在圆轨道的情况，此时 $\dot{\boldsymbol{\Omega}}=0$。将其和式（2-1）一起代入式（2-15）中，可得

$$\delta\ddot{\boldsymbol{r}}=\boldsymbol{\Omega}\times(\boldsymbol{\Omega}\times\delta\boldsymbol{r})+2\boldsymbol{\Omega}\times\delta\boldsymbol{v}+\delta\boldsymbol{a} \tag{2-17}$$

对式（2-17）右边第一项运用矢量运算法则后，式（2-17）可写为

$$\delta\ddot{\boldsymbol{r}}=\boldsymbol{\Omega}(\boldsymbol{\Omega}\cdot\delta\boldsymbol{r})-\Omega^2\delta\boldsymbol{r}+2\boldsymbol{\Omega}\times\delta\boldsymbol{v}+\delta\boldsymbol{a} \tag{2-18}$$

由于目标航天器 A 的轨道为圆，其角速度记为

$$\boldsymbol{\Omega}=n\hat{\boldsymbol{k}} \tag{2-19}$$

式中：$n$ 为平均角速度。根据式（2-16）和式（2-19），有

$$\boldsymbol{\Omega}\cdot\delta\boldsymbol{r}=n\hat{\boldsymbol{k}}\cdot(\delta x\hat{\boldsymbol{i}}+\delta y\hat{\boldsymbol{j}}+\delta z\hat{\boldsymbol{k}})=n\delta z \tag{2-20}$$

以及

$$\boldsymbol{\Omega}\times\delta\boldsymbol{v}=n\hat{\boldsymbol{k}}\times(\delta\dot{x}\hat{\boldsymbol{i}}+\delta\dot{y}\hat{\boldsymbol{j}}+\delta\dot{z}\hat{\boldsymbol{k}})=-n\delta\dot{y}\hat{\boldsymbol{i}}+n\delta\dot{x}\hat{\boldsymbol{j}} \tag{2-21}$$

将式（2-19）~式（2-21）以及式（2-16）代入式（2-18），可得

$$\delta\ddot{\boldsymbol{r}}=n\hat{\boldsymbol{k}}(n\delta z)-n^2(\delta x\hat{\boldsymbol{i}}+\delta y\hat{\boldsymbol{j}}+\delta z\hat{\boldsymbol{k}})+2(-n\delta\dot{y}\hat{\boldsymbol{i}}+n\delta\dot{x}\hat{\boldsymbol{j}})+\delta\ddot{x}\hat{\boldsymbol{i}}+\delta\ddot{y}\hat{\boldsymbol{j}}+\delta\ddot{z}\hat{\boldsymbol{k}} \tag{2-22}$$

对式（2-22）右端合并同类项，可得

$$\delta\ddot{\boldsymbol{r}}=(-n^2\delta x-2n\delta\dot{y}+\delta\ddot{x})\hat{\boldsymbol{i}}+(-n^2\delta y+2n\delta\dot{x}+\delta\ddot{y})\hat{\boldsymbol{j}}+\delta\ddot{z}\hat{\boldsymbol{k}} \tag{2-23}$$

式（2-23）给出了追踪航天器相对加速度矢量在运动坐标系中的各分量。

由于目标航天器的轨道为圆轨道，其平均角速度为

$$n=\frac{v}{r_0}=\frac{1}{r_0}\sqrt{\frac{\mu}{r_0}}=\sqrt{\frac{\mu}{r_0^3}} \tag{2-24}$$

因此

$$\frac{\mu}{r_0^3}=n^2 \tag{2-25}$$

根据式（2-14）与式（2-16）中的第一个关系式，可得

$$\boldsymbol{r}_0\cdot\delta\boldsymbol{r}=(r_0\hat{\boldsymbol{i}})\cdot(\delta x\hat{\boldsymbol{i}}+\delta y\hat{\boldsymbol{j}}+\delta z\hat{\boldsymbol{k}})=r_0\delta x \tag{2-26}$$

将式（2-16）中的第一个关系式、式（2-25）和式（2-26）代入式（2-13）中，可得

$$\begin{aligned}\delta\ddot{\boldsymbol{r}}&=-n^2\left[\delta x\hat{\boldsymbol{i}}+\delta y\hat{\boldsymbol{j}}+\delta z\hat{\boldsymbol{k}}-\frac{3}{r_0^2}(r_0\delta x r_0\hat{\boldsymbol{i}})\right]\\&=2n^2\delta x\hat{\boldsymbol{i}}-n^2\delta y\hat{\boldsymbol{j}}-n^2\delta z\hat{\boldsymbol{k}}\end{aligned} \tag{2-27}$$

根据式（2-23）与式（2-27），可得

$$(\delta\ddot{x}-3n^2\delta x-2n\delta\dot{y})\hat{\boldsymbol{i}}+(\delta\ddot{y}+2n\delta\dot{x})\hat{\boldsymbol{j}}+(\delta\ddot{z}+n^2\delta z)\hat{\boldsymbol{k}}=\boldsymbol{0} \tag{2-28}$$

即

$$\begin{cases}\delta\ddot{x}-3n^2\delta x-2n\delta\dot{y}=0\\\delta\ddot{y}+2n\delta\dot{x}=0\\\delta\ddot{z}+n^2\delta z=0\end{cases} \tag{2-29}$$

式（2-29）即为描述两航天器相对轨道运动的 Clohessy-Wiltshire（CW）方程。

## 2.2.3 相对姿态动力学模型

假设航天器为理想刚体，可采用刚体姿态运动学来描述航天器的姿态运动。参考文献［2-4］给出航天器的姿态运动学与动力学模型，以及描述航天器间相对姿态运动的相对姿态运动学与动力学模型。

**1. 姿态运动学模型**

1）基于欧拉角的姿态运动学模型

航天器的姿态可通过其本体坐标系相对于参考坐标系的三个角度来描述。这样的一组角度并不是唯一的，本节通过滚转角、俯仰角、偏航角三个角度来描述航天器的姿态运动，并通过如下连续的三次旋转，将参考坐标系 $OX_fY_fZ_f$ 变换到本体坐标系 $OX_bY_bZ_b$ 的方式来获得：

（1）绕参考坐标系 $OX_fY_fZ_f$ 的 $Z_f$ 轴旋转偏航角 $\psi$，旋转到中间坐标系 $OX_1Y_1Z_f$；第一次旋转的正交变换矩阵为

$$C_z(\psi)=\begin{bmatrix}\cos(\psi) & \sin(\psi) & 0\\ -\sin(\psi) & \cos(\psi) & 0\\ 0 & 0 & 1\end{bmatrix} \tag{2-30}$$

（2）绕 $OX_1Y_1Z_f$ 的 $Y_1$ 轴旋转俯仰角 $\vartheta$，旋转到中间坐标系 $OX_bY_1Z_2$；第二次旋转的正交变换矩阵为

$$C_y(\vartheta)=\begin{bmatrix}\cos(\vartheta) & 0 & -\sin(\vartheta)\\ 0 & 1 & 0\\ \sin(\vartheta) & 0 & \cos(\vartheta)\end{bmatrix} \tag{2-31}$$

（3）绕 $OX_bY_1Z_2$ 的 $X_b$ 轴旋转滚转角 $\phi$，最后旋转到本体坐标系 $OX_bY_bZ_b$。第三次旋转的正交变换矩阵为

$$C_x(\phi)=\begin{bmatrix}1 & 0 & 0\\ 0 & \cos(\phi) & \sin(\phi)\\ 0 & -\sin(\phi) & \cos(\phi)\end{bmatrix} \tag{2-32}$$

因此，由参考系 $OX_fY_fZ_f$ 到本体系 $OX_bY_bZ_b$ 的变换矩阵为

$$\begin{aligned}\boldsymbol{C}_{\mathrm{fb}}&=\boldsymbol{C}_x(\phi)\boldsymbol{C}_y(\vartheta)\boldsymbol{C}_z(\psi)\\&=\begin{bmatrix}c_\psi c_\vartheta & s_\psi c_\vartheta & -s_\vartheta\\ -s_\psi c_\phi+c_\psi s_\vartheta s_\phi & c_\psi c_\phi+s_\psi s_\vartheta s_\phi & c_\vartheta s_\phi\\ s_\psi s_\phi+c_\psi s_\vartheta c_\phi & -c_\psi s_\phi+s_\psi s_\vartheta c_\phi & c_\vartheta c_\phi\end{bmatrix}\end{aligned} \tag{2-33}$$

式中：$s_{(\cdot)}$，$c_{(\cdot)}$ 分别表示 $\sin(\cdot)$，$\cos(\cdot)$。

由于上述矩阵为正交矩阵，所以由本体系 $OX_bY_bZ_b$ 到参考系 $OX_fY_fZ_f$ 的变换矩阵 $C_{\mathrm{bf}}=C_{\mathrm{fb}}^{\mathrm{T}}$，即

$$\boldsymbol{C}_{\mathrm{bf}}=\begin{bmatrix}c_\psi c_\vartheta & -s_\psi c_\phi+c_\psi s_\vartheta s_\phi & s_\psi s_\phi+c_\psi s_\vartheta c_\phi\\ s_\psi c_\vartheta & c_\psi c_\phi+s_\psi s_\vartheta s_\phi & -c_\psi s_\phi+s_\psi s_\vartheta c_\phi\\ -s_\vartheta & c_\vartheta s_\phi & c_\vartheta c_\phi\end{bmatrix} \tag{2-34}$$

偏航角 $\psi$、俯仰角 $\vartheta$ 和滚转角 $\phi$ 对时间的导数为

$$\omega_{\mathrm{yaw}}=\dot{\psi},\quad \omega_{\mathrm{pitch}}=\dot{\vartheta},\quad \omega_{\mathrm{roll}}=\dot{\phi} \tag{2-35}$$

角速度 $\boldsymbol{\omega}$ 可由偏航角 $\psi$、俯仰角 $\vartheta$ 和滚转角 $\phi$ 的速率表示为

$$\boldsymbol{\omega}=\omega_{\mathrm{yaw}}\boldsymbol{Z}_{\mathrm{f}}+\omega_{\mathrm{pitch}}\boldsymbol{Y}_1+\omega_{\mathrm{roll}}\boldsymbol{X}_{\mathrm{b}} \tag{2-36}$$

在本体系中，角速度沿 $X_b$、$Y_b$、$Z_b$ 轴的分量分别为 $\omega_x$、$\omega_y$、$\omega_z$，因此角速度可表示为

$$\boldsymbol{\omega}=\omega_x\boldsymbol{X}_{\mathrm{b}}+\omega_y\boldsymbol{Y}_{\mathrm{b}}+\omega_z\boldsymbol{Z}_{\mathrm{b}} \tag{2-37}$$

根据第二次旋转的正交变换矩阵 $\boldsymbol{C}_y^{-1}(\vartheta)=\boldsymbol{C}_y^{\mathrm{T}}(\vartheta)$ 可知

$$\boldsymbol{Z}_{\mathrm{f}}=-\sin\vartheta\boldsymbol{X}_{\mathrm{b}}+\cos\vartheta\boldsymbol{Z}_2 \tag{2-38}$$

根据第三次旋转的正交变换矩阵 $\boldsymbol{C}_x^{-1}(\phi)=\boldsymbol{C}_x^{\mathrm{T}}(\phi)$ 可知

$$\begin{cases}\boldsymbol{Y}_1=\cos\phi\boldsymbol{Y}_{\mathrm{b}}-\sin\phi\boldsymbol{Z}_{\mathrm{b}}\\ \boldsymbol{Z}_2=\sin\phi\boldsymbol{Y}_{\mathrm{b}}+\cos\phi\boldsymbol{Z}_{\mathrm{b}}\end{cases}\tag{2-39}$$

将式（2-39）代入式（2-38），可得

$$\boldsymbol{Z}_{\mathrm{f}}=-\sin\vartheta\boldsymbol{X}_{\mathrm{b}}+\cos\vartheta\sin\phi\boldsymbol{Y}_{\mathrm{b}}+\cos\vartheta\cos\phi\boldsymbol{Z}_{\mathrm{b}}\tag{2-40}$$

将式（2-39）与式（2-40）代入式（2-36），可得

$$\begin{aligned}\boldsymbol{\omega}=&(-\omega_{\mathrm{yaw}}\sin\vartheta+\omega_{\mathrm{roll}})\boldsymbol{X}_{\mathrm{b}}+(\omega_{\mathrm{yaw}}\cos\vartheta\sin\phi+\omega_{\mathrm{pitch}}\cos\phi)\boldsymbol{Y}_{\mathrm{b}}+\\&(\omega_{\mathrm{yaw}}\cos\vartheta\cos\phi-\omega_{\mathrm{pitch}}\sin\phi)\boldsymbol{Z}_{\mathrm{b}}\end{aligned}\tag{2-41}$$

对比式（2-37）与式（2-41），可得

$$\begin{bmatrix}\omega_x\\ \omega_y\\ \omega_z\end{bmatrix}=\begin{bmatrix}1 & 0 & -\sin\vartheta\\ 0 & \cos\phi & \cos\vartheta\sin\phi\\ 0 & -\sin\phi & \cos\vartheta\cos\phi\end{bmatrix}\begin{bmatrix}\omega_{\mathrm{roll}}\\ \omega_{\mathrm{pitch}}\\ \omega_{\mathrm{yaw}}\end{bmatrix}\tag{2-42}$$

根据式（2-42），可得由 $\omega_x$，$\omega_y$，$\omega_z$ 表示的欧拉角速率：

$$\begin{bmatrix}\omega_{\mathrm{roll}}\\ \omega_{\mathrm{pitch}}\\ \omega_{\mathrm{yaw}}\end{bmatrix}=\begin{bmatrix}\dot{\phi}\\ \dot{\vartheta}\\ \dot{\psi}\end{bmatrix}=\frac{1}{\cos\vartheta}\begin{bmatrix}\cos\vartheta & \sin\vartheta\sin\phi & \cos\phi\sin\vartheta\\ 0 & \cos\phi\cos\vartheta & -\sin\phi\cos\vartheta\\ 0 & \sin\phi & \cos\phi\end{bmatrix}\begin{bmatrix}\omega_x\\ \omega_y\\ \omega_z\end{bmatrix}\tag{2-43}$$

式（2-43）即为用欧拉角表示的姿态运动学方程。但当俯仰角 $\vartheta=\pm 90°$ 时，$\cos\vartheta=0$，式（2-43）奇异。

在上述姿态运动学方程的推导中，假设参考坐标系为惯性坐标系。如果参考坐标系为航天器轨道坐标系，则需要考虑轨道坐标系随着航天器在轨道上绕地心惯性系的转动，得到以轨道坐标系为参考坐标系的姿态运动学方程。

由于基于欧拉角的航天器姿态描述方法存在奇异，所以在姿态控制律的设计中，常用四元数和 MRP 两种姿态表示方法描述姿态运动。

2）基于四元数的姿态运动学模型

设航天器绕质心 $O$ 转动，点 $M$ 为航天器上的任意一点，$OM$ 为从点 $O$ 指向点 $M$ 的矢量，且由 $\boldsymbol{r}_0$ 位置转向 $\boldsymbol{r}$ 位置，转轴为 $\bar{\boldsymbol{e}}=[e_1,\ e_2,\ e_3]^{\mathrm{T}}$，转角为 $\alpha$。则描述航天器旋转的四元数为

$$\boldsymbol{q}=\cos\frac{\alpha}{2}+\bar{\boldsymbol{e}}\sin\frac{\alpha}{2}=q_0+q_1e_1+q_2e_2+q_3e_3=q_0+\bar{\boldsymbol{q}}\tag{2-44}$$

式中：$q_0$ 为四元数的标量部分；$\bar{\boldsymbol{q}}$ 为四元数的矢量部分。

两个四元数 $\boldsymbol{q}_i$ 与 $\boldsymbol{q}_j$ 相乘记为 $\boldsymbol{q}_i\odot\boldsymbol{q}_j$，仍为一个四元数，定义为

$$\boldsymbol{q}_i\odot\boldsymbol{q}_j=\begin{bmatrix}q_{i0} & -\bar{\boldsymbol{q}}_i^{\mathrm{T}}\\ \bar{\boldsymbol{q}}_i & \bar{\boldsymbol{q}}_i^{\times}+q_{i0}\boldsymbol{I}_3\end{bmatrix}\begin{bmatrix}q_{j0}\\ \bar{\boldsymbol{q}}_j\end{bmatrix}=\begin{bmatrix}q_{j0} & -\bar{\boldsymbol{q}}_j^{\mathrm{T}}\\ \bar{\boldsymbol{q}}_j & -\bar{\boldsymbol{q}}_j^{\times}+q_{j0}\boldsymbol{I}_3\end{bmatrix}\begin{bmatrix}q_{i0}\\ \bar{\boldsymbol{q}}_i\end{bmatrix}\tag{2-45}$$

令

$$\boldsymbol{\Psi}(\boldsymbol{\xi})=\begin{bmatrix} q_{i0} & -\bar{\boldsymbol{q}}_i^{\mathrm{T}} \\ \bar{\boldsymbol{q}}_i & \bar{\boldsymbol{q}}_i^{\times}+q_{i0}\boldsymbol{I}_3 \end{bmatrix},\quad \bar{\boldsymbol{\Psi}}(\boldsymbol{\xi})=\begin{bmatrix} q_{j0} & -\bar{\boldsymbol{q}}_j^{\mathrm{T}} \\ \bar{\boldsymbol{q}}_j & -\bar{\boldsymbol{q}}_j^{\times}+q_{j0}\boldsymbol{I}_3 \end{bmatrix} \tag{2-46}$$

则式（2-45）可记为

$$\boldsymbol{q}_i \odot \boldsymbol{q}_j=\boldsymbol{\Psi}(\boldsymbol{q}_i)\boldsymbol{q}_j=\bar{\boldsymbol{\Psi}}(\boldsymbol{q}_j)\boldsymbol{q}_i \tag{2-47}$$

由于三维矢量可以看作为标部为 0 的四元数，$\boldsymbol{r}_0$ 与 $\boldsymbol{r}$ 可分别记作 $\boldsymbol{r}_0=[0,\bar{\boldsymbol{r}}_0^{\mathrm{T}}]^{\mathrm{T}}$，$\boldsymbol{r}=[0,\bar{\boldsymbol{r}}^{\mathrm{T}}]^{\mathrm{T}}$，二者之间的关系可以通过旋转四元数 $\boldsymbol{q}$ 描述为

$$\boldsymbol{r}=\boldsymbol{q}\odot\boldsymbol{r}_0\odot\boldsymbol{q}^* \tag{2-48}$$

式中：$\boldsymbol{q}^*=[q_0,-\bar{\boldsymbol{q}}^{\mathrm{T}}]^{\mathrm{T}}$ 为 $\boldsymbol{q}$ 的共轭四元数。

对式（2-48）两边同时求导数可得

$$\dot{\boldsymbol{r}}=\dot{\boldsymbol{q}}\odot\boldsymbol{r}_0\odot\boldsymbol{q}^*+\boldsymbol{q}\odot\boldsymbol{r}_0\odot\dot{\boldsymbol{q}}^* \tag{2-49}$$

由于

$$\boldsymbol{r}_0=\boldsymbol{q}^*\odot\boldsymbol{r}\odot\boldsymbol{q} \tag{2-50}$$

将式（2-50）代入式（2-49）中，可得

$$\dot{\boldsymbol{r}}=\dot{\boldsymbol{q}}\odot\boldsymbol{q}^*\odot\boldsymbol{r}\odot\boldsymbol{q}\odot\boldsymbol{q}^*+\boldsymbol{q}\odot\boldsymbol{q}^*\odot\boldsymbol{r}\odot\boldsymbol{q}\odot\dot{\boldsymbol{q}}^* \tag{2-51}$$

根据式（2-45）可得

$$\boldsymbol{q}\odot\boldsymbol{q}^*=[1,0,0,0]^{\mathrm{T}} \tag{2-52}$$

将式（2-52）两端对 $t$ 求导数可得

$$\dot{\boldsymbol{q}}\odot\boldsymbol{q}^*+\boldsymbol{q}\odot\dot{\boldsymbol{q}}^*=\boldsymbol{0} \tag{2-53}$$

即

$$\dot{\boldsymbol{q}}\odot\boldsymbol{q}^*=-\boldsymbol{q}\odot\dot{\boldsymbol{q}}^* \tag{2-54}$$

将式（2-53）、式（2-54）代入式（2-51）中，可得

$$\dot{\boldsymbol{r}}=\dot{\boldsymbol{q}}\odot\boldsymbol{q}^*\odot\boldsymbol{r}-\boldsymbol{r}\odot\dot{\boldsymbol{q}}\odot\boldsymbol{q}^* \tag{2-55}$$

记

$$\boldsymbol{p}=\dot{\boldsymbol{q}}\odot\boldsymbol{q}^*=p_0+\bar{\boldsymbol{p}} \tag{2-56}$$

可得

$$\begin{cases} p_0=\dot{q}_0q_0+\dot{q}_1q_1+\dot{q}_2q_2+\dot{q}_3q_3=0 \\ \bar{\boldsymbol{p}}=-\dot{q}_0\bar{\boldsymbol{q}}+q_0\dot{\bar{\boldsymbol{q}}}-\dot{\bar{\boldsymbol{q}}}\times\bar{\boldsymbol{q}} \end{cases} \tag{2-57}$$

因此

$$\begin{aligned}\dot{\boldsymbol{r}}&=\boldsymbol{p}\odot\boldsymbol{r}-\boldsymbol{r}\odot\boldsymbol{p}\\ &=[0,(\bar{\boldsymbol{p}}\times\bar{\boldsymbol{r}}-\bar{\boldsymbol{r}}\times\bar{\boldsymbol{p}})^{\mathrm{T}}]^{\mathrm{T}}\\ &=[0,(2\bar{\boldsymbol{p}}\times\bar{\boldsymbol{r}})^{\mathrm{T}}]^{\mathrm{T}}\end{aligned} \tag{2-58}$$

令 $\boldsymbol{\omega}=[0,\bar{\boldsymbol{\omega}}^{\mathrm{T}}]^{\mathrm{T}}$ 表示航天器相对于惯性系的转动角速度，则有下式成立：

$$\dot{\bar{\boldsymbol{r}}}=\bar{\boldsymbol{\omega}}\times\bar{\boldsymbol{r}} \tag{2-59}$$

结合式（2-58）、式（2-59），可得

$$\bar{\boldsymbol{\omega}}=2\bar{\boldsymbol{p}}=2(-\dot{q}_0\bar{\boldsymbol{q}}+q_0\dot{\bar{\boldsymbol{q}}}-\dot{\bar{\boldsymbol{q}}}\times\bar{\boldsymbol{q}}) \tag{2-60}$$

结合式（2-57）与式（2-60），可得

$$\begin{aligned}\boldsymbol{\omega}&=\begin{bmatrix}0\\2(-\dot{q}_0\bar{\boldsymbol{q}}+q_0\dot{\bar{\boldsymbol{q}}}-\dot{\bar{\boldsymbol{q}}}\times\bar{\boldsymbol{q}})\end{bmatrix}\\&=2\begin{bmatrix}q_0&\bar{\boldsymbol{q}}^{\mathrm{T}}\\-\bar{\boldsymbol{q}}&\bar{\boldsymbol{q}}^{\times}+q_0\boldsymbol{I}_3\end{bmatrix}\begin{bmatrix}\dot{q}_0\\\dot{\bar{\boldsymbol{q}}}\end{bmatrix}\\&=2\dot{\boldsymbol{q}}\odot\boldsymbol{q}^{*}\end{aligned} \tag{2-61}$$

或可记为

$$\begin{aligned}\dot{\boldsymbol{q}}&=\frac{1}{2}\boldsymbol{\omega}\odot\boldsymbol{q}\\&=\frac{1}{2}\boldsymbol{\Psi}(\boldsymbol{\omega})\boldsymbol{q}\end{aligned} \tag{2-62}$$

式（2-62）即为基于四元数描述的航天器姿态运动学方程。需要注意的是，式（2-62）中 $\boldsymbol{\omega}$ 的各分量是在惯性系中描述的，如果需要采用 $\boldsymbol{\omega}$ 在航天器本体坐标系中的分量形式，则需要对式（2-62）进行如下的变换：

$$\begin{aligned}\dot{\boldsymbol{q}}&=\frac{1}{2}\boldsymbol{q}\odot\boldsymbol{\omega}\odot\boldsymbol{q}^{*}\odot\boldsymbol{q}\\&=\frac{1}{2}\boldsymbol{q}\odot\boldsymbol{\omega}\\&=\frac{1}{2}\boldsymbol{\Psi}(\boldsymbol{q})\boldsymbol{\omega}\end{aligned} \tag{2-63}$$

3）基于修正罗德里格斯参数的姿态运动学模型

MRP 可由旋转轴 $\bar{\boldsymbol{e}}$ 和旋转角 $\alpha$ 定义为

$$\boldsymbol{\sigma}=\bar{\boldsymbol{e}}\tan\frac{\alpha}{4} \tag{2-64}$$

表示同一旋转的四元数为

$$\boldsymbol{q}=\cos\frac{\alpha}{2}+\bar{\boldsymbol{e}}\sin\frac{\alpha}{2} \tag{2-65}$$

那么从四元数到 MRP 的转换为

$$\boldsymbol{\sigma}=\frac{\bar{\boldsymbol{q}}}{1+q_0} \tag{2-66}$$

相反，从 MRP 到四元数的转换为

$$\begin{cases}q_0=\dfrac{1-\boldsymbol{\sigma}^{\mathrm{T}}\boldsymbol{\sigma}}{1+\boldsymbol{\sigma}^{\mathrm{T}}\boldsymbol{\sigma}}\\\bar{\boldsymbol{q}}=\dfrac{2\boldsymbol{\sigma}}{1+\boldsymbol{\sigma}^{\mathrm{T}}\boldsymbol{\sigma}}\end{cases} \tag{2-67}$$

对式（2-66）两端求导数，可得

$$\dot{\boldsymbol{\sigma}}=\frac{\dot{\bar{\boldsymbol{q}}}}{1+q_0}-\frac{\dot{q}_0\bar{\boldsymbol{q}}}{(1+q_0)^2} \tag{2-68}$$

根据式（2-63），可得

$$\begin{cases}\dot{q}_0=-\dfrac{1}{2}\bar{\boldsymbol{q}}^{\mathrm{T}}\bar{\boldsymbol{\omega}}\\ \dot{\bar{\boldsymbol{q}}}=\dfrac{1}{2}\bar{\boldsymbol{q}}^{\times}\bar{\boldsymbol{\omega}}+\dfrac{1}{2}q_0\bar{\boldsymbol{\omega}}\end{cases} \tag{2-69}$$

将式（2-69）代入式（2-68）中，可得

$$\dot{\boldsymbol{\sigma}}=\frac{1}{2}\left(\frac{\bar{\boldsymbol{q}}^{\times}\bar{\boldsymbol{\omega}}+q_0\bar{\boldsymbol{\omega}}}{1+q_0}+\frac{\bar{\boldsymbol{q}}\bar{\boldsymbol{q}}^{\mathrm{T}}\bar{\boldsymbol{\omega}}}{(1+q_0)^2}\right) \tag{2-70}$$

根据式（2-66），式（2-70）可被整理为

$$\dot{\boldsymbol{\sigma}}=\frac{1}{2}\left(\frac{q_0}{1+q_0}+\boldsymbol{\sigma}^{\times}+\boldsymbol{\sigma}\boldsymbol{\sigma}^{\mathrm{T}}\right)\bar{\boldsymbol{\omega}} \tag{2-71}$$

由于

$$\boldsymbol{\sigma}^{\mathrm{T}}\boldsymbol{\sigma}=\frac{1-q_0^2}{(1+q_0)^2}=\frac{1-q_0}{1+q_0} \tag{2-72}$$

根据式（2-72），式（2-71）可整理为

$$\dot{\boldsymbol{\sigma}}=\boldsymbol{G}(\boldsymbol{\sigma})\bar{\boldsymbol{\omega}} \tag{2-73}$$

其中

$$\boldsymbol{G}(\boldsymbol{\sigma})=\frac{1}{4}[(1-\boldsymbol{\sigma}^{\mathrm{T}}\boldsymbol{\sigma})\boldsymbol{I}_3+2\boldsymbol{\sigma}\boldsymbol{\sigma}^{\mathrm{T}}+2\boldsymbol{\sigma}^{\times}] \tag{2-74}$$

式（2-73）即为基于 MRP 的航天器姿态运动学方程。

**2. 姿态动力学模型**

根据动量矩定理，在惯性坐标系下，下式成立：

$$\frac{\mathrm{d}\boldsymbol{H}}{\mathrm{d}t}=\boldsymbol{\tau} \tag{2-75}$$

式中：$\boldsymbol{H}=\boldsymbol{J}\bar{\boldsymbol{\omega}}$ 为航天器的动量矩；$\boldsymbol{J}\in\mathbb{R}^{3\times3}$为航天器的转动惯量；$\boldsymbol{\tau}\in\mathbb{R}^3$为航天器所受的合外力矩。

为方便控制器的设计，一般期望式（2-75）中的 $\boldsymbol{\tau}$ 被描述在航天器的本体坐标系下，因此需要将式（2-75）的左端也描述在航天器本体系下。根据矢量在惯性坐标系下绝对导数与在非惯性坐标系下相对导数的转换关系，可得

$$\left.\frac{\mathrm{d}\boldsymbol{H}}{\mathrm{d}t}\right|_I=\left.\left\{\frac{\partial\boldsymbol{H}}{\partial t}+\bar{\boldsymbol{\omega}}\times\boldsymbol{H}\right\}\right|_b \tag{2-76}$$

式（2-76）中，左端项 $\mathrm{d}\boldsymbol{H}/\mathrm{d}t$ 为 $\boldsymbol{H}$ 在惯性坐标系下的绝对导数；右端项 $\partial\boldsymbol{H}/\partial t$为 $\boldsymbol{H}$ 在航天器本体坐标系下的相对导数。这样，式（2-75）中的动量矩

定理可在航天器本体坐标系下描述为

$$\frac{\partial}{\partial t}(\boldsymbol{J}\overline{\boldsymbol{\omega}}_b)+\overline{\boldsymbol{\omega}}_b\times(\boldsymbol{J}\overline{\boldsymbol{\omega}}_b)=\boldsymbol{\tau}_b \tag{2-77}$$

当航天器的转动惯量不变时，式（2-77）可记为

$$\boldsymbol{J}\dot{\overline{\boldsymbol{\omega}}}_b+\overline{\boldsymbol{\omega}}_b^{\times}\boldsymbol{J}\overline{\boldsymbol{\omega}}_b=\boldsymbol{\tau}_b \tag{2-78}$$

式（2-78）即为航天器姿态运动的动力学模型。

**3. 相对姿态运动学模型**

1）四元数描述的相对运动模型

航天器 $i$ 与航天器 $j$ 在惯性系下的姿态分别表示为四元数 $\boldsymbol{q}_i$ 和 $\boldsymbol{q}_j$，则其相对姿态为

$$\boldsymbol{q}_{ij}=\boldsymbol{q}_i\odot\boldsymbol{q}_j^{-1} \tag{2-79}$$

对式（2-79）求导数，可得

$$\dot{\boldsymbol{q}}_{ij}=\dot{\boldsymbol{q}}_i\odot\boldsymbol{q}_j^{-1}+\boldsymbol{q}_i\odot\dot{\boldsymbol{q}}_j^{-1} \tag{2-80}$$

根据式（2-54），可得

$$\begin{aligned}\dot{\boldsymbol{q}}_j^{-1}&=-\boldsymbol{q}_j^{-1}\odot\dot{\boldsymbol{q}}_j\odot\boldsymbol{q}_j^{-1}\\&=-\frac{1}{2}\boldsymbol{q}_j^{-1}\odot\boldsymbol{\omega}_j\end{aligned} \tag{2-81}$$

根据式（2-62）和式（2-81），式（2-80）经推导可得

$$\begin{aligned}\dot{\boldsymbol{q}}_{ij}&=\frac{1}{2}\boldsymbol{\omega}_i\odot\boldsymbol{q}_i\odot\boldsymbol{q}_j^{-1}-\frac{1}{2}\boldsymbol{q}_i\odot\boldsymbol{q}_j^{-1}\odot\boldsymbol{\omega}_j\\&=\frac{1}{2}\boldsymbol{\omega}_i\odot\boldsymbol{q}_{ij}-\frac{1}{2}\boldsymbol{q}_{ij}\odot\boldsymbol{\omega}_j\\&=\frac{1}{2}\begin{bmatrix}-\overline{\boldsymbol{\omega}}_{ij}^{\mathrm{T}}\overline{\boldsymbol{q}}_{ij}\\q_{0,ij}\overline{\boldsymbol{\omega}}_{ij}+(\overline{\boldsymbol{\omega}}_i^{\times}+\overline{\boldsymbol{\omega}}_j^{\times})\overline{\boldsymbol{q}}_{ij}\end{bmatrix}\\&=\frac{1}{2}\begin{bmatrix}0&-\overline{\boldsymbol{\omega}}_{ij}^{\mathrm{T}}\\\overline{\boldsymbol{\omega}}_{ij}&(\overline{\boldsymbol{\omega}}_i+\overline{\boldsymbol{\omega}}_j)^{\times}\end{bmatrix}\begin{bmatrix}q_{0,ij}\\\overline{\boldsymbol{q}}_{ij}\end{bmatrix}\end{aligned} \tag{2-82}$$

式（2-82）即为航天器 $i$ 与航天器 $j$ 在惯性系下的姿态误差运动学方程。

2）MRP 描述的相对姿态运动模型

记航天器 $i$ 与航天器 $j$ 在参考系中的相对姿态 MRP 为 $\boldsymbol{\sigma}_{ij}$，则从相对姿态四元数到相对姿态 MRP 的转换为

$$\boldsymbol{\sigma}_{ij}=\frac{\overline{\boldsymbol{q}}_{ij}}{1+q_{0,ij}} \tag{2-83}$$

对式（2-83）求导数，可得

$$\dot{\boldsymbol{\sigma}}_{ij}=\frac{\dot{\overline{\boldsymbol{q}}}_{ij}}{1+q_{0,ij}}-\frac{\dot{q}_{0,ij}\overline{\boldsymbol{q}}_{ij}}{(1+q_{0,ij})^2} \tag{2-84}$$

根据式（2-82）可知

$$\begin{cases}\dot{q}_{0,ij}=-\dfrac{1}{2}\bar{\boldsymbol{\omega}}_{ij}^{\mathrm{T}}\bar{\boldsymbol{q}}_{ij}\\[2mm]\dot{\bar{\boldsymbol{q}}}_{ij}=\dfrac{1}{2}(\bar{\boldsymbol{\omega}}_i+\bar{\boldsymbol{\omega}}_j)^{\times}\bar{\boldsymbol{q}}_{ij}+\dfrac{1}{2}q_{0,ij}\bar{\boldsymbol{\omega}}_{ij}\end{cases}\tag{2-85}$$

将式（2-85）代入式（2-84）中，可得

$$\dot{\boldsymbol{\sigma}}_{ij}=\frac{1}{2}\left(\frac{(\bar{\boldsymbol{\omega}}_i+\bar{\boldsymbol{\omega}}_j)^{\times}\bar{\boldsymbol{q}}_{ij}+q_{0,ij}\bar{\boldsymbol{\omega}}_{ij}}{1+q_{0,ij}}\right)+\frac{1}{2}\frac{\bar{\boldsymbol{q}}_{ij}\bar{\boldsymbol{q}}_{ij}^{\mathrm{T}}\bar{\boldsymbol{\omega}}_{ij}}{(1+q_{0,ij})^2}\tag{2-86}$$

由于

$$\boldsymbol{\sigma}_{ij}^{\mathrm{T}}\boldsymbol{\sigma}_{ij}=\frac{1-q_{0,ij}^2}{(1+q_{0,ij})^2}=\frac{1-q_{0,ij}}{1+q_{0,ij}}\tag{2-87}$$

根据式（2-87），式（2-86）可整理为

$$\dot{\boldsymbol{\sigma}}_{ij}=\frac{1}{2}[(\bar{\boldsymbol{\omega}}_i+\bar{\boldsymbol{\omega}}_j)^{\times}\boldsymbol{\sigma}_{ij}+\boldsymbol{\sigma}_{ij}\boldsymbol{\sigma}_{ij}^{\mathrm{T}}\bar{\boldsymbol{\omega}}_{ij}]+\frac{1}{4}(1-\boldsymbol{\sigma}_{ij}^{\mathrm{T}}\boldsymbol{\sigma}_{ij})\bar{\boldsymbol{\omega}}_{ij}\tag{2-88}$$

式（2-88）即为以 MRP 表示的航天器 $i$ 与航天器 $j$ 之间的相对姿态运动学模型。

**4. 相对姿态动力学模型**

在航天器 $i$ 本体坐标系内，航天器 $i$ 的姿态动力学方程为

$$\boldsymbol{J}_i\dot{\boldsymbol{\omega}}_{bi}+\boldsymbol{\omega}_{bi}^{\times}\boldsymbol{J}_i\boldsymbol{\omega}_{bi}=\boldsymbol{\tau}_{bi}\tag{2-89}$$

在航天器 $j$ 本体坐标系内，航天器 $j$ 的姿态动力学方程为

$$\boldsymbol{J}_j\dot{\boldsymbol{\omega}}_{bj}+\boldsymbol{\omega}_{bj}^{\times}\boldsymbol{J}_j\boldsymbol{\omega}_{bj}=\boldsymbol{\tau}_{bj}\tag{2-90}$$

航天器 $i$ 与航天器 $j$ 之间的姿态误差在航天器 $i$ 的本体坐标系中为

$$\boldsymbol{\omega}_{ij}=\boldsymbol{\omega}_{bi}-\boldsymbol{C}_{ji}\boldsymbol{\omega}_{bj}\tag{2-91}$$

对式（2-91）的两端进行求导数，并将式（2-89）与式（2-90）代入其中，可得

$$\begin{aligned}\dot{\boldsymbol{\omega}}_{ij}&=\dot{\boldsymbol{\omega}}_{bi}-\boldsymbol{C}_{ji}\dot{\boldsymbol{\omega}}_{bj}-\dot{\boldsymbol{C}}_{ji}\boldsymbol{\omega}_{bj}\\&=-\boldsymbol{J}_i^{-1}\boldsymbol{\omega}_{bi}^{\times}\boldsymbol{J}_i\boldsymbol{\omega}_{bi}-\boldsymbol{C}_{ji}\dot{\boldsymbol{\omega}}_{bj}-\dot{\boldsymbol{C}}_{ji}\boldsymbol{\omega}_{bj}+\boldsymbol{J}_i^{-1}\boldsymbol{\tau}_{bi}\\&=-\boldsymbol{J}_i^{-1}(\boldsymbol{\omega}_{ij}+\boldsymbol{C}_{ji}\boldsymbol{\omega}_{bj})^{\times}\boldsymbol{J}_i(\boldsymbol{\omega}_{ji}+\boldsymbol{C}_{ji}\boldsymbol{\omega}_{bj})-\boldsymbol{C}_{ji}\dot{\boldsymbol{\omega}}_{bj}-\dot{\boldsymbol{C}}_{ji}\boldsymbol{\omega}_{bj}+\boldsymbol{J}_i^{-1}\boldsymbol{\tau}_{bi}\end{aligned}\tag{2-92}$$

式（2-92）即为两航天器间的姿态相对动力学模型，其中 $\dot{\boldsymbol{C}}_{ji}$ 可根据下式计算[4]：

$$\begin{aligned}\dot{\boldsymbol{C}}_{ji}&=-\boldsymbol{\omega}_j^{\times}\boldsymbol{C}_{ji}+\boldsymbol{C}_{ji}\boldsymbol{\omega}_i^{\times}\\&=-[\boldsymbol{C}_{jI}\boldsymbol{\omega}_{bj}]^{\times}\boldsymbol{C}_{ji}+\boldsymbol{C}_{ji}[\boldsymbol{C}_{iI}\boldsymbol{\omega}_{ib}]^{\times}\end{aligned}\tag{2-93}$$

式中：$\boldsymbol{\omega}_i$ 与 $\boldsymbol{\omega}_j$ 分别为航天器 $i$ 与 $j$ 在惯性坐标系中的角速度矢量。

本小节及本书后续内容不涉及四元数表示的章节，为使表述更加清晰简洁，均以三维形式进行姿态角矢量、角速度的表示。

## 2.3 最优控制基础

当微分博弈问题中只包含一个局中人时，微分博弈问题就退化成最优控制问题。因此，本节首先给出最优控制理论的基础知识，从而便于读者循序渐进地理解微分博弈。

### 2.3.1 最优控制问题及解析解

**1. 最优控制问题的描述**

最优控制是现代控制理论的一个重要分支，其所研究的问题是寻求一个容许的最优控制策略使得动态系统从初始状态转移到期望的终端状态，并保证所给定的性能指标函数达到极值。最优控制问题通常由如下 5 个方程来描述。

(1) 状态系统：它描述了受控系统的运动规律，一般用状态空间方程表示：

$$\dot{\boldsymbol{x}}(t)=\boldsymbol{f}[\boldsymbol{x}(t),\boldsymbol{u}(t),t] \tag{2-94}$$

式中：$\boldsymbol{x}(t)$为 $n$ 维状态矢量；$\boldsymbol{u}(t)$为 $m$ 维控制矢量。

(2) 性能指标函数：它是事先规定的一个衡量控制过程性能好坏的指标函数，又称为价值函数、目标函数、性能泛函等：

$$J=\theta[\boldsymbol{x}(t_f),t_f]+\int_{t_0}^{t_f}F[\boldsymbol{x}(t),\boldsymbol{u}(t),t]\mathrm{d}t \tag{2-95}$$

可以看出，该性能指标包含终端项和积分项。当性能指标仅存在积分项时，该问题在变分法中被称为拉格朗日问题，表示状态矢量和控制矢量在整个动态过程中都应该满足一定的要求；当性能指标仅存在终端项时，该问题在变分法中被称为迈耶尔问题，表示只要求状态在控制过程结束时满足一定的要求；当两项均存在时，该问题在变分法中被称为波尔扎问题。

(3) 控制域：它是指容许控制的集合，最优控制的值必须处在一个容许控制集之内：

$$\boldsymbol{u}(t)\in\boldsymbol{U}\in\mathbb{R}^m \tag{2-96}$$

式中：$\boldsymbol{U}$ 为容许控制集。当控制矢量的变化范围不受限制时，$\boldsymbol{U}$ 与整个 $m$ 维矢量空间$\mathbb{R}^m$重合，$\boldsymbol{U}$ 是一个开集；当控制矢量的变化范围受限制时，则 $\boldsymbol{U}$ 是一个有界闭集。

(4) 初始状态：即一个动态过程在状态空间中由怎样的状态开始，一般初始状态是给定的：

$$\boldsymbol{x}(t_0)=\boldsymbol{x}_0 \tag{2-97}$$

(5) 目标集：即一个动态过程在状态空间中期望转移到怎样的状态，终端状态可能是固定的、自由的或是按照一定规律变动的，但总可以用一个目标集来概括：

$$\boldsymbol{x}(t_f) \in S \tag{2-98}$$

最优控制的所谓最优，从数学上讲就是要使性能指标函数达到极值。因此，性能指标函数反映了实际控制问题的优化需求，典型的最优控制问题有如下五类。

（1）最小时间问题：其性能指标函数通常取为

$$J = t_f - t_0 = \int_{t_0}^{t_f} \mathrm{d}t \tag{2-99}$$

（2）最小燃料优化问题：其性能指标函数通常取为

$$J = \int_{t_0}^{t_f} |\boldsymbol{u}(t)| \mathrm{d}t \tag{2-100}$$

（3）最小能量控制问题：其性能指标函数通常取为

$$J = \int_{t_0}^{t_f} \boldsymbol{u}(t)^{\mathrm{T}} \boldsymbol{u}(t) \mathrm{d}t \tag{2-101}$$

（4）线性调节器问题：如果控制器设计的目的是要保持系统处于平衡状态，即系统能从任何初始状态返回到平衡状态，这种系统称为线性调节器。如果同时考虑控制能量的消耗，其性能指标通常取为如下的二次型形式：

$$J = \frac{1}{2}\int_{t_0}^{t_f} [\boldsymbol{x}(t)^{\mathrm{T}} \boldsymbol{Q} \boldsymbol{x}(t) + \boldsymbol{u}(t)^{\mathrm{T}} \boldsymbol{R} \boldsymbol{u}(t)] \mathrm{d}t \tag{2-102}$$

式中：$\boldsymbol{Q}$ 和 $\boldsymbol{R}$ 为加权矩阵，反映了对 $\boldsymbol{x}$ 和 $\boldsymbol{u}$ 内不同成分的不同重视程度；积分项内的第一部分表示调节过程的平稳性、快速性及精确性要求，第二部分表示能量消耗要求。

（5）状态跟踪器问题：如果在控制过程中要求状态 $\boldsymbol{x}(t)$ 跟踪目标轨线 $\boldsymbol{x}_d(t)$，则这类系统为状态跟踪问题。同时考虑控制能量的消耗，其性能指标通常可取为

$$J = \frac{1}{2}\int_{t_0}^{t_f} [\boldsymbol{x}(t) - \boldsymbol{x}_d(t)]^{\mathrm{T}} \boldsymbol{Q} [\boldsymbol{x}(t) - \boldsymbol{x}_d(t)] + \boldsymbol{u}(t)^{\mathrm{T}} \boldsymbol{R} \boldsymbol{u}(t) \mathrm{d}t \tag{2-103}$$

**2. 最优控制问题的求解**

最优控制的求解方法大致可以分为解析法和数值法两种。对于性能指标函数及约束条件具有简单且明确的数学表达式的最优控制问题，通常可采用解析法来解决，如极小值原理或动态规划法。本小节将分别介绍这两种方法在连续系统最优控制问题中的应用。除此之外，当性能指标函数或约束条件复杂到无法用解析法求解时，通常采用数值法来解决。

1）连续系统的最优控制问题

设连续系统动态方程为

$$\dot{\boldsymbol{x}}(t) = \boldsymbol{f}[\boldsymbol{x}(t), \boldsymbol{u}(t), t], \quad \boldsymbol{x}(t_0) = \boldsymbol{x}_0, \ \boldsymbol{u}(t) \in U \tag{2-104}$$

性能指标函数为

$$J=\theta[\boldsymbol{x}(t_f),t_f]+\int_{t_0}^{t_f}F[\boldsymbol{x}(t),\boldsymbol{u}(t),t]\mathrm{d}t \tag{2-105}$$

边界条件可以固定、自由或受目标轨线约束。期望通过最优控制策略 $\boldsymbol{u}^*(t)$ 的设计使得 $J$ 最小。

2）使用极小值原理求解连续系统的最优控制问题

极小值原理是由苏联学者庞特里亚金于 1956 年提出的，该方法由变分法引申而来，结论与古典变分法的结论极为相似。但是，由于它能应用于控制变量受边界限制的情况，并不要求哈密尔顿函数 $H$ 对 $\boldsymbol{u}$ 连续可微，因此其适用范围相较于变分法扩大了。针对上述最优控制问题，可使用极小值原理进行解决。

首先列写哈密尔顿函数：

$$H(\boldsymbol{x},\boldsymbol{u},\boldsymbol{\lambda})=F[\boldsymbol{x}(t),\boldsymbol{u}(t),t]+\boldsymbol{\lambda}^{\mathrm{T}}\boldsymbol{f}(\boldsymbol{x},\boldsymbol{u},t) \tag{2-106}$$

式中：$\boldsymbol{\lambda}$ 为拉格朗日乘子。

由此得到正则方程为

$$\dot{\boldsymbol{x}}^*(t)=\left.\frac{\partial H}{\partial \boldsymbol{\lambda}}\right|_* \tag{2-107}$$

$$\dot{\boldsymbol{\lambda}}^*(t)=-\left.\frac{\partial H}{\partial \boldsymbol{x}}\right|_* \tag{2-108}$$

由于控制变量受到边界约束的存在，表示为哈密尔顿函数对应最优控制时为极小值的条件：

$$\min_{\boldsymbol{u}\in U}H[\dot{\boldsymbol{x}}^*(t),\boldsymbol{u}(t),\boldsymbol{\lambda}^*(t),t]=H[\dot{\boldsymbol{x}}^*(t),\boldsymbol{u}^*(t),\boldsymbol{\lambda}^*(t),t] \tag{2-109}$$

或

$$H[\dot{\boldsymbol{x}}^*(t),\boldsymbol{u}^*(t),\boldsymbol{\lambda}^*(t),t]\leqslant H_{\boldsymbol{u}\in U}[\dot{\boldsymbol{x}}^*(t),\boldsymbol{u}(t),\boldsymbol{\lambda}^*(t),t] \tag{2-110}$$

对于边界条件，根据不同边界情况，$\boldsymbol{x}^*(t)$ 及 $\boldsymbol{\lambda}^*(t)$ 满足相应的边界条件和横截条件。

结合正则方程、控制方程和边界条件，可求解得到最优控制律。

3）使用动态规划法求解连续系统的最优控制问题

动态规划法是由美国学者贝尔曼于 1957 年提出的，该方法将复杂的最优控制问题变成多级决策过程的递推函数关系，其基础和核心是最优性原理。针对上述最优控制问题，可使用动态规划法进行解决。

在利用动态规划法进行连续系统的最优控制问题求解前，首先给出最优性原理的叙述。一个最优决策具有这样的性质，不论初始状态和初始决策怎样，其他的决策对于第一次决策所造成的状态来说，必须构成一个最优决策，称为最优性原理。

对应于性能指标的值函数可表示为

$$V(\boldsymbol{x}_0,t_0)=\min_{\boldsymbol{u}\in U}\left\{\theta[\boldsymbol{x}(t_f),t_f]+\int_{t_0}^{t_f}F[\boldsymbol{x}(t),\boldsymbol{u}(t),t]\mathrm{d}t\right\} \tag{2-111}$$

则

$$V(\boldsymbol{x}_f,t_f)=\theta[\boldsymbol{x}(t_f),t_f] \tag{2-112}$$

设时刻 $t$ 在区间 $[t_0,t_f]$ 内，根据最优性原理，从 $t_0$ 到 $t_f$ 这一段过程必须构成最优过程，这一过程的性能指标极小值可表示为

$$V(\boldsymbol{x}(t),t)=\min_{\boldsymbol{u}\in U}\left\{\theta[\boldsymbol{x}(t_f),t_f]+\int_{t_0}^{t_f}F[\boldsymbol{x}(t),\boldsymbol{u}(t),t]\mathrm{d}t\right\} \tag{2-113}$$

将 $[t_0,t_f]$ 这段最优控制过程分为两步：第一步由 $t$ 到 $t+\Delta$，$\Delta$ 是一很小的时间间隔；第二步由 $t+\Delta$ 到 $t_f$，于是有

$$V(\boldsymbol{x}(t),t)=\min_{\boldsymbol{u}\in U}\left\{\theta[\boldsymbol{x}(t_f),t_f]+\int_{t}^{t+\Delta}F[\boldsymbol{x}(t),\boldsymbol{u}(t),t]\mathrm{d}t+\int_{t+\Delta}^{t_f}F[\boldsymbol{x}(t),\boldsymbol{u}(t),t]\mathrm{d}t\right\} \tag{2-114}$$

根据最优性原理，从 $t+\Delta$ 到 $t_f$ 这一段过程也应当构成最优过程，其性能指标极小值可表示为

$$V(\boldsymbol{x}(t+\Delta),t+\Delta)=\min_{\boldsymbol{u}\in U}\left\{\theta[\boldsymbol{x}(t_f),t_f]+\int_{t+\Delta}^{t_f}F[\boldsymbol{x}(t),\boldsymbol{u}(t),t]\mathrm{d}t\right\} \tag{2-115}$$

则

$$V(\boldsymbol{x}(t),t)=\min_{\boldsymbol{u}\in U}\left\{\int_{t}^{t+\Delta}F[\boldsymbol{x}(t),\boldsymbol{u}(t),t]\mathrm{d}t+V(\boldsymbol{x}(t+\Delta),t+\Delta)\right\} \tag{2-116}$$

由于 $\Delta$ 是小量，式（2-116）可写为

$$V(\boldsymbol{x}(t),t)=\min_{\boldsymbol{u}\in U}\{F[\boldsymbol{x}(t),\boldsymbol{u}(t),t]\Delta+V(\boldsymbol{x}(t+\Delta),t+\Delta)\} \tag{2-117}$$

将 $V(\boldsymbol{x}(t+\Delta),t+\Delta)$ 用泰勒级数展开可得

$$V(\boldsymbol{x}(t+\Delta),t+\Delta)=V(\boldsymbol{x}(t),t)+\left[\frac{\partial V}{\partial \boldsymbol{x}}\right]^{\mathrm{T}}\dot{\boldsymbol{x}}\Delta+\frac{\partial V}{\partial t}\Delta+\varepsilon(\Delta^2) \tag{2-118}$$

式中：$\varepsilon(\Delta^2)$ 为二次及二次以上各项。

将式（2-118）代入式（2-117）中可得

$$V(\boldsymbol{x}(t),t)=\min_{\boldsymbol{u}\in U}\left\{F[\boldsymbol{x}(t),\boldsymbol{u}(t),t]\Delta+V(\boldsymbol{x}(t),t)+\left[\frac{\partial V}{\partial \boldsymbol{x}}\right]^{\mathrm{T}}\dot{\boldsymbol{x}}\Delta+\frac{\partial V}{\partial t}\Delta+\varepsilon(\Delta^2)\right\} \tag{2-119}$$

由于 $V(\boldsymbol{x}(t),t)$ 不是 $\boldsymbol{u}$ 的函数，从而 $\partial V/\partial t$ 也不是 $\boldsymbol{u}$ 的函数，因此不受最小化运算的影响，可从最小化运算符号中析出，则

$$V(\boldsymbol{x}(t),t)=\min_{\boldsymbol{u}\in U}\left\{F[\boldsymbol{x}(t),\boldsymbol{u}(t),t]\Delta+\left[\frac{\partial V}{\partial \boldsymbol{x}}\right]^{\mathrm{T}}\dot{\boldsymbol{x}}\Delta\right\}+V(\boldsymbol{x}(t),t)+\frac{\partial V}{\partial t}\Delta+\varepsilon(\Delta^2) \tag{2-120}$$

简化式（2-120），并以 $\Delta$ 除之，再取 $\Delta\to 0$，则

$$-\frac{\partial V}{\partial t}=\min_{\boldsymbol{u}\in U}\left\{F[\boldsymbol{x}(t),\boldsymbol{u}(t),t]+\left[\frac{\partial V}{\partial \boldsymbol{x}}\right]^{\mathrm{T}}\boldsymbol{f}[\boldsymbol{x},\boldsymbol{u},t]\right\} \tag{2-121}$$

定义下列函数

$$H\left(\boldsymbol{x},\boldsymbol{u},\frac{\partial V}{\partial \boldsymbol{x}},t\right)=F[\boldsymbol{x}(t),\boldsymbol{u}(t),t]+\left[\frac{\partial V}{\partial \boldsymbol{x}}\right]^{\mathrm{T}}\boldsymbol{f}[\boldsymbol{x},\boldsymbol{u},t]\Bigg\}\tag{2-122}$$

则

$$-\frac{\partial V}{\partial t}=\min_{\boldsymbol{u}\in U}H\left[\boldsymbol{x},\boldsymbol{u},\frac{\partial V}{\partial \boldsymbol{x}},t\right]\tag{2-123}$$

如求得最优控制 $\boldsymbol{u}^*(t)$，则下式成立：

$$-\frac{\partial V}{\partial t}=H\left[\boldsymbol{x},\boldsymbol{u}^*,\frac{\partial V}{\partial \boldsymbol{x}},t\right]\tag{2-124}$$

式（2-124）称为哈密尔顿-雅克比（Hamilton-Jacobi，HJ）方程。当 $\boldsymbol{u}$ 不受限制时，可由

$$\frac{\partial H}{\partial \boldsymbol{u}}=0\tag{2-125}$$

解得 $\boldsymbol{u}^*$，记为

$$\boldsymbol{u}^*(t)=\boldsymbol{u}^*\left[\boldsymbol{x},\frac{\partial V}{\partial \boldsymbol{x}},t\right]\tag{2-126}$$

将式（2-126）代入 HJ 方程，并根据如下边界条件：

$$V[\boldsymbol{x}(t_f),t_f]=\theta[\boldsymbol{x}(t_f),t_f]\tag{2-127}$$

可以解出值函数 $V[\boldsymbol{x}(t_f),t_f]$。再将其代回式（2-126）中，就可获得最优控制。这是一个状态反馈控制规律，由此可实现闭环最优控制。

## 2.3.2 两种典型最优控制问题的控制策略

### 1. 无限时间线性二次型调节器控制

对于如下线性定常系统：

$$\dot{\boldsymbol{x}}=\boldsymbol{A}\boldsymbol{x}+\boldsymbol{B}\boldsymbol{u}\tag{2-128}$$

其中，系统是完全能控的。性能指标函数具有如下二次型形式：

$$J(\boldsymbol{x},\boldsymbol{u})=\int_0^{\infty}\frac{1}{2}(\boldsymbol{x}^{\mathrm{T}}\boldsymbol{Q}\boldsymbol{x}+\boldsymbol{u}^{\mathrm{T}}\boldsymbol{R}\boldsymbol{u})\mathrm{d}t\tag{2-129}$$

式中：$\boldsymbol{Q}$ 和 $\boldsymbol{R}$ 均为常值的对称正定加权矩阵。要求最优控制策略，使得性能指标 $J$ 为最小。该问题被称为无限时间线性二次型调节器问题。

对于该问题，最优控制策略可通过极小值原理或动态规划得到。

首先，构造最优控制问题的哈密尔顿函数：

$$H=\frac{1}{2}(\boldsymbol{x}^{\mathrm{T}}\boldsymbol{Q}\boldsymbol{x}+\boldsymbol{u}^{\mathrm{T}}\boldsymbol{R}\boldsymbol{u})+\boldsymbol{\lambda}^{\mathrm{T}}(\boldsymbol{A}\boldsymbol{x}+\boldsymbol{B}\boldsymbol{u})\tag{2-130}$$

式中：$\boldsymbol{\lambda}$ 为拉格朗日乘子。

由此，正则方程为

$$\begin{cases}\dot{\boldsymbol{x}}^*=\boldsymbol{A}\boldsymbol{x}^*+\boldsymbol{B}\boldsymbol{u}^*\\ \dot{\boldsymbol{\lambda}}^*=-\boldsymbol{Q}\boldsymbol{x}^*-\boldsymbol{A}^{\mathrm{T}}\boldsymbol{\lambda}^*\end{cases}\tag{2-131}$$

由于控制不受约束，控制方程满足

$$\frac{\partial H}{\partial \boldsymbol{u}}=\boldsymbol{R}\boldsymbol{u}^{*}+\boldsymbol{B}^{\mathrm{T}}\boldsymbol{\lambda}=0\Rightarrow \boldsymbol{u}^{*}=-\boldsymbol{R}^{-1}\boldsymbol{B}^{\mathrm{T}}\boldsymbol{\lambda}^{*} \tag{2-132}$$

此外，$\boldsymbol{x}^{*}$ 和 $\boldsymbol{\lambda}^{*}$ 还应满足相应的边界条件和横截条件：

$$\begin{cases}\boldsymbol{x}^{*}(t_0)=\boldsymbol{x}_0\\ \boldsymbol{\lambda}^{*}(t_f)=0\end{cases} \tag{2-133}$$

假设任何时刻 $\boldsymbol{x}$ 和 $\boldsymbol{\lambda}$ 均存在如下线性关系：

$$\boldsymbol{\lambda}^{*}=\boldsymbol{P}\boldsymbol{x}^{*} \tag{2-134}$$

式中：$\boldsymbol{P}$ 为对称正定矩阵。对其求导数可得

$$\dot{\boldsymbol{\lambda}}^{*}=\dot{\boldsymbol{P}}\boldsymbol{x}^{*}+\boldsymbol{P}\dot{\boldsymbol{x}}^{*} \tag{2-135}$$

结合正则方程和控制方程，可以得到如下关系：

$$\begin{cases}\dot{\boldsymbol{\lambda}}^{*}=[\dot{\boldsymbol{P}}+\boldsymbol{P}\boldsymbol{A}-\boldsymbol{B}\boldsymbol{R}^{-1}\boldsymbol{B}^{\mathrm{T}}\boldsymbol{P}]\boldsymbol{x}^{*}\\ \dot{\boldsymbol{\lambda}}^{*}=[-\boldsymbol{Q}-\boldsymbol{A}^{\mathrm{T}}\boldsymbol{P}]\boldsymbol{x}^{*}\end{cases} \tag{2-136}$$

结合式（2-133），可以得到

$$\boldsymbol{P}\boldsymbol{A}+\boldsymbol{A}^{\mathrm{T}}\boldsymbol{P}-\boldsymbol{B}\boldsymbol{R}^{-1}\boldsymbol{B}^{\mathrm{T}}\boldsymbol{P}+\boldsymbol{Q}=\boldsymbol{0} \tag{2-137}$$

式（2-137）称为黎卡提矩阵代数方程，通过对该式的求解可以得到矩阵 $\boldsymbol{P}$，从而得到最优控制策略：

$$\boldsymbol{u}^{*}=-\boldsymbol{R}^{-1}\boldsymbol{B}^{\mathrm{T}}\boldsymbol{P}\boldsymbol{x} \tag{2-138}$$

显然，这是一个状态线性反馈控制。

**2. 模型预测控制**

最优控制问题需要在整个控制时间域上进行优化，而模型预测控制退而求其次地仅仅考虑未来几个时间步的优化，可以视为最优控制的一种扩展，具有控制效果好、鲁棒性强、方便处理约束等特点。

模型预测控制的基本原理是，以当前采样点的状态作为初始状态，预测未来采样点的状态，通过在线求解一个关于这些状态的有限时域开环最优控制问题，获得一组控制序列，但只将控制序列中的第一项应用于控制系统中。模型预测控制方法包括三大部分：预测模型、在线优化和反馈校正。预测模型的功能是根据过去的输入和状态以及预测的输入计算未来的输出，不同的模型表示方式对应的预测控制算法也不同。滚动优化是模型预测控制区别于传统最优控制算法的主要特点，优化不是一次离线进行的，而是反复在线进行的。在每个采样时刻，优化问题是仅包含一段有限时域的开环优化问题，优化问题产生的最优控制序列中只有当前控制会应用到系统中。到下一个采样时刻，优化时域会随着时刻的推移向前平移。随着滚动优化的进行，有限时域的优化控制问题最终等效于改进的无限时域优化问题。反馈校正可以在一定程度上补偿实际系统中不可避免的模型失配和不确定性扰动。在每个采样时刻，先利用反馈控制更新对系统状态的预测值，

再进行优化求解，使得优化结果更加准确。下面给出的是状态空间模型下的模型预测控制方法设计过程。

根据固定采样时间间隔 $\Delta t$，将整个控制时长 $[t_0, t_f]$ 分为 $N_s$ 份，即 $[t_0, t_1, \cdots, t_k, \cdots, t_{N_s-1}, t_f]$，那么采样时刻 $t_k$ 对应的离散时间状态空间模型为

$$\boldsymbol{x}(k+1)=\boldsymbol{A}\boldsymbol{x}(k)+\boldsymbol{B}\boldsymbol{u}(k) \tag{2-139}$$

通过递归的方法可以得到从采样时刻 $t_k$ 起未来第 $i$ 步的模型：

$$\boldsymbol{x}(k+i)=\boldsymbol{A}^i\boldsymbol{x}(k)+\sum_{j=0}^{j=i}\boldsymbol{A}^j\boldsymbol{B}\boldsymbol{u}(k+j) \tag{2-140}$$

设预测时域的步长为 $N$，采样时刻 $t_k$ 的预测模型是对未来 $N$ 步模型的综合，则有

$$\begin{bmatrix}\boldsymbol{x}(k+1)\\ \boldsymbol{x}(k+2)\\ \vdots\\ \boldsymbol{x}(k+N)\end{bmatrix}=\begin{bmatrix}\boldsymbol{A}\\ \boldsymbol{A}^2\\ \vdots\\ \boldsymbol{A}^N\end{bmatrix}\boldsymbol{x}(k)+\begin{bmatrix}\boldsymbol{B} & & & \\ \boldsymbol{A}\boldsymbol{B} & \boldsymbol{B} & & \\ \vdots & \vdots & \vdots & \\ \boldsymbol{A}^{N-1} & \boldsymbol{A}^{N-2} & \cdots & \boldsymbol{A}\end{bmatrix}\begin{bmatrix}\boldsymbol{u}(k)\\ \boldsymbol{u}(k+1)\\ \vdots\\ \boldsymbol{u}(k+N-1)\end{bmatrix} \tag{2-141}$$

令预测时域的状态矢量和控制矢量分别为

$$\boldsymbol{X}_k=\begin{bmatrix}\boldsymbol{x}(k+1)\\ \boldsymbol{x}(k+2)\\ \vdots\\ \boldsymbol{x}(k+N)\end{bmatrix},\ \boldsymbol{U}_k=\begin{bmatrix}\boldsymbol{u}(k)\\ \boldsymbol{u}(k+1)\\ \vdots\\ \boldsymbol{u}(k+N-1)\end{bmatrix}$$

则预测模型式（2-141）可以整理为

$$\boldsymbol{X}_k=\boldsymbol{\Lambda}\boldsymbol{x}(k)+\boldsymbol{\Theta}\boldsymbol{U}_k \tag{2-142}$$

在性能指标函数设计中：一方面期望预测状态尽可能与参考轨迹接近；另一方面考虑到对能量消耗的优化，因此设计有限时域 $[t_k, t_{k+N-1}]$ 的性能指标函数如下：

$$\begin{aligned}J(\boldsymbol{x}(k))=&\sum_{i=1}^{N}(\boldsymbol{x}(k+i)-\boldsymbol{r}(k+i))^{\mathrm{T}}\boldsymbol{Q}(\boldsymbol{x}(k+i)-\boldsymbol{r}(k+i))+\\&\boldsymbol{u}(k+i-1)^{\mathrm{T}}\boldsymbol{R}\boldsymbol{u}(k+i-1)\end{aligned} \tag{2-143}$$

将式（2-143）写为矩阵形式，有

$$J(\boldsymbol{x}(k))=(\boldsymbol{X}_k-\boldsymbol{D}_k)^{\mathrm{T}}\overline{\boldsymbol{Q}}(\boldsymbol{X}_k-\boldsymbol{D}_k)+\boldsymbol{U}_k^{\mathrm{T}}\overline{\boldsymbol{R}}\boldsymbol{U}_k \tag{2-144}$$

式中：$\overline{\boldsymbol{Q}}=\boldsymbol{I}_N\otimes\boldsymbol{Q}$，$\overline{\boldsymbol{R}}=\boldsymbol{I}_N\otimes\boldsymbol{R}$，$\boldsymbol{D}_k$ 为参考轨迹在预测时域的增广表示。

综合控制过程中要满足的约束，模型预测控制问题在每个采样时刻要求解的优化问题可以表示为

$$\begin{cases}\min J(\boldsymbol{x}(k))=(\boldsymbol{X}_k-\boldsymbol{D}_k)^{\mathrm{T}}\overline{\boldsymbol{Q}}(\boldsymbol{X}_k-\boldsymbol{D}_k)+\boldsymbol{U}_k^{\mathrm{T}}\overline{\boldsymbol{R}}\boldsymbol{U}_k\\ \text{s. t.}\begin{cases}\boldsymbol{X}_k=\boldsymbol{\Lambda}\boldsymbol{x}(k)+\boldsymbol{\Theta}\boldsymbol{U}_k\\ \boldsymbol{U}_k\in\gamma\\ \boldsymbol{X}_k\in\boldsymbol{\Gamma}\end{cases}\end{cases} \tag{2-145}$$

这个问题属于约束二次规划问题，在实际应用中可采用标准化软件进行求解。

## 2.4 微分博弈基础

### 2.4.1 微分博弈概念与分类

微分博弈属于动态博弈范畴，所谓动态博弈，即博弈中的任何一位参与者在某个时间点的行动依赖于该参与者之前的行动。微分博弈是指参与者在进行博弈活动时，基于微分方程描述及分析博弈现象或规律的一种动态博弈方法，是处理双方或多方连续动态冲突、竞争或合作问题的一种数学工具。

与其他博弈活动相同，任意一个微分博弈活动都包含三个基本要素，即参与者、策略、支付或收益（性能指标函数）。参与者是决策主体，一般可通过 $\mathcal{N}=\{1,2,\cdots,n\}$ 表示一个 $n$ 人博弈的参与者集合；$\mathcal{U}_i$ 为参与者 $i\in\mathcal{N}$ 的策略集合，$\mathcal{U}=\{\mathcal{U}_1,\mathcal{U}_2,\cdots,\mathcal{U}_n\}$ 表示所有参与者的策略集合，$\boldsymbol{u}=\{\boldsymbol{u}_1,\boldsymbol{u}_2,\cdots,\boldsymbol{u}_n\}$ 表示参与者的策略组合，其中 $\boldsymbol{u}_i\in\mathcal{U}_i$ 为参与者 $i\in\mathcal{N}$ 的可选策略；参与者 $i\in\mathcal{N}$ 的支付或收益 $J_i$ 用于度量其在博弈中所获得的收益。参与者的目标通常为极小化支付或极大化收益。

在一个由 $n$ 个参与者构成的微分博弈中，参与者之间具有如下式给出的耦合动力学关系：

$$\dot{\boldsymbol{x}}=\boldsymbol{f}(\boldsymbol{x},\boldsymbol{u}_1,\cdots,\boldsymbol{u}_n,t),\quad \boldsymbol{x}(t_0)=\boldsymbol{x}_0 \tag{2-146}$$

式中：$\boldsymbol{x}\in\mathbb{R}^n$ 为系统状态；$\boldsymbol{x}(t_0)$ 为初始状态；$\boldsymbol{u}_i\in\mathbb{R}^{m_i}(i\in\mathcal{N})$ 为参与者 $i$ 的决策变量（或控制输入）。

参与者 $i$ 的性能指标函数为

$$J_i=\phi_i(\boldsymbol{x}(t_f),t_f)+\int_{t_0}^{t_f}L_i(\boldsymbol{x},\boldsymbol{u}_1,\cdots,\boldsymbol{u}_n,t)\,\mathrm{d}t\quad(i=1,2,\cdots,n) \tag{2-147}$$

函数 $\phi_i(i=1,2,\cdots,n)$ 为终端收益函数。

根据参与者能否达成具有强制执行力的合作协议，微分博弈可分为非合作微分博弈和合作微分博弈两类。下面分别对非合作微分博弈与合作微分博弈进行介绍。

**1. 非合作微分博弈**

具有式（2-146）中动力学方程和式（2-147）中性能指标函数的非合作微分博弈的数学表达式如下：

$$\begin{cases}\min\quad J_i=\phi_i(\boldsymbol{x}(t_f),t_f)+\displaystyle\int_{t_0}^{t_f}L_i(\boldsymbol{x},\boldsymbol{u}_1,\cdots,\boldsymbol{u}_n,t)\,\mathrm{d}t\\ \text{s.t.}\quad \dot{\boldsymbol{x}}=\boldsymbol{f}(\boldsymbol{x},\boldsymbol{u}_1,\cdots,\boldsymbol{u}_n,t)\end{cases} \tag{2-148}$$

式（2-148）定义的非合作微分博弈中，各参与者独立进行其各自局部性能

指标函数 $J_i$ 的优化，实现其各自策略的迭代更新，以形成 Nash 均衡。下面给出 Nash 均衡的数学定义。

**定义 2.1**（可行策略）[5]：设 $\Omega \in \mathbb{R}^n$ 为 $\boldsymbol{x}$ 的可行约束集，策略 $\boldsymbol{u}(\boldsymbol{x})=\{\boldsymbol{u}_1(\boldsymbol{x}),\boldsymbol{u}_2(\boldsymbol{x}),\cdots,\boldsymbol{u}_n(\boldsymbol{x})\}$ 在 $\Omega$ 上相对于式（2-148）是可行的，记为 $\boldsymbol{u}(\boldsymbol{x})\in\mathcal{U}$，如果 $\boldsymbol{u}$ 在 $\Omega$ 上是连续的，$\boldsymbol{u}(\boldsymbol{0})=0$，$\boldsymbol{u}(\boldsymbol{x})$ 在 $\Omega$ 上可以使式（2-146）表示的系统稳定，且对于任意的 $\boldsymbol{x}_0\in\Omega$，式（2-147）是有限的。

**定义 2.2**（Nash 均衡）[5]：考虑式（2-148）给出的 $n$ 参与者非合作微分博弈，$N$ 元策略 $\boldsymbol{u}^*=\{\boldsymbol{u}_1^*,\boldsymbol{u}_2^*,\cdots,\boldsymbol{u}_n^*\}$ 构成该非合作微分博弈的 Nash 均衡，如果下述 $N$ 个不等式对于所有的 $\boldsymbol{u}_i^*$ 均成立：

$$J_i^*=J_i(\boldsymbol{u}_1^*,\boldsymbol{u}_2^*,\cdots,\boldsymbol{u}_n^*)\leqslant J_i(\boldsymbol{u}_1^*,\cdots,\boldsymbol{u}_{i-1}^*,\boldsymbol{u}_i,\boldsymbol{u}_{i+1}^*,\cdots,\boldsymbol{u}_n^*) \tag{2-149}$$

以下给出 Nash 均衡解的一个存在性条件[7]。

考虑式（2-148）中的 $n$ 参与者非合作微分博弈问题，设其策略组合 $\boldsymbol{u}=\{\boldsymbol{u}_1,\boldsymbol{u}_2,\cdots,\boldsymbol{u}_n\}$ 为分段连续映射函数，参与者 $i$ 的值函数为

$$V_i(t,\boldsymbol{x})=\inf_{\boldsymbol{u}\in\mathcal{U}}\left\{\phi_i(t_f,\boldsymbol{x}(t_f))+\int_t^{t_f}L_i(\tau,\boldsymbol{x},\boldsymbol{u})\,\mathrm{d}\tau\right\} \tag{2-150}$$

定义如下的哈密尔顿函数

$$H_i(t,\boldsymbol{x},\boldsymbol{u},\boldsymbol{\lambda}_i)=L_i(t,\boldsymbol{x},\boldsymbol{u})+\boldsymbol{\lambda}_i^{\mathrm{T}}\boldsymbol{f}(t,\boldsymbol{x},\boldsymbol{u}),\quad i\in\mathcal{N} \tag{2-151}$$

根据最优性原理，参与者 $i(i\in\mathcal{N})$ 的值函数满足下述 HJ 方程

$$\begin{cases}\dfrac{\partial V_i(t,\boldsymbol{x})}{\partial t}=\inf\limits_{\boldsymbol{u}_i\in\mathcal{U}_i}H_i\left(t,\boldsymbol{x},\boldsymbol{u}_1^*,\cdots,\boldsymbol{u}_{i-1}^*,\boldsymbol{u}_i,\boldsymbol{u}_{i+1}^*,\cdots,\boldsymbol{u}_n^*,\dfrac{\partial V_i}{\partial \boldsymbol{x}}\right)\\ V_i(t_f,\boldsymbol{x}(t_f))=\phi_i(t_f,\boldsymbol{x}(t_f)),\quad i\in\mathcal{N}\end{cases} \tag{2-152}$$

式（2-146）中，Nash 均衡存在的一个必要条件可通过如下定理给出[6-7]。

**定理 2.1**：若存在 $n$ 个 $C^1$ 值函数 $V_i(i\in\{1,2,\cdots,n\})$，$\boldsymbol{u}^*=\{\boldsymbol{u}_1^*,\boldsymbol{u}_2^*,\cdots,\boldsymbol{u}_n^*\}$ 为微分博弈式（2-148）的 Nash 均衡，则其必满足 HJ 方程。

通过求解式（2-152）中的 HJ 方程，即可获得各参与者非合作微分博弈的 Nash 均衡。根据式（2-152）可知，求解 Nash 均衡策略即是最小化哈密尔顿函数。

在一般情况下，很难实现对 Nash 均衡的准确逼近。此时，可使用如下定义的 $\varepsilon$-Nash 均衡，作为各参与者的近似博弈均衡控制策略。

**定义 2.3**（$\varepsilon$-Nash 均衡）[8]：考虑式（2-148）给出的 $n$ 参与者非合作微分博弈，$N$ 元策略 $\boldsymbol{u}^*=\{\boldsymbol{u}_1^*,\boldsymbol{u}_2^*,\cdots,\boldsymbol{u}_n^*\}$ 构成该非合作博弈的 $\varepsilon$-Nash 均衡，如果任意参与者均不可能通过单方策略调整使其性能指标函数优化量超过 $\varepsilon$，即下述 $N$ 个不等式对于所有的 $\boldsymbol{u}_i^*$ 均成立：

$$J_i^*=J_i(\boldsymbol{u}_1^*,\boldsymbol{u}_2^*,\cdots,\boldsymbol{u}_n^*)\leqslant J_i(\boldsymbol{u}_1^*,\cdots,\boldsymbol{u}_{i-1}^*,\boldsymbol{u}_i,\boldsymbol{u}_{i+1}^*,\cdots,\boldsymbol{u}_n^*)+\varepsilon \tag{2-153}$$

**2. 合作微分博弈**

具有式（2-146）中动力学方程和式（2-147）中性能指标函数的合作微分

博弈的数学表达式如下：

$$\begin{cases}\min\ J=\sum_{i=1}^{n}\alpha_i J_i \\ \text{s. t.}\ \ \dot{\boldsymbol{x}}=\boldsymbol{f}(t,\boldsymbol{x},\boldsymbol{u}_1,\cdots,\boldsymbol{u}_n)\end{cases} \tag{2-154}$$

式中：$\alpha_i$ 为参与者 $i$ 的权重，反映其在博弈中的作用、地位或重要性，满足 $\alpha_i\in(0,1)$，$\sum_{i=1}^{n}\alpha_i=1(i\in\mathcal{N})$。

与非合作微分博弈不同，合作微分博弈中，全体参与者在博弈前达成了某种合作协议，同时改变其所有策略以实现其整体收益的最大化。式（2-154）定义的合作微分博弈中，各参与者通过优化其各自性能指标函数的加权组合实现所有参与者整体策略的优化，以达到帕累托最优均衡。帕累托最优的数学定义如下。

**定义 2.4**（帕累托最优）：在一个由 $n$ 参与者构成的合作博弈中，考虑任意两组从可行策略集中选择的策略 $\boldsymbol{u}$ 与 $\boldsymbol{\nu}$，其中 $\boldsymbol{u}=\{\boldsymbol{u}_1,\boldsymbol{u}_2,\cdots,\boldsymbol{u}_n\}$，$\boldsymbol{\nu}=\{\boldsymbol{\nu}_1,\boldsymbol{\nu}_2,\cdots,\boldsymbol{\nu}_n\}$，$\boldsymbol{u}_i$ 与 $\boldsymbol{\nu}_i$ 为参与者 $i$ 的策略。$\boldsymbol{\nu}$ 在帕累托意义下相对于 $\boldsymbol{u}$ 是占优的，当且仅当下面的关系式成立：

$$\begin{cases}J_i(\boldsymbol{\nu})\leqslant J_i(\boldsymbol{u}), & \forall i\in\mathbb{N} \\ J_j(\boldsymbol{\nu})<J_j(\boldsymbol{u}), & \exists i\in\mathbb{N}\end{cases} \tag{2-155}$$

如果不存在 $\boldsymbol{\nu}\in\mathcal{U}$ 使得 $\boldsymbol{\nu}$ 相对于 $\boldsymbol{u}^*$ 是占优的，$\boldsymbol{u}^*$ 为帕累托最优。

帕累托最优解对应于这样的一个状态，即任一参与者均不能在不使其他参与者性能指标函数受到损失的情况下，使得自己的性能指标函数得到进一步的优化。

下面讨论帕累托最优均衡的必要与充分条件[6]。下述定理给出了帕累托最优均衡的必要条件。

**定理 2.2**：微分博弈问题（2-154）的帕累托最优均衡满足如下方程：

$$\begin{cases}\dot{\boldsymbol{x}}^*(t)=\boldsymbol{f}(t,\boldsymbol{x}^*(t),\boldsymbol{u}_1^*(t),\cdots,\boldsymbol{u}_n^*(t)) \\ H(t,\boldsymbol{x}^*,\boldsymbol{u}^*,\boldsymbol{\lambda})\leqslant H(t,\boldsymbol{x}^*,\boldsymbol{u},\boldsymbol{\lambda}) \\ \dot{\boldsymbol{\lambda}}(t)=-\left(\sum_{i=1}^{n}\alpha_i\dfrac{\partial L_i}{\partial \boldsymbol{x}}+\boldsymbol{\lambda}(t)\dfrac{\partial \boldsymbol{f}}{\partial \boldsymbol{x}}\right) \\ \boldsymbol{x}^*(0)=\boldsymbol{x}_0\end{cases} \tag{2-156}$$

其中

$$H(t,\boldsymbol{x},\boldsymbol{u},\boldsymbol{\lambda})=\sum_{i=1}^{n}\alpha_i L_i(t,\boldsymbol{x},\boldsymbol{u})+\boldsymbol{\lambda}^{\mathrm{T}}\boldsymbol{f}(t,\boldsymbol{x},\boldsymbol{u}) \tag{2-157}$$

式中：函数 $L_i$、$\boldsymbol{f}$ 为连续可微函数。

下面讨论帕累托最优均衡的充分条件。为叙述方便，将帕累托最优均衡表述

为下述关于参数 $\alpha$ 的极小值优化问题：

$$\min_{\boldsymbol{u}} J(\boldsymbol{\alpha},\boldsymbol{u})=\sum_{i=1}^{n}\alpha_i J_i(\boldsymbol{u}) \tag{2-158}$$

式中：$\boldsymbol{\alpha}=[\alpha_1,\alpha_2,\cdots,\alpha_n]^{\mathrm{T}}$。

引入以下两个集合记号：

$$\begin{cases}S=\{J(\boldsymbol{u})\mid J_{\mathrm{I}}(\boldsymbol{\alpha},\boldsymbol{u})=\min\limits_{\boldsymbol{u}'}J(\boldsymbol{\alpha},\boldsymbol{u}'),\boldsymbol{\alpha}\in\boldsymbol{\psi}\}\\ \overline{S}=\{J(\boldsymbol{u})\mid J_{\mathrm{II}}(\boldsymbol{\alpha},\boldsymbol{u})=\min\limits_{\boldsymbol{u}'}J(\boldsymbol{\alpha},\boldsymbol{u}'),\boldsymbol{\alpha}\in\overline{\boldsymbol{\psi}}\}\end{cases} \tag{2-159}$$

式中：$\overline{\boldsymbol{\psi}}$ 为 $\boldsymbol{\psi}$ 的闭包，显然 $\overline{\boldsymbol{\psi}}$ 中的每个元素可视为参与者的权重矢量。记合作微分博弈式（2-154）所有非劣解对应的性能指标矢量构成的集合为 $\Gamma$，则有如下定理。

**定理 2.3**：设 $\boldsymbol{\psi}$ 为 $n$ 参与者合作微分博弈的非劣性能指标集，则有 $S\subseteq\Gamma$。

**证明**：用反证法。若存在 $J(\boldsymbol{u})\in S$，$J(\boldsymbol{u})\notin\Gamma$，则 $\boldsymbol{u}$ 不是帕累托最优策略，因此存在策略 $\overline{\boldsymbol{u}}$ 使得

$$J(\overline{\boldsymbol{u}})<J(\boldsymbol{u})$$

即存在 $i_0\in\mathcal{N}$，有

$$J_{i_0}(\overline{\boldsymbol{u}})<J_{i_0}(\boldsymbol{u})$$

而对任意的 $i\neq i_0$，$i\in\mathcal{N}$，有

$$J_i(\overline{\boldsymbol{u}})\leqslant J_i(\boldsymbol{u})$$

因此，对任意 $\boldsymbol{\alpha}\in\boldsymbol{\psi}$，有

$$\sum_{i=1}^{n}\alpha_i J_i(\overline{\boldsymbol{u}})<\sum_{i=1}^{n}\alpha_i J_i(\boldsymbol{u})$$

上式表明 $\boldsymbol{u}$ 不是极小值优化问题（2-158）的解，即 $J(\boldsymbol{u})\notin S$，这与 $J(\boldsymbol{u})\in S$ 矛盾。

定理 2.3 说明，当参与者 $i$ 的权值均为正数时，参与者 $i$ 在博弈中的确发挥了作用，此时由优化问题（2-158）求得的策略必定是帕累托最优的。因此，可以通过改变权值矢量 $\boldsymbol{\alpha}$ 求取其他帕累托最优策略。事实上，并非所有的帕累托最优策略均可通过优化问题（2-158）求得，为此给出以下定理。

**定理 2.4**：设可行策略集 $\mathcal{U}$ 为凸集，若每个性能指标函数 $J_i(\boldsymbol{u})\,(i\in\mathcal{N})$ 均为 $\boldsymbol{u}$ 的凸函数，则 $\Gamma\subseteq\overline{S}$。

定理 2.4 表明，当参与者的性能指标函数均为凸函数时，所有帕累托最优策略均可由非负线性加权系数极小值优化问题（2-158）求得。

### 2.4.2 线性二次型微分博弈

本小节介绍一种基础的微分博弈问题，即线性二次型微分博弈。

**1. 问题描述**

给定 $N$ 个参与者的动力学模型：

$$\dot{\boldsymbol{x}} = \boldsymbol{A}\boldsymbol{x} + \sum_{i=1}^{N} \boldsymbol{B}_i \boldsymbol{u}_i \tag{2-160}$$

式中：$\boldsymbol{x}$ 为系统状态；$\boldsymbol{u}_i$ 为参与者的博弈策略。

各参与者的局部性能指标函数定义为如下二次型形式：

$$J_i(t,\boldsymbol{x}_0,\boldsymbol{u}_i,\boldsymbol{u}_{\hat{i}}) = \int_0^{\infty} \left(\boldsymbol{x}^{\mathrm{T}}\boldsymbol{Q}_i\boldsymbol{x} + \sum_{i=1}^{N} \boldsymbol{u}_j^{\mathrm{T}}\boldsymbol{R}_{ij}\boldsymbol{u}_j\right) \mathrm{d}t, \quad i \in \Omega_N \tag{2-161}$$

式中：$N$ 为博弈参与者的数量；$\boldsymbol{x}_0$ 为组合体的初始状态；$\boldsymbol{u}_{\hat{i}}$为除了参与者 $A_i$ 之外的其他参与者的博弈控制策略；加权矩阵 $\boldsymbol{Q}_i \in \mathbb{R}^{6\times6}$和 $\boldsymbol{R}_{ij} \in \mathbb{R}^{3\times3}$均为对称正定矩阵。

给定容许反馈控制策略集 $\boldsymbol{u}(\boldsymbol{x}) \in \Psi(\Omega)$，对应于局部性能指标函数的值函数为

$$V_i(\boldsymbol{x}_t,\boldsymbol{u}_i,\boldsymbol{u}_{\hat{i}}) = \int_0^{\infty} \left(\boldsymbol{x}^{\mathrm{T}}\boldsymbol{Q}_i\boldsymbol{x} + \sum_{i=1}^{N} \boldsymbol{u}_j^{\mathrm{T}}\boldsymbol{R}_{ij}\boldsymbol{u}_j\right) \mathrm{d}t, \quad i \in \Omega_N \tag{2-162}$$

在考虑系统动力学的情况下，线性二次型微分博弈问题可以由下式描述：

$$\begin{cases} \min\ V^*(\boldsymbol{x}) = \min\limits_{\boldsymbol{u}_i} V_i(\boldsymbol{x}), \quad i \in \Omega_N \\ \text{s. t.}\ \ \dot{\boldsymbol{x}} = \boldsymbol{A}\boldsymbol{x} + \sum\limits_{i=1}^{N} \boldsymbol{B}_i\boldsymbol{u}_i \end{cases} \tag{2-163}$$

各博弈参与者通过独立求解上述问题，优化各自的局部性能指标函数获得纳什均衡策略，实现对期望状态的接近。在纳什均衡状态下，任意一个参与者无法通过单方面的策略调整实现值函数的进一步优化。

**2. 纳什均衡策略推导**

下面基于动态规划原理，构建 HJ 方程组，推导纳什均衡策略的状态反馈表达式。根据莱布尼兹公式（Leibniz's formula），值函数的微分等价形式记为

$$0 = \left(\boldsymbol{x}^{\mathrm{T}}\boldsymbol{Q}_i\boldsymbol{x} + \sum_{j=1}^{N} \boldsymbol{u}_j^{\mathrm{T}}\boldsymbol{R}_{ij}\boldsymbol{u}_j\right) + (\nabla V_i)^{\mathrm{T}}\left(\boldsymbol{A}\boldsymbol{x} + \sum_{j=1}^{N} \boldsymbol{B}_j\boldsymbol{u}_j\right), \quad i \in \Omega_N \tag{2-164}$$

式中：$\nabla V_i = \partial V_i / \partial \boldsymbol{x} \in \mathbb{R}^{6\times1}$且 $V_i(0) = 0$。因此，定义哈密尔顿函数为

$$H_i(\boldsymbol{x},\nabla V_i,\boldsymbol{u}_i,\boldsymbol{u}_{\hat{i}}) = \left(\boldsymbol{x}^{\mathrm{T}}\boldsymbol{Q}_i\boldsymbol{x} + \sum_{j=1}^{N} \boldsymbol{u}_j^{\mathrm{T}}\boldsymbol{R}_{ij}\boldsymbol{u}_j\right) + (\nabla V_i)^{\mathrm{T}}\left(\boldsymbol{A}\boldsymbol{x} + \sum_{j=1}^{N} \boldsymbol{B}_j\boldsymbol{u}_j\right), \quad i \in \Omega_N \tag{2-165}$$

根据静态条件（stationary condition）可得各博弈参与者的最优反馈控制策略的显式表达式：

$$\frac{\partial H_i}{\partial \boldsymbol{u}_i} = 0 \Rightarrow \boldsymbol{u}_i^* = -\frac{1}{2}\boldsymbol{R}_{ii}^{-1}\boldsymbol{B}_i^{\mathrm{T}}\,\nabla V_i^*, \quad i \in \Omega_N \tag{2-166}$$

将式（2-166）代入式（2-164）中，得到耦合的 HJ 方程组：

$$0=\boldsymbol{x}^{\mathrm{T}}\boldsymbol{Q}_i\boldsymbol{x}+\frac{1}{4}\sum_{j=1}^{N}(\nabla V_j^*)^{\mathrm{T}}\boldsymbol{B}_j\boldsymbol{R}_{jj}^{-1}\boldsymbol{R}_{ij}\boldsymbol{R}_{jj}^{-1}\boldsymbol{B}_j^{\mathrm{T}}\nabla V_j^*+ \\ (\nabla V_i^*)^{\mathrm{T}}(\boldsymbol{A}\boldsymbol{x})-\frac{1}{2}(\nabla V_i^*)^{\mathrm{T}}\sum_{j=1}^{N}\boldsymbol{B}_j\boldsymbol{R}_{jj}^{-1}\boldsymbol{B}_j^{\mathrm{T}}\nabla V_j^*,\quad i\in\Omega_N \tag{2-167}$$

通过求解上述 $N$ 个耦合的 HJ 方程组，可以得到$\nabla V_i^*$；通过将得到的$\nabla V_i^*$ 代入式（2-166），可以得到各博弈参与者的纳什均衡策略。然而，上述 HJ 方程组是一组耦合的偏微分方程组，难以得到解析解。

为了求解纳什均衡策略，下面将 HJ 方程组转化为一组耦合的代数黎卡提方程组来求解。假设最优值函数在状态 $\boldsymbol{x}(t)$ 下有二次型形式的解，即

$$V_i=\boldsymbol{x}^{\mathrm{T}}\boldsymbol{P}_i\boldsymbol{x},\quad i\in\Omega_N \tag{2-168}$$

式中：$\boldsymbol{P}_i\in\mathbb{R}^{6\times6}$为对称正定矩阵，则对应的最优反馈控制策略有如下形式：

$$\boldsymbol{u}_i=-\boldsymbol{R}_{ii}^{-1}\boldsymbol{B}_i^{\mathrm{T}}\boldsymbol{P}_i\boldsymbol{x},\quad i\in\Omega_N \tag{2-169}$$

将式（2-168）和式（2-169）代入式（2-167）可得

$$0=\boldsymbol{x}^{\mathrm{T}}\left(\boldsymbol{Q}_i+\boldsymbol{P}_i\boldsymbol{A}+\boldsymbol{A}^{\mathrm{T}}\boldsymbol{P}_i-2\boldsymbol{P}_i\sum_{j=1}^{N}\boldsymbol{B}_j\boldsymbol{R}_{jj}^{-1}\boldsymbol{B}_j^{\mathrm{T}}\boldsymbol{P}_j+ \\ \sum_{j=1}^{N}\boldsymbol{P}_j\boldsymbol{B}_j\boldsymbol{R}_{jj}^{-1}\boldsymbol{R}_{ij}\boldsymbol{R}_{jj}^{-1}\boldsymbol{B}_j^{\mathrm{T}}\boldsymbol{P}_j\right)\boldsymbol{x},\quad i\in\Omega_N \tag{2-170}$$

由于存在下式关系

$$\boldsymbol{x}^{\mathrm{T}}\sum_{j=1}^{N}(\boldsymbol{B}_j\boldsymbol{R}_{jj}^{-1}\boldsymbol{B}_j^{\mathrm{T}}\boldsymbol{P}_j)^{\mathrm{T}}\boldsymbol{P}_i\boldsymbol{x}+\boldsymbol{x}^{\mathrm{T}}\boldsymbol{P}_i\sum_{j=1}^{N}\boldsymbol{B}_j\boldsymbol{R}_{jj}^{-1}\boldsymbol{B}_j^{\mathrm{T}}\boldsymbol{P}_j\boldsymbol{x}=2\boldsymbol{x}^{\mathrm{T}}\boldsymbol{P}_i\sum_{j=1}^{N}\boldsymbol{B}_j\boldsymbol{R}_{jj}^{-1}\boldsymbol{B}_j^{\mathrm{T}}\boldsymbol{P}_j\boldsymbol{x}$$

因此可得

$$0=\boldsymbol{x}^{\mathrm{T}}\left[\boldsymbol{Q}_i+\boldsymbol{P}_i\left(\boldsymbol{A}-\sum_{j=1}^{N}\boldsymbol{B}_j\boldsymbol{R}_{jj}^{-1}\boldsymbol{B}_j^{\mathrm{T}}\boldsymbol{P}_j\right)+\left(\boldsymbol{A}-\sum_{j=1}^{N}\boldsymbol{B}_j\boldsymbol{R}_{jj}^{-1}\boldsymbol{B}_j^{\mathrm{T}}\boldsymbol{P}_j\right)^{\mathrm{T}}\boldsymbol{P}_i+ \\ \sum_{j=1}^{N}\boldsymbol{P}_j\boldsymbol{B}_j\boldsymbol{R}_{jj}^{-1}\boldsymbol{R}_{ij}\boldsymbol{R}_{jj}^{-1}\boldsymbol{B}_j^{\mathrm{T}}\boldsymbol{P}_j\right]\boldsymbol{x},\quad i\in\Omega_N \tag{2-171}$$

定义 $\boldsymbol{S}_i=\boldsymbol{B}_i\boldsymbol{R}_{ii}^{-1}\boldsymbol{B}_i^{\mathrm{T}}$，$\boldsymbol{S}_j=\boldsymbol{B}_j\boldsymbol{R}_{jj}^{-1}\boldsymbol{B}_j^{\mathrm{T}}$，$\boldsymbol{S}_{ji}=\boldsymbol{B}_j\boldsymbol{R}_{jj}^{-1}\boldsymbol{R}_{ij}\boldsymbol{R}_{jj}^{-1}\boldsymbol{B}_j^{\mathrm{T}}$，则可得到如下耦合代数黎卡提方程组：

$$0=\boldsymbol{Q}_i+\left(\boldsymbol{A}-\sum_{j=1}^{N}\boldsymbol{S}_j\boldsymbol{P}_j\right)^{\mathrm{T}}\boldsymbol{P}_i+\boldsymbol{P}_i\left(\boldsymbol{A}-\sum_{j=1}^{N}\boldsymbol{S}_j\boldsymbol{P}_j\right)+ \\ \boldsymbol{P}_i\boldsymbol{S}_i\boldsymbol{P}_i+\sum_{j\in N_i}\boldsymbol{P}_j\boldsymbol{S}_{ji}\boldsymbol{P}_j,\quad i\in\Omega_N \tag{2-172}$$

式中：$j\in N_i$ 为除了编号为 $i$ 之外的其他博弈参与者。通过对该耦合的代数黎卡提方程组进行求解，可以得到对称正定矩阵 $\boldsymbol{P}_i$，从而根据式（2-169）得到状态反馈控制策略。

**3. 李雅普诺夫迭代法求解**

对于代数黎卡提方程组的求解已有很多研究，如文献［9-11］。其中，李雅

普诺夫迭代法能将代数黎卡提方程组解耦为多个李雅普诺夫方程来迭代求解，具体的迭代公式如下式（2-173），收敛性证明可参考文献［10］：

$$\left(\boldsymbol{A}-\sum_{j=1}^{N}\boldsymbol{S}_j\boldsymbol{P}_j^{[k]}\right)^{\mathrm{T}}\boldsymbol{P}_i^{[k+1]}+\boldsymbol{P}_i^{[k+1]}\left(\boldsymbol{A}-\sum_{j=1}^{N}\boldsymbol{S}_j\boldsymbol{P}_j^{[k]}\right)=$$

$$-\left(\boldsymbol{Q}_i+\boldsymbol{P}_i^{[k]}\boldsymbol{S}_i\boldsymbol{P}_i^{[k]}+\sum_{j\in N_i}\boldsymbol{P}_j^{[k]}\boldsymbol{S}_{ji}\boldsymbol{P}_j^{[k]}\right),\quad k=0,1,2,\cdots,i\in\Omega_N \tag{2-173}$$

式中：右上角标$[k]$表示迭代次数。

而初始迭代矩阵 $\boldsymbol{P}^{[0]}$ 的选取由下列方程得到

$$\begin{cases}0=\boldsymbol{P}_1^{[0]}\boldsymbol{A}+\boldsymbol{A}^{\mathrm{T}}\boldsymbol{P}_1^{[0]}+\boldsymbol{Q}_1-\boldsymbol{P}_1^{[0]}\boldsymbol{S}_1\boldsymbol{P}_1^{[0]}\\ 0=\boldsymbol{P}_i^{[0]}\left(\boldsymbol{A}-\sum_{j=1}^{i-1}\boldsymbol{S}_j\boldsymbol{P}_j^{[0]}\right)+\left(\boldsymbol{A}-\sum_{j=1}^{i-1}\boldsymbol{S}_j\boldsymbol{P}_j^{(0)}\right)^{\mathrm{T}}\boldsymbol{P}_i^{(0)}+\\ \quad\left(\boldsymbol{Q}_i+\sum_{j=1}^{i-1}\boldsymbol{P}_j^{[0]}\boldsymbol{S}_{ji}\boldsymbol{P}_j^{[0]}-\boldsymbol{P}_i^{[0]}\boldsymbol{S}_i\boldsymbol{P}_i^{[0]}\right)\end{cases} \tag{2-174}$$

### 2.4.3 最优控制与微分博弈的联系与区别

根据 2.3 节的分析可知，最优控制是在考虑系统状态、控制等约束的情况下，设计能够使得给定性能指标函数最优的控制策略的方法。系统最优控制策略一般为一个函数，因此最优控制问题一般可被建模为一个带约束的泛函极值问题，系统的最优控制策略可通过求解该问题的解析解或数值解来获得。微分博弈本质上可以看作是最优控制问题的拓展，它将最优控制理论与博弈论相结合，研究多参与者的多目标最优控制问题。

通过对比 2.3.2 节的线性二次型调节器控制和 2.4.2 节的线性二次型微分博弈就可以看出二者之间的联系和区别。微分博弈中，各参与者可以拥有互相冲突或协作的局部性能指标函数，当各参与者仅追求各自局部性能指标函数的优化时，微分博弈能够处理其之间的冲突或竞争问题；当同时对所有参与者的性能指标函数进行优化时，可处理其之间的合作与协同问题。因此，微分博弈为解决包含竞争、冲突与合作的多参与者多目标优化问题提供了一种有效的理论分析工具。

## 2.5 分布式优化基础

### 2.5.1 航天器协作与分布式优化

多航天器协作旨在通过多个航天器的协同与合作以实现一个整体的任务目标。在这个过程中，各航天器可以通过优化包含能量/燃料消耗指标、任务目标完成度指标等在内的局部性能指标函数，获得各自的协同策略。一些协同作业任务中，期望尽可能地使参与任务的所有航天器的整体能量/燃料消耗量、任务目标完成度得到优化，这可以通过优化所有航天器局部性能指标函数加权组合的方式来实现。

多航天器系统本质上为一类网络化系统，具有典型的分布式特征。目前，求解网络化系统全局优化问题的方法主要有集中式方法和分布式方法两种。使用集中式方法进行网络化系统全局优化问题的求解时，需要一个中央处理器收集所有航天器的状态、目标函数、约束等信息，并在此基础上对所有航天器的协同策略进行优化。很显然，集中式方法具有抗单点故障鲁棒性和可靠性差、通信要求和计算负担高，以及灵活性和可扩展性有限等缺点。分布式方法允许各航天器通过与各自邻近航天器交互所获得的局部信息，在满足局部或者全局约束条件的情况下，通过对各自的策略进行更新，以相互协作的方式使得其整体的全局性能指标函数值达到最优。分布式方法的优化求解不依赖于中央处理器，可将通信负担、计算负担分担到各航天器上，而且具有更好的鲁棒性、容错性、灵活性与可扩展性。

在分布式优化方法的研究中，图论是重要的分析工具。本节首先介绍图论以及代数图论的一些基本知识；然后介绍几种典型的分布式优化问题的求解方法。

## 2.5.2 图论与代数图论基础

**1. 图论基础**

有向图或者无向图是用于描述某一时刻多智能体系统内部的通信与信息流感知交互情况的最直接有效的数学工具。在 $k$ 时刻（$k\geqslant 0$），描述多智能体系统网络通信拓扑的有向图可以表示为 $\mathcal{G}(k)=(\mathcal{V}(k),\mathcal{E}(k))$。其中，$\mathcal{V}(k)=\{1,2,\cdots,N(k)\}$ 为 $k$ 时刻的 $N(k)$ 个智能体构成的非空节点集合，$\mathcal{E}(k)\subset\mathcal{V}(k)\times\mathcal{V}(k)$ 为多智能体网络中节点间的有向边集合，其中边 $e_{ij}=(i,j)$，$i\in\mathcal{V}(k)$，$j\in\mathcal{V}(k)$，而且节点 $i$ 为边 $e_{ij}$ 的父节点，节点 $j$ 为边 $e_{ij}$ 的子节点，边 $e_{ij}$ 的方向为由节点 $i$ 指向节点 $j$。如果对 $\forall(i,j)\in\mathcal{E}(k)$，均有 $(j,i)\in\mathcal{E}(k)$，那么称该图为无向图。

在 $k$ 时刻，节点 $i$ 的邻居集由 $\mathcal{N}_i(k)=\{j\in\mathcal{V}(k)\mid(i,j)\in\mathcal{E}(k),i\neq j\}$ 表示。节点的入/出度是以该节点为子（父）节点的边的数目。节点的入度与出度之和为该节点的度。

有向图 $\mathcal{G}$ 中路 $\mathcal{P}=\{1,2,\cdots,p+1\}$ 定义为不同节点的有序集合，其中节点 $i\in\{1,2,\cdots,p\}$ 满足 $(i,i+1)\in\mathcal{E}$，无向图中的路也定义为不同节点的有序集合。一条除首尾节点之外所有节点不重复的闭环路 $\mathcal{P}=\{1,2,\cdots,p,1\}$，$p\geqslant 3$ 称为环。

有向图 $\mathcal{G}$ 为强连通，当且仅当图 $\mathcal{G}$ 的任意两个不同节点之间有一条路；图 $\mathcal{G}$ 为弱连通，如果对于图 $\mathcal{G}$ 任意两个不同的节点 $i$ 与 $j$，存在一个节点集合 $\{i_1=i, i_2,\cdots,i_m=j\}$，定义了一条从 $i$ 到 $j$ 的路，使得 $(i_k,i_{k+1})\in\mathcal{E}$ 或 $(i_{k+1},i_k)\in\mathcal{E}$；如果图 $\mathcal{G}$ 存在不相交的节点子集，且其之间不存在路，则为非连通图。

**2. 代数图论基础**

设在 $k$ 时刻（$k\geqslant0$）图 $\mathcal{G}$ 中包含有 $N$ 个节点，与图 $\mathcal{G}$ 相关的邻接矩阵 $\boldsymbol{A}(k)\in\mathbb{R}^{N\times N}$ 与拉普拉斯（Laplacian）矩阵 $\boldsymbol{L}(k)\in\mathbb{R}^{N\times N}$ 是描述图 $\mathcal{G}$ 中各个节点之间关系清晰、有用的矩阵，这里分别对其定义与性质进行介绍。

1）相关矩阵的定义

（1）邻接矩阵 $\boldsymbol{A}(k)$：图 $\mathcal{G}$ 的邻接矩阵 $\boldsymbol{A}(k)$ 为一个 $N\times N$ 的矩阵，其中元素 $a_{ij}$ 为边 $(i,j)$ 的权值，$a_{ij}(k)>0$，若 $(i,j)\in\mathcal{E}(k)$，$a_{ij}(k)=0$，若 $(i,j)\notin\mathcal{E}(k)$。

（2）拉普拉斯矩阵 $\boldsymbol{L}(k)$：图 $\mathcal{G}$ 的拉普拉斯矩阵 $\boldsymbol{L}(k)$ 可根据其邻接矩阵中的元素来进行定义：

$$\boldsymbol{L}_{ij}(k)=\begin{cases}-a_{ij}, & (i,j)\notin\mathcal{E}(k),\ i\neq j\\ \sum\limits_{j=1,j\neq i}^{N}a_{ij}, & i=j\\ 0, & \text{其他}\end{cases}\tag{2-175}$$

根据上面的定义不难看出，对于所有的图来说，其拉普拉斯矩阵的各行之和均为 0。

2）拉普拉斯矩阵 $\boldsymbol{L}(k)$ 的性质

图 $\mathcal{G}$ 的拉普拉斯矩阵 $\boldsymbol{L}(k)$ 的一些数学性质体现着图 $\mathcal{G}$ 的拓扑结构的重要特性，是分析分布式优化方法稳定性与收敛性重要的数学工具，下面简要介绍拉普拉斯矩阵 $\boldsymbol{L}(k)$ 的一些数学性质及其在图 $\mathcal{G}$ 拓扑结构分析中的应用。

（1）由于图 $\mathcal{G}$ 的拉普拉斯矩阵 $\boldsymbol{L}(k)$ 的各行之和均为 0，因此 $\boldsymbol{L}(k)$ 至少有一个零特征值，且其对应的特征矢量为 $N$ 维的全 1 列矢量。

（2）$\boldsymbol{L}(k)$ 是半正定矩阵。如果图 $\mathcal{G}$ 是无向图，$\boldsymbol{L}(k)$ 为一个实对称矩阵，$\boldsymbol{L}(k)$ 的所有非零特征值均为正数；如果图 $\mathcal{G}$ 是有向图，$\boldsymbol{L}(k)$ 的所有非零特征值均具有正实部。

（3）$\boldsymbol{L}(k)$ 的最小非零特征值体现了连通图 $\mathcal{G}$ 的代数连通度，是衡量分布式优化算法收敛速度的重要指标。

### 2.5.3 分布式优化问题及其求解算法

在一个包含 $N$ 个智能体的分布式优化问题中，每个智能体 $i$ 都可拥有一个局部目标函数 $\boldsymbol{f}_i(\boldsymbol{x})$，其中 $\boldsymbol{x}\in\mathbb{R}^n$ 为优化变量。分布式优化的目标即通过各智能体的局部计算与通信，以分布式的方式实现对其全局目标函数（所有智能体目标函数和）的优化，即

$$\min_{\boldsymbol{x}\in\mathbb{R}^n}\sum_{i=1}^{N}\boldsymbol{f}_i(\boldsymbol{x}) \tag{2-176}$$

根据是否存在约束条件，分布式优化问题可分为无约束优化问题和有约束优化问题。本小节分别介绍这两种分布式优化问题的求解算法。

**1. 无约束分布式优化问题求解算法**

分布式优化问题中，每个智能体在进行各自策略优化时：一方面利用自身的梯度信息，向能够使得其局部目标函数优化的方向进行优化变量的调整；另一方面，通过与其可通信的邻近智能体进行信息交互，来进行全局目标函数的优化与优化解的整体协调。分布式比例-积分算法是近年来发展起来的一种分布式优化算法，其中各智能体通过下式进行各自优化策略的更新，实现其全局目标函数的优化：

$$\begin{cases}\dot{\boldsymbol{x}}_i(t)=\sum\limits_{j=1}^{N}a_{ij}(\boldsymbol{x}_j(t)-\boldsymbol{x}_i(t))+\sum\limits_{j=1}^{N}a_{ij}(\boldsymbol{v}_j(t)-\boldsymbol{v}_i(t))-\nabla\boldsymbol{f}_i(\boldsymbol{x}_i(t))\\ \dot{\boldsymbol{v}}_i(t)=\sum\limits_{j=1}^{N}a_{ij}(\boldsymbol{x}_i(t)-\boldsymbol{x}_j(t))\end{cases} \tag{2-177}$$

分布式比例-积分算法的形式与比例-积分控制十分类似。式（2-177）中，梯度项$-\nabla\boldsymbol{f}_i(\boldsymbol{x}_i(t))$可使得每个智能体沿其局部目标函数梯度下降的方向进行优化解的更新，$\sum\limits_{j=1}^{N}a_{ij}(\boldsymbol{x}_j(t)-\boldsymbol{x}_i(t))$项能够使得各智能体之间的优化解趋于一致，而$\sum\limits_{j=1}^{N}a_{ij}(\boldsymbol{v}_j(t)-\boldsymbol{v}_i(t))$项为积分反馈项，可消除智能体优化解之间的误差。

式（2-177）给出了连续形式的分布式比例-积分算法，一些实际问题需要以离散的方式进行优化解的迭代更新，下式给出了离散形式的分布式比例-积分算法：

$$\begin{cases}\boldsymbol{x}_i(k+1)=\boldsymbol{x}_i(k)-\boldsymbol{v}_i(k)-\alpha\nabla\boldsymbol{f}_i(\boldsymbol{x}_i(k))-\beta\sum\limits_{j=1}^{N}a_{ij}(\boldsymbol{x}_i(k)-\boldsymbol{x}_j(k))\\ \boldsymbol{v}_i(k+1)=\boldsymbol{v}_i(k)+\alpha\beta\sum\limits_{j=1}^{N}a_{ij}(\boldsymbol{x}_i(k)-\boldsymbol{x}_j(k))\end{cases} \tag{2-178}$$

式中：$\boldsymbol{x}_i(k)$为智能体 $i$ 在 $k$ 时刻对全局优化解 $\boldsymbol{x}^*$ 的估计；$\alpha,\beta>0$ 为可调增益。

根据式（2-178），每个智能体在 $k$ 时刻可根据自身当前时刻的梯度信息、自身与邻近智能体的优化变量值来进行迭代寻优。式（2-177）和式（2-178）中分布式优化算法的收敛性证明可参见文献［12-13］。

**2. 具有约束的分布式优化问题求解算法**

前面讨论了无约束分布式优化问题及求解算法，大部分实际工程问题中的各智能体都会受到包含等式与不等式在内的多种形式的约束条件，这样的具有约束的分布式优化问题可被描述为

$$\min_{x\in\mathbb{R}^n}\sum_{i=1}^{N}f_i(\boldsymbol{x})$$
$$\text{s. t.}\begin{cases}\boldsymbol{x}\in\cap_{i=1}^{N}\Omega_i\\ \boldsymbol{g}(\boldsymbol{x})\leqslant\boldsymbol{0}_m\\ \boldsymbol{h}(\boldsymbol{x})=\boldsymbol{0}_p\end{cases}\tag{2-179}$$

式中：$\Omega_i$ 为智能体 $i$ 的局部约束集；$\boldsymbol{g}(\boldsymbol{x})\leqslant\boldsymbol{0}_m$ 包含 $m$ 个全局不等式约束；$\boldsymbol{h}(\boldsymbol{x})=\boldsymbol{0}_p$ 包含 $p$ 个全局等式约束。针对包含凸的智能体局部目标函数，凸约束的分布式优化问题，目前已有较多的分布式优化求解方法被提出[14-15]。近年来，针对非凸的分布式优化问题，学者们也提出了一些有效的求解方法[16]。

同时包含不等式约束与等式约束的分布式优化问题的求解一般涉及复杂的约束处理。很多工程问题仅包含一些常见的等式约束或不等式约束，有针对性地处理这些常见约束往往能够简化分布式优化问题的求解复杂度。文献［17］提出了一种高效简单的方法来解决下式给出的包含等式约束的分布式优化问题：

$$\begin{cases}\min\limits_{x} f(\boldsymbol{x})\\ \text{s. t.}\ \ \boldsymbol{A}\boldsymbol{x}=\boldsymbol{b}\end{cases}\tag{2-180}$$

其中

$$f(\boldsymbol{x})=\sum_{i=1}^{N}f_i(\boldsymbol{x}_i)=\sum_{i=1}^{N}\frac{1}{2}\boldsymbol{x}_i^{\mathrm{T}}\boldsymbol{x}_i\tag{2-181}$$

式中：$\boldsymbol{x}=[\boldsymbol{x}_1^{\mathrm{T}},\boldsymbol{x}_2^{\mathrm{T}},\cdots,\boldsymbol{x}_N^{\mathrm{T}}]^{\mathrm{T}}$，$\boldsymbol{x}_i\in\mathbb{R}^n$，函数 $f_i(\boldsymbol{x}_i)$ 是二次连续可微的凸函数，其二阶导数是有界的，即

$$\underline{\boldsymbol{l}}_i\leqslant\boldsymbol{f}_i''(\boldsymbol{x}_i)\leqslant\bar{\boldsymbol{l}}_i\tag{2-182}$$

其中，$\underline{\boldsymbol{l}}_i>0$。

针对式（2-180）中的分布式优化问题，文献［17］提出了如下的智能体优化变量更新律，从而在满足式（2-180）中约束条件的情况下使得式（2-180）中的目标函数值达到最小：

$$\boldsymbol{x}_i(k+1)=\boldsymbol{x}_i(k)-\left[\sum_{j=1}^{N}w_{ij}(\nabla\boldsymbol{f}_i(\boldsymbol{x}_i(k))-\nabla\boldsymbol{f}_j(\boldsymbol{x}_j(k)))\right]\tag{2-183}$$

式中：$w_{ii}$ 为智能体 $i$ 自身的权值；$w_{ij}$ 为智能体 $i$ 与 $j$ 之间的边 $(i,j)$ 所对应的权值，按如下的法则取值：

$$w_{ij}\begin{cases}\neq 0, & (i,j)\in E\\ =0, & (i,j)\notin E\end{cases}\tag{2-184}$$

式（2-183）可记为如下的矢量形式：

$$\boldsymbol{x}_{k+1}=\boldsymbol{x}_k-(\boldsymbol{W}\otimes\boldsymbol{I}_n)\nabla\boldsymbol{f}(\boldsymbol{x}(k))\tag{2-185}$$

式中：$\boldsymbol{W}$ 为由元素 $w_{ij}$ 组成的权值矩阵，则

$$\boldsymbol{x}(k)=[\boldsymbol{x}_1^{\mathrm{T}}(k),\cdots,\boldsymbol{x}_N^{\mathrm{T}}(k)]^{\mathrm{T}}$$

$$\nabla \boldsymbol{f}(\boldsymbol{x}(k))=[\nabla \boldsymbol{f}_1^{\mathrm{T}}(\boldsymbol{x}_1(k)),\cdots,\nabla \boldsymbol{f}_N^{\mathrm{T}}(\boldsymbol{x}_N(k))]^{\mathrm{T}}$$

可以证明，对于形如式（2-185）的分布式优化方法，如果多智能体系统状态矢量初值 $\boldsymbol{x}_0$ 满足约束条件：

$$\boldsymbol{A}\boldsymbol{x}_0=\boldsymbol{b} \tag{2-186}$$

权值矩阵满足如下约束条件：

$$\begin{cases}\boldsymbol{A}\boldsymbol{W}=0\\ \boldsymbol{W}\boldsymbol{A}^{\mathrm{T}}=0\\ \lambda_{m+1}(\overline{\boldsymbol{L}}_d^{1/2}(2\boldsymbol{W}-\boldsymbol{W}^{\mathrm{T}}\underline{\boldsymbol{L}}_d\boldsymbol{W})\overline{\boldsymbol{L}}_d^{1/2})>0\end{cases} \tag{2-187}$$

式中：$\lambda_{m+1}(\overline{\boldsymbol{L}}_d^{1/2}(2\boldsymbol{W}-\boldsymbol{W}^{\mathrm{T}}\underline{\boldsymbol{L}}_d\boldsymbol{W})\overline{\boldsymbol{L}}_d^{1/2})$ 为矩阵 $\overline{\boldsymbol{L}}_d^{1/2}(2\boldsymbol{W}-\boldsymbol{W}^{\mathrm{T}}\underline{\boldsymbol{L}}_d\boldsymbol{W})\overline{\boldsymbol{L}}_d^{1/2}$ 的最小非零特征值；$\overline{\boldsymbol{L}}_d=\mathrm{blkdiag}\{\mathrm{diag}\{\bar{\boldsymbol{l}}_1\},\cdots,\mathrm{diag}\{\bar{\boldsymbol{l}}_N\}\}$，$\underline{\boldsymbol{L}}_d=\mathrm{blkdiag}\{\mathrm{diag}\{\underline{\boldsymbol{l}}_1\},\cdots,\mathrm{diag}\{\underline{\boldsymbol{l}}_N\}\}$，其中，$\mathrm{diag}\{\bar{\boldsymbol{l}}_i\}$ 表示由矢量 $\bar{\boldsymbol{l}}_i$ 中个元素组成的对角矩阵，$\mathrm{blkdiag}\{\mathrm{diag}\{\underline{\boldsymbol{l}}_1\},\cdots,\mathrm{diag}\{\underline{\boldsymbol{l}}_N\}\}$ 表示由方阵 $\mathrm{diag}\{\bar{\boldsymbol{l}}_1\},\cdots,\mathrm{diag}\{\bar{\boldsymbol{l}}_N\}$ 组成的块对角矩阵。那么通过分布式优化方法式（2-185），迭代得到的各智能体最终状态值将能够收敛到式（2-180）中分布式优化问题的最优点处（收敛性证明可参考文献［17］）。

## 2.6 小结

本章简要介绍了航天器运动模型，以及最优控制、微分博弈、分布式优化的概念与基本方法，为后续章节多航天器协作博弈模型的建立与博弈控制方法的设计提供了基础。

首先，面向后续章节多航天器协作博弈建模需求，给出了航天器近距离相对轨道运动模型，以及基于欧拉角、四元数、修正罗德里格斯参数描述的航天器姿态运动模型和两航天器间相对姿态运动模型；然后，针对多航天器协作博弈控制方法设计需求，介绍了最优控制问题的概念与基本方法，以及微分博弈问题的概念与典型求解方法；最后，针对航天器合作博弈要求进行全局优化问题的求解，从而给中央处理器带来较大计算与通信负担的问题，介绍了分布式优化求解方法。该方法可通过各航天器独立进行策略更新与局部信息交互的方式，使所有航天器全局性能指标函数值达到最优，可将通信与计算负担分担到各航天器上，且能够提高优化问题求解的鲁棒性、容错性、灵活性与可扩展性。

## 参考文献

［1］HOWARD D C. Orbital mechanics for engineering students［M］. Oxford：Butterworth-Heinemann，2013.

［2］罗建军，张博，袁建平，等. 航天器协同飞行动力学与控制［M］. 北京：中国宇航出版社，2016.

[3] 黄圳圭．航天器姿态动力学 [M]. 长沙：国防科技大学出版社, 1997.

[4] YOUNES A B, MORTARI D, TURNER J D, et al. Attitude error kinematics [J]. Journal of Guidance, Control, and Dynamics, 2014, 37 (1): 330–336.

[5] VAMVOUDAKIS K G, LEWIS F L. Multi-player non-zero-sum games: Online adaptive learning solution of coupled Hamilton–Jacobi equations [J]. Automatica, 2011, 47 (8): 1556–1569.

[6] 梅生伟, 刘锋, 魏韡．工程博弈论基础及电力系统应用 [M]. 北京：科学出版社, 2016.

[7] 王朝珠, 秦化淑．最优控制理论 [M]. 北京：科学出版社, 2003.

[8] LIN W. Differential games for multi–agent systems under distributed information [D]. Orlando: University of Central Florida, 2013.

[9] FERRANTE A, NTOGRAMATZIDIS L. On the reduction of the continuous–time generalized algebraic Riccati equation: An effective procedure for solving the singular LQ problem with smooth solutions [J]. Automatica, 2018, 93: 554–558.

[10] LI T Y, GAGIC Z. Lyapunov iterations for solving coupled algebraic riccati equations of Nash differential games and algebraic Riccati equations of zero-sum games [J]. New Trends in Dynamic Games and Applications, 1995: 333–351.

[11] ENGWERDA J. A numerical algorithm to find all scalar feedback Nash equilibria [C]//52nd IEEE Conference on Decision and Control. IEEE, 2013: 1738–1743.

[12] KIA S S, CORTÉS J, MARTÍNEZ S. Distributed convex optimization via continuous–time coordination algorithms with discrete–time communication [J]. Automatica, 2015, 55: 254–264.

[13] YAO L, YUAN Y, SUNDARAM S, et al. Distributed finite–time optimization [C]//Proceedings of the 14th IEEE international conference on control and automation (ICCA). IEEE, 2018: 147–154.

[14] LE X, CHEN S, YAN Z, et al. A neurodynamic approach to distributed optimization with globally coupled constraints [J]. IEEE transactions on cybernetics, 2017, 48 (11): 3149–3158.

[15] FALSONE A, MARGELLOS K, GARATTI S, et al. Dual decomposition for multi–agent distributed optimization with coupling constraints [J]. Automatica, 2017, 84: 149–158.

[16] TATARENKO T, TOURI B. Non–convex distributed optimization [J]. IEEE Transactions on Automatic Control, 2017, 62 (8): 3744–3757.

[17] XIAO L, BOYD S. Optimal scaling of a gradient method for distributed resource allocation [J]. Journal of Optimization Theory and Applications, 2006, 129 (3): 469–488.

# 03 第 3 章 航天器轨道追逃的博弈控制

## 3.1 引言

空间自主交会与捕获是对目标航天器进行在轨服务的必经过程，也是现代航天科技的重要研究方向。目前，针对空间合作目标的自主交会与捕获技术已经相当成熟，并在空间站组装与建造、航天器燃料加注等空间任务中得到了应用。面向新型航天任务的需求，空间自主交会与捕获技术朝着兼容非合作目标操控的方向发展[1-2]。与合作目标不同，非合作目标具有信息层面不沟通、机动行为不配合等特点，空间自主交会与捕获过程中需要考虑目标航天器的非合作机动和博弈对抗行为。因此，具有冲突目标的两个航天器或者多个航天器之间的轨道追逃问题成为研究热点[3-4]。轨道追逃控制要考虑参与方的态势和能力，其成功与否也与参与方各自的机动能力和机动策略密切相关，需要从智能博弈的角度去思考和研究关于航天器相对运动规划与控制的新理论和新方法。

本章将轨道追逃双方视为理性的博弈参与者，考虑博弈双方的相对距离、能量等因素进行追踪航天器的控制策略设计。首先，对航天器轨道追逃问题进行简要描述；其次，对于一对一的轨道追逃问题，分别基于零和博弈和非零和博弈的理论框架进行轨道追逃的博弈建模和追踪航天器博弈策略的求解；进一步，对于多对一的轨道追逃问题，将其分解为一对一的轨道追逃博弈问题和多个追踪航天器的合作编队博弈问题，并设计了对应的控制算法实现多个追踪航天器对目标航天器的追踪控制。

## 3.2 航天器轨道追逃问题描述

航天器轨道追逃任务期望通过追踪航天器的控制策略设计，对有机动能力的逃逸航天器或者目标航天器进行接近和追踪，以实现对目标航天器的进一步操作。航天器轨道追逃问题根据追逃双方航天器的数量可以分为一对一追逃、多对一追逃和多对多追逃，其中，多对多追逃可分解为多对一追逃和一对一追逃，多对一追逃往往被分解为多航天器编队和一对一追逃问题来研究。

本章主要研究一个或多个追踪航天器在考虑目标航天器存在机动行为时的博弈控制策略设计，从而在满足轨道动力学以及机动能力约束条件的同时实现与距离、能量等参数相关的目标函数的独立优化。在一对一的轨道追逃问题中，目标航天器期望通过自身的机动使得二者的距离尽可能地增大，而追踪航天器期望通过机动行为来尽可能减小二者之间的距离。本章将一对一轨道追逃问题描述为追逃博弈问题，分别从零和博弈与非零和博弈的角度对其进行博弈建模并求解追踪航天器的博弈控制策略。在多对一的轨道追逃问题中，从多个追踪航天器中选择一个航天器作为领航者，用来追踪目标航天器，同时其他追踪航天器作为跟随者位于领航者的附近形成期望的编队构型，并跟随领航者追踪目标航天器。因此，多对一的轨道追逃博弈问题转化为两个子问题，分别是一对一的追逃博弈控制问题和多个追踪航天器的领航者-跟随者编队控制问题，其中，目标航天器的目的是尽可能远离追踪航天器，即领航者。

在实际情况中，航天器追逃问题中所涉及的因素很多。本章为了便于问题的建立和求解，在不影响原问题的基础上做出如下假设以简化问题。

(1) 假设航天器仅受到地心引力和推力的作用，不考虑航天器受到其他摄动力的影响。

(2) 追踪航天器的机动能力通常强于目标航天器，且在机动过程中航天器进行连续推力作用。

(3) 目标航天器和追踪航天器之间相对距离远小于地球半径。

## 3.3 一对一轨道追逃博弈控制

本节将一对一轨道追逃问题描述为追踪航天器和目标航天器相对运动追逃博弈问题，分别从零和博弈与非零和博弈的角度对其进行博弈建模和追踪航天器博弈控制策略设计。

### 3.3.1 相对运动模型

在惯性坐标系下，追踪航天器和目标航天器的轨道运动方程分别为

$$\begin{cases}\dfrac{\mathrm{d}^2\boldsymbol{r}_e}{\mathrm{d}t^2}=-\dfrac{\mu}{\|\boldsymbol{r}_e\|^3}\boldsymbol{r}_e+\boldsymbol{u}_e\\[2ex]\dfrac{\mathrm{d}^2\boldsymbol{r}_p}{\mathrm{d}t^2}=-\dfrac{\mu}{\|\boldsymbol{r}_p\|^3}\boldsymbol{r}_p+\boldsymbol{u}_p\end{cases}\tag{3-1}$$

式中：下标 $p$ 和 $e$ 分别代指追踪航天器和目标航天器相关的项；$\boldsymbol{r}_p$ 和 $\boldsymbol{r}_e$ 分别为追踪航天器和目标航天器在惯性坐标系下的位置矢量；$\boldsymbol{u}_p$ 和 $\boldsymbol{u}_e$ 分别为追踪航天器

和目标航天器的控制加速度；$\mu$ 为地球引力常数，通常取值为 $\mu=3.986\times10^{14}\mathrm{m}^3/\mathrm{s}^2$。

由于目标航天器具有非合作特性，无法得到其轨道信息，因此不同于第2章的相对轨道运动模型，本小节基于追踪航天器的运动坐标系来推导二者的相对轨道运动模型。定义追踪航天器和目标航天器的相对位置为

$$\boldsymbol{r}=\boldsymbol{r}_e-\boldsymbol{r}_p \tag{3-2}$$

则惯性坐标系下的相对运动方程为

$$\frac{\mathrm{d}^2\boldsymbol{r}}{\mathrm{d}t^2}=\frac{\mu}{\|\boldsymbol{r}_p\|^3}\left(\boldsymbol{r}_p-\frac{\|\boldsymbol{r}_p\|^3}{\|\boldsymbol{r}_e\|^3}\boldsymbol{r}_e\right)-\boldsymbol{u}_p+\boldsymbol{u}_e \tag{3-3}$$

将式（3-3）投影在追踪航天器的轨道坐标系中可得

$$\begin{aligned}\frac{\mathrm{d}^2\boldsymbol{r}}{\mathrm{d}t^2}=&-2\boldsymbol{\omega}_p\times\dot{\boldsymbol{r}}-\dot{\boldsymbol{\omega}}_e\times\boldsymbol{r}-\boldsymbol{\omega}_e\times(\boldsymbol{\omega}_e\times\boldsymbol{r})+\\&\frac{\mu}{\|\boldsymbol{r}_p\|^3}\left(\boldsymbol{r}_p-\frac{\|\boldsymbol{r}_p\|^3}{\|\boldsymbol{r}_e\|^3}\boldsymbol{r}_e\right)-\boldsymbol{u}_p+\boldsymbol{u}_e\end{aligned} \tag{3-4}$$

式中：$\boldsymbol{\omega}_e$ 和 $\boldsymbol{\omega}_p$ 分别为二者的轨道角速度；$\boldsymbol{r}$ 为惯性坐标系下的相对位置矢量。

由于二者相对距离和目标航天器地心距之比足够小，$\boldsymbol{r}_e=\boldsymbol{r}+\boldsymbol{r}_p$ 的二阶及高阶泰勒展开项可忽略不计，则相对轨道运动方程可表示为如下的状态空间形式：

$$\dot{\boldsymbol{x}}=\boldsymbol{A}\boldsymbol{x}+\boldsymbol{B}_p\boldsymbol{u}_p+\boldsymbol{B}_e\boldsymbol{u}_e \tag{3-5}$$

式中：$\boldsymbol{x}=[\boldsymbol{r}^{\mathrm{T}},\dot{\boldsymbol{r}}^{\mathrm{T}}]^{\mathrm{T}}\in\mathbb{R}^6$，且

$$\boldsymbol{A}=\begin{bmatrix}\boldsymbol{0}_3 & \boldsymbol{I}_3\\ \boldsymbol{A}_{21} & \boldsymbol{A}_{22}\end{bmatrix}\in\mathbb{R}^{6\times6};\quad \boldsymbol{B}_p=\begin{bmatrix}\boldsymbol{0}_3\\ -\boldsymbol{I}_3\end{bmatrix}\in\mathbb{R}^{6\times3};\quad \boldsymbol{B}_e=\begin{bmatrix}\boldsymbol{0}_3\\ \boldsymbol{I}_3\end{bmatrix}\in\mathbb{R}^{6\times3}$$

$$\boldsymbol{A}_{21}=\begin{bmatrix}3n_0^2 & 0 & 0\\ 0 & 0 & 0\\ 0 & 0 & -n_0^2\end{bmatrix};\quad \boldsymbol{A}_{22}=\begin{bmatrix}0 & 2n_0 & 0\\ -2n_0 & 0 & 0\\ 0 & 0 & 0\end{bmatrix}$$

式中：$n_0$ 为轨道角速度，$n_0=\sqrt{\dfrac{\mu}{\|r_p\|^3}}$。

式（3-5）即为目标航天器和追踪航天器之间的相对运动模型。

### 3.3.2 基于零和博弈的追逃博弈控制方法

在轨道追逃过程中，追逃方都以最大化各自利益为目标，如果二者是完全对抗的关系，即一方的得益会导致另一方的损失且二者的得失总和为零，那么可将其建模为零和博弈。本小节将一对一轨道追逃问题描述为零和博弈问题，为追踪航天器设计博弈控制策略。

**1. 基于零和博弈的追逃模型**

博弈由以下三个基本要素构成[5]：博弈参与者 $N$、各参与者容许策略集 $\mathcal{U}_i$、参与者目标函数 $J_i$。为满足追捕目标航天器的任务要求，为参与者设计与距离、

能量等参数相关的目标函数：

$$\begin{cases} J_p = \int_0^{\infty} (\boldsymbol{x}^{\mathrm{T}} \boldsymbol{Q}_i \boldsymbol{x} + \boldsymbol{u}_p^{\mathrm{T}} \boldsymbol{R}_p \boldsymbol{u}_p - \boldsymbol{u}_e^{\mathrm{T}} \boldsymbol{R}_e \boldsymbol{u}_e) \mathrm{d}\tau \\ J_e = - J_p \end{cases} \tag{3-6}$$

式中：$\boldsymbol{Q} \geqslant 0$、$\boldsymbol{R}_p > 0$、$\boldsymbol{R}_e > 0$ 为对称的加权矩阵。

目标函数式（3-6）表示追踪航天器期望选择某种控制策略以减小二者的相对状态，并尽量减少追逃博弈过程中自身的能量消耗并加大对方的能量消耗；而目标航天器的期望则相反。

目标航天器和追踪航天器进行追逃博弈时，二者通过独立优化各自的目标函数（3-6）来获得纳什均衡策略$(\boldsymbol{u}_p^*, \boldsymbol{u}_e^*)$。当追踪航天器选择了纳什均衡策略$\boldsymbol{u}_p^*$，而目标航天器执行纳什均衡策略$\boldsymbol{u}_e^*$之外的任意策略均会使得自身目标函数劣化。即可行控制策略$\boldsymbol{u}^* = \{\boldsymbol{u}_p^*, \boldsymbol{u}_e^*\} \in \mathcal{U}$为纳什均衡策略当且仅当下述不等式成立：

$$J(\boldsymbol{u}_p^*, \boldsymbol{u}_e) \leqslant J(\boldsymbol{u}_p^*, \boldsymbol{u}_e^*) \leqslant J(\boldsymbol{u}_p, \boldsymbol{u}_e^*) \tag{3-7}$$

式中：$\mathcal{U}$为可行控制策略集。

给定可行控制策略集，对应于式（3-6）的值函数为

$$V(\boldsymbol{x}, \boldsymbol{u}_p, \boldsymbol{u}_e) = \int_0^{t_f} (\boldsymbol{x}^{\mathrm{T}} \boldsymbol{Q} \boldsymbol{x} + \boldsymbol{u}_p^{\mathrm{T}} \boldsymbol{R}_p \boldsymbol{u}_p - \boldsymbol{u}_e^{\mathrm{T}} \boldsymbol{R}_e \boldsymbol{u}_e) \mathrm{d}\tau \tag{3-8}$$

则基于零和博弈的航天器轨道追逃问题可描述为

$$\begin{gathered} V^* = \min_{\boldsymbol{u}_p \in \mathcal{U}_p} \max_{\boldsymbol{u}_e \in \mathcal{U}_e} V \\ \text{s. t.} \begin{cases} \dot{\boldsymbol{x}} = \boldsymbol{A}\boldsymbol{x} + \boldsymbol{B}_p \boldsymbol{u}_p + \boldsymbol{B}_e \boldsymbol{u}_e \\ \boldsymbol{x}(0) = \boldsymbol{x}_0 \end{cases} \end{gathered} \tag{3-9}$$

追踪航天器通过求解优化问题式（3-9），获得追逃博弈的纳什均衡策略，以实现对目标航天器的追踪。

**2. 线性二次型微分博弈控制器设计**

根据动态规划法，定义哈密尔顿函数为

$$\begin{aligned} H(\boldsymbol{x}, \boldsymbol{u}_p, \boldsymbol{u}_e) = & \frac{1}{2} (\boldsymbol{x}^{\mathrm{T}} \boldsymbol{Q} \boldsymbol{x} + \boldsymbol{u}_p^{\mathrm{T}} \boldsymbol{R}_p \boldsymbol{u}_p - \boldsymbol{u}_e^{\mathrm{T}} \boldsymbol{R}_e \boldsymbol{u}_e) + \\ & (\nabla V)^{\mathrm{T}} (\boldsymbol{A}\boldsymbol{x} + \boldsymbol{B}_p \boldsymbol{u}_p + \boldsymbol{B}_e \boldsymbol{u}_e) \end{aligned} \tag{3-10}$$

式中：$V(0) = 0$，$\nabla V = \partial V / \partial \boldsymbol{x}$。

结合静态条件，对应最优值函数的反馈控制策略为

$$\begin{cases} \dfrac{\partial H}{\partial \boldsymbol{u}_p} = 0 \Rightarrow \boldsymbol{u}_p^* = -\boldsymbol{R}_p^{-1} \boldsymbol{B}_p^{\mathrm{T}} \nabla V^* \\ \dfrac{\partial H}{\partial \boldsymbol{u}_e} = 0 \Rightarrow \boldsymbol{u}_e^* = \boldsymbol{R}_e^{-1} \boldsymbol{B}_e^{\mathrm{T}} \nabla V^* \end{cases} \tag{3-11}$$

将式（3-11）代入式（3-10）中，可得HJ方程为

$$0=\frac{1}{2}\boldsymbol{x}^{\mathrm{T}}\boldsymbol{Q}\boldsymbol{x}+(\nabla V^{*})^{\mathrm{T}}\boldsymbol{A}\boldsymbol{x}-\frac{1}{2}(\nabla V^{*})^{\mathrm{T}}\boldsymbol{B}_{p}\boldsymbol{R}_{p}^{-1}\boldsymbol{B}_{p}^{\mathrm{T}}\nabla V^{*}+\frac{1}{2}(\nabla V^{*})^{\mathrm{T}}\boldsymbol{B}_{e}\boldsymbol{R}_{e}^{-1}\boldsymbol{B}_{e}^{\mathrm{T}}\nabla V^{*} \tag{3-12}$$

式中：$V^{*}(0)=0$。

假设最优值函数在状态$\boldsymbol{x}(t)$下有线性二次型形式的解，即

$$V^{*}(\boldsymbol{x})=\frac{1}{2}\boldsymbol{x}^{\mathrm{T}}\boldsymbol{P}\boldsymbol{x} \tag{3-13}$$

则追踪航天器和目标航天器对应的反馈控制策略为

$$\begin{cases}\boldsymbol{u}_{p}^{*}=-\boldsymbol{R}_{p}^{-1}\boldsymbol{B}_{p}^{\mathrm{T}}\boldsymbol{P}\boldsymbol{x}\\ \boldsymbol{u}_{e}^{*}=\boldsymbol{R}_{e}^{-1}\boldsymbol{B}_{e}^{\mathrm{T}}\boldsymbol{P}\boldsymbol{x}\end{cases} \tag{3-14}$$

将式（3-14）代入HJ方程式（3-12），可得

$$0=\frac{1}{2}\boldsymbol{x}^{\mathrm{T}}\boldsymbol{Q}\boldsymbol{x}+\boldsymbol{x}^{\mathrm{T}}\boldsymbol{P}\boldsymbol{A}\boldsymbol{x}-\frac{1}{2}\boldsymbol{x}^{\mathrm{T}}\boldsymbol{P}\boldsymbol{B}_{p}\boldsymbol{R}_{p}^{-1}\boldsymbol{B}_{p}^{\mathrm{T}}\boldsymbol{P}\boldsymbol{x}+\frac{1}{2}\boldsymbol{x}^{\mathrm{T}}\boldsymbol{P}\boldsymbol{B}_{e}\boldsymbol{R}_{e}^{-1}\boldsymbol{B}_{e}^{\mathrm{T}}\boldsymbol{P}\boldsymbol{x} \tag{3-15}$$

式（3-15）可进一步整理为

$$0=\boldsymbol{A}^{\mathrm{T}}\boldsymbol{P}+\boldsymbol{P}\boldsymbol{A}+\boldsymbol{Q}-\boldsymbol{P}\boldsymbol{B}_{p}\boldsymbol{R}_{p}^{-1}\boldsymbol{B}_{p}^{\mathrm{T}}\boldsymbol{P}+\boldsymbol{P}\boldsymbol{B}_{e}\boldsymbol{R}_{e}^{-1}\boldsymbol{B}_{e}^{\mathrm{T}}\boldsymbol{P} \tag{3-16}$$

通过对代数黎卡提方程（3-16）进行求解，可以得到对称正定矩阵$\boldsymbol{P}$，从而根据式（3-14）得到状态反馈控制策略。从式（3-14）可以看出，本小节的博弈控制策略与传统的LQR方法有相似之处，都是利用动态规划法推导得到代数黎卡提方程。然而，本小节所提出的博弈控制策略是基于双边优化得到的结果，能够在保证最优性的同时具有一定的鲁棒性。

**3. 仿真验证**

为了说明基于零和博弈的追踪航天器控制策略的相关性能，对轨道追逃过程的三种工况进行仿真，并与传统LQR控制策略进行对比。假设目标航天器的轨道半径为6720804m，轨道倾角为52.01°，升交点赤经为29.99°。在初始时刻，追踪航天器相对于目标航天器的位置为$\boldsymbol{r}=[300,150,-100]^{\mathrm{T}}$m。追踪航天器的控制加速度幅值约束为$u_{\max}=5\mathrm{m/s}^2$，追踪的目标是使二者的相对运动状态为零。

1）目标航天器无机动

该工况相对理想，主要用于检验所提出控制方法的可行性。对于零和微分博弈控制方法，目标函数中的加权矩阵分别设置为$\boldsymbol{Q}=10^{-5}\boldsymbol{I}_6$，$\boldsymbol{R}_p=0.01\boldsymbol{I}_3$，$\boldsymbol{R}_e=0.02\boldsymbol{I}_3$。对于LQR方法，目标函数中的加权矩阵分别设置为$\boldsymbol{Q}=10^{-5}\boldsymbol{I}_6$，$\boldsymbol{R}=0.01\boldsymbol{I}_3$。仿真时间为500s，仿真步长为0.1s。

图3-1和图3-2为追踪航天器分别采用零和微分博弈方法和LQR方法时目

标航天器和追踪航天器之间的相对距离和相对速度随时间的变化曲线。从图中可以看出，经过约 40s，两种控制器都可以使追踪航天器与目标航天器的相对距离稳定在 0.5m 内。

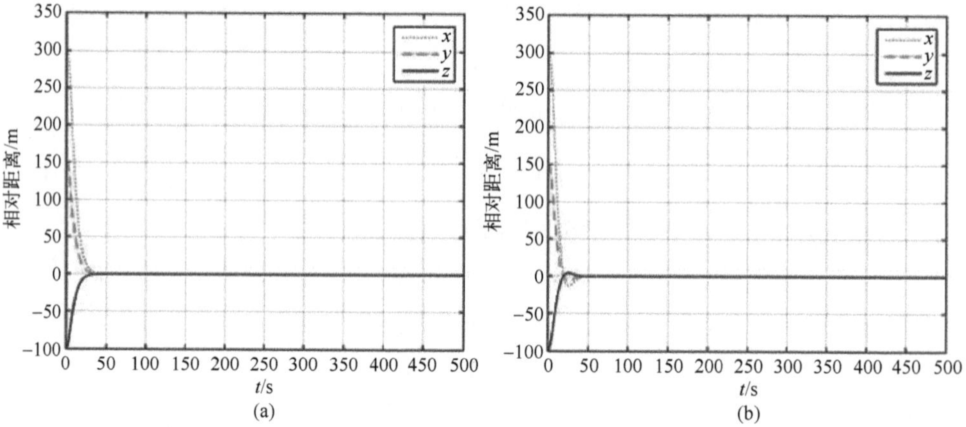


**图 3-1　相对距离随时间变化曲线**

(a) 零和微分博弈方法；(b) LQR 方法。

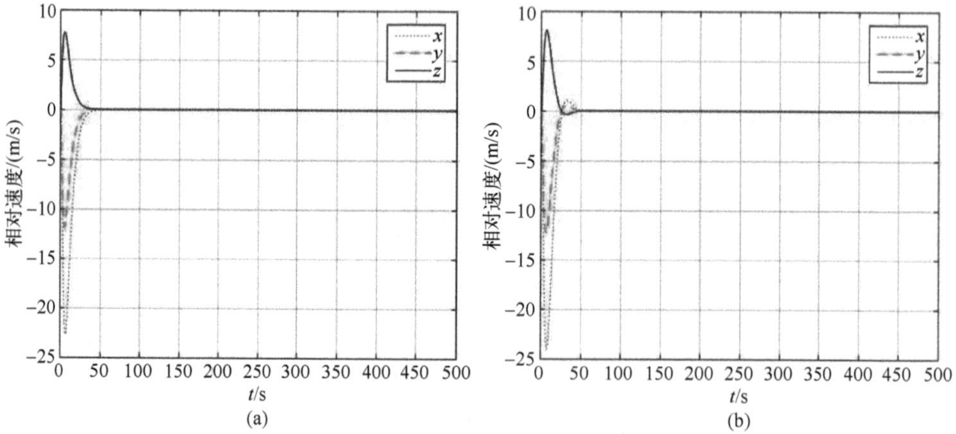


**图 3-2　相对速度随时间变化曲线**

(a) 零和微分博弈方法；(b) LQR 方法。

图 3-3 给出了两种控制器下追踪航天器的控制加速度随时间变化曲线。从图中可以看出，在初始追逃过程中，由于二者相对距离较远，追踪航天器初始所需控制加速度较大；随着相对距离的减小，追踪航天器的控制加速度逐渐减少并趋于零。通过上述分析可得，在目标航天器无机动的理想情况，两种方法均可实现对目标航天器的追踪。

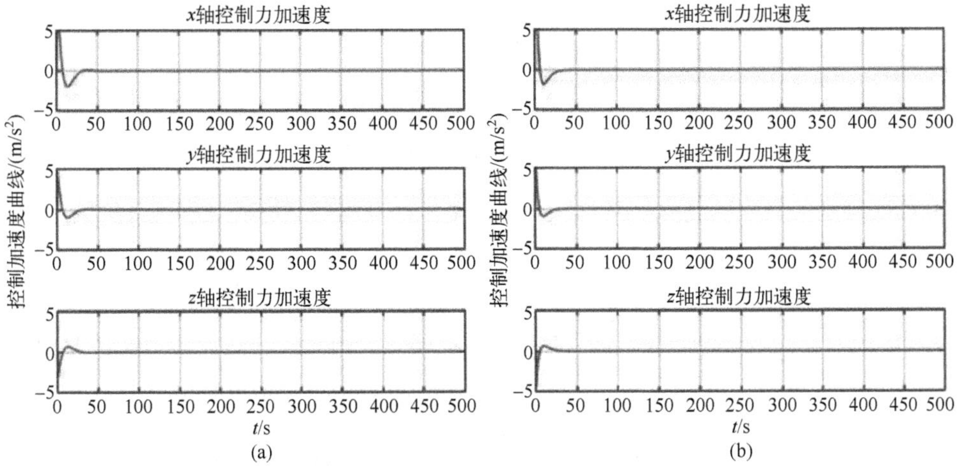


**图 3-3 追踪航天器的控制加速度随时间变化曲线**

（a）零和微分博弈方法；（b）LQR 方法。

2）目标航天器采用零和博弈策略

该工况下，目标航天器理性地与追踪航天器进行博弈，设置目标航天器的最大控制加速度 $u_{\max}=2\text{m/s}^2$。零和微分博弈方法目标函数中的加权矩阵分别为 $\boldsymbol{Q}=10^{-5}\boldsymbol{I}_6$，$\boldsymbol{R}_p=0.01\boldsymbol{I}_3$，$\boldsymbol{R}_e=0.02\boldsymbol{I}_3$。LQR 方法目标函数中的矩阵分别为 $\boldsymbol{Q}=10^{-5}\boldsymbol{I}_6$，$\boldsymbol{R}_e=0.01\boldsymbol{I}_3$。仿真时间 500s，仿真步长 0.1s。

图 3-4 和图 3-5 为追踪航天器分别采用零和微分博弈方法和 LQR 方法控制下目标航天器和追踪航天器之间的相对位置和相对速度随时间变化的曲线。从图中可以看出，在目标航天器采取零和博弈策略时，当追踪航天器也采用零和博弈策略时，二者的相对距离能够平滑且快速地收敛到 0.5m 左右的稳定值；当追踪航天器采用 LQR 方法时，相对状态曲线会存在振荡情况，且收敛时间较长。

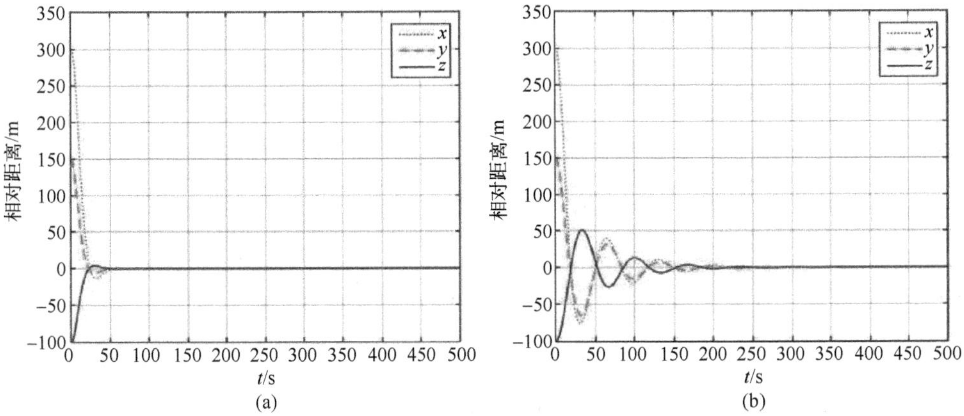


**图 3-4 相对距离随时间变化曲线**

（a）零和微分博弈方法；（b）LQR 方法。

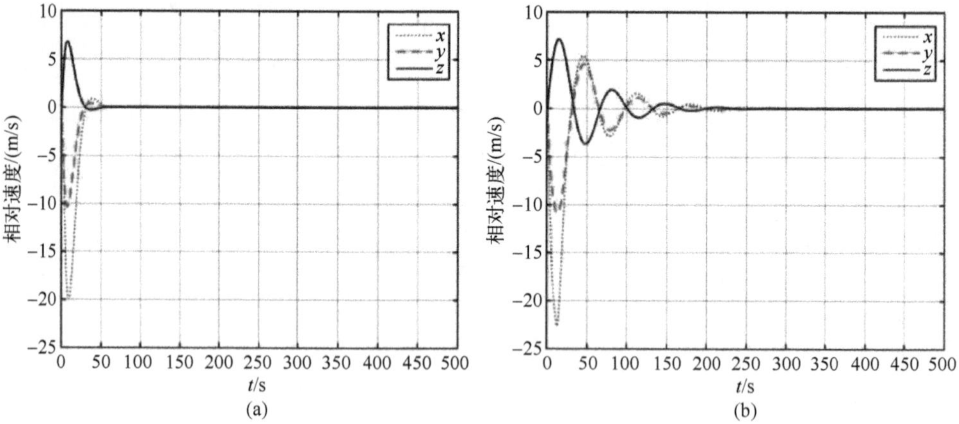


**图 3-5　相对速度随时间变化曲线**

（a）零和微分博弈方法；（b）LQR 方法。

图 3-6 为两种控制器下追踪航天器的控制加速度随时间变化曲线。从图中可以看出，基于零和博弈的追踪航天器控制策略可以快速收敛到 0。当追踪航天器采取基于零和微分博弈控制策略时，最优目标函数值为 $J^*=104$；而在 LQR 控制下，最优目标函数值为 $J^*=141$，由此也可以验证式（3-7）的右边不等式成立。

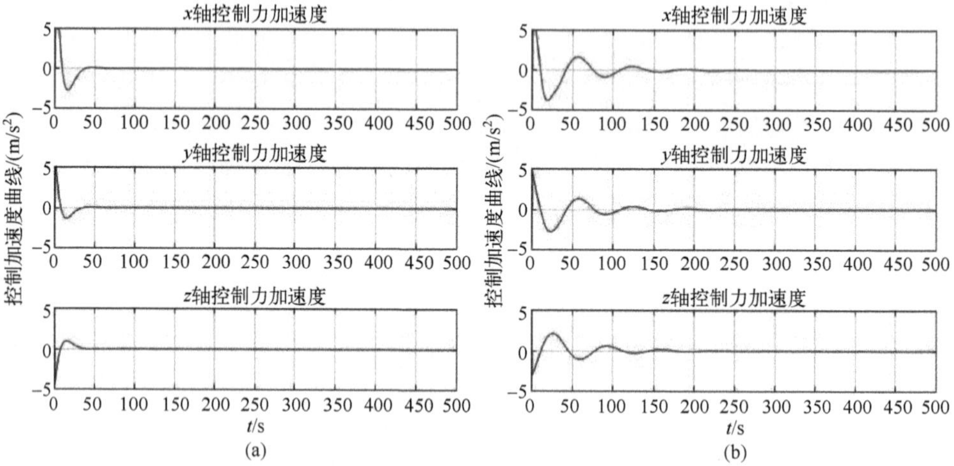


**图 3-6　追踪航天器的控制加速度随时间变化曲线**

（a）零和微分博弈方法；（b）LQR 方法。

3）目标航天器采用未知正弦机动策略

假设目标航天器的未知机动为如下正弦策略：

$$\boldsymbol{u}_e = \begin{bmatrix} \cos(\pi t/100) \\ \cos(\pi t/100) \\ \cos(\pi t/100) \end{bmatrix} \mathrm{m/s^2}$$

零和微分博弈控制方法目标函数中的加权矩阵分别设置为 $\boldsymbol{Q}=10^{-5}\boldsymbol{I}_6$，$\boldsymbol{R}_p=0.01\boldsymbol{I}_3$，$\boldsymbol{R}_e=0.008\boldsymbol{I}_3$。LQR 控制方法目标函数中的加权矩阵分别设置为 $\boldsymbol{Q}=10^{-5}\boldsymbol{I}_6$，$\boldsymbol{R}_p=0.01\boldsymbol{I}_3$。仿真时间为 500s，仿真步长为 0.1s。

图 3-7 和图 3-8 分别为零和微分博弈控制方法和 LQR 控制方法下相对位置和相对速度随时间变化曲线。从图中可以看出，尽管目标航天器存在未知机动，追逃博弈的控制方法仍能实现相对运动状态的收敛，相对位置精度在 1m 左右；而 LQR 方法无法实现对目标航天器的有效跟踪。

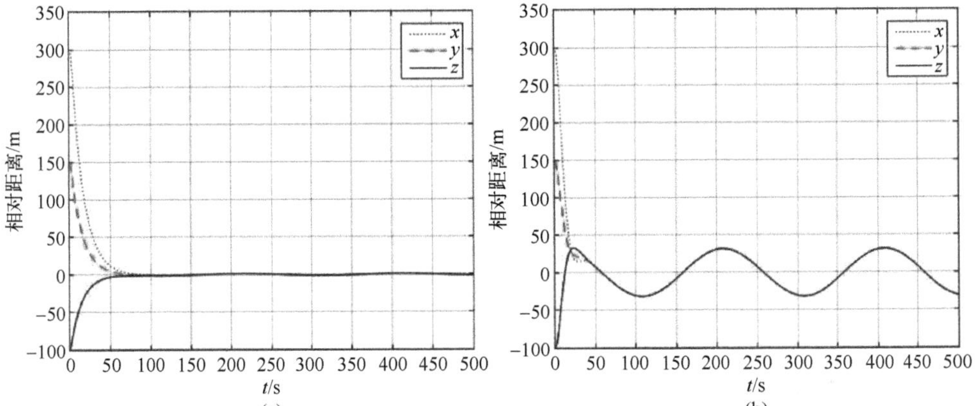


(a)　　(b)

**图 3-7　相对距离随时间变化曲线**

（a）零和微分博弈方法；（b）LQR 方法。

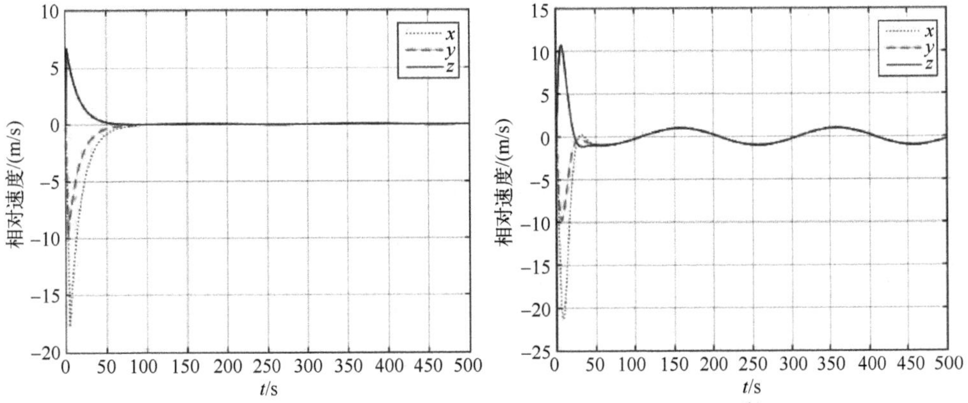


(a)　　(b)

**图 3-8　相对速度随时间变化曲线**

（a）零和微分博弈方法；（b）LQR 方法。

图 3-9 为两种控制器下追踪航天器的控制加速度随时间变化曲线。从图中可以看出，追踪航天器需要与目标航天器进行持续的博弈机动，因此控制加速度并不为 0，而是随着目标航天器的运动而变化。

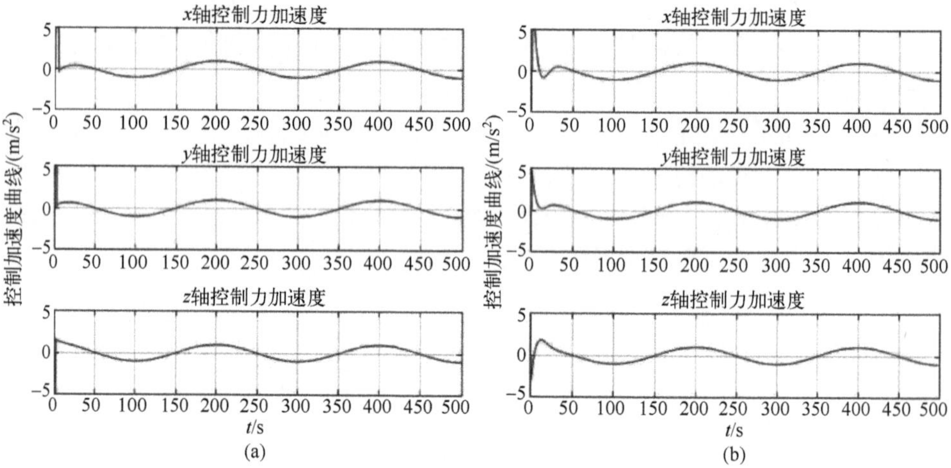


**图 3-9 追踪航天器的控制加速度随时间变化曲线**

（a）零和微分博弈方法；（b）LQR 方法。

### 3.3.3 基于非零和博弈的追逃博弈控制方法

零和博弈虽然能够描述追踪航天器和目标航天器之间的博弈关系，但是在实际情况下一方航天器的得益可能并不等于另一方航天器的损失，即二者的目标函数之和不一定为 0[6]。因此，本小节面向航天器的一对一轨道追逃博弈问题，提出了一种基于非零和博弈的控制策略设计方法。

**1. 基于非零和博弈的追逃模型**

与 3.3.2 节相同，一对一轨道追逃博弈的参与者是追踪航天器和目标航天器；将二者的最优控制输入视为策略；二者所需要优化的个体目标函数即为参与者的效用函数。追踪航天器要调节其控制策略以达到期望的相对状态，并尽量减少追踪过程中的能量消耗。将目标航天器视为理性的参与者，其控制策略的优化目标是使追踪航天器难以追上，同时使自身能量消耗尽可能少。将二者互相冲突的目标综合为如下的追逃博弈目标函数：

$$J(\boldsymbol{u}_p,\boldsymbol{u}_e)=\{J_p,J_e\} \tag{3-17}$$

式中：$J_p$ 为追踪航天器的目标函数，具体形式为

$$J_p=\frac{1}{2}\int_0^{\infty}(\boldsymbol{x}^{\mathrm{T}}\boldsymbol{Q}_p\boldsymbol{x}+\boldsymbol{u}_p^{\mathrm{T}}\boldsymbol{R}_{pp}\boldsymbol{u}_p-\boldsymbol{u}_e^{\mathrm{T}}\boldsymbol{R}_{pe}\boldsymbol{u}_e)\mathrm{d}\tau \tag{3-18}$$

$J_e$ 为目标航天器的目标函数，具体形式为

$$J_e = \frac{1}{2}\int_0^{\infty} (\boldsymbol{x}^{\mathrm{T}}\boldsymbol{Q}_e\boldsymbol{x} + \boldsymbol{u}_p^{\mathrm{T}}\boldsymbol{R}_{ep}\boldsymbol{u}_p - \boldsymbol{u}_e^{\mathrm{T}}\boldsymbol{R}_{ee}\boldsymbol{u}_e)\mathrm{d}\tau \tag{3-19}$$

式中：$\boldsymbol{Q}_p \geqslant 0$、$\boldsymbol{Q}_e \geqslant 0$、$\boldsymbol{R}_{pp}>0$、$\boldsymbol{R}_{pe}>0$、$\boldsymbol{R}_{ep}>0$、$\boldsymbol{R}_{ee}>0$ 均为对称的加权矩阵。追踪航天器的目标是最小化 $J_p$，而目标航天器则期望最大化 $J_e$。由于博弈双方的控制策略不同、对能量消耗的考量不同等原因，二者的目标函数之和往往并不为 0。

在考虑二者动力学约束式（3-5）和控制幅值约束的情况下，期望通过优化目标函数（3-17）来得到追踪航天器的博弈控制策略。因此，建立的非零和博弈优化问题如下：

$$\begin{aligned} J^* &= \min_{\boldsymbol{u}_p}\max_{\boldsymbol{u}_e} J(\boldsymbol{u}_p,\boldsymbol{u}_e) = \max_{\boldsymbol{u}_e}\min_{\boldsymbol{u}_p} J(\boldsymbol{u}_p,\boldsymbol{u}_e) \\ &= \min_{\boldsymbol{u}_p} J_p(\boldsymbol{u}_p,\boldsymbol{u}_e^*) = \max_{\boldsymbol{u}_e} J_e(\boldsymbol{u}_p^*,\boldsymbol{u}_e) \end{aligned}$$

$$\text{s. t.} \begin{cases} \dot{\boldsymbol{x}} = \boldsymbol{A}\boldsymbol{x}+\boldsymbol{B}_p\boldsymbol{u}_p+\boldsymbol{B}_e\boldsymbol{u}_e \\ \boldsymbol{x}(0)=\boldsymbol{x}_0 \\ \|\boldsymbol{u}_p\|_\infty \leqslant u_{\mathrm{pmax}} \\ \|\boldsymbol{u}_e\|_\infty \leqslant u_{\mathrm{emax}} \end{cases} \tag{3-20}$$

式中：$u_{\mathrm{pmax}}$和 $u_{\mathrm{emax}}$分别为追踪航天器和目标航天器单轴可提供的最大控制加速度。在任意时刻，追踪航天器通过优化求解式（3-20）所表示的约束博弈问题进行自身控制策略的优化，实现自身局部性能指标函数的优化。

**2. 基于模型预测控制的博弈控制器设计**

由于约束的存在和目标航天器的未知机动，式（3-20）所表示的博弈问题无法直接通过动态规划法来解决。考虑到模型预测控制通过多步预测、滚动优化和反馈校正等方式进行控制策略求解，具有控制效果好、鲁棒性强、方便处理约束等特点[7]。我们在模型预测控制框架下来处理式（3-20）的非零和博弈优化问题，主要的处理过程包括预测时域博弈模型建立和预测时域博弈问题求解。

1）预测时域博弈模型建立

首先，通过对式（3-20）所表示的博弈问题进行离散化和连续迭代得到预测时域模型。定义追踪目标航天器任务的开始和结束时间分别为 $t_0$ 和 $t_f$，定义状态更新的时间间隔为 $\Delta t$。根据状态更新时间将 $[t_0,\ t_f]$ 分为 $N_s$ 份，即$[t_0,t_1,\cdots,t_k,\cdots,t_{N_s-1},t_f]$，其中，$t_f=t_{N_s}$。定义预测时域的步长为 $N$。

在 $t\in[t_k,t_{k+1}]$时，式（3-5）可离散化为

$$\boldsymbol{x}_{k+1} = \hat{\boldsymbol{A}}\boldsymbol{x}_k+\hat{\boldsymbol{B}}_p\boldsymbol{u}_{p,k}+\hat{\boldsymbol{B}}_e\boldsymbol{u}_{e,k} \tag{3-21}$$

式中：$\boldsymbol{x}_k=\boldsymbol{x}(t_k)$，$\boldsymbol{u}_{p,k}=\boldsymbol{u}_p(t_k)$，$\boldsymbol{u}_{e,k}=\boldsymbol{u}_e(t_k)$，且

$$
\begin{cases}
\hat{\boldsymbol{A}} = e^{\boldsymbol{A}\Delta t} \in \mathbb{R}^{6\times 6} \\
\hat{\boldsymbol{B}}_p = \int_0^{\Delta t} e^{\boldsymbol{A}_\tau} \boldsymbol{B}_p \mathrm{d}\tau \in \mathbb{R}^{6\times 3} \\
\hat{\boldsymbol{B}}_e = \int_0^{\Delta t} e^{\boldsymbol{A}_\tau} \boldsymbol{B}_e \mathrm{d}\tau \in \mathbb{R}^{6\times 3}
\end{cases}
$$

在以 $t_k$ 为起始时刻的预测时域$[t_k, t_{k+N-1}]$内，通过对离散动力学模型式（3-21）进行连续迭代可以得到预测时域的动力学模型：

$$
\boldsymbol{X}_k = \boldsymbol{\Lambda}\boldsymbol{x}_k + \boldsymbol{\Theta}_p \boldsymbol{U}_{p,k} + \boldsymbol{\Theta}_e \boldsymbol{U}_{e,k} \tag{3-22}
$$

式中：$\boldsymbol{X}_k$ 为预测状态矢量；$\boldsymbol{U}_{p,k}$和 $\boldsymbol{U}_{e,k}$分别为预测时域内追踪航天器和目标航天器的控制矢量。具体形式如下：

$$
\boldsymbol{U}_{p,k} = \begin{bmatrix} \boldsymbol{u}_{p,k} \\ \boldsymbol{u}_{p,k+1} \\ \vdots \\ \boldsymbol{u}_{p,k+N-2} \\ \boldsymbol{u}_{p,k+N-1} \end{bmatrix} \in \mathbb{R}^{3N}, \quad
\boldsymbol{U}_{e,k} = \begin{bmatrix} \boldsymbol{u}_{e,k} \\ \boldsymbol{u}_{e,k+1} \\ \vdots \\ \boldsymbol{u}_{e,k+N-2} \\ \boldsymbol{u}_{e,k+N-1} \end{bmatrix} \in \mathbb{R}^{3N}, \quad
\boldsymbol{\Lambda} = \begin{bmatrix} \hat{\boldsymbol{A}} \\ \hat{\boldsymbol{A}}^2 \\ \vdots \\ \hat{\boldsymbol{A}}^{N-1} \\ \hat{\boldsymbol{A}}^N \end{bmatrix} \in \mathbb{R}^{6N\times 6},
$$

$$
\boldsymbol{X}_k = \begin{bmatrix} \boldsymbol{x}_{k+1} \\ \boldsymbol{x}_{k+2} \\ \vdots \\ \boldsymbol{x}_{k+N-1} \\ \boldsymbol{x}_{k+N} \end{bmatrix} \in \mathbb{R}^{6N}, \quad
\boldsymbol{\Theta}_p = \begin{bmatrix} \hat{\boldsymbol{B}}_p & 0 & 0 & 0 \\ \hat{\boldsymbol{A}}\hat{\boldsymbol{B}}_p & \hat{\boldsymbol{B}}_p & 0 & 0 \\ \vdots & \vdots & & 0 \\ \hat{\boldsymbol{A}}^{N-1}\hat{\boldsymbol{B}}_p & \hat{\boldsymbol{A}}^{N-2}\hat{\boldsymbol{B}}_p & \cdots & \hat{\boldsymbol{B}}_p \end{bmatrix} \in \mathbb{R}^{6N\times 3N}
$$

$$
\boldsymbol{\Theta}_e = \begin{bmatrix} \hat{\boldsymbol{B}}_e & 0 & 0 & 0 \\ \hat{\boldsymbol{A}}\hat{\boldsymbol{B}}_e & \hat{\boldsymbol{B}}_e & 0 & 0 \\ \vdots & \vdots & & 0 \\ \hat{\boldsymbol{A}}^{N-1}\hat{\boldsymbol{B}}_e & \hat{\boldsymbol{A}}^{N-2}\hat{\boldsymbol{B}}_e & \cdots & \hat{\boldsymbol{B}}_e \end{bmatrix} \in \mathbb{R}^{6N\times 3N}
$$

对于追踪航天器和目标航天器的目标函数，在 $t_k$ 处分别将其离散化，有

$$
\begin{cases}
J_{p,k} = \sum\limits_{g=k}^{k+N-1} (\boldsymbol{x}_{g+1}^{\mathrm{T}} \boldsymbol{Q}_i \boldsymbol{x}_{g+1} + \boldsymbol{u}_{p,g}^{\mathrm{T}} \boldsymbol{R}_{pp} \boldsymbol{u}_{p,g} - \boldsymbol{u}_{e,g}^{\mathrm{T}} \boldsymbol{R}_{pe} \boldsymbol{u}_{e,g}) \\
J_{e,k} = \sum\limits_{g=k}^{k+N-1} (\boldsymbol{x}_{g+1}^{\mathrm{T}} \boldsymbol{Q}_i \boldsymbol{x}_{g+1} + \boldsymbol{u}_{p,g}^{\mathrm{T}} \boldsymbol{R}_{pp} \boldsymbol{u}_{p,g} - \boldsymbol{u}_{e,g}^{\mathrm{T}} \boldsymbol{R}_{pe} \boldsymbol{u}_{e,g})
\end{cases} \tag{3-23}
$$

那么，预测时域内各参与者的目标函数可分别表示为

$$\begin{cases}J_p=\frac{1}{2}(\|\boldsymbol{X}_k\|_{\boldsymbol{Q}_{p,k}}^2+\|\boldsymbol{U}_{p,k}\|_{\boldsymbol{R}_{pp,k}}^2-\|\boldsymbol{U}_{e,k}\|_{\boldsymbol{R}_{pe,k}}^2)\\ J_e=\frac{1}{2}(\|\boldsymbol{X}_k\|_{\boldsymbol{Q}_{e,k}}^2+\|\boldsymbol{U}_{p,k}\|_{\boldsymbol{R}_{ep,k}}^2-\|\boldsymbol{U}_{e,k}\|_{\boldsymbol{R}_{ee,k}}^2)\end{cases}\tag{3-24}$$

式中：$\boldsymbol{Q}_{i,k}=\boldsymbol{I}_N\otimes\boldsymbol{Q}_i$，$\boldsymbol{R}_{pi,k}=\boldsymbol{I}_N\otimes\boldsymbol{R}_{pi}$，$\boldsymbol{R}_{ei,k}=\boldsymbol{I}_N\otimes\boldsymbol{R}_{ei}$。

控制幅值约束在预测时域具有如下形式：

$$\begin{cases}-u_{p\max}\boldsymbol{1}_{3N}\leqslant\boldsymbol{U}_{p,k}\leqslant u_{p\max}\boldsymbol{1}_{3N}\\ -u_{e\max}\boldsymbol{1}_{3N}\leqslant\boldsymbol{U}_{e,k}\leqslant u_{e\max}\boldsymbol{1}_{3N}\end{cases}\tag{3-25}$$

预测时域内的非零和博弈模型为

$$\begin{cases}\min\limits_{U_{p,k}}\max\limits_{U_{e,k}}J(\boldsymbol{X}_k,\boldsymbol{U}_{p,k},\boldsymbol{U}_{e,k})=\{J_{p,k},J_{e,k}\}\\ \text{s. t.}\begin{cases}\boldsymbol{X}_k=\boldsymbol{\Lambda}x_k+\boldsymbol{\Theta}_p\boldsymbol{U}_{p,k}+\boldsymbol{\Theta}_e\boldsymbol{U}_{e,k}\\ -u_{p\max}\boldsymbol{1}_{3N}\leqslant\boldsymbol{U}_{p,k}\leqslant u_{p\max}\boldsymbol{1}_{3N}\\ -u_{e\max}\boldsymbol{1}_{3N}\leqslant\boldsymbol{U}_{e,k}\leqslant u_{e\max}\boldsymbol{1}_{3N}\end{cases}\end{cases}\tag{3-26}$$

式（3-26）描述了目标航天器和追踪航天器在一个预测时域内的博弈，利用未来 $N$ 步的预测信息来求局部最优策略。在整个轨道追逃过程中，在每个 $t_k$ 时刻求解这样一个优化问题，解得的最优控制序列 $\boldsymbol{u}_{p,k}^*$ 只施加第一个控制作用给追踪航天器。

2）预测时域博弈问题求解

在追踪目标航天器的过程中，要求追踪航天器通过求解式（3-26）的博弈问题得到最优控制策略。一个参与者的最优控制序列总是与另一个参与者的控制决策有关，但由于二者的非合作特性，追踪航天器无法得到目标航天器的控制策略。因此，考虑通过对目标航天器策略的预测来优化追踪航天器的策略。基于上述思想，可将式（3-26）的博弈问题求解转化为追踪航天器最优策略下的目标航天器策略的预测和目标航天器最优策略下的追踪航天器最优策略的求解问题。

对于追踪航天器，在博弈策略求解过程中仅能对自身的控制策略进行优化，因此在独立优化过程中可以将目标函数中与自身控制策略无关的项进行剔除。将式（3-22）代入式（3-24），并剔除无关项可得

$$\begin{aligned}J_{p,k}=&(\boldsymbol{\Lambda}\boldsymbol{x}_k+\boldsymbol{\Theta}_e\boldsymbol{U}_{e,k})^{\mathrm{T}}\boldsymbol{Q}_{p,k}\boldsymbol{\Theta}_p\boldsymbol{U}_{p,k}+\\ &\frac{1}{2}\|\boldsymbol{\Theta}_p\boldsymbol{U}_{p,k}\|_{\boldsymbol{Q}_{p,k}}^2+\frac{1}{2}\|\boldsymbol{U}_{p,k}\|_{\boldsymbol{R}_{pp,k}}^2\end{aligned}\tag{3-27}$$

因此，在目标航天器最优策略 $\boldsymbol{U}_{e,k}^*$ 下，追踪航天器策略优化问题转化为如下的二次规划问题：

$$\begin{aligned}&\min\limits_{U_{p,k}}V_{p,k}=\frac{1}{2}\boldsymbol{U}_{p,k}^{\mathrm{T}}\boldsymbol{M}_{p,2}\boldsymbol{U}_{p,k}+\boldsymbol{M}_{p,1}^{\mathrm{T}}\boldsymbol{U}_{p,k}\\ &\text{s. t. }-u_{p\max}\boldsymbol{1}_{3N}\leqslant\boldsymbol{U}_{p,k}\leqslant u_{p\max}\boldsymbol{1}_{3N}\end{aligned}\tag{3-28}$$

其中

$$\begin{cases}\boldsymbol{M}_{p,1}=\boldsymbol{\Theta}_p^{\mathrm{T}}\boldsymbol{Q}_{p,k}(\boldsymbol{\Lambda}\boldsymbol{x}_k+\boldsymbol{\Theta}_e\boldsymbol{U}_{e,k}^*)\\ \boldsymbol{M}_{p,2}=\boldsymbol{\Theta}_p^{\mathrm{T}}\boldsymbol{Q}_{p,k}\boldsymbol{\Theta}_p+\boldsymbol{R}_{pp,k}\end{cases}$$

为了对目标航天器的最优策略进行预测，构建在追踪航天器最优策略下的目标航天器最优策略求解问题如下：

$$\begin{cases}\max\limits_{U_{e,k}} V_{e,k}=\dfrac{1}{2}\boldsymbol{U}_{e,k}^{\mathrm{T}}\boldsymbol{M}_{e,2}\boldsymbol{U}_{e,k}+\boldsymbol{M}_{e,1}^{\mathrm{T}}\boldsymbol{U}_{e,k}\\ \text{s. t. } -u_{e\max}\mathbf{1}_{3N}\leqslant\boldsymbol{U}_{e,k}\leqslant u_{e\max}\mathbf{1}_{3N}\end{cases}\tag{3-29}$$

其中

$$\begin{cases}\boldsymbol{M}_{e,1}=\boldsymbol{\Theta}_e^{\mathrm{T}}\boldsymbol{Q}_{e,k}(\boldsymbol{\Lambda}\boldsymbol{x}_k+\boldsymbol{\Theta}_p\boldsymbol{U}_{p,k}^*)\\ \boldsymbol{M}_{e,2}=\boldsymbol{\Theta}_e^{\mathrm{T}}\boldsymbol{Q}_{e,k}\boldsymbol{\Theta}_e-\boldsymbol{R}_{ee,k}\end{cases}$$

通过上述分析可知，追踪航天器在无法通过直接手段获知目标航天器控制策略的情况下，可基于 $\boldsymbol{U}_{p,k}^*$来优化求解式（3-28），得到对目标航天器控制策略的最优预测 $\boldsymbol{U}_{e,k}^*$。然后，基于 $\boldsymbol{U}_{e,k}^*$来优化求解式（3-29），得到追踪航天器的最优控制序列 $\boldsymbol{U}_{p,k}^*$。为了使追踪航天器的策略更优，重复上述步骤 $\mathrm{iter}_{\max}$次，以增加思考层次。这样，可得追踪航天器博弈策略求解的步骤，如表 3-1 所示。若目标航天器也采用此种博弈策略，则可采用类似的步骤进行其追逃博弈策略的求解。

**表 3-1 追踪航天器博弈策略求解步骤**

| 步　骤 | 执行的操作 |
|---|---|
| 1 | 通过采样得到当前时刻 $t_k$ 的系统状态 $\boldsymbol{x}_k$ |
| 2 | For $i$<$\mathrm{iter}_{\max}$ |
| 3 | 　　求解式（3-29）得到 $\boldsymbol{U}_{e,k}^*$； |
| 4 | 　　求解式（3-28）得到 $\boldsymbol{U}_{p,k}^*$； |
| 5 | End For |
| 6 | 取 $\boldsymbol{U}_{p,k}^*$的第一个控制为当前时刻的控制输入 $\boldsymbol{u}_p$； |

**3. 仿真验证**

为了验证本小节所提出的基于非零和博弈的控制方法在航天器追逃问题中的有效性，对追踪航天器和目标航天器之间的轨道追逃过程进行仿真分析。假设目标航天器所在的圆轨道半径为 6720114m，追踪航天器初始时刻与目标航天器的相对位置为 $\boldsymbol{r}=[300,150,-100]^{\mathrm{T}}$m，期望通过追逃博弈控制使得二者之间的相对距离为 0。设定追踪航天器的控制加速度幅值约束为 $u_{p\max}=5\mathrm{m/s}^2$，目标航天器

的控制加速幅值为 $u_{emax}=2\mathrm{m/s^2}$。

1）目标航天器采用非零和博弈控制策略

在该工况下，目标航天器和追踪航天器均采用本小节提出的非零和博弈控制策略。对于目标航天器，目标函数中的加权矩阵分别设置为 $\boldsymbol{Q}_e=10^{-5}\boldsymbol{I}_6$，$\boldsymbol{R}_{e,p}=0.01\boldsymbol{I}_3$，$\boldsymbol{R}_{e,e}=0.05\boldsymbol{I}_3$，思考层次为 $\mathrm{iter_{max}}=1$。追踪航天器的目标函数中的加权矩阵为 $\boldsymbol{Q}_p=\boldsymbol{I}_6$，$\boldsymbol{R}_{e,p}=0.01\boldsymbol{I}_3$，$\boldsymbol{R}_{e,e}=0.01\boldsymbol{I}_3$，思考层次为 $\mathrm{iter_{max}}=2$。取模型预测控制的预测步长为 $N=10$。仿真时间为 $t_f=200\mathrm{s}$。

图 3-10 给出了轨道追逃过程中追踪航天器和目标航天器之间相对位置和相对速度随时间变化曲线。从图中可以看出，追踪航天器在 40s 左右追上了目标航天器，验证了本小节所提出的非零和博弈控制方法对于具有博弈机动的目标航天器追踪的有效性。

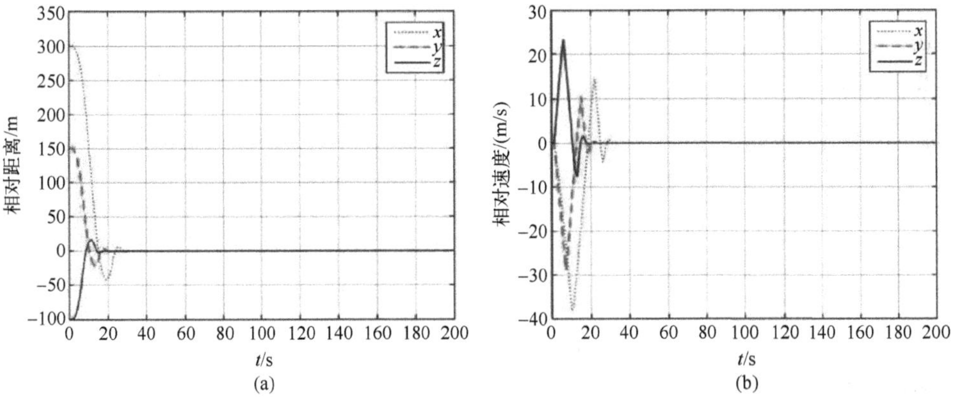


**图 3-10 相对运动状态变化曲线**

（a）相对位置；（b）相对速度。

图 3-11 给出了航天器轨道追逃过程中目标航天器和追踪航天器的控制力加速度随时间变化曲线。从图中可以看出，追逃双方的控制力加速度都在约束范围内，说明本小节所提出的非零和博弈控制方法可满足约束。此外，目标航天器在初始几秒采取机动之后，控制力加速度逐渐变为 0。

2）目标航天器采用未知正弦机动策略

假设目标航天器的未知机动为如下正弦策略：

$$\boldsymbol{u}_e=\begin{bmatrix}\cos(\pi t/100)\\ \cos(\pi t/100)\\ \cos(\pi t/100)\end{bmatrix}\mathrm{m/s^2}$$

追踪航天器的控制器设计中系数矩阵分别为 $\boldsymbol{Q}=\boldsymbol{I}_6$，$\boldsymbol{R}_p=0.01\boldsymbol{I}_3$，$\boldsymbol{R}_e=0.05\boldsymbol{I}_3$，思考层次为 $\mathrm{iter_{max}}=2$。由于目标航天器采用正弦机动，因此不存在目标函数。但是，为了进行预测，选定目标航天器的优化参数分别为 $\boldsymbol{Q}=10^{-6}\boldsymbol{I}_6$，$\boldsymbol{R}_p=0.01\boldsymbol{I}_3$，

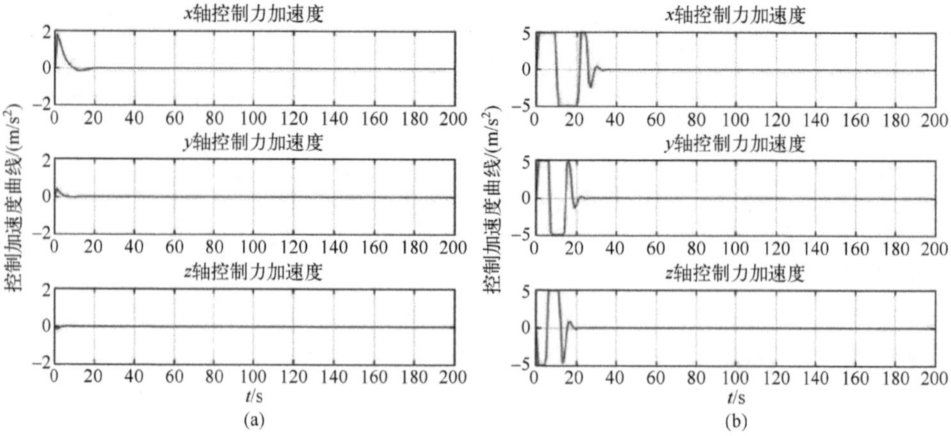


**图 3-11 控制加速度变化曲线**

（a）目标航天器；（b）追踪航天器。

$\boldsymbol{R}_e = 0.05\boldsymbol{I}_3$。

图 3-12 给出了追踪航天器和目标航天器之间的相对位置和相对速度变化曲线。从图中可以看出追踪航天器在 25s 左右追上了目标航天器，验证了本小节所提出的博弈控制方法对于追踪具有未知正弦机动的目标航天器的有效性。

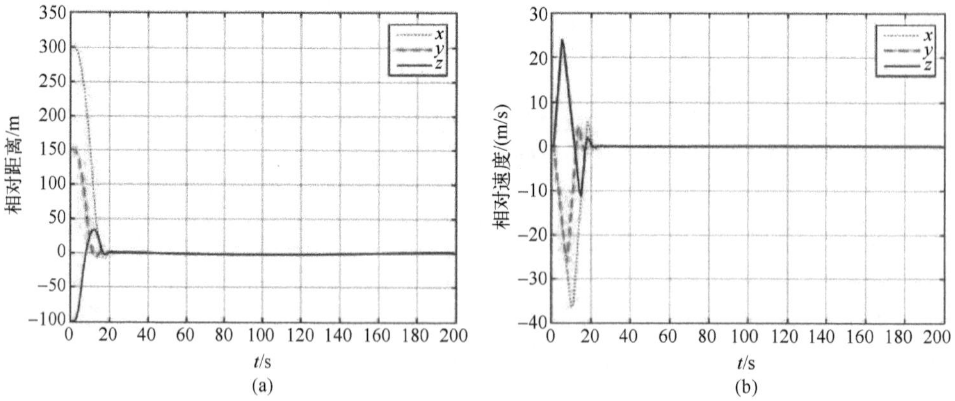


**图 3-12 相对运动状态变化曲线**

（a）相对位置；（b）相对速度。

图 3-13 为轨道追逃过程中追踪航天器的三轴控制加速度随时间变化曲线。在初始控制阶段，由于相对距离较大，因此所需的控制加速度也较大。在状态趋于稳定时，追踪航天器结合状态反馈信息和对目标航天器的运动状态预测，得到的博弈策略也是正弦机动形式。

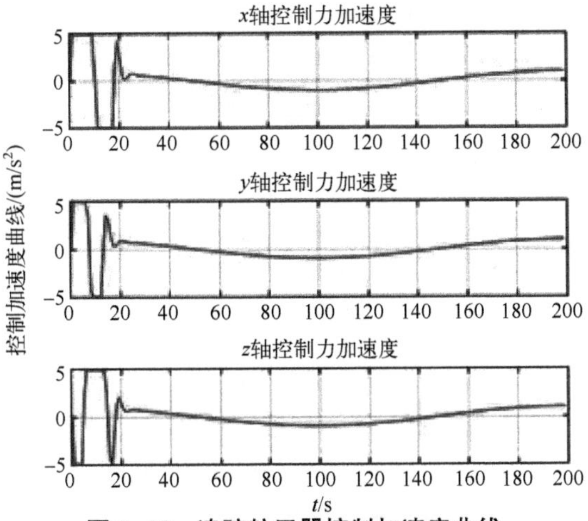


图 3-13　追踪航天器控制加速度曲线

## 3.4 多对一轨道追逃博弈控制

当追踪航天器的机动能力弱于目标航天器时，为了有效提高轨道对抗能力，通常会利用多个追踪航天器以协作的形式实现对目标航天器的追踪。在多对一的轨道追逃问题中，难点在于单个追踪航天器不仅要与目标航天器进行追逃博弈，还要与其他追踪航天器进行协同。本节将多对一轨道追逃问题分解为一对一的追逃博弈问题和多个追踪航天器的编队问题，分别进行博弈建模和博弈控制策略设计（本节的内容主要源自文献［8］的第 6 章）。

### 3.4.1 多对一轨道追逃问题建模

**1. 非线性相对轨道运动模型**

第 2 章给出了圆参考轨道假设下的两航天器相对轨道运动学模型。当进一步考虑更一般的椭圆参考轨道，航天器相对运动非线性方程为[9]

$$\begin{cases}\ddot{x}=\dot{v}^2x+\ddot{v}y+2\dot{v}\dot{y}+\dfrac{\mu}{r_c^2}-\dfrac{\mu}{r_d^3}(r_c+x)+u^x\\ \ddot{y}=-\ddot{v}x+\dot{v}^2y-2\dot{v}\dot{x}-\dfrac{\mu}{r_d^3}y+u^y\\ \ddot{z}=-\dfrac{\mu}{r_d^3}z+u^z\\ r_d=\sqrt{(r_c+x)^2+y^2+z^2}\\ \ddot{r}_c=r_c\dot{v}^2-\dfrac{\mu}{r_c^2}\\ \ddot{v}=\dfrac{-2\dot{r}_c\dot{v}}{r_c}\end{cases}\tag{3-30}$$

式中：$x$、$y$ 和 $z$ 分别为航天器在参考航天器轨道坐标系下的相对位置；$u^x$、$u^y$ 和 $u^z$ 分别为航天器沿参考航天器的轨道坐标系的三个坐标轴的控制输入；$\mu$ 为地球引力常数；$r_c$ 和 $r_d$ 分别为参考航天器与航天器的轨道半径；$v$ 为参考航天器的真近点角。

定义 $\boldsymbol{X} \triangleq [x\ y\ z]^{\mathrm{T}}$，$\boldsymbol{Y} \triangleq [\dot{x}\ \ \dot{y}\ \ \dot{z}]^{\mathrm{T}}$ 分别为相对位置和相对速度状态矢量，则由式（3-30）可得

$$\begin{cases}\dot{\boldsymbol{X}}=\boldsymbol{Y}\\ \dot{\boldsymbol{Y}}=\boldsymbol{g}(\boldsymbol{X},\boldsymbol{Y})+\boldsymbol{u}\end{cases} \tag{3-31}$$

其中

$$\boldsymbol{g}(\boldsymbol{X},\boldsymbol{Y}) \triangleq \begin{bmatrix}\dot{v}^2x+\ddot{v}y+2\dot{v}\dot{y}+\mu r_c^{-2}-\mu r_d^{-3}(r_c+x)\\ -\ddot{v}x+\dot{v}^2y-2\dot{v}\dot{x}-\mu r_d^{-3}y\\ -\mu r_d^{-3}z\end{bmatrix},\quad \boldsymbol{u} \triangleq \begin{bmatrix}u^x\\ u^y\\ u^z\end{bmatrix}$$

此时，利用欧拉离散方法将式（3-31）离散化，有

$$\begin{cases}\boldsymbol{X}_{k+1}=\boldsymbol{X}_k+T\boldsymbol{Y}_k\\ \boldsymbol{Y}_{k+1}=\boldsymbol{Y}_k+T\boldsymbol{g}(\boldsymbol{X}_k,\boldsymbol{Y}_k)+T\boldsymbol{u}_k\end{cases} \tag{3-32}$$

式中：$\boldsymbol{X}_k$、$\boldsymbol{Y}_k$、$\boldsymbol{u}_k$ 分别为 $\boldsymbol{X}$、$\boldsymbol{Y}$、$\boldsymbol{u}$ 在第 $k$ 时刻的数值；$T$ 为协同采样周期。

令 $\bar{\boldsymbol{\eta}}_k \triangleq [\boldsymbol{X}_k^{\mathrm{T}},\boldsymbol{Y}_k^{\mathrm{T}}]^{\mathrm{T}}$，则式（3-32）可进一步转化为

$$\bar{\boldsymbol{\eta}}_{k+1}=\boldsymbol{f}(\bar{\boldsymbol{\eta}}_k)+\boldsymbol{B}\boldsymbol{u}_k \tag{3-33}$$

其中

$$\boldsymbol{f}(\bar{\boldsymbol{\eta}}_k) \triangleq \begin{bmatrix}\boldsymbol{X}_k+T\boldsymbol{Y}_k\\ \boldsymbol{Y}_k+T\boldsymbol{g}(\boldsymbol{X}_k,\boldsymbol{Y}_k)\end{bmatrix},\quad \boldsymbol{B} \triangleq \begin{bmatrix}\boldsymbol{0}\\ T\boldsymbol{I}\end{bmatrix}$$

**2. 问题分解**

将多对一轨道追逃问题分解为一对一的轨道追逃问题和多个追踪航天器的编队问题：一方面需要从多个追踪航天器中选择一个航天器作为领航航天器，用来追踪目标航天器；另一方面为了简化多个追踪航天器的博弈控制策略设计，以领航航天器作为编队的领航者（leader），其他追踪航天器作为跟随者（follower），这样，多对一航天器轨道追逃示意图如图 3-14 所示。图 3-14 中，追踪航天器中的领航航天器即编队的领航者位于编队中心位置，其他追踪航天器即跟随者则位于该领航航天器的附近并形成期望的构型，虚线表示相邻航天器的通信链路。

1）一对一追逃的相对运动模型

基于式（3-33）可得到领航航天器和目标航天器各自关于参考航天器的相对运动方程为

$$\begin{cases}\bar{\boldsymbol{\eta}}_{p,k+1}=\boldsymbol{f}(\bar{\boldsymbol{\eta}}_{p,k})+\boldsymbol{B}\boldsymbol{u}_{p,k}\\ \bar{\boldsymbol{\eta}}_{e,k+1}=\boldsymbol{f}(\bar{\boldsymbol{\eta}}_{e,k})+\boldsymbol{B}\boldsymbol{u}_{e,k}\end{cases} \tag{3-34}$$

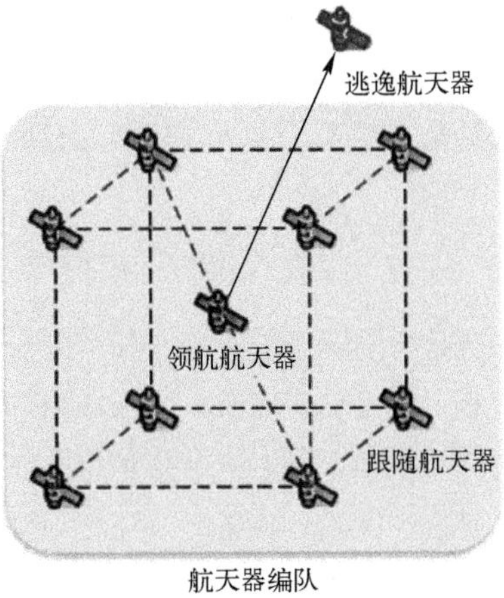


**图 3-14　航天器编队追逃示意图**

式中：$\overline{\boldsymbol{\eta}}_{p,k}$、$\overline{\boldsymbol{\eta}}_{e,k}$分别为领航航天器和目标航天器的状态矢量；$\boldsymbol{u}_{p,k}$、$\boldsymbol{u}_{e,k}$分别为领航航天器与目标航天器的控制输入。二者的控制输入均需满足饱和约束，即 $|u_p^j|\leqslant\overline{u}_p$，$|u_e^j|\leqslant\overline{u}_e(j=x,y,z)$，其中，$\overline{u}_p>0$，$\overline{u}_e>0$ 分别为领航航天器和目标航天器的控制输入饱和界。令 $\boldsymbol{\eta}_k\triangleq\overline{\boldsymbol{\eta}}_{p,k}-\overline{\boldsymbol{\eta}}_{e,k}$作为领航航天器和目标航天器的相对状态矢量，则两者之间的相对运动方程为

$$\boldsymbol{\eta}_{k+1}=\boldsymbol{F}(\boldsymbol{\eta}_k)+\boldsymbol{B}_p\boldsymbol{u}_{p,k}+\boldsymbol{B}_e\boldsymbol{u}_{e,k} \tag{3-35}$$

式中：$\boldsymbol{F}(\boldsymbol{\eta}_k)\triangleq\boldsymbol{f}(\overline{\boldsymbol{\eta}}_{p,k})-\boldsymbol{f}(\overline{\boldsymbol{\eta}}_{e,k})$；$\boldsymbol{B}_p\triangleq\boldsymbol{B}$；$\boldsymbol{B}_e\triangleq-\boldsymbol{B}$。

2）领航者-跟随者编队的相对运动模型

在航天器编队中，除了领航航天器，其余跟随航天器的主要目的是保持编队构型。为了描述方便，令领航航天器的序号为 1，其余跟随航天器从 2 开始标记。在式（3-32）的基础上，第 $i(i\in\{2,3,\cdots,N\})$个跟随航天器的离散动力学方程如下：

$$\begin{cases}\boldsymbol{X}_{i,k+1}=\boldsymbol{X}_{i,k}+T\boldsymbol{Y}_{i,k}\\ \boldsymbol{Y}_{i,k+1}=\boldsymbol{Y}_{i,k}+T\boldsymbol{g}(\boldsymbol{X}_{i,k},\boldsymbol{Y}_{i,k})+T\boldsymbol{u}_{i,k}\end{cases} \tag{3-36}$$

### 3. 博弈控制目标

1）一对一追逃博弈控制

定义$\mathbb{P}\subseteq\mathbb{R}^3$和$\mathbb{E}\subseteq\mathbb{R}^3$分别为领航航天器与目标航天器的策略空间。为了量化航天器追逃博弈的结果，定控制性能指标 $J$：$\mathbb{P}\times\mathbb{E}\to\mathbb{R}$ 为

$$\begin{aligned}J(\boldsymbol{\eta}_0,\boldsymbol{u}_{p,k},\boldsymbol{u}_{e,k})&\triangleq\sum_{k=0}^{\infty}\{\boldsymbol{\eta}_k^{\mathrm{T}}\boldsymbol{Q}\boldsymbol{\eta}_k+S(\boldsymbol{u}_{p,k},\overline{\boldsymbol{u}}_p)-\gamma S(\boldsymbol{u}_{e,k},\overline{\boldsymbol{u}}_e)\}+\phi(\boldsymbol{\eta}_\infty)\\&=\sum_{k=0}^{\infty}U(\boldsymbol{\eta}_k,\boldsymbol{u}_{p,k},\boldsymbol{u}_{e,k})+\phi(\eta_\infty)\end{aligned} \tag{3-37}$$

式中：$\boldsymbol{\eta}_0$ 为一对一追逃博弈的初始状态；$\boldsymbol{Q}$ 为合适维数的正定矩阵；$\gamma$ 为预先

设定的正常数；$\phi(\cdot):\mathbb{R}^6\to\mathbb{R}$ 为终端惩罚函数，并且满足：当 $\boldsymbol{\eta}_k\neq 0$ 时，有 $\phi(\boldsymbol{\eta}_k)>0$，当 $\boldsymbol{\eta}_k=0$ 时，有 $\phi(\boldsymbol{\eta}_k)=0$。

为了处理执行器饱和现象，本节引入一种非二次型函数 $S(\cdot,\cdot):\mathbb{R}^3\times\mathbb{R}\to\mathbb{R}$，其定义如下：

$$S(\boldsymbol{x},\bar{\boldsymbol{u}}) \triangleq \int_0^{x} 2\bar{\boldsymbol{u}}(\tanh^{-1}(\tau/\bar{\boldsymbol{u}}))^{\mathrm{T}}\boldsymbol{R}\mathrm{d}\tau \tag{3-38}$$

式中：$\boldsymbol{R}\triangleq\mathrm{diag}\{r_1\ r_2\ r_3\}$ 为正定对角矩阵。

由文献［10］可知，式（3-38）中的 $S(\boldsymbol{x},\bar{\boldsymbol{u}})$ 函数等价于如下形式：

$$S(\boldsymbol{x},\bar{\boldsymbol{u}})=2\bar{\boldsymbol{u}}\boldsymbol{x}^{\mathrm{T}}\boldsymbol{R}\tanh^{-1}(\boldsymbol{x}/\bar{\boldsymbol{u}})+\bar{\boldsymbol{u}}^2\bar{\boldsymbol{R}}\ln(\mathbb{1}-(\boldsymbol{x}/\bar{\boldsymbol{u}})^2) \tag{3-39}$$

式中：$\bar{\boldsymbol{R}}\triangleq[r_1\ r_2\ r_3]$；$\mathbb{1}\triangleq[1\ 1\ 1]^{\mathrm{T}}$。

在航天器追逃博弈过程中，领航航天器的目标是通过设计控制策略 $\boldsymbol{u}_{p,k}$ 来最小化 $J(\boldsymbol{\eta}_0,\boldsymbol{u}_{p,k},\boldsymbol{u}_{e,k})$，而目标航天器则通过设计逃逸控制策略 $\boldsymbol{u}_{e,k}$ 来最大化 $J(\boldsymbol{\eta}_0,\boldsymbol{u}_{p,k},\boldsymbol{u}_{e,k})$。由于两者的追求目标完全相反，因此，领航航天器和目标航天器构成零和博弈。最后，追逃博弈的结果将会处于纳什均衡，在此处，控制策略 $(\boldsymbol{u}_{p,k}^*,\boldsymbol{u}_{e,k}^*)$ 能够满足如下不等式：

$$J(\boldsymbol{\eta}_0,\boldsymbol{u}_{p,k}^*,\boldsymbol{u}_{e,k})\leqslant J(\boldsymbol{\eta}_0,\boldsymbol{u}_{p,k}^*,\boldsymbol{u}_{e,k}^*)\leqslant J(\boldsymbol{\eta}_0,\boldsymbol{u}_{p,k}^*,\boldsymbol{u}_{e,k}^*) \tag{3-40}$$

这说明，任何一个航天器都不可能通过单方面的优化来进一步提高其 $J(\boldsymbol{\eta}_0,\boldsymbol{u}_{p,k},\boldsymbol{u}_{e,k})$ 的优化程度。

因此，一对一追逃博弈问题可以通过下式描述：

$$J^*(\boldsymbol{\eta}_0)=\min_{\boldsymbol{u}_{p,k}}\max_{\boldsymbol{u}_{e,k}} J(\boldsymbol{\eta}_0,\boldsymbol{u}_{p,k},\boldsymbol{u}_{e,k})=\max_{\boldsymbol{u}_{e,k}}\min_{\boldsymbol{u}_{p,k}} J(\boldsymbol{\eta}_0,\boldsymbol{u}_{p,k},\boldsymbol{u}_{e,k}) \tag{3-41}$$

期望通过对式（3-41）的求解，得到零和博弈对应的鞍点解，从而实现对目标航天器的追踪。

2）领航者-跟随者航天器编队博弈控制

将多个追踪航天器中的一个定义为编队控制中的领航者，将其他追踪航天器定义为编队控制中的跟随者。令 $\boldsymbol{X}_{i,j}^o\in\mathbb{R}^3$ 表示航天器 $j$ 到航天器 $i$ 的期望相对位置矢量，当且仅当下式满足时

$$\lim_{k\to\infty}\|\boldsymbol{X}_{i,k}-\boldsymbol{X}_{j,k}-\boldsymbol{X}_{i,j}^o\|=0\quad \forall i,j\in\mathcal{N} \tag{3-42}$$

那么，此时航天器编队被认为达到一致状态。为了达到编队一致的状态，每个跟随航天器 $i(i\in\{2,3,\cdots,N\})$ 的成本函数设为 $J_i(\boldsymbol{X}_{i,k},\boldsymbol{X}_{-i,k}):\mathbb{R}^{3N}\to\mathbb{R}$，其中，$\boldsymbol{X}_{-i,k}$ 表示除第 $i$ 个航天器状态 $\boldsymbol{X}_i$ 的所有状态矢量。

在 $N$ 个航天器组成的编队系统中，由于领航航天器不参与编队博弈，将本节所研究的图形博弈标记为 $G(\bar{\mathcal{N}},J_i,\mathbb{R}^{3N})$，其中，$\bar{\mathcal{N}}\triangleq\{2,3,\cdots,N\}$。

**假设 3.1**[11]：对于任意的 $i\in\bar{\mathcal{N}}$，成本函数 $J_i$ 属于 $\mathcal{C}^1$，且 $\forall\boldsymbol{X}_{-i,k}\in\mathbb{R}^{3(N-1)}$，$J_i$ 是关于 $\boldsymbol{X}_{i,k}$ 的严格凸函数。

**定义 3.1**：针对图形博弈 $G(\bar{\mathcal{N}},J_i,\mathbb{R}^{3N})$，对于任意的 $\boldsymbol{X}_{i,k}\in\mathbb{R}^{3N}$，如果下列不

等式

$$J_i(\boldsymbol{X}_i^*,\boldsymbol{X}_{-i}^*)\leqslant J_i(\boldsymbol{X}_{i,k},\boldsymbol{X}_{-i}^*),\quad i\in\overline{\mathcal{N}} \tag{3-43}$$

同时成立，那么$(\boldsymbol{X}_i^*,\boldsymbol{X}_{-i}^*)$被称为纳什均衡点。

在假设3.1下，由文献［11］可知，存在一个纯粹的纳什均衡点满足

$$\nabla J_i(\boldsymbol{X}_i^*,\boldsymbol{X}_{-i}^*)=0,\quad \forall i\in\overline{\mathcal{N}} \tag{3-44}$$

式中：$\nabla J_i(\boldsymbol{X}_i^*,\boldsymbol{X}_{-i}^*)$为成本函数$J_i$关于$\boldsymbol{X}_i^*$的偏梯度，其定义如下：

$$\nabla J_i(\boldsymbol{X}_i^*,\boldsymbol{X}_{-i}^*)\triangleq\frac{\partial J_i(\boldsymbol{X}_i^*,\boldsymbol{X}_{-i}^*)}{\partial \boldsymbol{X}_i^*} \tag{3-45}$$

令$\boldsymbol{F}_i(\boldsymbol{X}_{i,k},\boldsymbol{X}_{-i,k})=\nabla J_i(\boldsymbol{X}_{i,k},\boldsymbol{X}_{-i,k})$。为了方便描述，$\boldsymbol{F}_i(\boldsymbol{X}_{i,k},\boldsymbol{X}_{-i,k})$可简写为$\boldsymbol{F}_i(\boldsymbol{X}_k)$，其中$\boldsymbol{X}_k$为包含所有航天器一阶状态的矢量，其定义为$\boldsymbol{X}_k\triangleq[\boldsymbol{X}_{1,k}^{\mathrm{T}}\ \boldsymbol{X}_{2,k}^{\mathrm{T}}\cdots\ \boldsymbol{X}_{N,k}^{\mathrm{T}}]^{\mathrm{T}}$。那么，所有航天器的伪梯度矢量定义如下：

$$\boldsymbol{F}(\boldsymbol{X}_k)\triangleq[\boldsymbol{F}_1^{\mathrm{T}}(\boldsymbol{X}_k)\ \boldsymbol{F}_2^{\mathrm{T}}(\boldsymbol{X}_k)\ \cdots\ \boldsymbol{F}_N^{\mathrm{T}}(\boldsymbol{X}_k)]^{\mathrm{T}} \tag{3-46}$$

**假设3.2**[11]：假设式（3-46）定义的伪梯度$\boldsymbol{F}$是强单调的，即对于任意的$\boldsymbol{x},\boldsymbol{y}\in\mathbb{R}^{3N}$，存在一个正常数$\varpi$满足$(\boldsymbol{x}-\boldsymbol{y})^{\mathrm{T}}(\boldsymbol{F}(\boldsymbol{x})-\boldsymbol{F}(\boldsymbol{y}))>\varpi\|\boldsymbol{x}-\boldsymbol{y}\|^2$。

在这些假设下，根据文献［12］可以得出，对于成本函数$J_i$来说，存在唯一的纳什平衡点。因此，本节所研究的整体优化问题为：在假设3.1和假设3.2下，图形博弈$G(\overline{\mathcal{N}},J_i,\mathbb{R}^{3N})$的目标是设计控制策略$\boldsymbol{u}_{i,k}$，使得状态对$(\boldsymbol{X}_{i,k},\boldsymbol{X}_{-i,k})$达到下述优化问题的纳什均衡点：

$$\begin{cases}\min\limits_{\boldsymbol{X}_{i,k}} J_i(\boldsymbol{X}_{i,k},\boldsymbol{X}_{-i,k})\\ \text{s.t.}\begin{cases}\boldsymbol{X}_{i,k+1}=\boldsymbol{X}_{i,k}+T\boldsymbol{Y}_{i,k},\\ \boldsymbol{Y}_{i,k+1}=\boldsymbol{Y}_{i,k}+T\boldsymbol{g}(\boldsymbol{X}_{i,k},\boldsymbol{Y}_{i,k})+T\boldsymbol{u}_{i,k},\end{cases}\quad i\in\overline{\mathcal{N}}\end{cases} \tag{3-47}$$

根据成本函数$J_i(\boldsymbol{X}_{i,k},\boldsymbol{X}_{-i,k})$的定义可知，对于任意的$i\in\overline{\mathcal{N}}$，$J_i$的值只取决于$\boldsymbol{X}_{i,k}$，而不是$\boldsymbol{Y}_{i,k}$。根据系统（3-36）可得，如果$\boldsymbol{Y}_{i,k}\neq0$，那么$\boldsymbol{X}_{i,k}$不可能稳定于平衡点。因此，根据式（3-44），可以推断出系统（3-36）的纳什均衡点应满足

$$\nabla J_i(\boldsymbol{X}_i^*,\boldsymbol{X}_{-i}^*)=0,\quad \boldsymbol{Y}_i^*=0,\quad \forall i\in\mathcal{N} \tag{3-48}$$

式（3-48）可以写成一个等价形式的纳什均衡点集合

$$\Pi_{NE}\triangleq\{(\boldsymbol{X},\boldsymbol{Y})\mid\nabla J_i(\boldsymbol{X}_i^*+T\boldsymbol{Y}_i^*,\boldsymbol{X}_{-i}^*+T\boldsymbol{Y}_{-i}^*)=0,\quad \boldsymbol{Y}_i^*=0,\quad \forall i\in\mathcal{N}\} \tag{3-49}$$

根据纳什均衡点集合即式（3-49），定义辅助状态变量$\boldsymbol{\gamma}_{i,k}\triangleq\boldsymbol{X}_{i,k}+T\boldsymbol{Y}_{i,k}$来寻找纳什均衡点。在图形博弈$G(\overline{\mathcal{N}},J_i,\mathbb{R}^{3N})$中，每个航天器$i$只能获取其邻居航天器辅助状态信息$\boldsymbol{\gamma}_{j,k}(j\in\overline{\mathcal{N}}_i)$，但纳什均衡控制策略的设计过程往往需要知道所有航天器的信息。因此，对于编队博弈控制问题需要解决如下两点：第一，设计一个分布式状态观测器，用以估计全局状态信息；第二，设计分布式博弈控制策略，使得$(\boldsymbol{X}_{i,k},\boldsymbol{X}_{-i,k})$达到纳什均衡点。

**引理 3.1**[13]：针对下述线性离散时变系统：

$$\boldsymbol{x}_{k+1}=\boldsymbol{A}_k\boldsymbol{x}_k+\boldsymbol{u}_k \tag{3-50}$$

如果 $\|\boldsymbol{A}_k\|$ 严格小于 1，那么，$\boldsymbol{x}_k$ 关于控制输入 $\boldsymbol{u}_k$ 是有界稳定的。

## 3.4.2 非线性追逃博弈控制器设计

本小节针对第一个子问题即一对一追逃博弈控制，利用强化学习的思想进行博弈控制策略的设计和求解。

**1. 近似 HJI 方程推导**

为了求解离散追逃博弈系统中的最优控制策略$(\boldsymbol{u}_{p,k}^*,\boldsymbol{u}_{e,k}^*)$和最优值函数 $V^*(\boldsymbol{\eta}_k)$，需要推导近似 HJI 方程。

**假设 3.3**：若采样频率足够高时，状态增量 $\Delta\boldsymbol{\eta}_k\triangleq\boldsymbol{\eta}_{k+1}-\boldsymbol{\eta}_k$ 将会变得非常小。那么，关于 $\Delta\boldsymbol{\eta}_k$ 的高阶无穷小量 $o(\Delta\boldsymbol{\eta}_k)$ 可以被忽略。

**定理 3.1**：在假设 3.3 下，对于容许控制策略集合$(\boldsymbol{u}_{p,k},\boldsymbol{u}_{e,k})$，如果存在一个正定且连续可微函数 $V(\boldsymbol{\eta}_{k+1})$ 满足

$$\begin{cases}\mathcal{H}_k\triangleq\boldsymbol{\eta}_k^{\mathrm{T}}\boldsymbol{Q}\boldsymbol{\eta}_k+S(\boldsymbol{u}_{p,k},\bar{\boldsymbol{u}}_p)-\gamma S(\boldsymbol{u}_{e,k},\bar{\boldsymbol{u}}_e)+\\ \qquad\nabla^{\mathrm{T}}V(\boldsymbol{\eta}_{k+1})(\boldsymbol{F}(\boldsymbol{\eta}_k)+\boldsymbol{B}_p\boldsymbol{u}_{p,k}+\boldsymbol{B}_e\boldsymbol{u}_{e,k}-\boldsymbol{\eta}_k)=0\\ V(\boldsymbol{\eta}_\infty)=\phi(\boldsymbol{\eta}_\infty)\end{cases} \tag{3-51}$$

式中：$\nabla V(\boldsymbol{\eta}_{k+1})$为梯度矢量，定义如下：

$$\nabla V(\boldsymbol{\eta}_{k+1})\triangleq\left.\frac{\partial V(\boldsymbol{x})}{\partial\boldsymbol{x}}\right|_{\boldsymbol{x}=\tilde{\eta}_{k+1}} \tag{3-52}$$

那么，$V(\boldsymbol{\eta}_{k+1})$为式（3-35）的值函数且满足 $J(\boldsymbol{\eta}_0,\boldsymbol{u}_{p,k},\boldsymbol{u}_{e,k})=V(\boldsymbol{\eta}_0)$。

**证明**：根据函数 $V(\boldsymbol{\eta}_k)$是连续可微且 $V(\boldsymbol{\eta}_k)\geqslant0$，可将函数 $V(\boldsymbol{\eta}_k)$在 $\boldsymbol{\eta}_{k+1}$处泰勒展开为

$$V(\boldsymbol{\eta}_k)=V(\boldsymbol{\eta}_{k+1})+\nabla^{\mathrm{T}}V(\boldsymbol{\eta}_{k+1})(\boldsymbol{\eta}_k-\boldsymbol{\eta}_{k+1})+\cdots \tag{3-53}$$

在假设 3.3 下，式（3-53）可近似为

$$V(\boldsymbol{\eta}_{k+1})-V(\boldsymbol{\eta}_k)\approx\nabla^{\mathrm{T}}V(\boldsymbol{\eta}_{k+1})(\boldsymbol{\eta}_{k+1}-\boldsymbol{\eta}_k) \tag{3-54}$$

将式（3-54）从 $k=0$ 累加至 $k=\infty$，有

$$V(\boldsymbol{\eta}_\infty)-V(\boldsymbol{\eta}_0)=\sum_{k=0}^{\infty}\nabla^{\mathrm{T}}V(\boldsymbol{\eta}_{k+1})(\boldsymbol{\eta}_{k+1}-\boldsymbol{\eta}_k) \tag{3-55}$$

在性能指标函数（3-37）两侧同时加上式（3-55），整理可得

$$\begin{aligned}&J(\boldsymbol{\eta}_0,\boldsymbol{u}_{p,k},\boldsymbol{u}_{e,k})-V(\boldsymbol{\eta}_0)\\&=\sum_{k=0}^{\infty}\{\boldsymbol{\eta}_k^{\mathrm{T}}\boldsymbol{Q}\boldsymbol{\eta}_k+S(\boldsymbol{u}_{p,k},\bar{\boldsymbol{u}}_p)-\gamma S(\boldsymbol{u}_{e,k},\bar{\boldsymbol{u}}_e)+\nabla^{\mathrm{T}}V(\boldsymbol{\eta}_{k+1})(\boldsymbol{F}(\boldsymbol{\eta}_k)+\\&\quad\boldsymbol{B}_p\boldsymbol{u}_{p,k}+\boldsymbol{B}_e\boldsymbol{u}_{e,k}-\boldsymbol{\eta}_k)\}+\phi(\boldsymbol{\eta}_\infty)-V(\boldsymbol{\eta}_\infty)\end{aligned} \tag{3-56}$$

当 $V(\boldsymbol{\eta}_{k+1})$满足下列方程

$$\begin{cases}0=\boldsymbol{\eta}_k^{\mathrm{T}}\boldsymbol{Q}\boldsymbol{\eta}_k+S(\boldsymbol{u}_{p,k},\bar{\boldsymbol{u}}_p)-\gamma S(\boldsymbol{u}_{e,k},\bar{\boldsymbol{u}}_e)+\\ \quad\nabla^{\mathrm{T}}V(\boldsymbol{\eta}_{k+1})(\boldsymbol{F}(\boldsymbol{\eta}_k)+\boldsymbol{B}_p\boldsymbol{u}_{p,k}+\boldsymbol{B}_e\boldsymbol{u}_{e,k}-\boldsymbol{\eta}_k)\\ V(\boldsymbol{\eta}_\infty)=\phi(\boldsymbol{\eta}_\infty)\end{cases}\tag{3-57}$$

可得 $J(\boldsymbol{\eta}_0,\boldsymbol{u}_{p,k},\boldsymbol{u}_{e,k})=V(\boldsymbol{\eta}_0)$。

将 $\mathcal{H}_k$ 分别关于控制输入 $\boldsymbol{u}_{p,k}$ 和 $\boldsymbol{u}_{e,k}$ 求取一阶微分并令其等于 0，可得

$$\begin{cases}\boldsymbol{u}_{p,k}=-\bar{\boldsymbol{u}}_p\tanh\left(\dfrac{1}{2\bar{\boldsymbol{u}}_p}\boldsymbol{R}^{-1}\boldsymbol{B}_p^{\mathrm{T}}\nabla V(\boldsymbol{\eta}_{k+1})\right)\\ \boldsymbol{u}_{e,k}=\bar{\boldsymbol{u}}_e\tanh\left(\dfrac{1}{2\gamma\bar{\boldsymbol{u}}_e}\boldsymbol{R}^{-1}\boldsymbol{B}_e^{\mathrm{T}}\nabla V(\boldsymbol{\eta}_{k+1})\right)\end{cases}\tag{3-58}$$

将式（3-58）代入式（3-57）中，可得系统（3-35）的近似离散 HJI 方程：

$$\begin{cases}0=\boldsymbol{\eta}_k^{\mathrm{T}}\boldsymbol{Q}\boldsymbol{\eta}_k+S(\boldsymbol{u}_{p,k}^*,\bar{\boldsymbol{u}}_p)-\gamma S(\boldsymbol{u}_{e,k}^*,\bar{\boldsymbol{u}}_e)+\\ \quad\nabla^{\mathrm{T}}V^*(\boldsymbol{\eta}_{k+1})(\boldsymbol{F}(\boldsymbol{\eta}_k)+\boldsymbol{B}_e\boldsymbol{u}_{p,k}^*+\boldsymbol{B}_e\boldsymbol{u}_{e,k}^*-\boldsymbol{\eta}_k)\\ V(0)=0\end{cases}\tag{3-59}$$

其中

$$\begin{cases}\boldsymbol{u}_{p,k}^*=-\bar{\boldsymbol{u}}_p\tanh\left(\dfrac{1}{2\bar{\boldsymbol{u}}_p}\boldsymbol{R}^{-1}\boldsymbol{B}_p^{\mathrm{T}}\nabla V^*(\boldsymbol{\eta}_{k+1})\right)\\ \boldsymbol{u}_{e,k}^*=\bar{\boldsymbol{u}}_e\tanh\left(\dfrac{1}{2\gamma\bar{\boldsymbol{u}}_e}\boldsymbol{R}^{-1}\boldsymbol{B}_e^{\mathrm{T}}\nabla V^*(\boldsymbol{\eta}_{k+1})\right)\end{cases}\tag{3-60}$$

**2. 同步策略迭代算法**

为了求解近似离散 HJI 方程式（3-59），本小节提出了一种同步策略迭代（synchronous policy iteration，SPI）算法。该算法在连续非线性系统中已经得到了广泛的关注[14]，而本小节将其应用于离散非线性系统。

在 SPI 算法中，$V_s(\boldsymbol{\eta}_k)$ 和 $(\boldsymbol{\mu}_{p,s}(\boldsymbol{\eta}_k),\boldsymbol{\mu}_{e,s}(\boldsymbol{\eta}_k))$ $(s=1,2,\cdots)$ 分别用于近似最优值 $V^*(\boldsymbol{\eta}_k)$ 和 $(\boldsymbol{u}_{p,k}^*,\boldsymbol{u}_{e,k}^*)$。首先选择初始容许控制策略集合 $(\boldsymbol{\mu}_{p,0}(\boldsymbol{\eta}_k),\boldsymbol{\mu}_{e,0}(\boldsymbol{\eta}_k))$，然后，求解下述近似离散 HJI 方程得到值函数 $V_1(\boldsymbol{\eta}_{k+1})$：

$$\begin{aligned}&\boldsymbol{\eta}_k^{\mathrm{T}}\boldsymbol{Q}\boldsymbol{\eta}_k+S(\boldsymbol{\mu}_{p,0}(\boldsymbol{\eta}_k),\bar{\boldsymbol{u}}_p)-\gamma S(\boldsymbol{\mu}_{e,0}(\boldsymbol{\eta}_k),\bar{\boldsymbol{u}}_e)+\\&\nabla^{\mathrm{T}}V_1(\boldsymbol{\eta}_{k+1})(\boldsymbol{F}(\boldsymbol{\eta}_k)+\boldsymbol{B}_p\boldsymbol{\mu}_{p,0}(\boldsymbol{\eta}_k)+\boldsymbol{B}_e\boldsymbol{\mu}_{e,0}(\boldsymbol{\eta}_k)-\boldsymbol{\eta}_k)=0\end{aligned}\tag{3-61}$$

根据最新得出的值函数 $V_1(\boldsymbol{\eta}_{k+1})$，按照下式更新控制策略：

$$\begin{cases}\boldsymbol{\mu}_{p,1}(\boldsymbol{\eta}_k)=-\bar{\boldsymbol{u}}_p\tanh\left(\dfrac{1}{2\bar{\boldsymbol{u}}_p}\boldsymbol{R}^{-1}\boldsymbol{B}_p^{\mathrm{T}}\nabla V_1(\boldsymbol{\eta}_{k+1})\right)\\ \boldsymbol{\mu}_{e,1}(\boldsymbol{\eta}_k)=\bar{\boldsymbol{u}}_e\tanh\left(\dfrac{1}{2\gamma\bar{\boldsymbol{u}}_e}\boldsymbol{R}^{-1}\boldsymbol{B}_e^{\mathrm{T}}\nabla V_1(\boldsymbol{\eta}_{k+1})\right)\end{cases}\tag{3-62}$$

当 $s=1,2,\cdots$ 时，SPI 算法在下述迭代式中切换：

$$\begin{aligned}&\boldsymbol{\eta}_k^{\mathrm{T}}\boldsymbol{Q}\boldsymbol{\eta}_k+S(\boldsymbol{\mu}_{p,s}(\boldsymbol{\eta}_k),\bar{\boldsymbol{u}}_p)-\gamma S(\boldsymbol{\mu}_{e,s}(\boldsymbol{\eta}_k),\bar{\boldsymbol{u}}_e)+\\&\nabla^{\mathrm{T}}V_{s+1}(\boldsymbol{\eta}_{k+1})(\boldsymbol{F}(\boldsymbol{\eta}_k)+\boldsymbol{B}_p\boldsymbol{\mu}_{p,s}(\boldsymbol{\eta}_k)+\boldsymbol{B}_e\mu_{e,s}(\boldsymbol{\eta}_k)-\boldsymbol{\eta}_k)=0\end{aligned}\tag{3-63}$$

和

$$\begin{cases}\boldsymbol{\mu}_{p,s}(\boldsymbol{\eta}_k)=-\bar{\boldsymbol{u}}_p\tanh\left(\dfrac{1}{2\bar{\boldsymbol{u}}_p}\boldsymbol{R}^{-1}\boldsymbol{B}_p^{\mathrm{T}}\nabla V_s(\boldsymbol{\eta}_{k+1})\right)\\ \boldsymbol{\mu}_{e,s}(\boldsymbol{\eta}_k)=\bar{\boldsymbol{u}}_e\tanh\left(\dfrac{1}{2\gamma\bar{\boldsymbol{u}}_e}\boldsymbol{R}^{-1}\boldsymbol{B}_e^{\mathrm{T}}\nabla V_s(\boldsymbol{\eta}_{k+1})\right)\end{cases}\tag{3-64}$$

接下来，利用拟牛顿法来分析离散非线性系统的 SPI 算法的收敛性。为了方便后续描述，定义如下变量：

$$\begin{cases}\nu_p(V^*(\boldsymbol{\eta}_{k+1}))\triangleq\dfrac{1}{2\bar{\boldsymbol{u}}_p}\boldsymbol{R}^{-1}\boldsymbol{B}_p^{\mathrm{T}}\nabla V^*(\boldsymbol{\eta}_{k+1})\\ \nu_e(V^*(\boldsymbol{\eta}_{k+1}))\triangleq\dfrac{1}{2\gamma\bar{\boldsymbol{u}}_e}\boldsymbol{R}^{-1}\boldsymbol{B}_e^{\mathrm{T}}\nabla V^*(\boldsymbol{\eta}_{k+1})\end{cases}\tag{3-65}$$

将式（3-60）代入到 $S(\boldsymbol{u}_{p,k}^*,\bar{\boldsymbol{u}}_p)$ 和 $S(\boldsymbol{u}_{e,k}^*,\bar{\boldsymbol{u}}_e)$ 中，可得

$$\begin{cases}S(\boldsymbol{u}_{p,k}^*,\bar{\boldsymbol{u}}_p)=\bar{\boldsymbol{u}}_p\tanh^{\mathrm{T}}(\nu_p(V^*(\boldsymbol{\eta}_{k+1})))\boldsymbol{B}_p^{\mathrm{T}}\nabla V^*(\boldsymbol{\eta}_{k+1})+\\ \qquad\qquad\bar{\boldsymbol{u}}_p^2\bar{\boldsymbol{R}}\ln(\mathbb{1}-\tanh^2(\nu_p(V^*(\boldsymbol{\eta}_{k+1}))))\\ S(\boldsymbol{u}_{e,k}^*,\bar{\boldsymbol{u}}_e)=\dfrac{\boldsymbol{u}_e}{\gamma}\tanh^{\mathrm{T}}(\nu_e(V^*(\boldsymbol{\eta}_{k+1})))\boldsymbol{B}_e^{\mathrm{T}}\nabla V^*(\boldsymbol{\eta}_{k+1})+\\ \qquad\qquad\bar{\boldsymbol{u}}_e^2\bar{\boldsymbol{R}}\ln(\mathbb{1}-\tanh^2(\nu_e(V^*(\boldsymbol{\eta}_{k+1}))))\end{cases}\tag{3-66}$$

将式（3-60）和式（3-66）代入式（3-59）中，可得近似离散 HJI 方程为

$$\begin{aligned}&\boldsymbol{\eta}_k^{\mathrm{T}}\boldsymbol{Q}\boldsymbol{\eta}_k+\bar{\boldsymbol{u}}_p^2\bar{\boldsymbol{R}}\ln(\mathbb{1}-\tanh^2(\nu_p(V^*(\boldsymbol{\eta}_{k+1}))))\\&-\bar{\boldsymbol{u}}_e^2\gamma\bar{\boldsymbol{R}}\ln(\mathbb{1}-\tanh^2(\nu_e(V^*(\boldsymbol{\eta}_{k+1}))))+\nabla^{\mathrm{T}}V^*(\boldsymbol{\eta}_{k+1})(F(\boldsymbol{\eta}_k)-\boldsymbol{\eta}_k)=0\end{aligned}\tag{3-67}$$

考虑一个巴拿赫（Banach）空间 $\mathbb{V}\subset\{V(x)\mid V(x):\mathbb{R}^6\to\mathbb{R},V(0)=0\}$，范数为 $\|\cdot\|_{\mathbb{R}^6}$。那么，映射 $\mathcal{G}(V(\boldsymbol{\eta}_{k+1})):\mathbb{V}\to\mathbb{V}$ 定义如下：

$$\begin{aligned}\mathcal{G}(V(\boldsymbol{\eta}_{k+1}))\triangleq&\,\boldsymbol{\eta}_k^{\mathrm{T}}\boldsymbol{Q}\boldsymbol{\eta}_k+\bar{\boldsymbol{u}}_p^2\bar{\boldsymbol{R}}\ln(\mathbb{1}-\tanh^2(\nu_p(V^*(\boldsymbol{\eta}_{k+1}))))-\\&\bar{\boldsymbol{u}}_e^2\gamma\bar{\boldsymbol{R}}\ln(\mathbb{1}-\tanh^2(\nu_e(V^*(\boldsymbol{\eta}_{k+1}))))+\\&\nabla^{\mathrm{T}}V^*(\boldsymbol{\eta}_{k+1})(F(\boldsymbol{\eta}_k)-\boldsymbol{\eta}_k)\end{aligned}\tag{3-68}$$

定义映射 $\mathcal{T}:\mathbb{V}\to\mathbb{V}$ 如下：

$$\mathcal{T}(V(\boldsymbol{\eta}_{k+1}))\triangleq V(\boldsymbol{\eta}_{k+1})-(\mathcal{G}'_{Vk+1})^{-1}\mathcal{G}(V(\boldsymbol{\eta}_{k+1}))\tag{3-69}$$

式中：$\mathcal{G}'_{Vk+1}$ 为函数 $\mathcal{G}$ 关于 $V(\boldsymbol{\eta}_{k+1})$ 的弗雷歇（Fréchet）导数。

为了计算 Fréchet 导数，这里引入加托（Gâteaux）导数，其定义如下。

**定义 3.2**[15]：令 $\mathcal{G}:\mathbb{U}(V)\subseteq\mathbb{X}\to\mathbb{Y}$，其中 $\mathbb{X}$ 和 $\mathbb{Y}$ 分别为巴拿赫空间，$\mathbb{U}(V)$ 表示 $V$ 的一个邻域。对于任意的 $M$ 和所有在 0 邻域内的实数 $s$，其中 $M$ 满足 $\|M\|_{\mathbb{R}^6}=1$，当且仅当存在一个有界线性算子 $\mathcal{L}:\mathbb{X}\to\mathbb{Y}$ 满足

$$\mathcal{G}(V+sM)-\mathcal{G}(V)=s\mathcal{L}(M)+o(s),\quad s\to0\tag{3-70}$$

那么，映射 $\mathcal{G}$ 是加托可导的。$\mathcal{L}$ 称为 $\mathcal{G}$ 在 $V$ 处的加托导数，即

$$\mathcal{L}(M) \triangleq \lim_{s \to 0} \frac{\mathcal{G}(V+sM)-\mathcal{G}(V)}{s} \tag{3-71}$$

**引理 3.2**：如果在 $V$ 的某个邻域内，存在加托导数 $\mathcal{L}$，并且 $\mathcal{L}$ 在 $V$ 处是连续的，那么，$\mathcal{L}=\mathcal{G}'(V)$ 也是在 $V$ 处的弗雷歇导数。

**引理 3.3**：考虑定义于式（3-68）中的映射 $\mathcal{G}$，对于任意的 $V(\boldsymbol{\eta}_{k+1}) \in \mathbb{V}$，映射 $\mathcal{G}$ 在 $V(\boldsymbol{\eta}_{k+1})$ 处的弗雷歇导数为

$$\begin{aligned}\mathcal{G}'_{Vk+1}M &= \mathcal{L}_{Vk+1}(M) \\ &= \nabla^{\mathrm{T}} M(\boldsymbol{F}(\boldsymbol{\eta}_k)-\overline{\boldsymbol{u}}_p \boldsymbol{B}_p \tanh(\nu_p(V(\boldsymbol{\eta}_{k+1})))+ \\ &\quad \overline{\boldsymbol{u}}_e \boldsymbol{B}_e \tanh(\nu_e(V(\boldsymbol{\eta}_{k+1})))-\boldsymbol{\eta}_k\end{aligned} \tag{3-72}$$

**证明**：根据式（3-68）中 $\mathcal{G}$ 的定义，可得

$$\begin{aligned}&\mathcal{G}(V(\boldsymbol{\eta}_{k+1})+sM)-\mathcal{G}(V(\boldsymbol{\eta}_{k+1})) \\ &= \overline{\boldsymbol{u}}_p^2 \overline{\boldsymbol{R}}(\ln(\mathbb{1}-\tanh^2(\nu_p(V^*(\boldsymbol{\eta}_{k+1})+sM)))-\ln(\mathbb{1}-\tanh^2(\nu_p(V^*(\boldsymbol{\eta}_{k+1})))))- \\ &\quad \overline{\boldsymbol{u}}_e^2 \gamma \overline{\boldsymbol{R}}(\ln(\mathbb{1}-\tanh^2(\nu_e(V^*(\boldsymbol{\eta}_{k+1})+sM)))-\ln(\mathbb{1}-\tanh^2(\nu_e(V^*(\boldsymbol{\eta}_{k+1})))))+ \\ &\quad s\, \nabla^{\mathrm{T}} M(F(\boldsymbol{\eta}_k)-\boldsymbol{\eta}_k)\end{aligned} \tag{3-73}$$

利用洛必达法则，由式（3-73）可得

$$\begin{aligned}\mathcal{L}_{Vk+1}(M) &= \lim_{s\to 0} \frac{\mathcal{G}(V(\boldsymbol{\eta}_{k+1})+sM)-\mathcal{G}(V(\boldsymbol{\eta}_{k+1}))}{s} \\ &= \nabla^{\mathrm{T}} M(\boldsymbol{F}(\boldsymbol{\eta}_k)-\overline{\boldsymbol{u}}_p \boldsymbol{B}_p \tanh(\nu_p(V(\boldsymbol{\eta}_{k+1})))+ \\ &\quad \overline{\boldsymbol{u}}_e \boldsymbol{B}_e \tanh(\nu_e(V(\boldsymbol{\eta}_{k+1})))-\boldsymbol{\eta}_k)\end{aligned} \tag{3-74}$$

对于任意的 $M_0 \in \mathbb{V}$，由式（3-74）容易得出

$$\begin{aligned}&\| \mathcal{L}_{Vk+1}(M)-\mathcal{L}_{Vk+1}(M_0) \|_{\mathbb{R}^6} \\ &= \| \nabla^{\mathrm{T}}(M-M_0) F(\boldsymbol{\eta}_k)-\overline{\boldsymbol{u}}_p \boldsymbol{B}_p \tanh(\nu_p(V(\boldsymbol{\eta}_{k+1}))+ \\ &\quad \overline{\boldsymbol{u}}_e \boldsymbol{B}_e \tanh(\nu_e(V(\boldsymbol{\eta}_{k+1})))-\boldsymbol{\eta}_k) \|_{\mathbb{R}^6} \\ &\leqslant \| F(\eta_k)-\overline{\boldsymbol{u}}_p \boldsymbol{B}_p \tanh(\nu_p(V(\boldsymbol{\eta}_{k+1})))+ \\ &\quad \overline{\boldsymbol{u}}_e \boldsymbol{B}_e \tanh(\nu_e(V(\boldsymbol{\eta}_{k+1})))-\boldsymbol{\eta}_k \|_{\mathbb{R}^6} \beta \| M-M_0 \|_{\mathbb{R}^6} \\ &\triangleq \rho \| M-M_0 \|_{\mathbb{R}^6}\end{aligned} \tag{3-75}$$

式中：$\beta>0$，且 $\rho \triangleq \beta \| \boldsymbol{F}(\boldsymbol{\eta}_k)-\overline{\boldsymbol{u}}_p \boldsymbol{B}_p \tanh(\nu_p(V(\boldsymbol{\eta}_{k+1})))+\overline{\boldsymbol{u}}_e B_e \tanh(\nu_e(V(\boldsymbol{\eta}_{k+1})))-\boldsymbol{\eta}_k \|_{\mathbb{R}^6}$。

因此，当 $\| M-M_0 \|_{\mathbb{R}^6}<\delta$ 时，对于任意的 $\varepsilon>0$，存在一个常数 $\delta=\varepsilon/\rho$ 满足

$$\| \mathcal{L}_{Vk+1}(M)-\mathcal{L}_{Vk+1}(M_0) \|_6 \leqslant \rho \| M-M_0 \|_6 < \varepsilon \tag{3-76}$$

即 $\mathcal{L}(V^{k+1})$ 在 $V(\boldsymbol{\eta}_{k+1})$ 处是连续的。通过利用引理 3.2，可以得出 $\mathcal{G}'_{Vk+1}M=\mathcal{L}_{Vk+1}$ 是 $\mathcal{G}$ 在 $V(\boldsymbol{\eta}_{k+1})$ 处的弗雷歇导数。

接下来，下述定理将证明 SPI 算法等价于拟牛顿迭代法。

**定理 3.2**：考虑定义于式（3-69）中的映射 $\mathcal{T}$，式（3-64）和式（3-65）中的迭代算法等价于下述拟牛顿迭代式

$$V_{s+1}(\boldsymbol{\eta}_{k+1})=\mathcal{T}(V_s(\boldsymbol{\eta}_{k+1}))$$

$$= V_s(\boldsymbol{\eta}_{k+1}) - (\mathcal{G}'_{V_s^{k+1}})^{-1}\mathcal{G}(V_s(\boldsymbol{\eta}_{k+1})) \tag{3-77}$$

**证明**：考虑引理 3.3 中的弗雷歇导数，存在如下等式：

$$\begin{aligned}
&\mathcal{G}'_{V_s^{k+1}} V_{s+1}(\boldsymbol{\eta}_{k+1}) \\
&= \nabla^{\mathrm{T}} V_{s+1}(\boldsymbol{\eta}_{k+1})(\boldsymbol{F}(\boldsymbol{\eta}_k) - \bar{\boldsymbol{u}}_p \boldsymbol{B}_p \tanh(\nu_p(V_s(\boldsymbol{\eta}_{k+1}))) + \\
&\quad \bar{\boldsymbol{u}}_e \boldsymbol{B}_e \tanh(\nu_e(V_s(\boldsymbol{\eta}_{k+1}))) - \boldsymbol{\eta}_k) \\
&= \nabla^{\mathrm{T}} V_{s+1}(\boldsymbol{\eta}_{k+1})(\boldsymbol{F}(\boldsymbol{\eta}_k) + \boldsymbol{B}_p \boldsymbol{\mu}_{p,s}(\boldsymbol{\eta}_k) + \boldsymbol{B}_e \boldsymbol{\mu}_{e,s}(\boldsymbol{\eta}_k) - \boldsymbol{\eta}_k)
\end{aligned} \tag{3-78}$$

和

$$\begin{aligned}
\mathcal{G}'_{V_s^{k+1}} V_s(\boldsymbol{\eta}_{k+1}) = \nabla^{\mathrm{T}} V_s(\boldsymbol{\eta}_{k+1})(\boldsymbol{F}(\boldsymbol{\eta}_k) + \boldsymbol{B}_p \boldsymbol{\mu}_{p,s}(\boldsymbol{\eta}_k) + \\
\boldsymbol{B}_e \boldsymbol{\mu}_{e,s}(\boldsymbol{\eta}_k) - \boldsymbol{\eta}_k)
\end{aligned} \tag{3-79}$$

根据式（3-66）、式（3-67）和式（3-69），可得

$$\begin{aligned}
&\mathcal{G}(V_s(\boldsymbol{\eta}_{k+1})) \\
&= \boldsymbol{\eta}_k^{\mathrm{T}} \boldsymbol{Q} \boldsymbol{\eta}_k + S(\boldsymbol{\mu}_{p,s}(\boldsymbol{\eta}_k), \bar{\boldsymbol{u}}_p) - \gamma S(\boldsymbol{u}_{e,s}(\boldsymbol{\eta}_k), \bar{\boldsymbol{u}}_e) + \\
&\quad \nabla^{\mathrm{T}} V_s(\boldsymbol{\eta}_{k+1})(\boldsymbol{F}(\boldsymbol{\eta}_k) + \boldsymbol{B}_p \boldsymbol{\mu}_{p,s}(\boldsymbol{\eta}_k) + \boldsymbol{B}_e \boldsymbol{\mu}_{e,s}(\boldsymbol{\eta}_k) - \boldsymbol{\eta}_k)
\end{aligned} \tag{3-80}$$

从式（3-79）中减去式（3-80），可得

$$\begin{aligned}
&\mathcal{G}'_{V_s^{k+1}} V_s(\boldsymbol{\eta}_{k+1}) - \mathcal{G}(V_s(\boldsymbol{\eta}_{k+1})) \\
&= -(\boldsymbol{\eta}_k^{\mathrm{T}} \boldsymbol{Q} \boldsymbol{\eta}_k + S(\boldsymbol{\mu}_{p,s}(\boldsymbol{\eta}_k), \bar{\boldsymbol{u}}_p) - \gamma S(\boldsymbol{u}_{e,s}(\boldsymbol{\eta}_k), \bar{\boldsymbol{u}}_e))
\end{aligned} \tag{3-81}$$

综合式（3-65）、式（3-78）和式（3-81），可得

$$\mathcal{G}'_{V_s^{k+1}} V_{s+1}(\boldsymbol{\eta}_{k+1}) = \mathcal{G}'_{V_s^{k+1}} V_s(\boldsymbol{\eta}_{k+1}) - \mathcal{G}(V_s(\boldsymbol{\eta}_{k+1})) \tag{3-82}$$

由式（3-82）可进一步得出式（3-77）。因此，式（3-65）和式（3-66）中的迭代算法等价于拟牛顿迭代式（3-78）。

现在已经证明 SPI 算法等价于拟牛顿迭代法，因此，当 $s \to \infty$ 时，值函数 $V_s(\boldsymbol{\eta}_k)$将最终收敛于最优值 $V^*(\boldsymbol{\eta}_k)$。根据上述讨论，对本小节提出的离散 SPI 算法进行总结，可得其求解过程和伪代码如表 3-2 所示。

**表 3-2 离散 SPI 算法**

| 步　骤 | 执行的操作 |
|---|---|
| 1 | 初始化：误差阈值 $\vartheta$；容许控制策略集合$(\boldsymbol{\mu}_{p,s}(\boldsymbol{\eta}_k), \boldsymbol{\mu}_{e,s}(\boldsymbol{\eta}_k))$；令 $s \leftarrow 0$。 |
| 2 | **Repeat** |
| 3 | 基于第 $s$ 步的控制策略集合$(\boldsymbol{\mu}_{p,s}(\boldsymbol{\eta}_k), \boldsymbol{\mu}_{e,s}(\boldsymbol{\eta}_k))$，根据近似离散 HJI 方程式（3-65），计算第 $s+1$ 步的值函数 $V_{s+1}(\eta_{k+1})$。 |
| 4 | 根据式（3-66），更新控制策略$\boldsymbol{\mu}_{p,s}(\boldsymbol{\eta}_k)$和$\boldsymbol{\mu}_{e,s}(\boldsymbol{\eta}_k)$。 |
| 5 | 令 $s \leftarrow s+1$； |
| 6 | **Until** $\lvert V_s(\boldsymbol{\eta}_{k+1}) - V_{s-1}(\boldsymbol{\eta}_{k+1}) \rvert < \vartheta$ |
| 7 | 输出控制策略集合$(\boldsymbol{\mu}_{p,s-1}(\tilde{\boldsymbol{\eta}}_k), \boldsymbol{\mu}_{e,s-1}(\tilde{\boldsymbol{\eta}}_k))$。 |

**3. 神经网络的应用**

虽然表3-2给出了最优控制策略的求解过程，但系统（3-35）的非线性导致值函数 $V_s(\boldsymbol{\eta}_k)$ 关于 $\boldsymbol{\eta}_k$ 的函数关系有可能也是非线性。为了解决上述问题，保证SPI算法的顺利实施，本小节将利用神经网络来近似未知的值函数 $V_s(\boldsymbol{\eta}_k)$。

由于神经网络的训练过程会消耗大量的计算资源，为了减少计算资源负担，这里采用了一种单层网络自适应评价（single network adaptive critic，SNAC）架构，在SNAC架构中，只使用了评价网络，没有采用执行网络，可以大大减少计算量。值函数 $V(\boldsymbol{\eta}_k)$ 可以近似为

$$V(\boldsymbol{\eta}_k)=\boldsymbol{W}^{\mathrm{T}}\sigma(\boldsymbol{\eta}_k)+\varepsilon(\boldsymbol{\eta}_k) \tag{3-83}$$

式中：$\sigma(\cdot):\mathbb{R}^6\to\mathbb{R}^l$ 为神经网络中的激活函数，$l$ 为隐含层神经元的个数；$\boldsymbol{W}\in\mathbb{R}^l$ 为理想权重矩阵；$\varepsilon(\eta_k)$ 为神经网络的近似误差。

正如文献［16］所述，理想的权重矩阵是有界的，即 $\|\boldsymbol{W}\|\leqslant\varepsilon_W$，其中 $\varepsilon_W$ 为一个正常数。此外，根据文献［17］，$\sigma(\cdot)$ 和 $\varepsilon(\cdot)$ 的梯度也是有界的，即 $\|\nabla\sigma(\cdot)\|\leqslant\varepsilon_{\sigma'}$ 和 $\|\nabla\varepsilon(\cdot)\|\leqslant\varepsilon_{\varepsilon'}$，其中，$\varepsilon_{\sigma'}$ 和 $\varepsilon_{\varepsilon'}$ 为正常数。

在第 $s$ 步的近似值函数 $\hat{V}_s(\boldsymbol{\eta}_k)$ 重构如下：

$$\hat{V}_s(\boldsymbol{\eta}_k)=\hat{\boldsymbol{W}}_s^{\mathrm{T}}\sigma(\boldsymbol{\eta}_k) \tag{3-84}$$

式中：$\hat{\boldsymbol{W}}_s\in\mathbb{R}^l$ 为第 $s$ 步近似权重矩阵。

将近似值函数 $\hat{V}_s(\boldsymbol{\eta}_k)$ 对 $\boldsymbol{\eta}_k$ 求取一阶微分可得

$$\nabla\hat{V}_s(\boldsymbol{\eta}_k)=\nabla\sigma^{\mathrm{T}}(\boldsymbol{\eta}_k)\hat{\boldsymbol{W}}_s \tag{3-85}$$

将式（3-85）代入式（3-65）中，可得残差为

$$\boldsymbol{e}_{k,s+1}=\boldsymbol{\eta}_k^{\mathrm{T}}\boldsymbol{Q}\boldsymbol{\eta}_k+S(\boldsymbol{\mu}_{p,s}(\boldsymbol{\eta}_k),\bar{\boldsymbol{u}}_p)-\gamma S(\boldsymbol{\mu}_{e,s}(\boldsymbol{\eta}_k),\bar{\boldsymbol{u}}_e)+\hat{\boldsymbol{W}}_{s+1}^{\mathrm{T}}\varpi_{k,s} \tag{3-86}$$

式中：$\varpi_{k,s}\triangleq\nabla^{\mathrm{T}}\sigma^{\mathrm{T}}(\boldsymbol{\eta}_{k+1})(F(\boldsymbol{\eta}_k)+\boldsymbol{B}_p\boldsymbol{\mu}_{p,s}(\boldsymbol{\eta}_k)+\boldsymbol{B}_e\boldsymbol{\mu}_{e,s}(\boldsymbol{\eta}_k)-\boldsymbol{\eta}_k)$。

为了最小化 $E_{k,s}=\dfrac{1}{2}\boldsymbol{e}_{k,s}^{\mathrm{T}}\boldsymbol{e}_{k,s}$，通过利用Levenberg-Marquardt算法，权重矩阵 $\hat{\boldsymbol{W}}_s$ 的调整律为

$$\begin{aligned}\hat{\boldsymbol{W}}_{s+1}&=\hat{\boldsymbol{W}}_s-\frac{\theta}{1+\varpi_{k,s-1}^{T}\varpi_{k,s-1}}\frac{\partial\boldsymbol{E}_{k,s}}{\partial\hat{\boldsymbol{W}}_s}\\&=\left(\boldsymbol{I}-\frac{\theta\,\varpi_{k,s-1}\varpi_{k,s-1}^{\mathrm{T}}}{1+\varpi_{k,s-1}^{\mathrm{T}}\varpi_{k,s-1}}\right)\hat{\boldsymbol{W}}_s-\frac{\theta\,\varpi_{k,s-1}}{1+\varpi_{k,s-1}^{\mathrm{T}}\varpi_{k,s-1}}\cdot\\&\quad(\boldsymbol{\eta}_k^{\mathrm{T}}\boldsymbol{Q}\boldsymbol{\eta}_k+S(\boldsymbol{\mu}_{p,s}(\boldsymbol{\eta}_k),\bar{\boldsymbol{u}}_p)-\gamma S(\boldsymbol{\mu}_{e,s-1}(\boldsymbol{\eta}_k),\bar{\boldsymbol{u}}_e))\end{aligned} \tag{3-87}$$

式中：$\theta>0$ 为可调参数。因此，权重矩阵误差为

$$\hat{\boldsymbol{W}}_{s+1}=\boldsymbol{W}-\hat{\boldsymbol{W}}_{s+1}$$

$$
=\left(\boldsymbol{I}-\frac{\theta\,\varpi_{k,s-1}\varpi_{k,s-1}^{\mathrm{T}}}{1+\varpi_{k,s-1}^{\mathrm{T}}\varpi_{k,s-1}}\right)\hat{\boldsymbol{W}}_s+\frac{\theta\,\varpi_{k,s-1}}{1+\varpi_{k,s-1}^{\mathrm{T}}\varpi_{k,s-1}}\cdot
$$

$$
(\boldsymbol{\eta}_k^{\mathrm{T}}\boldsymbol{Q}\boldsymbol{\eta}_k+S(\boldsymbol{\mu}_{p,s-1}(\boldsymbol{\eta}_k),\bar{\boldsymbol{u}}_p)-\gamma S(\boldsymbol{\mu}_{e,s-1}(\boldsymbol{\eta}_k),\bar{\boldsymbol{u}}_e))+
$$

$$
\frac{\theta\,\varpi_{k,s-1}\varpi_{k,s-1}^{\mathrm{T}}}{1+\varpi_{k,s-1}^{\mathrm{T}}\varpi_{k,s-1}}\boldsymbol{W} \tag{3-88}
$$

**定理 3.3**：针对权重矩阵误差动态系统（3-88），如果选择 $\theta$ 满足如下条件

$$
\left\|\boldsymbol{I}-\frac{\theta\,\varpi_{k,s-1}\varpi_{k,s-1}^{\mathrm{T}}}{1+\varpi_{k,s-1}^{\mathrm{T}}\varpi_{k,s-1}}\right\|\leqslant 1 \tag{3-89}
$$

那么，权重矩阵误差 $\widetilde{\boldsymbol{W}}_s$ 是有界稳定的。

**证明**：根据引理 3.1，由式（3-89）可知，权重矩阵误差 $\widetilde{\boldsymbol{W}}_s$ 是有界稳定的。

基于近似的值函数 $\hat{V}_s(\boldsymbol{\eta}_k)$，最优控制策略的计算可以不需要执行神经网络的训练。将式（3-87）代入进式（3-68）中，可得最优控制策略为

$$
\begin{cases}
\boldsymbol{\mu}_{p,s}(\boldsymbol{\eta}_k)=-\bar{\boldsymbol{u}}_p\tanh\left(\dfrac{1}{2\bar{\boldsymbol{u}}_p}\boldsymbol{R}^{-1}\boldsymbol{B}_p^{\mathrm{T}}\,\nabla\sigma^{\mathrm{T}}(\boldsymbol{\eta}_{k+1})\hat{\boldsymbol{W}}_s\right)\\
\boldsymbol{\mu}_{e,s}(\boldsymbol{\eta}_k)=-\bar{\boldsymbol{u}}_e\tanh\left(\dfrac{1}{2\gamma\bar{\boldsymbol{u}}_e}\boldsymbol{R}^{-1}\boldsymbol{B}_e^{\mathrm{T}}\,\nabla\sigma^{\mathrm{T}}(\boldsymbol{\eta}_{k+1})\hat{\boldsymbol{W}}_s\right)
\end{cases} \tag{3-90}
$$

基于以上讨论，本节所提出的 SPI 最优控制策略神经网络应用过程如图 3-15 所示，其中，神经网络部分采用了 SNAC 架构。

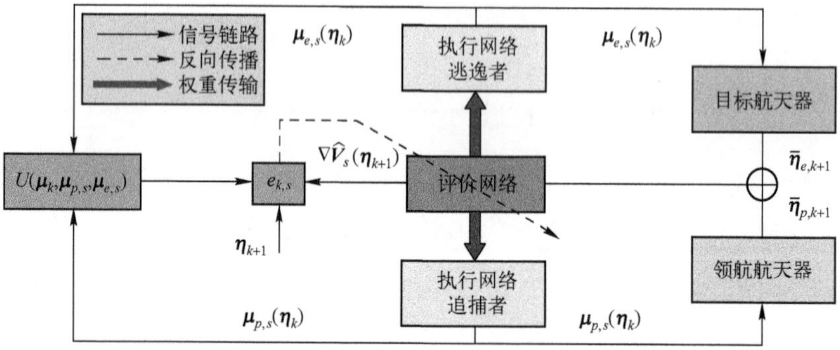


**图 3-15 SPI 最优控制策略神经网络应用框图**

#### 4. 闭环系统稳定性分析

在整个闭环追逃系统中，神经网络逼近误差的存在会导致闭环系统的稳定性会受到严重影响。本小节将考虑这些因素，分析整个闭环追逃系统的稳定性。

根据定理 3.3 可知，存在正常数 $\varepsilon_{\widetilde{W}}$、$\varepsilon_\eta$ 以及时间常数 $\tau_0$，使得对于任意的 $k\geqslant\tau_0$，下列不等式成立：

$$
\|\widetilde{\boldsymbol{W}}_\infty\|\leqslant\varepsilon_{\widetilde{W}},\ \|\Delta\boldsymbol{\eta}_k\|\leqslant\varepsilon_\eta \tag{3-91}
$$

**定义 3.3**[18]：在式（3-90）中的控制策略 $\boldsymbol{\mu}_{p,\infty}(\boldsymbol{\eta}_k)$ 和 $\boldsymbol{\mu}_{e,\infty}(\boldsymbol{\eta}_k)$ 下，如果存

在一个紧集 $S\in\mathbb{R}^6$，一个边界 $b>0$ 和一个时间常数 $T_0(b,\boldsymbol{\eta}_0)$，对任意的 $\boldsymbol{\eta}_0\in S$ 与 $k\geqslant T_0$，满足 $\|\boldsymbol{\eta}_k\|\leqslant b$，那么，追逃系统（3-35）是最终一致有界稳定的。

下述定理分析了整个追逃博弈闭环系统的稳定性。

**定理 3.4**：在控制策略（3-90）下，闭环追逃系统（3-35）是最终一致有界稳定的。此外，存在一个时间常数 $\tau$，使得状态 $\boldsymbol{\eta}_k$ 满足

$$\|\boldsymbol{\eta}_k\|\leqslant\sqrt{\frac{\chi}{\lambda_{\min}\{\boldsymbol{Q}\}}},\quad k\geqslant\tau \tag{3-92}$$

其中

$$\begin{aligned}\chi\triangleq&\frac{1}{2}(\varepsilon_{\sigma'}\varepsilon_W+\varepsilon_{\varepsilon'})(\|\boldsymbol{B}_p\boldsymbol{R}^{-1}\boldsymbol{B}_p^{\mathrm{T}}\|+\gamma^{-1}\|\boldsymbol{B}_e\boldsymbol{R}^{-1}\boldsymbol{B}_e^{\mathrm{T}}\|)\varepsilon_{\sigma'}\varepsilon_{\tilde{W}}+\\&\frac{1}{2}(\varepsilon_{\sigma'}\varepsilon_W+\varepsilon_{\varepsilon'})(\varepsilon_{\varepsilon'}\|\boldsymbol{B}_p\boldsymbol{R}^{-1}\boldsymbol{B}_p^{\mathrm{T}}\|+\gamma^{-1}\varepsilon_{\varepsilon'}\|\boldsymbol{B}_e\boldsymbol{R}^{-1}\boldsymbol{B}_e^{\mathrm{T}}\|)+\\&(\varepsilon_{\sigma'}\varepsilon_{\tilde{W}}+\varepsilon_{\varepsilon'})\varepsilon_\eta+\gamma S(\boldsymbol{u}_{e,k}^*,\bar{\boldsymbol{u}}_e)\end{aligned}$$

**证明**：在控制策略 $\boldsymbol{\mu}_{p,\infty}(\boldsymbol{\eta}_k)$ 和 $\boldsymbol{\mu}_{e,\infty}(\boldsymbol{\eta}_k)$ 下，将值函数 $\hat{V}_\infty(\boldsymbol{\eta}_k)$ 泰勒展开为

$$\begin{aligned}\hat{V}_\infty(\boldsymbol{\eta}_k)&\approx\hat{V}_\infty(\boldsymbol{\eta}_{k+1})-\nabla^{\mathrm{T}}\hat{V}_\infty(\boldsymbol{\eta}_{k+1})(\boldsymbol{\eta}_{k+1}-\boldsymbol{\eta}_k)\\&=\hat{V}_\infty(\boldsymbol{\eta}_{k+1})-\nabla^{\mathrm{T}}\hat{V}_\infty(\boldsymbol{\eta}_{k+1})(\boldsymbol{F}(\boldsymbol{\eta}_k)+\boldsymbol{B}_p\boldsymbol{\mu}_{p,\infty}(\boldsymbol{\eta}_k)+\boldsymbol{B}_e\boldsymbol{\mu}_{e,\infty}(\boldsymbol{\eta}_k)-\boldsymbol{\eta}_k)\end{aligned} \tag{3-93}$$

其中，关于 $\Delta\boldsymbol{\eta}_k$ 的高阶项在此处省略。然后，对 $\hat{V}_\infty(\boldsymbol{\eta}_k)$ 求一阶差分可得

$$\begin{aligned}\Delta\hat{V}_\infty(\boldsymbol{\eta}_k)&=\hat{V}_\infty(\boldsymbol{\eta}_{k+1})-\hat{V}_\infty(\boldsymbol{\eta}_k)\\&\approx\nabla^{\mathrm{T}}\hat{V}_\infty(\boldsymbol{\eta}_{k+1})(\boldsymbol{F}(\boldsymbol{\eta}_k)+\boldsymbol{B}_p\boldsymbol{\mu}_{p,\infty}(\boldsymbol{\eta}_k)+\boldsymbol{B}_e\boldsymbol{\mu}_{e,\infty}(\boldsymbol{\eta}_k)-\boldsymbol{\eta}_k)\\&=\nabla^{\mathrm{T}}\hat{V}^*(\boldsymbol{\eta}_{k+1})(\boldsymbol{F}(\boldsymbol{\eta}_k)+\boldsymbol{B}_p\boldsymbol{\mu}_{p,\infty}(\boldsymbol{\eta}_k)+\boldsymbol{B}_e\boldsymbol{\mu}_{e,\infty}(\boldsymbol{\eta}_k)-\boldsymbol{\eta}_k)+\\&\quad(\nabla^{\mathrm{T}}\hat{V}_\infty(\boldsymbol{\eta}_{k+1})-\nabla^{\mathrm{T}}\hat{V}^*(\boldsymbol{\eta}_{k+1}))\Delta\boldsymbol{\eta}_k\end{aligned} \tag{3-94}$$

由式（3-63）中的近似离散 HJI 方程，可知

$$\begin{aligned}&\nabla^{\mathrm{T}}\hat{V}^*(\boldsymbol{\eta}_{k+1})\boldsymbol{\eta}_k\\&=\nabla^{\mathrm{T}}\hat{V}^*(\boldsymbol{\eta}_{k+1})(\boldsymbol{F}(\boldsymbol{\eta}_k)+\boldsymbol{B}_p\boldsymbol{u}_{p,k}^*+\boldsymbol{B}_e\boldsymbol{u}_{e,k}^*)+\\&\quad\boldsymbol{\eta}_k^{\mathrm{T}}\boldsymbol{Q}\boldsymbol{\eta}_k+S(\boldsymbol{u}_{p,k}^*,\bar{\boldsymbol{u}}_p)-\gamma S(\boldsymbol{u}_{e,k}^*,\bar{\boldsymbol{u}}_e)\end{aligned} \tag{3-95}$$

将式（3-95）代入到式（3-94）中，可得

$$\begin{aligned}\Delta\hat{V}_\infty(\boldsymbol{\eta}_k)=&-\boldsymbol{\eta}_k^{\mathrm{T}}\boldsymbol{Q}\boldsymbol{\eta}_k-S(\boldsymbol{u}_{p,k}^*,\bar{\boldsymbol{u}}_p)+\gamma S(\boldsymbol{u}_{e,k}^*,\bar{\boldsymbol{u}}_e)+\\&\nabla^{\mathrm{T}}\hat{V}^*(\boldsymbol{\eta}_{k+1})(\boldsymbol{B}_p(\boldsymbol{\mu}_{p,\infty}(\boldsymbol{\eta}_k)-\boldsymbol{u}_{p,k}^*)+\boldsymbol{B}_e(\boldsymbol{\mu}_{e,\infty}(\boldsymbol{\eta}_k)-\boldsymbol{u}_{e,k}^*))+\\&(\nabla^{\mathrm{T}}\hat{V}_\infty(\boldsymbol{\eta}_{k+1})-\nabla^{\mathrm{T}}\hat{V}^*(\boldsymbol{\eta}_{k+1}))\Delta\boldsymbol{\eta}_k\end{aligned} \tag{3-96}$$

利用拉格朗日中值定理，可得

$$\boldsymbol{\mu}_{p,\infty}(\boldsymbol{\eta}_k)-\boldsymbol{u}_{p,k}^*$$

$$=-\frac{1}{2}(\boldsymbol{I}-\mathrm{diag}\{\tanh^2(\boldsymbol{v}_p)\})\boldsymbol{R}^{-1}(\boldsymbol{B}_p^{\mathrm{T}}\nabla\sigma^{\mathrm{T}}(\boldsymbol{\eta}_{k+1})\hat{\boldsymbol{W}}_\infty-\boldsymbol{B}_p^{\mathrm{T}}(\nabla\sigma^{\mathrm{T}}(\boldsymbol{\eta}_{k+1})\boldsymbol{W}+\nabla\varepsilon(\boldsymbol{\eta}_k)))$$
$$=-\frac{1}{2}(\boldsymbol{I}-\mathrm{diag}\{\tanh^2(\boldsymbol{v}_p)\})\boldsymbol{R}^{-1}(-\boldsymbol{B}_p^{\mathrm{T}}\nabla\sigma^{\mathrm{T}}(\boldsymbol{\eta}_{k+1})\widetilde{\boldsymbol{W}}_\infty-\boldsymbol{B}_p^{\mathrm{T}}(\nabla\varepsilon(\boldsymbol{\eta}_k)) \tag{3-97}$$

和

$$\boldsymbol{\mu}_{e,\infty}(\widetilde{\boldsymbol{\eta}}_k)-\boldsymbol{u}_{e,k}^*$$
$$=\frac{1}{2\gamma}(\boldsymbol{I}-\mathrm{diag}\{\tanh^2(\boldsymbol{v}_e)\})\boldsymbol{R}^{-1}(\boldsymbol{B}_e^{\mathrm{T}}\nabla\sigma^{\mathrm{T}}(\boldsymbol{\eta}_{k+1})\hat{\boldsymbol{W}}_\infty-\boldsymbol{B}_e^{\mathrm{T}}(\nabla\sigma^{\mathrm{T}}(\boldsymbol{\eta}_{k+1})\boldsymbol{W}+\nabla\varepsilon(\boldsymbol{\eta}_k)))$$
$$=\frac{1}{2\gamma}(\boldsymbol{I}-\mathrm{diag}\{\tanh^2(\boldsymbol{v}_e)\})\boldsymbol{R}^{-1}(-\boldsymbol{B}_e^{\mathrm{T}}\nabla\sigma^{\mathrm{T}}(\boldsymbol{\eta}_{k+1})\widetilde{\boldsymbol{W}}_\infty-\boldsymbol{B}_e^{\mathrm{T}}(\nabla\varepsilon(\boldsymbol{\eta}_k)) \tag{3-98}$$

式中：$\boldsymbol{v}_p$、$\boldsymbol{v}_e\in\mathbb{E}^3$实数矢量，且满足

$$\min\{\mu_{i,\infty}^j(\boldsymbol{\eta}_k),u_{i,k}^{j*}\}\leqslant v_i^j\leqslant\max\{\mu_{i,\infty}^j(\boldsymbol{\eta}_k),u_{i,k}^{j*}\},\quad \forall i\in\{p,e\},j\in\{1,2,\cdots,n_u\}$$

这里，$\mu_{i,\infty}^j(\eta_k)$，$u_{i,k}^{j*}$，$v_i^j$ 分别表示矢量$\boldsymbol{\mu}_{i,\infty}(\boldsymbol{\eta}_k)$，$\boldsymbol{u}_{u,k}^*$，$\boldsymbol{v}_i$ 中的第 $j$ 个元素。

将式（3-97）、式（3-98）代入到式（3-96）中，可得

$$\Delta\hat{V}_\infty(\boldsymbol{\eta}_k)$$
$$=-\boldsymbol{\eta}_k^{\mathrm{T}}\boldsymbol{Q}\boldsymbol{\eta}_k-S(\boldsymbol{u}_{p,k}^*,\bar{\boldsymbol{u}}_p)+\gamma S(\boldsymbol{u}_{e,k}^*,\bar{\boldsymbol{u}}_e)+(\nabla\sigma^{\mathrm{T}}(\boldsymbol{\eta}_k)\boldsymbol{W}+\nabla\varepsilon(\boldsymbol{\eta}_k))^{\mathrm{T}}\times$$
$$\left(\frac{1}{2}\boldsymbol{B}_p(\boldsymbol{I}-\mathrm{diag}\{\tanh^2(\boldsymbol{v}_p)\})\boldsymbol{R}^{-1}(\boldsymbol{B}_p^{\mathrm{T}}\nabla\sigma^{\mathrm{T}}(\boldsymbol{\eta}_{k+1})\widetilde{\boldsymbol{W}}_\infty+\boldsymbol{B}_p^{\mathrm{T}}\nabla\varepsilon(\boldsymbol{\eta}_k))-\right.$$
$$\left.\frac{1}{2\gamma}\boldsymbol{B}_e(\boldsymbol{I}-\mathrm{diag}\{\tanh^2(\boldsymbol{v}_e)\})\boldsymbol{R}^{-1}(\boldsymbol{B}_e^{\mathrm{T}}\nabla\sigma^{\mathrm{T}}(\boldsymbol{\eta}_{k+1})\widetilde{\boldsymbol{W}}_\infty+\boldsymbol{B}_e^{\mathrm{T}}\nabla\varepsilon(\boldsymbol{\eta}_k))\right)-$$
$$(\nabla\sigma^{\mathrm{T}}(\boldsymbol{\eta}_k)\widetilde{\boldsymbol{W}}_\infty+\nabla\varepsilon(\boldsymbol{\eta}_k))^{\mathrm{T}}\Delta\eta_k \tag{3-99}$$

考虑式（3-91）中的边界条件，式（3-99）可转化为

$$\Delta\hat{V}_\infty(\boldsymbol{\eta}_k)$$
$$\leqslant-\boldsymbol{\eta}_k^{\mathrm{T}}\boldsymbol{Q}\boldsymbol{\eta}_k+\frac{1}{2}(\varepsilon_{\sigma'}\varepsilon_W+\varepsilon_{\varepsilon'})(\|\boldsymbol{B}_p\boldsymbol{R}^{-1}\boldsymbol{B}_p^{\mathrm{T}}\|+\gamma^{-1}\|\boldsymbol{B}_e\boldsymbol{R}^{-1}\boldsymbol{B}_e^{\mathrm{T}}\|)\varepsilon_{\sigma'}\varepsilon_{\widetilde{W}}+$$
$$\frac{1}{2}(\varepsilon_{\sigma'}\varepsilon_W+\varepsilon_{\varepsilon'})(\varepsilon_{\varepsilon'}\|\boldsymbol{B}_p\boldsymbol{R}^{-1}\boldsymbol{B}_p^{\mathrm{T}}\|+\gamma^{-1}\varepsilon_{\varepsilon'}\|\boldsymbol{B}_e\boldsymbol{R}^{-1}\boldsymbol{B}_e^{\mathrm{T}}\|)+$$
$$(\varepsilon_{\sigma'}\varepsilon_{\widetilde{W}}+\varepsilon_{\varepsilon'})\varepsilon_\eta+\gamma S(\boldsymbol{u}_{e,k}^*,\bar{\boldsymbol{u}}_e)$$
$$\triangleq-\boldsymbol{\eta}_k^{\mathrm{T}}\boldsymbol{Q}\boldsymbol{\eta}_k+\chi \tag{3-100}$$

如果

$$\|\boldsymbol{\eta}_k\|^2\geqslant\frac{\chi}{\lambda_{\min}\{\boldsymbol{Q}\}} \tag{3-101}$$

那么，由式（3-100）可得

$$\Delta \hat{V}_{\infty}(\boldsymbol{\eta}_k) \leqslant 0 \tag{3-102}$$

因此，系统（3-35）是最终一致有界稳定的。

**注 3.1**：由定理 3.4 中的式（3-92）可知，权重误差矩阵 $\widetilde{\boldsymbol{W}}_{\infty}$、$\varepsilon$ 以及矩阵 $\boldsymbol{Q}$ 决定着收敛时 $\|\boldsymbol{\eta}_k\|$ 的界限。因此，在矩阵 $\boldsymbol{Q}$ 不变的情况下，当矩阵 $\widetilde{\boldsymbol{W}}_{\infty}$ 和 $\varepsilon$ 越小时，$\|\boldsymbol{\eta}_k\|$ 收敛时的界限越小。

### 3.4.3 基于领航者-跟随者编队的博弈控制器设计

本小节针对另一子问题即追踪航天器的领航者-跟随者编队博弈控制问题进行研究，首先设计了分布式状态观测器来估计全局状态，并在此基础上进行编队博弈控制策略的设计。

**1. 分布式状态观测器**

本小节首先对每个跟随航天器设计一种分布式状态观测器，用于估计全局的辅助变量 $\gamma_{i,k}(i \in \overline{\mathcal{N}})$。

令 $\hat{\gamma}_{i,k}^{j}$ 为第 $j$ 个跟随航天器在第 $k$ 时刻对 $\gamma_{i,k}$ 的估计值。为了方便描述，定义如下变量：

$$\begin{cases}\hat{\boldsymbol{\Gamma}}_{-i,k}^{i} \triangleq [\hat{\boldsymbol{\gamma}}_{1,k}^{i\mathrm{T}} \ \cdots \ \hat{\boldsymbol{\gamma}}_{i-1,k}^{i\mathrm{T}} \ \hat{\boldsymbol{\gamma}}_{i+1,k}^{i\mathrm{T}} \ \cdots \ \hat{\boldsymbol{\gamma}}_{N,k}^{i\mathrm{T}}]^{\mathrm{T}}, \\ \hat{\boldsymbol{\Gamma}}_{k}^{i} \triangleq [\hat{\boldsymbol{\gamma}}_{1,k}^{i\mathrm{T}} \ \cdots \ \hat{\boldsymbol{\gamma}}_{i-1,k}^{i\mathrm{T}} \ \hat{\boldsymbol{\gamma}}_{i,k}^{i\mathrm{T}} \ \hat{\boldsymbol{\gamma}}_{i+1,k}^{i\mathrm{T}} \ \cdots \ \hat{\boldsymbol{\gamma}}_{N,k}^{i\mathrm{T}}], \\ \hat{\boldsymbol{\Gamma}}_{k} \triangleq [\hat{\boldsymbol{\Gamma}}_{k}^{1\mathrm{T}} \ \hat{\boldsymbol{\Gamma}}_{k}^{2\mathrm{T}} \ \cdots \ \hat{\boldsymbol{\Gamma}}_{k}^{N\mathrm{T}}]^{\mathrm{T}}, \\ \boldsymbol{S}_i \triangleq \begin{bmatrix} \boldsymbol{I}_{3(i-1)} & \boldsymbol{0}_{3(i-1)\times 3} & \boldsymbol{0}_{3(i-1)\times 3(N-i)} \\ \boldsymbol{0}_{3(N-i)\times 3(i-1)} & \boldsymbol{0}_{3(N-i)\times 3} & \boldsymbol{I}_{3(N-i)} \end{bmatrix}, \\ \boldsymbol{R}_i \triangleq [\boldsymbol{0}_{3\times 3(i-1)} \ \ \boldsymbol{I}_3 \ \ \boldsymbol{0}_{3\times 3(N-i)}], \\ \boldsymbol{S} \triangleq \mathrm{diag}\{S_1 \ S_2 \cdots \ S_N\}, \quad \overline{\boldsymbol{L}} \triangleq \boldsymbol{L} \otimes \boldsymbol{I}_{3N}, \\ \boldsymbol{R} \triangleq \mathrm{diag}\{R_1 \ R_2 \cdots \ R_N\}, \quad \overline{\boldsymbol{L}}_i \triangleq \boldsymbol{L}_i \otimes \boldsymbol{I}_{3N} \end{cases} \tag{3-103}$$

式中：$\boldsymbol{L}$ 为追踪航天器通信拓扑图的拉普拉斯矩阵；$\boldsymbol{L}_i$ 为矩阵 $\boldsymbol{L}$ 的第 $i$ 行。

根据上式定义，可以得出如下关系式：

$$\begin{cases}\gamma_{i,k} = \boldsymbol{R}_i \hat{\boldsymbol{\Gamma}}_k^i, \hat{\boldsymbol{\Gamma}}_{-i,k}^i = \boldsymbol{S}_i \hat{\boldsymbol{\Gamma}}_k^i \\ \hat{\boldsymbol{\Gamma}}_k^i = \boldsymbol{R}_i^{\mathrm{T}} \gamma_{i,k} + \boldsymbol{S}_i^{\mathrm{T}} \hat{\boldsymbol{\Gamma}}_{-i,k}^i \\ \boldsymbol{R}_i^{\mathrm{T}} \boldsymbol{R}_i + \boldsymbol{S}_i^{\mathrm{T}} \boldsymbol{S}_i = \boldsymbol{I}_{3N} \end{cases} \tag{3-104}$$

对于每个跟随航天器 $i$，设计如下分布式状态观测器：

$$\hat{\boldsymbol{\Gamma}}_{-i,k+1}^i = \hat{\boldsymbol{\Gamma}}_{-i,k}^i - T\boldsymbol{S}_i \sum_{j \in \mathcal{N}_i} a_{ij}(\hat{\boldsymbol{\Gamma}}_k^i - \check{\boldsymbol{\Gamma}}_k^j) \tag{3-105}$$

式中：$\check{\boldsymbol{\Gamma}}_k^j$ 为第 $j$ 个航天器的邻居航天器接收到的信号值；$a_{ij}>0$ 为第 $i$ 个航天器

和第 $j$ 个航天器可以互相通信，通信权重为 $a_{ij}$；$a_{ij}=0$ 表示第 $i$ 个航天器和第 $j$ 个航天器不可以互相通信；$\boldsymbol{A}=[a_{ij}]_{N\times N}$ 为权重邻接矩阵。

**2. 领航者–跟随者编队博弈控制器**

$$\boldsymbol{u}_{i,k}=-T^{-1}\nabla J_i(\gamma_{i,k},\hat{\boldsymbol{\Gamma}}^i_{-i,k}-\boldsymbol{g}(\boldsymbol{X}_{i,k},\boldsymbol{Y}_{i,k})-T^{-1}\boldsymbol{Y}_{i,k}-T^{-1}\boldsymbol{R}_i\sum_{j\in\mathcal{N}_i}a_{ij}(\hat{\boldsymbol{\Gamma}}^i_k-\hat{\boldsymbol{\Gamma}}^j_k) \tag{3-106}$$

定义

$$\tilde{\boldsymbol{e}}^i_k=\check{\boldsymbol{\Gamma}}^i_k-\hat{\boldsymbol{\Gamma}}^i_k \tag{3-107}$$

将式（3–106）和式（3–107）代入式（3–105）和式（3–36）中，可得如下闭环系统：

$$\begin{cases}\hat{\boldsymbol{\Gamma}}^i_{-i,k+1}=\hat{\boldsymbol{\Gamma}}^i_{-i,k}-T\boldsymbol{S}_i\bar{L}_i\hat{\boldsymbol{\Gamma}}_k+T\boldsymbol{S}_i\sum_{j\in\mathcal{N}_i}a_{ij}\tilde{\boldsymbol{e}}^j_k\\ \boldsymbol{X}_{i,k+1}=\boldsymbol{X}_{i,k}+T\boldsymbol{Y}_{i,k}\\ \boldsymbol{Y}_{i,k+1}=-\nabla J_i(\gamma_{i,k},\hat{\boldsymbol{\Gamma}}^i_{-i,k})-\boldsymbol{R}_i\bar{L}_i\hat{\boldsymbol{\Gamma}}_k+\boldsymbol{R}_i\sum_{j\in\mathcal{N}_i}a_{ij}\tilde{\boldsymbol{e}}^j_k\end{cases} \tag{3-108}$$

根据式（3–104）和式（3–108），可得

$$\begin{aligned}\hat{\boldsymbol{\Gamma}}^i_{k+1}&=\boldsymbol{R}_i^{\mathrm{T}}\gamma_{i,k+1}+\boldsymbol{S}_i^{\mathrm{T}}\hat{\boldsymbol{\Gamma}}^i_{-i,k+1}\\&=\hat{\boldsymbol{\Gamma}}^i_k-T\boldsymbol{R}_i^{\mathrm{T}}\nabla J_i(\gamma_{i,k},\hat{\boldsymbol{\Gamma}}^i_{-i,k})-T\bar{L}_i\hat{\boldsymbol{\Gamma}}_k+T\sum_{j\in\mathcal{N}_i}a_{ij}\tilde{\boldsymbol{e}}^j_k\end{aligned} \tag{3-109}$$

定义如下变量：

$$\begin{cases}\bar{\boldsymbol{A}}\triangleq\mathscr{A}\otimes\boldsymbol{I}_{3N}\\ \boldsymbol{Y}_k\triangleq[\boldsymbol{Y}^{\mathrm{T}}_{1,k}\ \ \boldsymbol{Y}^{\mathrm{T}}_{2,k}\ \ \cdots\ \ \boldsymbol{Y}^{\mathrm{T}}_{N,k}]^{\mathrm{T}}\\ \tilde{\boldsymbol{e}}_k\triangleq[\tilde{\boldsymbol{e}}^{1\mathrm{T}}_k\ \ \tilde{\boldsymbol{e}}^{2\mathrm{T}}_k\ \ \cdots\ \ \tilde{\boldsymbol{e}}^{N\mathrm{T}}_k]^{\mathrm{T}}\end{cases}$$

那么，式（3–108）可以写成如下紧凑形式

$$\begin{cases}\hat{\boldsymbol{\Gamma}}_{k+1}=\hat{\boldsymbol{\Gamma}}_k-T\boldsymbol{R}^{\mathrm{T}}\bar{\boldsymbol{F}}(\hat{\boldsymbol{\Gamma}}_k)-T\bar{\boldsymbol{L}}\hat{\boldsymbol{\Gamma}}_k+T\bar{\boldsymbol{A}}\tilde{\boldsymbol{e}}_k\\ \boldsymbol{X}_{k+1}=\boldsymbol{X}_k+T\boldsymbol{Y}_k\\ \boldsymbol{Y}_{k+1}=-\bar{\boldsymbol{F}}(\hat{\boldsymbol{\Gamma}}_k)-\boldsymbol{R}\bar{\boldsymbol{L}}\hat{\boldsymbol{\Gamma}}_k+\boldsymbol{R}\bar{\boldsymbol{A}}\tilde{\boldsymbol{e}}_k\end{cases} \tag{3-110}$$

### 3.4.4 仿真验证

本节将多对一航天器追逃博弈控制问题分解为两个子问题：①一对一追逃博弈控制问题；②领航者–跟随者编队控制问题。针对上述两个子问题，本小节通过数值仿真分别验证一对一追逃博弈控制算法和领航者–跟随者编队博弈控制算

法的有效性。

**1. 一对一追逃博弈控制**

下面通过数值仿真验证3.4.2节所提出的非线性追逃博弈策略的有效性。在数值仿真中，采样周期为$T=0.2$s。在成本函数式（3-37）中，参数设置如下：

$$\boldsymbol{Q}=\text{diag}\{580\ 150\ 200\ 2000\ 3000\ 2000\},\quad \boldsymbol{R}=\text{diag}\{78\ 32\ 53\},\quad \gamma=2$$

评价网络的激活函数矢量设置如下：

$$\sigma(\boldsymbol{\eta}_k)\triangleq[\eta_{1,k}^2\quad \eta_{1,k}\eta_{2,k}\quad \eta_{1,k}\eta_{3,k}\quad \eta_{1,k}\eta_{4,k}\quad \eta_{1,k}\eta_{5,k}\quad \eta_{1,k}\eta_{6,k}\quad \eta_{2,k}^2\quad \eta_{2,k}\eta_{3,k}\quad \eta_{2,k}\eta_{4,k}\quad \eta_{2,k}\eta_{5,k}\quad \eta_{2,k}\eta_{6,k}\quad \eta_{3,k}^2\quad \eta_{3,k}\eta_{4,k}\quad \eta_{3,k}\eta_{5,k}\quad \eta_{3,k}\eta_{6,k}\quad \eta_{4,k}^2\quad \eta_{4,k}\eta_{5,k}\quad \eta_{4,k}\eta_{6,k}\quad \eta_{5,k}^2\quad \eta_{5,k}\eta_{6,k}\quad \eta_{6,k}^2\quad \eta_{1,k}^4\quad \eta_{2,k}^4\quad \eta_{3,k}^4\quad \eta_{4,k}^4\quad \eta_{5,k}^4\quad \eta_{6,k}^4]^{\mathrm{T}}$$

式中：$\eta_{i,k}$为状态$\boldsymbol{\eta}_k$中的第$i$个元素。

此外，领航航天器与目标航天器的初始状态分别为

$$\boldsymbol{\eta}_{p,0}=[-363,178,0,0,-6,0]^{\mathrm{T}},\quad \boldsymbol{\eta}_{e,0}=[0,0,0,0,0,0,]^{\mathrm{T}}$$

$r_c$、$\dot{r}_c$、$v$和$\dot{v}$的初始值分别设置为

$$r_{c0}=1.23\times10^4,\quad \dot{r}_{c0}=0,\quad v_0=0.49,\quad \dot{v}_0=-0.35$$

在评价网络中，学习速率设置为$\theta=0.2$，且初始权重矩阵为

$$\begin{aligned}\hat{\boldsymbol{W}}_0=[&8.50\quad 5.60\quad 9.30\quad 6.96\quad 5.82\quad 8.15\quad 8.79\quad 9.88\quad 0\quad 8.65\\ &6.12\quad 9.90\quad 5.27\quad 4.79\quad 8.01\quad 2.27\quad 4.98\quad 9.00\quad 5.74\quad 8.45\\ &7.38\quad 5.85\quad 2.46\quad 6.66\quad 0.83\quad 6.25\quad 6.60]^{\mathrm{T}}\end{aligned}$$

图3-16给出了领航航天器和目标航天器之间的相对位置曲线。从图中可以看出，在所提出的非线性追逃博弈控制策略下，追踪航天器与目标航天器的相对状态最终收敛到0。

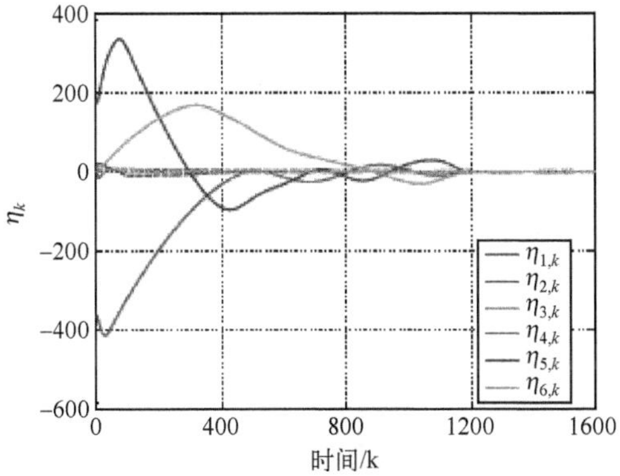


**图3-16　航天器相对位置曲线图**

**2. 领航者-跟随者编队博弈控制**

为了验证3.4.3节所提出的领航者-跟随者编队博弈控制策略，下面将以9

个追踪航天器组成的编队为例进行数值仿真。编队队形示意图如图 3-14 所示，其中，以第 1 个追踪航天器作为编队的领航航天器，位于编队中心，其余追踪航天器作为编队的跟随者分别位于正方体的 8 个顶点处。每个跟随航天器与领航航天器的期望相对位置为

$$\begin{cases} \boldsymbol{X}_{2,1}^{o}=1000\cdot[-1\quad 1\quad -1]^{\mathrm{T}}, & \boldsymbol{X}_{3,1}^{o}=1000\times[1\quad 1\quad -1]^{\mathrm{T}} \\ \boldsymbol{X}_{4,1}^{o}=1000\cdot[-1\quad 1\quad 1]^{\mathrm{T}}, & \boldsymbol{X}_{5,1}^{o}=1000\times[1\quad 1\quad 1]^{\mathrm{T}} \\ \boldsymbol{X}_{6,1}^{o}=1000\cdot[-1\quad -1\quad -1]^{\mathrm{T}}, & \boldsymbol{X}_{7,1}^{o}=1000\times[1\quad -1\quad -1]^{\mathrm{T}} \\ \boldsymbol{X}_{8,1}^{o}=1000\cdot[-1\quad -1\quad 1]^{\mathrm{T}}, & \boldsymbol{X}_{9,1}^{o}=1000\times[1\quad -1\quad 1]^{\mathrm{T}} \end{cases}$$

为了实现航天器编队的一致性，将每个跟随航天器 $i(i\in\overline{\mathcal{N}})$ 的成本函数设置如下：

$$J_i(\boldsymbol{X}_i,\boldsymbol{X}_{-i})=\frac{1}{2}\|\boldsymbol{X}_i-\boldsymbol{X}_1-\boldsymbol{X}_{i,1}^{o}\|^2+\frac{1}{100}\sum_{j=1}^{9}\|\boldsymbol{X}_i-\boldsymbol{X}_j-\boldsymbol{X}_{i,1}^{o}+\boldsymbol{X}_{j,1}^{o}\|^2$$

每个跟随航天器的初始位置设置如下：

$$\begin{cases} \boldsymbol{X}_{2,0}=[308\quad -563\quad -761]^{\mathrm{T}}, & \boldsymbol{X}_{3,0}^{o}=[-913\quad -668\quad 22]^{\mathrm{T}} \\ \boldsymbol{X}_{4,0}^{o}=[734\quad 532\quad -730]^{\mathrm{T}}, & \boldsymbol{X}_{5,0}^{o}=[-870\quad 344\quad -35]^{\mathrm{T}} \\ \boldsymbol{X}_{6,0}^{o}=[-9\quad -373\quad -352]^{\mathrm{T}}, & \boldsymbol{X}_{7,0}^{o}=[818\quad -99\quad 497]^{\mathrm{T}} \\ \boldsymbol{X}_{8,0}^{o}=[-629\quad -830\quad -585]^{\mathrm{T}}, & \boldsymbol{X}_{9,0}^{o}=[117\quad 323\quad 878]^{\mathrm{T}} \end{cases}$$

定义 $\widetilde{\boldsymbol{X}}_{i,k}\triangleq\boldsymbol{X}_{i,k}-\boldsymbol{X}_{1,k}$ 为跟随航天器 $i$ 与领航航天器的相对位置矢量，并令 $\widetilde{X}_{i,k}^{x}$、$\widetilde{X}_{i,k}^{y}$、$\widetilde{X}_{i,k}^{z}$ 分别表示 $\widetilde{\boldsymbol{X}}_{i,k}$ 矢量中的元素。图 3-17～图 3-20 分别给出了每个跟随航天器与领航航天器的相对位置曲线。由期望相对位置可知，图中每个跟随航天器都快速移动到期望的相对位置处，说明所提出的领航者-跟随者编队博弈控制算法是有效的。此外，从图中还可以看出，在 $x$ 和 $y$ 方向上，存在一些稳态误差，这是由于领航航天器在 $x$ 和 $y$ 方向移动过快导致的。

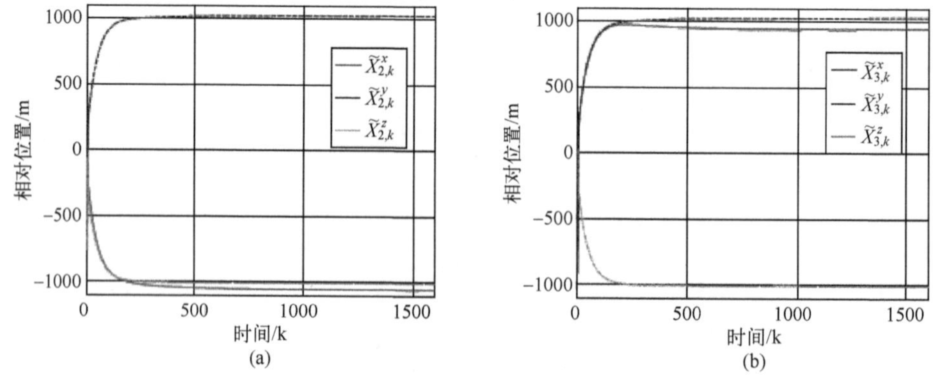


**图 3-17　第 2 个和第 3 个跟随航天器与领航航天器的相对位置曲线图**

（a）第 2 个跟随航天器与领航航天器的相对位置；（b）第 3 个跟随航天器与领航航天器的相对位置。

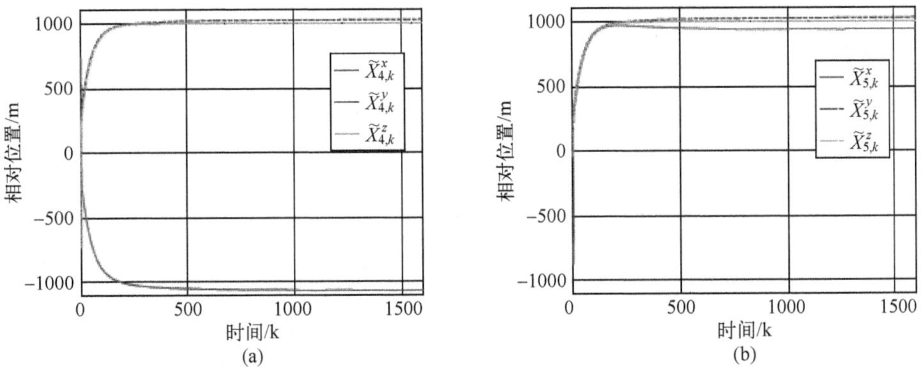


**图 3-18　第 4 个和第 5 个跟随航天器与领航航天器的相对位置曲线图**

（a）第 4 个跟随航天器与领航航天器的相对位置；（b）第 5 个跟随航天器与领航航天器的相对位置。

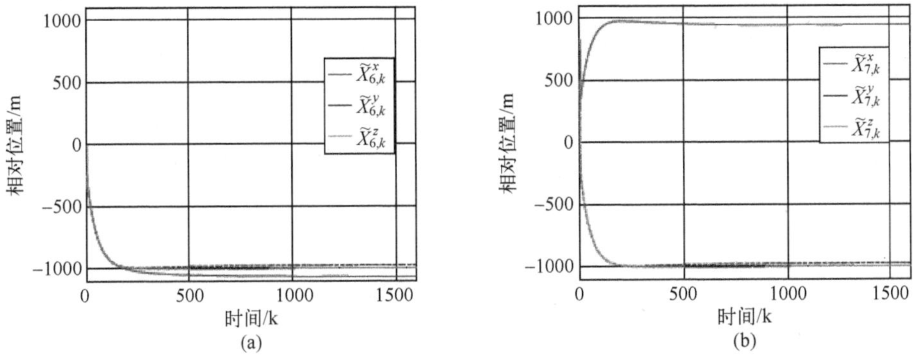


**图 3-19　第 6 个和第 7 个跟随航天器与领航航天器的相对位置曲线图**

（a）第 6 个跟随航天器与领航航天器的相对位置；（b）第 7 个跟随航天器与领航航天器的相对位置。

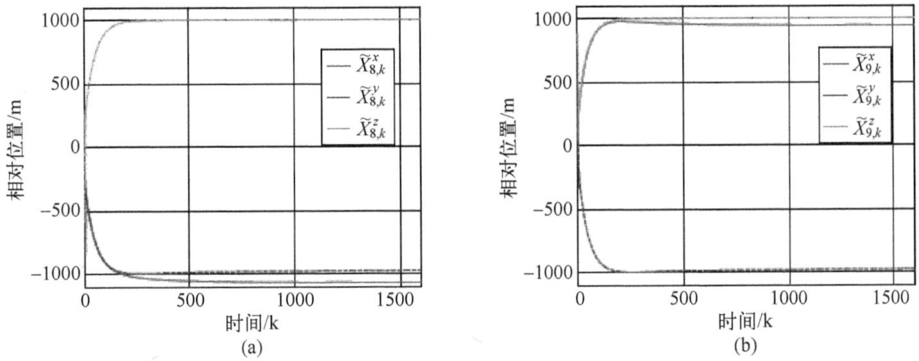


**图 3-20　第 8 个和第 9 个跟随航天器与领航航天器的相对位置曲线图**

（a）第 8 个跟随航天器与领航航天器的相对位置；（b）第 9 个跟随航天器与领航航天器的相对位置。

## 3.5 小结

本章面向航天器轨道追逃任务，研究了一对一和多对一航天器轨道追逃博弈问题的建模和追踪航天器的博弈控制策略设计。

(1) 针对一对一航天器追逃博弈问题，分别提出了基于零和微分博弈和非零和博弈的追逃博弈建模和控制策略求解方法。基于零和微分博弈的追逃问题，根据动态规划法推导得到的控制策略具有显式表达式，便于工程应用。基于非零和博弈的建模方法能够描述追逃过程的博弈对抗特征，根据模型预测控制框架构造的控制策略能够通过迭代得到追踪航天器的最优应对策略，得到的控制策略能够满足控制输入约束。

(2) 针对多对一航天器追逃博弈问题，将其分解为一对一追逃博弈控制和领航者-跟随者编队博弈控制两个问题。对于一对一追逃博弈，考虑执行器饱和因素，提出了一种针对离散非线性系统的同步迭代近似追逃控制策略，利用SNAC框架进行控制策略的求解，进一步减少计算量；对于编队博弈控制，提出了一种结合分布式状态观测器的跟随控制策略，实现多个追踪航天器的编队控制。

## 参考文献

[1] 梁斌，杜晓东，李成，等．空间机器人非合作航天器在轨服务研究进展 [J]. 机器人，2012，34 (2)：242-256.

[2] 殷泽阳，罗建军，魏才盛，等．非合作目标接近与跟踪的低复杂度预设性能控制 [J]. 宇航学报，2017，38 (8)：855-864.

[3] 柴源，罗建军，王明明，等．基于追逃博弈的非合作目标接近控制 [J]. 宇航总体技术，2020，4 (1)：30-38.

[4] 罗亚中，李振瑜，祝海．航天器轨道追逃微分对策研究综述 [J]. 中国科学：技术科学，2020，50 (12)：1533-1545.

[5] PLASMANS J. LQ Dynamic Optimization and Differential Games [M]. Hoboken：John Wiley & Sons，2005.

[6] SANI M，ROBU B，HABLY A. Pursuit-evasion Games Based on Game-theoretic and Model Predictive Control Algorithms [C] //2021 International Conference on Control，Automation and Diagnosis (ICCAD)，2021：1-6.

[7] WEISS A，BALDWIN M，ERWIN R S，et al. Model Predictive Control for Spacecraft Rendezvous and Docking：Strategies for Handling Constraints and Case Studies [J]. IEEE Transactions on Control Systems Technology，2015，23 (4)：1638-1647.

[8] 张鹏．基于非合作博弈理论的航天器编队一致性控制研究 [D]. 西安：西北工业大

学，2021.

[9] ALFRIEND K, VADALI S R, GURFIL P, et al. Spacecraft formation flying: Dynamics, control and navigation [M]. Amsterdam: Elsevier, 2009.

[10] GAO X M, WEN C, WANG W. Adaptive tracking control for a class of stochastic uncertain nonlinear systems with input saturation [J]. IEEE Transactions on Automatic Control, 2017, 62 (5): 2498-2504.

[11] GADJOV D, PAVEL L. A passivity-based approach to Nash equilibrium seeking over networks [J]. IEEE Transactions on Automatic Control, 2019, 64 (3): 1077-1092.

[12] ROMANO A R, PAVEL L. Dynamic NE seeking for multi-integrator networked agents with disturbance rejection [J]. IEEE Transactions on Control of Network Systems, 2020, 7 (1): 129-139.

[13] GE S S, LEE T H, LI G Y, et al. Adaptive NN control for a class of discrete-time non-linear systems [J]. International Journal of Control, 2003, 76 (4): 334-354.

[14] WU H N, LUO B. Neural network based online simultaneous policy update algorithm for solving the HJI equation in nonlinear H-∞ control [J]. IEEE Transactions on Neural Networks and Learning Systems, 2012, 23 (12): 1884-1895.

[15] LIU D, LI H, WANG D. Online synchronous approximate optimal learning algorithm for multi-player nonzero-sum games with unknown dynamics [J]. IEEE Transactions on Neural Networks and Learning Systems, 2014, 44 (8): 1015-1027.

[16] JAGANNATHAN S. Neural network control of nonlinear discrete-time systems [M]. New York: CRC Press, 2006.

[17] HORNIK K, STINCHCOMBE M, WHITE H. Universal approximation of an unknown mapping and its derivatives using multilayer feedforward networks [J]. Neural Networks, 1990, 3 (5): 551-560.

[18] MEHRAEEN S, DIERKS T, JAGANNATHAN S, et al. Zero-sum two-player game theoretic formulation of affine nonlinear discrete-time systems using neural networks [J]. IEEE Transactions on Cybernetics, 2013, 43 (6): 1641-1655.

# 04 第4章 航天器抵近意图推理与规避机动决策

## 4.1 引言

随着空间技术的快速发展和航天发射次数的增加，在轨航天器数量迅速增长，空间变得越来越拥挤，空间碰撞和恶意接近事件频繁发生。尤其是具有主动机动能力的非己方航天器或其他空间非合作目标（以下简称空间非合作目标或空间目标）对正常飞行航天器（以下简称航天器）的恶意抵近或碰撞，对航天器的运行安全造成严重威胁。因此，研究和判断空间非合作目标的运动行为和意图并制定航天器抵近规避与防御的策略，对维护空间安全具有重要意义。近年来，人工智能技术的快速发展，为解决这一问题提供了新途径。

本章面向空间非合作目标抵近规避与防御需求，结合人工智能方法，研究了两个关键问题：①如何对空间目标意图进行推理，即通过对航天器所感知信息的深层理解和智能研判，实现对当前空间博弈态势的快速判断以及博弈对手建模，为航天器防御决策提供关键信息；②如何对空间目标的不确定行为进行应对决策，在对空间目标意图推理的基础上进行综合分析，使航天器能针对空间目标具体行为，综合考虑环境约束、任务约束和自身状态，通过知识推理与迭代优化，自主形成序列化最优决策和规避动作规划。基于对这两个关键问题的研究，实现针对空间非合作目标不确定行为的策略快速制定与求解，形成主动应对目标行为的“感知-判断-决策-执行”（observe-orient-decide-act，OODA）决策框架。

## 4.2 问题描述与建模

本节首先介绍了航天器对空间非合作目标的意图推理和自主机动决策流程，并分别给出了空间非合作目标意图推理和航天器自主机动问题的描述；然后建立了航天器抵近规避过程的相对运动模型、测量模型和太阳运动模型；最后构建了空间非合作目标的意图空间和时序数据集，为后续空间非合作目标意图推理和航天器自主机动决策奠定了基础。

### 4.2.1 空间目标意图推理和机动决策问题描述

空间目标和航天器受轨道动力学约束，使其难以像地面汽车或空中飞机那样随意运动，因此空间目标与航天器之间所表现的相对运动形态有限。而空间目标意图往往由其相对航天器的运动形态所体现，航天器可通过星载传感器对空间目标进行观测和测量，获取表征目标运动形态的时序特征信息进而推断其意图。航天器对空间非合作目标的意图推理和自主机动决策的框图如图 4-1 所示。

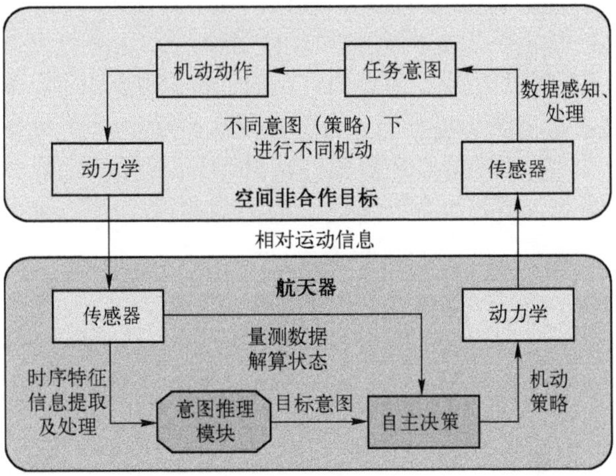


**图 4-1　空间非合作目标意图推理和自主机动决策框图**

下面分别给出空间非合作目标意图推理和航天器自主机动决策问题的描述。

**1. 空间非合作目标意图推理问题描述**

意图推理是对手建模的一种关键技术，可为辅助决策提供关键信息，在人机交互、自动驾驶和空中目标意图推理等领域已有广泛研究，其研究方法主要可分为两类。一类是传统方法，主要有证据理论、模板匹配、专家系统、贝叶斯网络、隐马尔可夫模型和人工神经网络。其中，前 5 类方法需要大量领域专家知识对意图推理特征权重、先验概率、网络结构等进行量化，知识表达和工程实施较为困难；神经网络可以克服上述缺点，但其仅依靠单一时刻特征信息进行目标意图推理，难以从时序变化的特征数据中挖掘深层信息，也具有片面性。另一类是以循环神经网络（recurrent neural network，RNN）为代表的深度学习方法，因其处理时间序列问题的优势，已在战场及空中目标意图推理等领域得到广泛研究[1-2]，此外随着双向传播机制和注意力机制的引入进一步提高了推理准确率[3-5]；相较于传统注意力机制，自注意力机制[6]更擅长于捕获时序信息中长距离的相互依赖关系和内部相关性，对外部输入依赖小。考虑到轨道运动的规律性使得航天器获取的观测时序信息内部存在较强的前后关联性，因此引入双向传播机制并融合自注意力机制能够更好地挖掘时序信息的内部相关性，突出关键特征，提高空间非合作目标意图推理准确率。

对空间非合作目标意图的推理是一种典型的模式识别问题，实质上是从动态变化的量测数据中捕捉、提取与目标运动意图相应的特征信息，分析并推断目标运动意图的过程，可描述为目标意图推理特征到目标意图类型的映射。考虑到空间防御是在动态对抗及不确定环境下的对抗过程，空间非合作目标的运动状态随时间变化，其意图通过相对运动呈现，因此仅利用单一时刻感知测量得到的特征信息与实际情况可能会存有较大差异，往往具有一定的片面性，而从连续时刻的目标时序特征信息中分析和推断空间非合作目标的意图具有更高的准确性。这样，空间非合作目标意图推理可描述为一类时间序列映射与学习问题。

定义 $\boldsymbol{V}(t)$ 为 $t$ 时刻的特征信息，$\boldsymbol{I}_T$ 为空间非合作目标意图空间集，$\boldsymbol{V}_T$ 为自 $t_1$ 到 $t_T$ 连续 $T$ 个时刻的特征矢量信息组成的空间非合作目标时序特征集，即 $\boldsymbol{V}_T=\{V_{t_1},V_{t_2},\cdots,V_{t_T}\}$。空间非合作目标意图推理问题是确立空间时序特征集 $\boldsymbol{V}_T$ 到空间非合作目标意图空间 $\boldsymbol{I}_T$ 的映射函数：

$$\boldsymbol{I}_T=f(\boldsymbol{V}_T)=f(V_{t_1},V_{t_2},\cdots,V_{t_T}) \tag{4-1}$$

需要指出的是，虽然空间非合作目标意图推理问题可描述为式（4-1）所示的映射，但由于空间防御的博弈对抗性、复杂性和不确定性，意图推理需充分结合领域专家的先验知识和任务经验，通过关键特征信息的提取、对比分析、演绎推理等复杂思维活动实现，很难通过简单的数学方程进行描述和归纳。因此，本章基于深度神经网络隐式地建立时序特征集到目标意图类型的映射关系，采用深度学习方法，通过轨道仿真所得到的时序特征数据集对模型进行训练，建立空间非合作目标意图推理模型，利用时序测量信息推理空间非合作的运动意图。

**2. 航天器机动决策问题描述**

由于空间非合作目标的先验知识不完备、机动行为不配合的特性，地面测控站难以对当前空间博弈环境进行全面了解和及时应对，因此采用地面遥操作进行航天器机动操控的方法难以满足空间博弈的智能自主要求。这就要求提高航天器的自主性和智能性，使航天器决策系统根据当前的空间博弈态势与空间非合作目标意图自主进行机动选择，完成对空间非合作目标的抵近规避。

机动决策问题在空战对抗、目标拦截、轨道追逃、姿态接管等领域已得到广泛研究，主要采用的方法有基于优化的方法[7-9]、微分博弈方法[10-12]和强化学习方法[13-14]。前两种方法的本质是人通过将现有的知识输入给航天器，使航天器具备最优轨迹解算的能力，在一定程度上解决了机动博弈决策的问题，但缺乏对目标不确定行为决策的考虑，没有根据具体对抗场景和需求建立相应的对策模型，因而难以得到精确的策略评估结果以及应对目标不确定行为对决策与控制所带来的影响；此外，其求解较为复杂，需要消耗大量星载计算资源，难以满足实时性要求。随着强化学习的兴起，其在博弈决策领域展现出极大的发展潜力。该方法将人的决策思维和计算机的算力融合，构建人工神经网络作为决策载体，通过多回合训练，使智能体与环境不断交互，收集数据和奖励，实时调整策略，最终具有一定的学习和决策能力，能够在未知环境中应对未知任务。但对博弈对手建模的不准确会使得离线训练所得的策略难以在线迁移环境下应用。

因此，本章将航天器规避目标抵近的自主机动决策描述为一类强化学习问题。在对空间非合作目标意图进行推理实现对博弈对手建模后，首先采用深度强化学习方法，针对空间目标的不同意图离线迭代训练得到对应的策略网络；然后将各意图训练得到的网络存储、封装以制备轨道博弈策略库。在线应用的过程中，航天器决策系统根据不同博弈场景与需求，首先通过意图推理方法提取特征信息，推断目标意图；然后根据当前目标意图及其观测信息调用对应的策略网络，从而实现快速、动态、智能的机动策略制定与求解，获取最优轨道博弈任务决策动作。上述航天器对空间非合作目标的意图推理和自主机动决策的过程如图4-2所示。

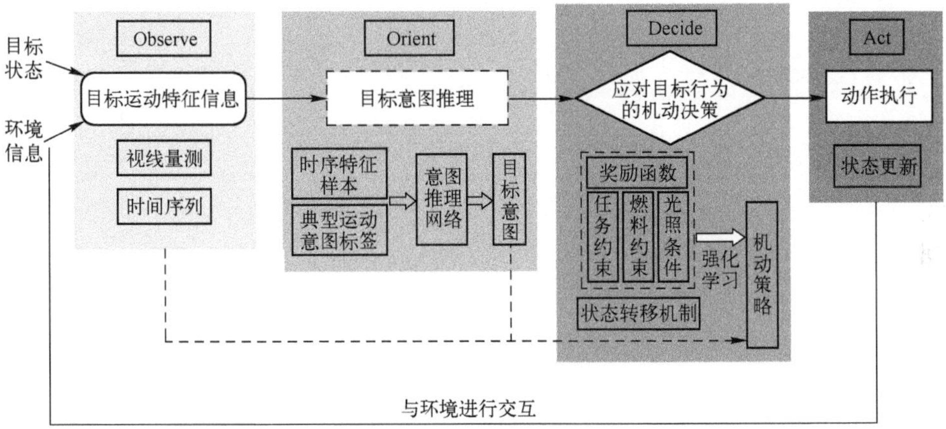


**图4-2 航天器对空间非合作目标意图推理和自主机动决策过程**

## 4.2.2 空间目标相对运动及其观测模型

### 1. 空间目标相对运动动力学模型

在轨道博弈中，航天器与空间非合作目标之间的相对距离远小于各自的轨道半径，因此采用相对运动方程对博弈过程的运动状态进行描述。令 $x$、$y$、$z$ 为空间非合作目标相对航天器三轴位置坐标，相对状态 $\boldsymbol{X}=[x,y,z,\dot{x},\dot{y},\dot{z}]^{\mathrm{T}}$，控制加速度 $\boldsymbol{U}=[a_x,a_y,a_z]^{\mathrm{T}}$，并假设目标航天器位于近圆轨道上，则根据式（2-29）中的CW方程，有

$$\dot{\boldsymbol{X}}=\boldsymbol{A}\boldsymbol{X}+\boldsymbol{B}\boldsymbol{U} \tag{4-2}$$

其中

$$\boldsymbol{A}=\begin{bmatrix}0&0&0&1&0&0\\0&0&0&0&1&0\\0&0&0&0&0&1\\3n^2&0&0&0&2n&0\\0&0&0&-2n&0&0\\0&0&-n^2&0&0&0\end{bmatrix},\quad \boldsymbol{B}=\begin{bmatrix}0&0&0\\0&0&0\\0&0&0\\1&0&0\\0&1&0\\0&0&1\end{bmatrix}$$

式（4-2）为线性非齐次定常系统，当给定初始条件 $\boldsymbol{X}(t_0)=\boldsymbol{X}_0$ 时，可得相对运动方程的解析解为

$$\boldsymbol{X}(t)=\boldsymbol{\Phi}(t,t_0)\boldsymbol{X}_0+\int_{t_0}^{t}\boldsymbol{\Phi}_v(t,\tau)\boldsymbol{U}(\tau)\mathrm{d}\tau \tag{4-3}$$

其中：$\boldsymbol{\Phi}(t,t_0)$为状态转移矩阵，其分块矩阵形式为

$$\boldsymbol{\Phi}(t,t_0)=[\boldsymbol{\Phi}_r(t,t_0)\quad \boldsymbol{\Phi}_v(t,t_0)]=\begin{bmatrix}\boldsymbol{\Phi}_{rr}(t,t_0)&\boldsymbol{\Phi}_{rv}(t,t_0)\\\boldsymbol{\Phi}_{vr}(t,t_0)&\boldsymbol{\Phi}_{vv}(t,t_0)\end{bmatrix} \tag{4-4}$$

具体表达式为

$$\boldsymbol{\Phi}(t,t_0)=\begin{bmatrix}4-3c&0&0&s/n&-2(c-1)/n&0\\6(s-\tau)&1&0&2(c-1)/n&(4s-3\tau)/n&0\\0&0&c&0&0&s/n\\3ns&0&0&c&2s&0\\6n(c-1)&0&0&-2s&-3+4c&0\\0&0&-ns&0&0&c\end{bmatrix} \tag{4-5}$$

式中：$\tau=n(t-t_0)$；$s=\sin\tau$；$c=\cos\tau$；$\boldsymbol{\Phi}_v(t,t_0)$为控制矩阵。

当假设航天器进行脉冲控制时，对式（4-3）进行脉冲近似，可得脉冲推力下控制模型为

$$\boldsymbol{X}(t)=\boldsymbol{\Phi}(t,t_0)\boldsymbol{X}_0+\sum_{j=1}^{N}\boldsymbol{\Phi}_j(t,t_j)\Delta\boldsymbol{v}_j \tag{4-6}$$

**2. 太阳运动模型**

空间中太阳光与航天器和空间非合作目标间的相对位置关系如图 4-3 所示。从图 4-3 可以看出，当太阳入射矢量与航天器指向目标视线矢量夹角 $\alpha<90°$时，从航天器视角看目标处于顺光区，从目标角度看航天器处于逆光区，此时目标携带的光学设备难以正常观测航天器，通过耀光效应可以达到“隐蔽”效果，从而进一步保护航天器安全；反之则航天器处于逆光区，目标处于顺光区。空间非合作目标和航天器往往在其各自顺光区内对对方进行观测，当太阳、航天器、空间非合作目标处于同一条直线上时即 $\alpha=0°$，航天器具有对空间非合作目标最佳的观测感知条件。因此，就需要航天器尽早发现目标意图和所在区域，并制定机

动策略进入有利的观测和反观测区域。

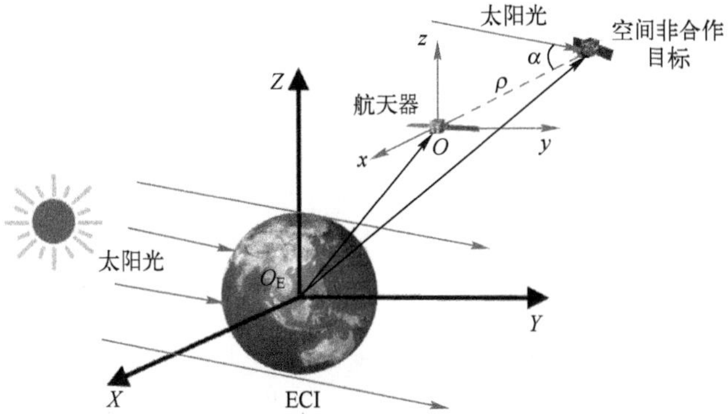


**图 4-3 太阳光与航天器和空间非合作目标间的相对位置关系**

以地球静止轨道（geostationary orbit，GEO）空间目标为例，其运动周期与地球自转周期相同，若不施加控制，一旦目标初始形成太阳同步绕飞，则在整个运行周期内光照条件不会发生改变，因此占据有利光照区是空间博弈占优的一项重要指标。定义太阳光入射矢量为 $\boldsymbol{V}_{\text{sun}}$，航天器指向目标视线矢量为 $\boldsymbol{\rho}$，则二者之间的夹角 $\alpha$ 可由下式求解：

$$\alpha = \arccos \frac{\boldsymbol{V}_{\text{sun}} \cdot \boldsymbol{\rho}}{|\boldsymbol{V}_{\text{sun}}| \cdot |\boldsymbol{\rho}|} \tag{4-7}$$

由于地球黄赤交角的存在，太阳矢量与地球赤道平面之间的夹角即太阳高度角在±23°26′之间变化，周期为一年。每天的太阳高度角与日地空间位置有关，当太阳高度角较小时，太阳光入射矢量相对 GEO 卫星的运动近似为匀速圆周运动。但一年中大多数时间段内，太阳光入射矢量与地球赤道平面存在一定的夹角，且在一天之中一直处于地球赤道平面的上方或下方。因此，太阳光入射矢量在航天器的轨道坐标系 $Oxyz$ 中扫过的曲面近似为圆锥面，如图 4-4 所示，在 $Oxy$ 平面内投影角速度与航天器运行角速度一致。图 4-4 中 $\boldsymbol{n}$ 为太阳光入射矢量 $\boldsymbol{V}_{\text{sun}}$ 的旋转角速度；$\theta_{\text{sun}}$ 为太阳方位角，定义为太阳光入射矢量在轨道面内投影与 $Oy$ 轴方向夹角，范围为 $[-\pi,\pi]$。圆锥曲面满足的方程为

$$x(t)^2+y(t)^2=\frac{z(t)^2}{\tan^2 i_{\text{sun}}} \tag{4-8}$$

式中：$x(t)$、$y(t)$、$z(t)$ 为 $t$ 时刻空间非合作目标相对航天器三轴位置坐标；$i_{\text{sun}}$ 为一个恒星日内太阳高度角的平均值。

**3. 视线观测模型**

航天器为了实现抵近规避的自主机动决策，需要其通过自身搭载的传感器对目标进行探测感知和获取观测信息从而用于推断当前态势与决策。通常，航天器可通过微波雷达或其他星载传感器在轨测量获得与空间非合作目标之间的相对距

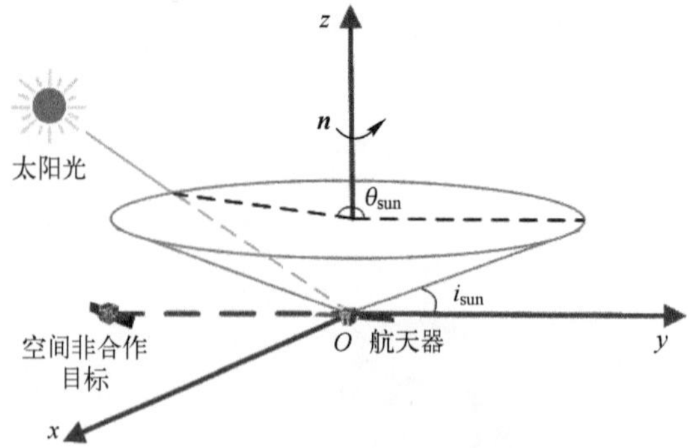


图 4-4　太阳矢量的圆锥面运动

离、高低角、方位角及三者变化率。在轨道坐标系下定义目标视线观测量并建立视线观测模型，如图 4-5 所示。其中，$\rho$ 为视线相对距离，视线方向与 $Oxy$ 轨道平面夹角为高低角 $\beta\in(-\pi/2,\pi/2)$，视线在 $Oxy$ 平面的投影与 $Oy$ 轴方向的夹角为方位角 $\theta\in(-\pi,\pi)$。

航天器对空间非合作目标进行视线测量的观测方程为

$$\begin{cases}\rho=\sqrt{x^2+y^2+z^2}+\sigma_\rho\\ \theta=\arctan\dfrac{x}{y}+\sigma_\theta\\ \beta=\arctan\dfrac{z}{\sqrt{x^2+y^2}}+\sigma_\beta\end{cases}\tag{4-9}$$

式中：$\sigma_\rho$、$\sigma_\theta$、$\sigma_\beta$ 均为量测噪声，通常将其视为高斯白噪声。

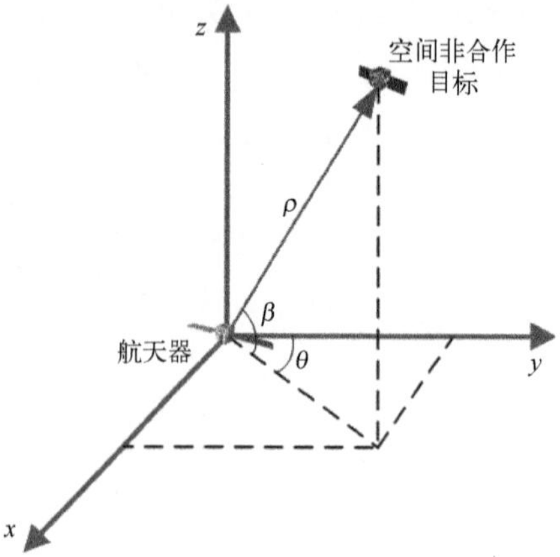


图 4-5　航天器视线观测模型

### 4.2.3 空间目标意图空间与时序特征集构建

**1. 空间目标意图定义与意图空间构建**

为准确推断空间非合作目标的运动意图，需要对目标的意图空间集进行定义并构建意图空间。由于轨道动力学约束，空间目标与航天器的相对运动形式有限。本小节根据典型的空间相对轨道运动来建立空间非合作目标的运动意图空间。

根据空间相对轨道运动可得到典型空间非合作目标意图的运动形态，图 4-6 给出了几种典型的空间非合作目标意图运动形态。通过分析典型的空间相对运动形态和可能的任务，可定义典型的空间运动意图为跟飞、绕飞、抵近、远离四种。这些运动意图由具体的运动形式体现并可用于完成不同的空间任务。例如，对于跟飞意图的相对轨道运动有定点跟飞、盘旋跟飞、振荡跟飞等相对运动形式，如图 4-6（a）所示，可遂行定向监视、伴飞干扰等任务；对于绕飞意图有共面绕飞、异面绕飞等相对运动形式，如图 4-6（b）所示，可遂行侦察、长时间观测、无线电信号侦收等任务；对于抵近以及远离意图有飞掠、跳跃、螺旋等相对运动形式，如图 4-6（c）所示，可遂行轨道巡视、抵近详查、接近操作、轨道规避等任务。

通过对航天器相对运动形态和运动意图进行梳理，可得到详细的目标运动意图并构建意图空间。根据图 4-6 所示的空间非合作目标意图形态，本节所建立的空间非合作目标运动意图空间为｛定点跟飞、盘旋跟飞、振荡跟飞、共面绕飞、异面绕飞、飞掠抵近、跳跃抵近、螺旋抵近、飞掠远离、跳跃远离、螺旋远离｝，共 11 种意图类型。

在确立空间非合作目标意图空间后，如何将人的认知模式转换成机器学习模型训练的标签并与意图空间中意图类型相对应，是将模型应用于空间非合作目标意图推理的关键。因此，将上述相对运动意图类型封装成标签来训练意图推理模型。针对上述定义和建立的 11 类目标运动意图类型，设置对应的｛0、1、2、3、4、5、6、7、8、9、10｝共 11 类标签值，可将模型推理得到的标签映射为相应的空间非合作目标意图。相应的编码及模式解析机制如图 4-7 所示。例如，如果意图推理模型输出的结果为 0，则可认为空间非合作目标当前的意图为定点跟飞。通过将空间非合作目标意图编码的方式能简单清楚地表达出人类的认知经验，便于目标意图推理模型训练和工程实际应用。

**2. 空间目标时序特征数据集构建**

航天器在轨运行中可通过自身携带的微波雷达等传感器测量与空间非合作目标之间的视线距离 $\rho$、高低角 $\beta$、方位角 $\theta$ 及三者的变化率 $\dot{\rho}$、$\dot{\beta}$、$\dot{\theta}$，将上述视线量测信息作为空间非合作目标意图推理的特征信息。定义每个时刻表征目标运

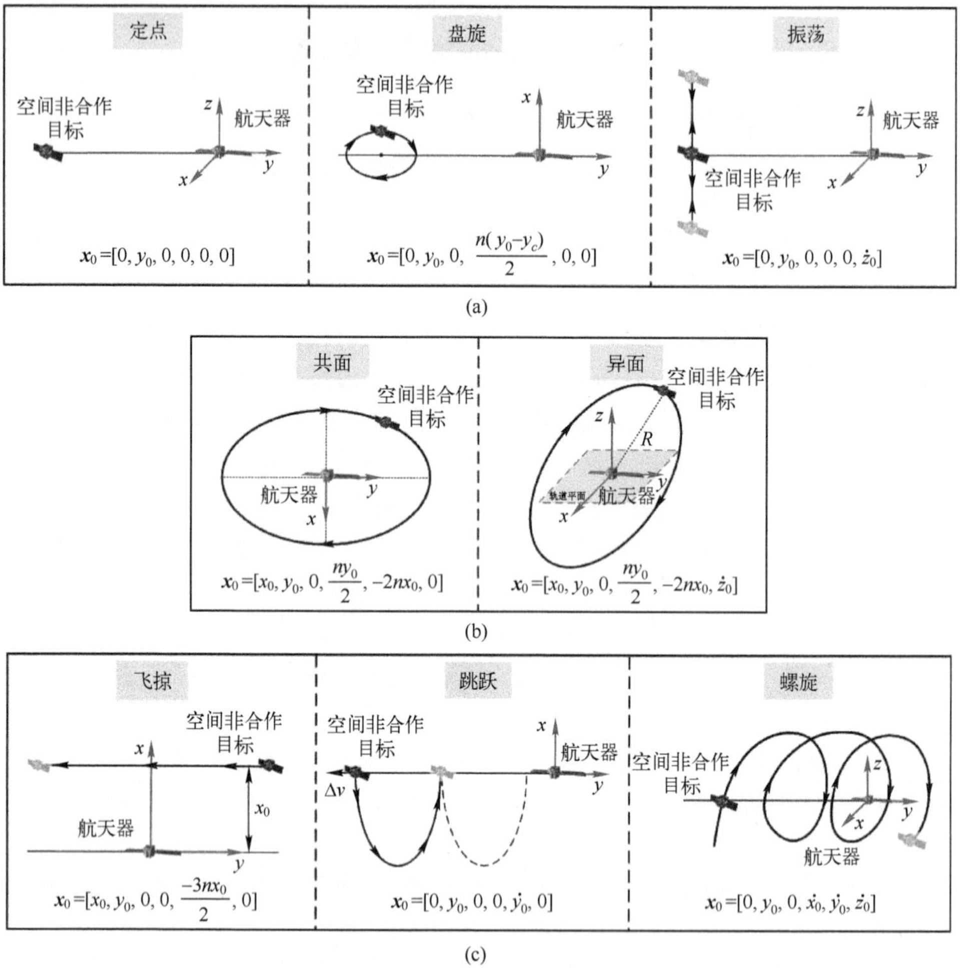


**图 4-6　典型的空间非合作目标意图形态**

（a）跟飞运动形态；（b）绕飞运动形态；（c）抵近/远离运动形态。

动意图的特征集为 $\boldsymbol{V}=[\rho,\beta,\theta,\dot{\rho},\dot{\beta},\dot{\theta}]^{\mathrm{T}}$，采集连续 $T$ 个时刻的特征集可构建目标的时序特征集 $\boldsymbol{V}_T$，将其用于空间非合作目标意图推理。

基于式（2-29）所建立的动力学模型，在不同运动意图对应的初始条件下进行数值积分，可得到相对运动状态变化和相对运动轨迹。通过式（4-9）将目标的相对运动轨迹数据转换为视线测量数据并构造对应的特征信息数据，可获得表征空间非合作目标意图的特征信息集合。为了最大程度利用数据，采用滑动时窗的方式生成时序特征样本，从而将其转化成神经网络可直接处理的样本形式，滑动时窗样本处理方法如图 4-8 所示。

值得指出的是，不同视线测量信息之间量纲和数据量级差异较大。为了消除各特征信息量纲的影响并提高网络模型收敛效率，在输入到推理模型前需将原始

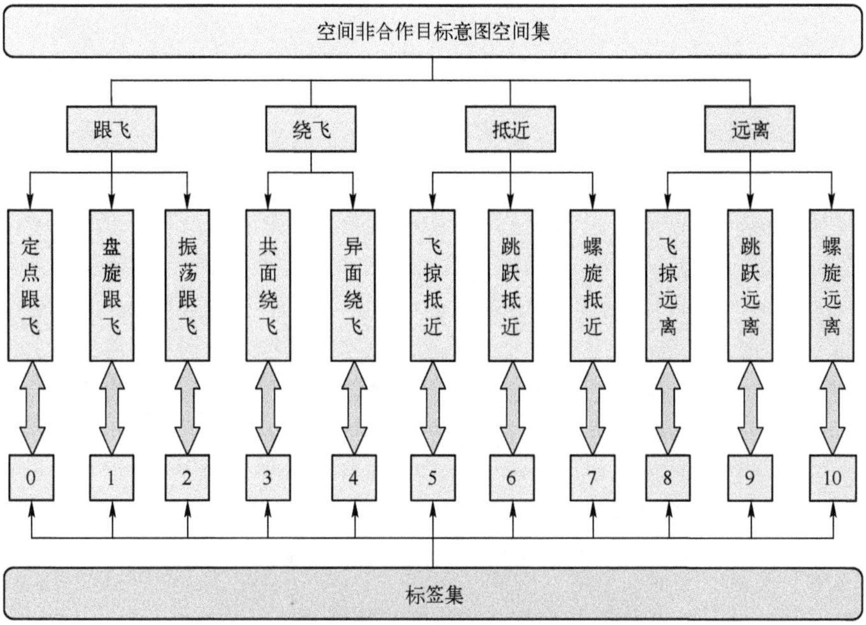


**图4-7 空间非合作目标意图编码与模式解析**

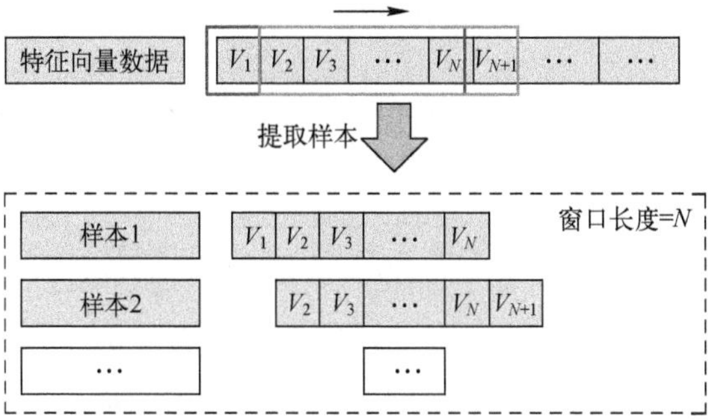


**图4-8 滑动时窗样本处理方法示意图**

时序特征数据转化到区间相同、无量纲的数值，即对其进行归一化处理。本节采用最大最小线性变化，将数据缩放到[0,1]区间内。对于第 $x$ 维特征数据 $\boldsymbol{F}_x=[f_{x_1},f_{x_2},\cdots,f_{x_n}]$ $(x=1,2,\cdots,6)$，$n$ 为数据总数。归一化计算公式为

$$f'_{x_i}=\frac{f_{x_i}-\min\boldsymbol{F}_x}{\max\boldsymbol{F}_x-\min\boldsymbol{F}_x} \tag{4-10}$$

式中：$\min\boldsymbol{F}_x$ 为第 $x$ 维特征的最小值；$\max\boldsymbol{F}_x$ 为第 $x$ 维特征的最大值；$f_{x_i}$ 为归一化前原始数据；$f'_{x_i}$ 为归一化后用于训练的数据。

## 4.3 基于深度学习的空间非合作目标意图推理方法

由于空间博弈对抗环境的复杂性和不确定性，目标先验知识难以获取，这使得传统方法存在知识表达困难、先验概率难以确定的缺点，不能有效解决空间非合作目标意图推理问题。本节利用深度学习领域的研究成果，基于双向门控循环单元（bidirectional gated recurrent unit，BiGRU）深度学习网络和自注意力机制（self-attention，SA），研究基于 BiGRU-SA 的空间非合作目标意图推理方法。首先，对基于 BiGRU-SA 的空间非合作目标意图推理模型各分层进行描述，建立模型整体框架；为提高模型的训练速度及准确率，采用自适应矩估计（adaptative moment estimation，Adam）优化算法进行模型训练。然后，以准确率、精确率、召回率、F1 分数作为评价指标，对模型进行仿真测试；对不同模型进行对比实验，并在存在噪声情况下进行抗噪能力仿真对比，来验证本节所提出的 BiGRU-SA 的意图推理模型具有良好的空间非合作目标意图推理效果和鲁棒性。

### 4.3.1 基于 BiGRU-SA 的意图推理模型

基于 BiGRU-SA 的意图推理模型采用分层架构，主要包括输入层、BiGRU 层、自注意力机制层和输出层。其中，输入层的主要作用是对输入数据进行归一化预处理，以便于后续模型进行学习。4.2.3 节对空间非合作目标时序特征数据的归一化处理进行了介绍。下面分别介绍意图推理模型所使用的 BiGRU 网络层、自注意力机制层、输出层及其计算过程。

**1. BiGRU 网络层**

传统的神经网络只能输入单个时刻的信息，无法对时间序列信息进行处理，对此，有学者提出循环神经网络（RNN）用以处理时间系列问题。针对普通 RNN 的“长期依赖问题”以及“梯度消失”和“梯度爆炸”问题，长短时记忆（long short term memory，LSTM）网络通过引入门控开关模拟人脑“遗忘”和“记忆”机制，有效地克服了上述缺陷。门控循环单元（gated recurrent unit，GRU）对 LSTM 网络内部神经元的结构进一步简化，其内部结构如图 4-9 所示。

从图 4-9 中可以看出，GRU 的基本结构单元由两个门控单元组成，分别称为重置门 $\boldsymbol{r}_t$ 和更新门 $z_t$。重置门用来控制遗忘历史信息的程度，从而使网络舍弃不重要的信息；更新门用于计算当前时刻的更新内容。相较于 LSTM 神经元内部的输入门、遗忘门、输出门和记忆单元，GRU 内部结构得以简化，所需训练的参数大大减少，在保证性能相当的同时加快了训练过程的收敛速度，在节省算力上更具优势。

已知 $\boldsymbol{x}_t$ 为 $t$ 时刻的特征输入，$\boldsymbol{h}_{t-1}$ 和 $\boldsymbol{h}_t$ 为上一时刻和当前时刻的神经元输出。GRU 的内部计算过程如下：

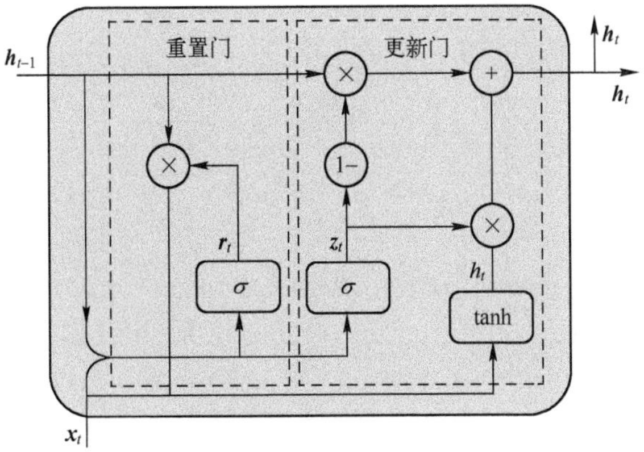


图 4-9　GRU 内部结构

$$\begin{cases}\boldsymbol{r}_t=\sigma(\boldsymbol{W}_r\boldsymbol{x}_t+\boldsymbol{U}_r\boldsymbol{h}_{t-1}+\boldsymbol{b}_r)\\ z_t=\sigma(\boldsymbol{W}_z\boldsymbol{x}_t+\boldsymbol{U}_z\boldsymbol{h}_{t-1}+\boldsymbol{b}_z)\\ \widetilde{\boldsymbol{h}}_t=\tanh(\boldsymbol{W}_{\tilde{h}}\boldsymbol{x}_t+\boldsymbol{U}_{\tilde{h}}(\boldsymbol{r}_t\odot\boldsymbol{h}_{t-1}))\\ \boldsymbol{h}_t=(1-z_t)\odot\boldsymbol{h}_{t-1}+z_t\odot\widetilde{\boldsymbol{h}}_t\end{cases}\tag{4-11}$$

式中：$\sigma$ 为 sigmoid 函数；$\boldsymbol{W}_r$、$\boldsymbol{W}_z$、$\boldsymbol{W}_{\tilde{h}}$、$\boldsymbol{U}_r$、$\boldsymbol{U}_z$、$\boldsymbol{U}_{\tilde{h}}$为各相应部分权重系数矩阵；$\boldsymbol{b}_r$、$\boldsymbol{b}_z$ 表示偏置量；$\widetilde{\boldsymbol{h}}_t$ 为候选隐含层状态；符号⊙表示 Hadamard 积，即为矩阵按元素相乘。

普通 GRU 网络为单向的神经网络结构，所获取的信息为当前时刻之前的历史信息，忽略了未来时刻信息的影响。BiGRU 网络由前向 GRU 和后向 GRU 网络共同组成，基本结构如图 4-10 所示。从图 4-10 中可以看出，BiGRU 在 $t$ 时刻隐含层状态 $\boldsymbol{h}_t$ 可通过前向隐含层状态 $\overrightarrow{\boldsymbol{h}}_t$ 和后向隐含层状态 $\overleftarrow{\boldsymbol{h}}_t$ 两部分得到，前向隐含层状态 $\overrightarrow{\boldsymbol{h}}_t$ 由当前输入 $\boldsymbol{x}_t$ 和上一时刻隐含层状态 $\overrightarrow{\boldsymbol{h}}_{t-1}$ 决定；后向隐含层状态 $\overleftarrow{\boldsymbol{h}}_t$ 由当前时刻输入 $\boldsymbol{x}_t$ 和下一时刻隐含层状态 $\overleftarrow{\boldsymbol{h}}_{t+1}$ 决定。计算过程如下：

$$\begin{cases}\overrightarrow{\boldsymbol{h}}_t=\boldsymbol{f}(\boldsymbol{w}_1\boldsymbol{x}_t+\boldsymbol{w}_2\overrightarrow{\boldsymbol{h}}_{t-1})\\ \overleftarrow{\boldsymbol{h}}_t=\boldsymbol{f}(\boldsymbol{w}_3\boldsymbol{x}_t+\boldsymbol{w}_5\overleftarrow{\boldsymbol{h}}_{t+1})\\ \boldsymbol{x}_t=\boldsymbol{g}(\boldsymbol{w}_4\overrightarrow{\boldsymbol{h}}_t+\boldsymbol{w}_6\overleftarrow{\boldsymbol{h}}_t)\end{cases}\tag{4-12}$$

式中：$\boldsymbol{w}_i(i=1,2,\cdots,6)$为一个单元层到另一个单元层的权重矩阵；$\boldsymbol{f}$ 和 $\boldsymbol{g}$ 分别为不同的激活函数。通过引入双向传播机制，使得该网络可以更好地捕获时序信息中的前后特征关联，处理“上下文信息”，进而提高了网络性能。

**2. 自注意力机制层**

注意力机制来自于人类面临大量信息时的认知与视觉信号处理方式，即忽略

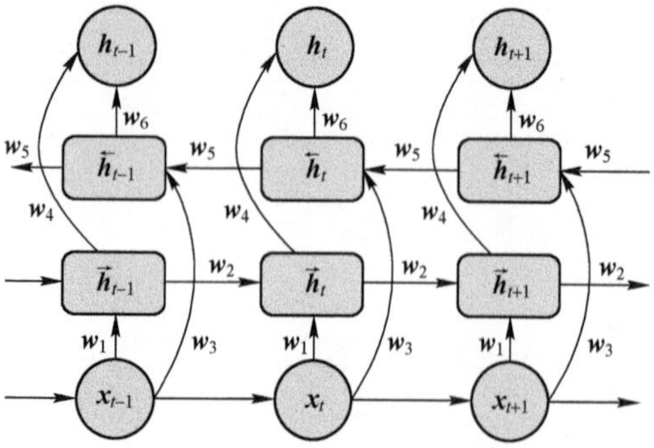


图 4-10　BiGRU 网络结构

不必要的细节、聚焦于主要的关键信息。从本质来讲，注意力机制要从大量信息中筛选出少量重要信息，并赋予较大的权重值实现关键信息的聚焦，从而进一步增强深度神经网络的记忆能力，展现更优的性能，目前注意力机制在自然语言处理等领域得到了广泛的研究与应用。

自注意力机制是注意力机制的变体，相较于传统的注意力机制，其核心在于使用输入信息自身的关系以构建注意力模型，减小了对外部信息依赖，更擅长捕获时序信息中长距离的相互依赖关系及内部相关性。在本节的空间非合作目标意图推理中，模型在训练过程中通过自注意力机制来重点关注 BiGRU 网络层输出的关键特征信息，学习每个特征的重要程度，然后根据重要程度为每个特征自动分配相应的权重。例如，当目标是抵近意图时，其特征中视线距离和速度会被赋予更高的权重值。

自注意力机制可看作是多个查询（Query）到多个键值对（Key-Value）映射，基本原理来源于推荐系统，根据给定的 Query，计算 Query 和 Key 的相关性，然后根据此相关性去寻找最合适的 Value。具体计算过程如下。首先将 BiGRU 输出矢量 $\boldsymbol{h}_i$ 分别与三个可学习的权重矩阵 $\boldsymbol{W}_Q$、$\boldsymbol{W}_K$、$\boldsymbol{W}_V$ 相乘得到 $\boldsymbol{Q}$、$\boldsymbol{K}$、$\boldsymbol{V}$，以便于相关性计算。计算公式如下：

$$\begin{cases}\boldsymbol{Q}=\boldsymbol{W}_Q\boldsymbol{h}_i\\ \boldsymbol{K}=\boldsymbol{W}_K\boldsymbol{h}_i\\ \boldsymbol{V}=\boldsymbol{W}_V\boldsymbol{h}_i\end{cases} \tag{4-13}$$

式中：$\boldsymbol{Q}$、$\boldsymbol{K}$、$\boldsymbol{V}$ 分别为查询、键和值。

在此基础上，计算自注意力值：

$$\text{Attention}(\boldsymbol{Q},\boldsymbol{K},\boldsymbol{V})=\text{softmax}\left(\frac{\boldsymbol{Q}\boldsymbol{K}^{\mathrm{T}}}{\sqrt{d_k}}\right)\boldsymbol{V} \tag{4-14}$$

式中：$\boldsymbol{Q}\boldsymbol{K}^{\mathrm{T}}$ 为点积型注意力的计算方式，通过矩阵乘法求得各 Query 和 Key 矢量的相关性并求和，计算效率更高；softmax 函数起到归一化作用，将 $\boldsymbol{Q}$ 与 $\boldsymbol{K}$ 的相

关性打分映射在[0,1]范围内；$\sqrt{d_k}$为键矢量维度平方根，起调节作用，避免 softmax 函数进入其梯度极小的区域[6]。自注意力机制层内部运算过程如图 4-11 所示。

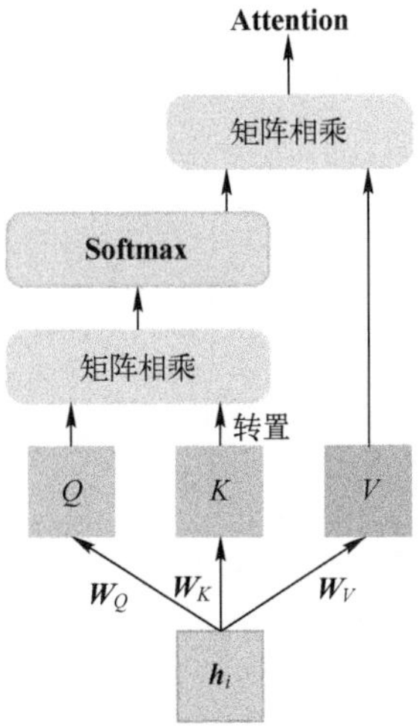


**图 4-11　自注意力机制层内部运算过程**

### 3. 输出层

自注意力机制层的输出先通过全连接层（dense）将输出维度转换为目标意图空间集的维度，然后输入到输出层的多分类 softmax 函数中计算得到目标不同意图所对应的概率，选择概率值最大所对应的意图为目标意图。softmax 函数及输出层的计算公式分别为

$$\mathrm{softmax}(\boldsymbol{x}_i)=\frac{e^{\boldsymbol{x}_i}}{\sum_{i=1}^{N}e^{\boldsymbol{x}_i}} \tag{4-15}$$

$$\boldsymbol{y}_{\mathrm{p}}=\mathrm{softmax}(\boldsymbol{WY}+\boldsymbol{b}) \tag{4-16}$$

式（4-15）中$\boldsymbol{x}_i$为 softmax 函数输入矢量；式（4-16）中$\boldsymbol{W}$为自注意力机制层到输出层所需训练的 Dense 层权重系数矩阵，$\boldsymbol{b}$为需要训练的偏置，$\boldsymbol{y}_p$为输出层输出的各意图概率值。

## 4.3.2　空间非合作目标意图推理模型总体架构及其训练算法

本节建立基于 BiGRU-SA 的意图推理模型进行空间非合作目标的意图推理。基于 BiGRU-SA 的意图推理模型总体框架包括输入层、BiGRU 层、自注意力机制层和输出层，各层作用已在 4.3.1 节进行了具体介绍。综合空间非合作目标意图推理问题描述和基于 BiGRU-SA 的意图推理模型，可得空间非合作目标意图推理的框架，如图 4-12 所示。

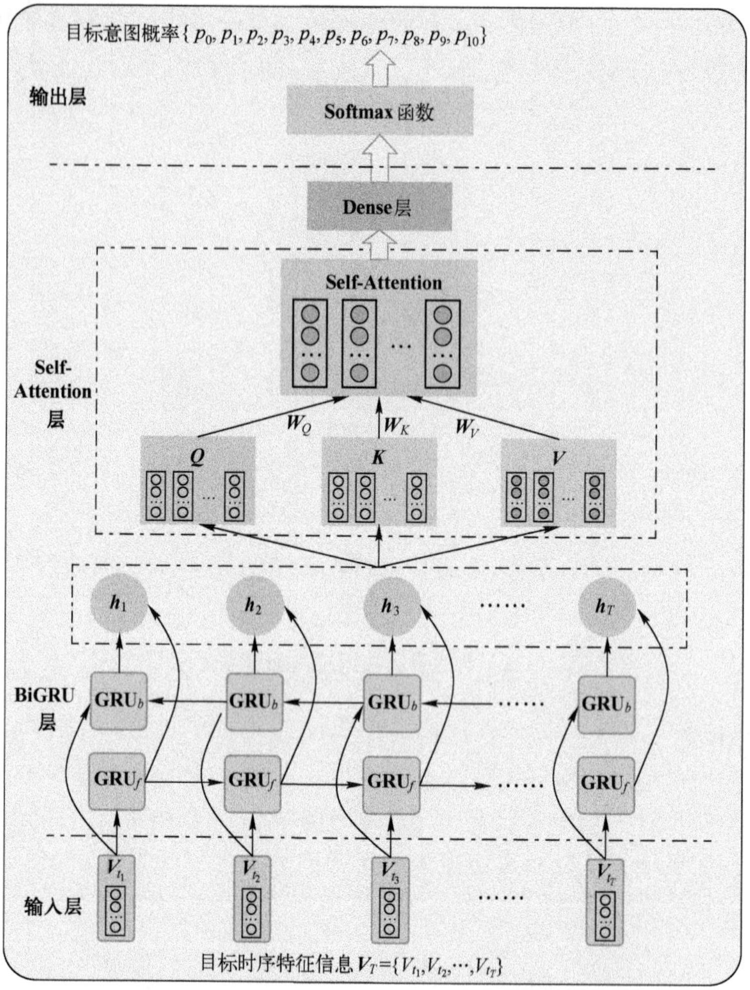


**图 4-12 基于 BiGRU-SA 的空间非合作目标意图推理框架**

本节采用自适应矩估计（adam）优化算法进行 BiGRU-SA 意图推理模型训练。与传统反向传播方法相比，该算法能有效避免模型陷入局部最优并且加快模型训练效率[4]。损失函数采用交叉熵（cross entropy）损失，其计算公式如下：

$$L = -\frac{1}{N}\sum_{i=1}^{N}\sum_{j=1}^{M} y_{ij}\log(\hat{y}_{ij}) \tag{4-17}$$

式中：$L$ 为损失函数值；$i$ 为样本编号；$N$ 为样本总数；$j$ 为分类标签；$M$ 为标签数量；$y_{ij}$为第 $i$ 个样本中第 $j$ 个标签的真实值；$\hat{y}_{ij}$为输出各意图概率值。

### 4.3.3 仿真实验与分析

**1. 仿真条件和评价指标**

本节模型训练所采用的数据集以对 GEO 附近轨道的空间非合作目标抵近规避为背景进行构造，暂不考虑各种摄动影响，在不同空间非合作目标运动意图下进行仿真，得到各运动意图对应的多种相对运动形态。

假设有一个空间非合作目标距航天器 15km，设置动力学模型仿真步长为 10s，仿真时间为 24h；时序样本长度包括 10、15、20、25 四种情况；共构造 21000 组样本，包括 11 种目标运动意图，各意图占比情况为：定点跟飞 4.76%，盘旋 14.29%，振荡 9.52%；共面绕飞 4.76%，异面绕飞 9.52%；跳跃抵近 4.76%，飞掠抵近 4.76%，螺旋抵近 19.05%；跳跃远离 4.76%，飞掠远离 4.76%，螺旋远离 19.05%。各运动意图的数据占比与目标相对航天器的初始位置及运动方向有关，按 8:2 比例划分训练集和测试集。

为了验证和说明本节模型的有效性和优势，在进行对比实验时，采用机器学习通用的模型评价标准即准确率（accuracy）、精确率（precision）、召回率（recall）、F1 分数（F1-score）对模型性能进行评价，这 4 个指标的计算公式如下：

$$\text{accuracy}=\frac{\text{TP}+\text{TN}}{\text{TP}+\text{TN}+\text{FP}+\text{FN}} \tag{4-18}$$

$$\text{precision}=\frac{\text{TP}}{\text{TP}+\text{FP}} \tag{4-19}$$

$$\text{recall}=\frac{\text{TP}}{\text{TP}+\text{FN}} \tag{4-20}$$

$$\text{F1-score}=\frac{2\text{precision}\cdot\text{recall}}{\text{precision}+\text{recall}} \tag{4-21}$$

式中：TP 为真正类（true positive），即推理结果为正，真实类别为正；TN 为真负类（true negative），即推理结果为负，真实类别为负；FP 为假正类（false positive），即推理结果为正，真实类别为负；FN 为假负类（false negative），即推理结果为负，真实类别为正。

准确率指模型正确推理样本在所有样本中的比例，它反映了模型的正确推理能力；精确率指模型推理出真正的样本占所有推理为正的比例，也称查准率；召回率反映了模型推断出来的所有真正样本占数据集中真实为正的比例，也称查全率；F1 分数是精确率和召回率的调和均值。指标分数越高代表模型质量越好。

**2. 模型参数与结构确定**

隐含层神经元个数、隐含层数及输入时序步长会对模型的性能产生影响，为了使意图推理模型具备更优的效果，必须对这些参数进行确定。

从训练集中选取 25%的数据作为验证集，对不同模型结构参数进行评价。

首先，保持隐含层层数不变设置不同的隐含层神经元个数，分析神经元数量对模型性能的影响。设置层数为 1，隐含层神经元个数分别为 64、128、256、512，得到准确率随神经元个数的变化，如图 4-13（a）所示；训练过程损失变化如图 4-13（b）所示。为了更清楚反映不同情况下的变化趋势，减少数据波动造成重叠，每 10 代记录一次数据绘制对比图。(后续对比实验同上处理)

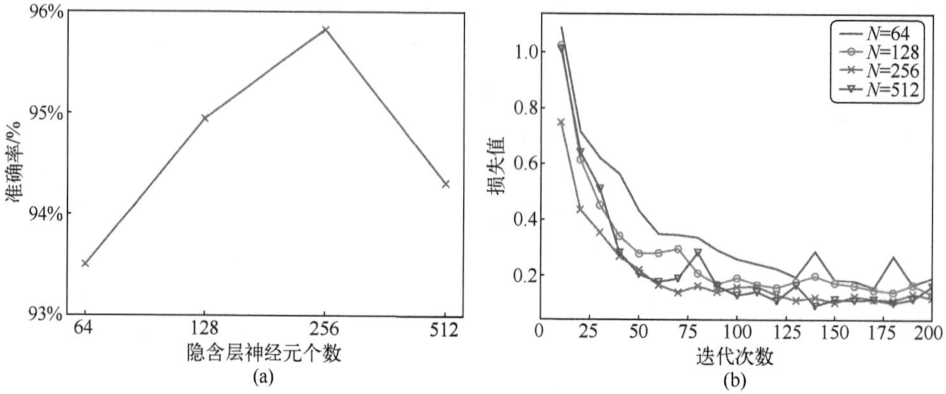


**图 4-13 不同隐含层神经元数下模型推理准确率及损失值变化**

（a）准确率；（b）损失值变化。

从图 4-13（a）可以看出，当隐含层神经元数目较少时，模型对时序数据学习不充分，意图推理准确率较低，随着神经元数量增加，准确率逐渐上升，当隐含层神经元数为 256 时，准确率最高，但当神经元数量继续增加至 512，准确率明显下降，模型计算量大大增加且容易发生过拟合。因此，为了平衡准确率和计算量，最终选取隐含层神经元数为 256。从图 4-13（b）可以看出，模型损失值随迭代次数增加逐渐下降最后收敛，当隐含层神经元数 $N=256$ 时，在验证集上的最终损失值最低，为 0.12。

在隐含层神经元总数不变的情况下分析隐含层数对模型性能影响。分别设置隐含层数为 1、2、3，神经元数量分布为［256］［128，128］［128，64，64］，结果如图 4-14 所示。从图 4-14 中可以看出，随着隐含层数增加，模型在验证集上推理准确率均在 96%附近，变化不超过 1%。但考虑到隐含层数增加会显著增大计算时间，对航天器的算力提出更高要求，因此本节采用单层 BiGRU 隐含层。

接下来，进行不同输入步长的对比，分别选取输入步长为 10、15、20、25 四种情况，其对应视线量测时长分别为 100s、150s、200s、250s，得到不同步长下模型推理准确率和损失值分别如图 4-15（a）和（b）所示。

从图 4-15 中可以看出，当步长为 10 时，时序特征信息对运动意图的表征不充分，使得模型推理准确率较低，随着时间序列长度增加，准确率逐渐上升。当

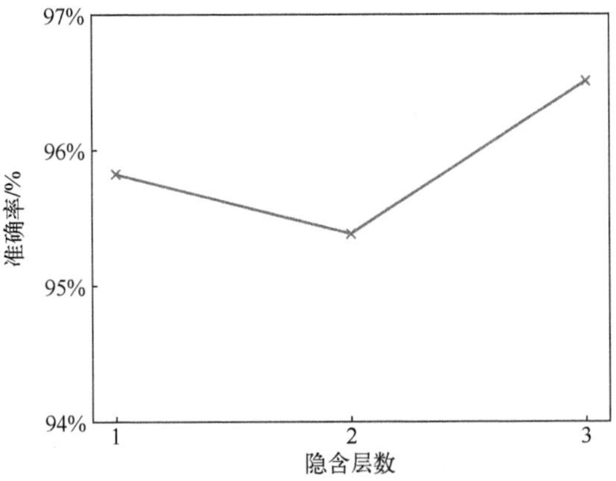


**图 4-14　不同隐含层数下模型准确率**

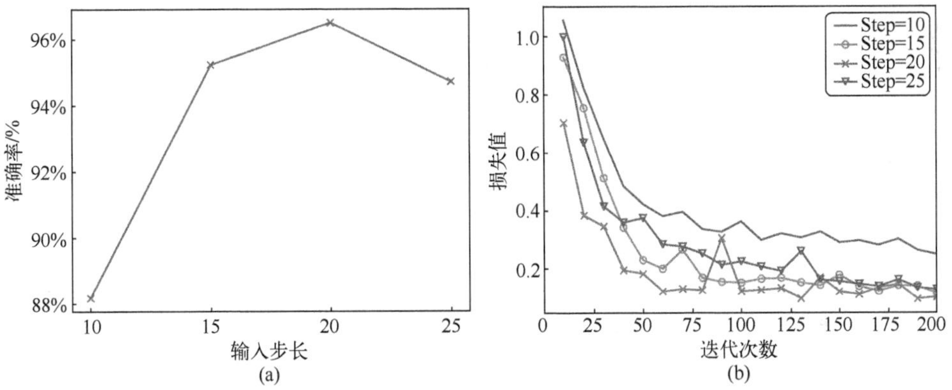


**图 4-15　不同输入步长下模型推理准确率及损失值变化**

(a) 模型推理准确率；(b) 模型损失值变化。

输入时序特征信息步长为 20 时，模型具有最高的推理准确率 96.5%，最终验证集上的损失值为 0.101。当步长进一步增加，模型计算量进一步增大且准确率无增加。综上，为了使意图推理模型具有更好的性能，并且考虑到实际观测过程中航天器对目标的观测时长应尽可能短，因此将时序特征信息输入步长设定为 20。

**3. 模型训练测试结果及分析**

根据上述数据集及模型结构参数，对本节建立的 BiGRU-SA 意图推理模型进行训练，具体的模型训练参数如表 4-1 所示。

**表 4-1　模型训练参数**

| 参　数 | 值 |
|---|---|
| 隐含层神经元数 | 256 |
| 隐含层数 | 1 |

续表

| 参　数 | 值 |
|---|---|
| 输入步长 | 20 |
| 学习率 | 0.001 |
| 衰减率 | 0.9 |
| 训练批次 | 256 |

利用测试集样本对模型性能进行评价，得到模型在测试集上的准确率和损失函数值随迭代次数的变化分别如图 4-16（a）和（b）所示。

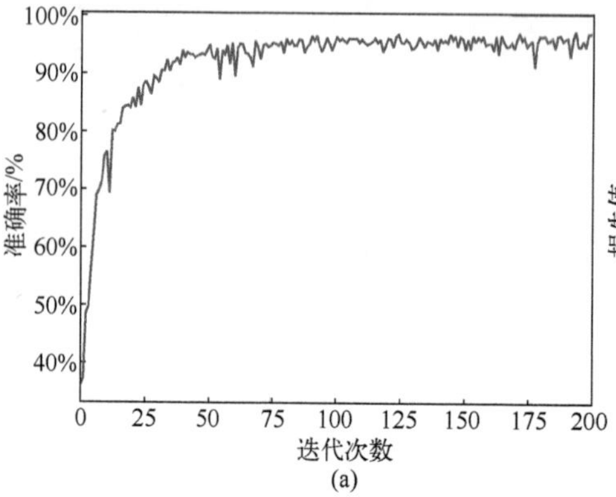

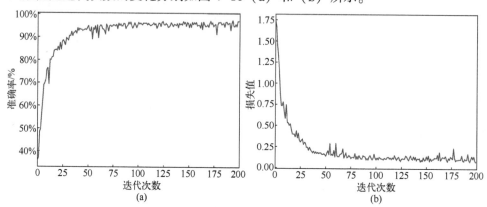

**图 4-16　训练过程模型推理准确率及损失值变化**

（a）模型准确率变化；（b）模型损失值变化。

从图 4-16 中可以看出，随着训练迭代次数增加，BiGRU-SA 意图推理模型准确率逐渐上升，损失值逐渐下降，最终均收敛。推理模型的准确率最终达到 97.1%，损失值最终为 0.074。为了直观显示本节建立的意图推理模型对各意图的推断情况，绘制意图推理混淆矩阵，如图 4-17 所示。图中横轴代表模型推理输出标签，纵轴为数据集的真实标签，矩阵对角线上每个元素即为推理正确的标签数目。从图 4-17 可以看出，所建立的 BiGRU-SA 意图推理模型针对各意图均有较高的推理准确率，充分说明了模型的可靠性。

**4. 典型工况验证及分析**

假设 GEO 附近轨道上航天器和空间非合作目标的初始轨道根数如表 4-2 所示，其中 $a$、$e$、$i$、$\Omega$、$\omega$、$f$ 分别为轨道半长轴、偏心率、轨道倾角、升交点经度、近地点幅角、真近点角。

**表 4-2　航天器与目标初始轨道根数**

| 轨道参数 | $a$/m | $e$ | $i$/(°) | $\Omega$/(°) | $\omega$/(°) | $f$/(°) |
|---|---|---|---|---|---|---|
| 航天器 | 42123000 | 0.000169 | 0.0195 | 248.9518 | 142.6 | 281.2 |
| 目标 | 42123006 | 0.00016904 | 0.0195 | 248.9518 | 142.5572 | 281.2224 |

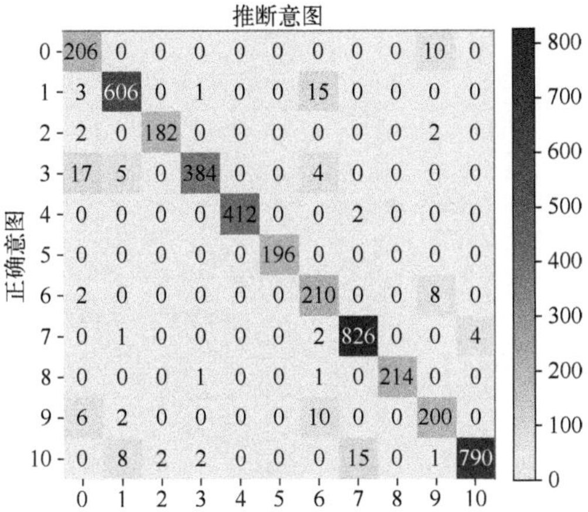


**图 4-17　意图推理混淆矩阵**

目标初始相对航天器的状态为在后方定点跟飞，24h 后目标施加机动进入空间圆相对绕飞轨道对航天器进行绕飞，继续运行 24h。此过程的相对运动轨迹如图 4-18 所示。整个过程中航天器对目标连续观测，利用量测得到的时序特征信息和上面训练完成的意图推理模型，对空间非合作目标意图进行实时在线推理，推理结果如图 4-19 所示。从图中可以看出，基于所训练的空间非合作目标意图推理模型，在仿真中大部分时间段上实现了正确推理，仅在少数时间段上出现了意图混淆，具有较高的推理准确率，进一步验证了本节所建立模型对空间非合作目标意图推理的可靠性。

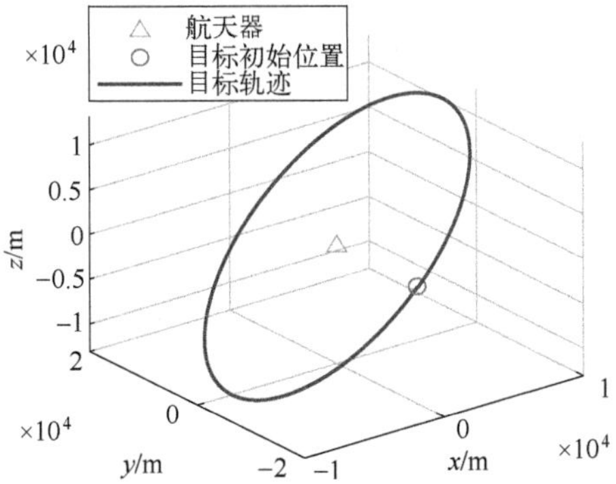


**图 4-18　目标相对运动轨迹**

**5. 模型对比实验结果及分析**

为了进一步说明和验证本节所提出模型的优势，将本节建立的 BiGRU-SA 意图推理模型分别与文献［5］建立的 BiGRU-Attention 模型（BiGRU-Att）、文献［4］建立的 BiLSTM-Attention 模型（BiLSTM-Att）、BiGRU 模型、文献［2］

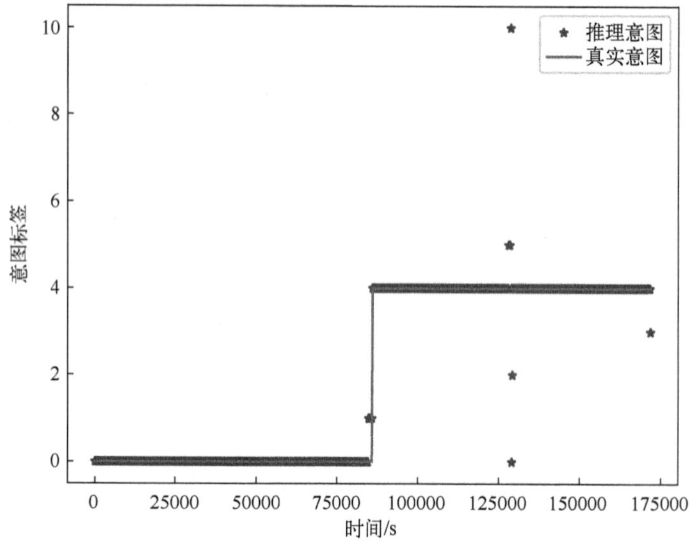


**图 4-19　目标意图推理结果**

建立的 GRU 模型以及传统的 BP 神经网络模型进行对比，采用相同的结构参数，在相同测试集上进行对比测试实验。选取 200 Epochs 迭代过程中测试集上最高准确率作为该模型的推理准确率，对应的损失为该模型的损失值，对比结果如图 4-20 所示。

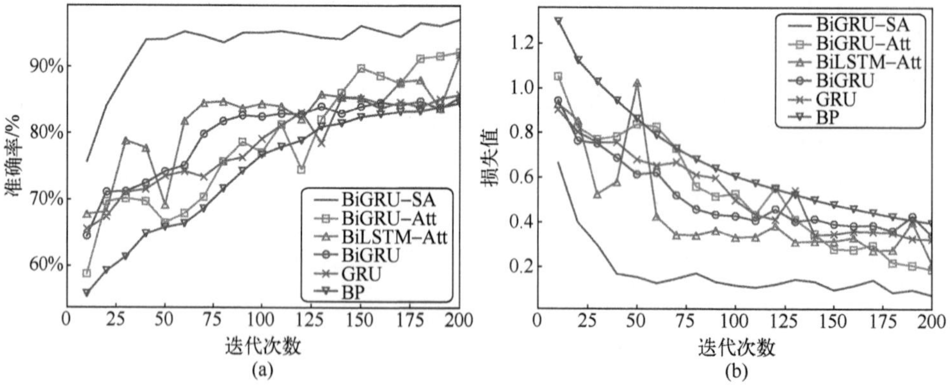


**图 4-20　不同模型在测试集上的准确度与损失值变化**

（a）准确度变化；（b）损失值变化。

从图 4-20 可以看出，本节所建立的 BiGRU-SA 模型相较于其他 5 种模型在模型收敛速度上、最终达到的准确度以及损失值三方面的表现更具优势。BiGRU-Att 模型和 BiLSTM-Att 模型，性能差异不大，但前者因内部结构简单，在计算训练时间上更具优势。BiGRU-Att、BiGRU 以及 GRU 之间的对比可形成“消融实验”：BiGRU-Att 与 BiGRU 相比准确率提升了 6.8%，模型损失值进一步下降，这表明引入注意力机制对模型性能有明显的提升；BiGRU 与 GRU 相比在收敛速度上较快，证明引入双向传播机制可使模型更快学习。

本节建立的 BiGRU-SA 模型较现有 BiGRU-Att 意图推理模型准确率提高了 4.87%，且收敛速度更快、准确率变化更为平稳，充分体现了本节通过引入自注意力机制较传统注意力机制突出关键特征、提高模型性能的优势。传统 BP 神经网络仅采用单一时刻特征信息进行推断，虽然其最终达到准确率较高，但其在收敛速度和模型损失值上明显逊于其他采用时序信息进行目标意图推理的模型。

不同模型的评价指标对比如表 4-3 所示。从表 4-3 可以看出，本节建立的 BiGRU-SA 模型在各项评价指标上均具有明显优势，进一步体现了本节提出的 BiGRU-SA 模型的优越性。

**表 4-3　不同模型评价指标对比**

| 模　型 | 指　标 | | | |
|---|---|---|---|---|
| | 准确率/% | 精确率/% | 召回率/% | F1 分数 |
| **BiGRU-SA** | **97.10** | **96.12** | **96.85** | **0.9644** |
| BiGRU-Att | 92.23 | 92.74 | 90.94 | 0.9122 |
| BiLSTM-Att | 91.89 | 90.86 | 90.24 | 0.9016 |
| BiGRU | 85.42 | 82.21 | 81.46 | 0.8040 |
| GRU | 82.80 | 76.46 | 78.12 | 0.7635 |
| BP | 84.56 | 85.99 | 88.09 | 0.8650 |

此外，抗噪能力也是评估模型性能的重要指标。由于在动力学建模时未考虑轨道摄动的影响，因此相对动力学模型与实际会存在一定偏差；同时，航天器进行视线测量过程中，受传感器精度所限亦存在测量误差。为进一步测试不同模型在噪声干扰下的准确度变化情况，在所建立数据集的基础上，加入高斯白噪声，设定输入特征信息的标准差分别为 $\sigma_\rho \approx 0.001R = 15\text{m}$，$\sigma_\beta = \sigma_\theta = 0.001\text{rad}$。对不同模型在噪声存在情况下进行训练，并与将在含噪声测试集上最终的推理准确率与无噪声情况下的推理准确率进行了对比，如图 4-21 所示。

从图 4-21 可以看出，不同意图推理模型准确率受噪声影响均会存在一定程度的下降。但是，本节提出的 BiGRU-SA 模型受噪声影响程度最小，准确率仅下降 2.48%，依然高达 94.62%。其他加入注意力机制的模型准确率分别下降了 3.18%、5.24%，未加入注意力机制的模型准确率分别下降了 6.79%、5.62%，这充分说明加入注意力机制能使模型更好地考虑整个序列信息，相比未加入注意力机制的模型，受噪声影响较小。而未采用时序信息进行意图推理的 BP 神经网络模型受噪声影响最大，准确率下降了 14.36%，仅为 70.19%。

表 4-4 对噪声情况下不同模型的评价指标进行了统计。各项评价指标结果

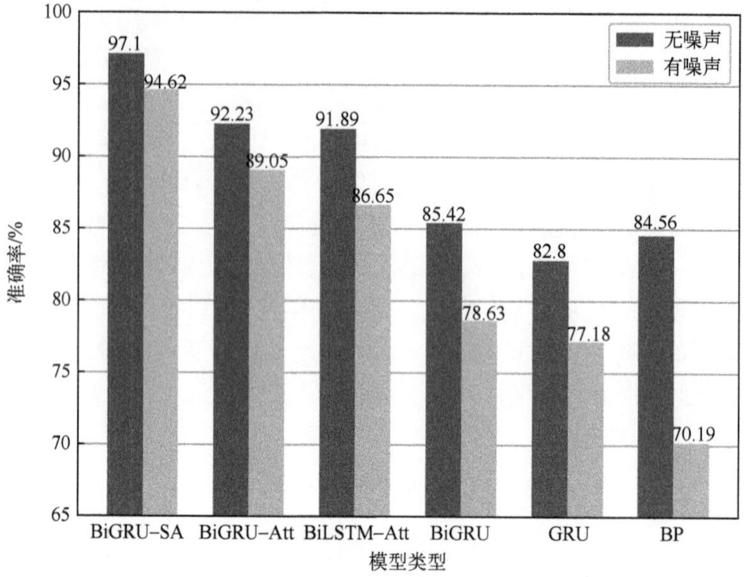


**图 4-21 不同模型有无噪声准确率对比**

进一步验证了本节提出的 BiGRU-SA 模型具有良好的鲁棒性及相较于现有意图推理模型的优势；同时也印证了采用时序信息进行目标意图推理相比于单个时刻的推理更具科学性。

**表 4-4 噪声情况下不同模型的评价指标**

| 模　型 | 指　标 | | | |
|---|---|---|---|---|
| | 准确率/% | 精确率/% | 召回率/% | F1 分数 |
| **BiGRU-SA** | **94.62** | **94.35** | **93.89** | **0.9407** |
| BiGRU-Att | 89.05 | 90.54 | 89.84 | 0.8988 |
| BiLSTM-Att | 86.65 | 86.78 | 86.42 | 0.8636 |
| BiGRU | 78.63 | 74.99 | 72.48 | 0.7097 |
| GRU | 77.18 | 74.39 | 70.69 | 0.6803 |
| BP | 70.19 | 72.46 | 73.64 | 0.7196 |

## 4.4 基于深度强化学习的航天器抵近规避机动决策方法

在实现了对空间非合作目标意图推理的基础上，本节研究基于深度强化学习的航天器自主机动决策方法。首先，介绍了所采用的强化学习理论及算法流程；然后针对所研究的航天器机动决策问题，构建强化学习仿真环境，设计了状态空间、动作空间并根据相对轨道动力学方程建立状态转移更新机制，充分考虑任务要求、燃料消耗、时间限制、空间环境等约束设计强化学习奖励函数。然后，对所构建的航天器机动决策算法进行仿真验证，并根据空间非合作目标的不同意图，对模型分别训练得到的航天器机动策略进行封装，制备航天器博弈机动策略库。

## 4.4.1 强化学习及近端策略优化算法

### 1. 强化学习模型

强化学习（reinforcement learning，RL）是基于马尔可夫决策过程的框架，用于解决智能体序列决策问题和机器学习方法。马尔可夫决策过程可以采用一个五元组$<S,A,P,R,\gamma>$来表示，其中 $S$ 表示环境状态集合，$\boldsymbol{s}_t \in S$ 表示 $t$ 时刻环境状态；$A$ 表示动作集合，是使环境的状态从旧的状态转换到新的状态所执行的动作集合，$\boldsymbol{a}_t \in A$ 表示在环境状态 $\boldsymbol{s}_t$ 下智能体所执行的动作；$P$ 为状态转移概率，表示智能体在当前环境状态 $\boldsymbol{s}_t$ 下执行动作 $\boldsymbol{a}_t$ 后，环境状态由 $\boldsymbol{s}_t$ 转换到新的状态 $\boldsymbol{s}_{t+1}$的概率，表示为$P(\boldsymbol{s}_{t+1}|\boldsymbol{s}_t,\boldsymbol{a}_t)$；$R$ 为奖励函数，表示智能体在当前环境状态 $\boldsymbol{s}_t$ 下执行动作 $\boldsymbol{a}_t$ 后，环境给予的即时奖励；$\gamma$ 为折扣因子，其取值在$[0,1]$之间，$\gamma$ 越大代表智能体越注重长期奖励。

与监督学习和无监督学习不同的是，强化学习无须预先给定数据，是一种交互式学习方法。智能体通过“感知环境—执行动作—获得奖励”的过程与环境进行交互，通过不断迭代优化策略，最终获得未来累积奖励最大的最优决策序列。将航天器作为智能体、空间非合作目标作为环境，航天器规避目标抵近的机动决策问题可建模为强化学习问题。航天器和空间非合作目标的强化学习交互过程如图 4-22 所示。

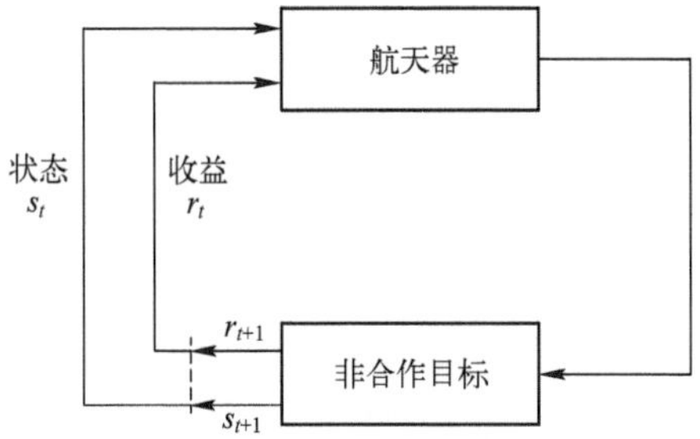


图 4-22　强化学习交互过程

从图 4-22 可以看出，在每个时刻 $t$，航天器作为智能体接收环境状态为 $\boldsymbol{s}_t$，获得奖励为 $\boldsymbol{r}_t$，在此信息基础上进行动作 $\boldsymbol{a}_t$ 的选择。在执行动作 $\boldsymbol{a}_t$ 之后，环境状态由 $\boldsymbol{s}_t$ 转换到新的状态 $\boldsymbol{s}_{t+1}$，并产生一个新的奖励值 $\boldsymbol{r}_{t+1}$。在 $t+1$ 时刻，重复上述过程，从而迭代地与环境进行交互，不断优化动作选择策略，获得未来累积折扣奖励最高的序列决策策略。累积折扣奖励的具体表达形式为

$$R_{t+1}+\gamma R_{t+2}+\cdots=\sum_{k=0}^{\infty}\gamma^{k}R_{t+k+1} \tag{4-22}$$

策略是环境状态到动作的映射，记为 $\pi:\boldsymbol{s}\to\boldsymbol{a}$，即其输出表示在给定环境状态 $\boldsymbol{s}$ 下，选择动作 $\boldsymbol{a}$ 的条件概率，表示为 $P(A=\boldsymbol{a}|S=\boldsymbol{s})$。

强化学习具有延迟回报的特点，使用即时奖励无法说明动作策略的好坏，因此定义值函数来表明当前状态 $\boldsymbol{s}$ 下策略 $\pi$ 的长期影响。定义 $V_{\pi}(\boldsymbol{s})$ 来表示策略 $\pi$ 下的状态值函数，即

$$V_{\pi}(\boldsymbol{s})=\mathbb{E}_{\pi}\left[\sum_{k=0}^{\infty}\gamma^{k}R_{t+k+1}\,|\,S_{t}=\boldsymbol{s}\right] \tag{4-23}$$

由于马尔可夫的时间独立性，即当前时刻状态仅与上一时刻状态和动作有关，与历史状态无关。因此值函数满足贝尔曼方程迭代，计算公式如下：

$$V_{\pi}(\boldsymbol{s})=\mathbb{E}_{\pi}[R_{t+1}+\gamma V_{\pi}(\boldsymbol{s}_{t+1})\,|\,S_{t}=\boldsymbol{s}] \tag{4-24}$$

式中：$\boldsymbol{s}_{t+1}$为下一个时刻智能体所处的新状态；$V_{\pi}(\boldsymbol{s}_{t+1})$为新状态对应的值函数。

若强化学习模型的状态值函数 $V_{\pi}(\boldsymbol{s}_{t})$已知，则最佳策略的值函数定义为

$$V^{*}(\boldsymbol{s})=\max(V_{\pi}(\boldsymbol{s})) \tag{4-25}$$

根据贝尔曼迭代方程，求解最优值函数的递归方法如下：

$$V^{*}(\boldsymbol{s})=\max_{a\in A}(R(\boldsymbol{s},\boldsymbol{a},\boldsymbol{s}')+\gamma\sum_{\boldsymbol{s}'\in S}P(\boldsymbol{s},\boldsymbol{a},\boldsymbol{s}')V^{*}(\boldsymbol{s}') \tag{4-26}$$

式中：$R(\boldsymbol{s},\boldsymbol{a},\boldsymbol{s}')$为在 $\boldsymbol{s}$ 状态下执行 $\boldsymbol{a}$ 动作转移到状态 $\boldsymbol{s}'$的奖励；$P(\boldsymbol{s},\boldsymbol{a},\boldsymbol{s}')$为在 $\boldsymbol{s}$ 状态下执行 $\boldsymbol{a}$ 动作转移到状态 $\boldsymbol{s}'$的概率。通过不断地迭代求解，最终收敛到一个最优策略 $\pi^{*}$，即

$$\pi^{*}(\boldsymbol{s})=\mathrm{argmax}_{a\in A}(V^{*}(\boldsymbol{s})) \tag{4-27}$$

此外，还定义状态-动作值函数来说明动作选择策略的好坏。定义状态-动作值函数 $Q_{\pi}(s,a)$为从状态 $\boldsymbol{s}$ 出发，采取动作 $\boldsymbol{a}$ 后继续采用策略 π 进行动作选择所带来的累积奖励，用于对状态 $\boldsymbol{s}$ 下采取动作 $\boldsymbol{a}$ 的结果进行评估，即

$$Q_{\pi}(\boldsymbol{s},\boldsymbol{a})=\mathbb{E}_{\pi}\left[\sum_{k=0}^{\infty}\gamma^{k}R_{t+k+1}\,|\,S_{t}=\boldsymbol{s},A_{t}=\boldsymbol{a}\right] \tag{4-28}$$

基于动作值函数的递归求解公式为

$$Q^{*}(\boldsymbol{s},\boldsymbol{a})=R(\boldsymbol{s},\boldsymbol{a},\boldsymbol{s}')+\gamma\sum_{\boldsymbol{s}'\in S}P(\boldsymbol{s},\boldsymbol{a},\boldsymbol{s}')\max_{a'\in A}Q^{*}(\boldsymbol{s}',\boldsymbol{a}') \tag{4-29}$$

最优策略即为在状态 $\boldsymbol{s}$ 下执行最优动作：

$$\pi^{*}(\boldsymbol{s})=\underset{a\in A}{\mathrm{argmax}}(Q^{*}(\boldsymbol{s},\boldsymbol{a})) \tag{4-30}$$

**2. 近端策略优化算法**

当状态与动作维度逐渐增大或者状态与动作为连续空间时，传统的强化学习方法难以应用，此时可采用函数近似方法进行处理。深度强化学习是一种将强化学习与深度学习相结合的人工智能方法，它凭借深度神经网络的强大拟合能力逼近策略函数和值函数等，为求解复杂的感知决策问题提供了可能性，可表示如下：

$$\begin{cases}V(\boldsymbol{s},\theta)\approx V_{\pi}(\boldsymbol{s})\\ Q(\boldsymbol{s},\boldsymbol{a},\theta)\approx Q_{\pi}(\boldsymbol{s},\boldsymbol{a})\end{cases} \tag{4-31}$$

式中：$\theta$ 为神经网络有关参数。

近端策略优化（proximity policy optimization，PPO）算法是当前常用的一种深度强化学习算法，它在信赖域策略优化（trust region policy optimization，TRPO）算法的基础上进行了改进，基于演员-评论家（actor-critic，AC）架构，可以应用在连续的状态和动作空间中，与 DDPG 等其他深度强化学习方法相比在收敛效率和稳定性上更具优势。PPO 算法的主要优势表现在三个方面：①将新旧策略的更新步长限制在一个合理区间上，使策略变化不会过于剧烈，克服了策略梯度算法中步长难以选择的问题；②参数更新方式能够保证其策略一直上升即在训练过程中值函数单调不减；③利用重要性采样原理来离线更新策略，避免浪费更新完的数据。本节采用以 PPO 算法为基础的深度强化学习方法来构建航天器机动决策智能体，求解航天器应对空间非合作目标不同意图的机动博弈策略，并构建轨道博弈策略库。

PPO 算法通过蒙特卡罗方法实现对期望的近似，其优化目标如下式：

$$\text{maxmize}\ \mathbb{E}_t\left[\frac{\pi(\boldsymbol{a}_t\,|\,\boldsymbol{s}_t)}{\pi_{\text{old}}(\boldsymbol{a}_t\,|\,\boldsymbol{s}_t)}\hat{A}_{\pi_{\text{old}}}(\boldsymbol{s}_t,\boldsymbol{a}_t)\right] \tag{4-32}$$

式中：$\pi_{\text{old}}(\boldsymbol{a}_t\,|\,\boldsymbol{s}_t)$ 为旧策略在状态 $\boldsymbol{s}_t$ 下采取动作 $\boldsymbol{a}_t$ 的概率分布；$\pi(\boldsymbol{a}_t\,|\,\boldsymbol{s}_t)$ 为新策略在状态 $\boldsymbol{s}_t$ 下采取动作 $\boldsymbol{a}_t$ 的概率；$\hat{A}_{\pi}(\boldsymbol{s}_t,\boldsymbol{a}_t)=Q_{\pi}(\boldsymbol{s}_t,\boldsymbol{a}_t)-V^{\pi}(\boldsymbol{s}_t,\boldsymbol{a}_t)$ 为优势函数，主要用于评估策略在状态 $\boldsymbol{s}_t$ 下，选择动作 $\boldsymbol{a}_t$ 相对于选择其他动作的优势，本质上是随机变量相对于均值的偏差。

考虑到历史策略对未来状态的影响，引入重要性采样权重 $r_{\theta}(\boldsymbol{a}_t\,|\,\boldsymbol{s}_t)$ 来表示新策略与旧策略的比值，具体表示如下：

$$r_{\theta}(\boldsymbol{a}_t\,|\,\boldsymbol{s}_t)=\frac{\pi(\boldsymbol{a}_t\,|\,\boldsymbol{s}_t)}{\pi_{\text{old}}(\boldsymbol{a}_t\,|\,\boldsymbol{s}_t)} \tag{4-33}$$

将式（4-33）代入式（4-32），优化目标函数转化为

$$L(\theta)=\hat{\mathbb{E}}_t[r_{\theta}(\boldsymbol{a}_t\,|\,\boldsymbol{s}_t)\hat{A}_{\pi_{\text{old}}}(\boldsymbol{s}_t,\boldsymbol{a}_t)] \tag{4-34}$$

PPO 算法为了使策略的变化不过于剧烈，主要有两种约束方法：一是采用 KL 散度对新旧策略的变化进行约束，体现为新策略的概率分布与旧策略的概率分布不能差距过大，即新旧策略的比值 $r_{\theta}(\boldsymbol{a}_t\,|\,\boldsymbol{s}_t)$ 接近于 1；二是设置截断（clip）函数对比值 $r_{\theta}(\boldsymbol{a}_t\,|\,\boldsymbol{s}_t)$ 的变化范围进行约束，此时目标函数为

$$L^{\text{clip}}(\theta)=\hat{\mathbb{E}}_t[\min(r_{\theta}\hat{A}_{\pi_{\text{old}}}(\boldsymbol{s}_t,\boldsymbol{a}_t),\text{clip}(r_{\theta},1-\varepsilon,1+\varepsilon)\hat{A}_{\pi_{\text{old}}}(\boldsymbol{s}_t,\boldsymbol{a}_t))] \tag{4-35}$$

式中：clip 为截断函数，使 $r_{\theta}(\boldsymbol{a}_t\,|\,\boldsymbol{s}_t)$ 的值被约束到 $[1-\varepsilon,1+\varepsilon]$ 之间，若小于 $1-\varepsilon$ 则取值为 $1-\varepsilon$，若大于 $1+\varepsilon$ 则取值为 $1+\varepsilon$，使 $r_{\theta}(\boldsymbol{a}_t\,|\,\boldsymbol{s}_t)$ 的值在更新时不会产生太大波动；$\varepsilon$ 是一个超参数。有文献已经证明，采用截断函数方法可以取得更好效

果，因此本节采用的 PPO 算法使用截断目标函数。

截断目标函数 $L^{\text{clip}}(\theta)$ 随 $r_{\theta}(\boldsymbol{a}_t \mid \boldsymbol{s}_t)$ 的变化示意图如图 4-23 所示，其中图 4-23（a）为优势函数$\hat{A}(\boldsymbol{s}_t, \boldsymbol{a}_t)$大于 0 时的变化情况，图 4-23（b）为优势函数$\hat{A}(\boldsymbol{s}_t, \boldsymbol{a}_t)$小于 0 时函数值的变化情况。

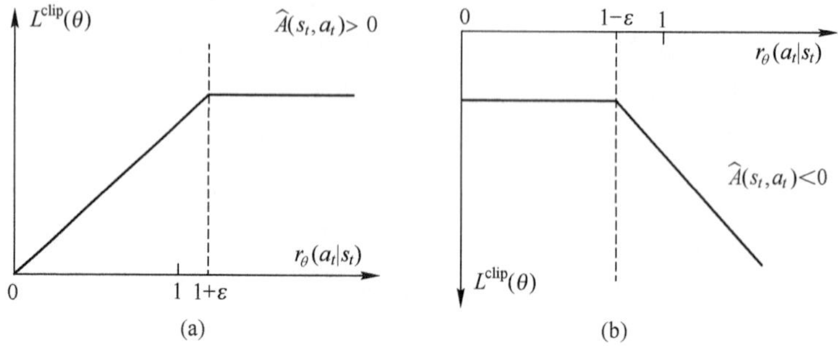


**图 4-23　目标函数随 $r_{\theta}(a_t \mid s_t)$ 变化情况**

（a）正区间；（b）负区间。

PPO 算法是一种基于 AC 框架的算法，该框架由策略网络和价值网络两个神经网络构成。策略网络又称为 Actor 网络，负责观察空间博弈环境状态并输出动作，策略网络在训练中对输出的动作进行不断地完善，从而获得更高的奖励值；价值网络又称为 Critic 网络，负责估计空间博弈环境状态的价值，价值网络在训练中不断提高评价能力，以使自己的评价更贴近实际。

AC 框架实际上是一种结合了值估计方法的策略梯度方法，解决了策略梯度方法容易收敛到非最优解的问题。Actor 网络的目标是在训练中不断优化神经网络参数 $\theta$ 以获得最大的奖励函数期望 $J_{\text{ppo}}(\theta)$，具体表达式为

$$J_{\text{ppo}}(\theta)=\mathbb{E}_{r\sim\pi(r)}\left[r(\tau)\mid\pi_{\theta}\right] \tag{4-36}$$

式中：$\tau$ 为强化学习中进行一次训练后获得的轨迹序列；$r(\tau)$ 为轨迹获得的奖励。

在训练过程中，还需要利用时序差分（TD）误差来评估值函数模型，时序差分误差定义为

$$\delta\doteq R(\boldsymbol{s}_t,\boldsymbol{a}_t)+V(\boldsymbol{s}_{t+1})-V(\boldsymbol{s}_t) \tag{4-37}$$

式中：$R(\boldsymbol{s}_t,\boldsymbol{a}_t)$为 $t$ 时刻在环境状态 $\boldsymbol{s}_t$下执行动作 $\boldsymbol{a}_t$的即时奖励值；$V(\boldsymbol{s}_t)$为 $t$ 时刻在环境状态 $\boldsymbol{s}_t$的状态值函数。

而 Critic 网络用于估计状态值函数和计算优势函数，通过最小化网络更新损失函数进行参数更新，损失函数如下：

$$L(\phi)=\mathbb{E}\left[\left(V(\boldsymbol{s}_t,\phi)-\sum_{t'=t}^{T}\gamma^{t'-t}r_{t'}\right)^2\right] \tag{4-38}$$

式中：$\phi$ 为 Critic 网络的训练参数。AC 算法框架如图 4-24 所示。

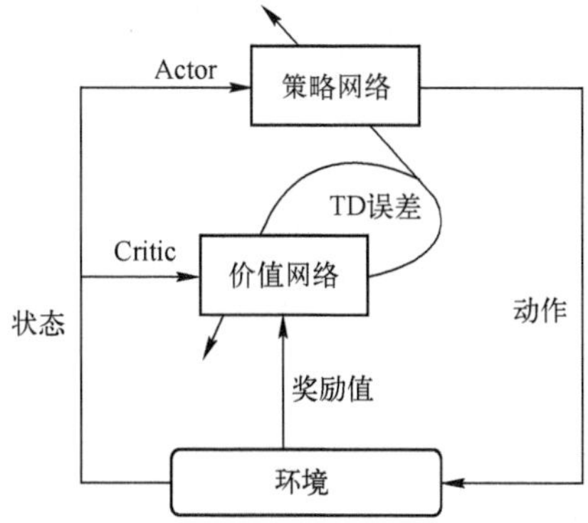


**图 4-24　AC 算法框架**

当 PPO 算法采用共享参数的 AC 框架时，此时目标函数变为

$$L^{\text{clip+VF+}S}(\theta)=\mathbb{E}\left[L^{\text{clip}}(\theta)-c_1L^{\text{VF}}(\theta)+c_2S[\pi_\theta](s_t)\right] \tag{4-39}$$

式中：$\theta$ 为网络参数；$L^{\text{clip}}(\theta)$ 为截断优势函数项，描述当前动作相比于整个策略的优势；$L^{\text{VF}}(\theta)$ 为状态值函数的估计误差，同式（4-38）；$S[\pi_\theta](s_t)$ 为交叉熵，可有效避免算法陷入局部最优解，其值越大越鼓励智能体探索策略最优解但也会降低网络收敛速度；$c_1$、$c_2$ 为常值系数，对于航天器轨道博弈问题，系数 $c_2$ 应比价值函数误差项系数 $c_1$ 小 1~2 个量级。

综上所述，PPO-clip 算法伪代码如表 4-5 所示。

**表 4-5　PPO-clip 算法伪代码**

| **PPO-clip 算法** |
|---|
| 1：输入：初始化 Actor-Critic 网络共享参数 $\theta_0$； |
| 2：$\theta_{\text{old}}\leftarrow\theta$，得到 $\pi_{\theta_{\text{old}}}$； |
| 3：for episode = 1, 2, …, $N$ do： |
| 4：　for $i$ = 1, 2, …, $I$ do： |
| 5：　　根据旧策略 $\pi_{\theta_{\text{old}}}$ 与环境交互 $T$ 个时间步 |
| 6：　　计算优势函数 $\hat{A}_1,\cdots,\hat{A}_T$ |
| 7：　end for |
| 8：　for epoch = 1, 2, …, $K$ do： |
| 9：　更新 Actor 和 Critic 网络，进行 $K$ 轮梯度下降 |
| 10：end for |
| 11：end for |

## 4.4.2　航天器机动决策算法设计

### 1. 状态、动作空间与转移机制设计

本节设计的航天器抵近规避博弈环境为三维空间中的一对一对抗。将航天器与空间非合作目标均看作质点模型，具有三维坐标及三维速度描述量。因此，在

任意时刻航天器与目标所处环境状态分别采用六元组描述，具体状态空间可表示为

$$\begin{cases} \boldsymbol{s}_r = [x_r, y_r, z_r, \dot{x}_r, \dot{y}_r, \dot{z}_r]^{\mathrm{T}} & (4-40) \\ \boldsymbol{s}_b = [x_b, y_b, z_b, \dot{x}_b, \dot{y}_b, \dot{z}_b]^{\mathrm{T}} & (4-41) \end{cases}$$

航天器在轨可通过星载传感器对目标进行自主视线测量，进而利用观测量求解得到与目标之间的相对运动状态，因此对机动决策系统而言，其输入为航天器与目标间的相对运动状态，即

$$\boldsymbol{s} = \boldsymbol{s}_b - \boldsymbol{s}_r = [x_b - x_r, y_b - y_r, z_b - z_r, \dot{x}_b - \dot{x}_r, \dot{y}_b - \dot{y}_r, \dot{z}_b - \dot{z}_r]^{\mathrm{T}} \tag{4-42}$$

对于机动动作的设计，未考虑控制误差及执行机构和敏感器的动态特性，假设航天器直接采用三轴方向的速度脉冲控制即 $\Delta\boldsymbol{v} = [\Delta v_x, \Delta v_y, \Delta v_z]^{\mathrm{T}}$，动作空间为连续空间，通过强化学习决策，策略网络直接输出动作的三轴速度脉冲大小。

在空间博弈中必须充分考虑轨道动力学约束，因此必须进行基于模型的强化学习。为了获取相对运动状态变化，实现上述强化学习算法与环境进行交互，从而输出控制量对航天器的运动进行控制，同时为了提升训练效率，将式（4-6）所示的动力学模型设置为状态更新模块，通过此模块实现双方运动状态的更新，以此形成一种状态转移更新机制，如图 4-25 所示。

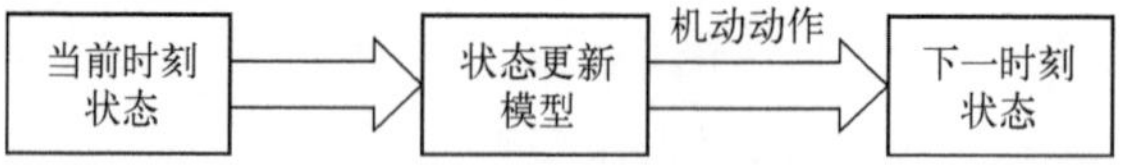


**图 4-25 状态转移更新机制**

### 2. 策略网络与价值网络设计

在策略网络中，共设计有四层神经网络，其中第一层为输入层，输入为 6 维的相对运动状态 $\boldsymbol{s} = [x, y, z, \dot{x}, \dot{y}, \dot{z}]^{\mathrm{T}}$，因此选择节点数 $n=6$，输入层之后中间为两层隐含层，分别设置节点数为 64 和 32，以保证网络的拟合能力；最后是输出层，神经元个数为 3，输出为航天器三轴方向的速度脉冲量 $\Delta\boldsymbol{v} = [\Delta v_x, \Delta v_y, \Delta v_z]^{\mathrm{T}}$，各层之间均采用 tanh 激活函数。对于输出层而言，还需乘以最大脉冲速度 $\Delta v_{\max}$ 权值项，将策略网络的输出范围缩放在 $[-\Delta v_{\max}, \Delta v_{\max}]$ 之间。对于价值网络，输入层与隐含层采用与策略网络相同的结构，输出层神经元个数为 1，输出为值函数 $V(\boldsymbol{s}_t)$。其中输入层与隐含层以及隐含层与输出层之间采用 tanh 激活函数，输出层采用线性函数。策略网络和价值网络的结构示意图如图 4-26 所示。

### 3. 奖励重塑函数设计

奖励函数作为评价策略优劣的唯一量化指标，决定了智能体最终学习得到策略的好坏，同时也影响强化学习算法的收敛性和学习速度。智能体采用深度强化学习进行自主机动决策时，为了避免“稀疏奖励”的问题，除了完成任务要求获得最终奖励之外，在中间过程也需设计奖励函数，即奖励重塑（reward shaping）函数。考虑到空间博弈的任务特点，奖励函数的设计需充分考虑环境约束、燃料约束、时间约束及任务要求，具体设计过程如下。

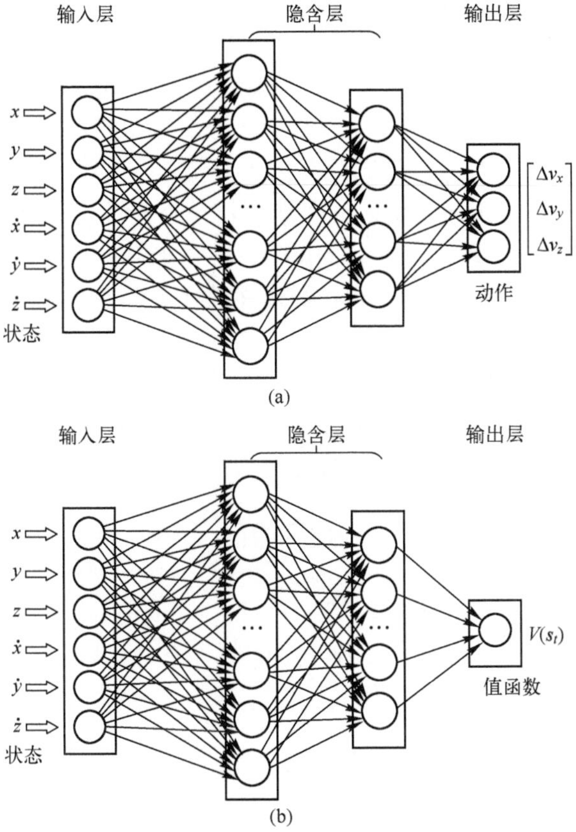


**图 4-26　策略网络和价值网络结构示意图**

（a）策略网络；（b）价值网络。

（1）考虑到航天器携带燃料有限，为确保空间非合作目标的抵近对航天器正常运行影响最小，在博弈过程中期望尽可能减少燃料消耗，因此设定燃料惩罚项 $R_{\text{fuel}}=-\|\boldsymbol{\Delta v}\|_2$；同时，为了尽可能地实现空间博弈的快速性，减少对方反应时间，在奖励函数中加入时间惩罚项 $R_{\text{time}}=-1$；此外，在奖励函数中增加一项引导性奖励项，即 $R_{\text{leading}}=\sqrt{(x_b-x_r)^2+(y_b-y_r)^2+(z_b-z_r)^2}$，当航天器与空间非合作目标之间的距离越大，则该项奖励越大。

（2）空间非合作目标通常位于其顺光区对航天器进行抵近观测，而从航天器视角来看，目标处于逆光区域，这使得航天器处于不利态势。因此在奖励函数中增加视线与太阳入射矢量夹角奖励这一项也作为引导奖励项，若该时刻航天器指向目标的视线矢量与太阳光入射矢量夹角小于 90°，此时为顺光条件，给予正项奖励，否则进行惩罚，具体设计如下：

$$R_\alpha=\begin{cases}1, & \alpha<90^\circ\\ -1, & \alpha\geqslant 90^\circ\end{cases} \tag{4-43}$$

（3）对成功完成任务要求的奖励函数即终端奖励进行设计。在航天器抵近规避情形下，最重要的是要实现航天器与空间非合作目标保持较远的距离以避免碰撞或规避侦察，从而保证自身安全。因此，规定任务成功条件为$\|\boldsymbol{r}_b-\boldsymbol{r}_r\|\geqslant r_{\text{th}}$且$\alpha<90^\circ$，其中$\boldsymbol{r}_b$为目标相对于地心矢量，$\boldsymbol{r}_r$为航天器相对于地心矢量，$r_{\text{th}}$为设定的抵近规避任务成功距离阈值，此时给予智能体最大奖励值；若$\|\boldsymbol{r}_b-\boldsymbol{r}_r\|\geqslant r_{\text{th}}$但$\alpha\geqslant 90^\circ$，施加一定的正向奖励；如果航天器被空间非合作目标抵近至所设定的任务失败阈值$r_{\text{fail}}$时，即当$\|\boldsymbol{r}_b-\boldsymbol{r}_r\|<r_{\text{fail}}$时，则认定抵近规避任务失败，对此给予较大惩罚；当$r_{\text{fail}}\leqslant\|\boldsymbol{r}_b-\boldsymbol{r}_r\|\leqslant r_{\text{th}}$时，抵近规避任务未完全成功，给予一定的惩罚。这样，终端奖励设计如下：

$$R_{\text{end}}=\begin{cases}+500, \|\boldsymbol{r}_b-\boldsymbol{r}_r\|\geqslant r_{\text{th}}\ \&\ \alpha<90^\circ\\ +100, \|\boldsymbol{r}_b-\boldsymbol{r}_r\|\geqslant r_{\text{th}}\ \&\ \alpha\geqslant 90^\circ\\ -500, \|\boldsymbol{r}_b-\boldsymbol{r}_r\|<r_{\text{fail}}\\ -100, \boldsymbol{r}_{\text{fail}}\leqslant\|\boldsymbol{r}_b-\boldsymbol{r}_r\|\leqslant r_{\text{th}}\end{cases} \tag{4-44}$$

综上所述，将上述各项视为元奖惩，综合的加权奖励重塑函数表达式如下：

$$\text{Reward}=w_1R_{\text{fuel}}+w_2R_{\text{time}}+w_3R_{\text{leading}}+w_4R_\alpha+w_5R_{\text{end}} \tag{4-45}$$

式中：$w_1$、$w_2$、$w_3$、$w_4$、$w_5$分别为各奖励的权重系数，可根据不同任务需要调整大小，提升算法训练的收敛效率。

**4. 算法训练过程**

对通过上述过程所设计的算法进行训练，主要过程如下：①对航天器及空间非合作目标相对状态、记忆存储空间以及策略网络和价值网络权值系数进行初始化；②采用旧策略网络与环境交互 $T$ 步，计算优势函数$\hat{A}_1,\hat{A}_2,\cdots,\hat{A}_T$，并将交互过程中的<状态 $\boldsymbol{s}$，动作 $\boldsymbol{a}$，奖励 $\boldsymbol{r}$>保存到记忆存储空间；③从记忆存储空间采样经验，基于式（4-39）的目标函数和 Adam 优化器进行 $K$ 轮梯度下降，对网络参数进行迭代训练，更新参数 $\theta_{\text{old}}=\theta$，并进行状态更新 $\boldsymbol{s}=\boldsymbol{s}'$，同时进行距离更新及判定，若$\|\boldsymbol{\rho}\|<r_{\text{fail}}$或$\|\boldsymbol{\rho}\|\geqslant r_{\text{th}}$，则结束该训练回合并返回上一步；④当完成所有回合的策略训练时，保存策略网络权值系数。

基于深度强化学习的航天器机动决策算法框架如图 4-27 所示。

### 4.4.3 机动决策能力提升与博弈策略库构建

**1. 机动决策能力提升训练**

在实际的强化学习训练过程中，若要为各种空间非合作目标特定的复杂机动技能搭建训练交互的环境，提供不同水平的针对性训练，这将对人工的工作量和计算机的算力提出很高的要求。针对此问题，近年来有研究提出了一种自我博弈学习

(self-play learning)的强化学习训练框架，其本质是通过智能体自身行为模拟产生数据，增加数据多样性，并利用模拟数据进行学习和智力提升，从而避免了人为设定策略所产生训练数据的局限性。将这种通过自我博弈以获得进化的思想应用于现实的对抗性活动中，在人工智能领域已取得极大成功。例如，谷歌第二代阿尔法零(Alpha zero)围棋系统能够在无先验知识的前提下，通过自我博弈学习而形成智能策略，其智力水平较第一代阿尔法围棋（Alpha Go）水平进一步提升。

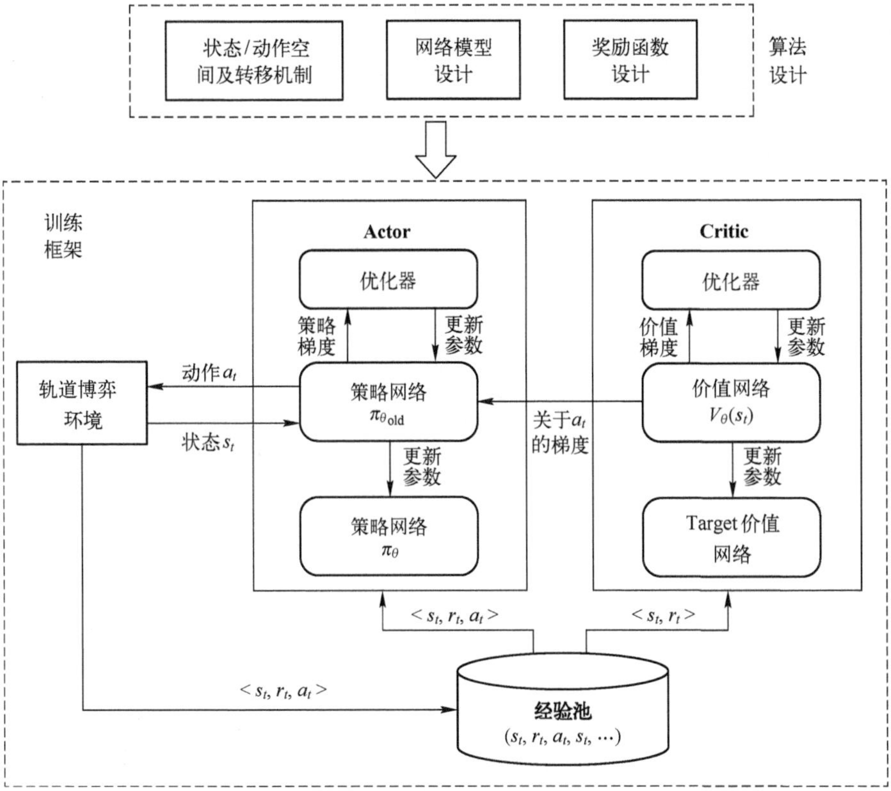


**图 4-27 航天器机动决策算法框架**

在应对空间非合作目标各类典型的运动意图的基础上，考虑到空间非合作目标会在我方航天器机动决策过程中同样执行相应的机动应对策略以实现其抵近任务。因此，为了进一步提高航天器应对不确定空间博弈环境下的机动决策能力，即提升决策的智能性，本节基于上述自我博弈学习的训练思想，在对强化学习策略训练过程中赋予空间非合作目标智能体的特性，即空间非合作目标采用同样的基于深度强化学习 PPO 算法对航天器的决策进行学习和应对，并具有相同的机动能力；此外，其内部的 AC 网络架构与航天器相同且奖励函数相应奖惩项的权值设置与航天器相反。以此对航天器策略网络进一步训练，从而进一步提升航天器自主机动决策的智能性和不确定环境下的应变能力。

为检验航天器策略网络经上述自博弈训练后应对目标不确定机动的智能决策效果，考虑到预测制导是一种典型的具有一定智能的现代制导方法，接下来为空间非合作目标设计了一种基于预测制导的算法作为其应对航天器机动决策的策略，实施对航天器的进一步抵近。空间非合作目标预测抵近策略和制导过程的示意图如图 4-28 所示。

值得说明的是，在航天器规避决策过程中，目标采用预测制导对航天器而言是未知的，即航天器在机动决策时不知道目标采用了该策略。若经过自我博弈训练后航天器可给出应对目标采用该策略的有效对策，则可证明自我博弈训练后航天器决策能力及算法泛化能力的提升。

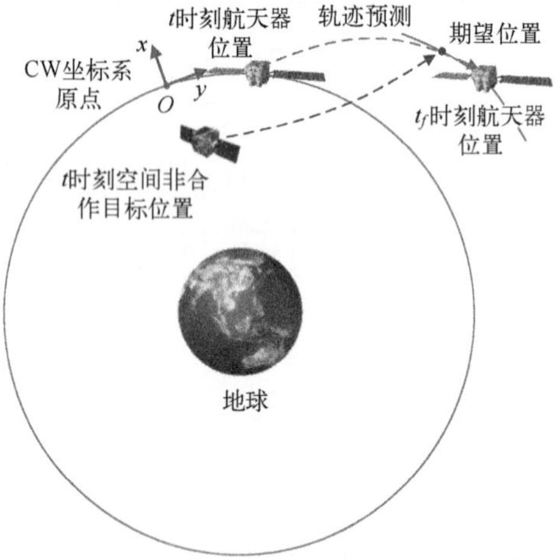


**图 4-28　预测抵近策略和制导策略示意图**

预测制导策略的具体求解过程为：假定轨道坐标系原点在航天器初始定点位置，当航天器不进行机动时，空间非合作目标维持原有意图执行对航天器的相关任务；当航天器进行机动时，可对航天器的机动决策进行机动应对。空间非合作目标具备完全的信息感知能力，通过对航天器的运动状态进行准确测量与解算，根据式（4-46）所示的动力学方程，即可在每个仿真时刻 $t$ 预测航天器经脉冲机动后在无控情况下在终端时刻 $t_f$ 所到达的位置 $\boldsymbol{X}(t_f)$，从而设计自身终端时刻 $t_f$ 的期望状态 $\boldsymbol{X}_{\text{end}}(t_f)$，进而求解出当前时刻的所需的速度脉冲 $\Delta\boldsymbol{v}$，若超过最大速度脉冲幅值则进行限幅处理，重复上述计算过程直到实现在 $t_f$ 时刻到达期望位置，继续执行对航天器的抵近任务。其中，空间非合作目标在 $t$ 时刻的速度脉冲求解方法如下：

$$\boldsymbol{X}(t_f)=\boldsymbol{\Phi}(t,t_f)\boldsymbol{X}(t) \tag{4-46}$$

$$\Delta\boldsymbol{v}=\boldsymbol{\Phi}(t,t_f)(\boldsymbol{X}_{\text{end}}(t_f)-\boldsymbol{X}(t_f)) \tag{4-47}$$

上述基于预测制导的空间非合作目标抵近机动决策算法流程如图 4-29 所示。

**2. 空间博弈策略库构建与调用**

轨道动力学的特性决定了空间相对运动的特殊性。空间非合作目标不同的运动意图、不同的初始相对方位以及运动方向所呈现的空间博弈态势具有显著差异且与机动动作之间存在很大的耦合关系，仅靠单个策略网络很难针对各类目标运动意图场景产生恰当的针对性机动动作指令。因此，可通过上述的训练过程，分别得到航天器应对某种特定空间非合作目标运动意图场景下的策略网络，然后将各策略网络进行存储、封装，形成空间博弈策略库。

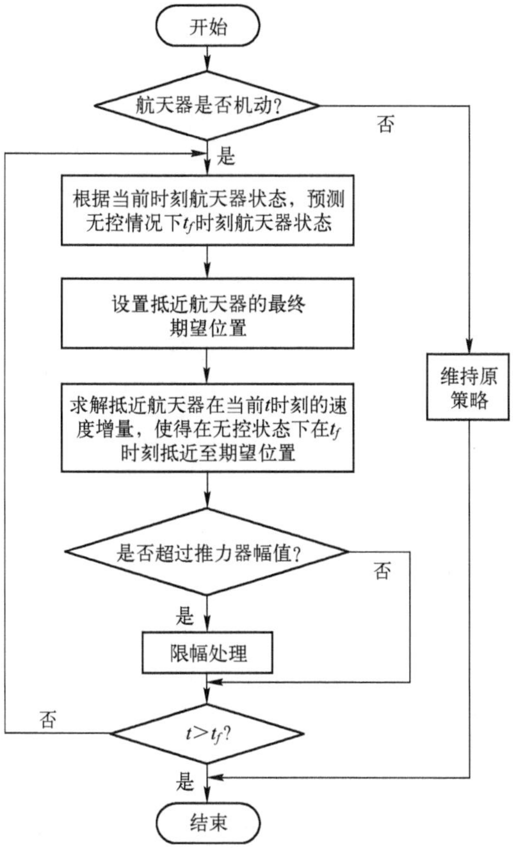


**图 4-29　空间非合作目标抵近机动决策算法流程图**

空间博弈策略库中不同策略网络的调用与空间非合作目标当前运动意图以及相对于航天器的方位相关，调用机制类似决策树的开关机制。空间博弈策略库调用的示意图如图 4-30 所示。在实际应用的过程中，航天器首先通过视线测量并根据 4.3 节所研究的空间非合作目标意图推理模型推断得到空间非合作目标的运动意图，同时结合当前时刻视线观测量确定非合作目标相对方位，从而调用对应情形下策略库中的策略网络，然后策略网络根据输入的当前时刻相对运动状态端到端地实现脉冲机动策略的输出。通过上述过程，实现航天器机动策略的在线、实时、自主地求解。

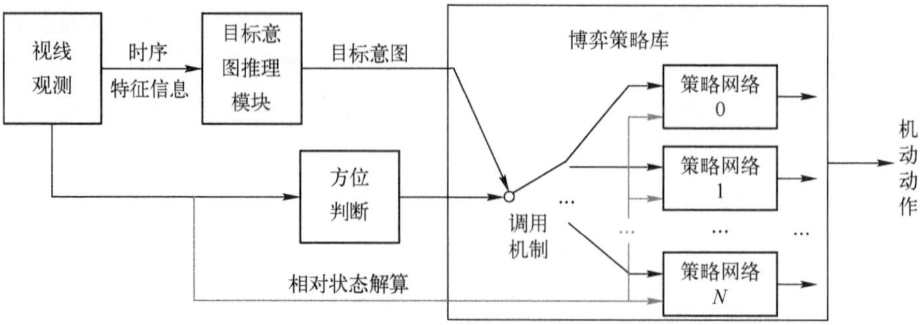


**图 4-30 空间博弈策略库调用的示意图**

### 4.4.4 仿真验证

**1. 仿真条件与参数设置**

本节以 GEO 轨道附近航天器规避空间非合作目标抵近威胁的问题为例，在对空间非合作目标运动意图推理的基础上进行规避机动仿真，并对空间非合作目标的不同意图情形进行训练、测试，制备空间博弈策略库。

假设空间非合作目标与航天器共轨道平面，且初始位于航天器正后方。考虑到 GEO 轨道特性，博弈过程持续时间较长，因此设定航天器决策间隔为 1800s；每个训练回合中仿真最大步数设定为 72，即要求航天器在 36h 内完成规避任务；航天器三轴方向单次最大脉冲速度 $\Delta v_{max}$ 为 0.1 m/s；航天器安全距离阈值为 50km，即当空间非合作目标进入航天器 50km 范围内启动决策，规避至距目标 100km 视为任务完成，空间非合作目标抵近至航天器 20km 范围内视为任务失败；假设博弈期间太阳高度角 $i_{sun}$ 均值为 5°，并考虑最坏情况，初始时刻航天器处于目标的最佳观测区，即太阳光入射矢量与航天器视线观测方向夹角为 180°。其他超参数设置如表 4-6 所示。

**表 4-6 仿真超参数设置**

| 参　数 | 值 |
|---|---|
| 学习率 $\alpha$ | 0.001 |
| 矩估计衰减率 | $\beta_1=0.9$，$\beta_2=0.999$ |
| 最大训练回合 | 5000 |
| 折扣因子 $\gamma$ | 0.99 |
| 截断因子 $\varepsilon$ | 0.2 |
| 值函数误差系数 $c_1$ | 0.5 |
| 交叉熵系数 $c_2$ | 0.01 |

**2. 决策算法有效性检验**

在上述仿真超参数下，首先以空间非合作目标对航天器进行定点跟飞为例，对基于 PPO 的航天器自主机动决策算法的有效性进行检验和验证，对训练过程中每 10 回合的数据进行记录，相关仿真结果如图 4-31 所示。

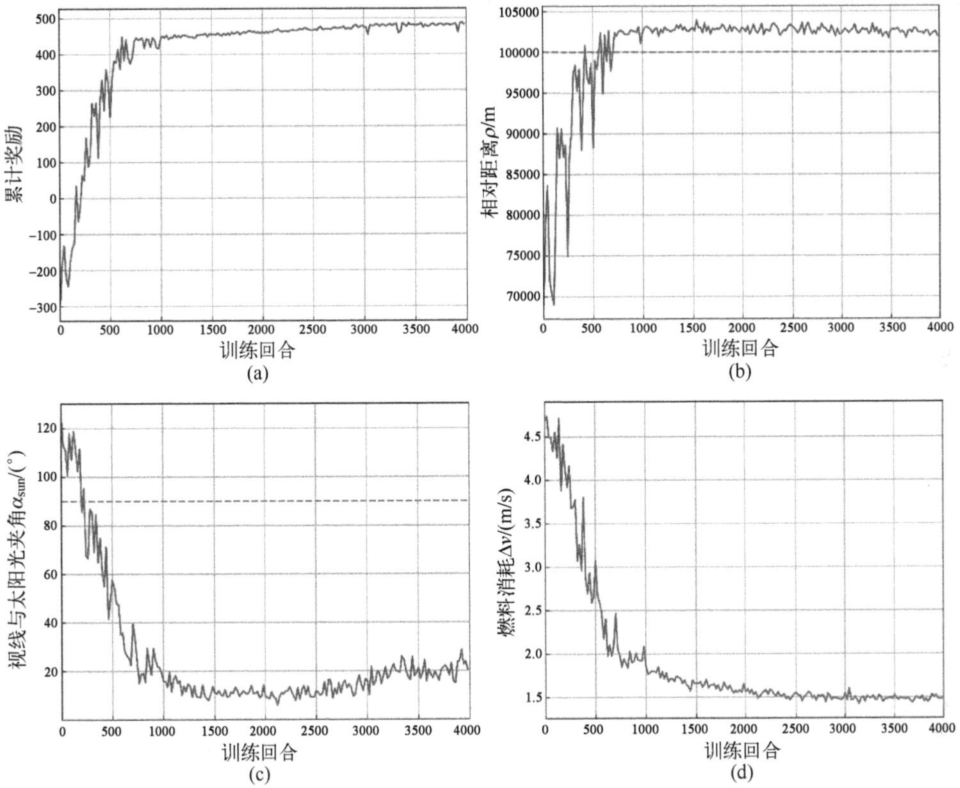


**图 4-31 航天器训练过程相关指标变化曲线**

（a）航天器累积奖励；（b）终端时刻相对距离；
（c）任务终端时刻 $\alpha_{sun}$；（d）燃料消耗。

综合图 4-31 所示结果可以看出：在训练初期，由于策略的随机探索，航天器暂未学习到有效的机动策略，在任务终端时刻所能规避的距离以及视线与太阳光入射矢量之间的夹角 $\alpha$ 均不满足规避任务要求且燃料消耗较大，使得累计奖励值较低；随着训练过程的不断进行，策略网络和动作网络自适应调整权值，终端时刻航天器与空间非合作目标间的距离逐渐上升并且视线与太阳光入射矢量的夹角 $\alpha$ 也逐渐减小，以实现对目标定点跟飞观测的规避，在约 200 回合后实现 $\alpha<90°$，最终稳定在 20°左右的顺光区域，在约 700 回合后达到规避距离并稳定在任务设定的安全距离 100km 以上，累计奖励值不断增大；此外，在同时满足规避距离和光照要求的基础上，随着不断的训练优化，燃料消耗逐渐下降，证明

航天器能以更优的机动决策方式实现对空间非合作目标的规避，在训练 3000 回合后燃料消耗稳定在 $\Delta v=1.5\text{m/s}$ 左右，累计奖励最终也在 3000 回合后基本收敛。上述结果说明基于深度强化学习的机动决策算法具备良好的收敛性以及用于航天器自主机动决策的有效性。

**3. 应对目标不同意图的机动决策仿真**

通过上述仿真结果，验证了所设计决策算法的有效性。接下来，在空间非合作目标不同运动意图情形下进行训练并将训练得到的策略网络进行测试仿真。假设目标在此过程中暂不进行机动，为了保证算法的探索性，增强网络的泛化能力，在每个训练回合的环境初始化中对目标初始状态加入随机项，如表 4-7 所示。其中 $n$ 为轨道角速度，$x$、$y$、$v_x$分别为初始状态中的 $x$、$y$ 方向位置分量及 $x$ 方向速度分量；相对位置状态的单位为 km，相对速度状态的单位为 m/s。

**表 4-7　不同目标意图下的初始状态**

| 目标意图 | 初始状态 |
|---|---|
| 定点跟飞 | $[0,(-50,-40),0,0,0,0]^{\mathrm{T}}$ |
| 盘旋跟飞 | $[0,(-50,-40),0,(-0.1,0.1),0,0]^{\mathrm{T}}$ |
| 振荡跟飞 | $[0,(-50,-40),0,0,0,(-0.1,0.1)]^{\mathrm{T}}$ |
| 共面绕飞 | $[0,(-50,-40),0,ny/2,0,0]^{\mathrm{T}}$ |
| 异面绕飞 | $[0,(-50,-40),0,ny/2,0,\pm\sqrt{3}ny/2]^{\mathrm{T}}$ |
| 飞掠抵近 | $[(-21,-19),(-110,-90),0,0,-3nx/2,0]^{\mathrm{T}}$ |
| 跳跃抵近 | $[0,(-55,-45),0,0,(-0.2,-0.1),0]^{\mathrm{T}}$ |
| 螺旋抵近 | $[0,(-55,-45),0,(-0.1,0.1),(-0.2,-0.1),(-\sqrt{3},\sqrt{3})\cdot v_x]^{\mathrm{T}}$ |

当空间非合作目标意图为跟飞时，根据 4.2.3 小节介绍，主要有定点跟飞、盘旋跟飞、振荡跟飞三种形式，分别在三种意图下进行训练，对训练完成的策略网络进行测试，仿真得到航天器抵近规避机动轨迹和视线与太阳光入射矢量夹角 $\alpha$ 随时间的变化曲线，如图 4-32 所示。

从图 4-32 中可以看出，针对空间非合作目标不同运动形式的跟飞意图，经过训练后的策略网络均能使航天器远离目标以达到规避效果。此外，还可以看出航天器在 $y$ 轴方向上远离目标的变化最大，在 $z$ 轴方向上变化最小，可见经过强化学习后作为智能体的航天器充分学习到了轨道变轨特性，在 $y$ 轴方向上即沿速度方向上最容易变轨，在轨道法向方向上变轨最难。此外，由于太阳在轨道面上呈现一定高度的圆锥面运动，因此 $z$ 轴方向的变化可使航天器能够尽可能减少航天器指向目标的视线与太阳矢量夹角，从而更好地占据光照条件优势；通过图 4-32 中视线与太阳光入射矢量夹角 $\alpha$ 随时间变化曲线也可看出，航天器向着太阳与空间非合作目标之间的连线方向运动，逐步占据有利光照态势，最终到达其光照顺光区（即目标视角的逆光区），使目标难以进行侦察观测。

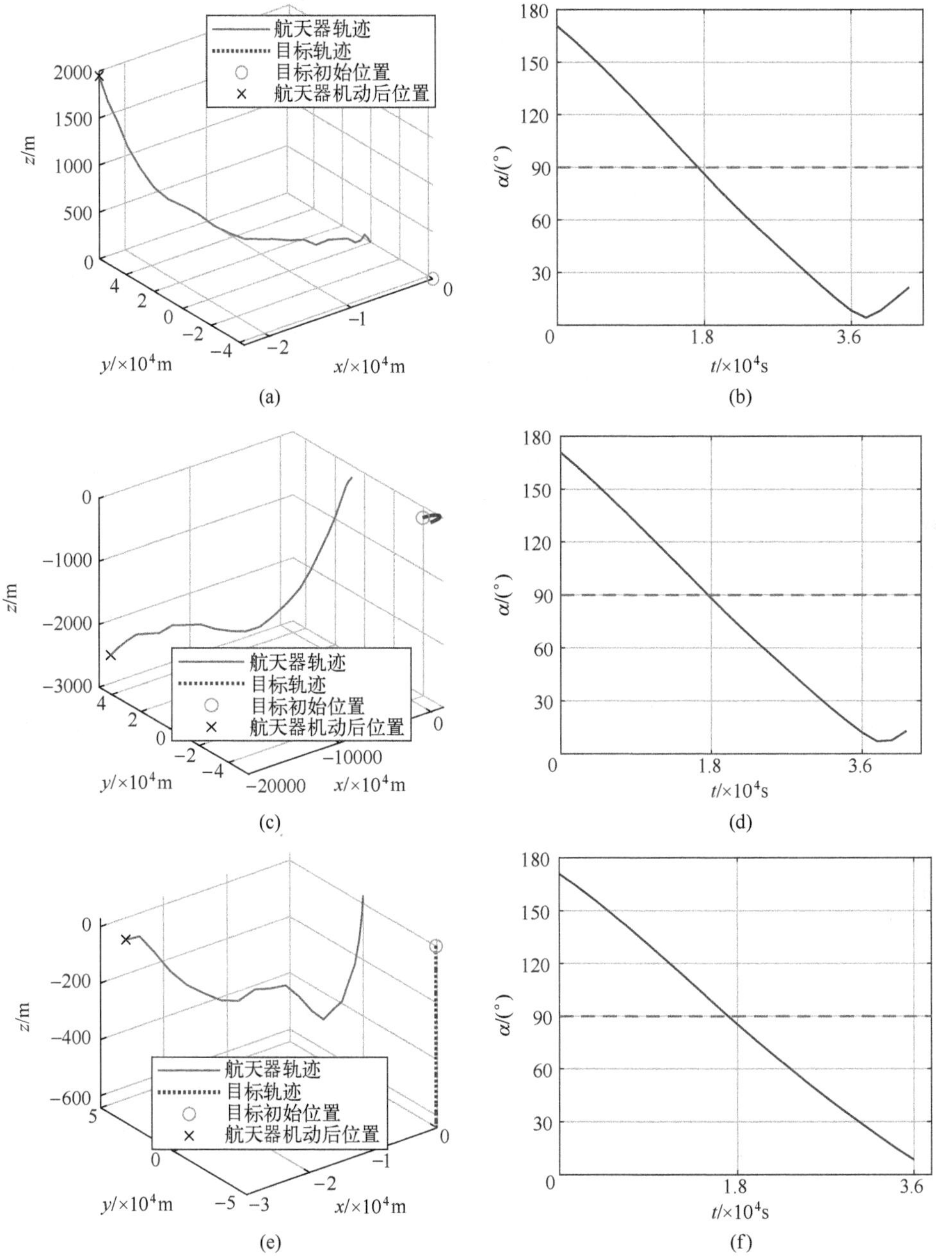


**图 4-32　空间目标意图为跟飞时机动轨迹和 $\alpha$ 变化**

（a）定点跟飞时机动轨迹；（b）定点跟飞时机动过程中 $\alpha$ 变化；
（c）盘旋跟飞时机动轨迹；（d）盘旋跟飞时机动过程中 $\alpha$ 变化；
（e）振荡跟飞时机动轨迹；（f）振荡跟飞时机动过程中 $\alpha$ 变化。

对训练完成的策略网络模型进行 1000 次蒙特卡罗打靶仿真，得到针对目标各类跟飞意图进行机动决策的任务完成时长、速度脉冲 $\Delta v$ 消耗、最终距离 $\rho$ 以及视线与太阳光入射矢量夹角 $\alpha$，其均值的统计结果如表 4-8 所示。

**表 4-8 跟飞意图蒙特卡罗打靶结果**

| 指　　标 | 定点跟飞 | 盘旋跟飞 | 振荡跟飞 |
|---|---|---|---|
| 完成任务时长/h | 12.5 | 11.5 | 10.5 |
| 速度脉冲 $\Delta v$ 消耗/（m/s） | 1.48 | 1.58 | 1.43 |
| 最终视线距离 $\rho$/m | 102476 | 102522 | 103173 |
| 视线与太阳夹角 $\alpha$/(°) | 22.13 | 15.18 | 8.62 |

当空间非合作目标意图为绕飞时进行策略网络训练，主要有共面绕飞和异面绕飞（空间圆绕飞）两种形式，对训练完成的策略网络进行测试得到航天器抵近规避机动轨迹和视线与太阳光入射矢量夹角 $\alpha$ 随时间的变化曲线，如图 4-33 所示。

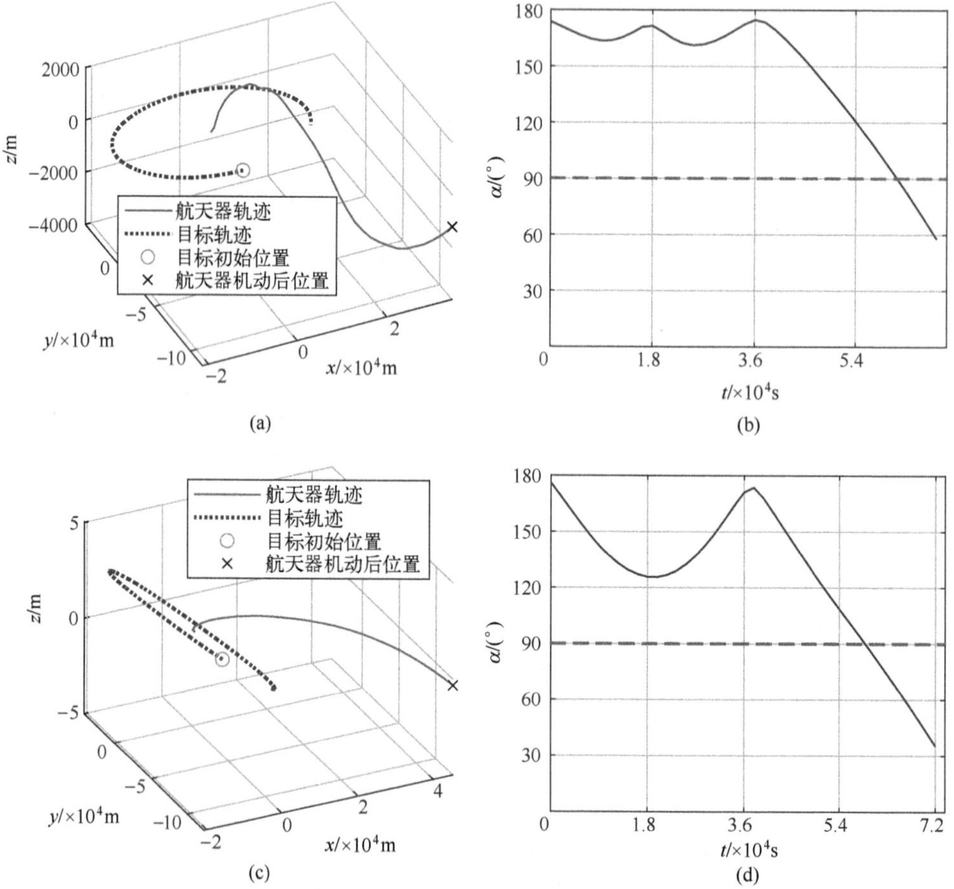


**图 4-33 空间目标意图为绕飞时机动轨迹与 $\alpha$ 变化**

（a）共面绕飞时机动轨迹；（b）共面绕飞时机动过程中 $\alpha$ 变化；

（c）异面绕飞时机动轨迹；（d）异面绕飞时机动过程中 $\alpha$ 变化。

从图 4-33 可以看出，当空间非合作目标对航天器进行绕飞时，经过学习训练后的航天器机动方式可分为两个阶段：首先向着与目标绕飞的运动相反方向快速“跳出”目标的绕飞区域，在此阶段主要是为了脱离目标抵近“包围”范围，因此视线与太阳光入射矢量夹角 $\alpha$ 变化不大；当航天器脱离目标绕飞范围后，此时机动策略为引导航天器沿 $y$ 轴方向快速远离目标，并向顺光区域运动，最终实现针对空间非合作目标绕飞意图的规避。

对上述训练完成的策略网络模型进行 1000 次蒙特卡罗打靶仿真，得到针对目标各绕飞意图进行机动决策的任务完成时长、速度脉冲 $\Delta v$ 消耗、最终距离 $\rho$ 以及视线与太阳光入射矢量夹角 $\alpha$，其均值的统计结果如表 4-9 所示。

**表 4-9 绕飞意图蒙特卡罗打靶结果**

| 指　　标 | 共面绕飞 | 异面绕飞 |
|---|---|---|
| 任务完成时长/h | 21 | 23.5 |
| 速度脉冲 $\Delta v$ 消耗/（m/s） | 2.51 | 2.72 |
| 最终视线距离 $\rho$/m | 102309 | 102909 |
| 视线与太阳夹角 $\alpha$/(°) | 47.73 | 40.38 |

当空间非合作目标意图为抵近时进行策略网络训练，主要有飞掠抵近、跳跃抵近、螺旋抵近三种形式，对训练完成的策略网络进行测试得到航天器抵近规避机动轨迹和视线与太阳光入射矢量夹角 $\alpha$ 随时间的变化曲线，如图 4-34 所示。

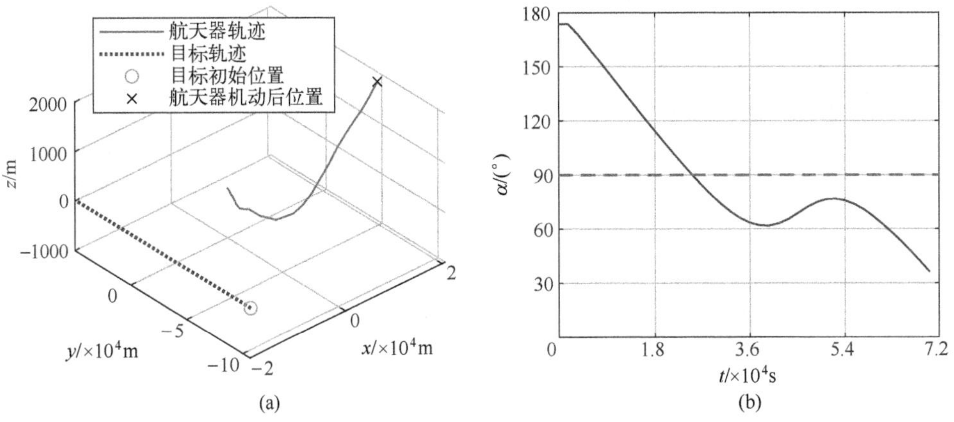

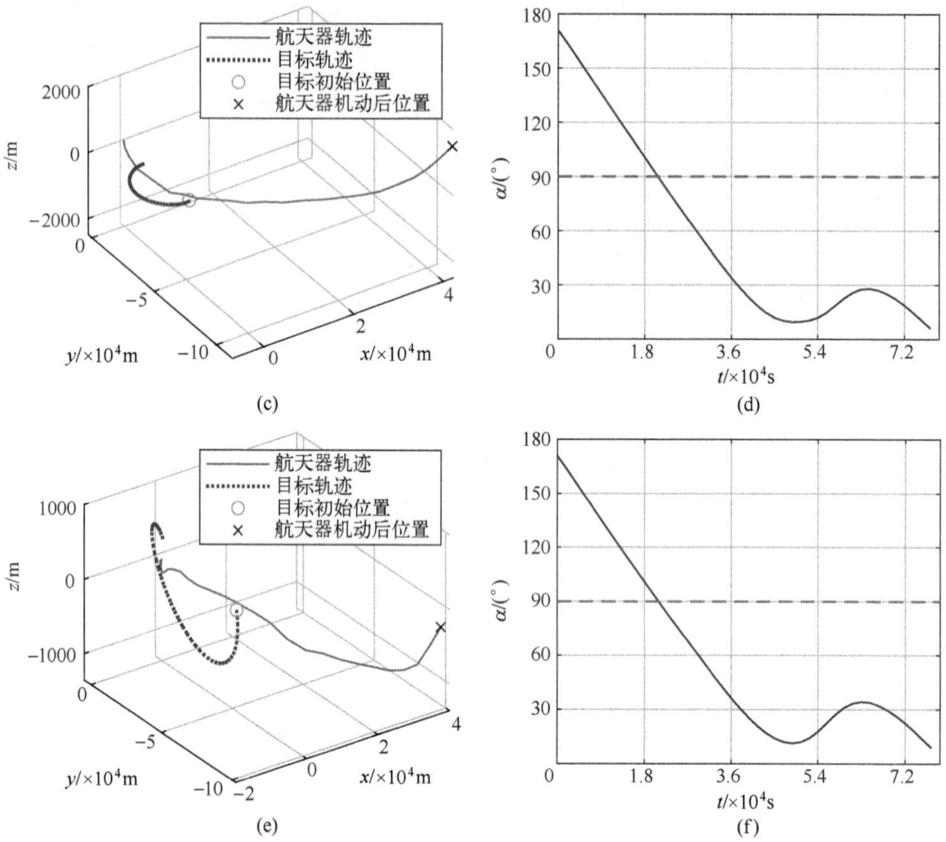


**图 4-34 空间目标意图为抵近时机动轨迹与 $\alpha$ 变化**

（a）飞掠抵近时机动轨迹；（b）飞掠抵近时机动过程中 $\alpha$ 变化；
（c）跳跃抵近时机动轨迹；（d）跳跃抵近时机动过程中 $\alpha$ 变化；
（e）螺旋抵近时机动轨迹；（f）螺旋抵近时机动过程中 $\alpha$ 变化。

从图 4-34 中可以看出，当空间非合作目标具有抵近意图时，由于其在 $y$ 轴方向往往具备一定的抵近初速度，尤其是当目标进行飞掠抵近时，目标相对漂移速度较快，若航天器向着目标飞掠抵近方向实现对目标远离的机动则需要消耗大量燃料。因此经过训练后的航天器充分学习到此特性，采取抬升轨道高度并向与目标运动相反的方向进行机动的策略，利用相对速度的增大实现对目标的快速远离并同时保持与目标的距离不低于最低要求；此外，机动决策过程中也充分考虑光照因素，实现了在较短时间内占据顺光态势，破解目标的观测优势。对于目标跳跃抵近和螺旋抵近意图时同理，航天器通过机动对抵近目标进行“绕后”，实现以省燃料、省时间的方式达到任务要求，同时满足有利光照条件的占位。

对训练完成的策略网络模型进行 1000 次蒙特卡罗打靶仿真，得到针对目标各抵近意图进行机动决策的任务完成时长、速度脉冲 $\Delta v$ 消耗、最终距离 $\rho$ 以及视线与太阳光入射矢量夹角 $\alpha$，其均值的统计结果如表 4-10 所示。

**表 4-10　抵近意图蒙特卡罗打靶结果**

| 指　　标 | 飞掠抵近 | 跳跃抵近 | 螺旋抵近 |
| --- | --- | --- | --- |
| 任务完成时长/h | 12 | 16.5 | 16.5 |
| 速度脉冲 $\Delta v$ 消耗/（m/s） | 1.34 | 2.04 | 2.01 |
| 最终视线距离 $\rho$/m | 104194 | 104708 | 104767 |
| 视线与太阳夹角 $\alpha$/(°) | 44.30 | 38.71 | 42.03 |

综合以上仿真结果及统计数据可以看出，经强化学习训练后的策略网络具有很好的可靠性，在蒙特卡罗仿真中均能在 24h 内达到任务要求，有效实现对航天器具有较高威胁意图空间非合作目标的规避。此外，针对空间非合作目标的远离意图，可认为目标对航天器威胁程度较低，从节省燃料的角度考虑，此时航天器维持原有策略与任务，暂不进行额外机动。现有相关的高轨侦察巡视卫星的控制周期多为 24h，因此以上训练所得策略能实现对一般空间非合作目标的应对。

将上述训练完成的策略网络进行封装整合，形成空间博弈机动策略库，航天器在轨运行期间对附近一定距离内的空间非合作目标进行密切监控与威胁评估，一旦推断目标呈现跟飞、绕飞、抵近等威胁意图，航天器可快速、自主、动态地切换调用相应的策略网络进行决策机动，从而保证自身安全。

**4. 决策能力提升仿真**

上述仿真针对的是空间非合作目标固定意图场景所开展，使得航天器能针对采用简单策略的空间非合作目标学习和选择到有效的机动应对策略。考虑到目标在航天器机动决策过程中可能施加的不确定机动应对策略，结合 4.4.3 节所介绍的自博弈训练方法，对航天器进行决策能力提升训练。接下来以空间非合作目标初始对航天器进行定点跟飞为例，当航天器进行自主机动决策时，目标具备同样的机动能力以进行应对机动决策，双方开展自博弈训练，对航天器自主决策能力进一步提升。训练过程中双方获得的累积奖励以及各自的任务成功率随训练交互的变化如图 4-35～图 4-37 所示。

从图 4-35 和图 4-37 所示结果可以看出，由于双方均具备智能决策能力，因此在训练过程中呈现出激烈的博弈态势，双方获得的累积奖励值以及各自的任务成功率呈现出“此消彼长”的起伏不定态势。由于航天器采用经过目标固定意图场景训练得到的网络权值作为策略网络的初始值，因此在训练初始阶段占据优势，具有较高的成功率，此时目标处于劣势；但由于双方均采用同样的学习算法、奖励函数设置相对公平且机动能力相同，随着训练交互的不断进行，双方智能体各自学习并调整网络参数以实现对对方不断变化策略的应对，最终基本达到“势均力敌”的结果。虽然经过自博弈训练后，航天器难以实现对智能空间非合作目标100%的规避成功率，但在不断地训练交互过程中，目标的智能特性和决策能力逐步提升，这也使得航天器的博弈决策能力随之得到提高，应对目标各类不确定机动策略的能力逐渐增强。同样地，针对空间非合作目标其他的运动意图进行训练，存储、封装策略网络，形成空间博弈策略库。

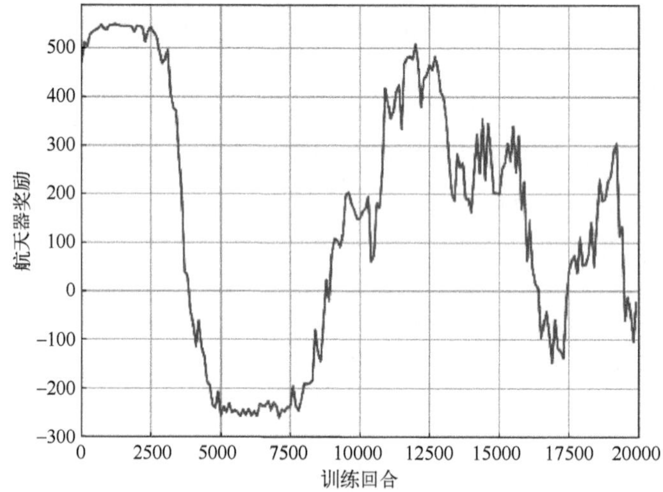


**图 4-35　航天器累积奖励变化**

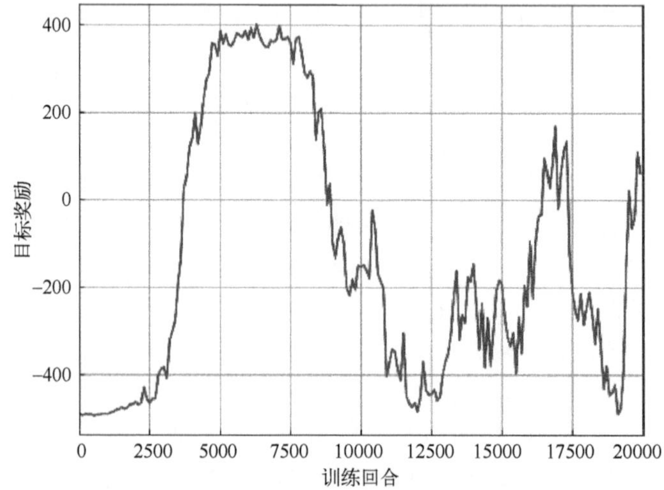


**图 4-36　空间目标累积奖励变化**

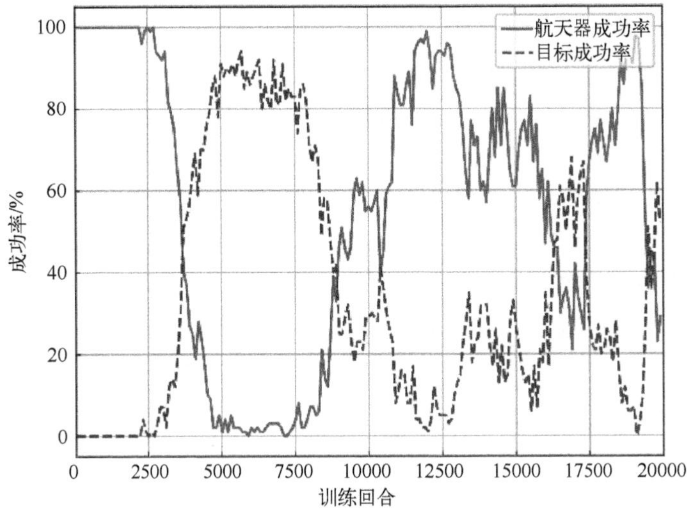


**图 4-37　双方成功率变化**

为验证经自博弈训练后航天器的自主决策能力提升，在空间目标典型威胁意图的基础上加入预测制导机动策略，使空间目标具有一定的智能应对能力，分别调用自我博弈训练前后所构建的博弈策略库进行仿真。初始条件如表 4-7 所示，任务终端时刻 $t_f = 36h$，空间目标在终端时刻的期望抵近位置为航天器正后方 20km 处。针对空间非合作目标初始各类意图情形下均进行 1000 次蒙特卡罗打靶仿真，得到未经自博弈训练和经过自博弈训练得到的博弈策略库中各策略网络应对抵近规避任务的决策成功率对比如表 4-11 所示。

**表 4-11　应对目标预测制导抵近规避决策成功率对比**

| 目标意图 | 未经自博弈训练的成功率/% | 经自博弈训练后的成功率/% |
|---|---|---|
| 定点跟飞 | 0 | 100 |
| 盘旋跟飞 | 18.2 | 100 |
| 振荡跟飞 | 86.1 | 100 |
| 共面绕飞 | 0 | 91.8 |
| 异面绕飞 | 26.6 | 84.1 |
| 飞掠抵近 | 0 | 97.7 |
| 跳跃抵近 | 0 | 98.1 |
| 螺旋抵近 | 0 | 97.7 |

结合表 4-11 的统计结果可以看出，针对目标固定意图训练所得策略网络在多种场景下难以实现对具有预测机动决策和制导能力的空间非合作目标抵近意图的有效规避机动决策，抵近规避成功率较低，算法泛化能力有限；而经过自我博弈训练后的策略网络，虽然未针对空间非合作目标的某一特定机动策略进行学习，但航天器在应对这种基于逻辑规则的机动策略时，抵近规避决策的成功率得到了极大提升，算法泛化能力显著提高。尤其是对于目标初始各类跟飞意图时均

达到了100%的规避决策成功率。这表明经自我博弈训练后航天器的决策能力和算法的泛化性得到了大幅提升，验证了航天器自主决策能力提升的有效性。由于航天器在规避机动决策过程中并不知道目标采用了预测制导决策方法，因此规避成功率的大幅提高也说明了本节机动决策方法的智能性及其相较于预测制导方法的优势。

对经过自博弈训练后的策略网络应对目标预测制导抵近过程中双方的速度脉冲消耗进行蒙特卡罗仿真并统计，其均值结果如表4-12所示。

**表4-12 应对目标预测制导抵近规避决策成功率对比**

| 目标意图 | 航天器/(m/s) | 目标/(m/s) |
| --- | --- | --- |
| 定点跟飞 | 6.43 | 6.82 |
| 盘旋跟飞 | 6.92 | 7.10 |
| 振荡跟飞 | 5.96 | 6.99 |
| 共面绕飞 | 7.34 | 8.44 |
| 异面绕飞 | 6.98 | 7.70 |
| 飞掠抵近 | 2.89 | 3.15 |
| 跳跃抵近 | 5.91 | 6.63 |
| 螺旋抵近 | 7.40 | 7.61 |

从表4-12中可以看出，针对空间非合作目标在不同的初始意图下预测制导抵近的过程，航天器在完成抵近规避任务的同时，其燃料消耗均小于空间非合作目标，达到了在博弈过程中尽可能多地消耗对方燃料、降低其执行后续任务能力的期望。虽然博弈双方的燃料消耗主要取决于能力和初始状态，但上述结果仍从一个侧面体现了本节决策方法的优势。

## 4.5 小结

本章面向未来空间博弈对抗任务智能化和自主化需求，针对空间非合作目标抵近规避与防御机动问题，研究了基于深度学习的空间非合作目标意图推理方法和基于深度强化学习的航天器自主机动决策方法，形成了一种主动应对目标行为的“感知—判断—决策—执行”（OODA）的智能决策框架。

（1）给出了空间非合作目标意图推理问题和航天器自主机动决策问题的描述以及博弈决策过程中的相关模型，分析了空间非合作目标典型的运动意图类型及对应任务构建空间非合作目标意图空间集，且考虑到航天器在轨可自主量测的信息，确定了以视线观测量作为表征空间非合作目标意图的特征信息，采用滑动时窗法建立了时序特征样本集。

（2）针对传统的意图推理方法难以有效处理空间非合作目标意图推理问题，

提出了一种基于深度学习的空间非合作目标意图推理方法，将意图推理转化为空间目标时间序列特征信息学习问题，建立了基于 BiGRU-SA 的空间非合作目标意图推理模型，该模型通过在 GRU 网络的基础上引入双向传播机制和自注意力机制，能更好地学习时序信息的前后关联性、突出时间序列内部的关键特征信息。仿真结果表明，所建立的空间非合作目标意图推理模型 BiGRU-SA 能够快速、准确地推断空间非合作目标意图，且与现有的其他典型意图推理模型相比在准确率、收敛速度以及抗噪能力上具有显著优势。通过对目标意图推理，实现一定程度上的博弈对手建模，为航天器针对空间非合作目标不确定行为的自主机动决策提供关键信息。

（3）针对航天器抵近规避自主机动决策问题，本章在对空间非合作目标意图推理的基础上，设计了一种基于深度强化学习的应对空间非合作目标不同意图的航天器自主机动决策方法。考虑到状态、决策动作空间的连续性以及不同学习算法的收敛性，采用近端策略优化算法；在奖励重塑函数的设计过程中充分考虑了燃料消耗、时间成本、环境约束、任务要求与引导奖励，避免了训练过程的“稀疏奖励”问题；接着，通过自我博弈学习的训练方法进一步提升航天器应对不确定环境下的博弈决策能力，并针对空间非合作目标典型意图建立空间博弈策略库；最后，对所设计的决策算法进行仿真测试，验证其有效性，并在不同意图场景下进行训练和仿真。仿真结果表明，本章所设计的基于深度强化学习的航天器机动决策方法可以针对空间非合作目标的不同意图得到有效的机动博弈策略，满足任务要求并取得空间博弈占优态势，经自我博弈训练后的策略网络应对目标不确定机动的博弈决策能力得到了显著提升。

本章所建立的典型目标意图为自然演化下的情形，后续研究还应考虑目标机动情形，丰富意图表征、扩充意图空间，深化对博弈对手建模的精细程度，从而使离线训练策略在迁移环境下具有更好的适应性。在此基础上，进一步研究多航天器协同或集群的意图推理和动机决策问题。

## 参考文献

[1] 欧微，柳少军，贺筱媛，等．战场对敌目标战术意图智能识别模型研究［J］．计算机仿真，2017，34（9）：10-14.

[2] 王因翰，范世鹏，吴广，等．基于 GRU 的敌方拦截弹制导律快速辨识方法［J］．航空学报，2022，43（2）：325024.

[3] HAO Z，HUANG X，WANG K，et al. Attention-based GRU for driver intention recognition and vehicle trajectory prediction［C］//2020 4th CAA International Conference on Vehicular Control and Intelligence（CVCI）. IEEE，2020：86-91.

[4] 滕飞，刘曙，宋亚飞．BiLSTM-Attention：一种空中目标战术意图识别模型［J］．航空兵器，2021，28（5）：24-32.

[5] TENG F, SONG Y, WANG G, et al. A GRU-based method for predicting intention of aerial targets [J]. Computational Intelligence and Neuroscience, 2021, 2021.
[6] VASWANI A, SHAZZER N, PARMAR N, et al. Attention is all you need [J]. Advances in neural information processing systems, 2017, 30.
[7] 王杰, 丁达理, 董康生, 等. UCAV 自主空战战术机动动作建模与轨迹生成 [J]. 火力与指挥控制, 2018: 42-49.
[8] 王芳, 林涛, 张克. 基于控制变量参数化的主动反拦截突防最优控制计算方法 [J]. 航空学报, 2015, 36 (6): 2037-2046.
[9] 于大腾, 王华, 孙福煜. 考虑潜在威胁区的航天器最优规避机动策略 [J]. 航空学报, 2017, 38 (1): 286-294.
[10] LIANG L, DENG F, PENG Z, et al. A differential game for cooperative target defense [J]. Automatica, 2019, 102: 58-71.
[11] 韩楠, 罗建军, 柴源. 多颗微小卫星接管失效航天器姿态运动的微分博弈学习控制 [J]. 中国科学: 信息科学, 2020, 50 (4); 588-602.
[12] 柴源, 罗建军, 王明明, 等. 基于追逃博弈的非合作目标接近控制 [J]. 宇航总体技术, 2020, 4 (1): 30-38.
[13] 刘冰雁, 叶雄兵, 高勇, 等. 基于分支深度强化学习的非合作目标追逃博弈策略求解 [J]. 航空学报, 2020, 41 (10): 348-358.
[14] 周攀, 黄江涛, 章胜, 等. 基于深度强化学习的智能空战决策与仿真研究 [J]. 航空学报, 2022, 43 (12): 126731.

# 05 第5章 航天器协同观测占优构型设计与博弈控制

## 5.1 引言

空间目标在轨成像是天基态势感知的重要手段。美国针对空间 GEO 目标成像需求，发射了 MiTEx、GSSAP 等航天器开展近距离成像技术验证与应用，充分验证了对地球同步轨道上航天器的抵近观测和成像能力[1]。随着空间环境的日益复杂以及天基态势感知需求，对空间非合作目标的观测成为当前研究的热点。多航天器协作作为一类重要的空间智能自主系统，能以超越单个航天器的智能形态完成具有挑战性的任务[2]。在空间观测任务中，多个航天器协作可以克服单个航天器观测能力不足和空间环境干扰的问题，能够有效提高观测效果，是天基态势感知的重要方式。对于非合作目标的抵近观测和近距离成像而言，不同的观测方位受太阳光照的影响，目标成像差别较大，设计能够满足对目标近距离成像的空间观测构型，是确定各航天器末端期望状态并完成近距离成像的关键[3-5]；此外，非合作目标的机动行为使得观测航天器与目标之间的相对状态发生变化，多航天器需要进行轨道机动跟踪目标以保持合适的空间占位才能获得较好的成像效果[6]，急需研究对于非合作目标的多航天器协同观测占优构型设计与博弈控制方法。

本章面向空间非合作目标近距离成像观测需求，对多航天器协同观测占优构型设计、占优构型建立与保持的博弈决策控制方法进行了研究。首先，为满足空间近距离成像需求，设计满足光学观测可见性约束和考虑目标机动行为的多航天器观测占优构型，并给出评价指标对观测任务效果进行评估；其次，为了建立并保持所设计的占优构型，采用博弈论描述多航天器与目标之间、多航天器之间的交互关系，研究基于微分对策的多航天器混合博弈模型构建和策略求解，从而实现多航天器在空间中的观测占位，最终形成一种对空间非合作目标近距离成像的多航天器协同观测方法。

## 5.2 协同观测问题描述

对于多航天器协同观测而言，受限于轨道特性、空间观测环境、观测载荷等因素，观测航天器本质上是寻求相对于目标具有优势的空间观测占位，即观测占优构型，并通过轨道机动，即多航天器协同控制，为信息获取提供良好的观测状态。在观测占优构型设计中，非合作目标通过轨道机动逃离观测航天器的观测视场，导致观测航天器难以对其进行近距离成像。如何防止非合作目标逃离多航天器联合观测视场是进行近距离成像的重要保障，也是观测占优构型设计的关键。在观测航天器形成构型时，目标航天器可能会采取应对策略以逃离各航天器的观测视场，避免自身被观测到。因此，观测构型的设计与保持既包含观测航天器之间的合作博弈，也包含观测航天器与目标之间的非合作博弈，是一类典型的混合博弈问题。

本章所述的观测场景与传统空间观测任务最大的不同在于非合作目标可能会通过轨道机动逃离多航天器联合观测视场，因此，为了实现“跟得上”“看得清”，采取了边合围边观测的方案，将多航天器对非合作目标的协同观测过程分为如下三个阶段。

阶段一：观测准备阶段。由母航天器接近目标至一定距离时，释放多个子航天器，即观测航天器，为多航天器形成对目标的观测构型做准备。

阶段二：目标合围阶段。观测航天器与目标展开轨道追逃，接近并跟踪目标；多个观测航天器之间互相协同，在跟踪目标的过程中逐渐形成对目标的合围，为形成对机动目标的观测占优做准备。

阶段三：目标观测阶段。多个观测航天器协同调整合围构型，在满足空间可见性约束条件下，形成观测占优构型并保持，对目标进行近距离成像，并对观测效果进行评估。

图 5-1 给出了多航天器协同观测的示意图。

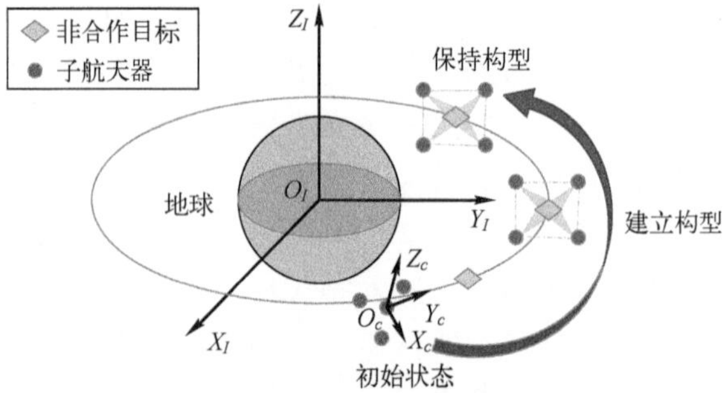


**图 5-1　多航天器协同观测示意图**

## 5.3 协同观测占优构型设计

为了实现对非合作目标的有效观测，需要建立多航天器协同观测构型。本节引入了多智能体围捕中常用的一种数学工具 Apollonius 圆，可以根据双方机动能力大小以及空间占位，分析占优的围捕构型，并结合空间观测需求以及 Apollonius 圆的特点，设计了一种考虑目标机动情况的空间观测占优构型，在对目标合围的基础上进行观测，使目标总是处于多航天器的观测视场中。首先，结合对空间地影约束、太阳入射角约束、载荷观测距离约束的分析，建立空间近距离光学观测可见性模型；然后，根据多航天器与目标之间的机动能力，结合空间可见性模型，利用 Apollonius 圆来对空间观测占优构型进行优化设计；最后，建立空间近距离成像效果评估模型，用于多航天器对目标成像观测效果进行评估，检验所设计占优构型的有效性。

### 5.3.1 空间近距离光学观测可见性模型

在观测航天器抵近目标航天器进行近距离成像的过程中，会受到空间环境多方面因素的干扰，影响观测质量。空间观测几何关系如图 5-2 所示，$O$ 为地心，$P$ 为观测航天器、$E$ 为目标航天器、$S$ 为太阳，地球半径为 $R_e$，某一时刻，太阳的地心矢量为 $\boldsymbol{r}_s$，观测航天器和目标航天器的地心矢量分别为 $\boldsymbol{r}_p$ 和 $\boldsymbol{r}_e$，$\boldsymbol{r}_e$ 与 $\boldsymbol{r}_s$ 之间的夹角为 $\alpha$，目标航天器相对于观测航天器的矢量为 $\boldsymbol{r}_{pe}$，太阳相对于观测航天器的矢量为 $\boldsymbol{r}_{ps}$。只有当目标航天器、观测航天器和太阳之间的相关关系满足地影约束、太阳入射角约束、载荷观测距离约束等条件，观测航天器才可以对目标进行观测。

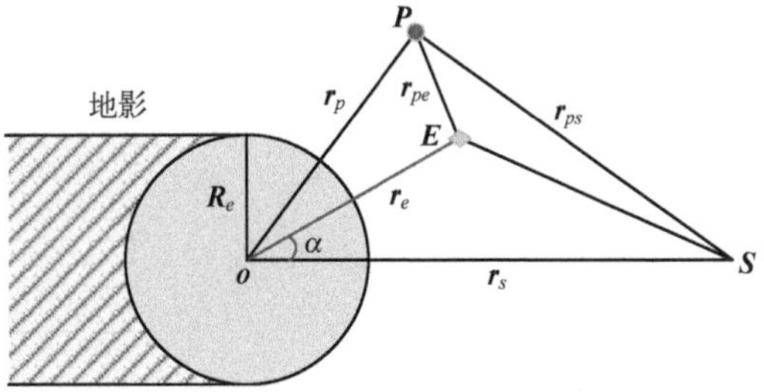


**图 5-2 空间观测几何关系示意图**

**1. 地影约束**

假设太阳光是平行光，地影部分可以视为一个圆柱体。当目标航天器运行在地球阴影处时，目标航天器表面无法被太阳光照射，光学相机难以对目标清晰成像。

根据图 5-2 有

$$\boldsymbol{r}_e \cdot \boldsymbol{r}_s = |\boldsymbol{r}_e||\boldsymbol{r}_s|\cos\alpha \tag{5-1}$$

则

$$\alpha = \arccos\frac{\boldsymbol{r}_e \cdot \boldsymbol{r}_s}{|\boldsymbol{r}_e||\boldsymbol{r}_s|} \tag{5-2}$$

（1）当 $0 \leqslant \alpha \leqslant \frac{\pi}{2}$，目标必定不在地球阴影中，目标可以被观测到；

（2）当 $\frac{\pi}{2} \leqslant \alpha \leqslant \pi$，若目标不在地球阴影中，有 $|\boldsymbol{r}_e|\sin\alpha > R_e$。

对于地影约束，目标的可见范围为

$$\begin{cases} \boldsymbol{r}_s \cdot \boldsymbol{r}_e \geqslant 0 \\ \boldsymbol{r}_s \cdot \boldsymbol{r}_e \leqslant 0, \ |\boldsymbol{r}_e|\sin\left(\arccos\dfrac{\boldsymbol{r}_s \cdot \boldsymbol{r}_e}{|\boldsymbol{r}_s||\boldsymbol{r}_e|}\right) > R_e \end{cases} \tag{5-3}$$

**2. 太阳入射角约束**

太阳光除了会照亮目标航天器之外，也会产生强烈的背景光，影响观测航天器成像。太阳入射角约束如图 5-3 所示，$\theta$ 为观测相机视场角，$\beta$ 为目标相对于观测航天器的矢量与太阳相对于观测航天器的矢量之间的夹角，则

$$\frac{\theta}{2} < \beta \tag{5-4}$$

用矢量表示为

$$\frac{\theta}{2} < \arccos\frac{\boldsymbol{r}_{pe} \cdot \boldsymbol{r}_{ps}}{|\boldsymbol{r}_{pe}||\boldsymbol{r}_{ps}|} \tag{5-5}$$

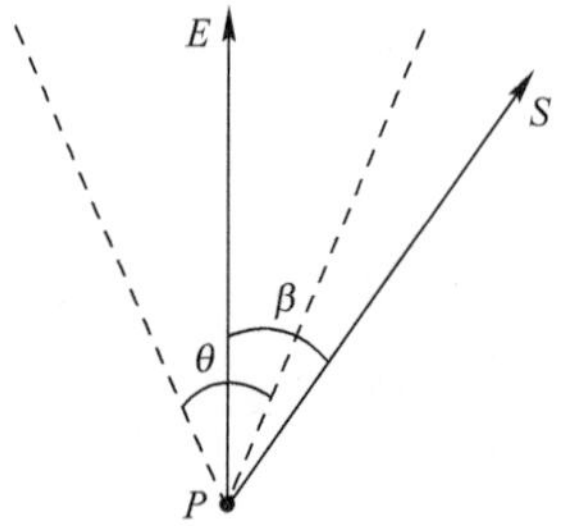


**图 5-3 太阳入射角约束示意图**

**3. 观测距离约束**

近距离成像观测距离有限，如图 5-4 所示，假设光学传感器有效观测距离最大为 $L_{\max}$，在观测过程中，目标应处于观测有效距离中，有

$$|\boldsymbol{r}_{pe}| \leqslant L_{\max} \tag{5-6}$$

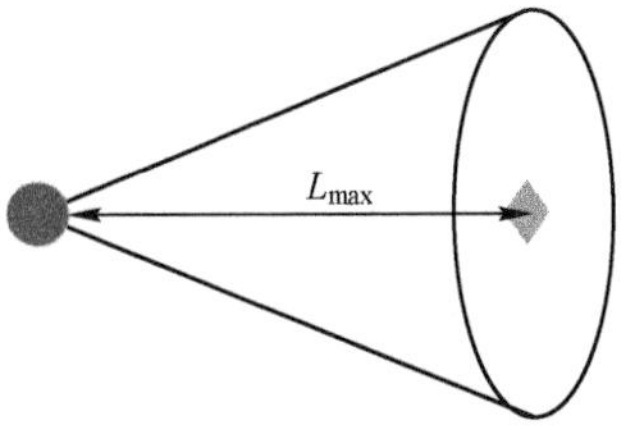


图 5-4 观测有效距离示意图

相比于单个航天器观测，多个航天器可以通过观测方位的分布来减少太阳光直射的影响，被太阳光直射的观测航天器可以通过关闭相机或调整方位来减少干扰，而不被太阳光直射的观测航天器则可以继续正常作业，这样总存在至少一个航天器可以观测到目标。另外，多个航天器多个方位和角度观测，可以获得目标更多的有效信息，提高观测效果，这也是多航天器协同观测的优势。

### 5.3.2 多航天器观测占优构型设计

在满足空间光学可见性约束条件下，观测航天器多个角度和方位的分布有利于获取更多的信息，但非合作目标的机动行为往往会逃离多航天器的联合观测视场。Apollonius 圆可根据追逃双方之间的机动能力以及数量关系设计避免目标逃离多个追踪者的分布占位[7]。本小节针对非合作目标的观测需求，考虑双方的机动能力大小，通过 Apollonius 圆分析占优观测航天器数量以及合围占位，并考虑空间可见性约束调整合围圈的大小，形成可以对非合作目标进行近距离成像的观测占优构型。由于改变轨道倾角的运动往往会消耗更多燃料，这里主要考虑轨道面内的合围观测情况。

该观测占优构型设计的原理类似于围棋，观测占优构型就是通过 Apollonius 圆设计一定能合围且能观测到目标的一种“赢”的布局。当多航天器协同形成所期望的观测占优构型后，目标将无法从合围圈逃脱，并处在观测视场中，从而满足对非合作目标的近距离成像需求。

在多航天器协同观测过程中，任意两个观测航天器与目标的位置关系如图 5-5 所示，各点的位置之间满足如下关系：

$$\frac{P_iA_i}{EA_i}=\frac{P_iB_i}{EB_i}=\frac{P_iM_i}{EM_i}=\lambda \tag{5-7}$$

式中：$\lambda=v_p/v_e$为观测航天器与目标速度的比值；$A_i$、$B_i$、$M_i$分别为观测航天器 $P_i=(x_p^i,y_p^i)$ 与目标 $E=(x_e,y_e)$ 分别以其最大速度沿着同一方向运动时的相遇点。

结合 Apollonius 圆相关知识，可知 $M_i$形成的轨迹以 $O_i$为圆心的$\odot O_i$，表达式为

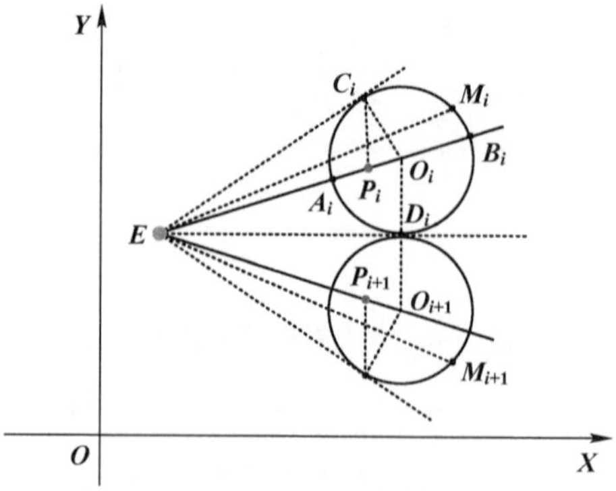


图 5-5 航天器与目标位置示意图

$$\left(x-\frac{x_p^i-\lambda^2 x_e}{1-\lambda^2}\right)^2+\left(y-\frac{y_p^i-\lambda^2 y_e}{1-\lambda^2}\right)^2=\frac{\lambda^2[(x_p^i-x_e)^2+(y_p^i-y_e)^2]}{(1-\lambda^2)^2} \tag{5-8}$$

为确保 Apollonius 圆形成的合围构型能防止目标逃逸出多航天器的合围圈，这里做出以下假设。

(1) 假设目标被合围后即多航天器形成合围构型后，经过一定的反应时间 $T_r$，将自身速度提升至观测航天器速度的 $k$ 倍，以此来逃离合围构型，所以有 $\lambda=1/k=v_p/v_e$。

(2) 假设在反应时间 $T_r$ 内观测航天器的速度以及相对目标的距离不变，因此构型达成后的所有观测航天器的 Apollonius 圆的半径都一致。

(3) 假设当观测航天器与非合作目标相遇时，目标逃离失败。

当观测航天器 $P_i$ 或 $P_{i+1}$ 与目标航天器满足如图 5-6 所示的观测占优条件时，观测航天器之间的 Apollonius 圆彼此相切，目标速度方向总是位于 $\angle P_iEP_{i+1}$ 之内，目标的运动轨迹必然经过 $\odot O_i$ 或者 $\odot O_{i+1}$，观测航天器 $P_i$ 或 $P_{i+1}$ 总能与目标相遇，即目标逃离失败，观测航天器可以完成对非合作目标的合围；否则，非合作目标可能通过观测航天器之间的“合围缝隙”逃离合围圈。

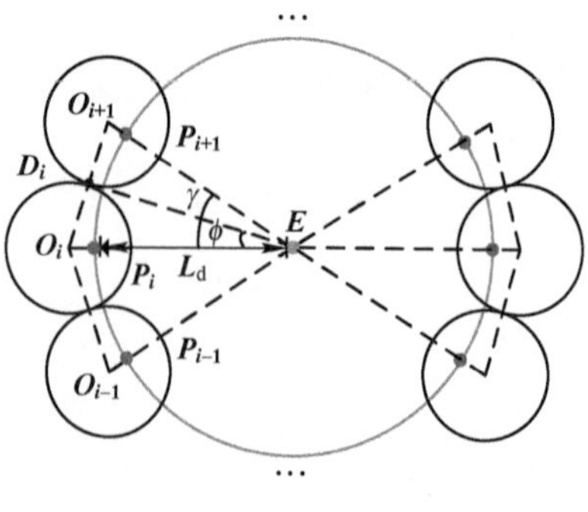


图 5-6 观测占优条件示意图

因此，为确保使用 Apollonius 圆将目标合围起来，对构型保持过程中双方的机动能力大小进行分析，当确定了观测航天器与目标速度的最小比值，便可得到单个观测航天器的 Apollonius 圆大小，此时，在合围半径，即期望的成像距离 $L_d$ 上，若干个 Apollonius 圆彼此相切，便可得到最少观测航天器的数量 $n_{\min}$ 与空间占位。由图 5-6 分析可知

$$\begin{cases}\gamma=\dfrac{2\pi}{n_{\min}}\\ \phi=\dfrac{\gamma}{2}\end{cases} \tag{5-9}$$

并且，$\mu$ 满足

$$\sin\phi=\frac{O_iD_i}{EO_i} \tag{5-10}$$

式中：$O_iD_i$ 为前述确定的圆 $O_i$ 的半径；$EO_i$ 为目标航天器与圆 $O_i$ 圆心的距离，根据图 5-6 综合式（5-8）、式（5-10）可得

$$\sin\phi=\frac{\lambda\sqrt{(x_p^i-x_e)^2+(y_p^i-y_e)^2}/(1-\lambda^2)}{\sqrt{\left(x_e-\dfrac{x_p^i-\lambda^2x_e}{1-\lambda^2}\right)^2+\left(y_e-\dfrac{y_p^i-\lambda^2y_e}{1-\lambda^2}\right)^2}}=\lambda \tag{5-11}$$

将式（5-11）代入式（5-9），可得完成目标航天器观测任务所需最少观测航天器数量 $\eta_{\min}$ 与观测航天器与目标速度比 $\lambda$ 的关系为

$$\sin\frac{\pi}{n_{\min}}=\lambda \tag{5-12}$$

因此，当确定了双方的最小速度比，便可得到最小观测航天器数量与观测占优占位。综上所述，观测占优构型设计流程如下。

（1）在满足空间观测可见性约束的情况下，通过期望观测距离来设计合围半径。

（2）确定观测航天器形成观测占优构型后，目标突围时观测航天器与被观测目标的最小速度比，得到单个观测航天器 Apollonius 圆的大小。

（3）基于式（5-12）确定观测占优构型所需最少观测航天器数量与观测占优占位。

当多航天器协同形成所期望的观测占优构型后，可在该平面构型外布置一个观测航天器，形成三维立体观测，并协同完成近距离多视角观测成像，增强对非合作目标的观测占优态势。

### 5.3.3 成像效果评估模型

为了定量分析光学成像观测任务的好坏，本小节分析了影响成像效果的几种

主要因素，建立每个单因素的百分制评价函数，并综合各因素得到观测航天器的成像效果评估模型，对观测成像效果进行评价。

**1. 相对距离影响模型**

观测航天器与目标航天器之间距离的远近大范围变化会导致目标航天器的成像大小不一，尺度跨度大，显著影响动态观测过程的成像质量。如图 5-7 所示，观测航天器光学相机焦距为 $f$，目标航天器与观测航天器之间的距离为 $L$，CCD 探测相面长为 $d$，宽为 $b$。

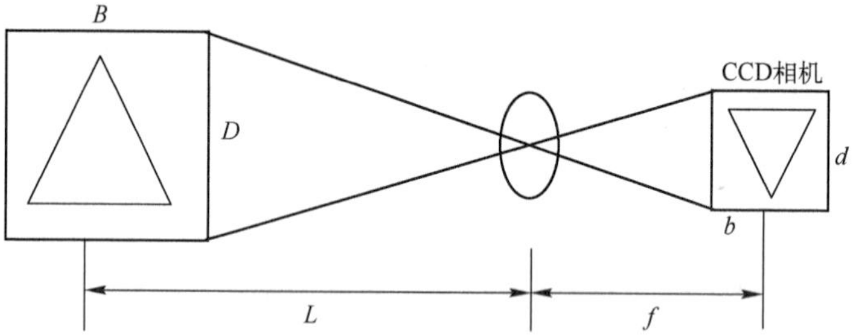


**图 5-7 CCD 成像示意图**

当镜头与非合作目标距离为 $L$ 时，相机观测到的实际最大宽度 $B$、实际最大长度 $D$ 分别为

$$D=\frac{dL}{f},\quad B=\frac{bL}{f} \tag{5-13}$$

则单位像长对应的实际长度为

$$\mu=\frac{D}{d}=\frac{B}{b}=\frac{L}{f} \tag{5-14}$$

每个像素对应的实际宽度 $S_b$ 和长度为

$$\begin{cases} S_b=k_b\mu=k_b\dfrac{L}{f} \\ S_d=k_d\mu=k_d\dfrac{L}{f} \end{cases} \tag{5-15}$$

式中：$k_b$、$k_d$ 分别为像素的宽度和长度。

因此，每个像素对应的目标航天器实际尺寸越小，所获得的目标航天器图像就越大，即距离越近，目标成像越大，若相对距离增加 1 倍，则照片上目标变为原来的 1/4，呈平方的关系，但是如果距离过近，不能获得完整目标图像，则认为不符合观测要求。当目标航天器布满整个照片时，可认为此时的相对距离观测效果最好。为简化计算，假设目标航天器最大包罗为 $H\times H\times H$ 的立方体，观测航天器对目标航天器任意表面进行成像，CCD 相机所成图像大小为 $b=d=l$，目标航天器所成像恰好充满整张图像时，有

$$\frac{H}{L}=\frac{l}{f} \tag{5-16}$$

即相对距离 $L=H\cdot f/l$ 时，可认为观测效果最好。对于相对距离这一单一因素，当相对距离 $L<H\cdot f/l$ 时，认为无法获得有效照片，此时记零分。当相对距离过于远时，目标成像太小，假设长宽缩小至最佳拍摄距离的 1/10 时，获得照片已无观测效果，此时有 $L>10H\cdot f/l$，此时也记为零分。据此可建立相对距离影响因素的评价函数，对于观测任务中所获得的单张照片，针对相对距离这一因素的评价打分为

$$m_d=\begin{cases}0, & L<\dfrac{H\cdot f}{l}\\ \left(\dfrac{10H\cdot f/l-L}{9H\cdot f/l}\right)^2\times 100, & \dfrac{H\cdot f}{l}\leqslant L\leqslant\dfrac{10H\cdot f}{l}\\ 0, & L>\dfrac{10H\cdot f}{l}\end{cases} \tag{5-17}$$

**2. 像移影响模型**

因为观测航天器执行任务时，总是处于运动之中，与目标航天器产生了相对运动，而成像又需要一定时间的曝光，因此在曝光过程中，影像与感光之间必然会有相对运动，目标的像点在相机相面上发生位移，这种现象称为像移。像移会导致影像模糊，降低成像质量，因此在成像过程中，相机相面上像移量不能超过一个阈值，记为 $\epsilon_{\max}$。两个航天器无相对运动时，成像效果最好。

如图 5-8 所示，设观测航天器与目标航天器相对速度为 $v$，$O_1$、$O_2$为曝光时间 $\Delta t$ 内两次拍摄时相机的位置，$T$ 为拍摄时目标航天器上的一点，则两次拍摄时，在相机像面上成像的位置分别为 $Z$、$Z'$点，可得到图像在像面上的像移速度 $v_m$的关系式为

$$\frac{v_m\Delta t}{v\Delta t}=\frac{f}{H} \tag{5-18}$$

即

$$v_m=\frac{f}{H}v \tag{5-19}$$

则曝光时间内的像移量为

$$\epsilon=\frac{vf}{H}\Delta t \tag{5-20}$$

因此，可以用像移量来表征图像的模糊程度，当 $\epsilon>\epsilon_{\max}$时，此时获得的照片模糊记为零分。据此可建立像移影响因素的评价函数，对于观测任务中所获得的单张照片，针对像移这一因素的评价打分为

$$m_{id}=\begin{cases}\left(1-\dfrac{\epsilon}{\epsilon_{\max}}\right)\times 100, & 0\leqslant\epsilon\leqslant\epsilon_{\max}\\ 0, & \epsilon>\epsilon_{\max}\end{cases} \tag{5-21}$$

综合以上两个影响因素以及前文推导的观测可见性约束条件，对于观测任务中的第 $i$ 张图片可以用如下评价函数打分：

$$m_i=C\cdot(m_d/100)^a\cdot(m_{id}/100)^c\times 100 \tag{5-22}$$

式中：$a$、$c$ 为光学传感器成像质量评价参数；$C$ 为可见性满足情况，若观测条件满足可见性，则 $C=1$，否则 $C=0$。

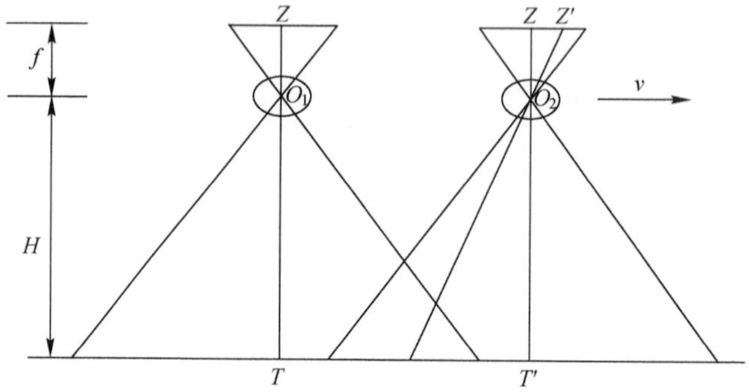

图 5-8　像移示意图

### 3. 有效观测时间模型

在观测作业中，为尽可能获取更加丰富的目标航天器有效信息，期望观测时间越长越好。假设观测航天器的相机成像帧率为 $s$，则获得一张照片的时间 $t$ 为

$$t=\frac{1}{s} \tag{5-23}$$

若完成一次近距离成像的有效观测时间为 $T_v$，则可以根据相机成像帧率 $s$ 得到连续观测图像的数量 $N$，有

$$\frac{T_v}{t}=T_v\cdot s=N \tag{5-24}$$

由于获取信息具有边际效应，因此随着观测时长的增加，其收益会逐渐减少。当观测时间到达一定时长时收益不再增加，该时间记为有效观测时间 $T_v$，其获得的图像数为有效图像数量。因此当确定观测任务所需的最大有效观测时间 $T_v$时，便可以根据相机帧率 $s$ 转换为所需要的最大有效图像数量 $N_{\max}$，可假设获得 $N_{\max}$张图像时，观测收益不再增加。据此可建立如下有效观测时间影响因素评价函数：

$$m_t=\begin{cases}-\dfrac{N^2}{N_{\max}}+2N, & 0\leqslant N\leqslant N_{\max}\\ N_{\max}, & N>N_{\max}\end{cases} \tag{5-25}$$

**4. 综合成像效果评估模型**

根据以上分析，单个观测航天器对目标航天器的综合成像效果评估模型如下：

$$M_i=\frac{(m_t/N_{\max})^v}{N}\sum_{i=1}^{N}m_i \tag{5-26}$$

式中：$m_i$为单幅图像的评价函数；$v$为光学传感器性能参数。观测航天器光学传感器性能参数变化，会导致$a$、$c$、$v$的值也相应改变。

## 5.4 协同观测博弈建模与策略求解

多个航天器互相协同建立并保持所期望的观测占优构型可以描述为观测航天器与非合作目标之间的轨道追逃博弈问题，该博弈问题既包含观测航天器间的合作博弈也存在观测航天器与目标间的非合作博弈，是一类混合博弈问题（mixed-zero-sum，MZS）[8]。本节将研究目标机动下的多航天器博弈保持控制问题，通过设计虚拟主航天器作为领导者跟踪非合作目标，观测航天器作为跟随者协同保持特定观测构型，将多航天器协同观测的轨道追逃博弈问题分解为两个子问题：虚拟主航天器与非合作目标的一对一追逃博弈控制问题和观测航天器与虚拟主航天器的领导者-跟随者博弈控制问题[9-10]。

### 5.4.1 协同观测系统动力学模型

考虑包含$N$个观测航天器的协同观测系统，其通信拓扑关系为$\mathcal{G}(k)=(\mathcal{V}(k),\mathcal{E}(k))$，观测航天器按顺序标记为$1,2,\cdots,N$，用集合$\mathcal{N}\triangleq\{1,2,3,\cdots,N\}$表示。虚拟主航天器标记为$P$，非合作目标标记为$E$。虚拟主航天器$P$接近非合作目标$E$，观测航天器则跟随虚拟主航天器$P$，并保持观测构型，最终完成对目标的协同观测。本小节采用第2章和第3章推导的航天器相对运动动力学模型来描述航天器的相对运动，具体推导细节不再赘述。

**1. 一对一追逃的相对运动动力学模型**

由式（3-5）可知，虚拟主航天器$P$与非合作目标$E$的相对运动模型可描述为

$$\dot{\boldsymbol{x}}=\boldsymbol{A}\boldsymbol{x}+\boldsymbol{B}_p\boldsymbol{u}_p+\boldsymbol{B}_e\boldsymbol{u}_e \tag{5-27}$$

其中

$$\boldsymbol{A}=\begin{bmatrix}\boldsymbol{0}_3 & \boldsymbol{I}_3\\ \boldsymbol{A}_{21} & \boldsymbol{A}_{22}\end{bmatrix}\in\mathbb{R}^{6\times6};\quad \boldsymbol{B}_p=\begin{bmatrix}\boldsymbol{0}_3\\ -\boldsymbol{I}_3\end{bmatrix}\in\mathbb{R}^{6\times6};\quad \boldsymbol{B}_e=\begin{bmatrix}\boldsymbol{0}_3\\ \boldsymbol{I}_3\end{bmatrix}\in\mathbb{R}^{6\times3}$$

$$\boldsymbol{A}_{21}=\begin{bmatrix}3n_0^2 & 0 & 0\\ 0 & 0 & 0\\ 0 & 0 & -n_0^2\end{bmatrix};\quad \boldsymbol{A}_{22}=\begin{bmatrix}0 & 2n_0 & 0\\ -2n_0 & 0 & 0\\ 0 & 0 & 0\end{bmatrix}$$

式中：$n_0$为轨道角速度。

**2. 领导者–跟随者误差动力学模型**

若要实现对非合作目标的近距离成像，观测航天器彼此之间需要保持特定的相对距离，这样所有观测航天器才能形成所需的空间观测构型；其次，多航天器在形成构型的过程中，为避免出现较大的合围缺口，观测航天器还需要考虑相邻航天器的状态。

设每个观测航天器的期望状态为$\boldsymbol{x}_{d,i}$，则误差状态为$\boldsymbol{x}_{q,i}=\boldsymbol{x}_i-\boldsymbol{x}_{d,i}$；虚拟航天器的期望状态为$\boldsymbol{x}_{d,p}$，则误差状态为$\boldsymbol{x}_{q,p}=\boldsymbol{x}_p-\boldsymbol{x}_{d,p}$。因此，各个航天器的误差动力学可以表示为

$$\begin{cases}\dot{\boldsymbol{x}}_{q,i}=\boldsymbol{A}\boldsymbol{x}_{q,i}+\boldsymbol{B}_i\boldsymbol{u}_{q,i}\\ \dot{\boldsymbol{x}}_{q,p}=\boldsymbol{A}\boldsymbol{x}_{q,p}+\boldsymbol{B}_p\boldsymbol{u}_{q,p}\end{cases} \tag{5-28}$$

式中：$\boldsymbol{u}_{q,i}=\boldsymbol{u}_i+\boldsymbol{B}_i^{-1}\boldsymbol{A}\boldsymbol{x}_{d,i}$，$\boldsymbol{u}_{q,p}=\boldsymbol{u}_p+\boldsymbol{B}_p^{-1}\boldsymbol{A}\boldsymbol{x}_{d,p}$。

设每个观测航天器的跟踪误差为

$$\boldsymbol{\delta}_i=\sum_{i\in\mathcal{N}_i}e_{ij}(\boldsymbol{x}_i-\boldsymbol{x}_j-\boldsymbol{d}_{ij})+g_i(\boldsymbol{x}_i-\boldsymbol{x}_p-\boldsymbol{d}_{ip}) \tag{5-29}$$

式中：$\mathcal{N}_i$为除了$i$之外的其他观测航天器的集合；$e_{ij}$、$g_i$分别为观测航天器$i$与其他观测航天器和虚拟主航天器的连通性。

记所有观测航天器的误差状态为$\boldsymbol{\delta}=[\boldsymbol{\delta}_1\boldsymbol{\delta}_2\cdots\boldsymbol{\delta}_n]^{\mathrm{T}}$，则观测航天器跟踪误差动力学方程可以表示为

$$\dot{\boldsymbol{\delta}}=\boldsymbol{A}\boldsymbol{\delta}+\sum_{i=1}^{N}\boldsymbol{B}_i\boldsymbol{U}_{e,i} \tag{5-30}$$

式中：$\boldsymbol{U}_{e,i}=\boldsymbol{u}_{q,i}+\boldsymbol{u}_{\mathrm{com},i}$，$[\boldsymbol{u}_{\mathrm{com},1};\boldsymbol{u}_{\mathrm{com},2};\cdots;\boldsymbol{u}_{\mathrm{com},n}]=[\boldsymbol{B}_1,\boldsymbol{B}_2,\cdots,\boldsymbol{B}_n]\boldsymbol{B}_p\boldsymbol{u}_{q,p}$。

## 5.4.2 协同观测博弈模型

本小节对混合博弈控制问题中的两个子问题进行描述。

**1. 一对一追逃博弈模型**

定义$P\subseteq\mathbb{R}^3$和$E\subseteq\mathbb{R}^3$分别为虚拟主航天器与非合作目标的策略空间。为了量化航天器追逃博弈的结果，控制性能指标$J:P\times E\to\mathbb{R}$定义如下：

$$J(\boldsymbol{x}_0,\boldsymbol{u}_p,\boldsymbol{u}_k)=\frac{1}{2}\int_0^{\infty}(\boldsymbol{x}^{\mathrm{T}}\boldsymbol{Q}_i\boldsymbol{x}+\boldsymbol{u}_p^{\mathrm{T}}\boldsymbol{R}_p\boldsymbol{u}_p-\boldsymbol{u}_e^{\mathrm{T}}\boldsymbol{R}_e\boldsymbol{u}_e)\mathrm{d}t \tag{5-31}$$

式中：$\boldsymbol{R}_p\in\mathbb{R}^{3\times3}$、$\boldsymbol{R}_e\in\mathbb{R}^{3\times3}$为对称正定的加权矩阵。

在该博弈问题中，虚拟主航天器的目标是通过设计控制策略$\boldsymbol{u}_p$来最小化$J(\boldsymbol{x}_0,\boldsymbol{u}_p,\boldsymbol{u}_e)$，而非合作目标则通过设计逃逸控制策略$\boldsymbol{u}_e$来最大化$J(\boldsymbol{x}_0,\boldsymbol{u}_p,\boldsymbol{u}_e)$。由于两者的追求目标完全相反，因此，虚拟主航天器与非合作目标构成零和博弈。最后，追逃博弈的结果将会处于纳什平衡，此时控制策略$(\boldsymbol{u}_p^*,\boldsymbol{u}_e^*)$满足如下不等式：

$$J(\boldsymbol{x}_0,\boldsymbol{u}_p^*,\boldsymbol{u}_e)\leqslant J(\boldsymbol{x}_0,\boldsymbol{u}_p^*,\boldsymbol{u}_e^*)\leqslant J(\boldsymbol{x}_0,\boldsymbol{u}_p,\boldsymbol{u}_e^*) \tag{5-32}$$

这说明，任何一个航天器都不可能通过单方面的努力来进一步提高其 $J(\boldsymbol{x}_0,\boldsymbol{u}_p,\boldsymbol{u}_k)$ 的优化程度。

因此，一对一追逃博弈问题可以通过下式描述：

$$J^*(\boldsymbol{x}_0)=\min_{u_p}\max_{u_e}J(\boldsymbol{x}_0,\boldsymbol{u}_p,\boldsymbol{u}_e)=\max_{u_e}\min_{u_p}J(\boldsymbol{x}_0,\boldsymbol{u}_p,\boldsymbol{u}_e) \tag{5-33}$$

通过对该问题的求解，得到零和博弈对应的鞍点解，从而实现对目标航天器的接近。

**2. 领导者-跟随者博弈模型**

观测航天器跟随虚拟主航天器机动是一种合作博弈，每个观测航天器的控制性能指标定义为

$$J_i(\boldsymbol{\delta},\boldsymbol{u}_i,\boldsymbol{u}_{-i})=\frac{1}{2}\int_0^\infty\left(\boldsymbol{\delta}^{\mathrm{T}}\boldsymbol{Q}_i\boldsymbol{\delta}+\sum_{j=1}^{N}\boldsymbol{u}_j^{\mathrm{T}}\boldsymbol{R}_{ij}\boldsymbol{u}_j\right)\mathrm{d}t;\quad i\in\mathcal{N} \tag{5-34}$$

式中：$\boldsymbol{Q}_i\in\mathbb{R}^{6\times6}$、$\boldsymbol{R}_{ij}\in\mathbb{R}^{3\times3}$ 为对称正定的加权矩阵；$\boldsymbol{u}_i$ 为观测航天器 $i$ 的控制策略；$\boldsymbol{u}_{-i}$ 为除了观测航天器 $i$ 以外别的观测航天器的控制策略。观测航天器之间通过独立优化各自性能指标函数式（5-34）来获得最优控制策略 $\{\boldsymbol{u}_1^*,\boldsymbol{u}_2^*,\cdots,\boldsymbol{u}_N^*\}$。

在航天器组成的协同观测系统中，虚拟主航天器并不参与构型保持的合作博弈，将本节所研究的图形博弈标记为 $G(\mathcal{N},J_i,\mathbb{R}^{6N})$。

**假设 5.1**：对于任意的 $i\in\mathcal{N}$，成本函数 $J_i$ 属于 $C^1$，且 $\forall\boldsymbol{\delta}_{-i}\in\mathbb{R}^{6(N-1)}$，$J_i$ 是关于 $\boldsymbol{\delta}_i$ 的严格凸函数。

**定义 5.1**：针对图形博弈 $G(\mathcal{N},J_i,\mathbb{R}^{6N})$，对于任意的 $\boldsymbol{\delta}_i\in\mathbb{R}^6$，如果下列不等式

$$J_i(\boldsymbol{\delta}_i^*,\boldsymbol{\delta}_{-i}^*)\leqslant J_i(\boldsymbol{\delta}_i,\boldsymbol{\delta}_{-i}^*),\quad i\in\mathcal{N} \tag{5-35}$$

同时成立，那么 $(\boldsymbol{\delta}_i^*,\boldsymbol{\delta}_{-i}^*)$ 被称为纳什平衡点。

**定义 5.2**[11]：$\{\boldsymbol{u}_1,\cdots,\boldsymbol{u}_N,\boldsymbol{u}_p,\boldsymbol{u}_e\}$ 定义为集合 $\boldsymbol{\Omega}$ 上的容许控制策略，表示为 $\{\boldsymbol{u}_1,\cdots,\boldsymbol{u}_N,\boldsymbol{u}_p,\boldsymbol{u}_e\}\in\boldsymbol{\Psi}(\boldsymbol{\Omega})$，如果 $\{\boldsymbol{u}_1,\cdots,\boldsymbol{u}_N,\boldsymbol{u}_p,\boldsymbol{u}_e\}$ 在包含原点的集合 $\boldsymbol{\Omega}$ 上是连续的，则对于 $\forall\boldsymbol{x}_0\in\boldsymbol{\Omega}$，值函数式（5-31）和式（5-34）是有限的。

因此，基于目标函数式（5-31）和式（5-34），观测航天器 1 到 $N$、虚拟主航天器 $P$ 以及非合作目标 $E$ 可以达到纳什均衡 $\{\boldsymbol{u}_1^*,\cdots,\boldsymbol{u}_N^*,\boldsymbol{u}_p^*,\boldsymbol{u}_e^*\}$，同时使得所有的性能指标可以最优化，纳什均衡定义如下。

**定义 5.3**：在该多航天器混合博弈系统中，如果 $\{\boldsymbol{u}_1^*,\cdots,\boldsymbol{u}_N^*,\boldsymbol{u}_p^*,\boldsymbol{u}_e^*\}$ 满足下式，则达到纳什均衡[12]：

$$J_i^*\{\boldsymbol{u}_1^*,\cdots,\boldsymbol{u}_i^*,\boldsymbol{u}_N^*,\boldsymbol{u}_p^*\}\leqslant J_i^*\{\boldsymbol{u}_1^*,\cdots,\boldsymbol{u}_i,\cdots,\boldsymbol{u}_N^*,\boldsymbol{u}_p^*\},\quad i\in\mathcal{N} \tag{5-36}$$

更进一步，$\{\boldsymbol{u}_p^*,\boldsymbol{u}_e^*\}$ 满足

$$J_p^*\{\boldsymbol{u}_1^*,\cdots,\boldsymbol{u}_N^*,\boldsymbol{u}_p^*,\boldsymbol{u}_e^*\}\leqslant J_p^*\{\boldsymbol{u}_1^*,\cdots,\boldsymbol{u}_N,\boldsymbol{u}_p^*,\boldsymbol{u}_e^*\}\leqslant J_p^*\{\boldsymbol{u}_1^*,\cdots,\boldsymbol{u}_N,\boldsymbol{u}_p^*,\boldsymbol{u}_e^*\} \tag{5-37}$$

最优策略序列$\{\boldsymbol{u}_1^*,\cdots,\boldsymbol{u}_N,\boldsymbol{u}_p^*,\boldsymbol{u}_e^*\}$达到纳什均衡，使得每个参与者的价值函数都可以优化。在这种纳什均衡中，没有一个航天器可以通过改变其输入策略来提高其性能指标。因此，观测航天器通过对上述优化问题进行求解，获得协同观测混合博弈系统的纳什均衡策略，形成对目标航天器观测构型。

### 5.4.3 博弈策略设计与求解

**1. 一对一追逃博弈策略设计与求解**

由式（3-14）得，虚拟主航天器 $P$ 与非合作目标 $E$ 的纳什均衡反馈策略为

$$\begin{cases}\boldsymbol{u}_p^*=-\boldsymbol{R}_p^{-1}\boldsymbol{B}_p^{\mathrm{T}}\boldsymbol{P}\boldsymbol{x}\\ \boldsymbol{u}_e^*=-\boldsymbol{R}_e^{-1}\boldsymbol{B}_e^{\mathrm{T}}\boldsymbol{P}\boldsymbol{x}\end{cases}\tag{5-38}$$

则 HJ 方程可以整理为

$$0=\frac{1}{2}\boldsymbol{x}^{\mathrm{T}}\boldsymbol{Q}\boldsymbol{x}+\boldsymbol{x}^{\mathrm{T}}\boldsymbol{P}\boldsymbol{A}\boldsymbol{x}-\frac{1}{2}\boldsymbol{x}^{\mathrm{T}}\boldsymbol{P}\boldsymbol{B}_p\boldsymbol{R}_p^{-1}\boldsymbol{B}_p^{\mathrm{T}}\boldsymbol{P}\boldsymbol{x}+\frac{1}{2}\boldsymbol{x}^{\mathrm{T}}\boldsymbol{P}\boldsymbol{B}_e\boldsymbol{R}_e^{-1}\boldsymbol{B}_e^{\mathrm{T}}\boldsymbol{P}\boldsymbol{x}\tag{5-39}$$

进一步整理式（5-39）可得

$$0=\boldsymbol{A}^{\mathrm{T}}\boldsymbol{P}+\boldsymbol{P}\boldsymbol{A}+\boldsymbol{Q}-\boldsymbol{P}\boldsymbol{B}_p\boldsymbol{R}_p^{-1}\boldsymbol{B}_p^{\mathrm{T}}\boldsymbol{P}+\boldsymbol{P}\boldsymbol{B}_e\boldsymbol{R}_e^{-1}\boldsymbol{B}_e^{\mathrm{T}}\boldsymbol{P}\tag{5-40}$$

对上述代数黎卡提方程求解，可求得矩阵 $\boldsymbol{P}$，进而按照式（5-38）得到虚拟主航天器与目标航天器的博弈策略。

**2. 领导者-跟随者博弈策略设计与求解**

由式（2-164）得，观测航天器值函数的微分等价形式为

$$0=\left(\frac{1}{2}\boldsymbol{\delta}^{\mathrm{T}}\boldsymbol{Q}_i\boldsymbol{\delta}+\frac{1}{2}\sum_{j=1}^{N}\boldsymbol{u}_j^{\mathrm{T}}\boldsymbol{R}_{ij}\boldsymbol{u}_j\right)+(\nabla V_i)^{\mathrm{T}}\left(\boldsymbol{A}\boldsymbol{\delta}+\sum_{j=1}^{N}\boldsymbol{B}_j\boldsymbol{u}_j\right),\quad i\in\mathcal{N}\tag{5-41}$$

式中：$\nabla V_i=\partial\boldsymbol{V}_i/\partial\boldsymbol{\delta}$。

由式（2-169），可以得到观测航天器 $i$ 对应的反馈控制为

$$\boldsymbol{u}_i=-\boldsymbol{R}_{ii}^{-1}\boldsymbol{B}_i^{\mathrm{T}}\boldsymbol{P}_i\boldsymbol{\delta},\quad i\in\mathcal{N}\tag{5-42}$$

经过类似式（2-164）~式（2-172）的推导，我们可以得到观测航天器 $i$ 的代数黎卡提方程：

$$\begin{aligned}0=&\left(\boldsymbol{A}-\sum_{j=1,j\neq i}^{N}\boldsymbol{S}_j\boldsymbol{P}_j\right)^{\mathrm{T}}\boldsymbol{P}_i+\boldsymbol{P}_i\left(\boldsymbol{A}-\sum_{j=1,j\neq i}^{N}\boldsymbol{S}_j\boldsymbol{P}_j\right)+\\&\boldsymbol{Q}_i-\boldsymbol{P}_i\boldsymbol{S}_i\boldsymbol{P}_i+\sum_{j=1,j\neq i}^{N}\boldsymbol{P}_j\boldsymbol{S}_{ji}\boldsymbol{P}_j\end{aligned}\tag{5-43}$$

式中：$\boldsymbol{S}_i=\boldsymbol{B}_i\boldsymbol{R}_{ii}^{-1}\boldsymbol{B}_i^{\mathrm{T}}$，$\boldsymbol{S}_j=\boldsymbol{B}_j\boldsymbol{R}_{jj}^{-1}\boldsymbol{B}_j^{\mathrm{T}}$，$\boldsymbol{S}_{ji}=\boldsymbol{B}_j\boldsymbol{R}_{jj}^{-1}\boldsymbol{R}_{ij}\boldsymbol{R}_{jj}^{-1}\boldsymbol{B}_j^{\mathrm{T}}$。

取 $i=1,2,\cdots,N$，可以得到耦合的代数黎卡提方程组，利用式（2-173）和式（2-174）所给出的李雅普诺夫迭代法进行式（5-43）的求解可以得到矩阵 $\boldsymbol{P}_i$，代入式（5-42），从而得到状态反馈控制策略[13]。

**注**：在本节中，航天器观测系统模型主要是基于线性CW方程，在大多数情况下，航天器的相对运动方程是非线性的，这就难免期望构型会出现偏差。然而，博弈问题的复杂性，即使对于一些简单的博弈问题，非线性都有可能会使得博弈均衡的全局解析解难以甚至无法求取。为寻求具有复杂非线性动力学及局部目标函数的博弈系统的均衡解，有学者将强化学习的思想引入微分博弈均衡问题的求解中，提出了自适应动态规划的方法[14]，该方法可以通过策略迭代逼近最优控制策略。因此，基于非线性动力学方程的占优构型博弈保持控制问题可以通过该方法对其进行求解[15]，具体推导及结果可参考3.3.4节。

## 5.5 仿真验证

本节通过数值仿真验证所提出的航天器协同观测占有构型设计和博弈控制方法的有效性。

### 5.5.1 观测占优构型设计

假设航天器形成观测构型后与目标的速度比 $\lambda$ 最小为0.7，由式（5-12）可知，所需最小合围观测航天器数量为4，再加轨道面法向一个航天器进行辅助观测，故最小数量 $n=5$。假设5个观测航天器与虚拟主航天器通信拓扑如图5-9所示，6代表虚拟主航天器，1、2、3、4、5代表观测航天器，箭头表示信息从一方流入另一方。

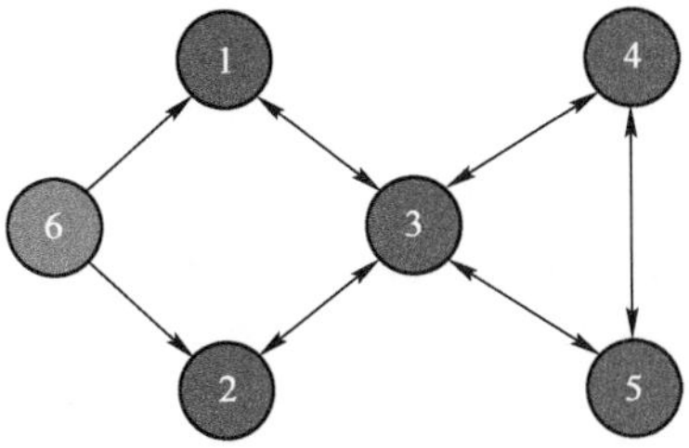


**图5-9 通信拓扑图**

假设 $H=10\text{m}$，非合作目标大小为10m×10m×10m，观测航天器大小为 $b=d=l=1\text{m}$，CCD相机焦距 $f=1\text{m}$，由式（5-16）得，最佳成像距离 $L_d=H\cdot f/l=10\text{m}$，故观测占优构型半径为10m可以在合围时同时满足观测需求，观测占优构型如图5-10所示，各个观测航天器的期望相对轨道位置（单位：m）为 $\boldsymbol{x}_1=[10;0;0]$，$\boldsymbol{x}_2=[0;10;0]$，$\boldsymbol{x}_3=[0;0;10]$，$\boldsymbol{x}_4=[0;-10;0]$，$\boldsymbol{x}_5=[-10;0;0]$，$\boldsymbol{x}_6=[0;0;0]$，以形成对目标的占优观测态势。

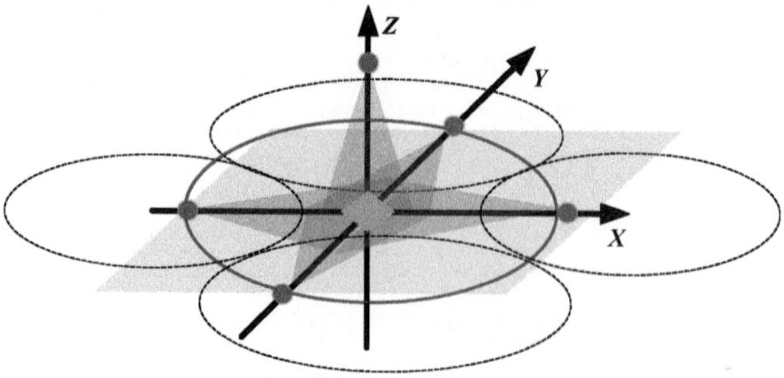


图 5-10　观测占优构型

## 5.5.2　构型形成策略有效性仿真

### 1. 算例 1：目标无机动

本小节假设非合作目标不存在逃逸机动，检验本章所提出的混合博弈控制方法形成构型的有效性。假设各个观测航天器与目标初始相对轨道位置（m）分别为 $\boldsymbol{x}_1=[62;50;-50]$，$\boldsymbol{x}_2=[62;52;-50]$，$\boldsymbol{x}_3=[64;50;-50]$，$\boldsymbol{x}_4=[64;48;-50]$，$\boldsymbol{x}_5=[64;52;-50]$，$\boldsymbol{x}_6=[60;50;-50]$。虚拟主航天器与目标为非合作博弈控制，观测航天器之间为合作博弈控制，控制幅值约束为 $u_{i\max}=5\text{m/s}^2$。支付函数中的加权矩阵设置为 $\boldsymbol{Q}_p=10^{-4}\boldsymbol{I}_6$，$\boldsymbol{Q}_i=10^{-2}\boldsymbol{I}_6$，$\boldsymbol{R}_i=0.01\boldsymbol{I}_3$；仿真时间 100s，仿真步长为 0.01s。

图 5-11 为虚拟主航天器和 5 个观测航天器与目标的运动状态图，图 5-11（a）、（b）和（c）分别为虚拟主航天器和观测航天器的 $x$ 轴、$y$ 轴和 $z$ 轴上的运动轨迹，可以看出最终每个航天器都跟踪到期望的位置并保持。

图 5-12 为观测航天器在形成观测构型过程中的空间轨迹变化图，由图可以看出，随着时间的变化，多航天器协同不断调整空间占位，最终建立并保持所期望的观测构型。

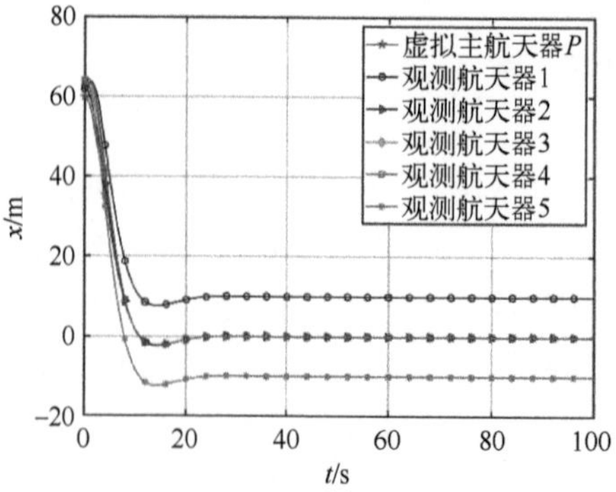


(a)

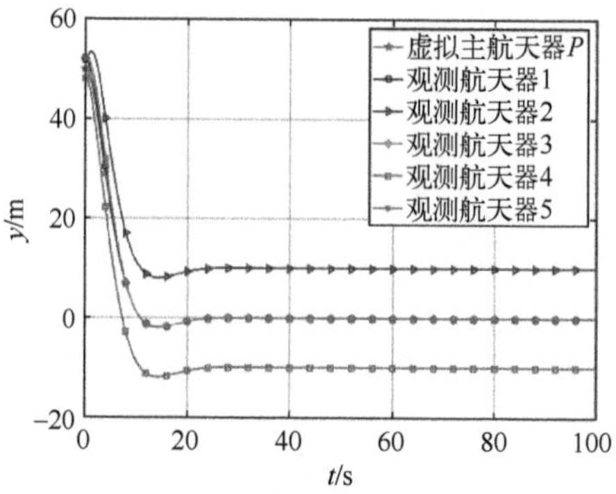


(b)

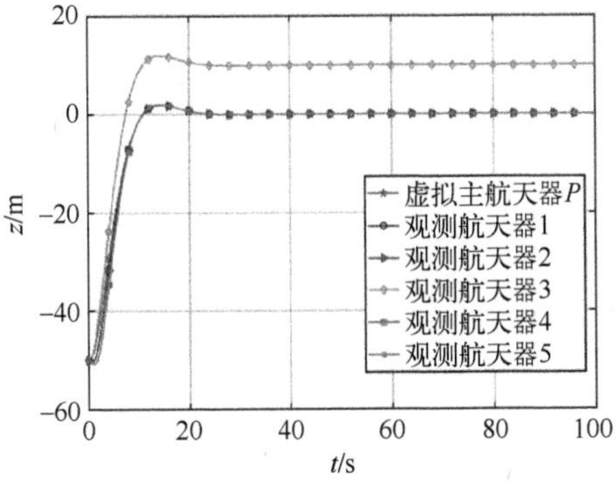

(c)

**图 5-11　观测航天器系统运动状态图**

（a）$x$ 轴跟踪轨迹；（b）$y$ 轴跟踪轨迹；（c）$z$ 轴跟踪轨迹。

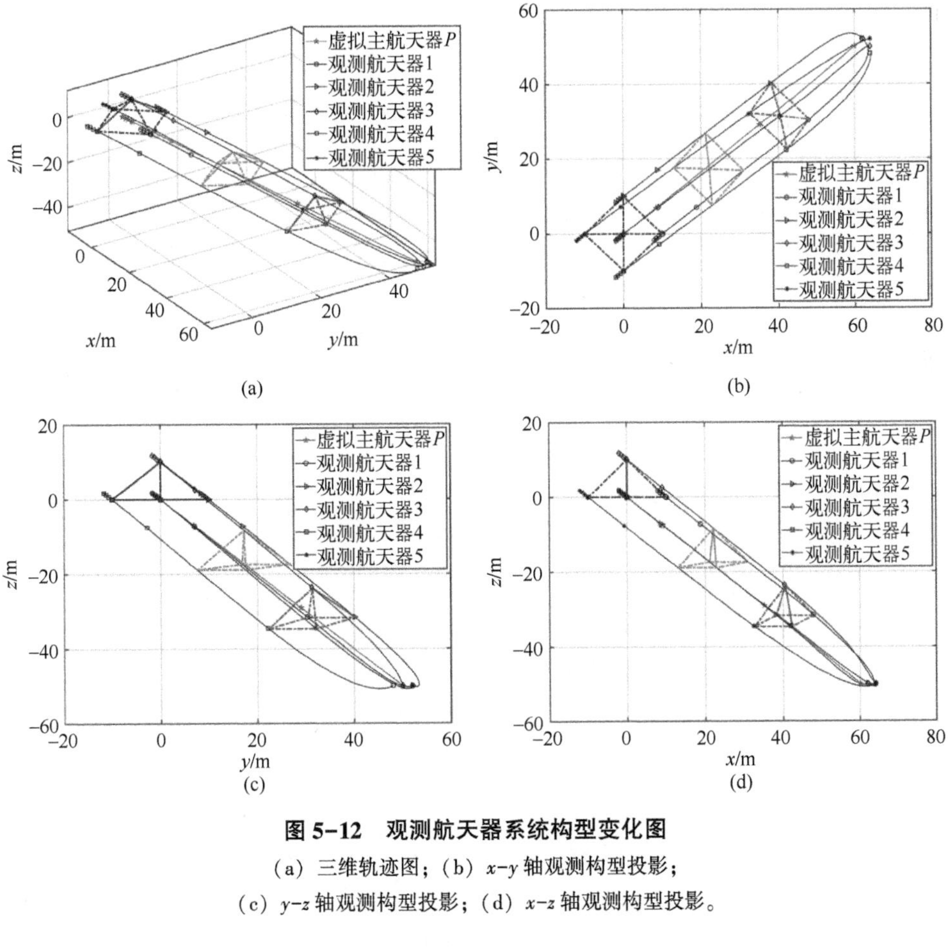


**图 5-12　观测航天器系统构型变化图**

（a）三维轨迹图；（b）$x$-$y$ 轴观测构型投影；

（c）$y$-$z$ 轴观测构型投影；（d）$x$-$z$ 轴观测构型投影。

图 5-13 为各个航天器的三轴控制加速度变化曲线图，由图可以看出，在观测任务刚开始，由于与目标之间的距离较远，此时所需要的控制量变化较大，随着时间的推移，观测航天器逐渐形成所期望的观测构型，所需要的控制量逐渐趋于稳定。

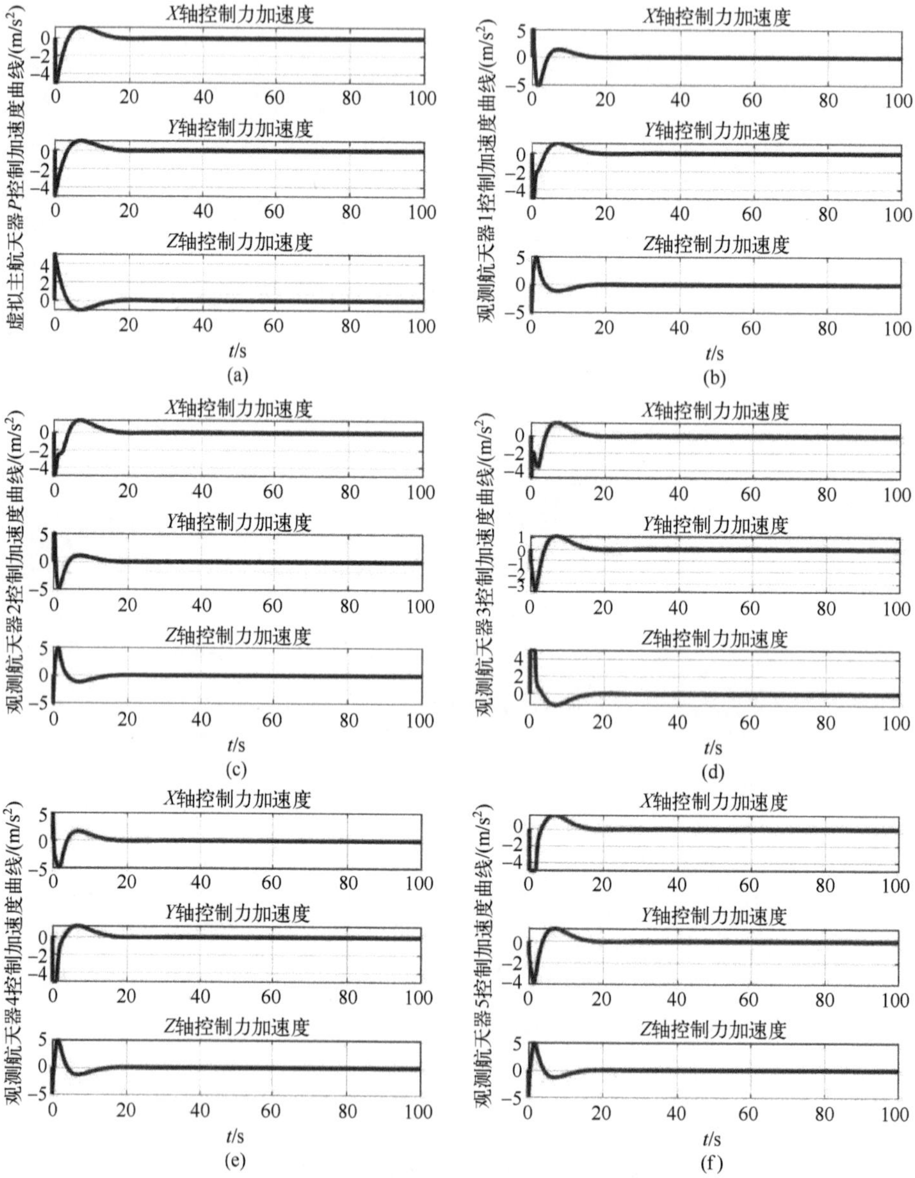


**图 5-13 航天器控制加速度随时间变化图**

(a) 虚拟主航天器 $P$ 控制曲线；(b) 观测航天器 1 控制曲线；(c) 观测航天器 2 控制曲线；(d) 观测航天器 3 控制曲线；(e) 观测航天器 4 控制曲线；(f) 观测航天器 5 控制曲线。

**2. 算例 2：目标博弈机动**

本小节考虑非合作目标存在博弈机动，机动策略为纳什均衡策略。为了突出本章所采用的协同博弈策略的优势，将混合博弈控制方法与传统的 LQR 控制进行对比，混合博弈控制方法的加权矩阵分别为 $\boldsymbol{Q}_{pe}=10^{-4}\boldsymbol{I}_6$，$\boldsymbol{Q}_i=10^{-2}\boldsymbol{I}_6$，$\boldsymbol{R}_p=0.01\boldsymbol{I}_3$，$\boldsymbol{R}_e=0.02\boldsymbol{I}_3$，$\boldsymbol{R}_i=0.01\boldsymbol{I}_3$。LQR 方法选择目标函数中的矩阵为 $\boldsymbol{Q}_p=10^{-4}\boldsymbol{I}_6$，$\boldsymbol{Q}_i=10^{-2}\boldsymbol{I}_6$，$\boldsymbol{R}_p=0.01\boldsymbol{I}_3$。仿真时间 100s，仿真步长 0.01s，$u_{e\max}=2\mathrm{m/s^2}$。

图 5-14 为观测航天器与非合作目标之间的状态跟踪变化图，其中图 5-14（a）（b）和（c）分别为 $x$ 轴、$y$ 轴和 $z$ 轴上的跟踪变化曲线，由图可以看出，在目标存在机动时，观测航天器与目标博弈并且逐渐达到所期望的观测距离。

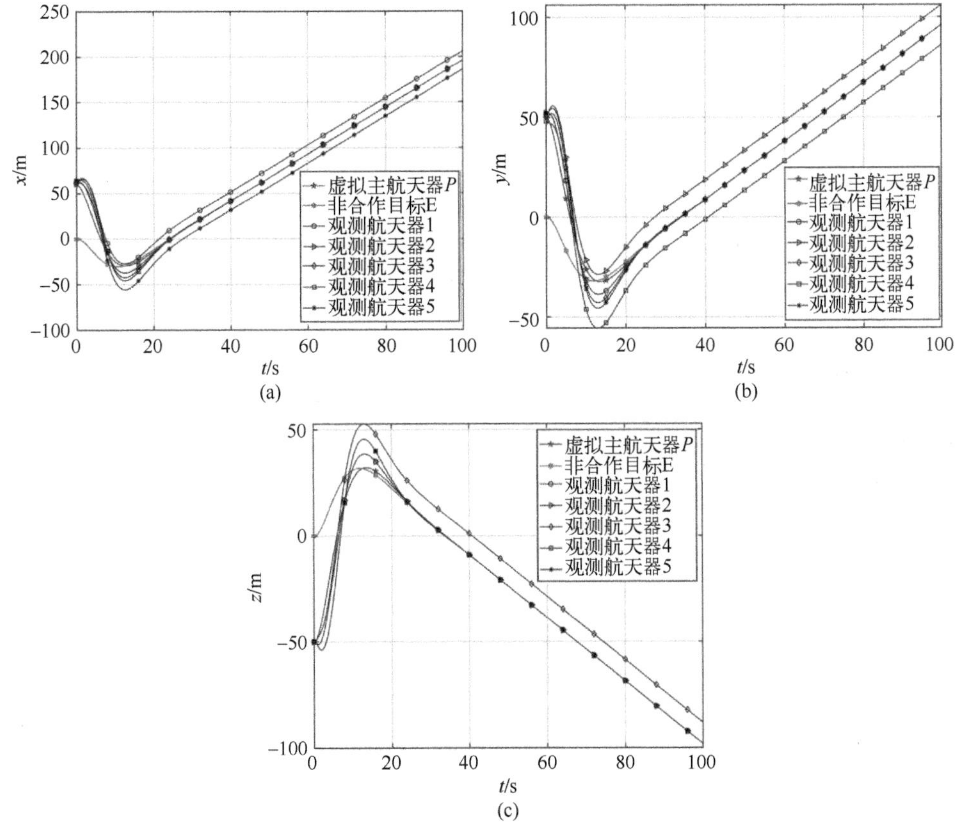


**图 5-14　观测航天器系统运动状态图（MZS）**

（a）$x$ 轴跟踪图；（b）$y$ 轴跟踪图；（c）$z$ 轴跟踪图。

图 5-15 展示了观测航天器在对目标进行合围观测过程中的空间轨迹变化，可以看出，非合作目标试图逃离多个航天器的观测，观测航天器通过协同对目标进行合围观测，并不断调整空间占位，最终稳定地跟踪非合作目标，并保持期望

的空间观测构型。

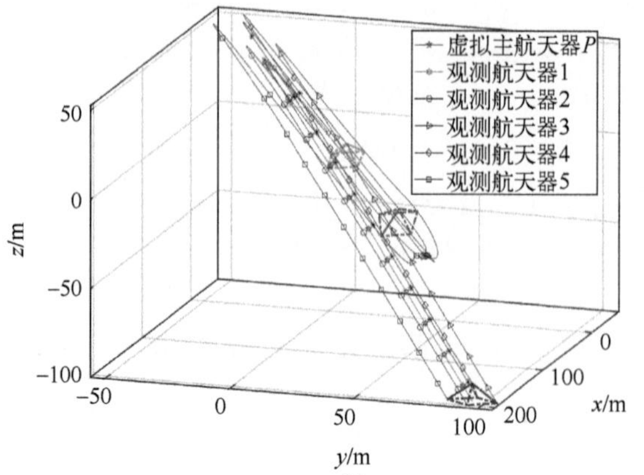
虚拟主航天器P
观测航天器1
观测航天器2
观测航天器3
观测航天器4
观测航天器5
z/m
y/m
x/m
(a)

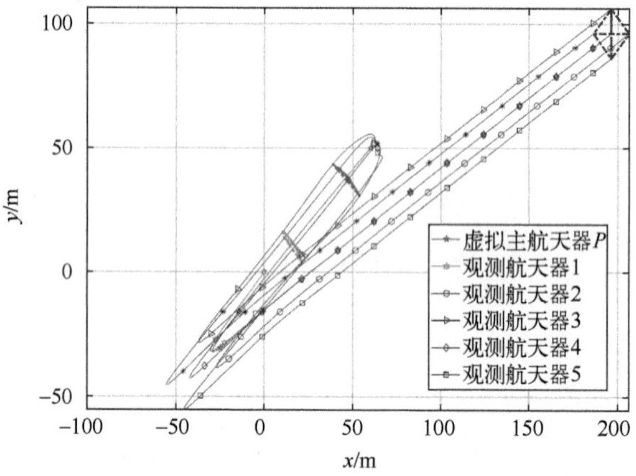
虚拟主航天器P
观测航天器1
观测航天器2
观测航天器3
观测航天器4
观测航天器5
y/m
x/m
(b)

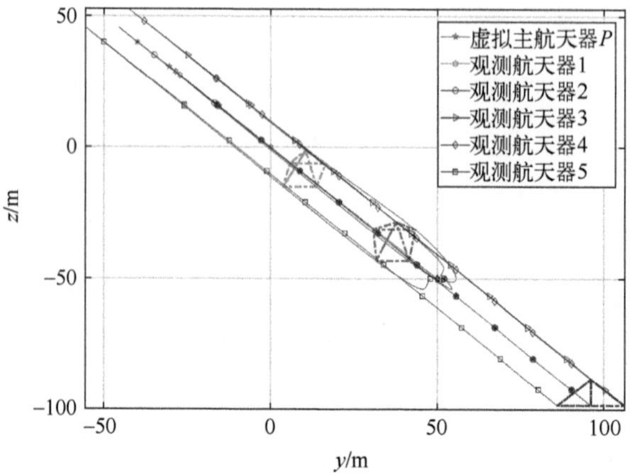
虚拟主航天器P
观测航天器1
观测航天器2
观测航天器3
观测航天器4
观测航天器5
z/m
y/m
(c)

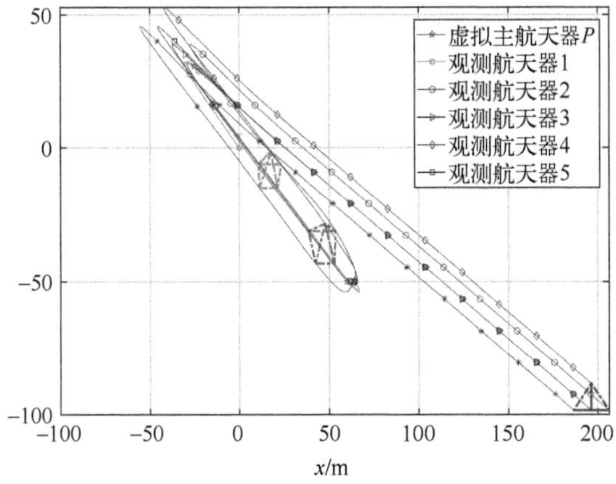

(d)

**图 5-15 航天器系统观测构型变化图**

(a) 三维轨迹图；(b) $x$-$y$ 轴观测构型投影；
(c) $y$-$z$ 轴观测构型投影；(d) $x$-$z$ 轴观测构型投影。

图 5-16 为在两种不同控制方法下的虚拟主航天器与目标之间的相对距离变化图，可以看出，混合博弈控制策略可以快速实现稳定地跟踪非合作目标，而 LQR 方法则相对缓慢，且收敛过程相对震荡。图 5-17 为在两种不同控制策略下的虚拟主航天器与目标之间的相对速度变化图，由图可以看出，混合博弈控制策略取得了较好结果，并且比 LQR 具有更好的鲁棒性，这是因为在决策的过程考虑到了目标的策略。图 5-18 分别为两种策略下的虚拟主航天器的控制加速度随时间变化曲线。可以看出，采用混合博弈策略可以在燃耗较小的情况下快速收敛。

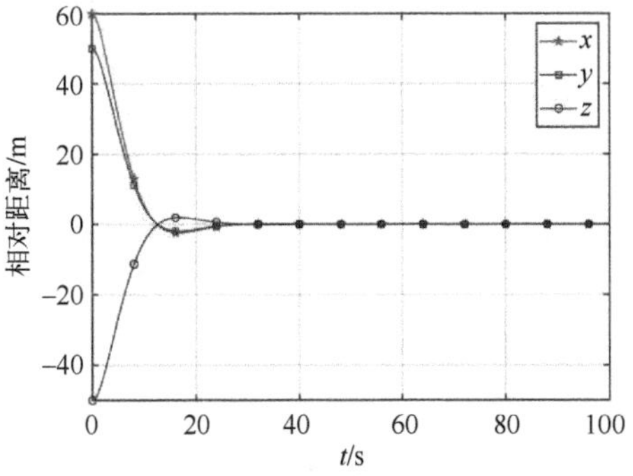

(a)

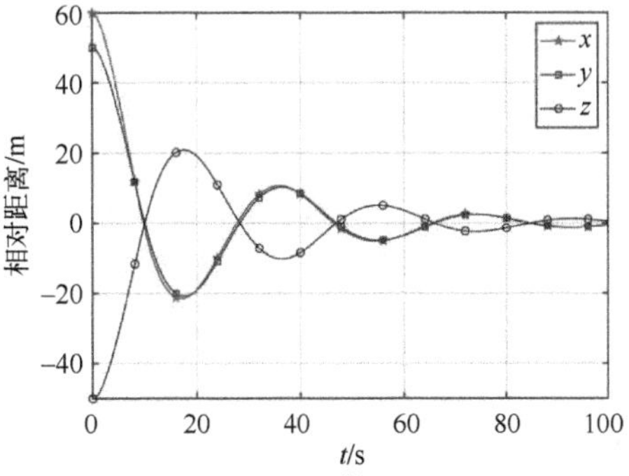

(b)

**图 5-16 虚拟主航天器相对距离变化图**

(a) 混合博弈控制策略；(b) LQR 控制策略。

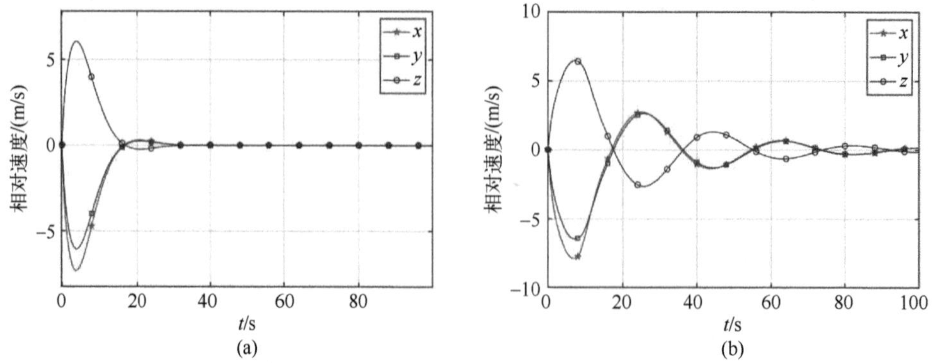


**图 5-17 虚拟主航天器相对速度变化图**

（a）混合博弈控制策略；（b）LQR 控制策略。

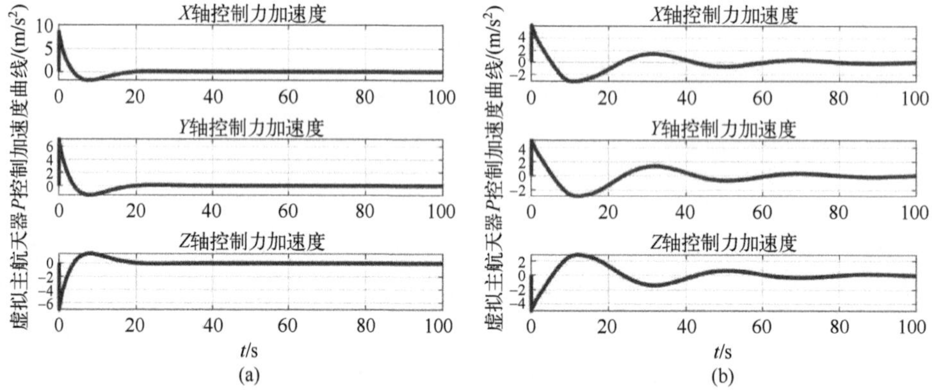


**图 5-18 虚拟主航天器加速度变化曲线图**

（a）混合博弈控制策略；（b）LQR 控制策略。

## 5.5.3 观测占优构型成像效果评估

本小节通过观测成像效果评估，来验证本章所设计的观测占优构型对非合作目标存在机动行为时成像的有效性。假设非合作目标大小为 10m×10m×10m。观测航天器大小为 $b=d=l=1$m，CCD 相机焦距 $f=1$m，视场角为 45°，相机帧率 $s=1/50$，假设近距离成像作业最大有效观测时间为 4$s$，由相机帧率可知获得一张照片的时间 $t=0.02s$，最大有效观测照片数量 $N_{max}=200$，光学传感器性能参数 $a=1/2$，$c=1$，$v=1/3$，像移量 $\epsilon_{max}=5$mm。

当目标机动时，观测航天器 4 跟踪非合作目标建立并保持观测占优构型对其观测。图 5-19 为观测航天器 4 在跟踪目标过程中的观测影响因素评估图。图 5-19（a）为可见性评估，从图中可以看出，在跟踪的过程中，观测航天器 4 始终满足空间可见性约束条件，可以对目标进行观测。图 5-19（b）为在跟踪过程中的观测距离影响，观测航天器 4 在逐渐抵近目标的过程中，观测距离影响评估分值逐渐增大，代表成像效果逐渐变好。由于非合作目标的博弈机动，双方之间的相对距离变化较为激烈，当相对距离小于观测距离最小临界值时，成像分值为 0，因此该阶段评估分值波动变化较大。随着观测构型的建立与保持，观测航天器 4 逐渐稳定跟踪到非合作目标，并保持最佳的空间占位，此时观测距离影响评估分值达到最大。

图 5-19（c）为观测航天器 4 的像移影响评估图，从图中可以看出，一开始观测航天器 4 与目标之间的相对速度变化较小，故像移评估分值较高。由于目标的博弈机动，在观测航天器 4 跟踪目标的过程中，追逃前期双方相对速度变化较大，故此时像移量增大，导致像素模糊，最终超过阈值，分值为零。但随着观测航天器 4 与目标之间的相对速度逐渐稳定，像移评估分值达到最大。

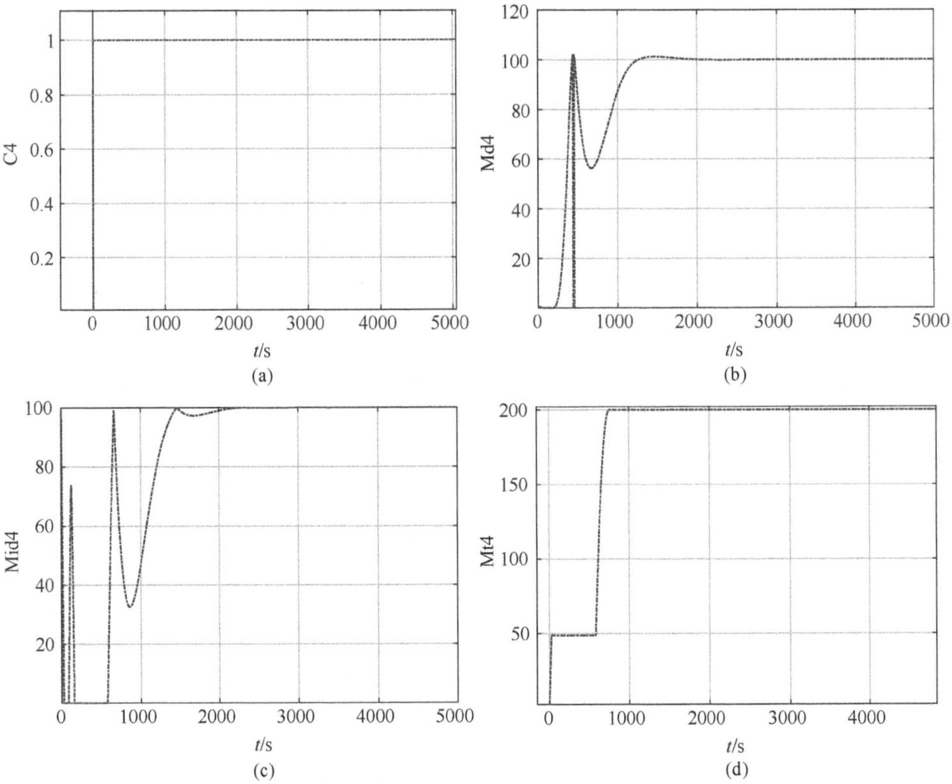


**图 5-19　观测航天器 4 观测影响因素评估**

（a）光学可见性评估；（b）观测距离影响评估；（c）像移影响评估；（d）有效观测时间影响评估。

图 5-19（d）为观测航天器 4 在接近目标过程中的有效观测时间评估分值，从图中可以看出，初始时刻由于观测航天器 4 的相对状态满足成像要求，故有效观测时间增加，但随着目标的博弈机动，双方状态变化较为激烈，无法进行有效观测，故此时有效观测时间不再增加。随着观测航天器 4 逐渐形成观测构型，观测航天器 4 与目标之间的相对状态满足成像要求，此时有效观测时间快速增加，并趋于饱和。

图 5-20（a）为非合作目标无机动时，观测航天器 4 的综合观测效果评估图，分值 $M4=96.53$。图 5-20（b）为非合作目标机动时，观测航天器 4 的综合观测效果评估图，分值 $M4=91.28$，由图中可以看出，观测航天器 4 的综合观测评估分值损失了 5.4%，对于机动目标仍然可以取得不错的成像效果。

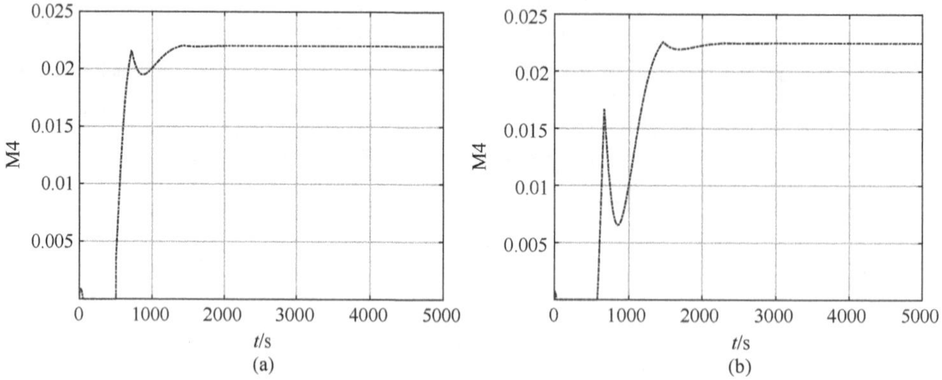


**图 5-20 观测航天器 4 综合观测效果评估**

（a）目标无机动；（b）目标机动。

图 5-21 为目标机动时其他观测航天器的综合观测效果评估图。图 5-21（a）为观测航天器 1 的综合观测评估图，分值 $M1=97.11$。图 5-21（b）为观测航天器 2 的综合观测效果评估图，分值 $M2=95.94$。图 5-21（c）为观测航天器 3 的综合观测效果评估图，分值 $M3=90.32$。图 5-21（d）为观测航天器 5 的综合观测效果评估图，分值 $M5=37.02$。可以看出，多航天器在观测占优构型下都取得了良好的成像效果，但观测航天器 5 分值较低，这是因为在观测构型建立与保持的过程中，观测航天器 5 的相机视场角存在阳光直视的情况，无法进行有效观测。但为了避免目标在此盲区进行逃逸来远离多个航天器的联合观测视场，观测航天器 5 牺牲观测效果进行空间合围占位，来提高整体观测效果。

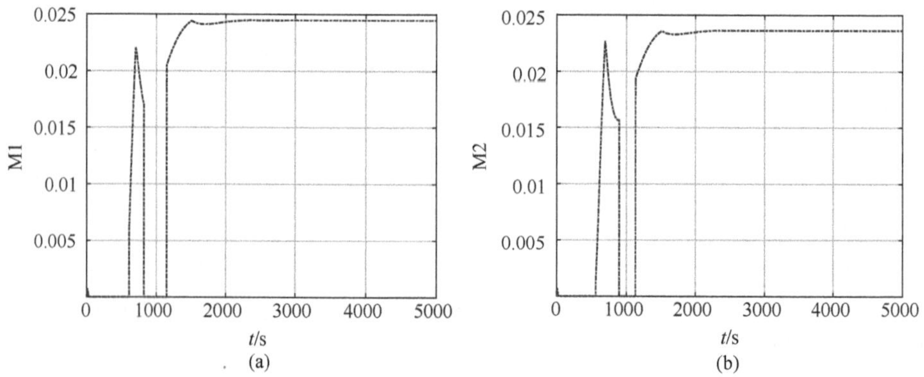

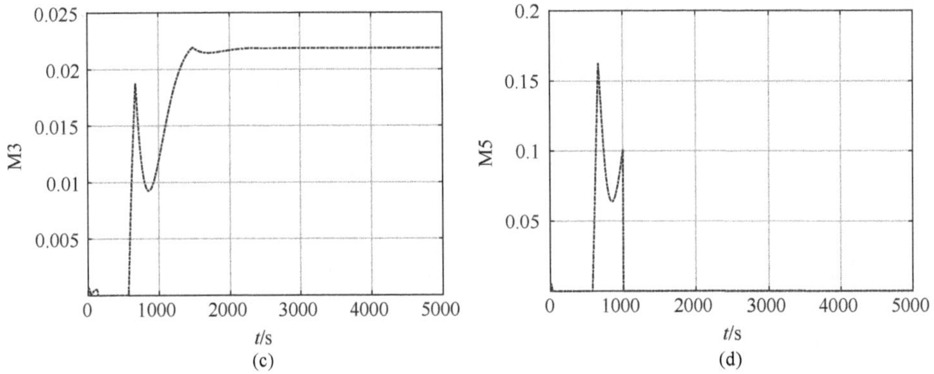


**图 5-21　观测航天器系统综合观测效果评估**

(a) 观测航天器1；(b) 观测航天器2；(c) 观测航天器3；(d) 观测航天器5。

## 5.6 小结

本章针对多航天器协同观测空间非合作目标问题，以“跟得上”“看得清”为目标，研究了多航天器空间观测占优构型设计方法和基于混合博弈控制策略的多航天器协同决策方法。主要研究工作和结果如下。

(1) 在多航天器近距离成像作业中，重点研究了观测对象具有非合作特性下的观测构型设计问题。首先，分析了空间观测环境因素，建立了光学观测可见性约束模型；其次，根据空间非合作目标的机动特性，结合多方位观测优势，采取边合围边观测的方案，利用 Apollonius 圆对目标的观测占优构型进行辅助设计，使得在目标机动条件下多航天器仍然能够有效观测；为了对观测构型成像效果进行量化和评估，根据光学传感器特性，设计了综合观测评价指标。仿真实验表明，本章所设计的观测占优构型可以在非合作目标机动时进行近距离观测，获得良好的成像效果。

(2) 针对空间观测占优构型形成的多航天器协同决策问题，本章将多航天器协同观测的混合博弈控制问题转换为虚拟主航天器与非合作目标之间的一对一轨道追逃问题和观测航天器系统与虚拟主航天器之间的领导者-跟随者博弈控制问题。分别对上述两个子问题进行策略设计，并采用李雅普诺夫迭代法对协同策略进行求解。仿真结果表明，本章所提出的多航天器构型保持博弈控制策略在非合作目标机动时可以快速跟踪上目标，并保持期望的观测构型，实现了空间观测占优构型的建立与保持，满足近距离成像需求。

## 参考文献

[1] 宫经刚，宁宇，吕楠. 美国高轨天基态势感知技术发展与启示 [J]. 空间控制技术与应

用，2021，47（1）：1-7.

[2] HAN N，LUO J，ZHENG Z. Robust coordinated control for on-orbit substructure transportation under distributed information [J]. Nonlinear Dynamics，2021，104（3）：2331-2346.

[3] 常燕，陈韵，鲜勇．椭圆轨道上目标监测绕飞轨道构型设计与构型保持 [J]．系统工程与电子技术，2017，39（6）：1317-1324.

[4] JIA B，PHAM K D，BLASCH E，et al. Cooperative space object tracking using space-based optical sensors via consensus-based filters [J]. IEEE Transactions on Aerospace and Electronic Systems，2016，52（4）：1908-1936.

[5] 侯志璞，李振瑜，周建勇，等．空间近距离光学观测任务评估研究 [C]//第三届中国空天安全会议论文集，2021：28-35.

[6] 肖余之，陈记争．基于轨道机动的高轨目标自主感知技术 [J]．航天返回与遥感，2021，42（1）：1-10.

[7] CHEN J，ZHA W，PENG Z，et al. Multi-player pursuit-evasion games with one superior evader [J]. Automatica，2016，71：24-32.

[8] LV Y，REN X. Approximate Nash solutions for multiplayer mixed-zero-sum game with reinforcement learning [J]. IEEE Transactions on Systems，Man，and Cybernetics：Systems，2018，49（12）：2739-2750.

[9] 柴源，罗建军，王明明，等．基于追逃博弈的非合作目标接近控制 [J]．宇航总体技术，2020，4（1）：30-38.

[10] LU M，LIU L. Leader-following attitude consensus of multiple rigid spacecraft systems under switching networks [J]. IEEE Transactions on Automatic Control，2019，65（2）：839-845.

[11] LIU D，LI H，WANG D. Online Synchronous Approximate Optimal Learning Algorithm for Multi-Player Non-Zero-Sum Games With Unknown Dynamics [J]. IEEE Transactions on Systems Man & Cybernetics Systems，2014，44（8）：1015-1027.

[12] CUI X，ZHANG H，LUO Y，et al. Online finite-horizon optimal learning algorithm for nonzero-sum games with partially unknown dynamics and constrained inputs [J]. Neurocomputing，2016，185：37-44.

[13] FERRANTE A，NTOGRAMATZIDIS L. On the reduction of the continuous-time generalized algebraic Riccati equation：An effective procedure for solving the singular LQ problem with smooth solutions [J]. Automatica，2018，93：554-558.

[14] VAMVOUDAKIS K G，MODARES H，KIUMARSI B，et al. Game theory-based control system algorithms with real-time reinforcement learning：How to solve multiplayer games online [J]. IEEE Control Systems Magazine，2017，37（1）：33-52.

[15] YUAN Y，ZHANG P，LI X. Synchronous Fault-Tolerant Near-Optimal Control for Discrete-Time Nonlinear PE Game [J]. IEEE Transactions on Neural Networks and Learning Systems，2020，32（10）：4432-4444.

# 06 第 6 章 多星协同姿态接管的线性鲁棒微分博弈控制

## 6.1 引言

失效航天器由于执行器故障或燃料耗尽而无法进行有效的轨道和姿态机动，这造成其上天线、观测设备等高价值有效载荷的浪费。多颗微小卫星通过互相协同，可以为失效航天器提供轨道和姿态运动所需的控制力和控制力矩，从而实现其上高价值有效载荷的再利用，这种通过多星协同接管失效航天器的在轨服务模式得到了广泛关注[1-3]。本章和后续的第 7、8 章分别研究了多星协同接管失效航天器的线性、非线性和控制受限的姿态博弈控制问题。

在多星协同接管失效航天器姿态的控制中，为了获得各颗微小卫星所需提供的姿态接管控制力矩，可通过一个中央处理器，根据现有的航天器姿态控制及控制分配方法进行微小卫星控制指令的集中解算。此时，中央处理器需要承担较大的计算及通信负担。考虑到每颗微小卫星都配备有独立的处理器，可将微小卫星视为理性的博弈参与者并利用博弈论实现各颗微小卫星独立的控制解算。为此，本章将多星协同接管失效航天器姿态的控制问题描述为多颗微小卫星之间的线性微分博弈，并考虑干扰因素构建各个微小卫星的鲁棒控制策略。首先，在模型已知的情况下，给出了线性鲁棒微分博弈模型和控制策略；其次，在此基础上，考虑到微小卫星通信能力的有限性，给出了事件触发的鲁棒博弈控制策略；最后，针对模型参数未知的情况，给出了基于数据驱动的鲁棒博弈控制方法。

## 6.2 多星协同姿态接管任务描述

利用多颗微小卫星协同接管失效航天器姿态的控制任务旨在通过多颗微小卫星的互相协作，为因执行器故障或燃料耗尽的失效航天器提供辅助姿态控制，以实现其上高价值有效载荷的回收利用。如图 6-1 所示，$N$ 颗微小卫星先通过辅助连接装置或标准化接口与失效航天器固连形成组合体，通过自身的执行机构为失效航天器提供姿态运动所需的控制力矩。多星协同姿态接管控制可描述为多颗微小卫星之间的微分博弈问题，通过博弈模型构建和 Nash 均衡求解，得到微小卫星的控制策略。

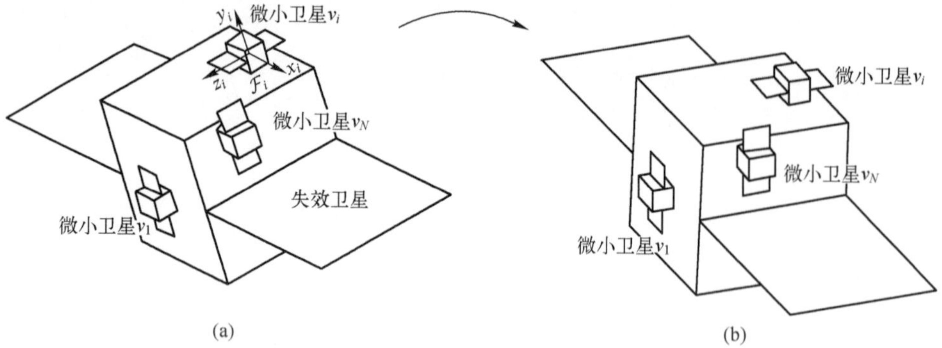


**图 6-1　失效航天器姿态接管控制示意图**

本章和后续第 7、8 章研究多星协同姿态接管问题时的基本假设如下。

（1）各微小卫星固连于失效航天器，且相对于失效航天器的方位保持不变。

（2）$N$ 颗微小卫星和失效航天器形成的组合体为刚体。

（3）失效航天器的姿控系统完全失效，所需控制力矩仅由微小卫星上三轴正交的反作用飞轮提供。

本章和第 7、8 章所涉及的坐标系包括组合体的轨道坐标系 $O_0x_0y_0z_0$、组合体的惯量主轴坐标系 $O_cx_cy_cz_c$、微小卫星 $i$ 的本体坐标系 $O_ix_iy_iz_i$ 以及组合体本体坐标系 $O_bx_by_bz_b$。其中，组合体的本体坐标系原点位于组合体的质心处，坐标轴与微小卫星 1 本体坐标系的坐标轴相平行，该坐标系可用于描述各微小卫星本体坐标系的方位。

## 6.3 线性鲁棒微分博弈控制

本节针对多星协同接管失效航天器的姿态控制问题，考虑外部干扰力矩的影响，构建基于线性姿态运动的鲁棒微分博弈模型，并基于动态规划得到各个微小卫星对应的鲁棒控制策略，从而实现失效航天器姿态接管的稳定控制。

### 6.3.1 线性鲁棒微分博弈模型

对于由 $N$ 颗微小卫星参与并协作进行的失效航天器姿态接管控制任务，本节利用欧拉角来描述组合体的姿态运动。定义 $\phi$、$\vartheta$、$\psi$ 分别为组合体的滚转角、俯仰角和偏航角。针对组合体的小角度姿态镇定问题，考虑到 $\phi$、$\vartheta$、$\psi$、$\dot{\phi}$、

$\dot{\vartheta}$、$\dot{\psi}$ 均为小量，则组合体的姿态运动学方程可基于 2.2.3 节的基于欧拉角的姿态运动学模型简化为

$$\begin{cases}\omega_x=\dot{\phi}-n_0\vartheta\\ \omega_y=\dot{\vartheta}+n_0\phi\\ \omega_z=\dot{\psi}+n_0\end{cases}\tag{6-1}$$

式中：$n_0$为组合体所在圆轨道的轨道角速度；$\boldsymbol{\omega}=[\omega_x,\omega_y,\omega_z]^{\mathrm{T}}\in\mathbb{R}^3$为组合体的姿态角速度。

由于失效航天器无法提供控制力矩，组合体的姿态动力学模型如下：

$$\boldsymbol{J}\dot{\boldsymbol{\omega}}+\boldsymbol{\omega}\times(\boldsymbol{J}\boldsymbol{\omega})=\sum_{j=1}^{N}\boldsymbol{G}_j\boldsymbol{u}_j+\boldsymbol{v}\tag{6-2}$$

式中：$\boldsymbol{J}=\mathrm{diag}[J_x,J_y,J_z]\in\mathbb{R}^{3\times3}$为在 $O_cx_cy_cz_c$坐标系下组合体的转动惯量矩阵；$\boldsymbol{G}_j\in\mathbb{R}^{3\times3}$为微小卫星 $j$ 从 $O_jx_jy_jz_j$到 $O_cx_cy_cz_c$的转换矩阵；$\boldsymbol{u}_j\in\mathbb{R}^3$为微小卫星 $j$ 在其本体坐标系 $O_jx_jy_jz_j$下的控制力矩；$\boldsymbol{v}\in\mathbb{R}^3$为干扰力矩，满足 $\boldsymbol{v}\in L_2[0,\infty]$。

将式（6-1）代入式（6-2）并略去高阶量，得到如下形式的组合体姿态运动方程：

$$\dot{\boldsymbol{x}}=\boldsymbol{A}\boldsymbol{x}+\sum_{j=1}^{N}\boldsymbol{B}_j\boldsymbol{u}_j+\boldsymbol{D}\boldsymbol{v}\tag{6-3}$$

式中：$\boldsymbol{x}=[\phi,\vartheta,\psi,\dot{\phi},\dot{\vartheta},\dot{\psi}]^{\mathrm{T}}\in\mathbb{R}^6$表示在 $O_bx_by_bz_b$下的组合体状态；各系数矩阵具体为

$$\boldsymbol{A}=\begin{bmatrix}\boldsymbol{0}_3 & \boldsymbol{I}_3\\ \boldsymbol{G}_1^{-1}\boldsymbol{A}_{21}\boldsymbol{G}_1 & \boldsymbol{G}_1^{-1}\boldsymbol{A}_{22}\boldsymbol{G}_1\end{bmatrix}$$

$$\boldsymbol{A}_{21}=\begin{bmatrix}-\dfrac{J_y-J_z}{J_x}n_0^2 & 0 & 0\\ 0 & 0 & 0\\ 0 & 0 & -\dfrac{J_y-J_x}{J_z}n_0^2\end{bmatrix},\quad \boldsymbol{A}_{22}=\begin{bmatrix}0 & 0 & -\dfrac{J_y-J_z-J_x}{J_x}n_0\\ 0 & 0 & 0\\ \dfrac{J_y-J_z-J_x}{J_z}n_0 & 0 & 0\end{bmatrix}$$

$$\boldsymbol{B}_j=\begin{bmatrix}\boldsymbol{0}_3\\ \boldsymbol{G}_1^{-1}\boldsymbol{J}^{-1}\boldsymbol{G}_j\end{bmatrix}\in\mathbb{R}^{6\times3},\quad \boldsymbol{D}=\begin{bmatrix}\boldsymbol{0}_3\\ \boldsymbol{G}_1^{-1}\boldsymbol{J}^{-1}\end{bmatrix}\in\mathbb{R}^{6\times3}$$

为了实现多星协同姿态稳定的控制目标，期望通过微小卫星的控制器设计使得系统在存在干扰，即 $\boldsymbol{v}\neq0$ 的情况下，$L_2$增益不大于给定的增益 $\gamma>0$，即

$$\int_0^{\infty}\left(\boldsymbol{x}^{\mathrm{T}}\boldsymbol{Q}_i\boldsymbol{x}+\sum_{j=1}^{N}\boldsymbol{u}_j^{\mathrm{T}}\boldsymbol{R}_{ij}\boldsymbol{u}_j\right)\mathrm{d}t\leqslant\gamma^2\int_0^{\infty}\boldsymbol{v}^{\mathrm{T}}\boldsymbol{T}_i\boldsymbol{v}\mathrm{d}t,\quad i\in\mathbb{N}\tag{6-4}$$

式中：$\boldsymbol{Q}_i\in\mathbb{R}^{6\times6}$，$\boldsymbol{R}_{ij}\in\mathbb{R}^{3\times3}$和 $\boldsymbol{T}_i\in\mathbb{R}^{3\times3}$均为对称正定的加权矩阵；$\mathbb{N}=\{1,2,\cdots,N\}$。

基于上述控制目标，将每颗微小卫星的局部性能指标函数定义为

$$J_i(\boldsymbol{x}_0,\boldsymbol{u}_i,\boldsymbol{u}_{\hat{i}},\boldsymbol{v})=$$
$$\int_0^{\infty}\left(\boldsymbol{x}^{\mathrm{T}}\boldsymbol{Q}_i\boldsymbol{x}+\sum_{j=1}^{N}\boldsymbol{u}_j^{\mathrm{T}}\boldsymbol{R}_{ij}\boldsymbol{u}_j-\gamma^2\boldsymbol{v}^{\mathrm{T}}\boldsymbol{T}_i\boldsymbol{v}\right)\mathrm{d}t,\quad i\in\mathbb{N}\tag{6-5}$$

式中：$\boldsymbol{u}_{\hat{i}}$为除了微小卫星 $i$ 之外的其他微小卫星的控制策略。

从式（6-5）微小卫星的局部性能指标中可以看出，除了对组合体的状态 $\boldsymbol{x}(t)$和微小卫星的控制量 $\boldsymbol{u}_i$进行加权使得微小卫星以尽可能少地控制消耗保证系统状态稳定，还增加了关于干扰力矩的加权项来反映微小卫星 $i$ 期望尽可能抑制干扰力矩的影响。

从微小卫星 $i$ 的角度来看，不仅将其他微小卫星视作博弈的参与者，也将干扰视为博弈参与者。因此，在对局部性能指标函数进行独立优化时，得到的是在干扰最坏情况下的 Nash 均衡策略。基于上述分析，多星协同姿态稳定问题可描述为如下线性微分博弈问题。

$$\begin{aligned}V_i^*(\boldsymbol{x})&=\min_{\boldsymbol{u}_i}\max_{\boldsymbol{v}}V_i(\boldsymbol{x})\\&=\max_{\boldsymbol{v}}\min_{\boldsymbol{u}_i}V_i(\boldsymbol{x}),\quad i\in\Omega_N\end{aligned}\tag{6-6}$$
$$\text{s. t. }\dot{\boldsymbol{x}}=\boldsymbol{A}\boldsymbol{x}+\sum_{i=1}^{N}\boldsymbol{B}_i\boldsymbol{u}_i+\boldsymbol{D}\boldsymbol{v}$$

式中：$V_i(\boldsymbol{x})$为在给定容许反馈控制策略 $\boldsymbol{u}(\boldsymbol{x})=\{\boldsymbol{u}_i(\boldsymbol{x}),\boldsymbol{u}_{\hat{i}}(\boldsymbol{x})\}\in\Phi(\Omega)$下对应于局部性能指标函数的值函数，具体为

$$V_i(\boldsymbol{x})=\int_0^{\infty}\left(\boldsymbol{x}^{\mathrm{T}}\boldsymbol{Q}_i\boldsymbol{x}+\sum_{j=1}^{N}\boldsymbol{u}_j^{\mathrm{T}}\boldsymbol{R}_{ij}\boldsymbol{u}_j-\gamma^2\boldsymbol{v}^{\mathrm{T}}\boldsymbol{T}_i\boldsymbol{v}\right)\mathrm{d}t,\quad i\in\mathbb{N}$$

各颗微小卫星期望最小化值函数，而干扰作为博弈方期望最大化值函数，得到的最优值函数 $V_i^*(\boldsymbol{x})$对应的策略为鲁棒 Nash 均衡策略，其具体定义如下。

**定义 6.1（鲁棒 Nash 均衡[4]）**：对于式（6-3）定义的受扰系统和微小卫星的局部性能指标函数式（6-5），如果下面 $N$ 个不等式成立的话，则 $\boldsymbol{u}^*=\{\boldsymbol{u}_1^*,\boldsymbol{u}_2^*\cdots,\boldsymbol{u}_N^*\}\in\Psi(\Omega)$构成了微小卫星对于干扰 $v^*$ 的鲁棒 Nash 均衡：

$$V_i(\boldsymbol{u}_i^*,\boldsymbol{u}_{\hat{i}}^*,\boldsymbol{v})\leqslant V_i(\boldsymbol{u}_i^*,\boldsymbol{u}_{\hat{i}}^*,\boldsymbol{v}^*)\leqslant V_i(\boldsymbol{u}_i,\boldsymbol{u}_{\hat{i}}^*,\boldsymbol{v}^*),\quad i\in\mathbb{N}\tag{6-7}$$

针对式（6-6）所定义的多星鲁棒微分博弈控制问题，各颗微小卫星期望通过调整各自的控制策略使得各自的值函数得到尽可能的优化，以达到式（6-7）所定义的鲁棒 Nash 均衡，并在此过程中实现式（6-3）系统的镇定。

### 6.3.2 鲁棒控制策略求解

基于动态规划法，将哈密尔顿函数定义为

$$H_i(\boldsymbol{x},\nabla V_i,\boldsymbol{u}_i,\boldsymbol{u}_{\hat{i}},\boldsymbol{v})=$$
$$\left(\boldsymbol{x}^{\mathrm{T}}\boldsymbol{Q}_i\boldsymbol{x}+\sum_{j=1}^{N}\boldsymbol{u}_j^{\mathrm{T}}\boldsymbol{R}_{ij}\boldsymbol{u}_j-\gamma^2\boldsymbol{v}^{\mathrm{T}}\boldsymbol{T}_i\boldsymbol{v}\right)+$$

$$(\nabla V_i)^{\mathrm{T}}\left(\boldsymbol{A}\boldsymbol{x}+\sum_{j=1}^{N}\boldsymbol{B}_j\boldsymbol{u}_j+\boldsymbol{D}\boldsymbol{v}\right),\quad i\in\mathbb{N}\tag{6-8}$$

式中：$V_i(0)=0$。基于静态条件，对应于最优值函数的反馈控制策略为

$$\begin{cases}\dfrac{\partial H_i}{\partial \boldsymbol{u}_i}=0\Rightarrow\boldsymbol{u}_i^*=-\dfrac{1}{2}\boldsymbol{R}_{ii}^{-1}\boldsymbol{B}_i^{\mathrm{T}}\nabla V_i^*,\quad i\in\mathbb{N}\\ \dfrac{\partial H_i}{\partial \boldsymbol{v}}=0\Rightarrow\boldsymbol{v}^*=\dfrac{1}{2\gamma^2}\boldsymbol{T}_i^{-1}\boldsymbol{D}^{\mathrm{T}}\nabla V_i^*,\quad i\in\mathbb{N}\end{cases}\tag{6-9}$$

将其代入哈密尔顿函数式（6-8）中可得到鲁棒微分博弈的HJB方程：

$$\begin{aligned}0=&\boldsymbol{x}^{\mathrm{T}}\boldsymbol{Q}_i\boldsymbol{x}+\nabla V_i^{*\mathrm{T}}\boldsymbol{A}\boldsymbol{x}+\frac{1}{4\gamma^2}\nabla V_i^{*\mathrm{T}}\boldsymbol{D}\boldsymbol{T}_i^{-1}\boldsymbol{D}^{\mathrm{T}}\nabla V_i^*-\\&\frac{1}{2}\nabla V_i^{*\mathrm{T}}\sum_{j=1}^{N}\boldsymbol{B}_j\boldsymbol{R}_{jj}^{-1}\boldsymbol{B}_j^{\mathrm{T}}\nabla V_j^*+\\&\frac{1}{4}\sum_{j=1}^{N}\nabla V_j^{*\mathrm{T}}\boldsymbol{B}_j\boldsymbol{R}_{jj}^{-1}\boldsymbol{R}_{ij}\boldsymbol{R}_{jj}^{-1}\boldsymbol{B}_j^{\mathrm{T}}\nabla V_j^*,\quad i\in\mathbb{N}\end{aligned}\tag{6-10}$$

通过求解式（6-10）可以得到各微小卫星的最优值函数 $V_i^*$ 以及对应的鲁棒Nash均衡策略 $\boldsymbol{u}_i^*$。然而，这是一组耦合的偏微分方程，难以求得其解析解。

为了求解Nash均衡策略，将上述HJB方程转化一组耦合的代数黎卡提方程来求解。假设最优值函数在状态 $\boldsymbol{x}(t)$ 下具有二次型形式的解，即

$$V_i^*(\boldsymbol{x})=\boldsymbol{x}^{\mathrm{T}}\boldsymbol{P}_i\boldsymbol{x},\quad i\in\mathbb{N}\tag{6-11}$$

式中：$\boldsymbol{P}_i\in\mathbb{N}^{6\times6}$为对称正定矩阵。

对应的最优反馈控制策略具有如下形式

$$\boldsymbol{u}_i^*=-\boldsymbol{R}_{ii}^{-1}\boldsymbol{B}_i^{\mathrm{T}}\boldsymbol{P}_i\boldsymbol{x},\quad i\in\mathbb{N}\tag{6-12}$$

将式（6-11）和式（6-12）代入式（6-10）可得

$$\begin{aligned}0=\boldsymbol{x}^{\mathrm{T}}\Bigg[&\boldsymbol{Q}_i+\boldsymbol{P}_i\boldsymbol{A}+\boldsymbol{A}^{\mathrm{T}}\boldsymbol{P}_i+\frac{1}{\gamma^2}\boldsymbol{P}_i\boldsymbol{D}\boldsymbol{T}_i^{-1}\boldsymbol{D}^{\mathrm{T}}\boldsymbol{P}_i-\\&2\boldsymbol{P}_i\sum_{j=1}^{N}\boldsymbol{B}_j\boldsymbol{R}_{jj}^{-1}\boldsymbol{B}_j^{\mathrm{T}}\boldsymbol{P}_j+\sum_{j=1}^{N}\boldsymbol{P}_j\boldsymbol{B}_j\boldsymbol{R}_{jj}^{-1}\boldsymbol{R}_{ij}\boldsymbol{R}_{jj}^{-1}\boldsymbol{B}_j^{\mathrm{T}}\boldsymbol{P}_j\Bigg]\boldsymbol{x},\quad i\in\mathbb{N}\end{aligned}\tag{6-13}$$

将式（6-13）整理为二次型形式，有

$$\begin{aligned}0=\boldsymbol{x}^{\mathrm{T}}\Bigg[&\boldsymbol{P}_i\left(\boldsymbol{A}-\sum_{j=1}^{N}\boldsymbol{B}_j\boldsymbol{R}_{jj}^{-1}\boldsymbol{B}_j^{\mathrm{T}}\boldsymbol{P}_j\right)+\left(\boldsymbol{A}-\sum_{j=1}^{N}\boldsymbol{B}_j\boldsymbol{R}_{jj}^{-1}\boldsymbol{B}_j^{\mathrm{T}}\boldsymbol{P}_j\right)^{\mathrm{T}}\boldsymbol{P}_i+\\&\boldsymbol{Q}_i+\frac{1}{\gamma^2}\boldsymbol{P}_i\boldsymbol{D}\boldsymbol{T}_i^{-1}\boldsymbol{D}^{\mathrm{T}}\boldsymbol{P}_i+\sum_{j=1}^{N}\boldsymbol{P}_j\boldsymbol{B}_j\boldsymbol{R}_{jj}^{-1}\boldsymbol{R}_{ij}\boldsymbol{R}_{jj}^{-1}\boldsymbol{B}_j^{\mathrm{T}}\boldsymbol{P}_j\Bigg]\boldsymbol{x},\quad i\in\mathbb{N}\end{aligned}\tag{6-14}$$

令 $\boldsymbol{S}_j=\boldsymbol{B}_j\boldsymbol{R}_{jj}^{-1}\boldsymbol{B}_j^{\mathrm{T}}$，$\boldsymbol{S}_{ji}=\boldsymbol{B}_j\boldsymbol{R}_{jj}^{-1}\boldsymbol{R}_{ij}\boldsymbol{R}_{jj}^{-1}\boldsymbol{B}_j^{\mathrm{T}}$和 $\boldsymbol{M}_i=\boldsymbol{D}\boldsymbol{T}_i^{-1}\boldsymbol{D}^{\mathrm{T}}$，可进一步将式（6-14）整理为如下耦合的代数黎卡提方程组：

$$0 = \boldsymbol{Q}_i + \left(\boldsymbol{A} - \sum_{j=1}^{N} \boldsymbol{S}_j \boldsymbol{P}_j\right)^{\mathrm{T}} \boldsymbol{P}_i + \boldsymbol{P}_i\left(\boldsymbol{A} - \sum_{j=1}^{N} \boldsymbol{S}_j \boldsymbol{P}_j\right) + \frac{1}{\gamma^2}\boldsymbol{P}_i \boldsymbol{M}_i \boldsymbol{P}_i + \sum_{j=1}^{N} \boldsymbol{P}_j \boldsymbol{S}_{ji} \boldsymbol{P}_j, \quad i \in \mathbb{N} \tag{6-15}$$

通过对代数黎卡提方程组式（6-15）进行求解，可以得到对称正定矩阵 $\boldsymbol{P}_i$，从而根据式（6-12）得到各颗微小卫星的反馈控制策略。

**定理 6.1**：对于式（6-6）描述的线性鲁棒微分博弈问题，式（6-12）的控制策略能够使得闭环系统趋于稳定状态，即当 $t \to \infty$ 时，$\boldsymbol{x}(t) \to \boldsymbol{0}$。在存在不确定干扰 $\boldsymbol{v} \in L_2(0, \infty)$ 时，该控制策略能够使得系统具有 $L_2$ 有界性。

**证明**：定义系统的李雅普诺夫函数为

$$V_u = \sum_{i=1}^{N} V_i^* \tag{6-16}$$

则李雅普诺夫函数对时间的一阶导数为

$$\dot{V}_u = \sum_{i=1}^{N} \dot{V}_i^* \tag{6-17}$$

式中：$\dot{V}_i^* = \nabla V_i^{*\mathrm{T}}\left(\boldsymbol{A}\boldsymbol{x} + \sum_{j=1}^{N} \boldsymbol{B}_j \boldsymbol{u}_j + \boldsymbol{D}\boldsymbol{v}\right)$。

根据式（6-9）可得

$$\begin{aligned} \nabla V_i^{*\mathrm{T}} \boldsymbol{B}_i &= -2\boldsymbol{u}_i^{*\mathrm{T}} \boldsymbol{R}_{ii} \\ \nabla V_i^{*\mathrm{T}} \boldsymbol{D} &= 2\gamma^2 \boldsymbol{v}^{*\mathrm{T}} \boldsymbol{T}_i \end{aligned} \tag{6-18}$$

根据式（6-8）可得

$$\nabla V_i^{*\mathrm{T}} \boldsymbol{A}\boldsymbol{x} = -\nabla V_i^{*\mathrm{T}} \sum_{j \in N_i} \boldsymbol{B}_j \boldsymbol{u}_j^* - \boldsymbol{x}^{\mathrm{T}} \boldsymbol{Q}_i \boldsymbol{x} + \boldsymbol{u}_i^{*\mathrm{T}} \boldsymbol{R}_{ii} \boldsymbol{u}_i^* - \sum_{j \in N_i} \boldsymbol{u}_j^{*\mathrm{T}} \boldsymbol{R}_{jj} \boldsymbol{u}_j^* - \gamma^2 \boldsymbol{v}^{*\mathrm{T}} \boldsymbol{T} \boldsymbol{v}^* \tag{6-19}$$

式中：$j \in N_i$ 为除微小卫星 $i$ 之外的其他微小卫星。

将式（6-18）和式（6-19）代入 $\dot{V}_i^*$ 中可得

$$\begin{aligned} \dot{V}_i^* =& -\nabla V_i^{*\mathrm{T}} \sum_{j \in N_i} \boldsymbol{B}_j \boldsymbol{u}_j^* - \boldsymbol{x}^{\mathrm{T}} \boldsymbol{Q}_i \boldsymbol{x} + \boldsymbol{u}_i^{*\mathrm{T}} \boldsymbol{R}_{ii} \boldsymbol{u}_i^* - \\ & \sum_{j \in N_i} \boldsymbol{u}_j^{*\mathrm{T}} \boldsymbol{R}_{jj} \boldsymbol{u}_j^* - \gamma^2 \boldsymbol{v}^{*\mathrm{T}} \boldsymbol{T} \boldsymbol{v}^* - 2\boldsymbol{u}_i^{*\mathrm{T}} \boldsymbol{R}_{ii} \boldsymbol{u}_i + \\ & \nabla V_i^{*\mathrm{T}} \sum_{j \in N_i} \boldsymbol{B}_j \boldsymbol{u}_j + 2\gamma^2 \boldsymbol{v}^{*\mathrm{T}} \boldsymbol{T}_i \boldsymbol{v} \\ =& -\boldsymbol{x}^{\mathrm{T}} \boldsymbol{Q}_i \boldsymbol{x} - \boldsymbol{u}_i^{\mathrm{T}} \boldsymbol{R}_{ii} \boldsymbol{u}_i + (\boldsymbol{u}_i^* - \boldsymbol{u}_i)^{\mathrm{T}} \boldsymbol{R}_{ii} (\boldsymbol{u}_i^* - \boldsymbol{u}_i) + \\ & \gamma^2 \boldsymbol{v}^{\mathrm{T}} \boldsymbol{T} \boldsymbol{v} - \gamma^2 (\boldsymbol{v}^* - \boldsymbol{v})^{\mathrm{T}} \boldsymbol{T}_i (\boldsymbol{v}^* - \boldsymbol{v}) - \\ & \nabla V_i^{*\mathrm{T}} \sum_{j \in N_i} \boldsymbol{B}_j (\boldsymbol{u}_j^* - \boldsymbol{u}_j) - \sum_{j \in N_i} \boldsymbol{u}_j^{\mathrm{T}} \boldsymbol{R}_{jj} \boldsymbol{u}_j \end{aligned} \tag{6-20}$$

由于微小卫星仅能单方面进行策略改进，因此令 $\boldsymbol{u}_j^* = \boldsymbol{u}_j$。而对于任意的微

小卫星，在原点附近的邻域内都存在

$$u_i^* - u_i = -R_{ii}^{-1} B_i^{\mathrm{T}} (\nabla V_i^* - P_i x) \approx 0 \tag{6-21}$$

因此，有

$$\dot{V}_i^* \leqslant -x^{\mathrm{T}} Q_i x - u_i^{\mathrm{T}} R_{ii} u_i - \sum_{j \in N_i} u_j^{\mathrm{T}} R_{ij} u_j + \gamma^2 v^{\mathrm{T}} T_i v \tag{6-22}$$

当不存在干扰时，$v=0$，则

$$\dot{V}_i^* \leqslant -x^{\mathrm{T}} Q_i x - u_i^{\mathrm{T}} R_{ii} u_i - \sum_{j \in N_i} u_j^{\mathrm{T}} R_{ij} u_j \leqslant -x^{\mathrm{T}} Q_i x \tag{6-23}$$

因此，在不存在干扰时，闭环系统能够渐近稳定。

当干扰为 $v \in L_2(0,\infty)$，通过对式（6-22）积分得到

$$V_i^*(x(t)) - V_i^*(x_0) + \int_0^T \left( x^{\mathrm{T}} Q_i x + \sum_{j=1}^{N} u_j^{\mathrm{T}} R_{ij} u_j \right) - \gamma^2 v^{\mathrm{T}} T_i v \mathrm{d}t \leqslant 0 \tag{6-24}$$

由于 $V_i^*(x(t))>0$，则

$$\int_0^T \left( x^{\mathrm{T}} Q_i x + \sum_{j=1}^{N} u_j^{\mathrm{T}} R_{ij} u_j \right) \mathrm{d}t \leqslant \gamma^2 \int_0^T v^{\mathrm{T}} T_i v \mathrm{d}t + V_i^*(x_0) \tag{6-25}$$

因此，在存在不确定干扰 $v \in L_2(0,\infty)$时，该控制策略能够使得系统的稳态误差具有 $L_2$有界性。

## 6.4 事件触发的鲁棒博弈控制

当系统方程式（6-3）中的模型参数已知时，可以直接通过代数黎卡提方程组（6-15）的求解得到各颗微小卫星的控制策略式（6-12）。相较于时间触发控制，事件触发控制按照设定的事件触发条件进行非周期性的控制策略更新，能够显著减少计算和通信资源的使用[5]。本节结合鲁棒博弈控制策略式（6-12），进行自适应事件触发条件设计，在确保系统闭环性能的情况下尽可能地减少通信和控制更新的次数。

### 6.4.1 事件触发条件设计

事件触发控制器的事件触发判断模块在固定的采样周期进行采样信息的读入，但仅在事件触发时刻将该时刻的采样状态传递到控制更新部分。因此，定义一组单调递增的时间序列$\{r_s\}_{s-1}^{\infty}$来表示事件触发的时刻，其中，$r_s$是第 $s$ 个事件触发时刻。

事件触发控制器的控制更新模块在事件触发时刻利用该时刻的采样状态进行控制策略的更新，在其他时刻结合零阶保持器（zero-order holder，ZOH）利用上一事件触发时刻的采样状态得到控制策略。因此，微小卫星在每个时刻 $t$ 用于控制策略计算的系统状态为

$$\boldsymbol{x}_s(t)=\begin{cases}\boldsymbol{x}(r_s) & \forall t\in[r_s,r_{s+1})\\ \boldsymbol{x}(t) & t=r_{s+1}\end{cases}\tag{6-26}$$

式中：$\boldsymbol{x}(r_s)$为在事件触发时刻 $r_s$ 的采样状态；$\boldsymbol{x}(t)$为固定采样时刻 $t$ 的采样状态。

同时，结合 6.3 节的鲁棒博弈控制器设计，每颗微小卫星的控制策略为

$$\boldsymbol{\mu}_i^*(t)=\begin{cases}\boldsymbol{u}_i^*(\boldsymbol{x}_s) & \forall t\in[r_s,r_{s+1})\\ -\boldsymbol{R}_{ii}^{-1}\boldsymbol{B}_i^{\mathrm{T}}\boldsymbol{P}_i\boldsymbol{x}_{s+1}=\boldsymbol{u}_i^*(\boldsymbol{x}_{s+1}) & t=r_{s+1}\end{cases}\tag{6-27}$$

从式（6-27）可以看出，由于事件触发判断模块的存在，微小卫星控制策略是分段的常数。

因此，事件触发的鲁棒博弈控制器的关键在于触发事件的设计。将时刻 $t$ 的采样状态 $\boldsymbol{x}(t)$和该时刻用于控制设计的状态 $\boldsymbol{x}_s(t)$之间的偏差定义为事件，即

$$\boldsymbol{e}_s(t)=\boldsymbol{x}_s-\boldsymbol{x}(t),\quad \forall t\in[r_s,r_{s+1})\tag{6-28}$$

则触发事件设置为偏差 $\boldsymbol{e}_s(t)$超出了某个阈值：

$$\|\boldsymbol{e}_s(t)\|>e_\tau\tag{6-29}$$

式中：$e_\tau$为设置的触发阈值。

当偏差超过该阈值时，事件触发模块将该时刻判断为事件触发时刻，一方面会将该时刻的采样状态传输给控制计算部分；另一方面会将偏差重置为 0。由于阈值的设置需要同时保证系统的稳定并避免频繁的触发，因此根据李雅普诺夫稳定性理论进行触发阈值的设计。

**定理 6.2**：对于存在干扰因素的多星协同姿态接管控制，采用如下触发条件下的事件触发鲁棒博弈控制器 $\boldsymbol{\mu}_i^*(\boldsymbol{x}_s)$，则可保证控制系统的渐近稳定性：

$$e_\tau^2=\frac{(1-b)\left[N\sum_{i=1}^{N}\lambda_{\min}(\boldsymbol{R}_{ii})\|\boldsymbol{\mu}_i^*\|^2+(1-a)\boldsymbol{x}_s^{\mathrm{T}}\boldsymbol{Q}\boldsymbol{x}_s\right]-\gamma^2\sum_{i=1}^{N}\lambda_{\max}(\boldsymbol{T}_i)\|\boldsymbol{v}^*\|^2}{\left(\dfrac{1}{a}-1\right)\|\boldsymbol{Q}\|+\sum_{i=1}^{N}\lambda_{\max}(\boldsymbol{R}_{ii})L_i^2}\tag{6-30}$$

式中：$\boldsymbol{Q}=\sum_{i=1}^{N}\boldsymbol{Q}_i$，$a,b\in(0,1)$。

**证明**：选择李雅普诺夫函数为

$$L(t)=V_i^*+\sum_{j\in N_i}V_j^*\tag{6-31}$$

（1）情况 1：当 $t\in(r_s,r_{s+1})$时，事件未被触发。

首先，计算李雅普诺夫函数$\dot{L}$对时间 $t$ 的导数：

$$\dot{L}=\dot{V}_i^*+\sum_{j\in N_i}\dot{V}_j^*\tag{6-32}$$

式中：$\dot{V}_i^* = \nabla V_i^{*\mathrm{T}}\Big(\boldsymbol{f}(\boldsymbol{x}) + \boldsymbol{B}_i\boldsymbol{\mu}_i^* + \sum_{j\in N_i}\boldsymbol{B}_j\boldsymbol{\mu}_j^* + \boldsymbol{D}\boldsymbol{v}^*\Big)$。

其次，对$\dot{V}_i^*$进行具体分析，而其他$\dot{V}_j^*$的分析过程类似。根据李雅普诺夫函数的定义，$\dot{V}_i^*$表达式为

$$\dot{V}_i^* = \nabla V_i^{*\mathrm{T}}\boldsymbol{f}(\boldsymbol{x}) + \nabla V_i^{*\mathrm{T}}\boldsymbol{B}_i\boldsymbol{\mu}_i^* + \nabla V_i^{*\mathrm{T}}\sum_{j\in N_i}\boldsymbol{B}_j\boldsymbol{\mu}_j^* + \nabla V_i^{*\mathrm{T}}\boldsymbol{D}\boldsymbol{v}^* \tag{6-33}$$

$\dot{V}_i^*$包含 4 项，对于第一项，结合 HJB 方程式（6-8）可得

$$\begin{aligned}&\nabla V_i^{*\mathrm{T}}\boldsymbol{f}(\boldsymbol{x})\\ =&-\boldsymbol{x}^{\mathrm{T}}\boldsymbol{Q}_i\boldsymbol{x} + \boldsymbol{u}_i^{*\mathrm{T}}\boldsymbol{R}_{ii}\boldsymbol{u}_i^* - \gamma^2\boldsymbol{v}^{*\mathrm{T}}\boldsymbol{T}_i\boldsymbol{v}^* - \nabla V_i^{*\mathrm{T}}\sum_{j\in N_i}\boldsymbol{B}_j\boldsymbol{u}_j^* -\\ &\sum_{j\in N_i}\boldsymbol{u}_j^{*\mathrm{T}}\boldsymbol{R}_{jj}\boldsymbol{u}_j^*\end{aligned} \tag{6-34}$$

对于第二项，结合最优反馈控制策略式（6-9）可得

$$\begin{cases}\nabla V_i^{*\mathrm{T}}\boldsymbol{B}_i = -2\boldsymbol{u}_i^{*\mathrm{T}}\boldsymbol{R}_{ii}\\ \nabla V_i^{*\mathrm{T}}\boldsymbol{D} = 2\gamma^2\boldsymbol{v}^{*\mathrm{T}}\boldsymbol{T}_i\end{cases} \tag{6-35}$$

因此，$\dot{V}_i^*$可以等价转化为

$$\begin{aligned}\dot{V}_i^* =& -\boldsymbol{x}^{\mathrm{T}}\boldsymbol{Q}_i\boldsymbol{x} + (\boldsymbol{u}_i^* - \boldsymbol{\mu}_i^*)^{\mathrm{T}}\boldsymbol{R}_{ii}(\boldsymbol{u}_i^* - \boldsymbol{\mu}_i^*) - \boldsymbol{\mu}_i^{*\mathrm{T}}\boldsymbol{R}_{ii}\boldsymbol{\mu}_i^* +\\ &\gamma^2\boldsymbol{v}^{*\mathrm{T}}\boldsymbol{T}_i\boldsymbol{v}^* - \sum_{j\in N_i}\boldsymbol{u}_j^{*\mathrm{T}}\boldsymbol{R}_{jj}\boldsymbol{u}_j^* - \nabla V_i^{*\mathrm{T}}\sum_{j\in N_i}\boldsymbol{B}_j(\boldsymbol{u}_j^* - \boldsymbol{\mu}_j^*)\end{aligned} \tag{6-36}$$

Nash 均衡的定义表明参与者无法通过单方的策略改进来改变 Nash 均衡点，因此令 $\boldsymbol{u}_j^* = \boldsymbol{\mu}_j^*$，$j\in N_i$。则$\dot{V}_i^*$简化为

$$\dot{V}_i^* = -\boldsymbol{x}^{\mathrm{T}}\boldsymbol{Q}_i\boldsymbol{x} + (\boldsymbol{u}_i^* - \boldsymbol{\mu}_i^*)^{\mathrm{T}}\boldsymbol{R}_{ii}(\boldsymbol{u}_i^* - \boldsymbol{\mu}_i^*) + \gamma^2\boldsymbol{v}^{*\mathrm{T}}\boldsymbol{T}_i\boldsymbol{v}^* - \sum_{j=1}^{N}\boldsymbol{\mu}_j^{*\mathrm{T}}\boldsymbol{R}_{jj}\boldsymbol{\mu}_j^* \tag{6-37}$$

由于控制策略 $\boldsymbol{u}_i^*$ 在原点的邻域内是李普希兹连续的，则

$$\|\boldsymbol{u}_i^* - \boldsymbol{\mu}_i^*\| = \|\boldsymbol{R}_{ii}^{-1}\boldsymbol{B}_i^{\mathrm{T}}\boldsymbol{P}_i(\boldsymbol{x}-\boldsymbol{x}_s)\| \leqslant \|\boldsymbol{R}_{ii}^{-1}\boldsymbol{B}_i^{\mathrm{T}}\boldsymbol{P}_i\|\|(\boldsymbol{x}-\boldsymbol{x}_s)\| \leqslant L_i\|\boldsymbol{e}_s\| \tag{6-38}$$

那么，$\dot{V}_i^*$满足如下不等式：

$$\begin{aligned}\dot{V}_i^* \leqslant& -\boldsymbol{x}^{\mathrm{T}}\boldsymbol{Q}\boldsymbol{x} + \sum_{i=1}^{N}\lambda_{\max}(\boldsymbol{R}_{ii})L_i^2\|\boldsymbol{e}_s(t)\|^2 + \sum_{i=1}^{N}\gamma^2\lambda_{\max}(\boldsymbol{T}_i)\|\boldsymbol{v}^*(t)\|^2 -\\ &N\sum_{i=1}^{N}\lambda_{\min}(\boldsymbol{R}_{ii})\|\boldsymbol{\mu}_i^*\|^2\end{aligned} \tag{6-39}$$

式中：$\boldsymbol{Q} = \sum_{i=1}^{N}\boldsymbol{Q}_i$。

结合偏差的定义，利用杨氏不等式（Young's inequality），可以得到如下不等式：

$$\boldsymbol{x}^{\mathrm{T}}\boldsymbol{Q}\boldsymbol{x}=\boldsymbol{x}_s^{\mathrm{T}}\boldsymbol{Q}\boldsymbol{x}_s-2\boldsymbol{x}_s^{\mathrm{T}}\boldsymbol{Q}\boldsymbol{e}_s+\boldsymbol{e}_s^{\mathrm{T}}\boldsymbol{Q}\boldsymbol{e}_s\geqslant(1-a)\boldsymbol{x}_s^{\mathrm{T}}\boldsymbol{Q}\boldsymbol{x}_s-\left(\frac{1}{a}-1\right)\boldsymbol{e}_s^{\mathrm{T}}\boldsymbol{Q}\boldsymbol{e}_s \tag{6-40}$$

式中：$0<a<1$。

最后，对$\dot{V}_i^*$的各项加和得到

$$\begin{aligned}\dot{L}(t)\leqslant&-(1-b)\left(N\sum_{i=1}^{N}\lambda_{\min}(\boldsymbol{R}_{ii})\|\boldsymbol{\mu}_i^*\|^2+(1-a)\boldsymbol{x}_s^{\mathrm{T}}\boldsymbol{Q}\boldsymbol{x}_s\right)-\\&b\left(N\sum_{i=1}^{N}\lambda_{\min}(\boldsymbol{R}_{ii})\|\boldsymbol{\mu}_i^*\|^2+(1-a)\boldsymbol{x}_s^{\mathrm{T}}\boldsymbol{Q}\boldsymbol{x}_s\right)+\gamma^2\sum_{i=1}^{N}\lambda_{\max}(\boldsymbol{T}_i)\|\boldsymbol{v}^*\|^2+\\&\left[\left(\frac{1}{a}-1\right)\|\boldsymbol{Q}\|+\sum_{i=1}^{N}\lambda_{\max}(\boldsymbol{R}_{ii})L_i^2\right]\|\boldsymbol{e}_s(t)\|^2\end{aligned} \tag{6-41}$$

式中：$0<b<1$。

如果触发阈值满足式（6-30），那么$\dot{L}(t)$满足如下关系：

$$\dot{L}(t)\leqslant-b\left(N\sum_{i=1}^{N}\lambda_{\min}(\boldsymbol{R}_{ii})\|\boldsymbol{\mu}_i^*\|^2+(1-a)\boldsymbol{x}_s^{\mathrm{T}}\boldsymbol{Q}\boldsymbol{x}_s\right)<0 \tag{6-42}$$

（2）情况 2：当$t=r_{s+1}$，事件被触发。

定义触发时刻的左极限为$r_{s+1}^-$。那么，当$t\to r_{s+1}$时，有

$$\boldsymbol{x}(r_{s+1}^-)=\lim_{\varepsilon\to 0}\boldsymbol{x}(r_{s+1}-\varepsilon) \tag{6-43}$$

式中：$\varepsilon$是一个小量。则

$$\Delta L(t)=L(\boldsymbol{x}(r_{s+1}))-L(\boldsymbol{x}(r_{s+1}^-)) \tag{6-44}$$

由于非触发时刻$t\in[r_s,r_{s+1})$存在结论$\dot{L}(t)<0$，这说明$L(t)$是一个单调递减函数，因此结合系统状态和李雅普诺夫函数的连续性，则

$$\Delta L(t)\leqslant 0 \tag{6-45}$$

这说明$V_i^*(t)$对于$t\in r_{s+1}$是非增的。

综合上述对触发时刻和非触发时刻的分析，可以说明所设计的事件触发博弈控制策略可以使得系统状态渐近稳定。

从事件触发阈值的设计中可以看出，事件触发阈值的大小与上一触发时刻采样状态有关，可将对应的事件触发机制归纳为自适应事件触发机制。另外，参数$a$和$b$也会影响阈值，其设计可以遵循以下原则：①当参数$b$保持不变时，选择更大的$a$会使得阈值变小，因此事件触发更加频繁；②当参数$a$保持不变时，选择更大的$b$也会使得事件触发更加频繁；③结合式（6-42）可以看出，参数$b$对系统的控制性能具有一定影响。

### 6.4.2 Zeno 现象分析

当系统在有限时间内被要求进行无限次操作，这种情况被称为 Zeno 现象。

在事件触发控制中，Zeno 现象体现在相邻两次事件触发的最小时刻间隔为 0，这会导致事件连续被触发，影响系统的正常运行。为了避免 Zeno 现象，需要说明事件触发策略的设计能保证相邻两次事件的最小时刻间隔是严格大于 0 的。

将相邻两次事件触发时刻的时间间隔记为 $\Delta r_s = r_{s+1} - r_s$，并定义最小时间间隔为

$$\Delta r_{\min} = \min_{s \in \mathbb{N}} \Delta r_s \tag{6-46}$$

结合偏差的定义可得

$$\dot{\boldsymbol{e}}_s(t) = -\dot{\boldsymbol{x}}(t) \tag{6-47}$$

由闭环系统的局部李普希兹连续性可得

$$\left\| \boldsymbol{f}(\boldsymbol{x}) + \sum_{j=1}^{N} \boldsymbol{B}_j \boldsymbol{\mu}_j^* + \boldsymbol{D}\boldsymbol{v}^* \right\| \leqslant \kappa_1(\boldsymbol{x}_s - \boldsymbol{e}_s) + \kappa_2 \tag{6-48}$$

式中：$\kappa_1$ 和 $\kappa_2$ 是两个正实数，且 $\kappa_2$ 是与 $\boldsymbol{B}_j$、$\boldsymbol{\mu}_j^*$、$\boldsymbol{D}$ 和 $\boldsymbol{v}^*$ 有关的有界值。因此，有

$$\|\dot{\boldsymbol{e}}_s\| \leqslant \kappa_1(\boldsymbol{x}_s - \boldsymbol{e}_s) + \kappa_2 \tag{6-49}$$

对式（6-49）进行积分，并结合初始偏差为 $\boldsymbol{e}_s = 0$，可得

$$\|\boldsymbol{e}_s\| \leqslant \frac{\kappa_1 \|\boldsymbol{x}_s\| + \kappa_2}{\kappa_1}(\mathrm{e}^{\kappa_1(t-r_s)} - 1), \quad t \in (r_s, r_{s+1}) \tag{6-50}$$

因此，第 $s$ 个事件触发的时间间隔满足

$$\Delta r_s \geqslant \frac{1}{\kappa_1} \ln\left(1 + \frac{\kappa_1 \|\boldsymbol{e}_s\|}{\kappa_1 \|\boldsymbol{x}_s\| + \kappa_2}\right) > 0 \tag{6-51}$$

同时对不等式（6-51）两边求极小值，结合最小触发事件间隔的定义，可得

$$\Delta r_{\min} \geqslant \frac{1}{\kappa_1} \ln(1 + \kappa_{\min}) > 0 \tag{6-52}$$

式中：$\kappa_{\min} = \min \kappa_1 \|\boldsymbol{e}_s\| / (\kappa_1 \|\boldsymbol{x}_s\| + \kappa_2)$。

因此，本小节设计的事件触发条件会在适当时刻进行微小卫星控制策略的更新，不存在 Zeno 行为。

综合上述设计与分析，图 6-2 给出了事件触发的鲁棒博弈控制方法框图。从图 6-2 中可以看出，事件触发的鲁棒博弈控制方法主要由事件触发判断模块和鲁棒博弈控制更新模块组成。在事件触发模块，微小卫星结合当前时刻的采样状态和上一触发时刻的采样状态进行事件触发条件的判断和采样状态的传输。在博弈控制更新模块，微小卫星结合 ZOH 给出的系统状态进行控制策略的保持或者控制策略的更新。在控制策略更新时，每颗微小卫星通过局部信息的多次交互和策略迭代得到对应于当前状态的反馈控制策略。

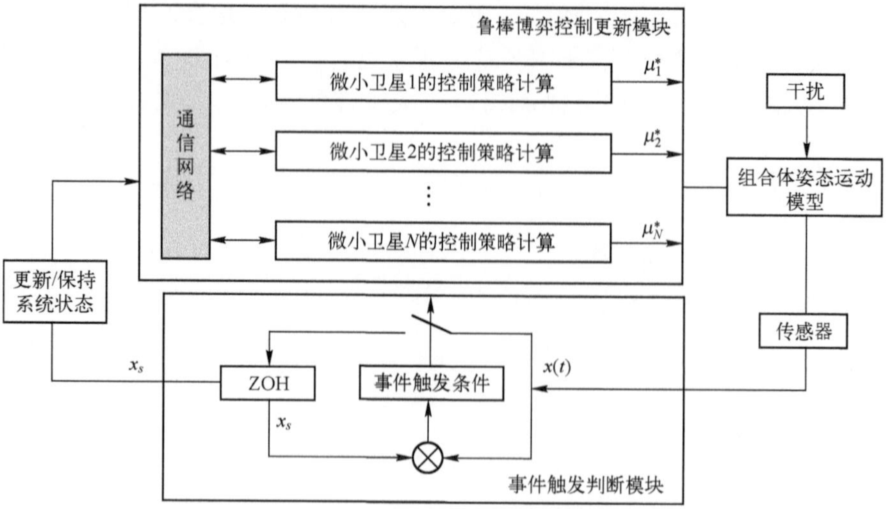


**图 6-2　事件触发的鲁棒博弈控制框图**

### 6.4.3　仿真验证

本小节对所设计的事件触发鲁棒博弈控制方法进行仿真验证。仿真分为两部分：在第一部分中，将时间触发的鲁棒博弈控制方法与时间触发的非鲁棒博弈控制进行对比，以此来说明鲁棒博弈控制策略在干扰抑制方面的优势；在第二部分中，将事件触发的鲁棒博弈控制方法与时间触发的鲁棒博弈控制方法进行对比，以此来说明事件触发机制的合理性以及在节约通信资源上的有效性。其中，非鲁棒博弈控制方法是指 $\gamma=0$ 的线性二次型微分博弈控制方法。

不失一般性，利用 3 颗微小卫星进行失效航天器的姿态接管控制。选取组合体在本体坐标系 $Q_b x_b y_b z_b$ 下的转动惯量为

$$\boldsymbol{J}=\begin{bmatrix}90 & 10 & 5\\ 10 & 50 & 7\\ 5 & 7 & 50\end{bmatrix}(\mathrm{kg}\cdot\mathrm{m}^2)$$

微小卫星从其各自的本体坐标系到组合体本体坐标系的转换矩阵为

$$\boldsymbol{C}_1^b=\begin{bmatrix}1 & 0 & 0\\ 0 & 1 & 0\\ 0 & 0 & 1\end{bmatrix},\quad \boldsymbol{C}_2^b=\begin{bmatrix}0.8829 & 0 & 0.4695\\ 0.4695 & 0 & -0.8829\\ 0 & 1 & 0\end{bmatrix},\quad \boldsymbol{C}_3^b=\begin{bmatrix}0.7986 & -0.6018 & 0\\ -0.6018 & -0.7986 & 0\\ 0 & 0 & -1\end{bmatrix}$$

组合体的初始状态为 $\boldsymbol{x}_0=[0.0873,0.0524,0.0698,0,0,0]^{\mathrm{T}}$，其中，姿态角单位为 rad，角速度单位为 rad/s。各微小卫星的加权矩阵分别设置为 $\boldsymbol{Q}_1=\boldsymbol{Q}_2=\boldsymbol{Q}_3=0.003\boldsymbol{I}_6$，$\boldsymbol{R}_{11}=\boldsymbol{R}_{12}=\boldsymbol{R}_{13}=0.01\boldsymbol{I}_3$，$\boldsymbol{R}_{21}=\boldsymbol{R}_{22}=\boldsymbol{R}_{23}=0.01\boldsymbol{I}_3$，$\boldsymbol{R}_{31}=\boldsymbol{R}_{32}=\boldsymbol{R}_{33}=0.01\boldsymbol{I}_3$，$\boldsymbol{T}_1=\boldsymbol{T}_2=\boldsymbol{T}_3=0.01\boldsymbol{I}_3$。采样时间间隔为 $dt=0.01\mathrm{s}$。设置干扰力矩为

$$
\boldsymbol{v}=\begin{bmatrix} 0.001+0.010\sin(0.05t) \\ 0.001\sin(0.08t)+0.001\cos(0.06t) \\ 0.001+0.0105\sin(0.06t) \end{bmatrix}(\mathrm{N}\cdot\mathrm{m})
$$

**1. 鲁棒性验证**

为了说明鲁棒博弈控制策略的有效性，将时间触发的鲁棒博弈控制器与时间触发的非鲁棒博弈控制器进行对比。图 6-3 和图 6-4 分别给出了两种控制方法下的组合体姿态角和角速度响应曲线。从仿真结果可以看出，两种控制方法都可以对干扰进行一定程度上的抑制，保证系统不会因为干扰的存在而发散。相较于非鲁棒博弈控制器，鲁棒博弈控制器的稳态误差更小。

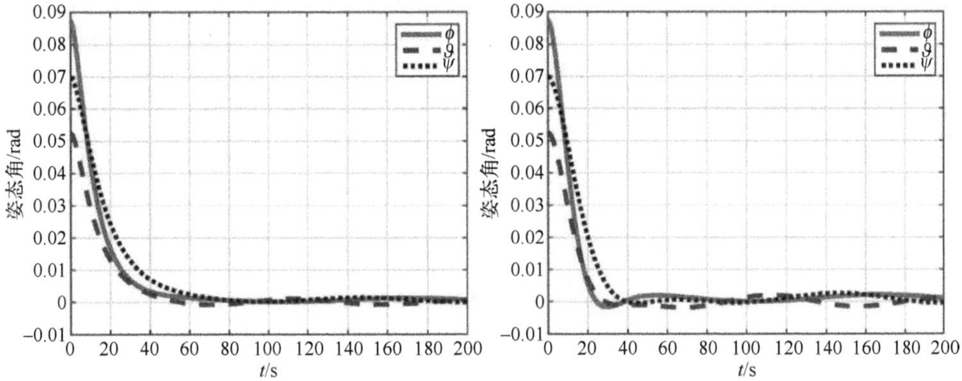


(a) (b)

**图 6-3 组合体的姿态角变化曲线**

(a) 时间触发鲁棒博弈控制方法；(b) 时间触发非鲁棒博弈控制方法。

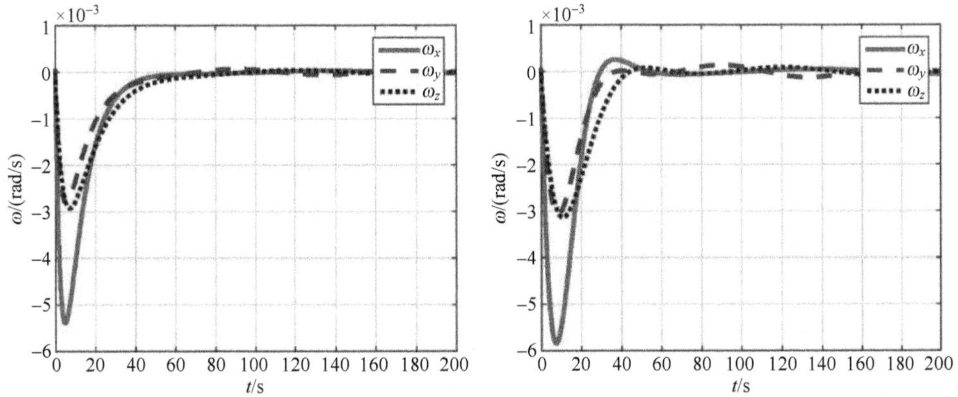


(a) (b)

**图 6-4 组合体的姿态角速度变化曲线**

(a) 时间触发鲁棒博弈控制方法；(b) 时间触发非鲁棒博弈控制方法。

图 6-5~图 6-7 分别给出了两种控制方法下 3 颗微小卫星的控制力矩。在初始时刻，由于初始状态的幅值相对较大，姿态稳定所需的控制力矩也较大，达到了微小卫星所能提供的控制力矩的最大值。从仿真结果可以看出，时间触发的鲁棒博弈控制器在控制初期维持在所能提供的最大控制力矩的时间比非鲁棒博弈控制方法的时间要略长一些，这是因为将干扰视为博弈参与者会使得微小卫星的控制增益变大。

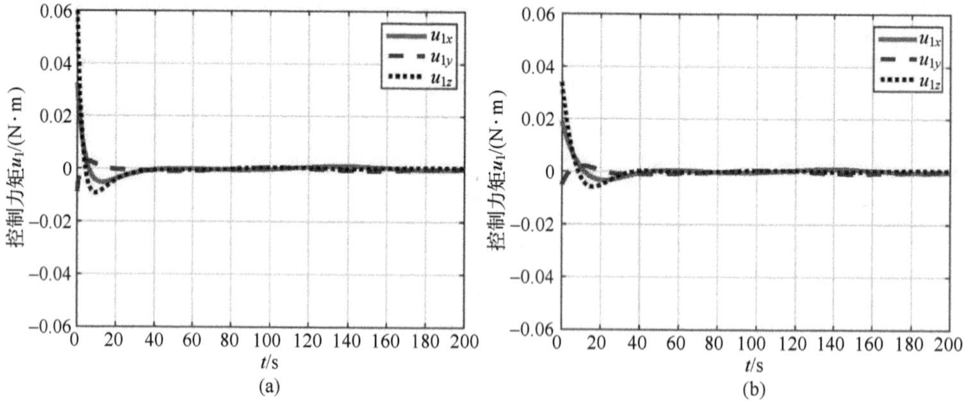


**图 6-5 微小卫星 1 的控制力矩**

（a）时间触发鲁棒博弈控制方法；（b）时间触发非鲁棒博弈控制方法。

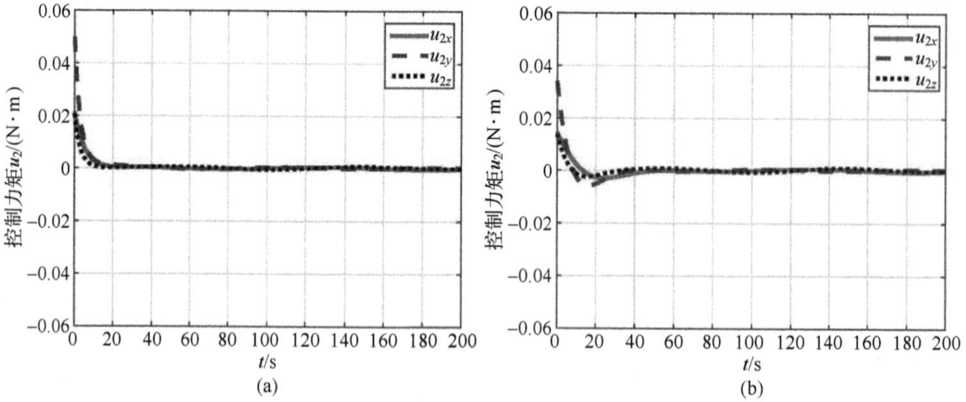


**图 6-6 微小卫星 2 的控制力矩**

（a）时间触发鲁棒博弈控制方法；（b）时间触发非鲁棒博弈控制方法。

**2. 事件触发仿真**

为了说明本小节所提出的事件触发机制的有效性，对事件触发的鲁棒博弈控制方法进行仿真研究，并与时间触发的鲁棒博弈控制方法进行对比来说明优势。事件触发条件设计的有关参数分别给定为 $a=0.5$ 和 $b=0.01$。

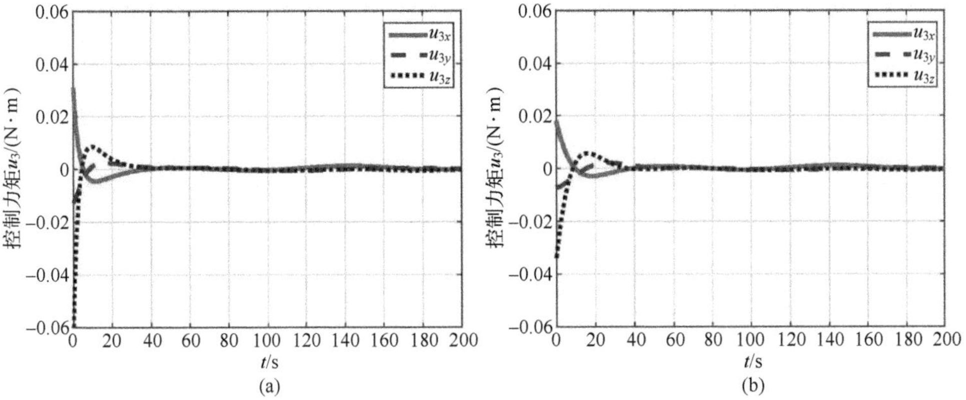


**图 6-7　微小卫星 3 的控制力矩**

（a）时间触发鲁棒博弈控制方法；（b）时间触发非鲁棒博弈控制方法。

图 6-8 给出了仿真过程的触发采样间隔图。从图 6-8 可以看出偏差$\|\boldsymbol{e}_s\|$总是在触发阈值 $e_\tau$之内，说明了所设计的事件触发机制是自适应的。

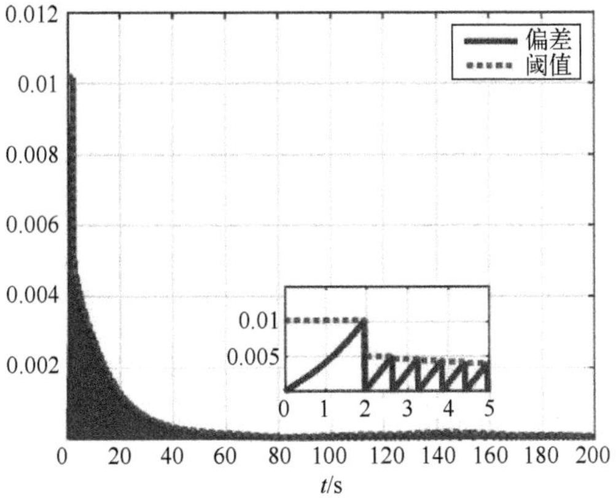


**图 6-8　触发阈值和偏差**

图 6-9 给出了事件触发鲁棒博弈控制方法下的组合体状态曲线。从图 6-9 可以看出，组合体的姿态角和角速度在 200s 内收敛到稳定值。相较于时间触发的鲁棒博弈控制方法，事件触发鲁棒博弈控制方法在保证控制精度的同时减少了通信负担。

图 6-10 给出了事件触发鲁棒博弈控制下的各微小卫星所需提供的三轴控制力矩。从图 6-10 可以看出，事件触发控制策略是分段常数，说明每颗微小卫星在事件触发时刻进行了控制策略的更新。经过统计，事件触发次数为 251 次，而以 $dt=0.01$s 为采样间隔的时间触发次数为 20000 次，由于仅在触发时刻进行通信和控制策略的更新，因此事件触发控制下的计算和通信量需求相较于时间触发控制减少了 90%以上。

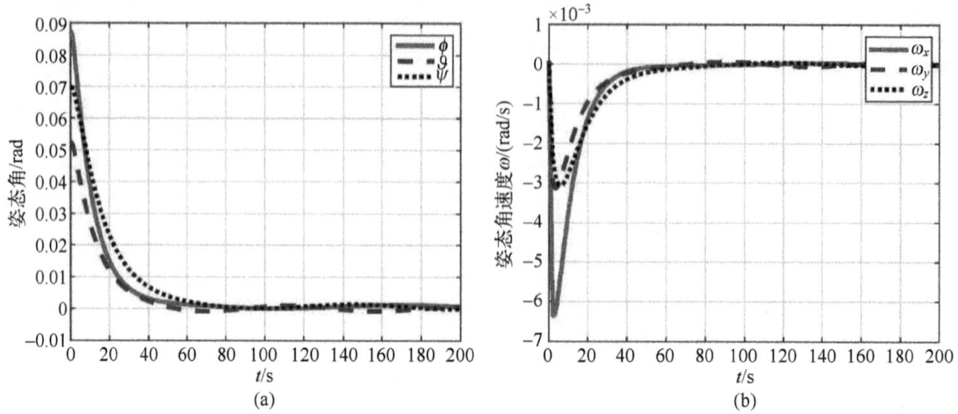


**图 6-9 事件触发鲁棒博弈控制下的状态变化曲线**

（a）姿态角；（b）姿态角速度。

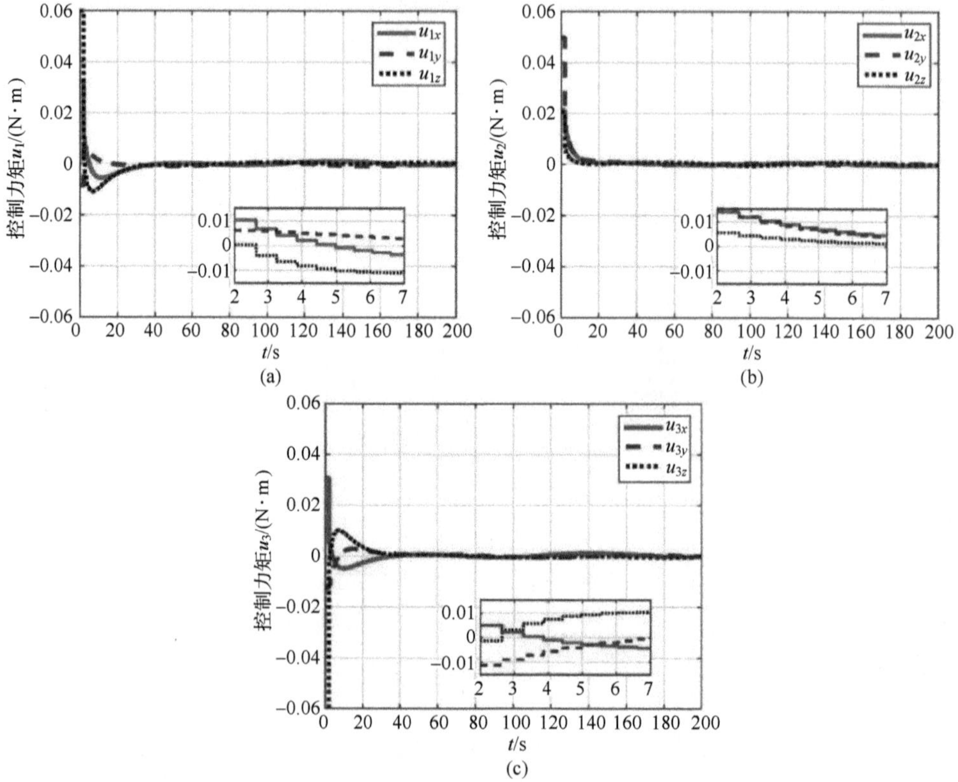


**图 6-10 事件触发鲁棒博弈控制下的微小卫星控制力矩**

（a）微小卫星 1；（b）微小卫星 2；（c）微小卫星 3。

为了说明事件触发条件的参数 $a$ 和 $b$ 对事件触发次数的影响，选择了 6 组不同的数据进行仿真，不同参数下事件触发次数的统计结果如图 6-11 所示。从图中可以看出，当 $b$ 保持不变时，较大的 $a$ 意味着更多的事件触发次数。当 $a$ 保持不变时，较大的 $b$ 意味着更多的事件触发次数。

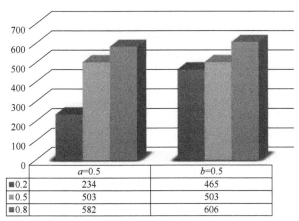

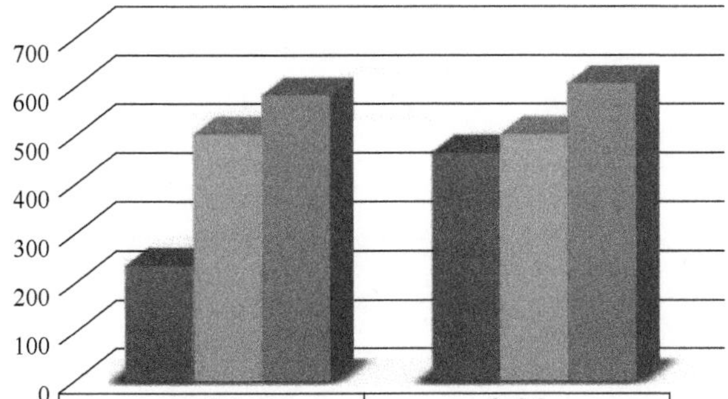


| | $a$=0.5 | $b$=0.5 |
|---|---|---|
| ■0.2 | 234 | 465 |
| ■0.5 | 503 | 503 |
| ■0.8 | 582 | 606 |

**图 6-11 不同参数下的事件触发次数**

## 6.5 数据驱动的鲁棒博弈控制

当系统方程（6-3）中的模型参数未知时，无法直接通过代数黎卡提方程组（6-15）的求解得到各颗微小卫星的控制策略式（6-12）。相较于模型依赖控制，数据驱动控制能够仅通过系统输入、输出等数据进行控制策略的学习，避免了预先的模型参数辨识过程[6]。本节基于 off-policy 积分强化学习（integral reinforcement learning，IRL）的思路设计一种无须系统模型参数的数据驱动鲁棒博弈控制器，能够在仅利用少量在线数据的情况下得到鲁棒反馈控制策略。

### 6.5.1 基于策略迭代的博弈控制框架

由于 IRL 依赖于策略迭代框架，本小节首先基于鲁棒控制策略的显式表达式给出模型依赖的策略迭代算法。策略迭代包含两个环节，分别是策略评估和策略改进[7]。具体的执行步骤如表 6-1 所示。

**表 6-1 鲁棒微分博弈的策略迭代执行步骤**

| 步骤 | 执行的操作 |
|---|---|
| 1 | 给定矩阵 $\boldsymbol{A}$、$\boldsymbol{B}_i$、$\boldsymbol{D}$、$\boldsymbol{R}_{ij}$、$\boldsymbol{Q}_i$、$\boldsymbol{T}_i$；给定初始反馈控制矩阵 $\boldsymbol{K}_i^{[0]}$、$\boldsymbol{L}_i^{[0]}$；设定计算精度 $\varepsilon$； |
| 2 | **For** $k>0$ 和 $\max\{\Vert\boldsymbol{P}_i^{[k]}-\boldsymbol{P}_i^{[k-1]}\Vert, i\in\mathbb{N}\}\leqslant\varepsilon$ |
| 3 | 策略评估：通过求解下述方程得到 $\boldsymbol{P}_i^{[k]}, i\in\mathbb{N}$ <br> $$0=\left(\boldsymbol{A}-\sum_{j=1}^{N}\boldsymbol{B}_j\boldsymbol{K}_j^{[k]}\right)^{\mathrm{T}}\boldsymbol{P}_i^{[k]}+\boldsymbol{P}_i^{[k]}\left(\boldsymbol{A}-\sum_{j=1}^{N}\boldsymbol{B}_j\boldsymbol{K}_j^{[k]}\right)+\boldsymbol{Q}_i+\gamma^2\boldsymbol{L}_i^{[k]\mathrm{T}}\boldsymbol{T}_i\boldsymbol{L}_i^{[k]}+\sum_{j=1}^{N}\boldsymbol{K}_j^{[k]\mathrm{T}}\boldsymbol{R}_{ij}\boldsymbol{K}_j^{[k]}$$ (6-53) |

续表

| 步骤 | 执行的操作 |
|---|---|
| 4 | 策略改进：通过下式更新反馈控制矩阵 $$\begin{cases}\boldsymbol{K}_i^{[k+1]}=\boldsymbol{R}_{ii}^{-1}\boldsymbol{B}_i^{\mathrm{T}}\boldsymbol{P}_i^{[k]}\\ \boldsymbol{L}_i^{[k+1]}=1/\gamma^2\boldsymbol{D}^{\mathrm{T}}\boldsymbol{T}_i\boldsymbol{P}_i^{[k]}\end{cases} \tag{6-54}$$ |
| 5 | $k=k+1$ |
| 6 | **End For** |
| 7 | Return $\boldsymbol{K}_i^{[*]}$ |

**定理 6.3**：如果下面不等式成立且初始可行矩阵 $\boldsymbol{K}_i^{[0]}$ 能够使闭环系统 $\boldsymbol{A}-\sum_j^N\boldsymbol{B}_j\boldsymbol{u}_j$ 稳定：

$$\left\|\begin{matrix}\boldsymbol{R}_{i1} & & \\ & \ddots & \\ & & \boldsymbol{R}_{iN}\end{matrix}\right\|^2\left\|\boldsymbol{B}_1\boldsymbol{R}_{11}^{-1}\quad\cdots\quad\boldsymbol{B}_N\boldsymbol{B}_{NN}^{-1}\right\|^2\geqslant\gamma^{-2}\left\|\boldsymbol{D}\boldsymbol{T}_i^{-1}\right\|^2 \tag{6-55}$$

则能够得到如下结论：

（1）$0\leqslant\boldsymbol{P}_i^{[k+1]}\leqslant\boldsymbol{P}_i^{[k]}$；

（2）$\lim\limits_{k\to\infty}\boldsymbol{K}_i^{[k]}=\boldsymbol{K}_i^*$，$\lim\limits_{k\to\infty}\boldsymbol{P}_i^{[k]}=\boldsymbol{P}_i^*$，$\lim\limits_{k\to\infty}\boldsymbol{L}_i^{[k]}=\boldsymbol{L}_i^*$。

**证明**：$\boldsymbol{P}_i$是式（6-15）的解，根据文献［7］可将其表示为

$$\boldsymbol{P}_i=\int_0^{\infty}e^{\left(\boldsymbol{A}-\sum_{j=1}^N\boldsymbol{B}_j\boldsymbol{u}_j\right)^{\mathrm{T}}\tau}\boldsymbol{O}_ie^{\left(\boldsymbol{A}-\sum_{j=1}^N\boldsymbol{B}_j\boldsymbol{u}_j\right)\tau}\mathrm{d}\tau \tag{6-56}$$

式中：$\boldsymbol{O}_i=\boldsymbol{Q}_i+\sum_{j=1}^N\boldsymbol{K}_j^{\mathrm{T}}\boldsymbol{R}_{ij}\boldsymbol{K}_j+\gamma^2\boldsymbol{L}_i^{\mathrm{T}}\boldsymbol{T}_i\boldsymbol{L}_i$。

令

$$\boldsymbol{A}^{[k]}=\boldsymbol{A}-\sum_{j=1}^N\boldsymbol{B}_j\boldsymbol{K}_j^{[k]}$$

那么，当迭代次数为 $k=0$ 和 $k=1$ 时，有

$$\begin{cases}\boldsymbol{A}^{[0]}=\boldsymbol{A}-\sum_{j=1}^N\boldsymbol{B}_j\boldsymbol{K}_j^{[0]}\\ \boldsymbol{A}^{[1]}=\boldsymbol{A}-\sum_{j=1}^N\boldsymbol{B}_j\boldsymbol{K}_j^{[1]}\end{cases} \tag{6-57}$$

将式（6-57）中的两个方程合并得到

$$\boldsymbol{A}^{[0]}=\boldsymbol{A}^{[1]}-\sum_{j=1}^N\boldsymbol{B}_j(\boldsymbol{K}_j^{[0]}-\boldsymbol{K}_j^{[1]}) \tag{6-58}$$

根据式（6-53）可得

$$\begin{cases} 0 = \boldsymbol{A}^{[0]\mathrm{T}}\boldsymbol{P}_i^{[0]} + \boldsymbol{P}_i^{[0]}\boldsymbol{A}^{[0]} + \boldsymbol{Q}_i + \sum_{j=1}^{N}\boldsymbol{K}_j^{[0]\mathrm{T}}\boldsymbol{R}_{ij}\boldsymbol{K}_j^{[0]} + \gamma^2\boldsymbol{L}_i^{[0]\mathrm{T}}\boldsymbol{T}_i\boldsymbol{L}_i^{[0]} \\ 0 = \boldsymbol{A}^{[1]\mathrm{T}}\boldsymbol{P}_i^{[1]} + \boldsymbol{P}_i^{[1]}\boldsymbol{A}^{[1]} + \boldsymbol{Q}_i + \sum_{j=1}^{N}\boldsymbol{K}_j^{[1]\mathrm{T}}\boldsymbol{R}_{ij}\boldsymbol{K}_j^{[1]} + \gamma^2\boldsymbol{L}_i^{[1]\mathrm{T}}\boldsymbol{T}_i\boldsymbol{L}_i^{[1]} \end{cases} \tag{6-59}$$

将式（6-58）代入式（6-59）的第一个方程中得到

$$0 = \boldsymbol{A}^{[1]\mathrm{T}}\boldsymbol{P}_i^{[0]} - \sum_{j=1}^{N}(\boldsymbol{K}_j^{[0]} - \boldsymbol{K}_j^{[1]})^{\mathrm{T}}\boldsymbol{B}_j^{\mathrm{T}}\boldsymbol{P}_i^{[0]} + \boldsymbol{P}_i^{[0]}\boldsymbol{A}^{[1]} - \boldsymbol{P}_i^{[0]}\sum_{j=1}^{N}\boldsymbol{B}_j(\boldsymbol{K}_j^{[0]} - \boldsymbol{K}_j^{[1]}) + \boldsymbol{Q}_i + \sum_{j=1}^{N}\boldsymbol{K}_j^{[0]\mathrm{T}}\boldsymbol{R}_{ij}\boldsymbol{K}_j^{[0]} + \gamma^2\boldsymbol{L}_i^{[0]\mathrm{T}}\boldsymbol{T}_i\boldsymbol{L}_i^{[0]} \tag{6-60}$$

将式（6-59）的第二个方程与式（6-60）相减可得

$$0 = \boldsymbol{A}^{[1]\mathrm{T}}(\boldsymbol{P}_i^{[0]} - \boldsymbol{P}_i^{[1]}) - \sum_{j=1}^{N}(\boldsymbol{K}_j^{[0]} - \boldsymbol{K}_j^{[1]})^{\mathrm{T}}\boldsymbol{B}_j^{\mathrm{T}}\boldsymbol{P}_i^{[0]} + (\boldsymbol{P}_i^{[0]} - \boldsymbol{P}_i^{[1]})\boldsymbol{A}^{[1]} - \boldsymbol{P}_i^{[0]}\sum_{j=1}^{N}\boldsymbol{B}_j(\boldsymbol{K}_j^{[0]} - \boldsymbol{K}_j^{[1]}) + \sum_{j=1}^{N}\boldsymbol{K}_j^{[0]\mathrm{T}}\boldsymbol{R}_{ij}\boldsymbol{K}_j^{[0]} + \gamma^2\boldsymbol{L}_i^{[0]\mathrm{T}}\boldsymbol{T}_i\boldsymbol{L}_i^{[0]} - \sum_{j=1}^{N}\boldsymbol{K}_j^{[1]\mathrm{T}}\boldsymbol{R}_{ij}\boldsymbol{K}_j^{[1]} - \gamma^2\boldsymbol{L}_i^{[1]\mathrm{T}}\boldsymbol{T}_i\boldsymbol{L}_i^{[1]} \tag{6-61}$$

将式（6-61）整理为

$$0 = \boldsymbol{A}^{[1]\mathrm{T}}(\boldsymbol{P}_i^{[0]} - \boldsymbol{P}_i^{[1]}) + (\boldsymbol{P}_i^{[0]} - \boldsymbol{P}_i^{[1]})\boldsymbol{A}^{[1]} + \sum_{j=1}^{N}(\boldsymbol{K}_j^{[0]} - \boldsymbol{K}_j^{[1]})^{\mathrm{T}}\boldsymbol{R}_{ij}(\boldsymbol{K}_j^{[0]} - \boldsymbol{K}_j^{[1]}) + \gamma^2(\boldsymbol{L}_i^{[0]} - \boldsymbol{L}_i^{[1]})^{\mathrm{T}}\boldsymbol{T}_i(\boldsymbol{L}_i^{[0]} - \boldsymbol{L}_i^{[1]}) + \sum i \tag{6-62}$$

式中，

$$\sum i = \sum_{j=1}^{N}(\boldsymbol{K}_j^{[1]\mathrm{T}}\boldsymbol{R}_{ij} - \boldsymbol{P}_i^{[0]}\boldsymbol{B}_j)(\boldsymbol{K}_j^{[0]} - \boldsymbol{K}_j^{[1]}) + \sum_{j=1}^{N}(\boldsymbol{K}_j^{[0]} - \boldsymbol{K}_j^{[1]})^{\mathrm{T}}(\boldsymbol{R}_{ij}\boldsymbol{K}_j^{[1]} - \boldsymbol{B}_j^{\mathrm{T}}\boldsymbol{P}_i^{[0]}) + \gamma^2\boldsymbol{L}_i^{[1]\mathrm{T}}\boldsymbol{T}_i(\boldsymbol{L}_i^{[0]} - \boldsymbol{L}_i^{[1]}) + (\boldsymbol{L}_i^{[0]} - \gamma^2\boldsymbol{L}_i^{[1]})^{\mathrm{T}}\boldsymbol{T}_i\boldsymbol{L}_i^{[1]}$$

根据式（6-56），式（6-62）的解 $\boldsymbol{P}_i^{[0]}-\boldsymbol{P}_i^{[1]}$ 可表示为

$$\boldsymbol{P}_i^{[0]} - \boldsymbol{P}_i^{[1]} = \int_0^{\infty} e^{\boldsymbol{A}^{[1]\mathrm{T}}\tau}\left[\sum_{j=1}^{N}(\boldsymbol{K}_j^{[0]} - \boldsymbol{K}_j^{[1]})^{\mathrm{T}}\boldsymbol{R}_{ij}(\boldsymbol{K}_j^{[0]} - \boldsymbol{K}_j^{[1]}) + \gamma^2(\boldsymbol{L}_i^{[0]} - \boldsymbol{L}_i^{[1]})^{\mathrm{T}}\boldsymbol{T}_i(\boldsymbol{L}_i^{[0]} - \boldsymbol{L}_i^{[1]}) + \sum i\right]e^{\boldsymbol{A}^{[1]}\tau}\mathrm{d}\tau \tag{6-63}$$

由于式（6-54）的关系，则 $\sum i = 0$。因此，式（6-62）可进一步被整理为

$$\boldsymbol{P}_i^{[0]} - \boldsymbol{P}_i^{[1]} = \int_0^{\infty} e^{\boldsymbol{A}^{[1]\mathrm{T}}\tau}\left[\sum_{j=1}^{N}(\boldsymbol{K}_j^{[0]} - \boldsymbol{K}_j^{[1]})^{\mathrm{T}}\boldsymbol{R}_{ij}(\boldsymbol{K}_j^{[0]} - \boldsymbol{K}_j^{[1]}) + \gamma^2(\boldsymbol{L}_i^{[0]} - \boldsymbol{L}_i^{[1]})^{\mathrm{T}}\boldsymbol{T}_i(\boldsymbol{L}_i^{[0]} - \boldsymbol{L}_i^{[1]})\right]e^{\boldsymbol{A}^{[1]\mathrm{T}}\tau}\mathrm{d}\tau \tag{6-64}$$

当式（6-55）成立时，式（6-64）满足关系

$$\boldsymbol{P}_i^{[0]}-\boldsymbol{P}_i^{[1]} \geqslant 0 \tag{6-65}$$

上述推导过程和结论对于迭代次数 $k=2,3,\cdots$ 仍然适用。因此，可以得到

$\boldsymbol{P}_i^{[k]} \geqslant \boldsymbol{P}_i^{[k+1]}$。再结合单调收敛性和解的唯一性，则一定存在$\lim_{k\to\infty}\boldsymbol{P}_i^{[k]}=\boldsymbol{P}_i^*$。

### 6.5.2 off-policy 迭代方程

上述策略迭代算法中反馈控制矩阵依赖于系统模型中状态矩阵和输入矩阵的完整信息。因此，本小节基于 off-policy 迭代技术重新推导迭代方程，使得策略迭代算法可以在给定的可行初始反馈控制矩阵 $\boldsymbol{K}_i^{[0]}$ 下可以通过不依赖模型信息的迭代方程得到对应于 Nash 均衡的反馈控制矩阵 $\boldsymbol{K}_i^{[k+1]}$。

综合式（6-7）、式（6-9）和式（6-11），在时间间隔$[t,t+\delta t]$对值函数两侧求积分可以得到

$$\boldsymbol{x}(t)^{\mathrm{T}}\boldsymbol{P}_i\boldsymbol{x}(t)=\int_t^{t+\delta t}\left(\boldsymbol{x}^{\mathrm{T}}\boldsymbol{Q}_i\boldsymbol{x}+\sum_{j=1}^{N}\boldsymbol{u}_j^{\mathrm{T}}\boldsymbol{R}_{ij}\boldsymbol{u}_j-\gamma^2\boldsymbol{v}^{\mathrm{T}}\boldsymbol{T}_i\boldsymbol{v}\right)\mathrm{d}\tau+\boldsymbol{x}^{\mathrm{T}}(t+\delta t)\boldsymbol{P}_i\boldsymbol{x}(t+\delta t) \tag{6-66}$$

将鲁棒反馈控制策略 $\boldsymbol{u}_i=-\boldsymbol{K}_i\boldsymbol{x}$ 和 $\boldsymbol{v}=\boldsymbol{L}_i\boldsymbol{x}$ 代入式（6-66）可得

$$\boldsymbol{x}(t)^{\mathrm{T}}\boldsymbol{P}_i\boldsymbol{x}(t)-\boldsymbol{x}^{\mathrm{T}}(t+\delta t)\boldsymbol{P}_i\boldsymbol{x}(t+\delta t)=\int_t^{t+\delta t}\boldsymbol{x}^{\mathrm{T}}\left(\boldsymbol{Q}_i+\sum_{j=1}^{N}\boldsymbol{K}_j^{\mathrm{T}}\boldsymbol{R}_{ij}\boldsymbol{K}_j-\gamma^2\boldsymbol{L}_i^{\mathrm{T}}\boldsymbol{T}_i\boldsymbol{L}_i\right)\boldsymbol{x}\mathrm{d}\tau \tag{6-67}$$

在以式（6-67）为基础进行模型不依赖的迭代公式推导之前，首先证明等价性。

**引理 6.1**：由式（6-67）得到的 $\boldsymbol{P}_i$ 和式（6-15）求解得到的 $\boldsymbol{P}_i$ 是等价的。

**证明**：根据式（6-15）和式（6-3）可得

$$\begin{aligned}
&\frac{\mathrm{d}(\boldsymbol{x}^{\mathrm{T}}(t)\boldsymbol{P}_i\boldsymbol{x}(t))}{\mathrm{d}t}\\
&=\dot{\boldsymbol{x}}^{\mathrm{T}}(t)\boldsymbol{P}_i\boldsymbol{x}(t)+\boldsymbol{x}^{\mathrm{T}}(t)\boldsymbol{P}_i\dot{\boldsymbol{x}}(t)\\
&=\boldsymbol{x}^{\mathrm{T}}(t)\left[\left(\boldsymbol{A}-\sum_{j=1}^{N}\boldsymbol{B}_j\boldsymbol{K}_j+\boldsymbol{D}\boldsymbol{L}_i\right)^{\mathrm{T}}\boldsymbol{P}_i+\boldsymbol{P}_i\left(\boldsymbol{A}-\sum_{j=1}^{N}\boldsymbol{B}_j\boldsymbol{K}_j+\boldsymbol{D}\boldsymbol{L}_i\right)\right]\boldsymbol{x}(t)\\
&=-\boldsymbol{x}^{\mathrm{T}}(t)\left[\boldsymbol{Q}_i+\sum_{j=1}^{N}\boldsymbol{K}_j^{\mathrm{T}}\boldsymbol{R}_{ij}\boldsymbol{K}_j-\gamma^2\boldsymbol{L}_i^{\mathrm{T}}\boldsymbol{T}_i\boldsymbol{L}_i\right]\boldsymbol{x}(t)
\end{aligned} \tag{6-68}$$

对式（6-68）进行积分可得

$$\begin{aligned}
&\int_t^{t+\delta t}\boldsymbol{x}^{\mathrm{T}}\left[\boldsymbol{Q}_i+\sum_{j=1}^{N}\boldsymbol{K}_j^{\mathrm{T}}\boldsymbol{R}_{ij}\boldsymbol{K}_j-\gamma^2\boldsymbol{L}_i^{\mathrm{T}}\boldsymbol{T}_i\boldsymbol{L}_i\right]\boldsymbol{x}\mathrm{d}\tau\\
&=-\int_t^{t+\delta t}\frac{\mathrm{d}(\boldsymbol{x}^{\mathrm{T}}\boldsymbol{P}_i\boldsymbol{x})}{\mathrm{d}\tau}\mathrm{d}\tau\\
&=\boldsymbol{x}(t)^{\mathrm{T}}\boldsymbol{P}_i\boldsymbol{x}(t)-\boldsymbol{x}(t+\delta t)^{\mathrm{T}}\boldsymbol{P}_i\boldsymbol{x}(t+\delta t)
\end{aligned} \tag{6-69}$$

因此，式（6-67）和式（6-15）是等价的。此外，由于系统稳定性，仅存在唯一的 $\boldsymbol{P}_i$。因此，式（6-6）的解与式（6-15）的解是一致的。

基于引理 6.1，将给出在没有系统动力学的情况下获得控制策略的理论推导。定义 $\boldsymbol{A}^{[k]}=\boldsymbol{A}-\sum_{j=1}^{N}\boldsymbol{B}_j\boldsymbol{K}_j^{[k]}$，则系统方程（6-3）可改写为

$$\dot{\boldsymbol{x}} = \boldsymbol{A}^{[k]}\boldsymbol{x} + \sum_{j=1}^{N}\boldsymbol{B}_j(\boldsymbol{u}_j + \boldsymbol{K}_j^{[k]}\boldsymbol{x}) + \boldsymbol{D}\boldsymbol{v} \tag{6-70}$$

将式（6-70）代入式（6-67）中得到

$$\begin{aligned}\boldsymbol{x}^{\mathrm{T}}(t+\delta t)\boldsymbol{P}_i^{[k]}\boldsymbol{x}(t+\delta t) - \boldsymbol{x}(t)^{\mathrm{T}}\boldsymbol{P}_i^{[k]}\boldsymbol{x}(t) = &\int_t^{t+\delta t}\boldsymbol{x}^{\mathrm{T}}(\boldsymbol{A}^{[k]\mathrm{T}}\boldsymbol{P}_i^{[k]} + \boldsymbol{P}_i^{[k]}\boldsymbol{A}^{[k]})\boldsymbol{x}\mathrm{d}\tau + \\ &2\int_t^{t+\delta t}\Big(\sum_{j=1}^{N}(\boldsymbol{u}_j + \boldsymbol{K}_j^{[k]}\boldsymbol{x})^{\mathrm{T}}\boldsymbol{B}_j^{\mathrm{T}}\boldsymbol{P}_i^{[k]}\boldsymbol{x}\Big)\mathrm{d}\tau + \\ &2\int_t^{t+\delta t}\boldsymbol{v}^{\mathrm{T}}\boldsymbol{D}^{\mathrm{T}}\boldsymbol{P}_i^{[k]}\boldsymbol{x}\mathrm{d}\tau\end{aligned} \tag{6-71}$$

令

$$\boldsymbol{Q}_i^{[k]} = \boldsymbol{Q}_i + \sum_{j=1}^{N}\boldsymbol{K}_j^{[k]\mathrm{T}}\boldsymbol{R}_{ij}\boldsymbol{K}_j^{[k]} + \gamma^2\boldsymbol{L}_i^{[k]\mathrm{T}}\boldsymbol{T}_i\boldsymbol{L}_i^{[k]}$$

式（6-53）可以整理为

$$0=\boldsymbol{Q}_i^{[k]}+\boldsymbol{A}^{[k]\mathrm{T}}\boldsymbol{P}_i+\boldsymbol{P}_i\boldsymbol{A}^{[k]} \tag{6-72}$$

因此，对式（6-71）的第一项作如下处理

$$\int_t^{t+\delta t}\boldsymbol{x}^{\mathrm{T}}(\boldsymbol{A}^{[k]\mathrm{T}}\boldsymbol{P}_i + \boldsymbol{P}_i\boldsymbol{A}^{[k]})\boldsymbol{x}\mathrm{d}\tau = -\int_t^{t+\delta t}\boldsymbol{x}^{\mathrm{T}}\boldsymbol{Q}_i^{[k]}\boldsymbol{x}\mathrm{d}\tau \tag{6-73}$$

令 $\boldsymbol{K}_{ij}^{[k+1]}=\boldsymbol{B}_j^{\mathrm{T}}\boldsymbol{P}_i^{[k]}(j\neq i)$，$\boldsymbol{K}_{ii}^{[k+1]}=\boldsymbol{K}_i^{[k+1]}=\boldsymbol{R}_{ii}^{-1}\boldsymbol{B}_i^{\mathrm{T}}\boldsymbol{P}_i^{[k]}$，$\boldsymbol{L}_i^{[k+1]}=\dfrac{1}{\gamma^2}\boldsymbol{T}_i^{-1}\boldsymbol{D}^{\mathrm{T}}\boldsymbol{P}_i^{[k]}$，

式（6-71）可整理为

$$\begin{aligned}&\boldsymbol{x}^{\mathrm{T}}(t+\delta t)\boldsymbol{P}_i^{[k]}\boldsymbol{x}(t+\delta t) - \boldsymbol{x}(t)^{\mathrm{T}}\boldsymbol{P}_i^{[k]}\boldsymbol{x}(t) \\ &= -\int_t^{t+\delta t}\boldsymbol{x}^{\mathrm{T}}\boldsymbol{Q}_i^{[k]}\boldsymbol{x}\mathrm{d}\tau + 2\int_t^{t+\delta t}\Big(\sum_{j=1,j\neq i}^{N}(\boldsymbol{u}_j + \boldsymbol{K}_j^{[k]}\boldsymbol{x})^{\mathrm{T}}\boldsymbol{K}_{ij}^{[k+1]}\boldsymbol{x}\Big)\mathrm{d}\tau + \\ &2\int_t^{t+\delta t}(\boldsymbol{u}_i + \boldsymbol{K}_i^{[k]}\boldsymbol{x})^{\mathrm{T}}\boldsymbol{R}_{ii}\boldsymbol{K}_i^{[k+1]}\boldsymbol{x}\mathrm{d}\tau + 2\gamma^2\int_t^{t+\delta t}\boldsymbol{v}^{\mathrm{T}}\boldsymbol{T}_i\boldsymbol{L}_i^{[k+1]}\boldsymbol{x}\mathrm{d}\tau\end{aligned} \tag{6-74}$$

式（6-74）即为 off-policy 迭代技术的迭代方程，式中不包含任何系统模型信息，而是利用系统的实时数据，因此可用于系统模型完全未知情况下的博弈控制策略求解。由于迭代方程（6-74）是由式（6-67）导出的，而式（6-67）和式（6-15）等价，因此迭代方程（6-74）等价于迭代公式（6-53）。

### 6.5.3 数据驱动的鲁棒博弈控制算法

为了避免上述迭代方程（6-74）带来的计算负担，对迭代方程进行整理，设计数据驱动的鲁棒博弈控制算法，以获得微小卫星的 Nash 均衡和相应的反馈控制增益矩阵。

定义如下两个运算符：

$$\boldsymbol{P}\in\mathbb{R}^{6\times6}\to\widetilde{\boldsymbol{P}}\in\mathbb{R}^{21},\quad \boldsymbol{x}\in\mathbb{R}^{6}\to\bar{\boldsymbol{x}}\in\mathbb{R}^{21}$$

其中：

$$\widetilde{\boldsymbol{P}}_i=[P_{i(11)},2P_{i(12)},\cdots,2P_{i(16)},P_{i(22)},2P_{i(23)},\cdots,2P_{i(56)},P_{i(66)}]^{\mathrm{T}}$$

$$\bar{\boldsymbol{x}}=[x_1^2,x_1x_2,\cdots,x_1x_6,x_2^2,\cdots,x_5,x_6,x_6^2]^{\mathrm{T}}$$

基于克罗内克积理论可得

$$\mathrm{vec}(\boldsymbol{x}^{\mathrm{T}}\boldsymbol{Q}_i^{[k]}\boldsymbol{x})=(\boldsymbol{x}^{\mathrm{T}}\otimes\boldsymbol{x}^{\mathrm{T}})\mathrm{vec}(\boldsymbol{Q}_i^{[k]}) \tag{6-75}$$

式（6-74）的第一项可改写为

$$\mathrm{vec}(\boldsymbol{u}_j+\boldsymbol{K}_j^{[k]}\boldsymbol{x})^{\mathrm{T}}\boldsymbol{K}_{ij}^{[k+1]}\boldsymbol{x}=[(\boldsymbol{x}^{\mathrm{T}}\otimes\boldsymbol{x}^{\mathrm{T}})(\boldsymbol{I}_6\otimes\boldsymbol{K}_j^{[k]\mathrm{T}})+\boldsymbol{x}^{\mathrm{T}}\otimes\boldsymbol{u}_j^{\mathrm{T}}]\mathrm{vec}(\boldsymbol{K}_{ij}^{[k+1]}) \tag{6-76}$$

式（6-74）的第二项可改写为

$$\begin{aligned}&\mathrm{vec}(\boldsymbol{u}_i+\boldsymbol{K}_i^{[k]}\boldsymbol{x})^{\mathrm{T}}\boldsymbol{R}_{ii}\boldsymbol{K}_i^{[k+1]}\boldsymbol{x}\\&=[(\boldsymbol{x}^{\mathrm{T}}\otimes\boldsymbol{x}^{\mathrm{T}})(\boldsymbol{I}_6\otimes\boldsymbol{K}_i^{[k]\mathrm{T}}\boldsymbol{R}_{ii})+(\boldsymbol{x}^{\mathrm{T}}\otimes\boldsymbol{u}_i^{\mathrm{T}})(\boldsymbol{I}_6\otimes\boldsymbol{R}_{ii})]\mathrm{vec}(\boldsymbol{K}_i^{[k+1]})\end{aligned} \tag{6-77}$$

式（6-74）的第三项可改写为

$$\mathrm{vec}(\boldsymbol{v}^{\mathrm{T}}\boldsymbol{T}_i\boldsymbol{L}_i^{[k+1]}\boldsymbol{x})=(\boldsymbol{x}^{\mathrm{T}}\otimes\boldsymbol{v}^{\mathrm{T}})(\boldsymbol{I}_6\otimes\boldsymbol{T}_i)\mathrm{vec}(\boldsymbol{L}_i^{[k+1]}) \tag{6-78}$$

此外，定义如下几个矩阵

$$\begin{cases}\boldsymbol{\delta}_{xx}=[\bar{\boldsymbol{x}}(t_1)-\bar{\boldsymbol{x}}(t_0),\bar{\boldsymbol{x}}(t_2)-\bar{\boldsymbol{x}}(t_1),\cdots,\bar{\boldsymbol{x}}(t_l)-\bar{\boldsymbol{x}}(t_{l-1})]^{\mathrm{T}}\in\mathbb{R}^{l\times21}\\ \boldsymbol{I}_{xx}=\left[\int_{t_0}^{t_1}\boldsymbol{x}\otimes\boldsymbol{x}\mathrm{d}\tau,\int_{t_1}^{t_2}\boldsymbol{x}\otimes\boldsymbol{x}\mathrm{d}\tau,\cdots\int_{t_{l-1}}^{t_l}\boldsymbol{x}\otimes\boldsymbol{x}\mathrm{d}\tau\right]^{\mathrm{T}}\in\mathbb{R}^{l\times36}\\ \boldsymbol{I}_{xu_i}=\left[\int_{t_0}^{t_1}\boldsymbol{x}\otimes\boldsymbol{u}_i\mathrm{d}\tau,\int_{t_1}^{t_2}\boldsymbol{x}\otimes\boldsymbol{u}_i\mathrm{d}\tau,\cdots\int_{t_{l-1}}^{t_l}\boldsymbol{x}\otimes\boldsymbol{u}_i\mathrm{d}\tau\right]^{\mathrm{T}}\in\mathbb{R}^{l\times18}\\ \boldsymbol{I}_{xd}=\left[\int_{t_0}^{t_1}\boldsymbol{x}\otimes\boldsymbol{v}\mathrm{d}\tau,\int_{t_1}^{t_2}\boldsymbol{x}\otimes\boldsymbol{v}\mathrm{d}\tau,\cdots\int_{t_{l-1}}^{t_l}\boldsymbol{x}\otimes\boldsymbol{v}\mathrm{d}\tau\right]^{\mathrm{T}}\in\mathbb{R}^{l\times18}\end{cases} \tag{6-79}$$

式中：$l\in\mathbb{Z}^+$ 且 $0\leqslant t_0<t_1<t_2\cdots<t_l$。

那么，对于任何给定的反馈增益矩阵 $\boldsymbol{K}_{ij}^{[k]}$、$\boldsymbol{L}_i^{[k]}$，式（6-74）通过以下线性方程以矩阵形式给出

$$\boldsymbol{\Lambda}_i^{[k]}=\boldsymbol{\Phi}_i^{[k]}\begin{bmatrix}\widetilde{\boldsymbol{P}}_i^{[k]}\\ \mathrm{vec}(\boldsymbol{K}_{i1}^{[k+1]})\\ \vdots\\ \mathrm{vec}(\boldsymbol{K}_{ii}^{[k+1]})\\ \vdots\\ \mathrm{vec}(\boldsymbol{K}_{iN}^{[k+1]})\\ \mathrm{vec}(\boldsymbol{L}_i^{[k+1]})\end{bmatrix} \tag{6-80}$$

式中：

$$\begin{aligned}\boldsymbol{\Phi}_i^{[k]}=[&\boldsymbol{\delta}_{xx},-2\boldsymbol{I}_{xx}(\boldsymbol{I}_6\otimes\boldsymbol{K}_{i1}^{[k]\mathrm{T}})-2\boldsymbol{I}_{xu_1},\cdots,-2\boldsymbol{I}_{xx}(\boldsymbol{I}_6\otimes\boldsymbol{K}_{ii}^{[k]\mathrm{T}}\boldsymbol{R}_{ii})-2\boldsymbol{I}_{xu_i}(\boldsymbol{I}_6\otimes\boldsymbol{R}_{ii}),\\&\cdots,-2\boldsymbol{I}_{xx}(\boldsymbol{I}_6\otimes\boldsymbol{K}_{iN}^{[k]\mathrm{T}})-2\boldsymbol{I}_{xu_N},-2\gamma^2\boldsymbol{I}_{xd}(\boldsymbol{I}_6\otimes\boldsymbol{T}_i)]\in\mathbb{R}^{l\times(39+18N)}\end{aligned}$$

$$\boldsymbol{\Lambda}_i^{[k]}=-\boldsymbol{I}_{xx}\mathrm{vec}(\boldsymbol{Q}_i^{[k]})\in\mathbb{R}^l$$

基于最小二乘原理，如果式（6-80）中的 $\boldsymbol{\Phi}_i^{[k]}$ 是列满秩，则式（6-80）的

解可通过下式确定

$$\begin{bmatrix} \widetilde{\boldsymbol{P}}_i^{[k]} \\ \text{vec}(\boldsymbol{K}_{i1}^{[k+1]}) \\ \vdots \\ \text{vec}(\boldsymbol{K}_{ii}^{[k+1]}) \\ \vdots \\ \text{vec}(\boldsymbol{K}_{iN}^{[k+1]}) \\ \text{vec}(\boldsymbol{L}_i^{[k+1]}) \end{bmatrix} = (\boldsymbol{\Phi}_i^{[k]\mathrm{T}}\boldsymbol{\Phi}_i^{[k]})^{-1}\boldsymbol{\Phi}_i^{[k]\mathrm{T}}\boldsymbol{\Lambda}_i^{[k]} \tag{6-81}$$

那么，为了保证 $\boldsymbol{\Phi}_i^{[k]}$ 在任意迭代次数 $k$ 下均为列满秩，给出以下引理。

**引理 6.2**：若存在一个正整数 $l_0$ 使得对于任意的 $l>l_0$ 均满足

$$\text{rank}([\boldsymbol{\Theta}]) = \Lambda \tag{6-82}$$

式中：$\boldsymbol{\Theta}=[\boldsymbol{I}_{xx},\boldsymbol{I}_{xu_1},\cdots,\boldsymbol{I}_{xu_N},\boldsymbol{I}_d]$，$\Lambda=39+18N$。那么，$\boldsymbol{\Phi}_i^{[k]}$ 在任意迭代次数均为列满秩的。

**证明**：对于该引理的证明可等价为证明下式存在唯一解 $\boldsymbol{X}=0$

$$\boldsymbol{\Phi}_i^{[k]}\boldsymbol{X}=0 \tag{6-83}$$

下面，用反证法来证明。

对于 $i=1$，将 $\boldsymbol{\Phi}_1^{[k]}\boldsymbol{X}=0$ 的非零解记为

$$\boldsymbol{X}=\begin{bmatrix} \widetilde{\boldsymbol{W}}_1 \\ \text{vec}(\boldsymbol{M}_1) \\ \vdots \\ \text{vec}(\boldsymbol{M}_N) \\ \text{vec}(\boldsymbol{N}_1) \end{bmatrix} \in \mathbb{R}^{39+18N}$$

其中，$\widetilde{\boldsymbol{W}}_1\in\mathbb{R}^{21}$，$\text{vec}(\boldsymbol{M}_i)\in\mathbb{R}^{18}$，$\text{vec}(\boldsymbol{N}_1)\in\mathbb{R}^{18}$。因此，对称矩阵 $\boldsymbol{W}_1$ 和 $\boldsymbol{M}_i$，$\boldsymbol{N}_1$ 可以唯一确定。

分析式（6-74）可得

$$\boldsymbol{\Phi}_1^{[k]}\boldsymbol{X} = \boldsymbol{I}_{xx}\text{vec}(\boldsymbol{\Omega}_1) + 2\sum_{i=1}^{N}\boldsymbol{I}_{xu_i}\text{vec}(\boldsymbol{S}_i) + 2\gamma^2\boldsymbol{I}_{xd}\text{vec}(\boldsymbol{Z}_1) \tag{6-84}$$

式中：

$$\boldsymbol{\Omega}_1 = \boldsymbol{A}^{[k]\mathrm{T}}\boldsymbol{W}_1 + \boldsymbol{W}_1\boldsymbol{A}^{[k]} + \boldsymbol{K}_1^{[k]\mathrm{T}}(\boldsymbol{B}_1^{\mathrm{T}}\boldsymbol{W}_1 - \boldsymbol{R}_{11}\boldsymbol{M}_1) + (\boldsymbol{B}_1^{\mathrm{T}}\boldsymbol{W}_1 - \boldsymbol{R}_{11}\boldsymbol{M}_1)\boldsymbol{K}_1^{[k]} + \sum_{j,j\neq 1}(\boldsymbol{K}_{1j}^{[k]\mathrm{T}}(\boldsymbol{B}_i^{\mathrm{T}}\boldsymbol{W} - \boldsymbol{M}_j) + (\boldsymbol{B}_j^{\mathrm{T}}\boldsymbol{W} - \boldsymbol{M}_j)\boldsymbol{K}_{1j}^{[k]})$$

$$\boldsymbol{S}_1=\boldsymbol{B}_1^{\mathrm{T}}\boldsymbol{W}_1-\boldsymbol{R}_{11}\boldsymbol{M}_1$$

$$\boldsymbol{S}_{j,j\neq 1}=\boldsymbol{B}_j^{\mathrm{T}}\boldsymbol{W}_1-\boldsymbol{M}_j,\quad \boldsymbol{Z}_1=\boldsymbol{D}^{\mathrm{T}}\boldsymbol{W}-\gamma^2\boldsymbol{T}_1\boldsymbol{N}_1$$

由于 $\boldsymbol{\Omega}_1$ 具有对称性，因此

$$\boldsymbol{I}_{xx}\text{vec}(\boldsymbol{\Omega}_1)=\boldsymbol{I}_{\hat{x}}\hat{\boldsymbol{\Omega}}_1 \tag{6-85}$$

定义$\boldsymbol{I}_{\hat{x}}$为

$$\boldsymbol{I}_{\hat{x}}=\left[\int_{t_0}^{t_1}\hat{\boldsymbol{x}}\mathrm{d}\tau,\int_{t_1}^{t_2}\hat{\boldsymbol{x}}\mathrm{d}\tau,\cdots,\int_{t_{l-1}}^{t_l}\hat{\boldsymbol{x}}\mathrm{d}\tau\right]^{\mathrm{T}}$$

那么，结合式（6-83）和式（6-84）可得

$$[\boldsymbol{I}_{\hat{x}}\quad 2\boldsymbol{I}_{xu_1}\quad\cdots\quad 2\boldsymbol{I}_{xu_n}\quad 2\gamma^2\boldsymbol{I}_{xd}]\begin{bmatrix}\hat{\boldsymbol{\Omega}}_1\\ \mathrm{vec}(\boldsymbol{S}_1)\\ \vdots\\ \mathrm{vec}(\boldsymbol{S}_N)\\ \mathrm{vec}(\boldsymbol{Z}_1)\end{bmatrix}=0 \tag{6-86}$$

在式（6-82）表示的条件下，上述方程的解可以唯一确定为$\hat{\boldsymbol{\Omega}}=0$，$\mathrm{vec}(\boldsymbol{S}_i)=0$，$\mathrm{vec}(\boldsymbol{Z}_1)=0$。因此

$$\boldsymbol{A}^{[k]\mathrm{T}}\boldsymbol{W}_1+\boldsymbol{W}_1\boldsymbol{A}^{[k]}=0 \tag{6-87}$$

由于$\boldsymbol{A}^{[k]}$在任意迭代次数$k$均满足赫尔维兹稳定性判据，因此上述方程存在唯一解$\boldsymbol{W}_1=0$。对应地，$\boldsymbol{M}_i=0$，$\boldsymbol{N}=0$。因此，可以说明$\boldsymbol{X}=0$的推导结论与$\boldsymbol{X}\neq 0$的假设相互矛盾。

对于任意的$i\in\mathbb{N}$，上述分析和结论也同样适用。因此，对于任意迭代次数$k$，只要条件满足，$\boldsymbol{\Phi}_i^{[k]}$为列满秩。

从式（6-81）可以看出，每颗微小卫星的反馈控制矩阵$\boldsymbol{K}_i^*$可以基于在线收集的数据迭代求解得到。图6-12中为数据驱动的鲁棒博弈控制算法流程图，包括三个阶段：在线数据采集阶段、策略学习阶段和策略应用阶段。第一个阶段是在线数据采集阶段，采集的数据包括时间范围$[t_0,t_l]$内每个采样时刻下的系统状态$\boldsymbol{x}$、各颗微小卫星输入$\boldsymbol{u}_i$和可测量的外部干扰$\boldsymbol{v}$，这些数据将用于第二阶段构建对应的矩阵$\boldsymbol{\delta}_{xx}$、$\boldsymbol{I}_{xx}$、$\boldsymbol{I}_{xu_i}$、$\boldsymbol{I}_{xd}$。为了保证采样数据能够满足列满秩的条件，这个阶段的控制输入中加入噪声。第二个阶段是策略学习阶段，每颗微小卫星重复使用矩阵$\boldsymbol{\delta}_{xx}$、$\boldsymbol{I}_{xx}$、$\boldsymbol{I}_{xu_i}$、$\boldsymbol{I}_{xd}$来进行策略迭代，直到$\boldsymbol{K}_i^{[k]}$收敛到最优值。第三个阶段是策略应用阶段，每颗微小卫星利用上一阶段优化得到的最优反馈控制策略进行组合体的控制，实现组合体的姿态接管控制。

**定理6.4**：对于一组初始可行反馈控制矩阵$\boldsymbol{K}_i^{[0]}\in\mathbb{R}^{6\times 3}$，当在线采样数据满足引理6.2中的列满秩条件时，基于式（6-81）反复迭代的反馈控制矩阵$\{\boldsymbol{K}_i^{[k]}\}$会收敛到鲁棒Nash均衡对应的反馈控制矩阵$\{\boldsymbol{K}_i^{(*)}\}$。

**证明**：对于一组初始可行反馈增益矩阵$\boldsymbol{K}_i^{[0]}$，若对称矩阵$\boldsymbol{P}_i^{[k]}$为式（6-53）的解，则$\boldsymbol{K}_i^{[k+1]}=\boldsymbol{R}_{ii}^{-1}\boldsymbol{B}_i^{\mathrm{T}}\boldsymbol{P}_i^{[k]}$，其中，$\boldsymbol{P}_i^{[k]}$和$\boldsymbol{K}_i^{[k+1]}$均满足式（6-81）。

对于迭代公式（6-81），由于存在$\boldsymbol{P}_i=\boldsymbol{P}_i^{\mathrm{T}}$，那么$\boldsymbol{L}_i$和$\boldsymbol{K}_{ij}$满足下式

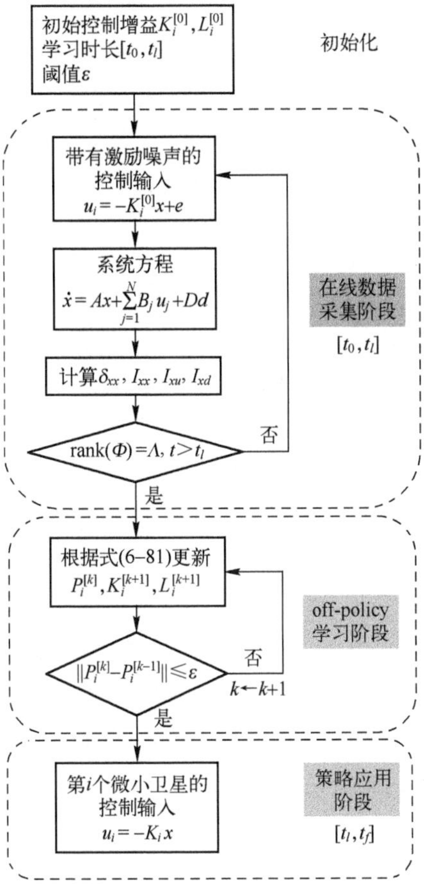


**图 6-12　数据驱动鲁棒微分博弈控制的算法流程图**

$$
\begin{bmatrix}
\widetilde{\boldsymbol{P}}_i^{[k]} \\
\mathrm{vec}(\boldsymbol{K}_{i1}^{[k+1]}) \\
\vdots \\
\mathrm{vec}(\boldsymbol{K}_{ii}^{[k+1]}) \\
\vdots \\
\mathrm{vec}(\boldsymbol{K}_{iN}^{[k+1]}) \\
\mathrm{vec}(\boldsymbol{L}_i^{[k+1]})
\end{bmatrix}
= (\boldsymbol{\Phi}_i^{[k]\mathrm{T}}\boldsymbol{\Phi}_i^{[k]})^{-1}\boldsymbol{\Phi}_i^{[k]\mathrm{T}}\boldsymbol{\Lambda}_i^{[k]}
$$

因此，$\widetilde{\boldsymbol{P}}_i^{[k]}=\widetilde{\boldsymbol{P}}_i$。此外，$\boldsymbol{P}_i^{[k]}=\boldsymbol{P}_i$可通过满足引理 6.2 唯一确定。

由于引理 6.1，由式（6-74）导出的迭代方程（6-86）等价于迭代方程（6-53）。最后，通过定理 6.3 证明了收敛性。

**注 6.1**：在线数据采集阶段需要采集干扰力矩的数据。当干扰力矩主要为重力梯度转矩、太阳压力、大气阻力等，可通过测量数据进行干扰力矩的估计。当干扰力矩的来源未知时，可利用文献［8］提出的方法来构建干扰力矩的模型。

**注 6.2**：当 $\gamma=0$ 时，数据驱动鲁棒博弈控制算法会退化为数据驱动的非鲁棒博弈控制算法。然而，在干扰存在的情况下，数据驱动的非鲁棒博弈控制算法的收敛性会受到干扰的影响。

**注 6.3**：在数据收集阶段，每颗微小卫星的控制输入不需要满足持续激励条件，但是为了保证利用少量在线采样数据即可满足引理 6.2 中的列满秩条件，可在每颗微小卫星的原有控制输入中加入激励噪声以提高数据的丰富性。目前，被广泛使用的激励噪声包括不同频率的正弦信号之和、探测噪声等。

为了说明数据驱动鲁棒博弈控制方法中各颗微小卫星之间的信息交互，图 6-13 给出了数据驱动鲁棒微分博弈控制示意图。从图 6-13 可以看出，系统状态和干扰仅由其中一颗微小卫星进行测量并通过无向连通图传播到其他微小卫星，而虚线表示干扰测量仅在数据采集阶段进行。

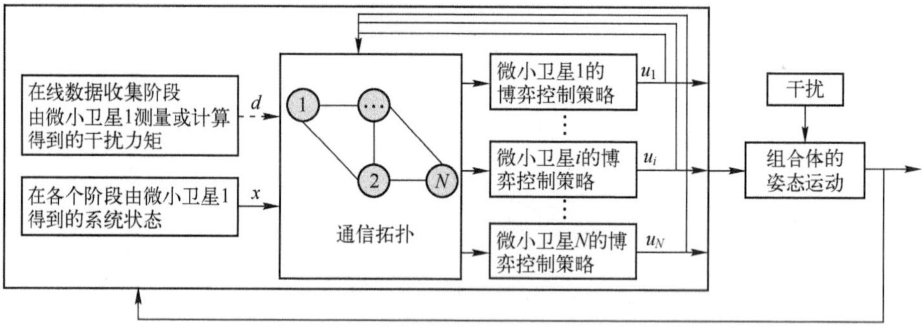


**图 6-13　数据驱动鲁棒微分博弈控制示意图**

### 6.5.4　仿真验证

为了验证数据驱动鲁棒博弈控制方法的控制性能，将其与数据驱动非鲁棒博弈控制方法对组合体的姿态稳定过程进行仿真对比。

不失一般性，假设有 3 颗微小卫星用于失效航天器的姿态接管控制。失效航天器和微小卫星形成的组合体在坐标系 $O_bx_by_bz_b$ 下的转动惯量矩阵为

$$\boldsymbol{J}=\begin{bmatrix}90 & 10 & 5\\10 & 50 & 7\\5 & 7 & 50\end{bmatrix}(\mathrm{kg}\cdot\mathrm{m}^2)$$

且在坐标系 $O_cx_cy_cz_c$ 下的组合体转动惯量 $\boldsymbol{J}$ 可通过正交变换得到。微小卫星从 $O_ix_iy_iz_i$ 到 $Oxyz$ 的转换矩阵与 6.3.3 节的仿真参数相同。微小卫星可提供的最大控制力矩为 $u_{\max}=0.25\mathrm{N}\cdot\mathrm{m}$。在初始时刻，组合体的姿态角为$[0.0873,0.0524,0.0698]^{\mathrm{T}}(\mathrm{rad})$、姿态角速度为$[0,0,0]^{\mathrm{T}}(\mathrm{rad/s})$。各颗微小卫星的权重矩阵分别设置为 $\boldsymbol{Q}_1=5\boldsymbol{I}_6,\boldsymbol{Q}_2=5\boldsymbol{I}_6,\boldsymbol{Q}_3=5\boldsymbol{I}_6,\boldsymbol{R}_{11}=\boldsymbol{R}_{12}=\boldsymbol{R}_{13}=\boldsymbol{I}_3,\boldsymbol{R}_{21}=\boldsymbol{R}_{22}=\boldsymbol{R}_{23}=\boldsymbol{I}_3,\boldsymbol{R}_{31}=\boldsymbol{R}_{32}=\boldsymbol{R}_{33}=\boldsymbol{I}_3,\boldsymbol{T}_1=\boldsymbol{T}_2=\boldsymbol{T}_3=0.06\boldsymbol{I}_3$。设置数据采集时间范围为 $t\in[0,4]\mathrm{s}$，在数据采集

阶段的采样间隔为 0.01s，各颗微小卫星控制输入各轴上加入的激励噪声为

$$e = 0.02\sum_{h=1}^{100}\sin(q_h t)$$

式中：$q_h$为从[-500,500]中随机选择的整数。在策略学习阶段，迭代收敛精度设置为$\|\boldsymbol{P}_k-\boldsymbol{P}_{k-1}\|\leqslant 0.02$，最大迭代次数为 20。外部干扰设置为

$$\boldsymbol{d}=\begin{bmatrix}0.01+0.01\sin(0.05t)\\0.01\sin(0.08t)+0.01\cos(0.06t)\\0.01+0.015\sin(0.06t)\end{bmatrix}(\mathrm{N}\cdot\mathrm{m})$$

图 6-14 和图 6-15 分别给出了两种方法下的反馈控制矩阵在策略学习阶段的迭代过程。从图 6-14 可以看出，在本小节所提出的数据驱动鲁棒博弈控制方法下，反馈控制矩阵在经过 8 次迭代后即可达到收敛精度。从图 6-15 可以看出，在数据驱动非鲁棒博弈算法下，反馈控制矩阵直到最大迭代次数都未收敛。这是因为不考虑干扰的数据驱动博弈控制对干扰数据相对敏感。

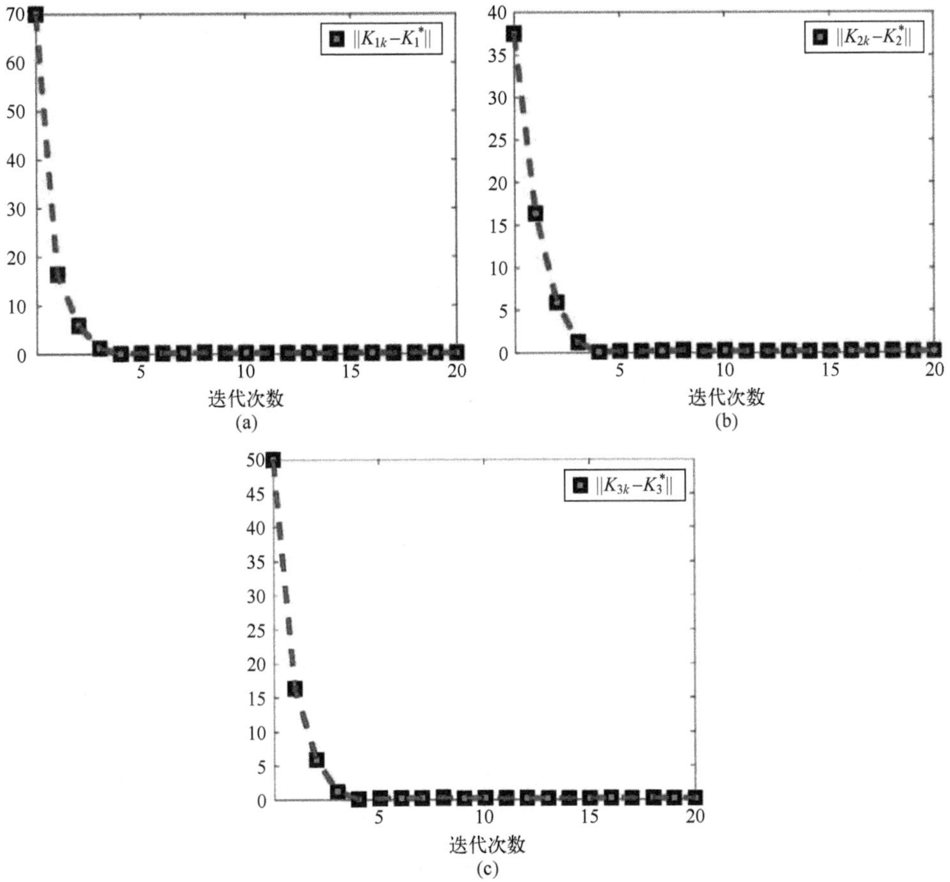


**图 6-14　数据驱动鲁棒博弈控制的反馈控制矩阵收敛过程**

(a) $K_1$；(b) $K_2$；(c) $K_3$。

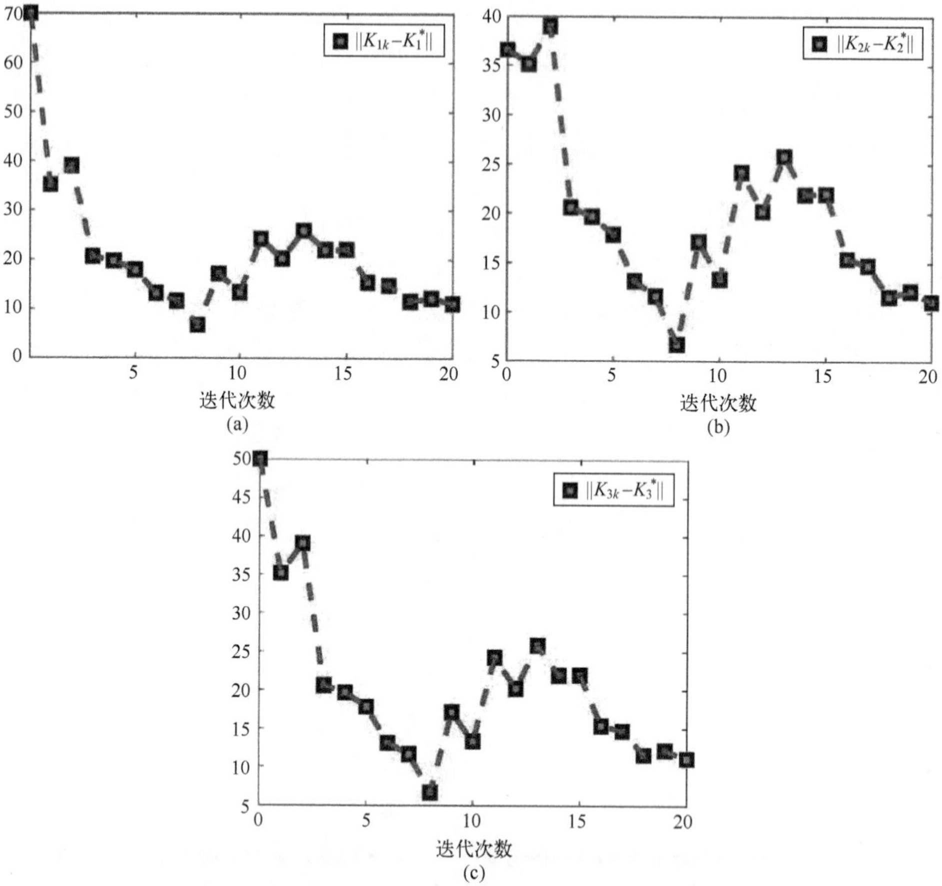


**图 6-15 数据驱动非鲁棒博弈控制反馈控制矩阵收敛过程**

(a) $K_1$；(b) $K_2$；(c) $K_3$。

图 6-16 分别给出了本小节所提出方法下组合体的姿态角和角速度变化曲线。时间范围 $t\in[0,4]$ s 为数据采集阶段，由于各颗微小卫星的控制输入存在激励噪声，组合体的姿态也是不断震荡的。在策略学习结束后，每颗微小卫星的反馈控制增益矩阵被用于微小卫星的控制输入，实现了组合体的姿态稳定。图 6-17 给出了各颗微小卫星的控制力矩随时间变化曲线。从图 6-17 可以看出，每颗微小卫星的控制力矩随着状态的收敛而逐渐收敛。而数据驱动的非鲁棒博弈控制方法由于在策略学习阶段并未收敛，组合体的状态曲线和微小卫星的控制力矩是发散的，此处并未给出。

综上，数据驱动的鲁棒博弈控制方法在模型未知下的策略学习效果和对干扰的抑制效果得到了验证。

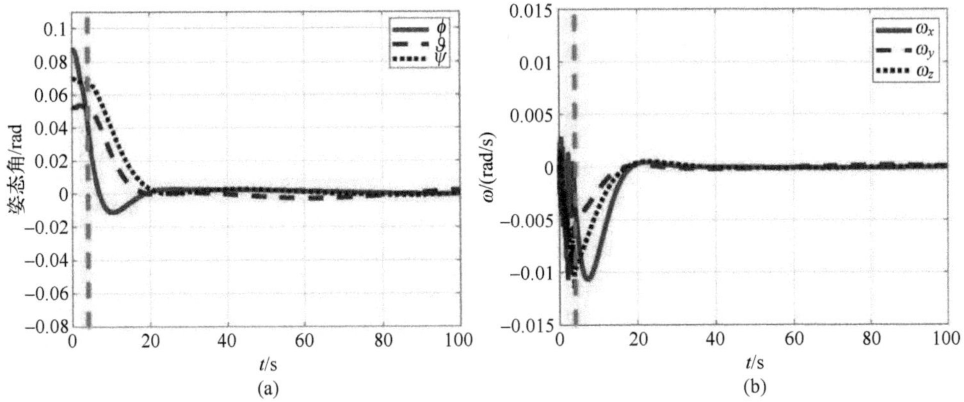


**图 6-16　组合体的状态变化**

（a）姿态角曲线；（b）姿态角速度曲线。

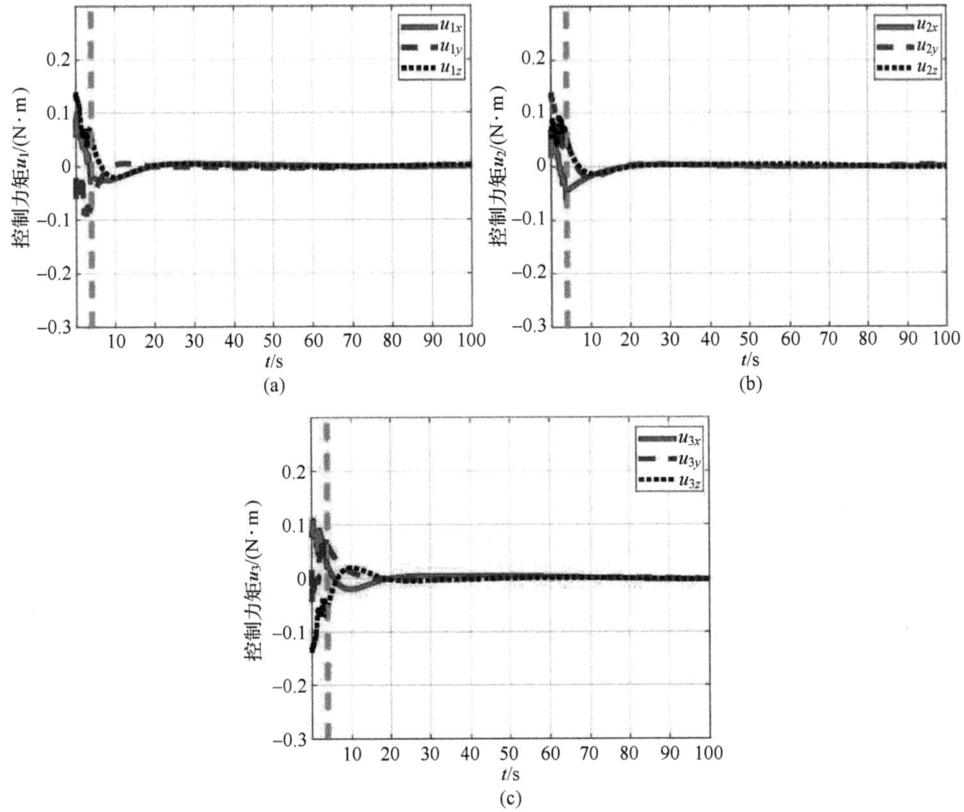


**图 6-17　各微小卫星的控制力矩**

（a）微小卫星 1；（b）微小卫星 2；（c）微小卫星 3。

## 6.6 对比分析

本节对本章所提出的三种方法进行对比分析。从鲁棒性的角度进行分析，6.3节通过将干扰视为博弈的参与者从而提高控制方法的鲁棒性，而6.4节和6.5节的方法均由6.3节的方法推导而来也因此继承了6.3节方法的鲁棒性，但6.4节和6.5节的方法由于考虑了其他因素，其鲁棒性相较于6.3节方法的鲁棒性会有一定的折扣。从通信和计算更新的角度进行分析，6.3节的线性鲁棒微分博弈控制是一种时间触发的控制方法，6.4节的事件触发鲁棒博弈控制是一种事件触发的控制方法，6.5节的数据驱动鲁棒博弈控制可以在策略应用阶段将事件触发策略纳入其中成为一种事件触发的控制方法。相较于时间触发控制，事件触发控制能够仅在事件触发时刻进行通信和控制策略的更新，在保证控制性能的同时尽可能地减少通信和控制更新次数。此外，6.3节和6.4节的方法均为模型依赖的控制方法，6.5节的方法为数据驱动的方法，数据驱动的方法能够仅通过少量的输入输出数据学习得到鲁棒控制策略，在组合体航天器参数未知的情况下无须进行参数辨识即可进行有效的控制。

综上所述，当控制系统对鲁棒性要求更强时，优先选择6.3节所提出的线性鲁棒微分博弈控制；当控制系统的计算和通信能力有限时，优先选择6.4节所提出的事件触发鲁棒博弈控制；当控制系统模型参数未知时，必然选择6.5节所提出的数据驱动鲁棒博弈控制，并可以根据需求在策略应用阶段纳入事件触发机制。

## 6.7 小结

本章面向多星协同姿态接管任务，研究了线性姿态模型下的鲁棒博弈建模与均衡求解问题。主要研究工作和结果有：

（1）针对模型参数已知的线性鲁棒博弈问题，提出了事件触发鲁棒博弈控制方法。该方法通过将干扰视为博弈参与者构建博弈模型，提升了对干扰的抑制效果；通过设计自适应事件触发机制使得微小卫星仅在事件触发时刻进行通信和控制更新，减少了微小卫星的通信资源消耗。

（2）针对模型参数未知的线性鲁棒博弈问题，提出了数据驱动鲁棒博弈控制方法。该方法基于模型依赖的迭代方程推导得到off-policy的无模迭代方程；通过在线收集的数据在迭代方程中反复应用，实现了对鲁棒博弈策略的逼近。

# 参考文献

[1] FLORES-ABAD A, MA O, PHAM K, et al. A review of space robotics technologies for on-orbit servicing [J]. Progress in Aerospace Sciences, 2014, 68(8): 1-26.
[2] 王明, 黄攀峰, 孟中杰, 等. 空间机器人抓捕目标后姿态接管控制 [J]. 航空学报, 2015, 36(9): 3165-3175.
[3] LI S, SHE Y. Recent advances in contact dynamics and post-capture control for combined spacecraft [J]. Progress in Aerospace Sciences, 2021, 120: 100678.
[4] NISHIMURA R, HAYASHI S, FUKUSHIMA M. Robust Nash equilibria in $N$-person non-cooperative games: Uniqueness and reformulation [J]. Pacific Journal of Optimization, 2009, 5(2): 237-259.
[5] 杨飞生, 汪璟, 潘泉. 基于事件触发机制的网络控制研究综述 [J]. 控制与决策, 2018, 33(6): 969-976.
[6] CHAI Y, LUO J, MA W. Data-driven game-based control of microsatellites for attitude takeover of target spacecraft with disturbance [J]. ISA Transactions, 2021, 119: 93-105.
[7] SUTTON R, BARTO A. Reinforcement learning: An introduction [M]. Cambridge: MIT Press, 1998.
[8] ODEKUNLE A, GAO W, DAVARI M, et al. Reinforcement learning and non-zero-sum game output regulation for multi-player linear uncertain systems [J]. Automatica, 2019, 112: 108672.

# 07 第 7 章 多星协同姿态接管的非线性微分博弈控制

## 7.1 引言

第 6 章将多星协同姿态接管问题描述为以欧拉角表示的线性姿态运动为模型、以控制精度和能量消耗二次型为局部性能指标函数的线性微分博弈问题，研究了线性鲁棒微分博弈控制方法。虽然在博弈控制设计中使用线性模型便于博弈策略的设计和求解，但是欧拉角在描述姿态运动时存在奇异性，且线性化后的姿态模型表示的精度受限。同时，考虑到 MRP 在描述姿态运动时不存在奇异性且计算量相对较小，本章利用 MRP 表示的非线性姿态运动模型，研究多星协同姿态接管的非线性博弈模型构建和控制方法。

对于微分博弈问题，通常是根据动态规划法将其转化为 HJ 方程组来进行求解。然而，非线性微分博弈问题对应的耦合 HJ 方程组由于非线性特征而变得难以求解。目前，对于耦合 HJ 方程组的求解有两种思路，第一种是采用强化学习的思想进行博弈均衡数值解的逼近，第二种是采用线性化思想以便于利用线性微分博弈的相关结论。本章分别从这两种思路出发，分别研究无须满足持续激励条件的并行学习微分博弈控制方法和基于状态相关黎卡提方程（state-dependent-Riccati-equation，SDRE）的微分博弈控制方法。同时，考虑到系统对收敛速度的需求，研究有限时间收敛的非线性微分博弈控制方法。

## 7.2 非线性微分博弈模型

对于由 $N$ 颗微小卫星参与进行的失效航天器姿态接管控制任务，令 $\boldsymbol{\sigma}$ 与 $\boldsymbol{\omega}$ 分别表示组合体的姿态 MRP 及角速度，则组合体的姿态运动学方程为

$$\dot{\boldsymbol{\sigma}}=\boldsymbol{G}(\boldsymbol{\sigma})\boldsymbol{\omega} \tag{7-1}$$

式中：$\boldsymbol{G}(\boldsymbol{\sigma})=\dfrac{1}{4}[(1-\boldsymbol{\sigma}^{\mathrm{T}}\boldsymbol{\sigma})\boldsymbol{I}_3+2\boldsymbol{\sigma}^{\times}+2\boldsymbol{\sigma}\boldsymbol{\sigma}^{\mathrm{T}}]$。

组合体的姿态动力学方程为

$$\dot{\boldsymbol{\omega}} = -\boldsymbol{J}^{-1}\boldsymbol{\omega}^{\times}(\boldsymbol{J}\boldsymbol{\omega}) + \boldsymbol{J}^{-1}\sum_{j=1}^{N}\boldsymbol{C}_j^b\boldsymbol{u}_j \tag{7-2}$$

式中：$\boldsymbol{J}$ 为坐标系 $O_bx_by_bz_b$ 下组合体转动惯量矩阵；$\boldsymbol{u}_j$ 为坐标系 $O_jx_jy_jz_j$ 下微小卫星 $j$ 的控制力矩；$N$ 为微小卫星的数量；矩阵 $\boldsymbol{C}_j^b$ 表示坐标系 $O_jx_jy_jz_j$ 到 $O_bx_by_bz_b$ 的转换矩阵。

记组合体姿态状态变量为 $\boldsymbol{x}=[\boldsymbol{\sigma}^{\mathrm{T}},\boldsymbol{\omega}^{\mathrm{T}}]^{\mathrm{T}}$，根据式（7-1）和式（7-2），微小卫星控制变量与组合体姿态状态变量之间的关系可由下式描述

$$\dot{\boldsymbol{x}} = \boldsymbol{f}(\boldsymbol{x}) + \sum_{j=1}^{N}\boldsymbol{g}_j\boldsymbol{u}_j(\boldsymbol{x}) \tag{7-3}$$

式中：

$$\boldsymbol{f}(\boldsymbol{x})=\begin{bmatrix}\boldsymbol{G}(\boldsymbol{\sigma})\boldsymbol{\omega}\\ -\boldsymbol{J}^{-1}\boldsymbol{\omega}^{\times}(\boldsymbol{J}\boldsymbol{\omega})\end{bmatrix},\quad \boldsymbol{g}_j(\boldsymbol{x})=\begin{bmatrix}\boldsymbol{0}_{3\times3}\\ \boldsymbol{J}^{-1}\boldsymbol{C}_j^b\end{bmatrix}$$

为尽可能地减少微小卫星的能量消耗，各星通过优化如下的局部性能指标函数来获得各自的控制策略

$$\begin{aligned}J_i(\boldsymbol{x}_0,\boldsymbol{u}_1,\cdots,\boldsymbol{u}_N) &= \int_0^{\infty}\left(\boldsymbol{x}^{\mathrm{T}}\boldsymbol{Q}_i\boldsymbol{x} + \sum_{j=1}^{N}\boldsymbol{u}_j^{\mathrm{T}}\boldsymbol{R}_{ij}\boldsymbol{u}_j\right)\mathrm{d}t\\ &\triangleq \int_0^{\infty} r_i(\boldsymbol{x},\boldsymbol{u}_1,\cdots,\boldsymbol{u}_N)\,\mathrm{d}t,\quad i\in\mathbb{N}\end{aligned} \tag{7-4}$$

式中：$\boldsymbol{x}_0$ 为组合体姿态状态变量初值；$\boldsymbol{Q}_i$、$\boldsymbol{R}_{ii}$ 均为对称正定矩阵，$\boldsymbol{R}_{ij}$ 为对称半正定矩阵，$\mathbb{N}=\{1,2,\cdots,N\}$。在后续推导中，为简化数学表达，将在不会引起歧义的地方省略"$(\boldsymbol{x})$"。

给定可行反馈控制策略 $\boldsymbol{\mu}(\boldsymbol{x})=\{\boldsymbol{\mu}_1(\boldsymbol{x}),\boldsymbol{\mu}_2(\boldsymbol{x}),\cdots,\boldsymbol{\mu}_N(\boldsymbol{x})\}\in\mathcal{U}(\Omega)$，对应于式（7-4）的微小卫星值函数为

$$\begin{aligned}V_i(\boldsymbol{x}(t),\boldsymbol{\mu}_1,\boldsymbol{\mu}_2,\cdots,\boldsymbol{\mu}_N) &= \int_t^{\infty}\left(\boldsymbol{x}^{\mathrm{T}}\boldsymbol{Q}_i\boldsymbol{x} + \sum_{j=1}^{N}\boldsymbol{\mu}_j^{\mathrm{T}}\boldsymbol{R}_{ij}\boldsymbol{\mu}_j\right)\mathrm{d}\tau\\ &\triangleq \int_t^{\infty} r_i(\boldsymbol{x}(\tau),\boldsymbol{\mu}_1,\boldsymbol{\mu}_2,\cdots,\boldsymbol{\mu}_N)\,\mathrm{d}\tau,\quad i\in\mathbb{N}\end{aligned} \tag{7-5}$$

每颗微小卫星在可行策略中，选择能够最小化值函数的策略作为各自的最优反馈控制策略，则 $N$ 颗微小卫星的微分博弈控制问题可以被定义为

$$\begin{aligned}V_i^*(\boldsymbol{x}(t),\boldsymbol{\mu}_1,\boldsymbol{\mu}_2,\cdots,\boldsymbol{\mu}_N) &= \min_{\boldsymbol{\mu}_i\in\mathcal{U}(\Omega)}\int_t^{\infty}\left(\boldsymbol{x}^{\mathrm{T}}\boldsymbol{Q}_i\boldsymbol{x} + \sum_{j=1}^{N}\boldsymbol{\mu}_j^{\mathrm{T}}\boldsymbol{R}_{ij}\boldsymbol{\mu}_j\right)\mathrm{d}\tau,\quad i\in\mathbb{N}\\ \text{s. t.}\quad \dot{\boldsymbol{x}} &= \boldsymbol{f}(\boldsymbol{x}) + \sum_{j=1}^{N}\boldsymbol{g}_j\boldsymbol{u}_j(\boldsymbol{x})\end{aligned} \tag{7-6}$$

每颗微小卫星依次求解式（7-6）来独立进行策略调整，直到达到一个 Nash 均衡。在 Nash 均衡处，任一微小卫星均不可能仅通过单方的策略调整来使自己的值函数得到进一步的优化。在一般情况下，很难实现对 Nash 均衡的准确逼近，此时，可使用定义 2.3 中的 $\varepsilon$-Nash 均衡，作为各星的近似博弈均衡控制策略。

针对式（7-6）所定义的多星微分博弈控制问题，各颗微小卫星期望通过调整各自的控制策略使得各自的值函数（7-5）得到尽可能的优化，以达到 $\varepsilon$-Nash，并在此过程中实现系统（7-3）的镇定。

## 7.3 并行学习微分博弈控制

本节进行并行学习微分博弈控制方法的研究，期望通过强化学习的思路进行博弈均衡解的逼近。首先，进行多星微分博弈 HJ 方程组的构建；之后，设计无须持续激励条件与秩判据的并行学习微分博弈均衡方法，进行多星微分博弈 HJ 方程组数值解的学习，并在此基础上实现对多星 Nash 均衡策略的逼近；最后，对所设计方法的稳定性进行分析，并给出微小卫星微分博弈控制的执行步骤。

### 7.3.1 HJ 方程组构建

定义哈密尔顿函数如下

$$H_i(\boldsymbol{x},\nabla V_i,\boldsymbol{\mu}_1,\cdots,\boldsymbol{\mu}_N)=r_i(\boldsymbol{x},\boldsymbol{\mu}_1,\cdots,\boldsymbol{\mu}_N)+(\nabla V_i)^{\mathrm{T}}\left(\boldsymbol{f}(\boldsymbol{x})+\sum_{j=1}^{N}\boldsymbol{g}_j\boldsymbol{\mu}_j\right),\quad i\in\mathbb{N} \tag{7-7}$$

根据静态条件，对应于式（7-7）最优值函数的反馈控制策略为

$$\frac{\partial H_i}{\partial\boldsymbol{\mu}_i^*}=\boldsymbol{0}\Rightarrow\boldsymbol{\mu}_i^*(\boldsymbol{x})=-\frac{1}{2}\boldsymbol{R}_{ii}^{-1}\boldsymbol{g}_i^{\mathrm{T}}\nabla V_i^*,\quad i\in\mathbb{N} \tag{7-8}$$

式（7-8）的控制策略构成了微分博弈的一个 Nash 均衡。将式（7-8）代入式（7-7）中，可得 $N$ 个耦合的 HJ 方程

$$\begin{aligned}0=\ &\boldsymbol{x}^{\mathrm{T}}\boldsymbol{Q}_i\boldsymbol{x}+(\nabla V_i^*)^{\mathrm{T}}\left(\boldsymbol{f}-\frac{1}{2}\sum_{j=1}^{N}\boldsymbol{g}_j\boldsymbol{R}_{jj}^{-1}\boldsymbol{g}_j^{\mathrm{T}}\nabla V_j^*\right)+\\&\frac{1}{4}\sum_{j=1}^{N}(\nabla V_j^*)^{\mathrm{T}}\boldsymbol{g}_j\boldsymbol{R}_{jj}^{-\mathrm{T}}\boldsymbol{R}_{ij}\boldsymbol{R}_{jj}^{-1}\boldsymbol{g}_j^{\mathrm{T}}\nabla V_j^*,\quad i\in\mathbb{N}\end{aligned} \tag{7-9}$$

式（7-9）表示的 HJ 方程实际上是当各微小卫星选择最优反馈控制策略时的值函数所对应的微分等价方程。因此，式（7-9）的解对应于各微小卫星 Nash 均衡策略下的最优值函数 $V_i^*$。那么，通过求解式（7-9）以获得 $V_i^*$，Nash 均衡策略便可通过式（7-8）来获得。由于式（7-9）是一组高度耦合的非线性方程，其解析解十分难以求得，下面通过强化学习方法对其数值解进行逼近。

### 7.3.2 并行学习策略设计

为实现对 HJ 方程数值解的学习，可通过神经网络对最优值函数 $V_i^*$ 及其梯度 $\nabla V_i^*$ 进行逼近。假设 $\boldsymbol{W}_i$ 能够提供 $V_i^*$ 的最佳近似，可通过如下的神经网络对 $V_i^*$ 进行逼近

$$V_i^*(\boldsymbol{x})=\boldsymbol{W}_i^{\mathrm{T}}\boldsymbol{\phi}_i(\boldsymbol{x})+\varepsilon_i(\boldsymbol{x}),\quad i\in\mathbb{N} \tag{7-10}$$

式中：$\boldsymbol{W}_i\in\mathbb{R}^K$为使得 $V_i^*$ 被最佳逼近的理想神经网络权值矢量，$K$ 为神经网络隐藏层节点数量；$\boldsymbol{\phi}_i(\boldsymbol{x}):\mathbb{R}^n\to\mathbb{R}^K$为神经网络激活函数基矢量；$\varepsilon_i(\boldsymbol{x}):\mathbb{R}^n\to\mathbb{R}$ 为神经网络逼近误差。

$V_i^*(\boldsymbol{x})$的梯度可以被近似为

$$\nabla V_i^*(\boldsymbol{x})=\nabla\boldsymbol{\phi}_i(\boldsymbol{x})^{\mathrm{T}}\boldsymbol{W}_i+\nabla\varepsilon_i(\boldsymbol{x}),\quad i\in\mathbb{N} \tag{7-11}$$

随着隐藏层节点数量 $K\to\infty$，逼近误差一致收敛到 0，即 $\varepsilon_i\to0$，$\nabla\varepsilon_i\to0$。对于有限固定的 $K$，逼近误差 $\varepsilon_i$、$\nabla\varepsilon_i$在 $\Omega$ 上是有界的。

根据式（7-8），Nash 均衡策略可被近似为

$$\boldsymbol{\mu}_i^*=-\frac{1}{2}\boldsymbol{R}_{ii}^{-1}\boldsymbol{g}_i^{\mathrm{T}}(\nabla\boldsymbol{\phi}_i^{\mathrm{T}}\boldsymbol{W}_i+\nabla\varepsilon_i),\quad i\in\mathbb{N} \tag{7-12}$$

将式（7-12）代入式（7-9）中，HJ 方程可记作

$$\begin{aligned}e_{Hi}=&\boldsymbol{x}^{\mathrm{T}}\boldsymbol{Q}_i\boldsymbol{x}+\frac{1}{4}\sum_{j=1}^{N}\boldsymbol{W}_j^{\mathrm{T}}\nabla\boldsymbol{\phi}_j\boldsymbol{g}_j\boldsymbol{R}_{jj}^{-\mathrm{T}}\boldsymbol{R}_{ij}\boldsymbol{R}_{jj}^{-1}\boldsymbol{g}_j^{\mathrm{T}}\nabla\boldsymbol{\phi}_j^{\mathrm{T}}\boldsymbol{W}_j+\\&\boldsymbol{W}_i^{\mathrm{T}}\nabla\boldsymbol{\phi}_i\boldsymbol{f}-\frac{1}{2}\boldsymbol{W}_i^{\mathrm{T}}\nabla\boldsymbol{\phi}_i\sum_{j=1}^{N}\boldsymbol{g}_j\boldsymbol{R}_{jj}^{-1}\boldsymbol{g}_j^{\mathrm{T}}\nabla\boldsymbol{\phi}_j^{\mathrm{T}}\boldsymbol{W}_j,\quad i\in\mathbb{N}\end{aligned} \tag{7-13}$$

式中：

$$\begin{aligned}e_{Hi}=&-\nabla\varepsilon_i^{\mathrm{T}}\boldsymbol{f}-\frac{1}{4}\sum_{j=1}^{N}\nabla\varepsilon_j^{\mathrm{T}}\boldsymbol{g}_j\boldsymbol{R}_{jj}^{-\mathrm{T}}\boldsymbol{R}_{ij}\boldsymbol{R}_{jj}^{-1}\boldsymbol{g}_j^{\mathrm{T}}\nabla\varepsilon_j+\frac{1}{2}\nabla\varepsilon_i^{\mathrm{T}}\sum_{j=1}^{N}\boldsymbol{g}_j\boldsymbol{R}_{jj}^{-1}\boldsymbol{g}_j^{\mathrm{T}}\nabla\varepsilon_j+\\&\frac{1}{2}\nabla\varepsilon_i^{\mathrm{T}}\sum_{j=1}^{N}\boldsymbol{g}_j\boldsymbol{R}_{jj}^{-1}\boldsymbol{g}_j^{\mathrm{T}}\nabla\phi_j^{\mathrm{T}}\boldsymbol{W}_j-\frac{1}{2}\sum_{j=1}^{N}\nabla\varepsilon_j^{\mathrm{T}}\boldsymbol{g}_j\boldsymbol{R}_{jj}^{-\mathrm{T}}\boldsymbol{R}_{ij}\boldsymbol{R}_{jj}^{-1}\boldsymbol{g}_j^{\mathrm{T}}\nabla\phi_j^{\mathrm{T}}\boldsymbol{W}_j+\\&\frac{1}{2}\boldsymbol{W}_i^{\mathrm{T}}\nabla\boldsymbol{\phi}_i\sum_{j=1}^{N}\boldsymbol{g}_j\boldsymbol{R}_{jj}^{-1}\boldsymbol{g}_j^{\mathrm{T}}\nabla\varepsilon_j,\quad i\in\mathbb{N}\end{aligned}$$

由于神经网络权值矢量理想值 $\boldsymbol{W}_i$在开始时未知，其估值$\hat{\boldsymbol{W}}_i$被用于进行当前神经网络输出值的计算。因此，最优值函数估值为

$$\hat{V}_i=\hat{\boldsymbol{W}}_i^{\mathrm{T}}\boldsymbol{\phi}_i,\quad i\in\mathbb{N} \tag{7-14}$$

最优值函数梯度的估值为

$$\nabla\hat{V}_i=\nabla\boldsymbol{\phi}_i^{\mathrm{T}}\hat{\boldsymbol{W}}_i,\quad i\in\mathbb{N} \tag{7-15}$$

Nash 均衡的近似表达式为

$$\hat{\boldsymbol{\mu}}_i=-\frac{1}{2}\boldsymbol{R}_{ii}^{-1}\boldsymbol{g}_i^{\mathrm{T}}\nabla\boldsymbol{\phi}_i^{\mathrm{T}}\hat{\boldsymbol{W}}_i,\quad i\in\mathbb{N} \tag{7-16}$$

将式（7-15）与式（7-16）代入式（7-9）中，可得 HJ 方程近似表达式为

$$\begin{aligned}e_i=&\boldsymbol{x}^{\mathrm{T}}\boldsymbol{Q}_i\boldsymbol{x}+\frac{1}{4}\sum_{j=1}^{N}\hat{\boldsymbol{W}}_j^{\mathrm{T}}\nabla\boldsymbol{\phi}_j\boldsymbol{g}_j\boldsymbol{R}_{jj}^{-\mathrm{T}}\boldsymbol{R}_{ij}\boldsymbol{R}_{jj}^{-1}\boldsymbol{g}_j^{\mathrm{T}}\nabla\boldsymbol{\phi}_j^{\mathrm{T}}\hat{\boldsymbol{W}}_j+\\&\hat{\boldsymbol{W}}_i^{\mathrm{T}}\nabla\boldsymbol{\phi}_i\boldsymbol{f}-\frac{1}{2}\hat{\boldsymbol{W}}_i^{\mathrm{T}}\nabla\boldsymbol{\phi}_i\sum_{j=1}^{N}\boldsymbol{g}_j\boldsymbol{R}_{jj}^{-1}\boldsymbol{g}_j^{\mathrm{T}}\nabla\boldsymbol{\phi}_j^{\mathrm{T}}\hat{\boldsymbol{W}}_j,\quad i\in\mathbb{N}\end{aligned} \tag{7-17}$$

式中：$e_i$为 HJ 方程逼近误差。

为了实现对 HJ 方程解的逼近，希望 $e_i$尽可能趋于 0，一些文献通过最小化逼近误差 $e_i$的平方项 $E_i=\frac{1}{2}e_i^{\mathrm{T}}e_i$来进行神经网络权值矢量的学习，由此可得下面的神经网络权值矢量更新律：

$$\dot{\hat{\boldsymbol{W}}}_i=-\eta\frac{\partial E_i}{\partial\hat{\boldsymbol{W}}_i}=-\eta e_i\boldsymbol{\theta}_i,\quad i\in\mathbb{N}\tag{7-18}$$

式中：$\boldsymbol{\theta}_i=\nabla\boldsymbol{\phi}_i\left(\boldsymbol{f}+\sum_{j=1}^{N}\boldsymbol{g}_j\hat{\boldsymbol{\mu}}_j\right)$，$\eta>0$ 为神经网络权值矢量学习速率。

**定义 7.1（持续激励条件[1]）**：信号 $\boldsymbol{\theta}_i$在时间间隔$[t,t+\Delta t]$内是持续激励的，如果存在常数$\beta_{1i}>0$，$\beta_{2i}>0(i\in\mathbb{N})$，使得下式成立

$$\beta_{1i}\boldsymbol{I}\leqslant\int_t^{t+\Delta t}\boldsymbol{\theta}_i(\tau)\boldsymbol{\theta}_i^{\mathrm{T}}(\tau)\,\mathrm{d}\tau\leqslant\beta_{2i}\boldsymbol{I},\quad i\in\mathbb{N}\tag{7-19}$$

式中：$\Delta t$ 为积分步长。

通过式（7-18）进行神经网络权值矢量的学习时，为保证$\hat{\boldsymbol{W}}_i$ 收敛到理想值$\boldsymbol{W}_i$，信号 $\boldsymbol{\theta}_i$需要是持续激励的。式（7-19）中，$\boldsymbol{\theta}_i(\tau)$是 $\boldsymbol{x}(\tau)$的函数，且当$\boldsymbol{x}(\tau)=\boldsymbol{0}$ 时，$\boldsymbol{\theta}_i(\tau)=\boldsymbol{0}$。因此，如果 $\boldsymbol{x}(\tau)=\boldsymbol{0}$ 对于所有的 $\tau\in[t,t+\Delta t]$均成立，$\int_t^{t+\Delta t}\boldsymbol{\theta}_i(\tau)\boldsymbol{\theta}_i^{\mathrm{T}}(\tau)\,\mathrm{d}\tau=0$，在这种情况下，式（7-19）给出的持续激励条件无法得到满足。在实际工程应用中，经常通过向系统状态变量 $\boldsymbol{x}$ 施加噪声的方式来使持续激励条件得到满足。然而，这样的方式会造成系统状态持续不断的抖振，对系统产生极为不利的影响。文献［2］通过对过去时刻与当前时刻数据的并行使用，可在所使用的过去时刻数据满足给定的秩判据条件时，实现对博弈均衡的逼近，从而放松了神经网络权值矢量学习对持续激励条件的要求。考虑到当各颗微小卫星采取各自的 Nash 均衡策略时，式（7-9）中的 HJ 方程对于可行约束集 $\Omega$ 上的任意系统状态均是成立的，因此，辅助进行神经网络权值矢量学习的状态变量可在 $\Omega$ 上任意选取。

基于此，本小节提出一种可不要求所使用过去时刻系统状态满足秩判据条件的神经网络权值矢量更新律，其通过引入辅助状态变量的方式来帮助进行神经网络权值矢量的学习，而辅助状态变量 $\boldsymbol{x}_k$可在可行约束集 $\Omega$ 上随机生成。引入辅助状态变量后，通过最小化下式给出的新的误差平方和项来进行神经网络权值矢量的学习

$$E_i=\frac{1}{2}\boldsymbol{e}_i^{\mathrm{T}}\boldsymbol{e}_i+\sum_{k=1}^{p}\frac{1}{2}\boldsymbol{e}_{ik}^{\mathrm{T}}\boldsymbol{e}_{ik},\quad i\in\mathbb{N}\tag{7-20}$$

式中：$p$ 为所选取的辅助状态变量的数量；下标 $k$ 表示一个变量在辅助状态变量$\boldsymbol{x}_k(k=1,2,\cdots,p)$处的取值。

为最小化式（7-20）中的误差平方和，可设计如下的更新律来进行神经网络权值矢量估值$\hat{\boldsymbol{W}}_i$的调整

$$\dot{\hat{\boldsymbol{W}}}_i = -\eta \frac{\partial E_i}{\partial \hat{\boldsymbol{W}}_i} = -\eta \frac{\partial E_i}{\partial e_i} \frac{\partial e_i}{\partial \hat{\boldsymbol{W}}_i} = -\eta e_i \boldsymbol{\theta}_i - \sum_{k=1}^{p} \eta e_{ik} \boldsymbol{\theta}_{ik}, \quad i \in \mathbb{N} \tag{7-21}$$

**条件 7.1**：给定一组可行反馈控制策略$\boldsymbol{\mu}(\boldsymbol{x}) = \{\boldsymbol{\mu}_1(\boldsymbol{x}), \boldsymbol{\mu}_2(\boldsymbol{x}), \cdots, \boldsymbol{\mu}_N(\boldsymbol{x})\}$。对于辅助变量 $\boldsymbol{x}_k \in \Omega$，令 $\boldsymbol{\theta}_{ik}$ 表示 $\boldsymbol{\theta}_i$ 在 $\boldsymbol{x}_k$ 处的值，即 $\boldsymbol{\theta}_{ik} = \nabla \boldsymbol{\phi}_i(\boldsymbol{x}_k) \left(\boldsymbol{f}(\boldsymbol{x}_k) + \sum_{j=1}^{N} \boldsymbol{g}_j(\boldsymbol{x}_k) \boldsymbol{\mu}_j(\boldsymbol{x}_k)\right), k = 1, 2, \cdots, p$。那么，对于$\forall i \in \mathbb{N}$，$\boldsymbol{\theta}_{ik}\boldsymbol{\theta}_{ik}^{\mathrm{T}} > \mathbf{0}$ 成立。

**定理 7.1**：对于由式（7-3）给出的系统，如果各星初始反馈控制策略$\boldsymbol{\mu}^0 = \{\boldsymbol{\mu}_1^0, \boldsymbol{\mu}_2^0, \cdots, \boldsymbol{\mu}_N^0\}$为一组可行策略，且所选的 $p$ 个辅助状态变量满足条件 7.1，那么通过式（7-19）中的神经网络权值矢量更新律，可在信号 $\boldsymbol{\theta}_i$不满足持续激励条件的情况下，使得微小卫星神经网络权值矢量的估计误差$\widetilde{\boldsymbol{W}}_i = \boldsymbol{W}_i - \hat{\boldsymbol{W}}_i$一致最终有界，以实现对各星 Nash 均衡策略的逼近。

**证明**：考虑如下的李雅普诺夫函数

$$L = \sum_{i=1}^{N} L_i \tag{7-22}$$

其导数为

$$\dot{L} = \sum_{i=1}^{N} \dot{L}_i \tag{7-23}$$

式（7-22）中，

$$L_i = \frac{1}{2\eta} \widetilde{\boldsymbol{W}}_i^{\mathrm{T}} \widetilde{\boldsymbol{W}}_i \tag{7-24}$$

根据式（7-21），可得

$$\dot{\widetilde{\boldsymbol{W}}}_i = \eta e_i \boldsymbol{\theta}_i + \sum_{k=1}^{p} \eta e_{ik} \boldsymbol{\theta}_{ik} \tag{7-25}$$

式（7-25）中，$e_i$由式（7-17）给出，且

$$\begin{aligned} \boldsymbol{\theta}_i &= \nabla \boldsymbol{\phi}_i \left(\boldsymbol{f} + \sum_{j=1}^{N} \boldsymbol{g}_j \hat{\boldsymbol{\mu}}_j\right) \\ &= \nabla \boldsymbol{\phi}_i \left(\boldsymbol{f} - \frac{1}{2} \sum_{j=1}^{N} \boldsymbol{g}_j \boldsymbol{R}_{jj}^{-1} \boldsymbol{g}_j^{\mathrm{T}} \nabla \boldsymbol{\phi}_j^{\mathrm{T}} \hat{\boldsymbol{W}}_j\right), \quad i \in \mathbb{N} \end{aligned} \tag{7-26}$$

定义

$$\begin{cases} \boldsymbol{D}_{ij} = \nabla \boldsymbol{\phi}_i \boldsymbol{g}_j \boldsymbol{R}_{jj}^{-1} \boldsymbol{g}_j^{\mathrm{T}} \nabla \boldsymbol{\phi}_j^{\mathrm{T}} \\ \boldsymbol{E}_{ij} = \nabla \boldsymbol{\phi}_j \boldsymbol{g}_j \boldsymbol{R}_{jj}^{-T} \boldsymbol{R}_{ij} \boldsymbol{R}_{jj}^{-1} \boldsymbol{g}_j^{\mathrm{T}} \nabla \boldsymbol{\phi}_j^{\mathrm{T}} \end{cases} \tag{7-27}$$

则根据式（7-24），有

$$\dot{L}_i=\frac{1}{\eta}\widetilde{\boldsymbol{W}}_i^{\mathrm{T}}\dot{\widetilde{\boldsymbol{W}}}_i=\widetilde{\boldsymbol{W}}_i^{\mathrm{T}}e_i\boldsymbol{\theta}_i+\sum_{k=1}^{p}\widetilde{\boldsymbol{W}}_i^{\mathrm{T}}e_{ik}\boldsymbol{\theta}_{ik}$$
$$=\left(-\widetilde{\boldsymbol{W}}_i^{\mathrm{T}}\nabla\boldsymbol{\phi}_i\boldsymbol{f}+\frac{1}{2}\sum_{j=1}^{N}\widetilde{\boldsymbol{W}}_i^{\mathrm{T}}\boldsymbol{D}_{ij}\boldsymbol{W}_j-\frac{1}{2}\sum_{j=1}^{N}\widetilde{\boldsymbol{W}}_i^{\mathrm{T}}\boldsymbol{D}_{ij}\widetilde{\boldsymbol{W}}_j+\frac{1}{2}\sum_{j=1}^{N}\boldsymbol{W}_i^{\mathrm{T}}\boldsymbol{D}_{ij}\widetilde{\boldsymbol{W}}_j-\right.$$
$$\left.\frac{1}{2}\sum_{j=1}^{N}\boldsymbol{W}_j^{\mathrm{T}}\boldsymbol{E}_{ij}\widetilde{\boldsymbol{W}}_j+\frac{1}{4}\sum_{j=1}^{N}\widetilde{\boldsymbol{W}}_j^{\mathrm{T}}\boldsymbol{E}_{ij}\widetilde{\boldsymbol{W}}_j+e_{Hi}\right)\times\left(\widetilde{\boldsymbol{W}}_i^{\mathrm{T}}\nabla\boldsymbol{\phi}_i\boldsymbol{f}-\frac{1}{2}\sum_{j=1}^{N}\widetilde{\boldsymbol{W}}_i^{\mathrm{T}}\boldsymbol{D}_{ij}\boldsymbol{W}_j+\right.$$
$$\left.\frac{1}{2}\sum_{j=1}^{N}\widetilde{\boldsymbol{W}}_i^{\mathrm{T}}\boldsymbol{D}_{ij}\widetilde{\boldsymbol{W}}_j\right)+\sum_{k=1}^{p}\left(-\widetilde{\boldsymbol{W}}_i^{\mathrm{T}}\nabla\boldsymbol{\phi}_{ik}\boldsymbol{f}_k+\frac{1}{2}\sum_{j=1}^{N}\widetilde{\boldsymbol{W}}_i^{\mathrm{T}}\boldsymbol{D}_{ijk}\boldsymbol{W}_j-\frac{1}{2}\sum_{j=1}^{N}\widetilde{\boldsymbol{W}}_i^{\mathrm{T}}\boldsymbol{D}_{ijk}\widetilde{\boldsymbol{W}}_j+\right.$$
$$\left.\frac{1}{2}\sum_{j=1}^{N}\boldsymbol{W}_i^{\mathrm{T}}\boldsymbol{D}_{ijk}\widetilde{\boldsymbol{W}}_j-\frac{1}{2}\sum_{j=1}^{N}\boldsymbol{W}_j^{\mathrm{T}}\boldsymbol{E}_{ijk}\widetilde{\boldsymbol{W}}_j+\frac{1}{4}\sum_{j=1}^{N}\widetilde{\boldsymbol{W}}_j^{\mathrm{T}}\boldsymbol{E}_{ijk}\widetilde{\boldsymbol{W}}_j+e_{Hik}\right)\times$$
$$\left(\widetilde{\boldsymbol{W}}_i^{\mathrm{T}}\nabla\boldsymbol{\phi}_{ik}\boldsymbol{f}_k-\frac{1}{2}\sum_{j=1}^{N}\widetilde{\boldsymbol{W}}_i^{\mathrm{T}}\boldsymbol{D}_{ijk}\boldsymbol{W}_j+\frac{1}{2}\sum_{j=1}^{N}\widetilde{\boldsymbol{W}}_i^{\mathrm{T}}\boldsymbol{D}_{ijk}\widetilde{\boldsymbol{W}}_j\right)\tag{7-28}$$

式中：$\nabla\boldsymbol{\phi}_{ik}$、$\boldsymbol{f}_k$、$\boldsymbol{D}_{ijk}$、$\boldsymbol{E}_{ijk}$、$e_{Hik}$为$\nabla\boldsymbol{\phi}_i$、$\boldsymbol{f}$、$\boldsymbol{D}_{ij}$、$\boldsymbol{E}_{ij}$、$e_{Hi}$在$\boldsymbol{x}_k$处的取值。令

$$\boldsymbol{\theta}_i^*=\nabla\boldsymbol{\phi}_i\boldsymbol{f}-\frac{1}{2}\sum_{j=1}^{N}\boldsymbol{D}_{ij}\boldsymbol{W}_j\tag{7-29}$$

式（7-28）可被重新整理为

$$\dot{L}_i=\left(-(\widetilde{\boldsymbol{W}}_i^{\mathrm{T}}\boldsymbol{\theta}_i^*)(\widetilde{\boldsymbol{W}}_i^{\mathrm{T}}\boldsymbol{\theta}_i^*)-\sum_{k=1}^{p}(\widetilde{\boldsymbol{W}}_i^{\mathrm{T}}\boldsymbol{\theta}_{ik}^*)(\widetilde{\boldsymbol{W}}_i^{\mathrm{T}}\boldsymbol{\theta}_{ik}^*)\right)+$$
$$\left(-(\widetilde{\boldsymbol{W}}_i^{\mathrm{T}}\boldsymbol{\theta}_i^*)\left(\sum_{j=1}^{N}\widetilde{\boldsymbol{W}}_i^{\mathrm{T}}\boldsymbol{D}_{ij}\widetilde{\boldsymbol{W}}_j\right)-\sum_{k=1}^{p}(\widetilde{\boldsymbol{W}}_i^{\mathrm{T}}\boldsymbol{\theta}_{ik}^*)\left(\sum_{j=1}^{N}\widetilde{\boldsymbol{W}}_i^{\mathrm{T}}\boldsymbol{D}_{ijk}\widetilde{\boldsymbol{W}}_j\right)\right)+$$
$$\left((\widetilde{\boldsymbol{W}}_i^{\mathrm{T}}\boldsymbol{\theta}_i)\left(\frac{1}{4}\sum_{j=1}^{N}\widetilde{\boldsymbol{W}}_j^{\mathrm{T}}\boldsymbol{E}_{ij}\widetilde{\boldsymbol{W}}_j\right)+\sum_{k=1}^{p}(\widetilde{\boldsymbol{W}}_j^{\mathrm{T}}\boldsymbol{\theta}_{ik})\left(\frac{1}{4}\sum_{j=1}^{N}\widetilde{\boldsymbol{W}}_j^{\mathrm{T}}\boldsymbol{E}_{ijk}\widetilde{\boldsymbol{W}}_j\right)\right)+$$
$$\left((\widetilde{\boldsymbol{W}}_i^{\mathrm{T}}\boldsymbol{\theta}_i)\left(\frac{1}{2}\sum_{j=1}^{N}\boldsymbol{W}_i^{\mathrm{T}}\boldsymbol{D}_{ij}\widetilde{\boldsymbol{W}}_j\right)+\sum_{k=1}^{p}(\widetilde{\boldsymbol{W}}_i^{\mathrm{T}}\boldsymbol{\theta}_{ik})\left(\frac{1}{2}\sum_{j=1}^{N}\boldsymbol{W}_i^{\mathrm{T}}\boldsymbol{D}_{ijk}\widetilde{\boldsymbol{W}}_j\right)\right)+$$
$$\left(-(\widetilde{\boldsymbol{W}}_i^{\mathrm{T}}\boldsymbol{\theta}_i)\left(\frac{1}{2}\sum_{j=1}^{N}\boldsymbol{W}_j^{\mathrm{T}}\boldsymbol{E}_{ij}\widetilde{\boldsymbol{W}}_j\right)-\sum_{k=1}^{p}(\widetilde{\boldsymbol{W}}_j^{\mathrm{T}}\boldsymbol{\theta}_{ik})\left(\frac{1}{2}\sum_{j=1}^{N}\boldsymbol{W}_j^{\mathrm{T}}\boldsymbol{E}_{ijk}\widetilde{\boldsymbol{W}}_j\right)\right)+$$
$$\left((\widetilde{\boldsymbol{W}}_i^{\mathrm{T}}\boldsymbol{\theta}_i)e_{Hi}+\sum_{k=1}^{p}(\widetilde{\boldsymbol{W}}_i^{\mathrm{T}}\boldsymbol{\theta}_{ik})e_{Hik}\right)+\left(-\left(\frac{1}{2}\sum_{j=1}^{N}\widetilde{\boldsymbol{W}}_i^{\mathrm{T}}\boldsymbol{D}_{ij}\widetilde{\boldsymbol{W}}_j\right)\left(\frac{1}{2}\sum_{j=1}^{N}\widetilde{\boldsymbol{W}}_i^{\mathrm{T}}\boldsymbol{D}_{ij}\widetilde{\boldsymbol{W}}_j\right)-\right.$$
$$\left.\sum_{k=1}^{p}\left(\frac{1}{2}\sum_{j=1}^{N}\widetilde{\boldsymbol{W}}_i^{\mathrm{T}}\boldsymbol{D}_{ijk}\widetilde{\boldsymbol{W}}_j\right)\left(\frac{1}{2}\sum_{j=1}^{N}\widetilde{\boldsymbol{W}}_i^{\mathrm{T}}\boldsymbol{D}_{ijk}\widetilde{\boldsymbol{W}}_j\right)\right)\tag{7-30}$$

由于 $\boldsymbol{W}_i$是有界的，且对于$\forall\boldsymbol{x}\in\Omega\in\mathbb{R}^n$，$\nabla\boldsymbol{\phi}_i(\boldsymbol{x})$、$\nabla\varepsilon_i(\boldsymbol{x})$、$\boldsymbol{g}_i(\boldsymbol{x})$、$\boldsymbol{f}(\boldsymbol{x})$均是有界的，因此存在正常数 $\boldsymbol{\lambda}_{DMij}$、$\boldsymbol{\lambda}_{EMij}$、$b_{Dij}$、$b_{Eij}$、$b_{e_{Hi}}$、$\theta_{im}$、$\theta_{iM}$，使得$\|\boldsymbol{D}_{ij}\|\leqslant\boldsymbol{\lambda}_{DMij}$、$\|\boldsymbol{E}_{ij}\|\leqslant\boldsymbol{\lambda}_{EMij}$、$\|\boldsymbol{W}_i^{\mathrm{T}}\boldsymbol{D}_{ij}\|\leqslant b_{Dij}$、$\|\boldsymbol{W}_j^{\mathrm{T}}\boldsymbol{E}_{ij}\|\leqslant b_{Eij}$、$\|e_{Hi}\|\leqslant b_{e_{Hi}}$、$\theta_{im}\leqslant\|\boldsymbol{\theta}_i^*\|\leqslant\theta_{iM}$。当微小卫星初始控制策略可行时，存在正常数 $b_{im}$及 $b_{iM}$，使得 $b_{im}\leqslant\|\boldsymbol{\theta}_i\|\leqslant b_{iM}$。由于$\boldsymbol{x}_k\in\Omega$，上述不等式对于$\boldsymbol{x}_k(k=1,2,\cdots,p)$也成立。

令$\dot{L}_{i1}$表示式（7-30）中的第一项，则下式成立

$$\begin{aligned}\dot{L}_{i1} &= -(\widetilde{\boldsymbol{W}}_i^{\mathrm{T}}\boldsymbol{\theta}_i^*)(\widetilde{\boldsymbol{W}}_i^{\mathrm{T}}\boldsymbol{\theta}_i^*) - \sum_{k=1}^{p}(\widetilde{\boldsymbol{W}}_i^{\mathrm{T}}\boldsymbol{\theta}_{ik}^*)(\widetilde{\boldsymbol{W}}_i^{\mathrm{T}}\boldsymbol{\theta}_{ik}^*) \\ &\leqslant -(1+p)\theta_{im}^2\|\widetilde{\boldsymbol{W}}_i\|^2\end{aligned} \tag{7-31}$$

根据式（7-31），有

$$\sum_{i=1}^{N}\dot{L}_{i1} \leqslant \sum_{i=1}^{N}(-(1+p)\theta_{im}^2\|\widetilde{\boldsymbol{W}}_i\|^2) = \boldsymbol{\Psi}_1\boldsymbol{Z} \tag{7-32}$$

其中 $\boldsymbol{Z}\triangleq[\|\widetilde{\boldsymbol{W}}_1\|^2,\cdots,\|\widetilde{\boldsymbol{W}}_N\|^2]^{\mathrm{T}}\in\mathbb{R}^N$，且

$$\boldsymbol{\Psi}_1=-(1+p)[\theta_{1m}^2\cdots\theta_{Nm}^2]$$

考虑如下的关系式

$$\begin{cases}ab=\dfrac{1}{2}\left(-\left(\psi_+a-\dfrac{b}{\psi_+}\right)^2+\psi_+^2a^2+\dfrac{b^2}{\psi_+^2}\right)\leqslant\dfrac{1}{2}\left(\psi_+^2a^2+\dfrac{b^2}{\psi_+^2}\right)\\ -ab=-\dfrac{1}{2}\left(\left(\psi_-a+\dfrac{b}{\psi_-}\right)^2-\psi_-^2a^2-\dfrac{b^2}{\psi_-^2}\right)\leqslant\dfrac{1}{2}\left(\psi_-^2a^2+\dfrac{b^2}{\psi_-^2}\right)\end{cases} \tag{7-33}$$

其中 $\psi_+$ 和 $\psi_-$ 为可调非负数。

令 $\dot{L}_{i2}$ 表示式（7-30）中的第二项，则根据式（7-33），可得

$$\begin{aligned}\dot{L}_{i2} &= -(\widetilde{\boldsymbol{W}}_i^{\mathrm{T}}\boldsymbol{\theta}_i^*)\left(\sum_{j=1}^{N}\widetilde{\boldsymbol{W}}_i^{\mathrm{T}}\boldsymbol{D}_{ij}\widetilde{\boldsymbol{W}}_j\right) - \sum_{k=1}^{p}(\widetilde{\boldsymbol{W}}_i^{\mathrm{T}}\boldsymbol{\theta}_{ik}^*)\left(\sum_{j=1}^{N}\widetilde{\boldsymbol{W}}_i^{\mathrm{T}}\boldsymbol{D}_{ijk}\widetilde{\boldsymbol{W}}_j\right) \\ &= -\sum_{j=1}^{N}(\widetilde{\boldsymbol{W}}_i^{\mathrm{T}}\boldsymbol{\theta}_i^*)(\widetilde{\boldsymbol{W}}_i^{\mathrm{T}}\boldsymbol{D}_{ij}\widetilde{\boldsymbol{W}}_j) - \sum_{k=1}^{p}\sum_{j=1}^{N}(\widetilde{\boldsymbol{W}}_i^{\mathrm{T}}\boldsymbol{\theta}_{ik}^*)(\widetilde{\boldsymbol{W}}_i^{\mathrm{T}}\boldsymbol{D}_{ijk}\widetilde{\boldsymbol{W}}_j) \\ &\leqslant \sum_{j=1}^{N}\left(\frac{\psi_{i2j}^2\theta_{iM}^2}{2}\|\widetilde{\boldsymbol{W}}_i\|^2+\frac{\lambda_{DMij}^2}{2\psi_{i2j}^2}\|\widetilde{\boldsymbol{W}}_i\|^2\|\widetilde{\boldsymbol{W}}_j\|^2\right)+ \\ &\quad \sum_{k=1}^{p}\sum_{j=1}^{N}\left(\frac{\psi_{i2jk}^2\theta_{iM}^2}{2}\|\widetilde{\boldsymbol{W}}_i\|^2+\frac{\lambda_{DMij}^2}{2\psi_{i2jk}^2}\|\widetilde{\boldsymbol{W}}_i\|^2\|\widetilde{\boldsymbol{W}}_j\|^2\right)\end{aligned} \tag{7-34}$$

式（7-34）及后文中，$\psi_{(\cdot)}$ 为式（7-33）中的可调非负数。根据式（7-34），可得

$$\begin{aligned}\sum_{i=1}^{N}\dot{L}_{i2} &\leqslant \sum_{i=1}^{N}\left(\sum_{j=1}^{N}\left(\frac{\psi_{i2j}^2\theta_{iM}^2}{2}\|\widetilde{\boldsymbol{W}}_i\|^2+\frac{\lambda_{DMij}^2}{2\psi_{i2j}^2}\|\widetilde{\boldsymbol{W}}_i\|^2\|\widetilde{\boldsymbol{W}}_j\|^2\right)+\right. \\ &\quad\left.\sum_{k=1}^{p}\sum_{j=1}^{N}\left(\frac{\psi_{i2jk}^2\theta_{iM}^2}{2}\|\widetilde{\boldsymbol{W}}_i\|^2+\frac{\lambda_{DMij}^2}{2\psi_{i2jk}^2}\|\widetilde{\boldsymbol{W}}_i\|^2\|\widetilde{\boldsymbol{W}}_j\|^2\right)\right) \\ &= \boldsymbol{Z}^{\mathrm{T}}\boldsymbol{\Psi}_{21}\boldsymbol{Z}+\boldsymbol{\Psi}_{22}\boldsymbol{Z}\end{aligned} \tag{7-35}$$

其中

$$\boldsymbol{\Psi}_{21}=\begin{bmatrix}\dfrac{\lambda_{DM11}^2}{2\psi_{121}^2} & \cdots & \dfrac{\lambda_{DM1N}^2}{2\psi_{12N}^2}\\ \vdots & & \vdots\\ \dfrac{\lambda_{DMN1}^2}{2\psi_{N21}^2} & \cdots & \dfrac{\lambda_{DMNN}^2}{2\psi_{N2N}^2}\end{bmatrix}+\sum_{k=1}^{p}\begin{bmatrix}\dfrac{\lambda_{DM11}^2}{2\psi_{121k}^2} & \cdots & \dfrac{\lambda_{DM1N}^2}{2\psi_{12Nk}^2}\\ \vdots & & \vdots\\ \dfrac{\lambda_{DMN1}^2}{2\psi_{N21k}^2} & \cdots & \dfrac{\lambda_{DMNN}^2}{2\psi_{N2Nk}^2}\end{bmatrix}$$

$$\boldsymbol{\Psi}_{22}=\left[\sum_{j=1}^{N}\frac{\psi_{12j}^{2}\theta_{1M}^{2}}{2}\cdots\sum_{j=1}^{N}\frac{\psi_{N2j}^{2}\theta_{NM}^{2}}{2}\right]+\sum_{k=1}^{p}\left[\sum_{j=1}^{N}\frac{\psi_{12jk}^{2}\theta_{1M}^{2}}{2}\cdots\sum_{j=1}^{N}\frac{\psi_{N2jk}^{2}\theta_{NM}^{2}}{2}\right]$$

将式（7-30）中的第三项到第六项分别记作$\dot{L}_{i3}\sim\dot{L}_{i6}$，以类似的方式对$\dot{L}_{i3}\sim\dot{L}_{i6}$进行处理，可得

$$\begin{cases}\sum_{i=1}^{N}\dot{L}_{i3}\leqslant\boldsymbol{Z}^{\mathrm{T}}\boldsymbol{\Psi}_{31}\boldsymbol{Z}+\boldsymbol{\Psi}_{32}\boldsymbol{Z}\\ \sum_{i=1}^{N}\dot{L}_{i4}\leqslant\boldsymbol{\Psi}_{4}\boldsymbol{Z}\\ \sum_{i=1}^{N}\dot{L}_{i5}\leqslant\boldsymbol{\Psi}_{5}\boldsymbol{Z}\\ \sum_{i=1}^{N}\dot{L}_{i6}\leqslant\boldsymbol{\Psi}_{61}\boldsymbol{Z}+\boldsymbol{\Psi}_{62}\end{cases}\tag{7-36}$$

式中：

$$\boldsymbol{\Psi}_{31}=\begin{bmatrix}\sum_{j=1}^{N}\frac{\lambda_{EMj1}^{2}}{32\psi_{j31}^{2}}&&\\&\ddots&\\&&\sum_{j=1}^{N}\frac{\lambda_{EMjN}^{2}}{32\psi_{j3N}^{2}}\end{bmatrix}+\sum_{k=1}^{p}\begin{bmatrix}\sum_{j=1}^{N}\frac{\lambda_{EMj1}^{2}}{32\psi_{j31k}^{2}}&&\\&\ddots&\\&&\sum_{j=1}^{N}\frac{\lambda_{EMjN}^{2}}{32\psi_{j3Nk}^{2}}\end{bmatrix}$$

$$\boldsymbol{\Psi}_{32}=\left[\sum_{j=1}^{N}\frac{\psi_{13j}^{2}b_{1M}^{2}}{2}\cdots\sum_{j=1}^{N}\frac{\psi_{N3j}^{2}b_{NM}^{2}}{2}\right]+\sum_{k=1}^{p}\left[\sum_{j=1}^{N}\frac{\psi_{13jk}^{2}b_{1M}^{2}}{2}\cdots\sum_{j=1}^{N}\frac{\psi_{N3jk}^{2}b_{NM}^{2}}{2}\right]$$

$$\boldsymbol{\Psi}_{4}=\left[\sum_{j=1}^{N}\frac{\psi_{14j}^{2}b_{1M}^{2}}{2}\cdots\sum_{j=1}^{N}\frac{\psi_{N4j}^{2}b_{NM}^{2}}{2}\right]+\left[\sum_{j=1}^{N}\frac{b_{Dj1}^{2}}{8\psi_{j41}^{2}}\cdots\sum_{j=1}^{N}\frac{b_{DjN}^{2}}{8\psi_{j4N}^{2}}\right]+$$

$$\sum_{k=1}^{p}\left[\sum_{j=1}^{N}\frac{\psi_{14jk}^{2}b_{1M}^{2}}{2}\cdots\sum_{j=1}^{N}\frac{\psi_{N4jk}^{2}b_{NM}^{2}}{2}\right]+\sum_{k=1}^{p}\left[\sum_{j=1}^{N}\frac{b_{Dj1}^{2}}{8\psi_{j41k}^{2}}\cdots\sum_{j=1}^{N}\frac{b_{DjN}^{2}}{8\psi_{j4Nk}^{2}}\right]$$

$$\boldsymbol{\Psi}_{5}=\left[\sum_{j=1}^{N}\frac{\psi_{15j}^{2}b_{1M}^{2}}{2}\cdots\sum_{j=1}^{N}\frac{\psi_{N5j}^{2}b_{NM}^{2}}{2}\right]+\left[\sum_{j=1}^{N}\frac{b_{Ej1}^{2}}{8\psi_{j51}^{2}}\cdots\sum_{j=1}^{N}\frac{b_{EjN}^{2}}{8\psi_{j5N}^{2}}\right]+$$

$$\sum_{k=1}^{p}\left[\sum_{j=1}^{N}\frac{\psi_{15jk}^{2}b_{1M}^{2}}{2}\cdots\sum_{j=1}^{N}\frac{\psi_{N5jk}^{2}b_{NM}^{2}}{2}\right]+\sum_{k=1}^{p}\left[\sum_{j=1}^{N}\frac{b_{Ej1}^{2}}{8\psi_{j51k}^{2}}\cdots\sum_{j=1}^{N}\frac{b_{EjN}^{2}}{8\psi_{j5Nk}^{2}}\right]$$

$$\boldsymbol{\Psi}_{61}=\left[\frac{\psi_{16}^{2}b_{1M}^{2}}{2}\cdots\frac{\psi_{N6}^{2}b_{NM}^{2}}{2}\right]+\sum_{k=1}^{p}\left[\frac{\psi_{16k}^{2}b_{1M}^{2}}{2}\cdots\frac{\psi_{N6k}^{2}b_{NM}^{2}}{2}\right],$$

$$\boldsymbol{\Psi}_{62}=\sum_{i=1}^{N}\frac{b_{e_{Hi}}^{2}}{2\psi_{i6}^{2}}+\sum_{k=1}^{p}\sum_{i=1}^{N}\frac{b_{e_{Hi}}^{2}}{2\psi_{i6k}^{2}}$$

根据式（7-26）和式（7-29），可得

$$\boldsymbol{\theta}_i - \boldsymbol{\theta}_i^* = \frac{1}{2}\sum_{j=1}^{N} \boldsymbol{D}_{ij} \widetilde{\boldsymbol{W}}_j \tag{7-37}$$

将式（7-30）的第七项记作$\dot{L}_{i7}$，可得

$$\begin{aligned}\dot{L}_{i7} &= -\left(\frac{1}{2}\sum_{j=1}^{N} \widetilde{\boldsymbol{W}}_i^{\mathrm{T}} \boldsymbol{D}_{ij} \widetilde{\boldsymbol{W}}_j\right)^2 - \sum_{k=1}^{p}\left(\frac{1}{2}\sum_{j=1}^{N} \widetilde{\boldsymbol{W}}_i^{\mathrm{T}} \boldsymbol{D}_{ijk} \widetilde{\boldsymbol{W}}_j\right)^2 \\ &= -\widetilde{\boldsymbol{W}}_i^{\mathrm{T}}(\boldsymbol{\theta}_i - \boldsymbol{\theta}_i^*)(\boldsymbol{\theta}_i - \boldsymbol{\theta}_i^*)^{\mathrm{T}} \widetilde{\boldsymbol{W}}_i - \sum_{k=1}^{p} \widetilde{\boldsymbol{W}}_i^{\mathrm{T}}(\boldsymbol{\theta}_{ik} - \boldsymbol{\theta}_{ik}^*)(\boldsymbol{\theta}_{ik} - \boldsymbol{\theta}_{ik}^*)^{\mathrm{T}} \widetilde{\boldsymbol{W}}_i\end{aligned} \tag{7-38}$$

当条件 7.1 得到满足时，$\boldsymbol{\theta}_{ik} \neq \boldsymbol{0}$ 成立，此时 $\boldsymbol{\theta}_{ik} \neq \boldsymbol{\theta}_{ik}^*$，式（7-38）中，$\widetilde{\boldsymbol{W}}_i^{\mathrm{T}}(\boldsymbol{\theta}_i-\boldsymbol{\theta}_i^*)(\boldsymbol{\theta}_i-\boldsymbol{\theta}_i^*)^{\mathrm{T}}\widetilde{\boldsymbol{W}}_i \geqslant 0$，$\widetilde{\boldsymbol{W}}_i^{\mathrm{T}}(\boldsymbol{\theta}_{ik}-\boldsymbol{\theta}_{ik}^*)(\boldsymbol{\theta}_{ik}-\boldsymbol{\theta}_{ik}^*)^{\mathrm{T}}\widetilde{\boldsymbol{W}}_i > 0, (k=1,2,\cdots,p)$，因此$\dot{L}_{i7}<0$，存在正定矩阵 $\boldsymbol{\Lambda} \in \mathbb{R}^{N\times N}$使得

$$\sum_{i=1}^{N} \dot{L}_{i7} \leqslant -\boldsymbol{Z}^{\mathrm{T}}\boldsymbol{\Lambda}\boldsymbol{Z} \tag{7-39}$$

根据式（7-23）、式（7-30）、式（7-31）、式（7-35）、式（7-36）以及式（7-39），可得

$$\begin{aligned}\dot{L} &= \sum_{i=1}^{N}(\dot{L}_{i1} + \dot{L}_{i2} + \cdots + \dot{L}_{i6} + \dot{L}_{i7}) \\ &\leqslant \boldsymbol{Z}^{\mathrm{T}}(-\boldsymbol{\Lambda} + \boldsymbol{\Psi}_{21} + \boldsymbol{\Psi}_{31})\boldsymbol{Z} + \\ &\quad (\boldsymbol{\Psi}_1 + \boldsymbol{\Psi}_{22} + \boldsymbol{\Psi}_{32} + \boldsymbol{\Psi}_4 + \boldsymbol{\Psi}_5 + \boldsymbol{\Psi}_{61})\boldsymbol{Z} + \Psi_{62}\end{aligned} \tag{7-40}$$

定义

$$\boldsymbol{M} = \boldsymbol{\Lambda} - \boldsymbol{\Psi}_{21} - \boldsymbol{\Psi}_{31}$$
$$\boldsymbol{T} = \boldsymbol{\Psi}_1 + \boldsymbol{\Psi}_{22} + \boldsymbol{\Psi}_{32} + \boldsymbol{\Psi}_4 + \boldsymbol{\Psi}_5 + \boldsymbol{\Psi}_{61}$$
$$K = \Psi_{62}$$

式（7-40）可被重新整理为

$$\dot{L} \leqslant -\boldsymbol{Z}^{\mathrm{T}}\boldsymbol{M}\boldsymbol{Z} + \boldsymbol{T}\boldsymbol{Z} + K \tag{7-41}$$

通过适当选择 $\boldsymbol{\Psi}_{21}$和 $\boldsymbol{\Psi}_{31}$中的可调非负数 $\psi_{(\cdot)}$，$M$ 的正定性可以得到保证。因此，当如下不等式成立时

$$\|\boldsymbol{Z}\|_2 > \frac{T_M}{2c_m} + \sqrt{\frac{T_M^2}{4c_m^2} + \frac{c_M K_M}{c_m^2}} \triangleq S \tag{7-42}$$

$\dot{L}<0$ 成立。其中 $c_m \leqslant \|\boldsymbol{M}\|_2 \leqslant c_M$，$\|\boldsymbol{T}\|_2 \leqslant T_M$，$\|K\|_2 \leqslant K_M$。根据李雅普诺夫定理可知，$\|\boldsymbol{Z}\|_2$是一致最终有界的，因此$\widetilde{\boldsymbol{W}}_i$是一致最终有界的。此外，根据式（7-41）可知，神经网络权值矢量的学习速率取决于矩阵 $\boldsymbol{M}$ 的最小特征值，矩阵 $\boldsymbol{M}$ 的最小特征值越大，神经网络权值矢量学习速率便越快。由于 $\boldsymbol{M}=\boldsymbol{\Lambda}-\boldsymbol{\Psi}_{21}-\boldsymbol{\Psi}_{31}$，而根据式（7-38）可知，辅助变量的引入会增大矩阵 $\boldsymbol{\Lambda}$ 的最小特征值，进而增大矩阵 $\boldsymbol{M}$ 的最小特征值。因此，辅助变量的引入也可有效地加快神经网络权值矢量的学习速率。

根据定理 7.1，可进行并行学习微分博弈控制方法的实施，控制过程的执行步骤如表 7-1 所示，从而形成多星协同姿态接管的并行学习微分博弈控制方法。在进行失效航天器姿态接管控制的初始时刻，各星先根据式（7-16）与神经网络权值矢量估值初值，通过一组未经过优化的可行控制策略控制失效航天器的姿态运动，并在此过程中根据式（7-21）进行神经网络权值矢量估值的调整，以实现其各自局部目标函数的优化。随着任务的不断进行，微小卫星的博弈控制策略将得到持续不断的优化，并使用越来越接近于博弈均衡的控制策略进行失效航天器姿态运动的接管控制。

**表 7-1 并行学习微分博弈控制执行步骤**

| 步骤 | 执行的操作 |
| --- | --- |
| 1 | 设置误差限 $\varepsilon$，积分步长 $\Delta t$，初始化 $N$ 颗微小卫星神经网络权值矢量估值 $\hat{\boldsymbol{W}}_i^l(i\in\mathbb{N})$，其中 $l=0$ |
| 2 | 在 $\Omega$ 中随机生成一组辅助状态变量并进行存储 |
| 3 | 令 $E=1$ |
| 4 | **While** $E\geqslant\varepsilon$ |
| 5 | 在存储的辅助状态变量中选择 $p$ 个满足条件 7.1 的变量 |
| 6 | 根据式（7-16），通过 $\hat{\boldsymbol{W}}_i^l$ 计算 $\hat{\boldsymbol{\mu}}_i^l(\boldsymbol{x})(i\in\mathbb{N})$ |
| 7 | 各星通过 $\hat{\boldsymbol{\mu}}_i^l(\boldsymbol{x})(i\in\mathbb{N})$ 进行系统控制，并进行系统状态变量的更新 |
| 8 | 根据式（7-21）计算 $\dot{\hat{\boldsymbol{W}}}_i^l$，并根据 $\hat{\boldsymbol{W}}_i^{l+1}=\hat{\boldsymbol{W}}_i^l+\dot{\hat{\boldsymbol{W}}}_i^l\Delta t(i\in\mathbb{N})$ 进行神经网络权值矢量估值的更新 |
| 9 | $E=\max\limits_{i\in\mathbf{N}}\dfrac{\Vert\hat{\boldsymbol{W}}_i^{l+1}-\hat{\boldsymbol{W}}_i^l\Vert_2}{\Vert\hat{\boldsymbol{W}}_i^l\Vert_2}$ |
| 10 | 令 $l=l+1$ |
| 11 | **End While** $E\geqslant\varepsilon$ |

**注 7.1**：当视多颗微小卫星与失效航天器所形成的组合体为一传统航天器时，现有航天器姿态控制及控制分配方法也可用于进行各星控制策略的计算。这时，需要一个中央处理器来进行组合体最优姿态运动轨迹的规划与姿态接管控制过程中各星控制力矩的分配，这会给中央处理器带来较大的计算及通信负担。当微小卫星通过微分博弈控制方法进行失效航天器姿态接管控制时，一旦博弈均衡学习完成，各星便可根据 Nash 均衡近似表达式（7-16），在不需要进行最优姿态运动轨迹规划与控制分配的情况下，仅通过简单的矩阵乘法运算就可独立地获得各自的控制策略。因此，微分博弈控制方法能够降低微小卫星优化控制的计算复杂度，且能将计算及通信负担分配在各星之间。

### 7.3.3 仿真验证

下面对本节所提出的并行学习微分博弈控制方法的有效性进行仿真验证。仿真分为两组，第一组仿真针对一个典型的三参与者非线性微分博弈问题，分别采用已有文献中的不引入辅助状态变量的神经网络权值矢量更新律以及本节设计的引入辅助状态变量的神经网络权值矢量更新律进行微分博弈 Nash 均衡策略的逼近，以验证所提出的并行学习微分博弈控制方法在放松持续激励条件与秩判据，以及加快神经网络权值矢量学习速率方面的有效性。第二组仿真针对失效航天器姿态接管控制任务展开，验证所提出方法在多星协同控制失效航天器姿态运动任务中应用的有效性。

**1. 有效性验证**

为验证所提出方法的有效性，首先考虑一个典型的三参与者非线性微分博弈 Nash 均衡策略学习问题。该非线性微分博弈问题来源于文献［3］，其 Nash 均衡策略与相应的参与者最优值函数的解析解均已给出，可与神经网络得到的数值解进行比较。为了体现出引入辅助状态变量放松持续激励条件的优势，式（7-18）中给出的不引入辅助状态变量的权值矢量更新律，也用来进行该非线性微分博弈 Nash 均衡的学习。

该非线性微分博弈系统动力学方程由下式给出

$$\dot{\boldsymbol{x}}=\boldsymbol{f}(\boldsymbol{x})+\boldsymbol{g}_1(\boldsymbol{x})u_1+\boldsymbol{g}_2(\boldsymbol{x})u_2+\boldsymbol{g}_3(\boldsymbol{x})u_3 \tag{7-43}$$

式中：$\boldsymbol{x}=[x_1,x_2]^{\mathrm{T}}\in\mathbb{R}^2$，$u_j\in\mathbb{R}$，且

$$\boldsymbol{f}(\boldsymbol{x})=\begin{bmatrix}-2x_1+x_2\\-0.5x_1-x_2+x_1^2x_2+0.25x_2(\cos(2x_1)+2)^2+0.25x_2(\sin(4x_1^2)+2)^2\end{bmatrix}$$

$$\boldsymbol{g}_1(\boldsymbol{x})=\begin{bmatrix}0\\2x_1\end{bmatrix},\quad \boldsymbol{g}_2(\boldsymbol{x})=\begin{bmatrix}0\\\cos(2x_1)+2\end{bmatrix},\quad \boldsymbol{g}_3(\boldsymbol{x})=\begin{bmatrix}0\\\sin(4x_1^2)+2\end{bmatrix}$$

参与者局部目标函数具有二次型形式，权值矩阵 $\boldsymbol{Q}_1=0.5\boldsymbol{I}_2$，$\boldsymbol{Q}_2=2\boldsymbol{I}_2$，$\boldsymbol{Q}_3=\boldsymbol{I}_2$，$R_{11}=R_{12}=R_{13}=0.5$，$R_{21}=R_{22}=R_{23}=2$，$R_{31}=R_{32}=R_{33}=1$。

三个参与者的最优值函数解析解分别为

$$\begin{cases}V_1^*(\boldsymbol{x})=\dfrac{1}{8}x_1^2+\dfrac{1}{4}x_2^2\\[2mm]V_2^*(\boldsymbol{x})=\dfrac{1}{2}x_1^2+x_2^2\\[2mm]V_3^*(\boldsymbol{x})=\dfrac{1}{4}x_1^2+\dfrac{1}{2}x_2^2\end{cases} \tag{7-44}$$

三个参与者的最优反馈策略解析解分别为

$$\begin{cases}u_1^*(\boldsymbol{x})=-x_1x_2\\ u_2^*(\boldsymbol{x})=-\dfrac{1}{2}(\cos(2x_1)+2)x_2\\ u_3^*(\boldsymbol{x})=-\dfrac{1}{2}(\sin(4x_1^2)+2)x_2\end{cases} \tag{7-45}$$

当通过式（7-18）和式（7-21）进行 Nash 均衡的逼近时，三参与者激活函数均选为 $\boldsymbol{\phi}_1(\boldsymbol{x})=\boldsymbol{\phi}_2(\boldsymbol{x})=\boldsymbol{\phi}_3(\boldsymbol{x})=[x_1^2,x_1x_2,x_2^2]^{\mathrm{T}}$，神经网络权值矢量估值分别记为 $\hat{\boldsymbol{W}}_1=[\hat{W}_{11},\hat{W}_{12},\hat{W}_{13}]^{\mathrm{T}}$，$\hat{\boldsymbol{W}}_2=[\hat{W}_{21},\hat{W}_{22},\hat{W}_{23}]^{\mathrm{T}}$，$\hat{\boldsymbol{W}}_3=[\hat{W}_{31},\hat{W}_{32},\hat{W}_{33}]^{\mathrm{T}}$。根据式（7-18），权值矢量理想值为 $\boldsymbol{W}_1=[0.125,0,0.25]^{\mathrm{T}}$，$\boldsymbol{W}_2=[0.5,0,1]^{\mathrm{T}}$，$\boldsymbol{W}_3=[0.25,0,0.5]^{\mathrm{T}}$。三参与者权值矢量估值初值均选为 $[0,0,1]^{\mathrm{T}}$。式（7-18）和式（7-21）中，学习速率均为 $\eta=0.001$。积分步长 $\Delta t=0.1\mathrm{s}$。系统状态变量初值 $\boldsymbol{x}_0=[1,-1]^{\mathrm{T}}$。当通过式（7-18）进行 Nash 均衡逼近时，为使持续激励条件得到满足，每隔 0.5s，两个 0 到 1 之间的随机数被作为噪声添加到每一个系统状态变量中。当通过式（7-21）进行 Nash 均衡逼近时，选择 30 组满足条件 7.1 的处于 $[0\ 0]^{\mathrm{T}}$ 到 $[1\ 1]^{\mathrm{T}}$ 之间的辅助状态变量来辅助进行神经网络权值矢量的学习，不引入噪声使持续激励条件得到满足。

通过式（7-18）和式（7-21）进行 Nash 均衡逼近时，系统状态变量随时间变化的曲线如图 7-1 所示，图 7-1（a）和图 7-1（b）分别表示不引入和引入辅助状态变量的结果。由图 7-1（a）可以看出，为了使持续激励条件得到满足而引入的噪声，造成了系统状态严重的抖振。而从图 7-1（b）可以看出，由于辅助状态变量的引入使持续激励条件得到了放松，系统状态不受噪声影响，迅速收敛并稳定到 0。此外，在通过式（7-21）进行神经网络权值矢量学习时，由于未使用过去时刻的系统状态变量，因此不对过去时刻的系统状态提出要求。

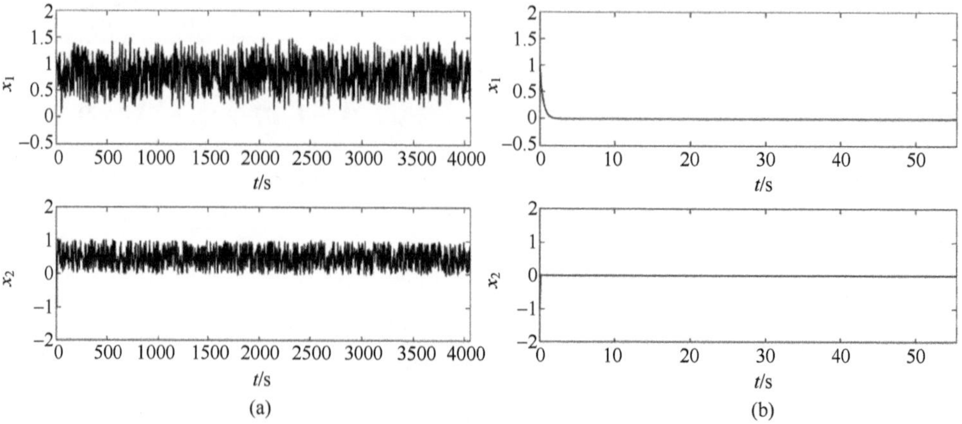


**图 7-1 系统状态变量随时间变化曲线**

（a）不引入辅助变量；（b）引入辅助变量。

三参与者神经网络权值矢量估值随时间变化曲线分别如图 7-2、图 7-3 和图 7-4 示。由图 7-2（a）、图 7-3（a）和图 7-4（a）可以看出，$\hat{\boldsymbol{W}}_1$、$\hat{\boldsymbol{W}}_2$和$\hat{\boldsymbol{W}}_3$分别收敛到$[0.1250,-0.0001,0.2501]^{\mathrm{T}}$、$[0.5001,-0.0003,1.0001]^{\mathrm{T}}$和$[0.2501,-0.0002,0.5001]^{\mathrm{T}}$，收敛耗时 4058.3s。由图 7-2（b）、图 7-3（b）和图 7-4（b）可看出，$\hat{\boldsymbol{W}}_1$、$\hat{\boldsymbol{W}}_2$和$\hat{\boldsymbol{W}}_3$分别收敛到$[0.1250\ 0.0000\ 0.2500]^{\mathrm{T}}$、$[0.4999\ 0.0001\ 1.0000]^{\mathrm{T}}$和$[0.2500\ 0.0000\ 0.5000]^{\mathrm{T}}$，收敛耗时 55.6s。与不引入辅助状态变量相比，引入辅助状态变量具有更快的学习速率。

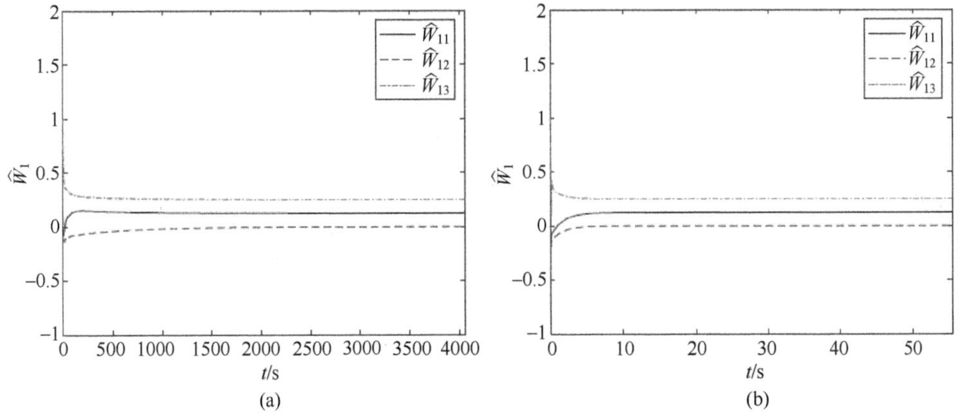


**图 7-2　参与者 1 神经网络权值矢量估值随时间变化曲线**

（a）不引入辅助变量；（b）引入辅助变量。

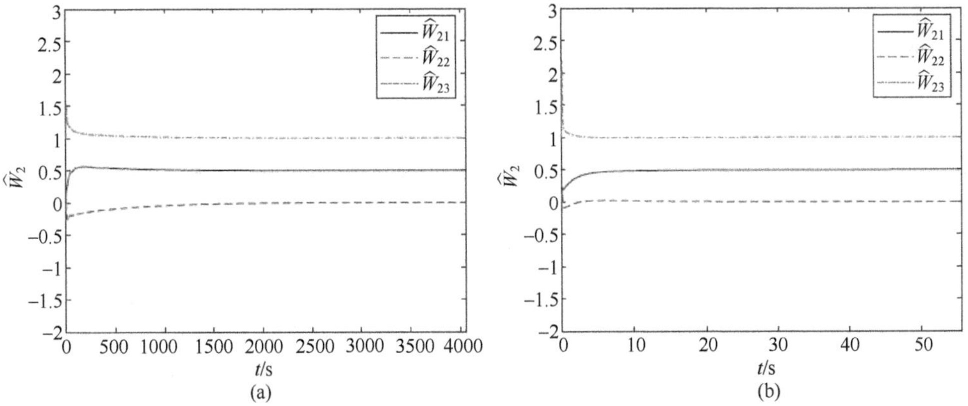


**图 7-3　参与者 2 神经网络权值矢量估值随时间变化曲线**

（a）不引入辅助变量；（b）引入辅助变量。

**2. 姿态接管任务仿真验证**

本组仿真验证并行学习微分博弈控制方法应用于失效航天器姿态接管控制的有效性。不失一般性，假设有 4 颗微小卫星参与进行失效航天器的姿态接管控

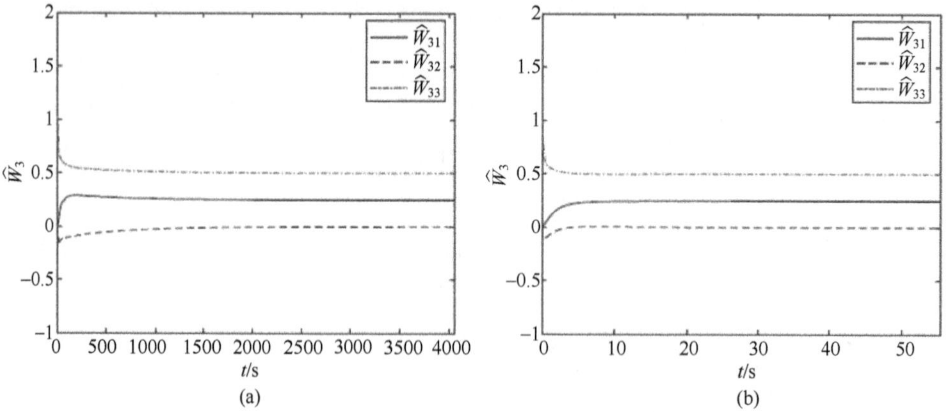


**图 7-4 参与者 3 神经网络权值矢量估值随时间变化曲线**

（a）不引入辅助变量；（b）引入辅助变量。

制。微小卫星局部目标函数中的权值矩阵分别设定为 $\boldsymbol{Q}_1=\boldsymbol{Q}_3=\boldsymbol{I}_6$，$\boldsymbol{Q}_2=\boldsymbol{Q}_4=0.5\boldsymbol{I}_6$，$\boldsymbol{R}_{11}=0.05\boldsymbol{I}_3$，$\boldsymbol{R}_{22}=0.2\boldsymbol{I}_3$，$\boldsymbol{R}_{33}=0.1\boldsymbol{I}_3$，$\boldsymbol{R}_{44}=0.1\boldsymbol{I}_3$，$\boldsymbol{R}_{ij}=\boldsymbol{0}_{3\times3}(i\neq j)$。各星神经网络的激活函数为 $\boldsymbol{\phi}_i=\left[\frac{1}{2}x_1^2,\frac{1}{2}x_2^2,\frac{1}{2}x_3^2,\frac{1}{2}x_4^2,\frac{1}{2}x_5^2,\frac{1}{2}x_6^2,x_1x_4,x_2x_5,x_3x_6\right]^{\mathrm{T}}$。组合体转动惯量矩阵为

$$\boldsymbol{J}=\begin{bmatrix}104.8 & 20.0 & 27.5\\ 20.0 & 106.5 & 21.5\\ 27.5 & 21.5 & 107.5\end{bmatrix}\mathrm{kg}\cdot\mathrm{m}^2$$

不失一般性，假设组合体本体坐标系的坐标轴与微小卫星 $v_1$ 的坐标轴相平行，且 4 颗微小卫星本体坐标系到组合体本体坐标系的转换矩阵分别为

$$\boldsymbol{C}_1^b=\begin{bmatrix}1 & 0 & 0\\ 0 & 1 & 0\\ 0 & 0 & 1\end{bmatrix},\quad \boldsymbol{C}_2^b=\begin{bmatrix}0.8829 & 0 & 0.4695\\ 0.4695 & 0 & -0.8829\\ 0 & 1 & 0\end{bmatrix}$$

$$\boldsymbol{C}_3^b=\begin{bmatrix}0.7986 & -0.6018 & 0\\ -0.6018 & -0.7986 & 0\\ 0 & 0 & -1\end{bmatrix},\quad \boldsymbol{C}_4^b=\begin{bmatrix}0.9063 & 0.4226 & 0\\ -0.4226 & 0.9063 & 0\\ 0 & 0 & 1\end{bmatrix}$$

组合体初始姿态 MRP 与角速度分别为 $\boldsymbol{\sigma}_0=[-0.0853,0.1020,0.0925]^{\mathrm{T}}$ 与 $\boldsymbol{\omega}_0=[0.0532,0.0168,0.0420]^{\mathrm{T}}\mathrm{rad/s}$。期望姿态 MRP 与角速度分别为 $\boldsymbol{\sigma}_f=[0,0,0]^{\mathrm{T}}$ 与 $\boldsymbol{\omega}_f=[0,0,0]^{\mathrm{T}}\mathrm{rad/s}$。各星神经网络初始权值矢量估值为 $\hat{\boldsymbol{W}}_1^0=\hat{\boldsymbol{W}}_2^0=\hat{\boldsymbol{W}}_3^0=\hat{\boldsymbol{W}}_4^0=100\boldsymbol{1}_9$。积分步长 $\Delta t=0.1\mathrm{s}$。

为了对失效航天器的姿态运动进行接管控制，可根据式（7-16）中的 Nash 均衡近似表达式，进行各星控制策略的求解。在任务起始时刻，由神经网络初始

权值矢量估值$\hat{\boldsymbol{W}}_i^0$得到的控制策略是未经优化的微小卫星控制策略。随着神经网络权值矢量的更新，微小卫星的控制策略将逐渐得到优化。

在逼近 Nash 均衡近似数值解的过程中，选择 100 个满足条件 7.1 的辅助状态变量辅助微小卫星进行神经网络权值矢量的学习，仿真中学习误差限为 $\varepsilon=10^{-7}$。

图 7-5 给出了失效航天器姿态 MRP 及角速度随时间变化的曲线。可以看出，当通过 Nash 均衡近似表达式进行各微小卫星控制策略的计算时，失效航天器的姿态 MRP 及角速度很快得到了有效控制。图 7-6 给出了 Nash 均衡学习过程中各星神经网络权值矢量估值随时间的变化曲线。在 $t=9409.5$s 时，表 7-1 中的条件 $E=\max\limits_{i\in\mathbf{N}}|\hat{V}_i^l-\hat{V}_i^{l-1}|<\varepsilon=10^{-7}$得到满足，微小卫星神经网络权值矢量学习完成。值得注意的是，如果根据式（7-18），仅通过当前时刻的姿态状态变量进行神经网络权值矢量的学习时，如果 $\boldsymbol{x}\to\boldsymbol{0}$，则$\dot{\hat{\boldsymbol{W}}}_i\to\boldsymbol{0}$，神经网络权值矢量估值无法继续得到更新。而本节提出的并行学习微分博弈控制方法由于引入了一组满足条件 7.1 的辅助状态变量，可在 $\boldsymbol{x}\to\boldsymbol{0}$ 时继续进行神经网络权值矢量估值的更新，如图 7-6 所示。

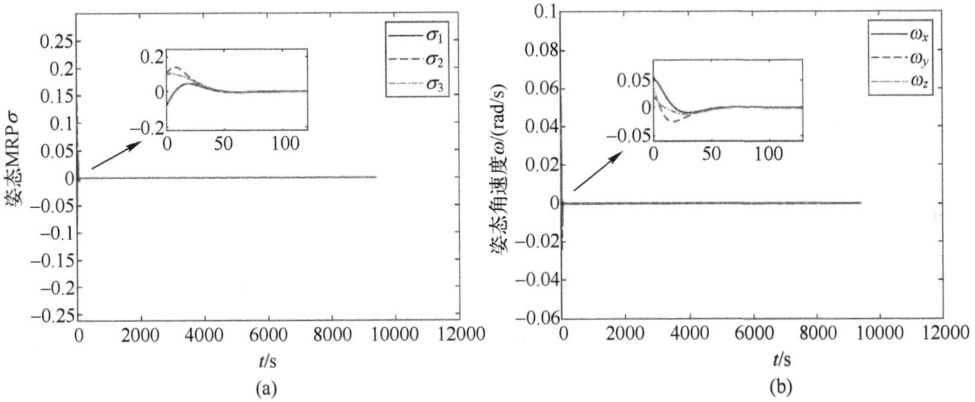


**图 7-5　组合体姿态 MRP 及角速度随时间变化曲线**

（a）姿态 MRP；（b）姿态角速度。

图 7-7 给出了微小卫星在 $\boldsymbol{x}_0$处的值函数估值随时间变化的曲线。可以看出，随着神经网络权值矢量估值的不断更新，各星值函数逐渐减小，这意味着微小卫星的控制策略得到了持续优化。

为了展示姿态接管控制过程中各星控制力矩的变化情况，图 7-8 给出了前 100s 组合体姿态 MRP 及角速度变化较为明显阶段，微小卫星控制力矩随时间变化曲线。可以看出，姿态接管控制起始时刻，各星需要产生较大的控制力矩，随着组合体的姿态逐渐趋向于期望值，各星所需产生的控制力矩也随之减小。

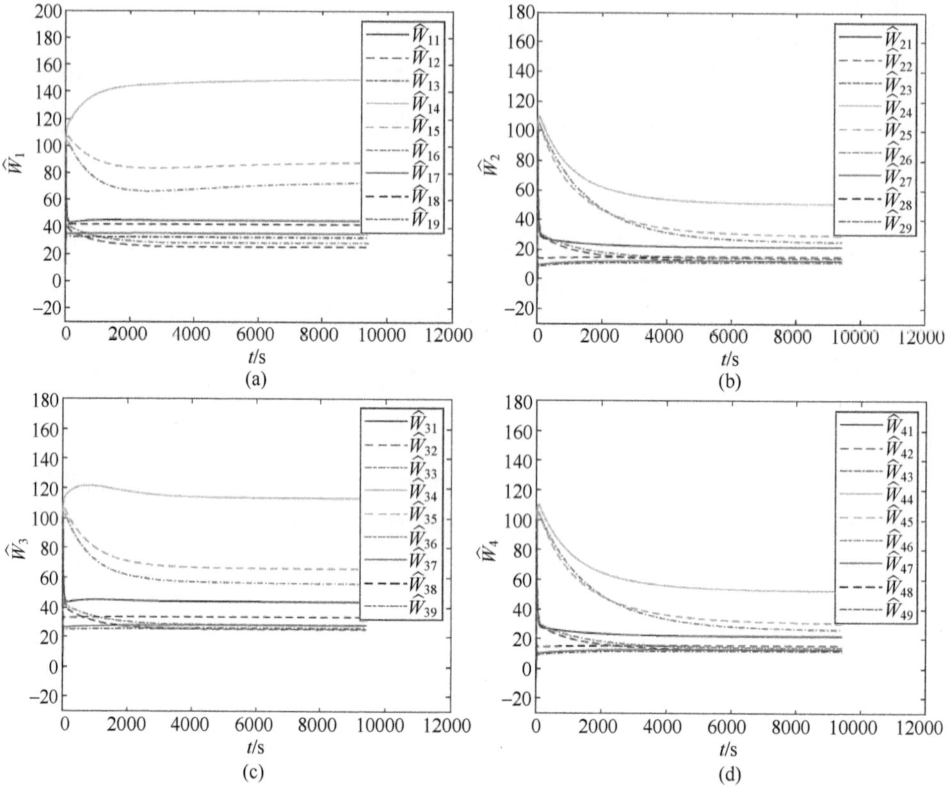


**图 7-6 微小卫星神经网络权值矢量估值随时间变化曲线**

（a）微小卫星 1；（b）微小卫星 2；（c）微小卫星 3；（d）微小卫星 4。

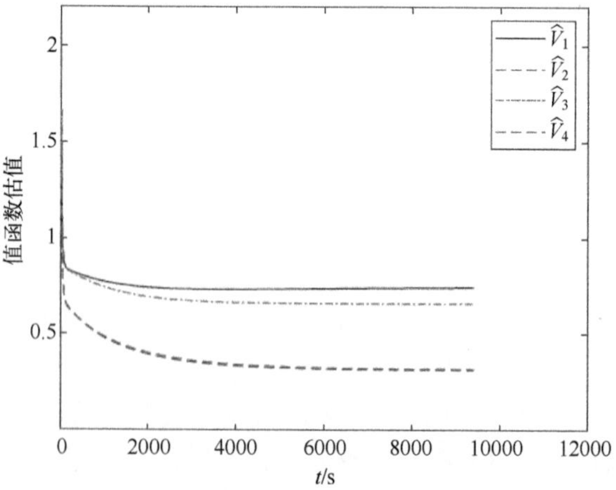


**图 7-7 微小卫星值函数估值随时间变化曲线**

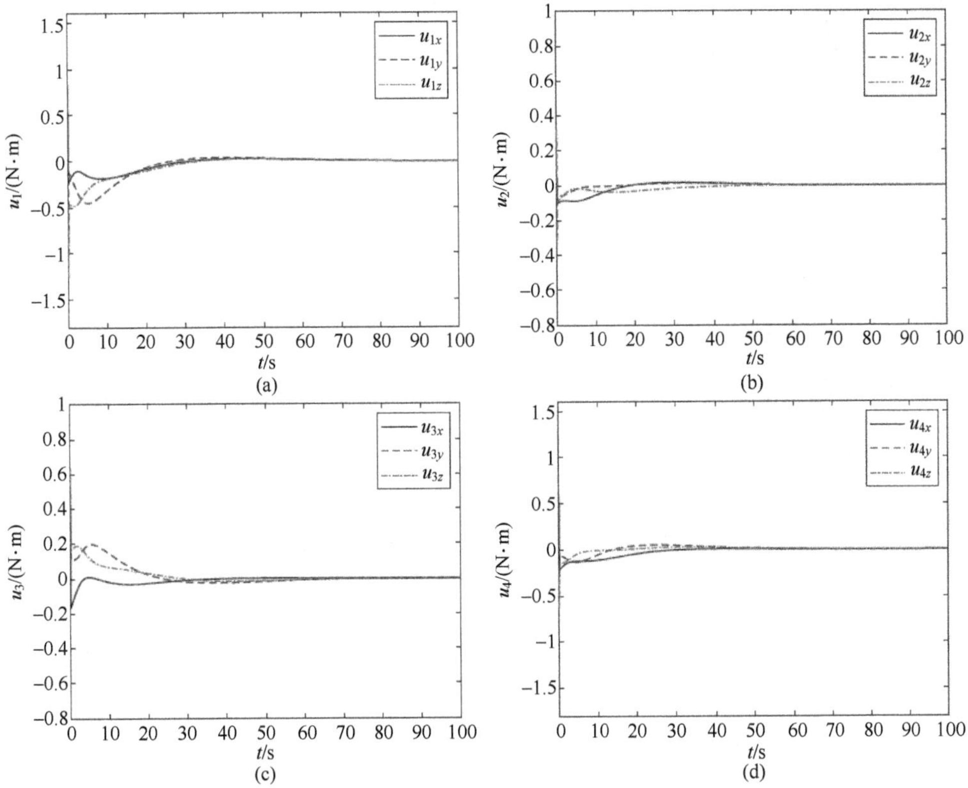


**图 7-8 微小卫星控制力矩随时间变化曲线**

(a) 微小卫星 1；(b) 微小卫星 2；(c) 微小卫星 3；(d) 微小卫星 4。

## 7.4 SDRE 微分博弈控制

本节基于线性化的思路，研究基于 SDRE 的微分博弈控制方法。首先，引入状态相关系数矩阵，将非线性博弈转化为状态相关线性二次型微分博弈；其次，构建耦合的状态相关代数黎卡提方程组，更方便地逼近微小卫星的博弈均衡策略。

### 7.4.1 伪线性微分博弈模型

对于式（7-6）所描述的非线性微分博弈问题，对应的 HJ 方程（7-9）是一组高度耦合的非线性方程，其解析解十分难以求得。引入状态相关系数矩阵将非线性姿态模型（7-3）转化为状态相关形式的线性方程[4]

$$\dot{\boldsymbol{x}} = \boldsymbol{A}(\boldsymbol{x})\boldsymbol{x} + \sum_{j=1}^{N} \boldsymbol{B}_j \boldsymbol{u}_j \tag{7-46}$$

式中：$A(x)=[0_3,M(\sigma);0_3,-J^{-1}\omega^{\times}J]\in\mathbb{R}^{6\times6}$是与状态相关的状态矩阵，$B_j=g_j$，且$(A(x),B_j)$满足能控性条件。因此，将非线性微分博弈问题转化为如下的状态相关线性二次型微分博弈问题

$$\begin{aligned}&V_i^*(x(t),\mu_1,\mu_2,\cdots,\mu_N)\\&=\min_{\mu_i\in\mathcal{U}(\Omega)}\int_t^{\infty}\left(x^{\mathrm{T}}Q_ix+\sum_{j=1}^{N}\mu_j^{\mathrm{T}}R_{ij}\mu_j\right)\mathrm{d}\tau,\quad i\in\mathbb{N}\\&\qquad\text{s.t.}\quad \dot{x}=A(x)x+\sum_{j=1}^{N}B_ju_j(x)\end{aligned}\tag{7-47}$$

该博弈问题与线性二次型微分博弈的相同点在于每个时刻的伪线性微分博弈都是一个线性二次型形式的，而不同点在于状态相关系数矩阵$A(x)$是随状态$x$不断变化的，需要在每个时刻进行模型的更新。因此，伪线性微分博弈的形式能够在保留原模型非线性特性的同时，使得微分博弈问题更加易于求解。

### 7.4.2 SDRE 博弈控制方法

针对状态相关线性模型（7-46），独立优化每颗微小卫星的局部性能指标函数，可以得到每颗微小卫星的控制策略，实现失效航天器的姿态接管控制。

定义对应于伪线性微分博弈的哈密尔顿函数为

$$\begin{aligned}H_i(x,\nabla V_i,\mu_i,\mu_{\hat{i}},\nu)=&\left(x^{\mathrm{T}}Q_ix+\sum_{j=1}^{N}\mu_j^{\mathrm{T}}R_{ij}\mu_j\right)+\\&(\nabla V_i)^{\mathrm{T}}\left(A(x)x+\sum_{j=1}^{N}B_j\mu_j\right),\quad i\in\mathbb{N}\end{aligned}\tag{7-48}$$

则根据静态条件得到最优反馈控制策略为

$$\mu_i^*=-\frac{1}{2}R_{ii}^{-1}B_i^{\mathrm{T}}\nabla V_i^*,\quad i\in\mathbb{N}\tag{7-49}$$

将最优反馈控制策略代入哈密尔顿函数中得到耦合的 HJ 方程为

$$\begin{aligned}0=&x^{\mathrm{T}}Q_ix+\nabla V_i^{*\mathrm{T}}A(x)x-\frac{1}{2}\nabla V_i^{*\mathrm{T}}\sum_{j=1}^{N}B_jR_{jj}^{-1}B_j^{\mathrm{T}}\nabla V_j^*+\\&\frac{1}{4}\sum_{j=1}^{N}\nabla V_j^{*\mathrm{T}}B_jR_{jj}^{-1}R_{ij}R_{jj}^{-1}B_j^{\mathrm{T}}\nabla V_j^*,\quad i\in\mathbb{N}\end{aligned}\tag{7-50}$$

假设 HJ 方程的解即最优值函数具有状态$x(t)$的二次型形式

$$V_i^*(x)=x^{\mathrm{T}}P_i(x)x,\quad i\in\mathbb{N}\tag{7-51}$$

则可计算得

$$\nabla V_i^*=2P_i(x)x+x^{\mathrm{T}}\frac{\partial P_i}{\partial x}x,\quad i\in\mathbb{N}\tag{7-52}$$

忽略式（7-52）中的高阶项并将其代入式（7-50）的 HJ 方程，可得

$$0=x^{\mathrm{T}}\left[P_i(x)A(x)+A(x)^{\mathrm{T}}P_i(x)-2P_i(x)\sum_{j=1}^{N}B_jR_{jj}^{-1}B_j^{\mathrm{T}}P_j(x)+\right.$$

$$Q_i + \sum_{j=1}^{N} P_j(x) B_j R_{jj}^{-1} R_{ij} R_{jj}^{-1} B_j^{\mathrm{T}} P_j(x) \Big] x, \quad i \in \mathbb{N} \tag{7-53}$$

经过整理，可得如下二次型形式的方程

$$0 = x^{\mathrm{T}} \Big[ P_i(x) \Big( A(x) - \sum_{j=1}^{N} B_j R_{jj}^{-1} B_j^{T} P_j(x) \Big) + \Big( A(x) - \sum_{j=1}^{N} B_j R_{jj}^{-1} B_j^{\mathrm{T}} P_j(x) \Big)^{\mathrm{T}} P_i(x) + Q_i + \sum_{j=1}^{N} P_j(x) B_j R_{jj}^{-1} R_{ij} R_{jj}^{-1} B_j^{\mathrm{T}} P_j(x) \Big] x, \quad i \in \mathbb{N} \tag{7-54}$$

定义 $S_j = B_j R_{jj}^{-1} B_j^{\mathrm{T}}$ 和 $S_{ji} = B_j R_{jj}^{-1} R_{ij} R_{jj}^{-1} B_j^{\mathrm{T}}$，进一步将式（7-54）整理为耦合的 SDRE 形式

$$0 = Q_i + \Big( A(x) - \sum_{j=1}^{N} S_j P_j(x) \Big)^{\mathrm{T}} P_i(x) + P_i(x) \Big( A(x) - \sum_{j=1}^{N} S_j P_j(x) \Big) + \sum_{j=1}^{N} P_j(x) S_{ji} P_j(x), \quad i \in \mathbb{N} \tag{7-55}$$

在每个控制时刻 $t$，基于当前时刻的状态 $x(t)$，微小卫星通过对耦合的 SDRE 求解即可得到对称正定矩阵 $P_i(x)$，从而可得到对应的反馈控制策略

$$\mu_i = -R_{ii}^{-1} B_i^{\mathrm{T}} P_i(x) x, \quad i \in \mathbb{N} \tag{7-56}$$

**定理 7.2**：对于式（7-46）描述的微分博弈，控制策略（7-56）能够使得闭环系统趋于稳定状态，即当 $t \to \infty$ 时，$x(t) \to \mathbf{0}$。

**证明**：定义系统的李雅普诺夫函数为

$$V_u = \sum_{i=1}^{N} V_i^* \tag{7-57}$$

则李雅普诺夫函数对时间的一阶导数为

$$\dot{V}_u = \sum_{i=1}^{N} \dot{V}_i^* \tag{7-58}$$

式中：$\dot{V}_i^* = \nabla V_i^{*\mathrm{T}} \Big( f(x) + \sum_{j=1}^{N} B_j \mu_j \Big)$。下面，对 $\dot{V}_i^*$ 进行分析。

根据式（7-49），可得

$$\nabla V_i^{*\mathrm{T}} B_i = -2 \mu_i^{*\mathrm{T}} R_{ii} \tag{7-59}$$

根据式（7-48），可得

$$\nabla V_i^{*\mathrm{T}} f(x) = - \nabla V_i^{*\mathrm{T}} \sum_{j \in N_i} B_j \mu_j^* - x^{\mathrm{T}} Q_i x + \mu_i^{*\mathrm{T}} R_{ii} \mu_i^* - \sum_{j \in N_i} \mu_j^{*\mathrm{T}} R_{jj} \mu_j^* \tag{7-60}$$

式中：$j \in N_i$ 为除微小卫星 $i$ 之外的其他微小卫星。

将式（7-59）和式（7-60）代入 $\dot{V}_i^*$ 的表达式中，可得

$$\dot{V}_i^* = - \nabla V_i^{*\mathrm{T}} \sum_{j \in N_i} B_j \mu_j^* - x^{\mathrm{T}} Q_i x + \mu_i^{*\mathrm{T}} R_{ii} \mu_i^* -$$

$$\begin{aligned}&\sum_{j\in N_i}\boldsymbol{\mu}_j^{*\mathrm{T}}\boldsymbol{R}_{jj}\boldsymbol{\mu}_j^{*} - 2\boldsymbol{\mu}_i^{*\mathrm{T}}\boldsymbol{R}_{ii}\boldsymbol{\mu}_i + \nabla V_i^{*\mathrm{T}}\sum_{j\in N_i}\boldsymbol{B}_j\boldsymbol{\mu}_j\\ &= -\boldsymbol{x}^{\mathrm{T}}\boldsymbol{Q}_i\boldsymbol{x} - \boldsymbol{\mu}_i^{\mathrm{T}}\boldsymbol{R}_{ii}\boldsymbol{\mu}_i + (\boldsymbol{\mu}_i^{*} - \boldsymbol{\mu}_i)^{\mathrm{T}}\boldsymbol{R}_{ii}(\boldsymbol{\mu}_i^{*} - \boldsymbol{\mu}_i) - \\ &\quad \nabla V_i^{*\mathrm{T}}\sum_{j\in N_i}\boldsymbol{B}_j(\boldsymbol{\mu}_j^{*} - \boldsymbol{\mu}_j) - \sum_{j\in N_i}\boldsymbol{\mu}_j^{*\mathrm{T}}\boldsymbol{R}_{jj}\boldsymbol{\mu}_j^{*}\end{aligned} \tag{7-61}$$

而对于任意的微小卫星，在原点附近的邻域内都存在

$$\boldsymbol{\mu}_i^{*} - \boldsymbol{\mu}_i = -\boldsymbol{R}_{ii}^{-1}\boldsymbol{B}_i^{\mathrm{T}}(\nabla V_i^{*} - \boldsymbol{P}_i(\boldsymbol{x})\boldsymbol{x}) \approx 0 \tag{7-62}$$

因此，

$$\dot{V}_i^{*} \leqslant -\boldsymbol{x}^{\mathrm{T}}\boldsymbol{Q}_i\boldsymbol{x} - \boldsymbol{\mu}_i^{\mathrm{T}}\boldsymbol{R}_{ii}\boldsymbol{\mu}_i - \sum_{j\in N_i}\boldsymbol{\mu}_j^{\mathrm{T}}\boldsymbol{R}_{ij}\boldsymbol{\mu}_j \leqslant -\boldsymbol{x}^{\mathrm{T}}\boldsymbol{Q}_i\boldsymbol{x} \tag{7-63}$$

这表明闭环系统能够渐近稳定。

### 7.4.3 仿真验证

为了验证 SDRE 微分博弈控制方法在失效航天器姿态接管中的有效性和容错性，对组合体的姿态稳定控制过程进行仿真研究。假设采用 3 颗微小卫星对失效航天器进行姿态接管控制，微小卫星可提供的控制力矩为 $u_{\max}=0.25\mathrm{N\cdot m}$，其各自的本体坐标系到参考坐标系的转换矩阵为

$$\boldsymbol{C}_1^b=\begin{bmatrix}1&0&0\\0&1&0\\0&0&1\end{bmatrix},\quad \boldsymbol{C}_2^b=\begin{bmatrix}0.8829&0&0.4695\\0.4695&0&-0.8829\\0&1&0\end{bmatrix},$$

$$\boldsymbol{C}_3^b=\begin{bmatrix}0.7986&-0.6018&0\\-0.6018&-0.7986&0\\0&0&-1\end{bmatrix}$$

组合体的转动惯量矩阵为

$$\boldsymbol{J}=\begin{bmatrix}90&10&5\\10&50&7\\5&7&50\end{bmatrix}\mathrm{kg\cdot m^2}$$

组合体以 MRP 表示的初始姿态角为 $\boldsymbol{\sigma}_0=[0.015,0.009,0.013]^{\mathrm{T}}$，初始姿态角速度为 $\boldsymbol{\omega}_0=[0,0,0]^{\mathrm{T}}$。取微小卫星的权重矩阵分别为 $\boldsymbol{Q}_1=5\boldsymbol{I}_6$，$\boldsymbol{Q}_2=5\boldsymbol{I}_6$，$\boldsymbol{Q}_3=5\boldsymbol{I}_6$，$\boldsymbol{R}_{11}=\boldsymbol{R}_{12}=\boldsymbol{R}_{13}=0.01\boldsymbol{I}_3$，$\boldsymbol{R}_{21}=\boldsymbol{R}_{22}=\boldsymbol{R}_{23}=0.01\boldsymbol{I}_3$，$\boldsymbol{R}_{31}=\boldsymbol{R}_{32}=\boldsymbol{R}_{33}=0.01\boldsymbol{I}_3$。取仿真步长为 $\mathrm{d}t=0.01\mathrm{s}$。

**1. 有效性仿真**

图 7-9 是组合体以 MRP 表示的姿态角变化曲线和姿态角速度变化曲线。从图 7-9 可以看出，组合体在 40s 到达稳定状态，精度为 $1\times10^{-5}$量级，在仿真结束时，可以达到更高的精度。因此，本节所设计的 SDRE 微分博弈控制器可以实现失效航天器的姿态稳定。

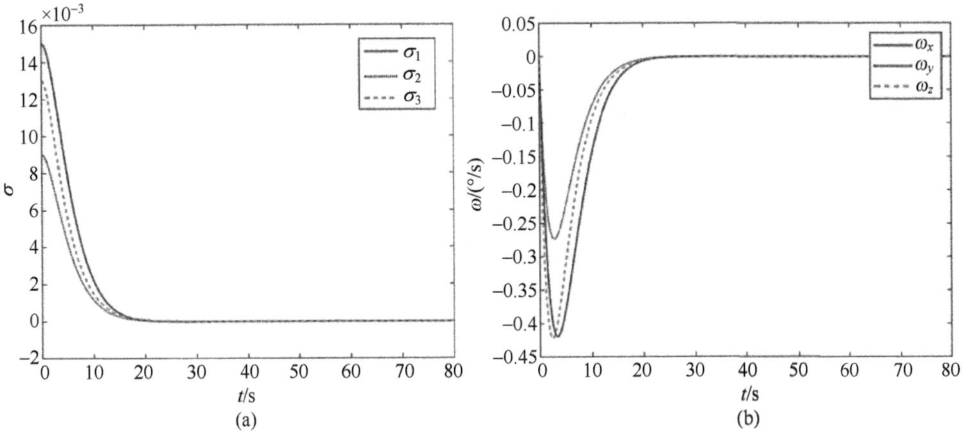


**图 7-9　组合体的状态变化**

（a）姿态角曲线；（b）姿态角速度曲线。

图 7-10 是姿态接管控制阶段 3 颗微小卫星的控制力矩随时间变化曲线。在初始控制阶段，由于状态量幅值较大，因此所需的控制力矩也较大，随着状态量幅值的不断减小，所需控制力矩也逐渐减小。

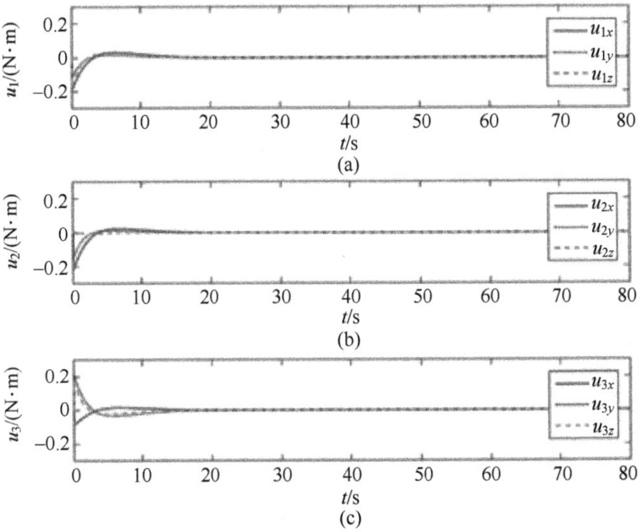


**图 7-10　微小卫星控制力矩曲线变化**

（a）微卫星 1 的控制力矩；（b）微卫星 2 的控制力矩；（c）微卫星 3 的控制力矩。

### 2. 容错性仿真

为了验证所提出方法的容错性，设计如下仿真场景。采用 3 颗微小卫星对失效航天器进行姿态接管控制时，微小卫星 2 在第 6s 执行机构失效，无法提供控制力矩，则前 6s 姿态接管控制所需控制力矩由 3 颗微小卫星提供，在 6s 之后仅由微小卫星 1 和微小卫星 2 提供。

图 7-11 给出了以欧拉角表示的姿态角和角速度随时间变化曲线和各颗微小卫星的控制力矩变化曲线。在存在一颗微小卫星失效的情况，其他的微小卫星将失效微小卫星视为不参与，更新参与者个数，解算控制力矩使组合体的状态趋于稳定。从图 7-11 中可以看出，前 6s 的仿真结果和有效性仿真的前 6s 仿真结果一致。在第 6s 后，微小卫星 3 无法提供控制力矩，微小卫星 1 和微小卫星 2 在更新参与者个数后计算各自的控制力矩，因此在图 7-11 中可以看到 6s 时微小卫星 1 和微小卫星 2 的控制力矩会有突变。仿真结果表明 SDRE 微分博弈控制方法具有容错性。

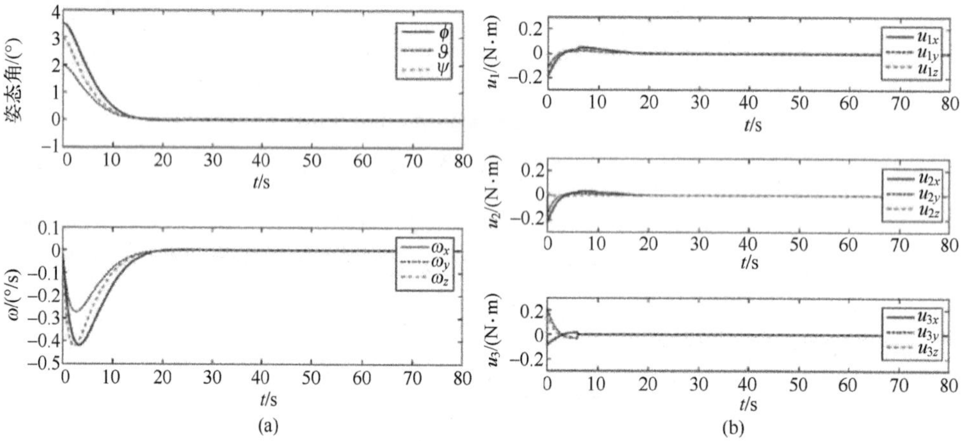


**图 7-11 容错性结果**

(a) 姿态角和角速度变化曲线；(b) 微小卫星控制力矩变化曲线。

## 7.5 有限时间微分博弈控制

考虑到系统对有限时间收敛的需求，本节研究了有限时间微分博弈控制方法。首先，基于微小卫星与失效航天器形成组合体的非线性姿态动力学和个体的局部性能指标函数构建了有限时间非线性博弈模型。其次，为求解有限时间非线性微分博弈的 Nash 均衡，引入了速度转换函数和 T-S 模糊思想，将其转化并分解为多个无限时间线性微分博弈的加权组合，从而利用较小的计算量来得到 Nash 均衡控制策略[5]。

### 7.5.1 有限时间微分博弈模型

为了实现有限时间微分博弈控制，在微小卫星的原有局部性能指标函数式（7-4）中加入终端误差状态的惩罚项，即

$$J_i(\boldsymbol{x}_0,\boldsymbol{u}_i,\boldsymbol{u}_{\hat{i}}) = \int_0^{t_f}\left(\boldsymbol{x}^{\mathrm{T}}\boldsymbol{Q}_i\boldsymbol{x} + \sum_{j=1}^{N}\boldsymbol{u}_j^{\mathrm{T}}\boldsymbol{R}_{ij}\boldsymbol{u}_j\right)\mathrm{d}t + \boldsymbol{x}^{\mathrm{T}}(t_f)\boldsymbol{Q}_{Ti}\boldsymbol{x}(t_f),\quad i\in\mathbb{N} \tag{7-64}$$

式中：$\boldsymbol{x}_0$为初始时刻组合体的状态；$\boldsymbol{\mu}_{\hat{i}}$为除微小卫星 $i$ 之外其他个体的控制策略；$\boldsymbol{Q}_i \in \mathbb{R}^{6\times6}$为对称正定矩阵，表示微小卫星的局部性能指标函数对于组合体误差状态的加权；$\boldsymbol{R}_{ij} \in \mathbb{R}^{3\times3}$也是对称正定矩阵，表示微小卫星的局部性能指标函数对于不同个体控制量的加权。此外，对称正定矩阵 $\boldsymbol{Q}_{Ti} \in \mathbb{R}^{6\times6}$表示在有限的终端时间 $t_f$下对终端状态 $\boldsymbol{x}(t_f)$的加权。

为了实现组合体的姿态稳定控制，各颗微小卫星通过独立优化局部性能指标函数得到控制策略。以微小卫星为博弈的参与者，多星协同姿态接管问题被描述为以下微分博弈问题

$$\begin{aligned} &V_i^*(\boldsymbol{x}) = \min_{\boldsymbol{\mu}_i} V_i(\boldsymbol{x}), \quad i \in \mathbb{N} \\ &\text{s.t.} \quad \dot{\boldsymbol{x}} = \boldsymbol{f}(\boldsymbol{x}) + \sum_{i=1}^{N} \boldsymbol{B}_i \boldsymbol{\mu}_i \end{aligned} \tag{7-65}$$

式中：$\boldsymbol{B}_j = \boldsymbol{g}_j$，$V_i^*$ 为最优值函数；$V_i$为对应于局部性能指标函数（7-64）的值函数，具体表示为

$$V_i(\boldsymbol{x}) = \int_0^{t_f} \left(\boldsymbol{x}^{\mathrm{T}} \boldsymbol{Q}_i \boldsymbol{x} + \sum_{j=1}^{N} \boldsymbol{\mu}_j^{\mathrm{T}} \boldsymbol{R}_{ij} \boldsymbol{\mu}_j\right) \mathrm{d}t + \boldsymbol{x}^{\mathrm{T}}(t_f) \boldsymbol{Q}_{Ti} \boldsymbol{x}(t_f), \quad i \in \mathbb{N}$$

其中，$\boldsymbol{\mu}(\boldsymbol{x}) = \{\boldsymbol{\mu}_1(\boldsymbol{x}), \boldsymbol{\mu}_2(\boldsymbol{x}), \cdots, \boldsymbol{\mu}_N(\boldsymbol{x})\} \in \mathcal{U}(\Omega)$。

根据 Nash 均衡的定义，求解上述问题的目的，就是要寻求一组控制策略满足 Nash 均衡，使得下式对于每颗微小卫星均成立

$$V_i(\boldsymbol{x}, \boldsymbol{\mu}_i^*, \boldsymbol{\mu}_{\hat{i}}^*) \leqslant V_i(\boldsymbol{x}, \boldsymbol{\mu}_i, \boldsymbol{\mu}_{\hat{i}}^*), \quad i \in \mathbb{N} \tag{7-66}$$

根据莱布尼茨公式，定义哈密尔顿函数为

$$\begin{aligned} H_i(\boldsymbol{x}, \nabla V_i, \boldsymbol{\mu}_i, \boldsymbol{\mu}_{\hat{i}}) = &\frac{\partial V_i}{\partial t} + \left(\boldsymbol{x}^{\mathrm{T}} \boldsymbol{Q}_i \boldsymbol{x} + \sum_{j=1}^{N} \boldsymbol{\mu}_j^{\mathrm{T}} \boldsymbol{R}_{ij} \boldsymbol{\mu}_j\right) + \\ &(\nabla V_i)^{\mathrm{T}} \left(\boldsymbol{f}(\boldsymbol{x}) + \sum_{j=1}^{N} \boldsymbol{B}_j \boldsymbol{\mu}_j\right), \quad i \in \mathbb{N} \end{aligned} \tag{7-67}$$

式中：$\nabla V_i = \partial V_i / \partial \boldsymbol{x}$；值函数要满足终端约束 $V_i(t_f, \boldsymbol{x}) = \boldsymbol{x}^{\mathrm{T}}(t_f) \boldsymbol{Q}_{T_i} \boldsymbol{x}(t_f)$。因此，对应于 Nash 均衡的最优反馈控制策略为

$$\frac{\partial H_i}{\partial \boldsymbol{\mu}_i} = 0 \Rightarrow \boldsymbol{\mu}_i^*(\boldsymbol{x}) = -\frac{1}{2} \boldsymbol{R}_{ii}^{-1} \boldsymbol{B}_i^{\mathrm{T}} \nabla V_i^*, \quad i \in \mathbb{N} \tag{7-68}$$

将式（7-68）代入式（7-67）中，得到耦合的 HJ 方程组

$$\begin{aligned} -\frac{\partial V_i}{\partial t} = &\boldsymbol{x}^{\mathrm{T}} \boldsymbol{Q}_i \boldsymbol{x} + \nabla V_i^{*\mathrm{T}} \boldsymbol{f}(\boldsymbol{x}) - \frac{1}{2} \nabla V_i^{*\mathrm{T}} \sum_{j=1}^{N} \boldsymbol{B}_j \boldsymbol{R}_{jj}^{-1} \boldsymbol{B}_j^{\mathrm{T}} \nabla V_j^* + \\ &\frac{1}{4} \sum_{j=1}^{N} \nabla V_j^{*\mathrm{T}} \boldsymbol{B}_j \boldsymbol{R}_{jj}^{-1} \boldsymbol{R}_{ij} \boldsymbol{R}_{jj}^{-1} \boldsymbol{B}_j^{\mathrm{T}} \nabla V_j^*, \quad i \in \mathbb{N} \end{aligned} \tag{7-69}$$

通过分析式（7-69）可知，有限时间非线性微分博弈的 HJ 方程组是一组耦合的偏微分方程。与无限时间线性微分博弈的 HJ 方程组的不同之处体现在

如下两点：第一，有限时间微分博弈的 HJ 方程是时变非线性的，导致了每颗微小卫星的最优值函数也是时变非线性的；第二，有限时间微分博弈的 HJ 方程求解时存在终端约束，这是因为个体的局部性能指数函数存在关于终端状态的惩罚项。正是因为这两点不同，导致了有限时间微分博弈的求解变得更加困难。

### 7.5.2 有限时间模糊博弈控制方法

为了求解得到有限时间博弈的 Nash 均衡策略来实现失效航天器的姿态接管控制，首先，引入速度转换函数，将有限时间非线性微分博弈问题转化为无限时间非线性微分博弈问题，以消除 HJ 方程的时变性和终端约束条件。其次，对于无限时间非线性微分博弈，可直接利用 7.3 节和 7.4 节的研究进行求解，也可根据本小节提出的 T-S 模糊博弈控制器来求解。

**1. 速度转换函数设计**

速度转换函数能够将有限时间范围的状态映射为无限时间范围，从而可以将有限时间的非线性微分博弈转化为无限时间的非线性微分博弈。设计如下的速度转换函数[6]

$$\beta(t)=\begin{cases}\dfrac{T^4\mathcal{K}(t)}{(1-b_f)(T-t)^4+b_fT^4\mathcal{K}(t)}, & 0\leqslant t<T\\[2ex] \dfrac{1}{b_f}, & t\geqslant T\end{cases}\tag{7-70}$$

式中：$b_f$为设计参数，满足$0<b_f\leqslant 1$；$T$为另一设计参数，为用户定义的稳态时间；$\mathcal{K}(t)$可以是任一与时间相关的、非增的、满足$\mathcal{K}(0)=1$且$\dot{\mathcal{K}}(t)\geqslant 0$的平滑函数，如一些常值函数、指数函数。图 7-12 给出了速度转换函数的示意图。通过分析可以发现，速度转换函数$\beta(t)$具有如下特性。

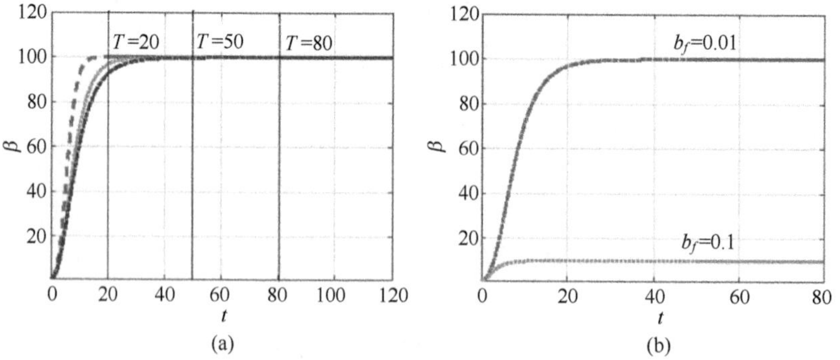


**图 7-12　速度转换函数示意图**

(a) $b_f=0.01$；(b) $T=50$。

（1）可微性：对任意 $t \geqslant 0$，$\beta(t)$ 是连续可微的，其一阶导数和二阶导数均连续可微且有界。

（2）非减性：对于 $t \in [0,T)$，$\beta(t)$ 是严格递增的。对于 $t \geqslant T$ 上，$\beta(t)$ 为常值，$\beta = 1/b_f$。

（3）有界性：对于 $t \geqslant 0$，$\beta(t) \in [1, 1/b_f]$。其中，在 $t=0$ 处取得最小值 $\beta = 1$。

利用该速度转换函数对状态 $\boldsymbol{x}$ 进行映射

$$\boldsymbol{\lambda} = \beta \boldsymbol{x} \tag{7-71}$$

式中：$\boldsymbol{\lambda}$ 为映射状态。定义 $x_k$ 和 $\lambda_k$ 分别为 $\boldsymbol{x}$ 和 $\boldsymbol{\lambda}$ 的第 $k$ 个元素，则二者之间满足关系

$$\|x_k\| = \beta^{-1} \|\lambda_k\| \tag{7-72}$$

结合式（7-70）速度转换函数的定义，可推导得

$$\begin{cases} \|x_k\| = (1-b_f)\left(\dfrac{T-t}{T}\right)^4 \mathcal{K}^{-1}\|\lambda_k\| + b_f\|\lambda_k\|, & 0 \leqslant t < T \\ \|x_k\| = b_f\|\lambda_k\| & , t \geqslant T \end{cases} \tag{7-73}$$

式（7-73）说明，只要能保证映射状态 $\boldsymbol{\lambda}$ 能在无限时域上收敛，$\boldsymbol{x}$ 就能实现有限时间稳定。换句话说，只要控制器设计能保证在 $t \to \infty$ 时 $\boldsymbol{\lambda} \to 0$，则 $\boldsymbol{x}$ 能够实现有限时间稳定。为了调整有限时间控制的性能，可通过合理设置速度转换函数的相关参数 $T$ 和 $b_f$。从图 7-12 可得，当 $b_f$ 越小时，$\beta$ 就越大，那么对应的稳态误差就越小，$\boldsymbol{x}_e$ 会收敛到 $\|x_k\| = b_f\|\lambda_k\|$。而为了满足超调量和收敛速度的要求，可对 $T$ 和 $b_f$ 两个参数进行调节。

对于映射状态 $\boldsymbol{\lambda}$ 进行求导可得

$$\dot{\boldsymbol{\lambda}} = \dot{\beta}\boldsymbol{x} + \beta\left(\boldsymbol{f}(\boldsymbol{x}) + \sum_{i=1}^{N} \boldsymbol{B}_i \boldsymbol{\mu}_i\right) \tag{7-74}$$

定义 $\boldsymbol{F}(\boldsymbol{\lambda}) = \dot{\beta}\boldsymbol{x} + \beta\boldsymbol{f}(\boldsymbol{x})$，$\boldsymbol{G}_i = \beta\boldsymbol{B}_i$，则式（7-74）可整理为

$$\dot{\boldsymbol{\lambda}} = \boldsymbol{F}(\boldsymbol{\lambda}) + \sum_{i=1}^{N} \boldsymbol{G}_i \boldsymbol{u}_i \tag{7-75}$$

式（7-75）描述了映射状态和微小卫星的控制策略之间的关系。

对应于映射状态 $\boldsymbol{\lambda}$ 的微小卫星值函数为

$$V_i(\boldsymbol{\lambda}) = \int_t^{\infty} \left(\boldsymbol{\lambda}^{\mathrm{T}} \boldsymbol{Q}_i \boldsymbol{\lambda} + \sum_{j=1}^{N} \boldsymbol{\mu}_j^{\mathrm{T}} \boldsymbol{R}_{ij} \boldsymbol{\mu}_j\right) \mathrm{d}t \tag{7-76}$$

则有限时间非线性微分博弈转化为了无限时间非线性微分博弈

$$\begin{gathered} V_i^*(\boldsymbol{\lambda}) = \min_{\boldsymbol{\mu}_i} V_i(\boldsymbol{\lambda}), \quad i \in \mathbb{N} \\ \text{s. t.} \quad \dot{\boldsymbol{\lambda}} = \boldsymbol{F}(\boldsymbol{\lambda}) + \sum_{i=1}^{N} \boldsymbol{G}_i \boldsymbol{\mu}_i \end{gathered} \tag{7-77}$$

该无限时间非线性微分博弈对应的哈密尔顿函数为

$$H_i(\boldsymbol{\lambda},\nabla V_i,\boldsymbol{\mu}_i,\boldsymbol{\mu}_{\hat{i}})=$$

$$\left(\boldsymbol{\lambda}^{\mathrm{T}}\boldsymbol{Q}_i\boldsymbol{\lambda}+\sum_{j=1}^{N}\boldsymbol{\mu}_j^{\mathrm{T}}\boldsymbol{R}_{ij}\boldsymbol{\mu}_j\right)+(\nabla V_i)^{\mathrm{T}}\left(\boldsymbol{F}(\boldsymbol{\lambda})+\sum_{j=1}^{N}\boldsymbol{G}_j\boldsymbol{\mu}_j\right),\quad i\in\mathbb{N} \tag{7-78}$$

式中：$\nabla V_i=\partial V_i/\partial\boldsymbol{\lambda}$ 且 $V_i(0)=0$。那么，各颗微小卫星的最优反馈控制策略为

$$\frac{\partial H_i}{\partial\boldsymbol{\mu}_i}=0\Rightarrow\boldsymbol{\mu}_i^*=-\frac{1}{2}\boldsymbol{R}_{ii}^{-1}\boldsymbol{G}_i^{\mathrm{T}}\nabla V_i^*,\quad i\in\mathbb{N} \tag{7-79}$$

将式（7-79）代入式（7-78）得到该无限时间非线性微分博弈的 HJ 方程

$$0=\boldsymbol{\lambda}^{\mathrm{T}}\boldsymbol{Q}_i\boldsymbol{\lambda}+\nabla V_i^{*\mathrm{T}}\boldsymbol{F}(\boldsymbol{\lambda})-\frac{1}{2}\nabla V_i^{*\mathrm{T}}\sum_{j=1}^{N}\boldsymbol{G}_j\boldsymbol{R}_{jj}^{-1}\boldsymbol{G}_j^{\mathrm{T}}\nabla V_j^*+$$

$$\frac{1}{4}\sum_{j=1}^{N}\nabla V_j^{*\mathrm{T}}\boldsymbol{G}_j\boldsymbol{R}_{jj}^{-1}\boldsymbol{R}_{ij}\boldsymbol{R}_{jj}^{-1}\boldsymbol{G}_j^{\mathrm{T}}\nabla V_j^*,\quad i\in\mathbb{N} \tag{7-80}$$

尽管无限时间非线性微分博弈的 HJ 方程形式相对简单一些，但仍然是一组耦合的非线性偏微分方程，难以求得其解析解。虽然可直接利用 7.3 节和 7.4 节的研究进行无限时间非线性微分博弈的求解，但是并行学习的微分博弈控制对学习数据的依赖性较强，而 SDRE 微分博弈控制对实时计算能力的要求较高。为此，下面设计一种基于 T-S 模糊的博弈控制器，实现不依赖数据学习且计算量小的非线性微分博弈控制。

**2. 基于 T-S 模糊的博弈控制器**

对于非线性系统，T-S 模糊模型通过局部线性化建立多个局部区域的线性模型，并利用隶属度函数重建全局的非线性模型，从而能够以任意精度描述高度非线性系统的动态特性。本小节利用 T-S 模糊理论将无限时间非线性博弈问题转化为 T-S 模糊博弈问题，利用线性二次型微分博弈的相关结论对 T-S 模糊博弈模型的局部线性模型建立 Nash 均衡控制策略，得到基于 T-S 模糊的博弈控制器。该控制器可实现无限时间非线性微分博弈控制；同时，与速度转换函数结合可形成一种有限时间非线性微分博弈控制方法。

由于无限时间非线性博弈问题的非线性特性主要源自非线性的动力学模型（7-75），因此先采用 T-S 模糊理论来描述系统动力学模型。T-S 模糊模型利用一系列“IF-THEN”语言规则来描述非线性系统，其中，每条规则表示原非线性系统在某一局部区域的线性子系统。对于非线性模型（7-75），利用 $r$ 条“IF-THEN”模糊推理规则将其表示为

$$\text{Plant Rule } R_k:\text{IF } z_1(t) \text{ is } \mathcal{M}_1^k \text{ and } \cdots \text{ and } z_p(t) \text{ is } \mathcal{M}_p^k$$

$$\text{THEN } \dot{\boldsymbol{\lambda}}=\boldsymbol{A}_k\boldsymbol{\lambda}(t)+\sum_{i=1}^{N}\boldsymbol{G}_{ik}\boldsymbol{\mu}_{ik}(t) \tag{7-81}$$

式中：$R_k$为第 $k$ 条模糊规则；“IF”为前提部；$z_1(t),z_2(t),\cdots,z_p(t)$为前提变量，通常选取为系统状态；$\mathcal{M}_l^k$ 为第 $k$ 条规则对应于第 $l$ 个前提变量的模糊集；“THEN”为结论部，$(\boldsymbol{A}_k,\boldsymbol{G}_{ik})$表示第 $k$ 个线性子系统对应的系统矩阵，可参考文

献［7］的相关步骤进行求取。

然后，设置每条规则的隶属度函数为

$$w_k(z)=\prod_{l=1}^{p}\phi_l^k(z_l),\quad k\in\Omega_r \tag{7-82}$$

式中：$\phi_l^k(z_l)$为第 $k$ 条模糊规则 $R_k$ 中第 $l$ 个前提变量 $z_l$ 关于模糊集的隶属度函数。常用的隶属度函数包括矩阵型、梯形型、抛物型、正态型等，依赖经验进行指定。这也说明了 T-S 模糊方法能够将人的经验融入到模糊规则中。基于此，通过单点模糊进行模糊化和加权平均法进行清晰化，得到系统（7-75）的全局模糊模型如下

$$\dot{\boldsymbol{\lambda}}(t)=\sum_{k=1}^{r}h_k(z(t))\left(\boldsymbol{A}_k\boldsymbol{\lambda}(t)+\sum_{i=1}^{N}\boldsymbol{G}_{ik}\boldsymbol{\mu}_{ik}(t)\right) \tag{7-83}$$

式中：$h_k(z)$为第 $k$ 条规则中归一化后的隶属度函数，由下式计算

$$h_k(z)=w_k(z)\Big/\sum_{k=1}^{r}w_k(z)$$

其中，$w_k(z)\geqslant 0$ 且 $\sum_{k=1}^{r}w_k(z)>0$。$h_k(z)$满足 $0\leqslant h_k(z)\leqslant 1$ 和 $\sum_{k=1}^{r}h_k(z)=1$。从全局模糊模型可以看出，虽然每个子系统都是线性的，但是全局模糊模型具有非线性特性。

基于模糊化的动力学模型（7-83），无限时间非线性博弈问题利用 $r$ 条“IF-THEN”规则描述为如下的 T-S 模糊博弈问题，每个规则代表一个子博弈

$$\text{Problem Rule } R_k\text{: IF } z_1(t) \text{ is } \mathcal{M}_1^k \text{ and } \cdots \text{ and } z_p(t) \text{ is } \mathcal{M}_p^k$$

$$\text{THEN } V_{ik}(\boldsymbol{\lambda})=\int_t^{\infty}\left(\boldsymbol{\lambda}^{\mathrm{T}}\boldsymbol{Q}_i\boldsymbol{\lambda}+\sum_{j=1}^{N}\boldsymbol{\mu}_{jk}^{\mathrm{T}}\boldsymbol{R}_{ij}\boldsymbol{\mu}_{jk}\right)\mathrm{d}t$$

$$\text{s.t.}\quad \dot{\boldsymbol{\lambda}}=\boldsymbol{A}_k\boldsymbol{\lambda}(t)+\sum_{i=1}^{N}\boldsymbol{G}_{ik}\boldsymbol{\mu}_{ik}(t),\quad i\in\mathbb{N} \tag{7-84}$$

其中，模糊博弈问题的 $r$ 条规则与模糊状态方程的 $r$ 条规则（7-81）一一对应。通过模糊博弈建模，将非线性微分博弈问题转化为多个线性微分博弈问题，从而可以利用线性微分博弈的相关结论和并行分布补偿法（parallel distributed compensation，PDC）进行模糊博弈控制器的构造。

对于第 $k$ 个规则对应的子博弈问题，最优反馈控制策略为

$$\boldsymbol{\mu}_i^*=-\frac{1}{2}\boldsymbol{R}_{ii}^{-1}\boldsymbol{G}_i^{\mathrm{T}}\nabla V_i^*,\quad i\in\mathbb{N} \tag{7-85}$$

对应的 HJ 方程为

$$0=\boldsymbol{\lambda}^{\mathrm{T}}\boldsymbol{Q}_i\boldsymbol{\lambda}+\nabla V_{ik}^{*\mathrm{T}}\boldsymbol{A}_k(\boldsymbol{\lambda})-\frac{1}{2}\nabla V_{ik}^{*\mathrm{T}}\sum_{j=1}^{N}\boldsymbol{G}_{jk}\boldsymbol{R}_{jj}^{-1}\boldsymbol{G}_{jk}^{\mathrm{T}}\nabla V_{jk}^*+$$
$$\frac{1}{4}\sum_{j=1}^{N}\nabla V_{jk}^{*\mathrm{T}}\boldsymbol{G}_{jk}\boldsymbol{R}_{jj}^{-1}\boldsymbol{R}_{ij}\boldsymbol{R}_{jj}^{-1}\boldsymbol{G}_{jk}^{\mathrm{T}}\nabla V_{jk}^*,\quad i\in\mathbb{N} \tag{7-86}$$

假设其最优值函数具有如下形式

$$V_{ik}^{*}(\boldsymbol{\lambda})=\boldsymbol{\lambda}^{\mathrm{T}}\boldsymbol{P}_{ik}\boldsymbol{\lambda},\quad i\in\mathbb{N} \tag{7-87}$$

式中：$\boldsymbol{P}_{ik}$为正定对称矩阵。对式（7-87）求偏导得

$$\nabla V_{ik}^{*}=2\boldsymbol{P}_{ik}\boldsymbol{\lambda},\quad i\in\mathbb{N} \tag{7-88}$$

将式（7-88）代入子博弈的 HJ 方程（7-86）中可得

$$\begin{aligned}0=\boldsymbol{\lambda}^{\mathrm{T}}\Big(&\boldsymbol{Q}_i+\boldsymbol{P}_{ik}\boldsymbol{A}_k+\boldsymbol{A}_k^{\mathrm{T}}\boldsymbol{P}_{ik}-2\boldsymbol{P}_{ik}\sum_{j=1}^{N}\boldsymbol{G}_{jk}\boldsymbol{R}_{jj}^{-1}\boldsymbol{G}_{jk}^{\mathrm{T}}\boldsymbol{P}_{jk}+\\&\sum_{j=1}^{N}\boldsymbol{P}_{jk}\boldsymbol{G}_{jk}\boldsymbol{R}_{jj}^{-1}\boldsymbol{R}_{ij}\boldsymbol{R}_{jj}^{-1}\boldsymbol{G}_{jk}^{\mathrm{T}}\boldsymbol{P}_{jk}\Big)\boldsymbol{\lambda},\quad i\in\mathbb{N}\end{aligned} \tag{7-89}$$

将反馈增益矩阵记为$\boldsymbol{K}_{ik}=\boldsymbol{R}_{ii}^{-1}\boldsymbol{G}_{ik}^{\mathrm{T}}\boldsymbol{P}_{ik}$，得到如下的代数黎卡提方程组

$$\begin{aligned}0=\boldsymbol{Q}_i+\Big(\boldsymbol{A}_k-\sum_{j=1}^{N}\boldsymbol{G}_{jk}\boldsymbol{K}_{jk}\Big)^{\mathrm{T}}\boldsymbol{P}_{ik}+\\\boldsymbol{P}_{ik}\Big(\boldsymbol{A}_k-\sum_{j=1}^{N}\boldsymbol{G}_{jk}\boldsymbol{K}_{jk}\Big)+\sum_{j=1}^{N}\boldsymbol{K}_{jk}^{\mathrm{T}}\boldsymbol{R}_{ij}\boldsymbol{K}_{jk},\quad i\in\mathbb{N}\end{aligned} \tag{7-90}$$

通过使用李雅普诺夫迭代法或其他方法可求解上述方程组，得到不同微小卫星对于不同子博弈的反馈增益矩阵$\boldsymbol{K}_{ik}$。根据式（7-85），每个子博弈中每颗微小卫星的局部最优反馈控制策略为

$$\boldsymbol{\mu}_{ik}^{*}=-\boldsymbol{K}_{ik}\boldsymbol{\lambda},\quad i\in\mathbb{N} \tag{7-91}$$

基于每个子博弈的局部最优反馈控制策略，利用并行分配补偿法构建如下的模糊博弈控制器

$$\begin{aligned}&\text{Control Rule } R_k\text{: IF } z_1(t)\text{ is }\mathcal{M}_1^k\text{ and }\cdots\text{ and }z_p(t)\text{ is }\mathcal{M}_p^k\\&\text{THEN }\boldsymbol{\mu}_{ik}(t)=-\boldsymbol{K}_{ik}\boldsymbol{\lambda}(t),\quad i\in\mathbb{N}\end{aligned} \tag{7-92}$$

其中，模糊博弈控制器的前提部与模糊博弈问题的前提部相同。

通过对多个子博弈控制器进行加权平均，可以建立如下的全局模糊博弈控制器

$$\boldsymbol{\mu}_i(t)=-\sum_{k=1}^{r}h_k(z(t))\boldsymbol{K}_{ik}\boldsymbol{\lambda}(t),\quad i\in\mathbb{N} \tag{7-93}$$

虽然由线性二次型微分博弈理论得到的各颗微小卫星的局部控制策略可以保证各个子系统的稳定性，但是全局模糊博弈控制器的稳定性需要进一步进行证明。

将全局模糊博弈控制器（7-93）代入到全局模糊系统（7-83）中，得到模糊系统的闭环方程为

$$\dot{\boldsymbol{\lambda}}=\sum_{k=1}^{r}\sum_{g=1}^{r}h_k(z)h_g(z)\Big(\boldsymbol{A}_k-\sum_{i=1}^{N}\boldsymbol{G}_{ik}\boldsymbol{K}_{ig}\Big)\boldsymbol{\lambda}(t) \tag{7-94}$$

式（7-94）可整理为

$$\dot{\boldsymbol{\lambda}}=\sum_{k=1}^{r}h_k(z)^2\boldsymbol{T}_{kk}\boldsymbol{\lambda}(t)+2\sum_{k=1}^{r}\sum_{k<g}h_k(z)h_g(z)\frac{\boldsymbol{T}_{kg}+\boldsymbol{T}_{gk}}{2}\boldsymbol{\lambda}(t) \tag{7-95}$$

式中：$\boldsymbol{T}_{kg}=\boldsymbol{A}_k-\sum_{i=1}^{N}\boldsymbol{G}_{ik}\boldsymbol{K}_{ig}$，$\boldsymbol{T}_{kk}=\boldsymbol{A}_k-\sum_{i=1}^{N}\boldsymbol{G}_{ik}\boldsymbol{K}_{ik}$。针对该闭环系统，下面定理给出稳定性分析。

**引理7.1**：模糊系统的“IF-THEN”模糊规则数量 $r$ 满足 $1<r\leqslant s$，则

$$\sum_{k=1}^{r}h_k^2(z(t))-2\frac{1}{s-1}\sum_{k=1}^{r}\sum_{k<g}h_k(z(t))h_g(z(t))\geqslant 0$$

**定理7.3**：对于有限时间模糊博弈问题，如果存在公共的正定矩阵 $\boldsymbol{P}_i$ 和正半定矩阵 $\boldsymbol{Q}_{ii}$ 使得如下两个条件对任意 $i\in\Omega_N$ 都得到满足，则模糊博弈控制策略能够使得系统全局有限时间稳定

$$\boldsymbol{T}_{kk}^{\mathrm{T}}\boldsymbol{P}_i+\boldsymbol{P}_i\boldsymbol{T}_{kk}+(s-1)\boldsymbol{Q}_{ii}<0,\quad \forall k,g=1,2\cdots,r \tag{7-96}$$

$$\left(\frac{\boldsymbol{T}_{kg}+\boldsymbol{T}_{gk}}{2}\right)^{\mathrm{T}}\boldsymbol{P}_i+\boldsymbol{P}_i\left(\frac{\boldsymbol{T}_{kg}+\boldsymbol{T}_{gk}}{2}\right)-\boldsymbol{Q}_{ii}\leqslant 0,\quad k<g,\forall k,g=1,2,\cdots,r \tag{7-97}$$

**证明**：由式（7-70）可得，状态 $\boldsymbol{x}_e$ 的有限时间稳定的证明可转化为证明状态 $\boldsymbol{\lambda}$ 的渐近稳定性。

选取李雅普诺夫函数为

$$V_u=\sum_{i=1}^{N}\boldsymbol{\lambda}^{\mathrm{T}}\boldsymbol{P}_i\boldsymbol{\lambda} \tag{7-98}$$

式中：$\boldsymbol{P}_i$ 为对称正定矩阵。

对李雅普诺夫函数关于 $t$ 求一阶导数可得

$$\dot{V}_u=\sum_{i=1}^{N}\dot{V}_{ui} \tag{7-99}$$

式中：$\dot{V}_{ui}=\dot{\boldsymbol{\lambda}}^{\mathrm{T}}\boldsymbol{P}_i\boldsymbol{\lambda}+\boldsymbol{\lambda}^{\mathrm{T}}\boldsymbol{P}_i\dot{\boldsymbol{\lambda}}$。由于式（7-99）包括 $N$ 个类似的部分，因此只对 $\dot{V}_{ui}$ 进行分析。

将闭环系统（7-95）代入式（7-99），可得 $\dot{V}_{ui}$ 的表达式为

$$\begin{aligned}\dot{V}_{ui}=&\sum_{k=1}^{r}h_k^2(\boldsymbol{T}_{kk}\boldsymbol{\lambda})^{\mathrm{T}}\boldsymbol{P}_i\boldsymbol{\lambda}+2\sum_{k=1}^{r}\sum_{k<g}h_kh_g\left(\frac{\boldsymbol{T}_{kg}+\boldsymbol{T}_{gk}}{2}\boldsymbol{\lambda}\right)^{\mathrm{T}}\boldsymbol{P}_i\boldsymbol{\lambda}+\\&\boldsymbol{\lambda}^{\mathrm{T}}\boldsymbol{P}_i\sum_{k=1}^{r}h_k^2\boldsymbol{T}_{kk}\boldsymbol{\lambda}+2\boldsymbol{\lambda}^{\mathrm{T}}\boldsymbol{P}_i\sum_{k=1}^{r}\sum_{k<g}h_kh_g\frac{\boldsymbol{T}_{kg}+\boldsymbol{T}_{gk}}{2}\boldsymbol{\lambda}\end{aligned} \tag{7-100}$$

式（7-100）可被进一步整理为

$$\begin{aligned}\dot{V}_{ui}=&\boldsymbol{\lambda}^{\mathrm{T}}\sum_{k=1}^{r}h_k^2[\boldsymbol{T}_{kk}^{\mathrm{T}}\boldsymbol{P}_i+\boldsymbol{P}_i\boldsymbol{T}_{kk}]\boldsymbol{\lambda}+\\&2\boldsymbol{\lambda}^{\mathrm{T}}\sum_{k=1}^{r}\sum_{k<g}h_kh_g\left[\left(\frac{\boldsymbol{T}_{kg}+\boldsymbol{T}_{gk}}{2}\right)^{\mathrm{T}}\boldsymbol{P}_i+\boldsymbol{P}_i\frac{\boldsymbol{T}_{kg}+\boldsymbol{T}_{gk}}{2}\right]\boldsymbol{\lambda}\end{aligned} \tag{7-101}$$

根据条件（7-97），可得

$$\dot{V}_{ui} \leqslant \boldsymbol{\lambda}^{\mathrm{T}} \sum_{k=1}^{r} h_k^2 (\boldsymbol{T}_{kk}^{\mathrm{T}} \boldsymbol{P}_i + \boldsymbol{P}_i \boldsymbol{T}_{kk}) \boldsymbol{\lambda} + 2\boldsymbol{\lambda}^{\mathrm{T}} \sum_{k=1}^{r} \sum_{k<g} h_k h_g \boldsymbol{Q}_{ii} \boldsymbol{\lambda} \tag{7-102}$$

根据引理 7.1，可以得到

$$\begin{aligned} \dot{V}_{ui} &\leqslant \boldsymbol{\lambda}^{\mathrm{T}} \sum_{k=1}^{r} h_k^2 (\boldsymbol{T}_{kk}^{\mathrm{T}} \boldsymbol{P}_i + \boldsymbol{P}_i \boldsymbol{T}_{kk}) \boldsymbol{\lambda} + (s-1) \boldsymbol{\lambda}^{\mathrm{T}} \sum_{k=1}^{r} h_k^2 \boldsymbol{Q}_{ii} \boldsymbol{\lambda} \\ &= \boldsymbol{\lambda}^{\mathrm{T}} \sum_{k=1}^{r} h_k^2 (\boldsymbol{T}_{kk}^{\mathrm{T}} \boldsymbol{P}_i + \boldsymbol{P}_i \boldsymbol{T}_{kk} + (s-1) \boldsymbol{Q}_{ii}) \boldsymbol{\lambda} \end{aligned} \tag{7-103}$$

这表明如果条件（7-96）能够得到满足，则当 $\boldsymbol{\lambda} \neq 0$ 时，有 $\dot{V}_{ui}<0$。

对于式（7-99）的其他部分 $\dot{V}_{u\hat{i}}$，同样也存在这样的结论。因此，映射状态 $\boldsymbol{\lambda}$ 的渐近稳定性可以在满足条件（7-96）和条件（7-97）下得到保证。

**注 7.2**：T-S 模糊理论的本质是通过多个局部线性化系统的加权组合逼近原非线性系统。因此，多个局部线性化系统对模糊空间划分的细致程度决定了对原非线性系统的逼近精度。即模糊变量越细致，对应的子系统数量越多，模糊规则数量也越多，逼近精度也就越高。然而，模糊变量越细致，模糊规则数量会呈指数增长，不论从稳定性证明和实际应用都会变得更加复杂。

基于上述有限时间模糊博弈控制器设计，表 7-2 给出了该控制器的具体实施过程和执行步骤。每颗微小卫星的控制器通过个体间的信息交互，离线计算得到模糊控制规则库。而在任一控制时刻，每颗微小卫星仅需通过速度转换函数和隶属度函数的计算即可得到对应的控制策略。

**表 7-2　有限时间模糊博弈控制执行步骤**

| 步骤 | 执行的操作 |
|---|---|
| 1 | 给定模糊系统规则中的状态矩阵 $\boldsymbol{A}_k$、控制矩阵 $\boldsymbol{G}_{ik}$ 和反馈增益矩阵 $\boldsymbol{K}_{ik}$；<br>各微小卫星的局部性能指标的加权矩阵 $\boldsymbol{R}_{ij}$，$\boldsymbol{Q}_i$ |
| 2 | While $t<T$ |
| 3 | $t=t+\mathrm{d}t$； |
| 4 | 更新组合体的状态 $\boldsymbol{x}$； |
| 5 | 计算组合体的误差状态 $\boldsymbol{x}_e$，并根据速度转换函数得到对应的映射状态 $\lambda$； |
| 6 | 对映射状态 $\lambda$ 模糊化； |
| 7 | 根据模糊规则库进行模糊推理得到归一化的隶属度函数值 $h_k$； |
| 8 | 通过反模糊化，更新每颗微小卫星的控制策略 $\boldsymbol{\mu}_i$。 |
| 9 | End While |
| 10 | Return 各颗微小卫星在每一时刻 $t$ 的控制策略。 |

综合本节的研究，图 7-13 给出了多星协同姿态接管的有限时间模糊博弈控制的框图，其中，控制器主要由离线模糊规则库构建和在线控制策略计算组成。从图中可以看出，在离线模糊规则构建中，微小卫星之间计算对应于各个子博弈的最优反馈控制策略，使得各颗微小卫星达成在每个子博弈控制目标上的一致；而在在线控制策略计算中，微小卫星基于组合体状态等交互信息，进行速度转换函数和隶属度函数的求解，从而得到控制策略。

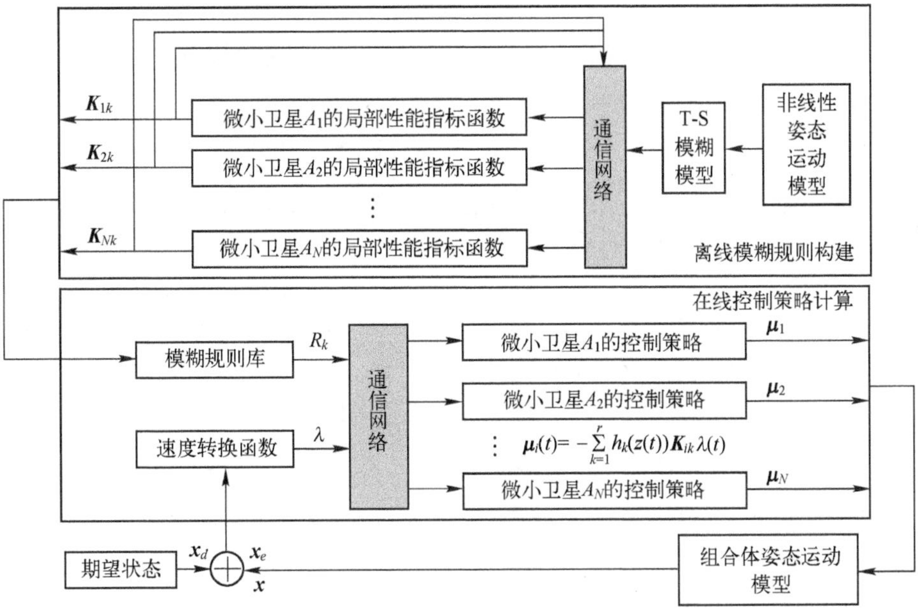


图 7-13　有限时间模糊博弈控制框图

## 7.5.3　仿真验证

为了说明有限时间博弈控制方法在失效航天器姿态接管控制的有效性，将其与无限时间模糊博弈方法对组合体的姿态稳定过程进行仿真对比。其中，无限时间模糊博弈控制是指在姿态调整问题的无限时间非线性博弈建模下采用基于 T-S 模糊的博弈控制器的方法。

不失一般性，利用 3 颗微小卫星互相协同执行失效航天器姿态接管任务。仿真中，微小卫星和失效航天器形成的组合体，相对于本体系的转动惯量矩阵及各星本体系到组合体本体系的转换矩阵与 7.4.3 节中一致。仿真初始时刻 $t_0$，组合体的姿态 MRP 为 $\boldsymbol{\sigma}=[0.08,-0.06,0.04]^{\mathrm{T}}$，姿态角速度为 $\boldsymbol{\omega}=[-0.003,0.002,0.001]^{\mathrm{T}}\mathrm{rad/s}$，期望状态为 $\boldsymbol{x}=[0,0,0,0,0,0]^{\mathrm{T}}$。

有限时间模糊博弈控制器的参数设置如下：各微小卫星的局部性能指标函数的加权矩阵分别设置为 $\boldsymbol{Q}_1=\boldsymbol{Q}_2=\boldsymbol{Q}_3=0.3\boldsymbol{I}_6$、$\boldsymbol{R}_{11}=\boldsymbol{R}_{12}=\boldsymbol{R}_{13}=0.01\boldsymbol{I}_3$、$\boldsymbol{R}_{21}=\boldsymbol{R}_{22}=\boldsymbol{R}_{23}=0.01\boldsymbol{I}_3$ 和 $\boldsymbol{R}_{31}=\boldsymbol{R}_{32}=\boldsymbol{R}_{33}=0.01\boldsymbol{I}_3$。速度转换函数中的相关参数分别设置为 $T=180\text{s}$、$b_f=0.01$ 和 $\mathcal{K}(t)=e^t$。另外，通过权衡模糊系统的精确性和复杂性，以 $(t,\omega_1,\omega_2,\omega_3)$ 为前提变量，设置 15 个工作点

$$(0,0,0,0),(0,-0.1,-0.1,-0.1),(0,0.1,0.1,0.1),$$
$$(T/4,0,0,0),(T/4,-0.1,-0.1,-0.1),(T/4,0.1,0.1,0.1),$$
$$(2T/4,0,0,0),(2T/4,-0.1,-0.1,-0.1),(2T/4,0.1,0.1,0.1),$$
$$(3T/4,0,0,0),(3T/4,-0.1,-0.1,-0.1),(3T/4,0.1,0.1,0.1),$$
$$(T,0,0,0),(T,-0.1,-0.1,-0.1),(T,0.1,0.1,0.1)$$

根据所选择的工作点，可计算得到对应的状态矩阵 $\boldsymbol{A}_k$ 和控制矩阵 $\boldsymbol{G}_{ik}$。对应于前提变量 $(t,\omega_1,\omega_2,\omega_3)$ 的隶属度函数如图 7-14 所示。据此，可得到 T-S 模糊模型的 15 个规则。

作为对比方法，无限时间模糊博弈控制的参数设置如下：各微小卫星的局部性能指标函数的加权矩阵为 $\boldsymbol{Q}_1=\boldsymbol{Q}_2=\boldsymbol{Q}_3=0.3\boldsymbol{I}_6$、$\boldsymbol{R}_{11}=\boldsymbol{R}_{12}=\boldsymbol{R}_{13}=0.01\boldsymbol{I}_3$、$\boldsymbol{R}_{21}=\boldsymbol{R}_{22}=\boldsymbol{R}_{23}=0.01\boldsymbol{I}_3$ 和 $\boldsymbol{R}_{31}=\boldsymbol{R}_{32}=\boldsymbol{R}_{33}=0.01\boldsymbol{I}_3$。由于无限时间模糊博弈控制无终端约束，因此，前提变量仅包含 $(\omega_1,\omega_2,\omega_3)$，则对应的工作点分别为

$$(0,0,0),(-0.1,-0.1,-0.1),(0.1,0.1,0.1)$$

另外，关于前提变量的隶属度函数设置如图 7-14（b）所示。

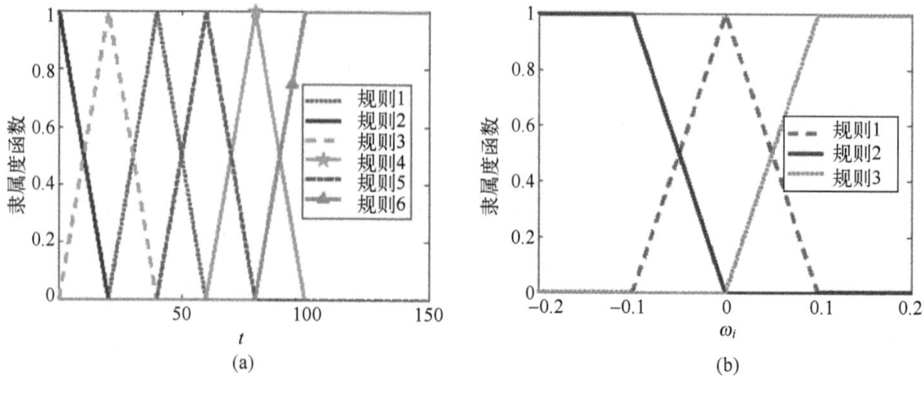


**图 7-14　隶属度函数**

（a）$t$；（b）$\omega_i$。

基于上述仿真参数设置，图 7-15 和图 7-16 分别给出了在两种博弈控制方法下的组合体 MRP 和姿态角速度随时间变化曲线。从仿真结果可以看出，两种

博弈控制方法下的组合体状态可以收敛到稳定，说明了 T-S 模糊思想与非线性微分博弈结合的可行性和有效性。从计算时长的角度来看，无限时间模糊博弈控制方法的在线平均单步计算时间为 $1.26\times10^{-4}$s，有限时间模糊博弈的在线平均单步计算时间为 $1.79\times10^{-4}$s，这说明了 T-S 模糊思想在处理非线性博弈问题上能够减少在线计算压力。有限时间模糊博弈控制的计算时间略大于无限时间模糊博弈控制的计算时间的原因是有限时间模糊博弈控制需要进行速度转换函数的计算。从动态性能的角度分析，有限时间模糊博弈控制方法的超调量和收敛速度优于无限时间模糊博弈控制方法，这说明有限时间模糊博弈控制能够有效提升系统的动态性能。从稳态性能的角度分析，在仿真设置的理想条件下，无限时间模糊

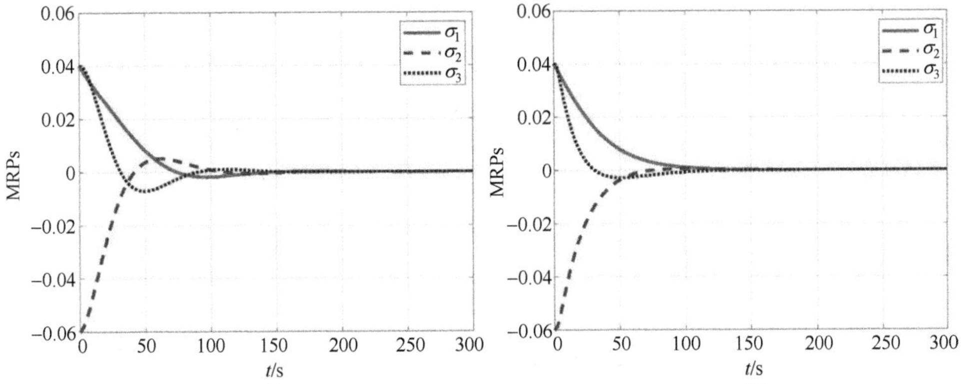


(a)　　　(b)

**图 7-15　组合体姿态 MRP 结果**

(a) 无限时间模糊博弈控制结果；(b) 有限时间模糊博弈控制结果。

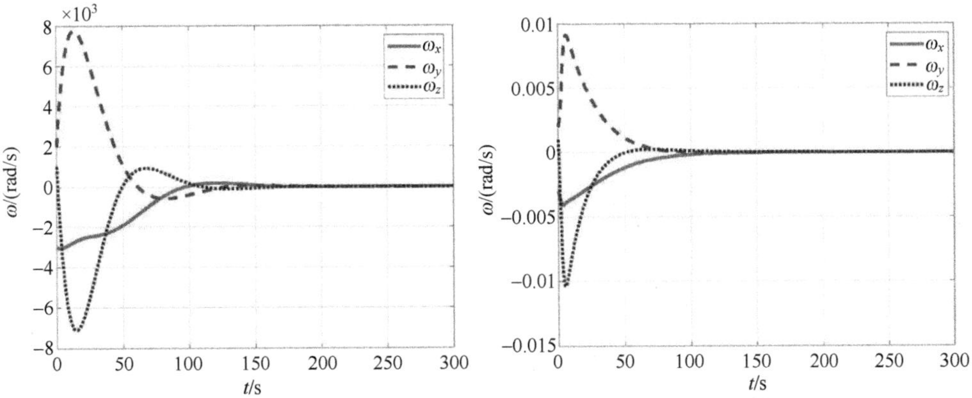


(a)　　　(b)

**图 7-16　组合体姿态角速度**

(a) 无限时间模糊博弈控制结果；(b) 有限时间模糊博弈控制结果。

博弈控制方法和有限时间模糊博弈控制方法在 180s 时的姿态控制精度分别为 $1.35\times10^{-5}$，$7.49\times10^{-6}$，姿态角速度控制精度分别为 $5.71\times10^{-5}$，$2.47\times10^{-6}$，这说明有限时间模糊博弈控制能够有效提高系统的控制精度。

两种控制方法下各微小卫星的控制力矩随时间变化曲线如图 7-17～图 7-19 所示。通过对比可以看出，有限时间模糊博弈控制的各微小卫星所需提供的控制力矩幅值比无限时间模糊博弈控制的稍大一些，这是因为在初始控制时有限时间模糊博弈为了达到更快的响应需要更大的控制输入。

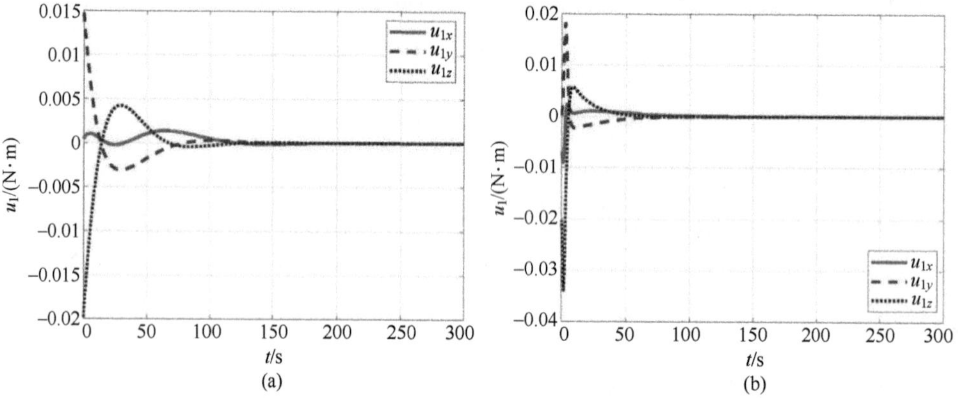


**图 7-17 微小卫星 1 的控制力矩**

(a) 无限时间模糊博弈控制结果；(b) 有限时间模糊博弈控制结果。

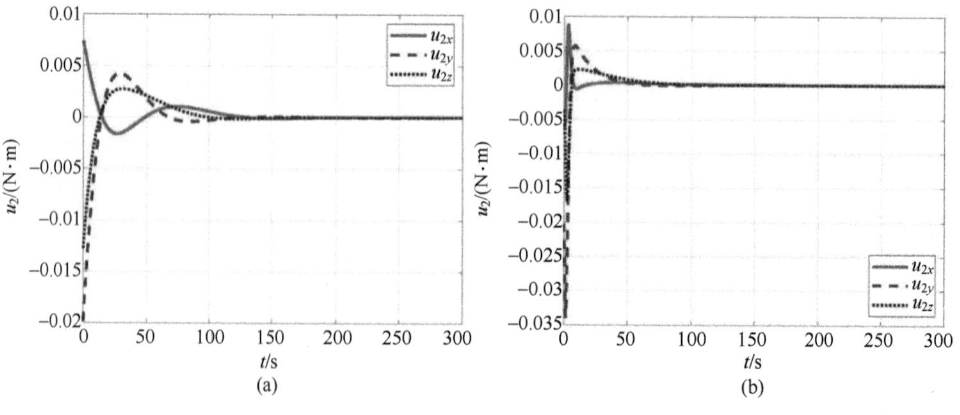


**图 7-18 微小卫星 2 的控制力矩**

(a) 无限时间模糊博弈控制结果；(b) 有限时间模糊博弈控制结果。

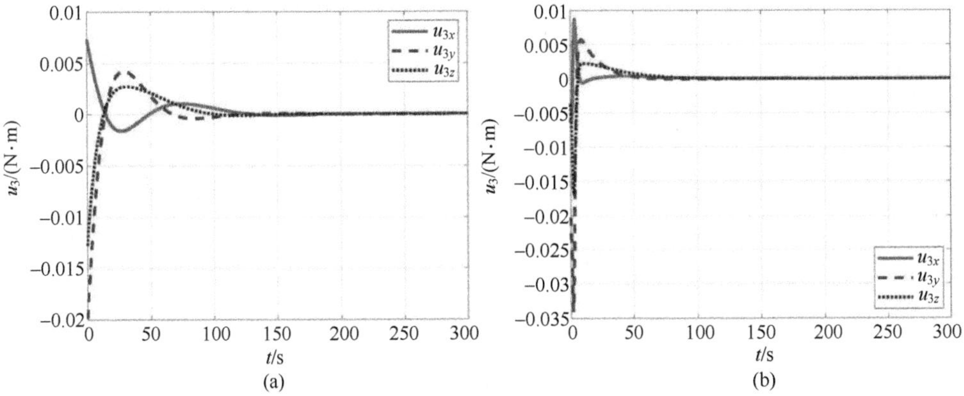

图 7-19 微小卫星 3 的控制力矩

（a）无限时间模糊博弈控制结果；（b）有限时间模糊博弈控制结果。

## 7.6 对比分析

本节对本章所研究的三种非线性微分博弈控制方法进行对比分析。从计算量上来看，7.3 节的并行学习微分博弈控制在完成权值矢量更新后，能够仅通过简单的矩阵向量乘法获得各星控制量，7.4 节的 SDRE 微分博弈控制在每步的状态反馈控制策略计算时需要先进行耦合的状态相关黎卡提方程组的求解，7.5 节的模糊博弈控制在每步的状态反馈控制策略计算时仅需进行隶属度函数的计算，并行学习微分博弈控制与模糊博弈控制均具有较小的计算量。从控制性能的角度来看，相较于无限时间控制，7.5 节所提出的有限时间控制的收敛性能更优。虽然 7.3 节和 7.4 节所提出的方法均为无限时间博弈控制，但 7.5 节所提出的方法可以将有限时间博弈模型转换为无限时间博弈模型，从而采用 7.3 节或 7.4 节的控制方法进行求解。综合对比分析，对于非线性微分博弈问题，并行学习微分博弈控制与模糊博弈控制能以较小的计算负担获得期望的控制性能。

## 7.7 小结

本章面向多星协同姿态接管任务，研究了以 MRP 表示的非线性姿态模型下的微分博弈建模与 Nash 均衡求解。主要研究工作和结果有：

（1）针对无限时间的非线性微分博弈均衡求解问题，基于强化学习思路提出了并行学习微分博弈控制方法。该方法通过辅助变量的引入，能够在不要求当前时刻系统状态满足持续激励条件以及所使用的过去时刻系统状态满足秩判据的情况下实现对 Nash 均衡策略的逼近。

（2）针对无限时间的非线性微分博弈均衡求解问题，基于线性化思路提出了

SDRE 微分博弈控制方法。该方法通过 SDC 矩阵的引入，能够将非线性微分博弈问题转化为状态相关线性微分博弈问题，从而在保留模型非线性特性的同时便于对博弈均衡策略进行求解。

（3）为了提高系统的收敛速度，构建了有限时间的非线性微分博弈模型，并提出了有限时间模糊微分博弈控制方法。该方法通过速度转换函数和 T-S 模型的引入，能够逐步将有限时间非线性微分博弈问题转化为无限时间微分博弈问题，再转化为易于求解的无限时间线性微分博弈问题，从而降低了博弈均衡策略求解的复杂度并提高了控制性能。

# 参考文献

[1] VAMVOUDAKIS K G, LEWIS F L. Multi-player non-zero-sum games: Online adaptive learning solution of coupled Hamilton-Jacobi equations [J]. Automatica, 2011, 47(8): 1556-1569.

[2] 韩楠，罗建军，柴源．多颗微小卫星接管失效航天器姿态运动的微分博弈学习控制［J］. 中国科学：信息科学，2020，50(4)：588-602.

[3] LIU D, LI H, WANG D. Online synchronous approximate optimal learning algorithm for multi-player non-zero-sum games with unknown dynamics [J]. IEEE Transactions on Systems Man & Cybernetics Systems, 2014, 44(8): 1016-1027.

[4] CIMEN T. Systematic and effective design of nonlinear feedback controllers via the state-dependent Riccati equation (SDRE) method [J]. Annual Reviews in Control, 2010, 34(1): 32-51.

[5] CHAI Y, LUO J. Finite-time fuzzy game-based attitude control for on-orbit cooperative transporting [J]. Journal of the Franklin Institute, 2021, 358(10): 5237-5261.

[6] ZHAO K, SONG Y, MA T, et al. Prescribed performance control of uncertain Euler-Lagrange systems subject to full-state constraints [J]. IEEE Transactions on Neural Networks and Learning Systems, 2017, 29(8): 3478-3489.

[7] 吴忠强，许世范，岳东．非线性系统的 T-S 模糊建模与控制［J］. 系统仿真学报，2002，14(2)：253-256.

# 08 第 8 章 控制受限的多星协同姿态接管博弈控制

## 8.1 引言

第 6 章和第 7 章在不考虑微小卫星控制约束的情况下，通过各星独立进行各自局部目标函数优化的方式，实现了多星协同姿态接管的非合作博弈控制策略的求解。所获得的控制策略能够使多颗微小卫星在其各自能量消耗得到优化的同时，实现对失效卫星姿态运动的接管控制。实际空间任务中，由于微小卫星控制能力的有限性，在进行多星协同姿态接管控制过程中，必须要考虑微小卫星的控制约束。为此，本章在第 6 和第 7 章研究的基础上，对控制受限的多星协同姿态接管问题进行博弈建模与控制方法研究。

模型预测控制是一种能够有效进行约束处理的优化控制方法，由于其通过优化问题的求解获得控制策略，因此能够很好地与考虑约束的多星博弈控制问题进行融合。通过模型预测控制思想进行多星博弈控制方法设计时，也可方便对微小卫星的控制约束予以考虑；同时由于各星通过模型预测控制问题的求解可获得各自的控制策略，因而能够避免微分博弈方法所要求的耦合 HJ 方程组求解。因此，本章利用模型预测控制处理约束的优势，分别从优化微小卫星局部及全局目标函数的角度出发，进行能够处理微小卫星控制约束的多星协同姿态接管非合作博弈和合作博弈的模型建立与控制方法研究，并对两种方法所需微小卫星能量消耗进行对比分析。本章的主要内容源自文献［1-2］。

## 8.2 非合作博弈控制

本节首先通过各颗微小卫星独立优化各自局部目标函数的方式，面向协同姿态接管任务建立多星控制受限非合作博弈模型，基于此设计能够处理微小卫星控制约束的多星非合作博弈控制方法，并进行仿真验证。

### 8.2.1 非合作博弈控制模型

在由 $N$ 颗微小卫星参与进行的失效卫星姿态接管控制任务建模中，通过姿态 MRP 进行组合体姿态运动的描述，则组合体姿态运动学方程由式（2-73）给出。假设微小卫星通过沿其本体坐标系安装的三轴反作用飞轮为组合体提供控制力矩，飞轮绕其转轴的转动惯量记为 $J_w$。令 $\boldsymbol{\omega}_i=[\omega_{ix_i},\omega_{iy_i},\omega_{iz_i}]^{\mathrm{T}}$表示微小卫星 $v_i$ 三轴飞轮的角速度，微小卫星 $v_i$ 的飞轮在其本体坐标系 $\mathcal{F}_i$ 中的角动量为 $\boldsymbol{h}_{wi}=\boldsymbol{J}_w\boldsymbol{\omega}_i$，其中 $\boldsymbol{J}_w=J_w\boldsymbol{I}_3$，那么考虑飞轮角动量的组合体姿态动力学方程为

$$\dot{\boldsymbol{\omega}}=-\boldsymbol{J}^{-1}\boldsymbol{\omega}^{\times}(\boldsymbol{J}\boldsymbol{\omega}+\boldsymbol{h}_w)+\boldsymbol{J}^{-1}\sum_{i=1}^{N}\boldsymbol{C}_i^b\boldsymbol{u}_i \tag{8-1}$$

式中：$\boldsymbol{h}_w=\sum_{i=1}^{N}\boldsymbol{C}_i^b\boldsymbol{h}_{wi}$为所有微小卫星的飞轮在组合体本体坐标系 $\mathcal{F}_b$ 中的角动量；$\boldsymbol{u}_i=-\boldsymbol{J}_w\dot{\boldsymbol{\omega}}_i$为微小卫星 $v_i$产生的控制力矩。

本节后续将通过直接控制组合体的姿态角速度，来满足失效卫星姿态消旋与重定向的不同任务需求。为此，令 $\boldsymbol{\omega}_d$表示组合体的期望姿态角速度，定义 $\boldsymbol{\omega}_e=\boldsymbol{\omega}-\boldsymbol{\omega}_d$为组合体误差姿态角速度。在当前时刻 $t_k$处，为实现对误差角速度的抑制，基于模型预测控制方法的滚动时域思想为每一微小卫星设计如下的局部目标函数：

$$J_i=\int_{t_k}^{t_k+T_c}\frac{1}{2}(\boldsymbol{\omega}_e^{\mathrm{T}}\boldsymbol{q}_i\boldsymbol{\omega}_e+\boldsymbol{u}_i^{\mathrm{T}}\boldsymbol{r}_i\boldsymbol{u}_i)\mathrm{d}\tau,\quad i\in\mathbb{N} \tag{8-2}$$

式中：$T_c$为优化时域；$\boldsymbol{q}_i$与 $\boldsymbol{r}_i$为对称正定矩阵。

在考虑组合体姿态动力学约束、微小卫星控制约束的情况下，根据式（8-2）中的微小卫星局部目标函数，多星协同姿态接管的非合作博弈控制问题可描述为

$$\begin{cases}\min\quad J_i=\int_{t_k}^{t_k+T_c}\frac{1}{2}(\boldsymbol{\omega}_e^{\mathrm{T}}\boldsymbol{q}_i\boldsymbol{\omega}_e+\boldsymbol{u}_i^{\mathrm{T}}\boldsymbol{r}_i\boldsymbol{u}_i)\mathrm{d}\tau\\ \text{s.t.}\quad\begin{cases}\dot{\boldsymbol{\omega}}_e=\boldsymbol{f}_c(\boldsymbol{\omega})+\boldsymbol{F}_w(\boldsymbol{h}_w)\boldsymbol{\omega}+\sum_{i=1}^{N}\boldsymbol{B}_i\boldsymbol{u}_i-\dot{\boldsymbol{\omega}}_d\\-u_m\boldsymbol{1}_3\leqslant\boldsymbol{u}_i\leqslant u_m\boldsymbol{1}_3,\quad i\in\mathbb{N}\end{cases}\end{cases} \tag{8-3}$$

式中：$u_m$为微小卫星所能产生的最大控制力矩幅值，且

$$\begin{cases}\boldsymbol{f}_c(\boldsymbol{\omega})=-\boldsymbol{J}^{-1}\boldsymbol{\omega}\times(\boldsymbol{J}\boldsymbol{\omega})\\ \boldsymbol{F}_w(\boldsymbol{h}_w)=\boldsymbol{J}^{-1}\boldsymbol{h}_w^{\times}\\ \boldsymbol{B}_i=\boldsymbol{J}^{-1}\boldsymbol{C}_i^b\end{cases} \tag{8-4}$$

在每一控制时刻 $t_k$，各颗微小卫星通过独立求解式（8-3）中的优化问题进行博弈控制策略的调整，以实现其各自局部目标函数的优化，直到达到定义 2.3 中的 $\varepsilon$-Nash 均衡。

对于式（8-3）所定义的多星非合作博弈控制问题，本节控制受限多星协同

姿态接管的控制目标为：各星在考虑动力学约束、控制约束的情况下，通过独立进行式（8-2）中各自局部目标函数的优化进行控制策略的调整，并在此基础上实现式（8-1）中系统状态对期望轨迹的跟踪。

## 8.2.2 非合作博弈控制方法

本小节基于 8.2.1 节中的多星非合作博弈控制模型，进行多星控制受限非合作博弈控制方法设计和控制策略求解。首先，分别面向失效卫星姿态消旋及重定向的不同任务需求，进行组合体期望姿态运动轨迹的设计；其次，为减少微小卫星博弈控制计算复杂度，进行组合体姿态动力学方程的线性化与离散化处理；最后，根据获得的组合体线性离散姿态动力学方程，进行多星控制受限非合作博弈控制方法的设计。

**1. 期望轨迹设计**

为满足失效卫星姿态消旋与重定向的不同任务需求，下面首先进行组合体期望姿态运动轨迹的设计。为实现失效卫星的姿态消旋，可为组合体设计如下的期望姿态角速度轨迹：

$$\boldsymbol{\omega}_d=\boldsymbol{\omega}_0 e^{-k_1 t} \tag{8-5}$$

式中：$\boldsymbol{\omega}_d$为组合体的期望姿态角速度；$\boldsymbol{\omega}_0$为组合体初始姿态角速度；$k_1>0$ 为一可调参数。式（8-5）中，随着 $t$ 的增加，$\boldsymbol{\omega}_d$收敛到 0。因此，通过跟踪式（8-5）中的期望姿态角速度轨迹，可以实现对失效卫星姿态运动的消旋。

在完成失效卫星姿态运动的消旋后，如需进一步使失效卫星的姿态指向特定的方向，组合体可进一步跟踪如下的期望姿态 MRP 轨迹：

$$\boldsymbol{\sigma}_d=\boldsymbol{\sigma}_f+(\boldsymbol{\sigma}_0-\boldsymbol{\sigma}_f)e^{-k_2 t} \tag{8-6}$$

式中：$\boldsymbol{\sigma}_0$为失效卫星姿态消旋完成后的姿态 MRP；$\boldsymbol{\sigma}_f$为失效卫星的期望姿态 MRP；$k_2>0$ 为一可调参数。

定义 $\boldsymbol{\sigma}_e=\boldsymbol{\sigma}-\boldsymbol{\sigma}_d$，$\boldsymbol{\sigma}_e$的一阶导数为

$$\dot{\boldsymbol{\sigma}}_e=\boldsymbol{G}(\boldsymbol{\sigma})\boldsymbol{\omega}-\dot{\boldsymbol{\sigma}}_d \tag{8-7}$$

为确保组合体能够跟踪式（8-6）中的期望姿态 MRP 轨迹，失效卫星姿态定向阶段组合体的期望姿态角速度可设计为

$$\boldsymbol{\omega}_d=\boldsymbol{G}(\boldsymbol{\sigma})^{-1}(\dot{\boldsymbol{\sigma}}_d-\boldsymbol{\eta}\boldsymbol{\sigma}_e) \tag{8-8}$$

式中：$\boldsymbol{\eta}$ 为正定矩阵。

定义如下的李雅普诺夫函数

$$V_{\boldsymbol{\sigma}}=\frac{1}{2}\boldsymbol{\sigma}_e^{\mathrm{T}}\boldsymbol{\sigma}_e \tag{8-9}$$

令组合体的姿态角速度跟踪期望轨迹 $\boldsymbol{\omega}_d$，$V_{\boldsymbol{\sigma}}$的一阶导数为

$$\begin{aligned}\dot{V}_{\boldsymbol{\sigma}}&=\boldsymbol{\sigma}_e^{\mathrm{T}}\dot{\boldsymbol{\sigma}}_e=\boldsymbol{\sigma}_e^{\mathrm{T}}(\boldsymbol{G}(\boldsymbol{\sigma})\boldsymbol{\omega}_d-\dot{\boldsymbol{\sigma}}_d)\\&=-\boldsymbol{\sigma}_e^{\mathrm{T}}\boldsymbol{\eta}\boldsymbol{\sigma}_e\end{aligned} \tag{8-10}$$

由于 $\boldsymbol{\eta}>0$，当 $\boldsymbol{\sigma}_e \neq \mathbf{0}$ 时，$\dot{V}_{\boldsymbol{\sigma}}<0$。因此，当组合体的姿态角速度跟踪式（8-8）中的期望轨迹时，有 $\boldsymbol{\sigma}_e \to \mathbf{0}$。这时，式（8-6）中的期望姿态 MRP 轨迹也能够得到跟踪。

**2. 姿态动力学方程线性化与离散化**

式（8-3）中博弈控制问题的动力学约束具有较强的非线性，这增加了微小卫星所需求解优化问题的复杂度。为减小微小卫星控制计算复杂度，可对式（8-1）的组合体姿态动力学方程进行局部线性化处理。

令 $t_0$ 和 $t_f$ 分别表示姿态接管控制任务的起始和终端时刻。将姿态接管控制过程 $\mathcal{T}$ 划分为 $N_s$ 个时间段，即 $\mathcal{T}=[t_0, t_1, \cdots, t_{N_s}]$，且 $t_{N_s}=t_f$。每一时间段的长度为 $\Delta t$。在 $t_k(k=0,1,\cdots,N_s-1)$ 时刻处，式（8-1）的组合体姿态动力学方程可局部线性化为

$$\dot{\boldsymbol{\omega}} = \boldsymbol{F}_c(\boldsymbol{\omega}_k)\boldsymbol{\omega} + \boldsymbol{F}_w(\boldsymbol{h}_{w,k})\boldsymbol{\omega} + \sum_{i=1}^{N} \boldsymbol{B}_i \boldsymbol{u}_i + \boldsymbol{c}(\boldsymbol{\omega}_k) \tag{8-11}$$

式中：$\boldsymbol{\omega}_k=\boldsymbol{\omega}(t_k)$，$\boldsymbol{h}_{w,k}=\boldsymbol{h}_w(t_k)$，且

$$\begin{cases} \boldsymbol{F}_c(\boldsymbol{\omega}_k) = \left.\dfrac{\partial \boldsymbol{f}_c}{\partial \boldsymbol{\omega}}\right|_{\boldsymbol{\omega}_k} \\ \boldsymbol{c}(\boldsymbol{\omega}_k) = \boldsymbol{f}_c(\boldsymbol{\omega}_k) - \boldsymbol{F}_c(\boldsymbol{\omega}_k)\boldsymbol{\omega}_k \end{cases} \tag{8-12}$$

式（8-11）可进一步离散化为

$$\boldsymbol{\omega}_{k+1} = \boldsymbol{F}_k \boldsymbol{\omega}_k + \sum_{i=1}^{N} \boldsymbol{B}_{i,k} \boldsymbol{u}_{i,k} + \boldsymbol{c}_k \tag{8-13}$$

式中：$\boldsymbol{u}_{i,k}=\boldsymbol{u}_i(t_k)$，且

$$\begin{cases} \boldsymbol{F}_k = e^{(\boldsymbol{F}_c(\boldsymbol{\omega}_k)+\boldsymbol{F}_w(\boldsymbol{h}_{w,k}))\Delta t} \\ \boldsymbol{B}_{i,k} = \displaystyle\int_0^{\Delta t} e^{(\boldsymbol{F}_c(\boldsymbol{\omega}_k)+\boldsymbol{F}_w(\boldsymbol{h}_{w,k}))\tau} \boldsymbol{B}_i \mathrm{d}\tau \\ \boldsymbol{c}_k = \displaystyle\int_0^{\Delta t} e^{(\boldsymbol{F}_c(\boldsymbol{\omega}_k)+\boldsymbol{F}_w(\boldsymbol{h}_{w,k}))\tau} \boldsymbol{c}(\boldsymbol{\omega}_k) \mathrm{d}\tau \end{cases} \tag{8-14}$$

**3. 非合作博弈控制策略求解**

将式（8-13）中的线性离散姿态动力学模型代入式（8-3）中，可得如下离散形式的优化问题：

$$\begin{cases} \min \quad J_i = \displaystyle\sum_{p=k}^{k+N_c-1} (\boldsymbol{\omega}_{e,p+1}^{\mathrm{T}} \boldsymbol{q}_i \boldsymbol{\omega}_{e,p+1} + \boldsymbol{u}_{i,p}^{\mathrm{T}} \boldsymbol{r}_i \boldsymbol{u}_{i,p}) \\ \text{s. t.} \quad \begin{cases} \boldsymbol{\omega}_{e,p+1} = \boldsymbol{F}_k \boldsymbol{\omega}_p + \displaystyle\sum_{i=1}^{N} \boldsymbol{B}_{i,k} \boldsymbol{u}_{i,p} + \boldsymbol{c}_k - \boldsymbol{\omega}_{d,p+1} \\ -u_m \mathbf{1}_{3N_c} \leqslant \boldsymbol{u}_{i,p} \leqslant u_m \mathbf{1}_{3N_c}, \quad i \in \mathbb{N}, p=k,\cdots,k+N_c-1 \end{cases} \end{cases} \tag{8-15}$$

令 $\boldsymbol{\Omega}_{e,k}=[\boldsymbol{\omega}_{e,k+1}^{\mathrm{T}}, \boldsymbol{\omega}_{e,k+2}^{\mathrm{T}}, \cdots, \boldsymbol{\omega}_{e,k+N_c}^{\mathrm{T}}]^{\mathrm{T}}$ 为组合体误差角速度序列，$\boldsymbol{U}_{i,k}=[\boldsymbol{u}_{i,k}^{\mathrm{T}}, \boldsymbol{u}_{i,k+1}^{\mathrm{T}}, \cdots, \boldsymbol{u}_{i,k+N_c-1}^{\mathrm{T}}]^{\mathrm{T}}$ 为微小卫星 $v_i$ 控制序列，则式（8-15）中的微小卫星局部目

标函数具有如下的形式：

$$J_{i,k}=\boldsymbol{\Omega}_{e,k}^{\mathrm{T}}\boldsymbol{Q}_i\boldsymbol{\Omega}_{e,k}+\boldsymbol{U}_{i,k}^{\mathrm{T}}\boldsymbol{R}_i\boldsymbol{U}_{i,k},\quad i\in\mathbb{N}\tag{8-16}$$

式中：$\boldsymbol{Q}_i=\boldsymbol{I}_{N_c}\otimes\boldsymbol{q}_i$，$\boldsymbol{R}_i=\boldsymbol{I}_{N_c}\otimes\boldsymbol{r}_i$，$\otimes$表示 Kronecker 乘积。

令 $\boldsymbol{\Omega}_{d,k}=[\boldsymbol{\omega}_{d,k+1}^{\mathrm{T}},\boldsymbol{\omega}_{d,k+2}^{\mathrm{T}},\cdots,\boldsymbol{\omega}_{d,k+N_c}^{\mathrm{T}}]^{\mathrm{T}}$，根据式（8-15）中的动力学约束，可得

$$\boldsymbol{\Omega}_{e,k}=\boldsymbol{L}_k\boldsymbol{\omega}_k+\boldsymbol{W}_k\sum_{i=1}^{N}\boldsymbol{M}_i\boldsymbol{U}_{i,k}+\boldsymbol{C}_k-\boldsymbol{\Omega}_{d,k}\tag{8-17}$$

式中：$\boldsymbol{M}_i=\boldsymbol{I}_{N_c}\otimes\boldsymbol{B}_i$。令 $\overline{\boldsymbol{F}}_k=\int_0^{\Delta t}e^{(\boldsymbol{F}_c(\boldsymbol{\omega}_k)+\boldsymbol{F}_w(\boldsymbol{h}_{w,k}))\tau}\mathrm{d}\tau$，则

$$\boldsymbol{L}_k=\begin{bmatrix}\boldsymbol{F}_k\\\boldsymbol{F}_k^2\\\vdots\\\boldsymbol{F}_k^{N_c}\end{bmatrix},\quad \boldsymbol{W}_k=\begin{bmatrix}\overline{\boldsymbol{F}}_k & & & \\ \boldsymbol{F}_k\overline{\boldsymbol{F}}_k & \overline{\boldsymbol{F}}_k & & \\ \vdots & \vdots & \ddots & \\ \boldsymbol{F}_k^{N_c-1}\overline{\boldsymbol{F}}_k & \boldsymbol{F}_k^{N_c-2}\overline{\boldsymbol{F}}_{k+1} & \cdots & \overline{\boldsymbol{F}}_k\end{bmatrix}$$

$$\boldsymbol{C}_k=\begin{bmatrix}\boldsymbol{c}_k\\\boldsymbol{F}_k\boldsymbol{c}_k+\boldsymbol{c}_k\\\vdots\\\boldsymbol{F}_k^{N_c-1}\boldsymbol{c}_k+\boldsymbol{F}_k^{N_c-2}\boldsymbol{c}_k+\cdots+\boldsymbol{c}_k\end{bmatrix}\tag{8-18}$$

将式（8-17）代入式（8-16）中，可消去其中的$\boldsymbol{\Omega}_{e,k}$项，获得自变量仅包含微小卫星控制序列的局部目标函数。考虑到每颗微小卫星仅能调整自身的控制序列$\boldsymbol{U}_{i,k}$，因此可将式（8-17）中的$\boldsymbol{U}_{i,k}$从其余微小卫星控制序列中提取出来，即有

$$\boldsymbol{\Omega}_{e,k}=\boldsymbol{L}_k\boldsymbol{\omega}_k+\boldsymbol{W}_k\boldsymbol{M}_i\boldsymbol{U}_{i,k}+\boldsymbol{W}_k\boldsymbol{V}_{i,k}+\boldsymbol{C}_k-\boldsymbol{\Omega}_{d,k}\tag{8-19}$$

式中：$\boldsymbol{V}_{i,k}=\sum_{j=1,j\neq i}^{N}\boldsymbol{M}_j\boldsymbol{U}_{j,k}$为除了微小卫星$v_i$以外其余微小卫星提供给组合体的合控制力矩。

将式（8-19）代入式（8-16）中，可得

$$\begin{aligned}J_{i,k}=&(\boldsymbol{\omega}_k^{\mathrm{T}}\boldsymbol{L}_k^{\mathrm{T}}+\boldsymbol{V}_{i,k}^{\mathrm{T}}\boldsymbol{W}_k^{\mathrm{T}}+\boldsymbol{C}_k^{\mathrm{T}}-\boldsymbol{\Omega}_{d,k}^{\mathrm{T}})\boldsymbol{Q}_i(\boldsymbol{L}_k\boldsymbol{\omega}_k+\boldsymbol{W}_k\boldsymbol{V}_{i,k}+\boldsymbol{C}_k-\boldsymbol{\Omega}_{d,k})+\\&2(\boldsymbol{\omega}_k^{\mathrm{T}}\boldsymbol{L}_k^{\mathrm{T}}+\boldsymbol{V}_{i,k}^{\mathrm{T}}\boldsymbol{W}_k^{\mathrm{T}}+\boldsymbol{C}_k^{\mathrm{T}}-\boldsymbol{\Omega}_{d,k}^{\mathrm{T}})\boldsymbol{Q}_i\boldsymbol{W}_k\boldsymbol{M}_i\boldsymbol{U}_{i,k}+\\&\boldsymbol{U}_{i,k}^{\mathrm{T}}\boldsymbol{M}_i^{\mathrm{T}}\boldsymbol{W}_k^{\mathrm{T}}\boldsymbol{Q}_i\boldsymbol{W}_k\boldsymbol{M}_i\boldsymbol{U}_{i,k}+\boldsymbol{U}_{i,k}^{\mathrm{T}}\boldsymbol{R}_i\boldsymbol{U}_{i,k},\quad i\in\mathbb{N}\end{aligned}\tag{8-20}$$

式（8-20）中的第一项不包含微小卫星$v_i$的可优化项$\boldsymbol{U}_{i,k}$，因此在优化过程中可不予以考虑。这样，根据式（8-15）与式（8-20），可得如下的优化问题：

$$\begin{cases}\min\quad J_{i,k}=\dfrac{1}{2}\boldsymbol{U}_{i,k}^{\mathrm{T}}\boldsymbol{S}_{i,k}\boldsymbol{U}_{i,k}+\boldsymbol{T}_{i,k}^{\mathrm{T}}\boldsymbol{U}_{i,k}\\ \text{s. t.}\quad -u_m\mathbf{1}_{3N_c}\leqslant\boldsymbol{U}_{i,k}\leqslant u_m\mathbf{1}_{3N_c},\quad i\in\mathbb{N}\end{cases}\tag{8-21}$$

式中：

$$\boldsymbol{S}_{i,k}=2(\boldsymbol{M}_i^{\mathrm{T}}\boldsymbol{W}_k^{\mathrm{T}}\boldsymbol{Q}_i\boldsymbol{W}_k\boldsymbol{M}_i+\boldsymbol{R}_i)$$

$$T_{i,k}=2M_i^{\mathrm{T}}W_k^{\mathrm{T}}Q_i(L_k\omega_k+W_kV_{i,k}+C_k-\Omega_{d,k})$$

在由 $N$ 颗微小卫星构成的博弈活动中，当微小卫星的博弈策略达到定义 2.3 中的 $\varepsilon$-Nash 均衡后，任一微小卫星无法再通过单方的策略调整使其局部目标函数的优化量超过 $\varepsilon$。为了获得微小卫星的 $\varepsilon$-Nash 均衡，各星可以依次进行式（8-21）中二次规划问题的求解，以使得下述条件得到满足：

$$E_{J_k}=\max_{i\in\mathbf{N}}E_{J_{i,k}}\leqslant\varepsilon \tag{8-22}$$

式中：$E_{J_{i,k}}=|J_{i,k}^{k_{\mathrm{iter}}}-J_{i,k}^{k_{\mathrm{iter}-1}}|$反映微小卫星 $v_i$ 连续两次策略更新的局部目标函数优化量，$k_{\mathrm{iter}}$为策略更新次数。

**注 8.1**：连续求解式（8-21）中的优化问题直到式（8-22）中的条件得到满足，需要多颗微小卫星进行多轮策略调整，这可能造成过大的计算负担。此外，在一些控制时刻，Nash 均衡可能不存在，这时条件（8-22）将无法得到满足。由于在每一轮的策略调整中，微小卫星都是在考虑动力学及控制约束的情况下进行控制策略的计算，而微小卫星所求解的二次规划问题的目标函数中包含组合体姿态角速度跟踪误差的二范数项，因此，即便条件（8-22）无法得到满足，各颗微小卫星所获得的控制策略仍能在满足控制约束的情况下，实现对组合体姿态角速度跟踪误差的抑制。在实际应用中，为节省计算资源，可设定最大控制解算时间$\bar{t}_c$，当 $t\geqslant t_k+\bar{t}_c$时，即可终止 $t_k$时刻的策略调整，各颗微小卫星通过最新获得的控制策略来进行失效卫星的姿态接管控制。

综合 8.2.2 节中的介绍，可得多星控制受限非合作博弈姿态接管控制框图，如图 8-1 所示。在每一控制时刻，每颗微小卫星通过连续进行式（8-21）中二次规划问题的求解调整各自的控制策略，当式（8-22）中的条件或 $t\geqslant t_k+\bar{t}_c$得到满足时，各颗微小卫星终止博弈控制策略的调整，并通过最新得到的控制策略进行失效卫星姿态运动的接管控制。

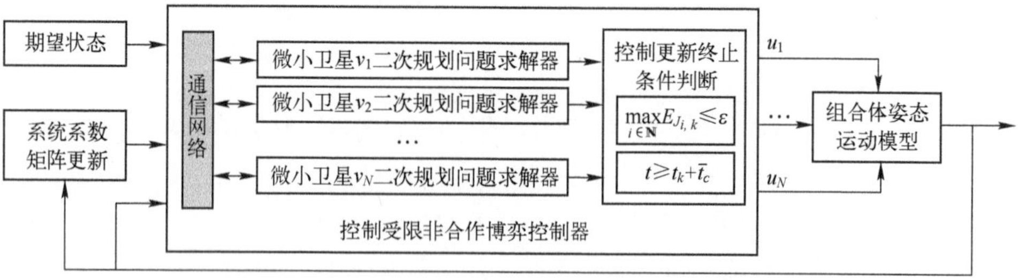


**图 8-1　控制受限非合作博弈姿态接管控制框图**

## 8.2.3　仿真验证

本小节设计并进行失效卫星姿态接管控制的仿真实验，来对多星控制受限非合作博弈控制方法的有效性进行验证。仿真分为两组，一组针对失效卫星姿态消旋任务，另一组针对失效卫星姿态重定向任务。

仿真中组合体转动惯量矩阵为

$$\boldsymbol{J}=\begin{bmatrix}104.8 & 20.0 & 27.5\\ 20.0 & 106.5 & 21.5\\ 27.5 & 21.5 & 107.5\end{bmatrix}\text{kg}\cdot\text{m}^2$$

微小卫星本体坐标系至组合体本体坐标系的转换矩阵为

$$\boldsymbol{C}_1^b=\begin{bmatrix}1 & 0 & 0\\ 0 & 1 & 0\\ 0 & 0 & 1\end{bmatrix},\quad \boldsymbol{C}_2^b=\begin{bmatrix}0.8829 & 0 & 0.4695\\ 0.4695 & 0 & -0.8829\\ 0 & 1 & 0\end{bmatrix}$$

$$\boldsymbol{C}_3^b=\begin{bmatrix}0.7986 & -0.6018 & 0\\ -0.6018 & -0.7986 & 0\\ 0 & 0 & -1\end{bmatrix},\quad \boldsymbol{C}_4^b=\begin{bmatrix}0.9063 & 0.4226 & 0\\ -0.4226 & 0.9063 & 0\\ 0 & 0 & 1\end{bmatrix}$$

各颗微小卫星的控制力矩幅值为 $u_m=0.01\text{N}\cdot\text{m}$，时间间隔 $\Delta t=0.1\text{s}$，$N_c=3$。微小卫星局部目标函数中的权值矩阵为 $\boldsymbol{q}_1=\boldsymbol{q}_4=10^{-3}\boldsymbol{I}_3$，$\boldsymbol{q}_2=\boldsymbol{q}_3=2\times10^{-3}\boldsymbol{I}_3$；$\boldsymbol{r}_1=\boldsymbol{r}_2=\boldsymbol{r}_3=\boldsymbol{r}_4=3\times10^{-3}\boldsymbol{I}_3$。

**1. 姿态消旋仿真**

在失效卫星姿态消旋仿真中，组合体初始角速度为 $\boldsymbol{\omega}_0=[0.0532,0.0168,0.0420]^{\mathrm{T}}\text{rad/s}$，组合体初始角加速度为 0。式（8-5）中的参数为 $k_1=0.006$。

通过 8.2.2 节中设计的非合作博弈控制方法进行微小卫星对失效卫星的姿态接管控制。图 8-2（a）和（b）分别给出了组合体误差及实际姿态角速度随时间变化的曲线。从图 8-2（a）中可以看出，在多星控制受限非合作博弈控制方法下，组合体的误差姿态角速度逐渐收敛到 0。因此，期望姿态角速度轨迹得到了很好的跟踪。由于式（8-5）给出的期望姿态角速度轨迹随着时间的增大逐渐收敛到 0，如图 8-2（b）所示，在失效卫星姿态接管控制任务结束的时候，微小卫星实现了对失效卫星姿态运动的消旋。

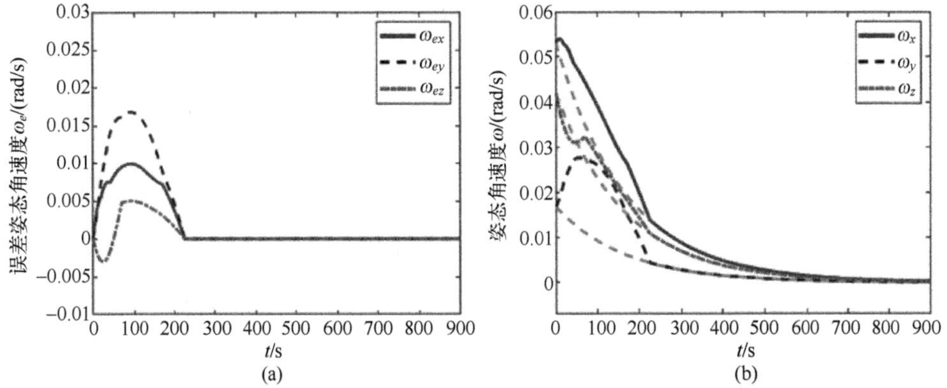


**图 8-2　组合体误差及实际姿态角速度轨迹（非合作博弈，姿态消旋）**

（a）误差姿态角速度轨迹；（b）姿态角速度轨迹。

微小卫星的三轴控制力矩随时间变化曲线如图 8-3 所示。任务刚开始时，失效卫星期望姿态角速度轨迹具有较大的斜率，如图 8-2（b）所示，因此微小卫星需要产生较大的控制力矩以实现组合体对其期望轨迹的跟踪。随着组合体期望姿态角速度轨迹逐渐趋于平缓，微小卫星所需产生的控制力矩也逐渐减小。在整个姿态消旋过程中，所有微小卫星的控制力矩都位于[-0.01,0.01]N·m之间，满足控制约束，这表明所提出的控制受限非合作博弈控制方法在处理微小卫星控制约束方面的有效性。

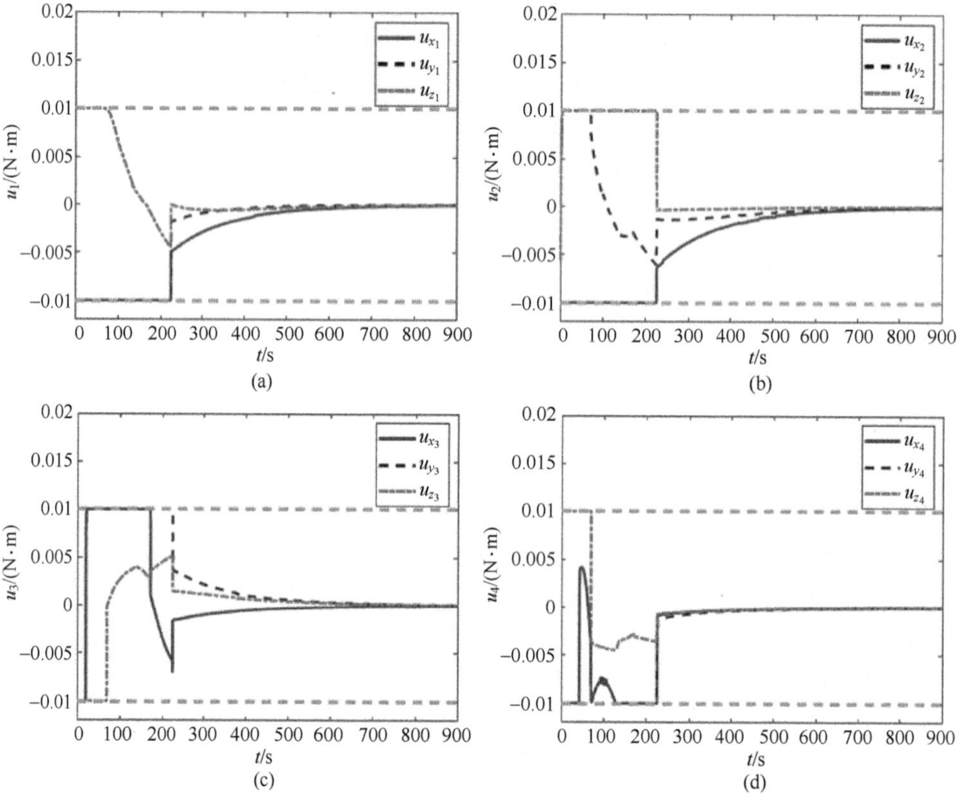


**图 8-3　微小卫星控制力矩（非合作博弈，姿态消旋）**

（a）微小卫星 1；（b）微小卫星 2；（c）微小卫星 3；（d）微小卫星 4。

**2. 姿态重定向仿真**

失效卫星姿态消旋完成后，可进一步根据式（8-6）计算组合体的期望姿态 MRP 轨迹，进而根据式（8-8）获得组合体的期望姿态角速度轨迹，并通过 8.2.2 节中的非合作博弈控制方法将失效卫星的姿态控制到指定的方向上。仿真中姿态重定向阶段组合体的初始姿态 MRP 为 $\boldsymbol{\sigma}_0=[0.5685,0.7463,-0.6058]^{\mathrm{T}}$，期望姿态 MRP 为 $\boldsymbol{\sigma}_f=[0,0,0]^{\mathrm{T}}$。

图 8-4 给出了失效卫星姿态重定向阶段组合体误差及实际姿态 MRP 随时间变化的曲线。组合体的姿态角速度轨迹如图 8-5 所示。可以看出，当使用 8.2.2 节中的控制受限非合作博弈控制方法使组合体的姿态角速度跟踪式（8-8）中的期望轨迹时，式（8-6）中的组合体期望姿态 MRP 轨迹也能够得到很好的跟踪。

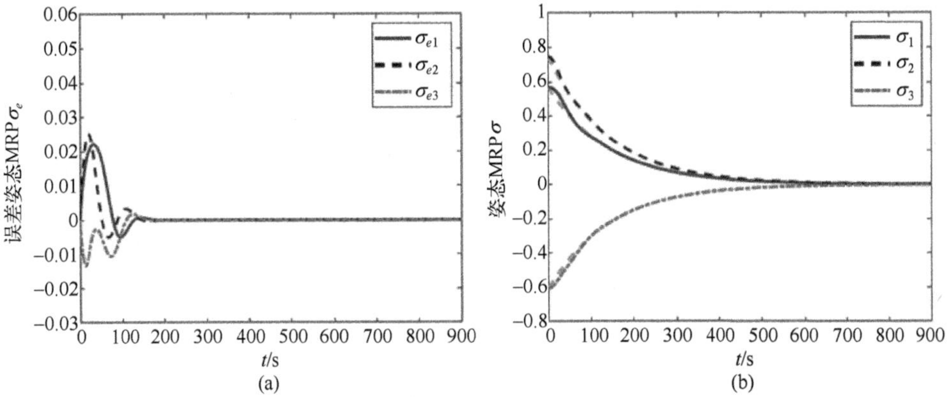


**图 8-4 组合体误差及实际姿态 MRP 轨迹（非合作博弈）**

（a）误差姿态 MRP 轨迹；（b）姿态 MRP 轨迹。

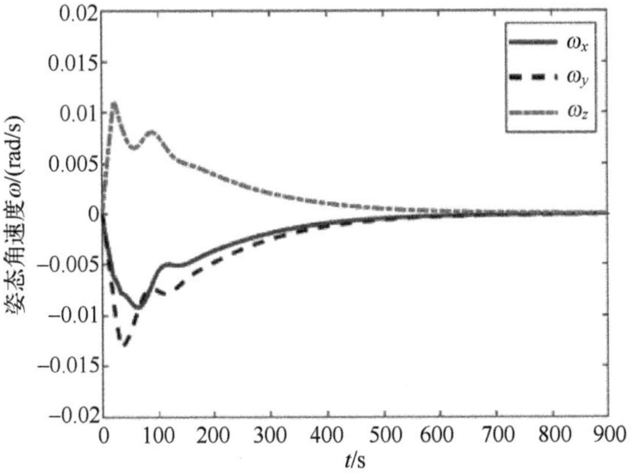


**图 8-5 组合体实际姿态角速度轨迹（非合作博弈，姿态定向）**

失效卫星姿态重定向过程中各颗微小卫星控制力矩随时间变化的曲线如图 8-6 所示。可以看出，姿态重定向阶段开始时，微小卫星需要产生较大的控制力矩，这是因为任务早期组合体期望姿态 MRP 轨迹比较陡峭，如图 8-4（b）所示，因此组合体需要较大的控制力矩以快速产生较大的角速度实现对期望 MRP 轨迹的跟踪。随着姿态定向任务的持续进行，组合体的期望姿态 MRP 轨迹逐渐趋于平缓，微小卫星所需产生的控制力矩也逐渐减小。在整个姿态重定向阶段，微小卫星的控制力矩均满足控制约束。因此，本节提出的控制受限非合作博弈控制方法能够在使微小卫星控制约束得到满足的情况下，实现失效卫星的姿态重定向。

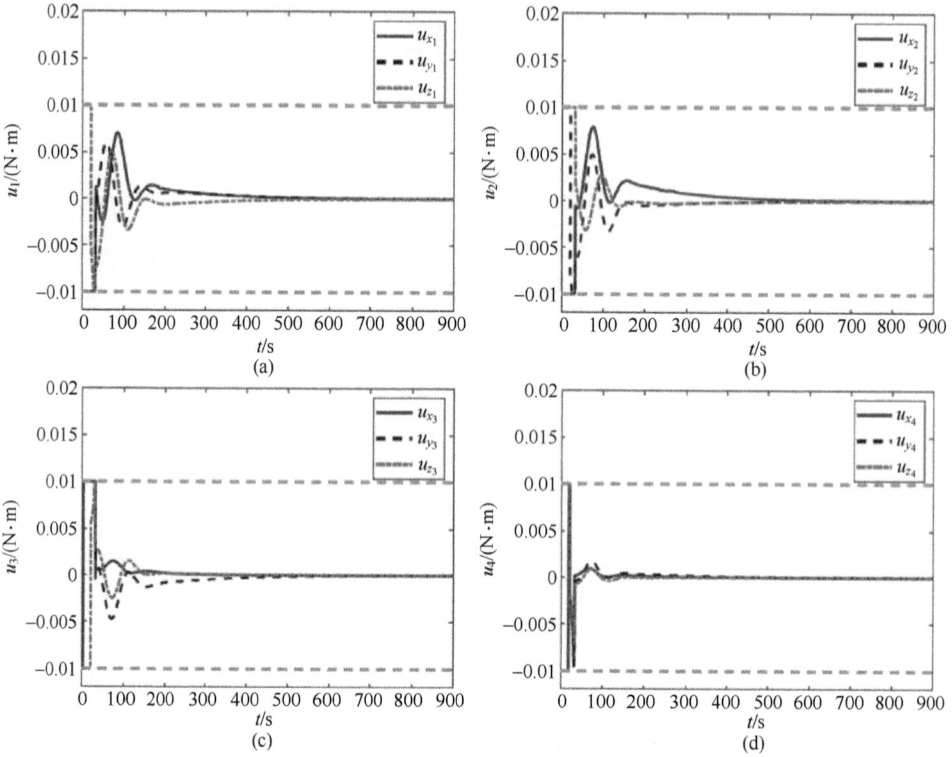


**图 8-6 微小卫星控制力矩（非合作博弈，姿态定向）**

（a）微小卫星 1；（b）微小卫星 2；（c）微小卫星 3；（d）微小卫星 4。

## 8.3 合作博弈控制

### 8.3.1 合作博弈控制模型

与非合作博弈中的微小卫星仅通过优化各自的局部目标函数进行策略调整有所不同，合作博弈中的微小卫星通过最大程度地优化所有微小卫星的局部目标函数获得各自的策略，其中，帕累托最优是一种典型的合作博弈策略，其定义见第2章的定义2.4。

在实际工程问题中，给定具体的状态/控制约束条件，帕累托最优解可以通过优化如下的所有微小卫星局部目标函数的加权组合来获得

$$J = \sum_{i=1}^{N} \alpha_i J_i \tag{8-23}$$

式中：$\alpha_i$ 为微小卫星 $v_i$ 局部目标函数的权值，且 $0 \leqslant \alpha_i \leqslant 1$，$\sum_{i=1}^{N} \alpha_i = 1$。

为同时实现对所有微小卫星局部目标函数式（8-2）的优化，可在考虑组合体姿态动力学约束、微小卫星控制约束的情况下，进行式（8-23）中微小卫星局部目标函数加权组合的优化。这样，失效卫星姿态接管控制任务中的多星合作博弈控制问题可描述为

$$\begin{cases} \min \quad J = \sum_{i=1}^{N} \alpha_i J_i \\ \text{s. t.} \quad \begin{cases} \dot{\boldsymbol{\omega}}_e = \boldsymbol{f}_c(\boldsymbol{\omega}) + \boldsymbol{F}_w(\boldsymbol{h}_w)\boldsymbol{\omega} + \sum_{i=1}^{N} \boldsymbol{B}_i \boldsymbol{u}_i - \dot{\boldsymbol{\omega}}_d \\ -u_m \mathbf{1}_3 \leqslant \boldsymbol{u}_i \leqslant u_m \mathbf{1}_3, \ i \in \mathbb{N} \end{cases} \end{cases} \tag{8-24}$$

对于式（8-24）所定义的多星合作博弈控制问题，本节控制受限多星合作姿态接管的合作博弈控制目标为：多星在考虑动力学约束、控制约束的情况下，通过同时进行所有微小卫星局部目标函数的优化调整其控制策略，并在此基础上实现式（8-1）中系统状态对期望轨迹的跟踪。

### 8.3.2 合作博弈控制方法

当微小卫星采取合作博弈时，可同时实现对所有微小卫星局部目标函数的优化。为获得多星合作博弈帕累托最优控制策略，本节基于8.3.1节式（8-24）给出的多星合作博弈控制模型、8.2.2节中的组合体期望姿态运动轨迹，以及8.2.2节中的组合体离散线性姿态动力学方程，进行微小卫星合作博弈控制方法设计。

与非合作博弈中Nash均衡策略不同，多星合作博弈策略可通过一次性求解式（8-24）定义的集中式优化问题来获得，不需要各星依次进行多轮独立优化问题的求解。在设计多星合作博弈控制方法时，各星局部目标函数仍具有式（8-16）中的形式，则在考虑式（8-13）给出的组合体离散线性姿态动力学约束以及微小卫星控制约束的情况下，可得如下离散形式的多星合作博弈控制问题：

$$\begin{cases} \min \quad J_k = \sum_{i=1}^{N} \alpha_i J_{i,k} = \boldsymbol{\Omega}_{e,k}^{\mathrm{T}} \boldsymbol{Q} \boldsymbol{\Omega}_{e,k} + \overline{\boldsymbol{U}}_k^{\mathrm{T}} \boldsymbol{R} \overline{\boldsymbol{U}}_k \\ \text{s. t.} \quad \begin{cases} \boldsymbol{\omega}_{e,p+1} = \boldsymbol{F}_k \boldsymbol{\omega}_p + \sum_{i=1}^{N} \boldsymbol{B}_{i,k} \boldsymbol{u}_{i,p} + \boldsymbol{c}_k - \boldsymbol{\omega}_{d,p+1} \\ -u_m \mathbf{1}_3 \leqslant \boldsymbol{u}_{i,p} \leqslant u_m \mathbf{1}_3, \ i \in \mathbb{N}, \ p = k, \cdots, k + N_c - 1 \end{cases} \end{cases} \tag{8-25}$$

式中：$\boldsymbol{Q} = \sum_{i=1}^{N} \alpha_i \boldsymbol{Q}_i$；$\boldsymbol{R} = \boldsymbol{I}_{N_c} \otimes \operatorname{diag}\{\alpha_1 \boldsymbol{r}_1, \alpha_2 \boldsymbol{r}_2, \cdots, \alpha_N \boldsymbol{r}_N\}$；$\overline{\boldsymbol{U}}_k = [\overline{\boldsymbol{u}}_k^{\mathrm{T}}, \overline{\boldsymbol{u}}_{k+1}^{\mathrm{T}}, \cdots, \overline{\boldsymbol{u}}_{k+N_c-1}^{\mathrm{T}}]^{\mathrm{T}}$，且 $\overline{\boldsymbol{u}}_k = [\boldsymbol{u}_{1,k}^{\mathrm{T}}, \boldsymbol{u}_{2,k}^{\mathrm{T}}, \cdots, \boldsymbol{u}_{N,k}^{\mathrm{T}}]^{\mathrm{T}}$。

令 $\boldsymbol{B}_k = [\boldsymbol{B}_{1,k}, \boldsymbol{B}_{2,k}, \cdots, \boldsymbol{B}_{N,k}]$，定义

$$\overline{W}_k=\begin{bmatrix} B_k & & & \\ F_kB_k & B_k & & \\ \vdots & \vdots & \ddots & \\ F_k^{N_c-1}B_k & F_k^{N_c-2}B_k & \cdots & B_k \end{bmatrix} \tag{8-26}$$

式（8-25）中的动力学约束具有如下的形式：

$$\boldsymbol{\Omega}_{e,k}=L_k\boldsymbol{\omega}_k+\overline{W}_k\overline{U}_k+C_k-\boldsymbol{\Omega}_{d,k} \tag{8-27}$$

将式（8-27）代入式（8-25）的目标函数中，以消去其中的$\boldsymbol{\Omega}_{e,k}$项，可得

$$\begin{aligned} J_k &=(\boldsymbol{\omega}_k^{\mathrm{T}}L_k^{\mathrm{T}}+\overline{U}_k^{\mathrm{T}}\overline{W}_k^{\mathrm{T}}+C_k^{\mathrm{T}}-\boldsymbol{\Omega}_{d,k}^{\mathrm{T}})Q(L_k\boldsymbol{\omega}_k+\overline{W}_k\overline{U}_k+C_k-\boldsymbol{\Omega}_{d,k})+\overline{U}_k^{\mathrm{T}}R\overline{U}_k \\ &=(\boldsymbol{\omega}_k^{\mathrm{T}}L_k^{\mathrm{T}}+C_k^{\mathrm{T}}-\boldsymbol{\Omega}_{d,k}^{\mathrm{T}})Q(L_k\boldsymbol{\omega}_k+C_k-\boldsymbol{\Omega}_{d,k})+2(\boldsymbol{\omega}_k^{\mathrm{T}}L_k^{\mathrm{T}}+C_k^{\mathrm{T}}-\boldsymbol{\Omega}_{d,k}^{\mathrm{T}})Q\overline{W}_k\overline{U}_k+ \\ &\quad \overline{U}_k^{\mathrm{T}}\overline{W}_k^{\mathrm{T}}Q\overline{W}_k\overline{U}_k+\overline{U}_k^{\mathrm{T}}R\overline{U}_k \end{aligned} \tag{8-28}$$

式（8-28）中第一项不包含可优化变量$\overline{U}_k$，因此在优化过程中可不予以考虑。这样，式（8-25）中的微小卫星合作博弈控制问题可被重新整理为如下的二次规划问题：

$$\begin{cases} \min \quad J_k=\dfrac{1}{2}\overline{U}_k^{\mathrm{T}}S_k\overline{U}_k+T_k^{\mathrm{T}}\overline{U}_k \\ \text{s. t.} \quad -u_m\mathbf{1}_{3NN_c}\leqslant\overline{U}_k\leqslant u_m\mathbf{1}_{3NN_c},\ i\in\mathbb{N} \end{cases} \tag{8-29}$$

式中：$S_k=2(\overline{W}_k^{\mathrm{T}}Q\overline{W}_k+R)$；$T_k=2\overline{W}_k^{\mathrm{T}}Q(L_k\boldsymbol{\omega}_k+C_k-\boldsymbol{\Omega}_{d,k})$。$\overline{U}_k$ 中的前 $3N$ 个分量$\overline{u}_k$对应于 $N$ 颗微小卫星在当前时刻 $t_k$ 的控制策略。

综合 8.3.2 节中的介绍，可得多星控制受限合作博弈姿态接管控制框图，如图 8-7 所示。在每一控制时刻，任意一颗微小卫星通过求解式（8-29）中的二次规划问题同时进行所有微小卫星局部目标函数的优化，以实现多星合作博弈控制策略$\overline{U}_k$ 的确定，并将$\overline{U}_k$ 中的前 $3N$ 个分量 $\overline{u}_k=[u_{1,k}^{\mathrm{T}},u_{2,k}^{\mathrm{T}},\cdots,u_{N,k}^{\mathrm{T}}]^{\mathrm{T}}$ 分发给相应的微小卫星，用于进行失效卫星的姿态接管控制。

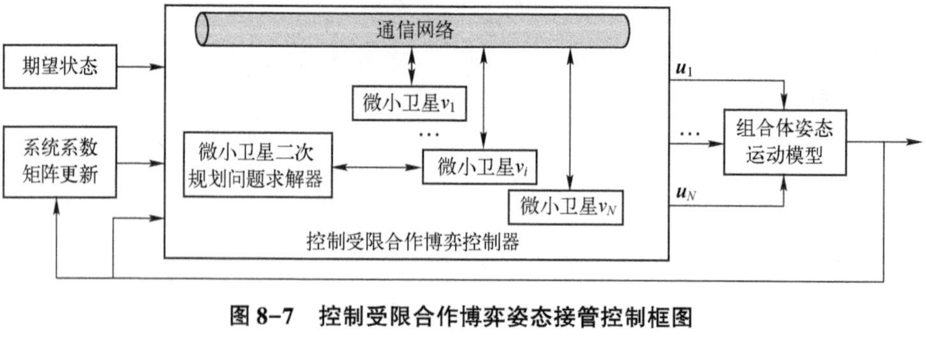


**图 8-7 控制受限合作博弈姿态接管控制框图**

## 8.3.3 仿真验证

本小节进行多星控制受限合作博弈控制方法的有效性验证，并对微小卫星采

用非合作/合作博弈控制方法的能量消耗进行对比。为此，本节仿真参数以及组合体初始姿态角速度、消旋后姿态重定向阶段初始与期望姿态 MRP 均与 8.2.3 节中的设定相同。

**1. 姿态消旋仿真**

首先进行失效卫星姿态消旋的仿真实验。图 8-8 给出了组合体误差及实际姿态角速度随时间变化的曲线。从图 8-8（a）中可以看出，通过使用所设计的多星控制受限合作博弈控制方法，组合体的误差姿态角速度逐渐收敛到 0。因此，组合体期望姿态角速度轨迹得到了很好的跟踪。在任务终端时刻，微小卫星实现了对失效卫星姿态运动的消旋。

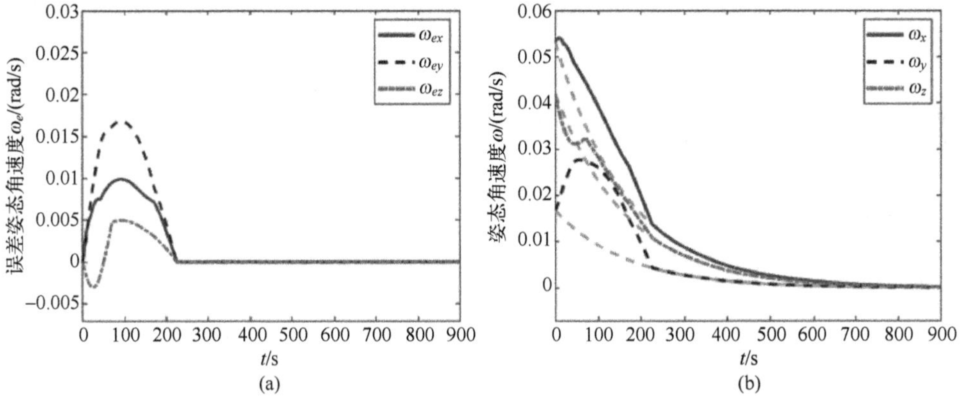


**图 8-8 组合体误差及实际姿态角速度轨迹（合作博弈，姿态消旋）**

（a）误差姿态角速度轨迹；（b）姿态角速度轨迹。

4 颗微小卫星的三轴控制力矩如图 8-9 所示。与使用非合作博弈控制方法进行失效卫星姿态运动消旋类似，任务刚开始时，为实现组合体对具有较大斜率的期望姿态角速度轨迹的跟踪，微小卫星需要产生较大的控制力矩。随着组合体期望姿态角速度轨迹逐渐趋于平缓，微小卫星所需产生的控制力矩也逐渐减小。在整个姿态消旋过程中，所有微小卫星的控制力矩都位于[-0.01,0.01]N·m 之间，满足控制约束，这表明所提出的控制受限合作博弈控制方法在处理微小卫星控制约束方面的有效性。

**2. 姿态重定向仿真**

失效卫星姿态消旋完成后，本小节进一步通过合作博弈控制方法进行其姿态重定向。图 8-10 给出了失效卫星姿态重定向阶段组合体误差及实际姿态 MRP 随时间变化的曲线，组合体的实际姿态角速度轨迹如图 8-11 所示。可以看出，通过使用 8.3.2 节中设计的合作博弈控制方法，组合体的误差姿态 MRP 逐渐收敛到 0，因此组合体姿态 MRP 实现了对其期望轨迹的跟踪。在姿态重定向任务终端时刻，组合体的姿态 MRP 被成功地控制至其期望值 $\boldsymbol{\sigma}_f=[0,0,0]^{\mathrm{T}}$ 上。

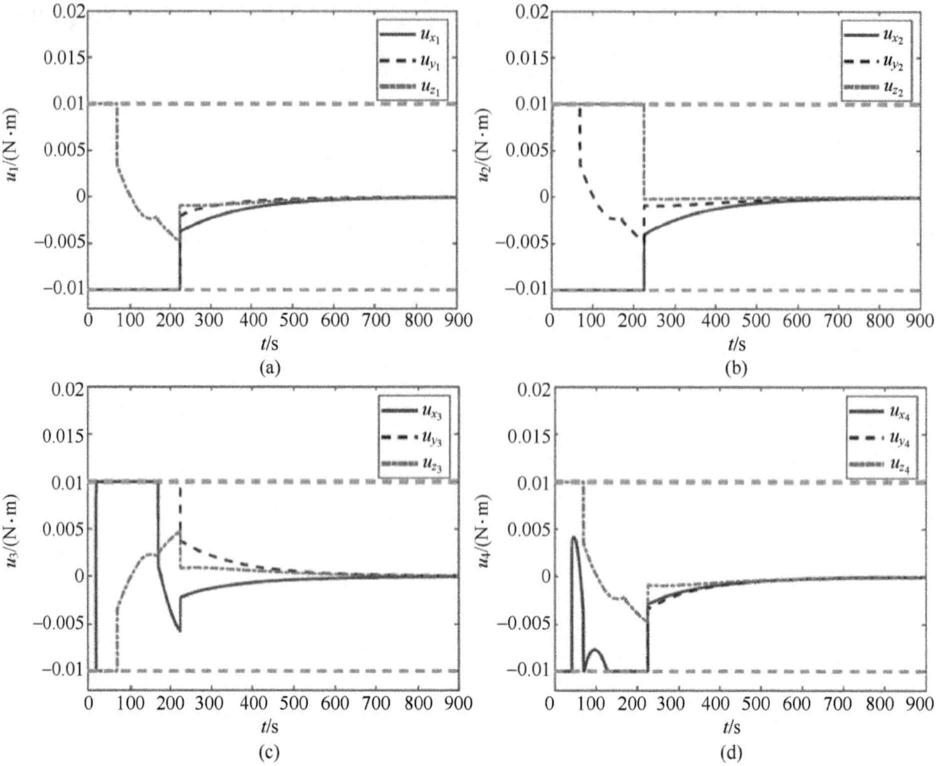


**图 8-9　微小卫星的三轴控制力矩（合作博弈，姿态消旋）**

（a）微小卫星 1；（b）微小卫星 2；（c）微小卫星 3；（d）微小卫星 4。

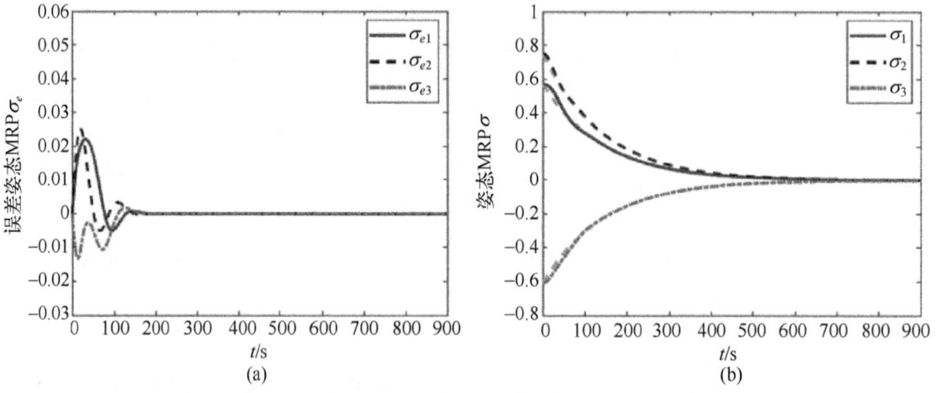


**图 8-10　组合体误差及实际姿态 MRP 轨迹（合作博弈）**

（a）误差姿态 MRP 轨迹；（b）姿态 MRP 轨迹。

图 8-12 给出了使用合作博弈控制方法进行失效卫星姿态重定向时各颗微小卫星控制力矩随时间变化的曲线。可以看出，在整个姿态重定向阶段，微小卫星的控制约束均能得到满足。因此，本节提出的控制受限合作博弈控制方法能够在

满足微小卫星控制约束的情况下，将失效卫星的姿态控制到指定方向上。

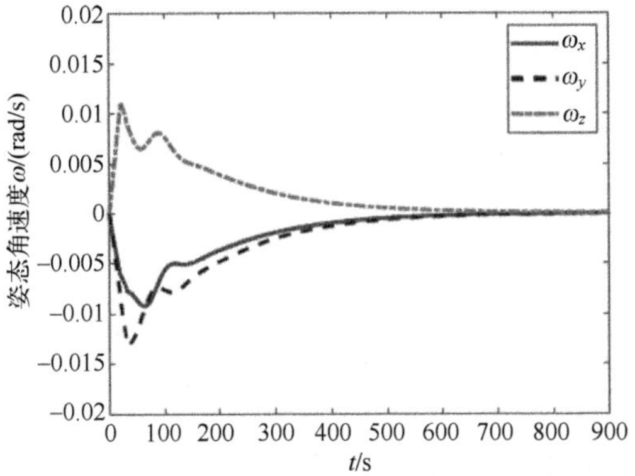


**图 8-11 组合体实际姿态角速度轨迹（合作博弈，姿态定向）**

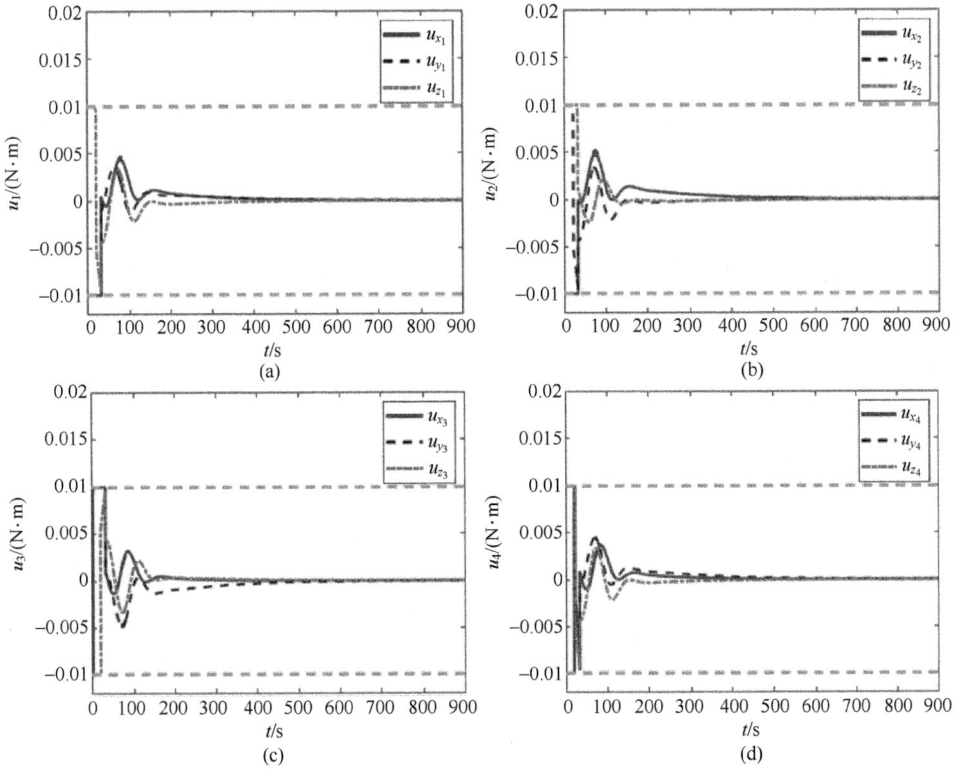


**图 8-12 微小卫星控制力矩（合作博弈，姿态定向）**

(a) 微小卫星 1；(b) 微小卫星 2；(c) 微小卫星 3；(d) 微小卫星 4。

表 8-1 给出了使用非合作与合作博弈控制方法进行失效卫星的姿态消旋及重定向时，4 颗微小卫星的能量消耗情况。可以看出，在两种任务中，与非合作

博弈控制方法相比，使用合作博弈控制方法时微小卫星具有更低的总能量消耗量。

**表 8-1 非合作/合作博弈控制方法能量消耗比较**

| 方法 | 任务 | 微小卫星 $v_1$ | 微小卫星 $v_2$ | 微小卫星 $v_3$ | 微小卫星 $v_4$ | 总能耗 |
|---|---|---|---|---|---|---|
| 非合作博弈 | 姿态消旋 | 0.5310 | 0.5683 | 0.5152 | 0.4902 | 2.1047 |
| | 姿态定向 | 0.0977 | 0.1304 | 0.1207 | 0.0859 | 0.4347 |
| 合作博弈 | 姿态消旋 | 0.5444 | 0.5427 | 0.4972 | 0.5047 | 2.0891 |
| | 姿态定向 | 0.1085 | 0.1082 | 0.1079 | 0.1001 | 0.4247 |

## 8.4 分布式合作博弈控制

多星合作博弈控制可以同时实现对所有微小卫星局部目标函数的优化，但需要一个中央处理单元进行一个集中式优化问题的求解来获得各星的控制策略。该集中式优化问题的目标函数为所有微小卫星局部目标函数的加权组合，约束为所有微小卫星受到的约束的集合，因此该集中式优化问题的规模及决策变量的数量随着微小卫星数量的增加而增加。以集中式的方式进行该优化问题的求解可直接获得多星合作博弈控制策略，但会给中央处理单元带来较大的计算及通信负担；并且当任务所需的微小卫星数量增加时，中央处理单元所面临的计算及通信负担也会快速增加。为实现计算及通信负担在各星之间的分担，本节在 8.3 节多星控制受限合作博弈控制方法研究的基础上，进行基于分布式信息的多星控制受限合作博弈控制方法研究。

本节设计的基于分布式信息的多星控制受限合作博弈控制方法通过微小卫星之间的局部信息交互进行其合作博弈控制策略的确定。所提出的方法由总控制量解算层与控制分配层组成。对控制分配层进行了分布式设计，以实现基于局部信息交互的各星控制分配系数更新。在总控制量解算层，通过基于模型预测控制方法的多星总控制量解算，实现对微小卫星控制约束的处理。同时，对所提出方法的计算复杂度进行了理论分析。分析结果表明，与集中式合作博弈控制方法相比，基于分布式信息的多星合作博弈控制方法具有更低的计算复杂度，且能够有效减少参与任务的微小卫星数量对其控制计算复杂度的影响程度。

### 8.4.1 分布式合作博弈控制模型

本节期望通过多星之间的局部信息交互进行其合作博弈帕累托最优策略的逼近。多星之间的信息交互通过无向图 $\mathcal{G}=(\mathcal{V},\mathcal{E})$ 来描述，其中 $\mathcal{V}=\{v_1,v_2,\cdots,v_N\}$ 为 $N$ 颗微小卫星组成的集合，$\mathcal{E}\subseteq\mathcal{V}\times\mathcal{V}$ 表示微小卫星之间通信链路的边 $e_{ij}=(i,j)$ 组成的集合，当且仅当微小卫星 $v_i$ 与 $v_j$ 之间存在直接的信息交互时，$e_{ij}\in\mathcal{E}$，且

$e_{ij} \in \mathcal{E} \Leftrightarrow e_{ji} \in \mathcal{E}$[3]。

考虑微小卫星控制能力的有限性，微小卫星的控制策略需要满足控制约束。当直接以分布式方法确定各星控制策略时，微小卫星需要进行一个分布式优化问题的求解，而控制约束的存在会增加分布优化问题的复杂度。为降低多星控制策略分布式求解的计算复杂度，本节通过总控制量解算层与控制分配层的分离处理进行多星合作博弈控制方法的设计。其中微小卫星的控制约束在总控制量解算层予以处理，而控制分配层通过分布式设计实现计算及通信负担在各星之间的分担。记微小卫星 $v_i$ 的控制力矩为 $\boldsymbol{u}_i$，令 $\theta_{ix}$、$\theta_{iy}$、$\theta_{iz}$ 为微小卫星 $v_i$ 的控制分配系数，满足 $0 \leqslant \theta_{il} \leqslant 1$ 且 $\sum_{i=1}^{N} \theta_{il} = 1(l=x,y,z)$。微小卫星 $v_i$ 在组合体本体坐标系 $\mathcal{F}_b$ 中的控制力矩可表示为

$$^{b}\boldsymbol{u}_i = \boldsymbol{\Theta}_i \boldsymbol{\tau}, \quad i \in \mathbb{N} \tag{8-30}$$

式中：$\boldsymbol{\Theta}_i = \mathrm{diag}\{\theta_{ix}, \theta_{iy}, \theta_{iz}\}$，左上标×表示一个描述在 $\mathcal{F}_{\times}$ 系中的矢量。微小卫星 $v_i$ 的控制力矩在其自身本体坐标系 $\mathcal{F}_i$ 中可表示为

$$^{i}\boldsymbol{u}_i = \boldsymbol{C}_b^i \boldsymbol{\Theta}_i \boldsymbol{\tau}, \quad i \in \mathbb{N} \tag{8-31}$$

在式（8-30）与式（8-31）中，$\boldsymbol{\tau}$ 为所有微小卫星所需产生的总控制力矩在 $\mathcal{F}_b$ 系中的描述。

为寻找微小卫星能量最优控制分配系数，为各星设计如下的局部目标函数：

$$J_i = \frac{1}{2} \boldsymbol{\theta}_i^{\mathrm{T}} \boldsymbol{C}_i^b \boldsymbol{\alpha}_i \boldsymbol{C}_b^i \boldsymbol{\theta}_i, \quad i \in \mathbb{N} \tag{8-32}$$

式中：$\boldsymbol{\theta}_i = [\theta_{ix}, \theta_{iy}, \theta_{iz}]^{\mathrm{T}}$；$\boldsymbol{\alpha}_i = \mathrm{diag}\{\alpha_{ix}, \alpha_{iy}, \alpha_{iz}\}$ 为微小卫星 $v_i$ 局部目标函数的权值系数矩阵，满足 $0 \leqslant \alpha_{il} \leqslant 1$ 且 $\sum_{i=1}^{N} \alpha_{il} = 1(l=x,y,z)$。

考虑各星通过沿其本体坐标系三轴安装的反作用飞轮为组合体提供控制力矩，令 $\zeta_{il}$ 表示沿微小卫星 $v_i$ 本体坐标系 $l(l=x,y,z)$ 轴安装的飞轮，飞轮 $\zeta_{il}$ 的饱和度可量化为

$$\beta_{il} = \begin{cases} 0, & \mathrm{sgn}(u_{il}) = \mathrm{sgn}(\omega_{il}) \\ \left| \dfrac{\omega_{il}}{\overline{\omega}} \right|, & \text{其他} \end{cases} \tag{8-33}$$

式中：$\mathrm{sgn}(\times)$ 表示符号函数；$\omega_{il}$ 与 $\overline{\omega}$ 分别为飞轮 $\zeta_{il}$ 的实际及饱和角速度。由于 $\mathrm{sgn}(u_{il}) = -\mathrm{sgn}(\dot{\omega}_{il})$，因此，式（8-33）中，如果 $-\mathrm{sgn}(\dot{\omega}_{il}) = \mathrm{sgn}(\omega_{il})$（即 $\omega_{il}$ 与 $\dot{\omega}_{il}$ 方向相反），则 $\beta_{il} = 0$；否则，$\beta_{il}$ 随着 $|\omega_{il}|$ 的增加而增加。

为实现各星飞轮的能量均衡，可设计如下的 $\alpha_{il}$，以便使具有更高饱和度的飞轮能够分配到更少的力矩

$$\alpha_{il} = \frac{e^{k_\alpha \beta_{il}}}{\sum_{j=1}^{N} e^{k_\alpha \beta_{jl}}} \tag{8-34}$$

式中：$k_\alpha>0$ 为一可调参数。若适当增加 $k_\alpha$ 的取值，将能够提高飞轮饱和度对控制分配的影响程度。

根据式（8-32）中的微小卫星局部目标函数，以及式（8-34）中的权值，$N$ 颗微小卫星的合作博弈问题可描述为

$$\begin{cases}\min \quad J=\sum_{i=1}^{N}\dfrac{1}{2}\boldsymbol{\theta}_i^{\mathrm{T}}\boldsymbol{C}_i^b\boldsymbol{\alpha}_i\boldsymbol{C}_b^i\boldsymbol{\theta}_i \\ \text{s.t.} \quad \sum_{i=1}^{N}\boldsymbol{\theta}_i=\boldsymbol{b}\end{cases} \tag{8-35}$$

通过进行式（8-35）中优化问题最优解的确定，便可通过调整各星控制分配系数同时实现对所有微小卫星局部目标函数的优化，以实现对多星合作博弈帕累托最优控制分配系数的确定。选择 $\boldsymbol{b}=\boldsymbol{1}_3$ 时，式（8-35）中的约束条件可确保总控制量解算层给出的控制力矩能够在各星之间得到完全分配。针对式（8-35）给出的多星合作博弈模型，以及式（8-31）给出的微小卫星控制力矩表达式，本节基于分布式信息的多星合作姿态接管控制目标为：各星通过局部信息交互进行式（8-35）中优化问题的求解，以实现对其帕累托最优控制分配系数的逼近，并在此基础上共同提供失效卫星姿态运动所需的控制力矩，实现对失效卫星姿态运动的接管控制。

### 8.4.2 分布式合作博弈控制方法

本小节通过总控制量解算层与控制分配层的分离处理与互相融合，进行基于分布式信息的多星合作博弈控制方法的设计。首先，面向微小卫星帕累托最优控制分配系数确定问题，进行基于分布式信息的多星控制分配层设计；之后，根据基于微小卫星局部信息交互得到的控制分配系数，在考虑微小卫星控制约束的情况下进行微小卫星总控制量解算层的设计，获得各星的合作博弈控制策略；最后，对所设计的基于分布式信息的多星合作博弈控制方法与完全集中式的多星合作博弈控制方法的计算复杂度进行对比分析，表明基于分布式信息的多星合作博弈控制方法在降低微小卫星计算负担方面的有效性。

**1. 帕累托最优控制分配系数确定**

各星控制分配系数以及组合体姿态运动所需的总控制力矩是计算各星控制策略的关键。本小节首先进行能够给出微小卫星帕累托最优控制分配系数的分布式控制分配层的设计，下一小节将进行考虑微小卫星控制约束的总控制量解算层的设计。

为了通过微小卫星之间的局部信息交互进行各星帕累托最优控制分配系数的逼近，通过如下方法进行式（8-35）中优化问题的求解：

$$\boldsymbol{\theta}_{i,k+1}=\boldsymbol{\theta}_{i,k}-\sum_{j=1}^{N}(w_{ij}\otimes\boldsymbol{I}_3)\nabla J_{j,k},\quad i\in\mathbb{N} \tag{8-36}$$

式中：

$$\nabla J_{i,k}=\left.\frac{\partial J_i}{\partial \boldsymbol{\theta}_i}\right|_{\boldsymbol{\theta}_{i,k}}=\boldsymbol{C}_i^b\boldsymbol{\alpha}_i\boldsymbol{C}_b^i\boldsymbol{\theta}_{i,k},\quad i\in\mathbb{N} \tag{8-37}$$

其中，$w_{ij}$为边$e_{ij}$对应的权值，$w_{ii}$为微小卫星$v_i$自身的权值，如果$e_{ij}\notin\mathcal{E}$则$w_{ij}=0$。

可以看出，通过式（8-36）进行式（8-35）中优化问题的求解时，各星仅需通过其自身以及邻近微小卫星局部目标函数的导数来进行控制分配系数$\boldsymbol{\theta}_i$的更新。因此，式（8-36）允许所有微小卫星通过局部信息交互来实现控制分配系数的优化。

式（8-36）可写成如下的矢量形式：

$$\boldsymbol{\theta}_{k+1}=\boldsymbol{\theta}_k-(\boldsymbol{W}\otimes\boldsymbol{I}_3)\nabla J_k \tag{8-38}$$

式中：$\boldsymbol{\theta}_k=[\boldsymbol{\theta}_{1,k}^{\mathrm{T}},\cdots,\boldsymbol{\theta}_{N,k}^{\mathrm{T}}]^{\mathrm{T}}$；$\nabla J_k=[\nabla J_{1,k}^{\mathrm{T}},\cdots,\nabla J_{N,k}^{\mathrm{T}}]^{\mathrm{T}}$；$\boldsymbol{W}\in\mathbb{R}^{N\times N}$为由$w_{ij}$组成的权值矩阵。

**定理8.1**：如果微小卫星的局部目标函数$J_i$为二次连续可微凸函数，且存在正数$\underline{v}_i$与$\bar{v}_i$使得对于所有的$i\in\mathbb{N}$，局部目标函数$J_i$的二阶导数满足

$$\underline{v}_i\boldsymbol{I}_3\leqslant\frac{\partial^2 J_i}{\partial\boldsymbol{\theta}_i^2}\leqslant\bar{v}_i\boldsymbol{I}_3 \tag{8-39}$$

当所有微小卫星之间的通信拓扑构成一无向连通图，$w_{ij}$满足下式

$$w_{ij}=\begin{cases}\gamma,\ e_{ij}\in\mathcal{E}\\-d_i\gamma,\ i=j\\0,\ \text{其他}\end{cases} \tag{8-40}$$

式中：$d_i$为微小卫星$v_i$的度；$\gamma$满足

$$-\frac{1}{\max\limits_{i\in\mathbb{N}}d_i\bar{v}_i}<\gamma<0 \tag{8-41}$$

且各星的控制分配系数初值满足$\sum\limits_{i=1}^{N}\boldsymbol{\theta}_{i,0}=\boldsymbol{b}$时，各星将可根据式（8-38），通过局部信息交互获得能够收敛于式（8-35）中优化问题最优解处的控制分配系数。

**证明**：定理8.1的证明可参考文献［4］。

由于根据式（8-40）获得的权值矩阵$\boldsymbol{W}$满足$\boldsymbol{1}_N^{\mathrm{T}}\boldsymbol{W}=\boldsymbol{0}_N^{\mathrm{T}}$，根据式（8-38），可得

$$\begin{aligned}\sum_{i=1}^{N}\boldsymbol{\theta}_{i,k+1}&=(\boldsymbol{1}_N^{\mathrm{T}}\otimes\boldsymbol{I}_3)\boldsymbol{\theta}_{k+1}\\&=(\boldsymbol{1}_N^{\mathrm{T}}\otimes\boldsymbol{I}_3)\boldsymbol{\theta}_k-(\boldsymbol{1}_N^{\mathrm{T}}\boldsymbol{W}\otimes\boldsymbol{I}_3)\nabla J_k\\&=(\boldsymbol{1}_N^{\mathrm{T}}\otimes\boldsymbol{I}_3)\boldsymbol{\theta}_k=\sum_{i=1}^{N}\boldsymbol{\theta}_{i,k}\end{aligned} \tag{8-42}$$

因此，如果$\boldsymbol{\theta}_i(i\in\mathbb{N})$的初值满足$\sum\limits_{i=1}^{N}\boldsymbol{\theta}_{i,0}=\boldsymbol{1}_3$，那么

$$\sum_{i=1}^{N}\boldsymbol{\theta}_{i,k+1}=\sum_{i=1}^{N}\boldsymbol{\theta}_{i,k}=\cdots=\sum_{i=1}^{N}\boldsymbol{\theta}_{i,0}=\mathbf{1}_3 \tag{8-43}$$

式（8-35）中的约束将能够一直得到满足。这意味着在所有的控制时刻，组合体姿态运动所需的控制力矩都能够完全地在微小卫星之间得到分配。

**2. 控制受限合作博弈控制策略**

分布式控制分配层仅给出了各星帕累托最优控制分配系数，为获得各星的可执行控制策略，本小节首先进行组合体参考角速度轨迹的设计，之后在考虑微小卫星控制约束的情况下进行总控制量解算层的设计，以实现对各星合作博弈控制策略的确定。

1）*参考角速度轨迹设计*

为将失效卫星控制到期望姿态上，为组合体设计如下的期望姿态 MRP 轨迹

$$\boldsymbol{\sigma}_d=(\boldsymbol{\sigma}_0-\boldsymbol{\sigma}_f)e^{-k_1t}+\boldsymbol{\sigma}_f \tag{8-44}$$

式中：$\boldsymbol{\sigma}_d$ 和 $\boldsymbol{\sigma}_0$ 为组合体的期望和初始姿态 MRP；$\boldsymbol{\sigma}_f$ 为失效卫星所要求的终端姿态 MRP；$k_1>0$ 为一可调系数。考虑到微小卫星控制能力的有限性，可选择较小的 $k_1$，使组合体能够跟踪一平缓变化的期望 MRP 轨迹。

$\boldsymbol{\sigma}_d$ 的一阶导数为

$$\dot{\boldsymbol{\sigma}}_d=-k_1(\boldsymbol{\sigma}_0-\boldsymbol{\sigma}_f)e^{-k_1t} \tag{8-45}$$

根据组合体姿态运动学方程，设计如下的对应于式（8-45）的组合体期望姿态角速度轨迹

$$\boldsymbol{\omega}_d=\boldsymbol{G}^{-1}(\boldsymbol{\sigma}_d)\dot{\boldsymbol{\sigma}}_d \tag{8-46}$$

由于式（8-46）中的期望姿态角速度是根据组合体姿态运动学方程得到的，因此从理论上来说，当组合体的姿态角速度严格按照式（8-46）中的轨迹变化时，式（8-44）中的期望姿态 MRP 轨迹也能够得到准确的跟踪。在实际空间任务中，由于角速度跟踪误差、微小卫星控制约束的存在，式（8-46）中的期望角速度轨迹难以得到准确的跟踪。为确保组合体的姿态 MRP 能够跟踪式（8-44）中的期望轨迹，可为组合体设计如下的闭环参考角速度轨迹

$$\boldsymbol{\omega}_r=\boldsymbol{\omega}_d+\boldsymbol{G}(\boldsymbol{\sigma}_e)^{-1}(-\boldsymbol{\sigma}_e^{\times}\boldsymbol{\omega}_d-\boldsymbol{\eta}\boldsymbol{\sigma}_e) \tag{8-47}$$

式中：$\boldsymbol{\eta}$ 为一正定增益矩阵；$\boldsymbol{\sigma}_e$ 为组合体误差姿态 MRP。

**定理 8.2**：如果组合体的姿态角速度跟踪式（8-47）中的闭环参考轨迹，那么组合体的误差姿态 MRP $\boldsymbol{\sigma}_e$ 收敛至 $\mathbf{0}$。

**证明**：组合体的误差姿态运动学方程为

$$\dot{\boldsymbol{\sigma}}_e=\frac{1}{4}[-2(\boldsymbol{\omega}_e^{\times}+2\boldsymbol{\omega}_d^{\times})\boldsymbol{\sigma}_e+(1-\boldsymbol{\sigma}_e^{\mathrm{T}}\boldsymbol{\sigma}_e)\boldsymbol{\omega}_e]+\frac{1}{2}(\boldsymbol{\omega}_e^{\mathrm{T}}\boldsymbol{\sigma}_e)\boldsymbol{\sigma}_e \tag{8-48}$$

式（8-48）可被整理为

$$\dot{\boldsymbol{\sigma}}_e=\frac{1}{4}[(1-\boldsymbol{\sigma}_e^{\mathrm{T}}\boldsymbol{\sigma}_e)\boldsymbol{I}_3+2\boldsymbol{\sigma}_e^{\times}+2\boldsymbol{\sigma}_e\boldsymbol{\sigma}_e^{\mathrm{T}}]\boldsymbol{\omega}_e+\boldsymbol{\sigma}_e^{\times}\boldsymbol{\omega}_d$$

$$=G(\sigma_e)\omega_e+\sigma_e^{\times}\omega_d \tag{8-49}$$

定义如下的李雅普诺夫函数

$$L=\frac{1}{2}\sigma_e^{\mathrm{T}}\sigma_e \tag{8-50}$$

当组合体的姿态角速度跟踪式（8-47）中的参考轨迹时，即 $\omega=\omega_r$，李雅普诺夫函数的导数为

$$\begin{aligned}\dot{L}&=\sigma_e^{\mathrm{T}}(G(\sigma_e)\omega_e+\sigma_e^{\times}\omega_d)\\&=\sigma_e^{\mathrm{T}}(G(\sigma_e)(\omega-\omega_d)+\sigma_e^{\times}\omega_d)\\&=\sigma_e^{\mathrm{T}}(G(\sigma_e)(\omega_d+G(\sigma_e)^{-1}(-\sigma_e^{\times}\omega_d-\eta\sigma_e)-\omega_d)+\sigma_e^{\times}\omega_d)\\&=-\sigma_e^{\mathrm{T}}\eta\sigma_e\end{aligned} \tag{8-51}$$

由于 $\eta$ 为一正定矩阵，如果 $\sigma_e\neq 0$，则$\dot{L}<0$，因此 $\sigma_e$ 将收敛至 0。

由于当 $\sigma_e=0$ 时，$\omega_r=\omega_d$。根据定理 8.2，当组合体跟踪式（8-47）中的参考轨迹时，式（8-44）及式（8-46）中的期望轨迹均可得到跟踪。

2）控制受限合作博弈控制策略求解

为在满足微小卫星控制约束的情况下使组合体能够跟踪式（8-47）中的闭环参考角速度轨迹，通过模型预测控制方法进行微小卫星控制策略的解算。为减少微小卫星的整体能量消耗，在每一控制时刻，优化如下的目标函数：

$$\begin{aligned}J_k&=\sum_{p=1}^{N_c}(\omega_{re,k+p}^{\mathrm{T}}q\omega_{re,k+p}+\tau_{k+p-1}^{\mathrm{T}}r\tau_{k+p-1})\\&=\Omega_{re,k}^{\mathrm{T}}Q\Omega_{re,k}+T_k^{\mathrm{T}}RT_k\end{aligned} \tag{8-52}$$

式中：$\omega_{re,k+p}=\omega_{k+p}-\omega_{r,k+p}$；$\tau_k$ 为 $t_k$ 时刻所有微小卫星产生的总控制力矩；$q$、$r$ 为正定权值矩阵，预测及控制时域均设定为 $N_c$；$\Omega_{re,k}=[\omega_{re,k+1}^{\mathrm{T}},\omega_{re,k+2}^{\mathrm{T}},\cdots,\omega_{re,k+N_c}^{\mathrm{T}}]^{\mathrm{T}}$；$T_k=[\tau_k^{\mathrm{T}},\tau_{k+1}^{\mathrm{T}},\cdots,\tau_{k+N_c-1}^{\mathrm{T}}]^{\mathrm{T}}$；$Q=I_{N_c}\otimes q$，$R=I_{N_c}\otimes r$。

在求解组合体姿态运动所需的控制力矩时，需要考虑的约束包括组合体误差姿态动力学约束及微小卫星控制约束。组合体误差姿态动力学约束具有如下形式

$$\begin{aligned}\dot{\omega}_{re}&=-J^{-1}\omega^{\times}(J\omega+h_w)+J^{-1}\sum_{i=1}^{N}C_i^b u_i-\dot{\omega}_r\\&=-J^{-1}\omega^{\times}(J\omega)+J^{-1}h_w^{\times}\omega+J^{-1}\tau-\dot{\omega}_r\end{aligned} \tag{8-53}$$

式中：$\tau=\sum_{i=1}^{N}C_i^b u_i$。

式（8-53）的线性离散形式为

$$\omega_{re,k+1}=F_k\omega_k+B_k\tau_k+c_k-\omega_{r,k+1} \tag{8-54}$$

式中：$B_k=\int_0^{\Delta t}e^{(F_c(\omega_k)+F_w(h_{w,k}))\tau}J^{-1}\mathrm{d}\tau$，$F_c(\omega_k)$ 的具体表达式见式（8-12），$F_w(h_{w,k})=J^{-1}h_{w,k}^{\times}$，$F_k$ 与 $c_k$ 的具体表达式见式（8-14）。

根据式（8-54），可得未来 $N_c$ 时域内的误差姿态角速度序列为

$$\boldsymbol{\Omega}_{re,k}=\boldsymbol{L}_k\boldsymbol{\omega}_k+\boldsymbol{W}_k\boldsymbol{T}_k+\boldsymbol{C}_k-\boldsymbol{\Omega}_{r,k} \tag{8-55}$$

式中：$\boldsymbol{\Omega}_{r,k}=[\boldsymbol{\omega}_{r,k+1}^{\mathrm{T}},\boldsymbol{\omega}_{r,k+2}^{\mathrm{T}},\cdots,\boldsymbol{\omega}_{r,k+N_c}^{\mathrm{T}}]^{\mathrm{T}}$，$\boldsymbol{L}_k$ 与 $\boldsymbol{C}_k$ 由式（8-18）给出，且

$$\boldsymbol{W}_k=\begin{bmatrix}\boldsymbol{B}_k & & & \\ \boldsymbol{F}_k\boldsymbol{B}_k & \boldsymbol{B}_k & & \\ \vdots & \vdots & \ddots & \\ \boldsymbol{F}_k^{N_c-1}\boldsymbol{B}_k & \boldsymbol{F}_k^{N_c-2}\boldsymbol{B}_k & \cdots & \boldsymbol{B}_k\end{bmatrix} \tag{8-56}$$

根据式（8-31），在当前时刻 $t_k$，$N$ 颗微小卫星的控制约束可转化为如下 $N$ 组不等式

$$|\boldsymbol{K}_i\boldsymbol{\tau}_k|\leqslant u_m\boldsymbol{1}_3,\ i\in\mathbb{N} \tag{8-57}$$

式中：$u_m$ 为微小卫星控制力矩幅值，$\boldsymbol{K}_i=\boldsymbol{C}_b^i\boldsymbol{\Theta}_i$。式（8-57）中，对于矢量 $\boldsymbol{a}$ 或矩阵 $\boldsymbol{A}$，$|\boldsymbol{a}|$或$|\boldsymbol{A}|$表示 $\boldsymbol{a}$ 或 $\boldsymbol{A}$ 中每一元素的绝对值所构成的矢量或矩阵。

在设计组合体的模型预测控制器时，式（8-57）中的控制约束（包含 $3N$ 个不等式）可以被化简为如下的约束（包含 3 个不等式）：

$$|\boldsymbol{\tau}_k|\leqslant u_m\boldsymbol{k}_m \tag{8-58}$$

式中：

$$\boldsymbol{k}_m=\begin{bmatrix}\min\limits_{i\in\mathbb{N}} k_{i1}\\ \min\limits_{i\in\mathbb{N}} k_{i2}\\ \min\limits_{i\in\mathbb{N}} k_{i3}\end{bmatrix} \tag{8-59}$$

$\boldsymbol{k}_i=[k_{i1},k_{i2},k_{i3}]^{\mathrm{T}}$ 为一个矢量，其定义如下：

$$\boldsymbol{k}_i=|\boldsymbol{K}_i|^{-1}\boldsymbol{1}_3=|\boldsymbol{C}_b^i\boldsymbol{\Theta}_i|^{-1}\boldsymbol{1}_3 \tag{8-60}$$

将式（8-55）代入式（8-52）中，可得

$$\begin{aligned}J_k=&(\boldsymbol{\omega}_k^{\mathrm{T}}\boldsymbol{L}_k^{\mathrm{T}}+\boldsymbol{C}_k^{\mathrm{T}}-\boldsymbol{\Omega}_{r,k}^{\mathrm{T}})\boldsymbol{Q}(\boldsymbol{L}_k\boldsymbol{\omega}_k+\boldsymbol{C}_k-\boldsymbol{\Omega}_{r,k})+\\&2(\boldsymbol{\omega}_k^{\mathrm{T}}\boldsymbol{L}_k^{\mathrm{T}}+\boldsymbol{C}_k^{\mathrm{T}}-\boldsymbol{\Omega}_{r,k}^{\mathrm{T}})\boldsymbol{Q}\boldsymbol{W}_k\boldsymbol{T}_k+\boldsymbol{T}_k^{\mathrm{T}}\boldsymbol{W}_k^{\mathrm{T}}\boldsymbol{Q}\boldsymbol{W}_k\boldsymbol{T}_k+\boldsymbol{T}_k^{\mathrm{T}}\boldsymbol{R}\boldsymbol{T}_k\end{aligned} \tag{8-61}$$

式（8-61）中的第一项在优化过程可被略去，这样，组合体姿态运动所需的控制力矩可通过求解如下的二次规划问题来确定

$$\begin{cases}\min\quad J_k=\dfrac{1}{2}\boldsymbol{T}_k^{\mathrm{T}}\boldsymbol{S}_k\boldsymbol{T}_k+\boldsymbol{V}_k^{\mathrm{T}}\boldsymbol{T}_k\\ \text{s.t.}\quad \boldsymbol{U}_m\leqslant\boldsymbol{T}_k\leqslant\boldsymbol{U}_M\end{cases} \tag{8-62}$$

式中：$\boldsymbol{S}_k=2(\boldsymbol{W}_k^{\mathrm{T}}\boldsymbol{Q}\boldsymbol{W}_k+\boldsymbol{R})$，$\boldsymbol{V}_k=2\boldsymbol{W}_k^{\mathrm{T}}\boldsymbol{Q}(\boldsymbol{L}_k\boldsymbol{\omega}_k+\boldsymbol{C}_k-\boldsymbol{\Omega}_{r,k})$；$\boldsymbol{U}_m=\boldsymbol{1}_{N_c}\otimes(-u_m\boldsymbol{k}_m)$，$\boldsymbol{U}_M=\boldsymbol{1}_{N_c}\otimes(u_m\boldsymbol{k}_m)$。

**注 8.2**：式（8-60）中，$|\boldsymbol{C}_b^i\boldsymbol{\Theta}_i|\leqslant|\boldsymbol{C}_b^i||\boldsymbol{\Theta}_i|$，因此 $\boldsymbol{k}_i\geqslant|\boldsymbol{\Theta}_i|^{-1}|\boldsymbol{C}_b^i|^{-1}\boldsymbol{1}_3$。由于 $\boldsymbol{\Theta}_i=\mathrm{diag}\{\theta_{ix},\theta_{iy},\theta_{iz}\}$，$0\leqslant\theta_{il}(l=x,y,z)\leqslant1$，因此 $\boldsymbol{k}_i$ 满足 $\boldsymbol{k}_i\geqslant|\boldsymbol{C}_b^i|^{-1}\boldsymbol{1}_3$。根据式（8-58）与式（8-59），可知 $\boldsymbol{k}_i$ 较大时，微小卫星会拥有较大的控制约束

范围，此时其控制策略求解保守性较低。因此，通过适当调整微小卫星的构型以增大$|\boldsymbol{C}_b^i|^{-1}\mathbf{1}_3$的值，可降低微小卫星控制策略求解的保守性，从而提高多星协同接管失效卫星姿态运动的控制性能。

综合上述分析，可得基于分布式信息的多星合作博弈姿态接管控制框图，如图 8-13 所示，其主要由中间框图中左侧的总控制量解算层与右侧的分布式控制分配层构成。在每一控制时刻，微小卫星通过分布式控制分配层，基于局部信息交互进行各自帕累托最优控制分配系数的更新，并根据最新获得的控制分配系数以及总控制量解算层给出的总控制力矩进行各自合作博弈控制策略的确定。在总控制量解算层中，任意一颗微小卫星都可用来进行式（8-62）中二次规划问题的求解，以确定失效卫星姿态接管过程中微小卫星所需产生的总控制力矩。

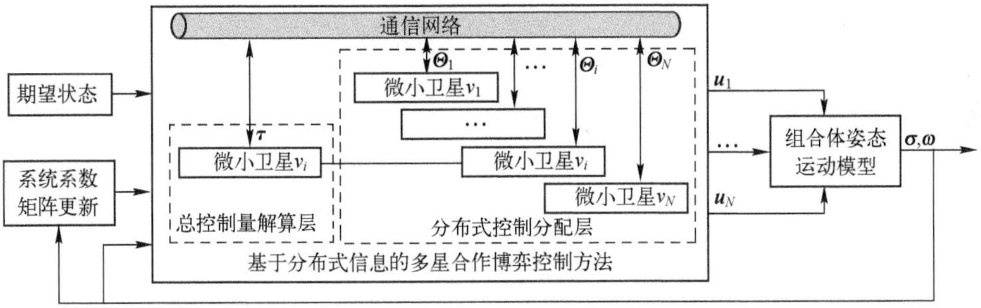


**图 8-13 基于分布式信息的合作博弈姿态接管控制框图**

## 8.4.3 计算复杂度分析

本小节对所设计方法的计算复杂度进行分析。为说明基于分布式信息进行控制分配系数更新在降低微小卫星合作博弈控制计算复杂度方面的优势，本节同时给出了以完全集中式的方式进行微小卫星合作博弈控制策略求解时的计算复杂度。

首先进行基于分布式信息的控制受限合作博弈控制方法计算复杂度的分析。在每一控制时刻，为获得各颗微小卫星的控制策略，需要通过总控制量解算层计算所有微小卫星所需产生的总控制力矩，并通过分布式控制分配层进行各星控制分配系数的更新。控制分配层需要更新权值系数矩阵$\boldsymbol{\alpha}_i$、各星控制分配系数$\boldsymbol{\Theta}_i$，以及式（8-59）中矢量$\boldsymbol{k}_m$的值。$\boldsymbol{\alpha}_i$根据式（8-33）和式（8-34）进行更新，由于式（8-33）的计算复杂度与微小卫星的数量无关，而式（8-34）相对于微小卫星数量的计算复杂度为$\mathcal{O}(N)$，因此更新$\boldsymbol{\alpha}_i$的计算复杂度为$\mathcal{O}(N)$。$\boldsymbol{\Theta}_i$根据式（8-36）与式（8-37）来进行更新，而式（8-36）与式（8-37）的计算复杂度均与微小卫星的数量无关，因此，更新$\boldsymbol{\Theta}_i$的计算复杂度为$\mathcal{O}(1)$。矢量$\boldsymbol{k}_m$的更新分为两步，分别为通过式（8-60）计算$\boldsymbol{k}_i$，以及通过式（8-59）计算$\boldsymbol{k}_m$。由于式（8-60）与式（8-59）的计算复杂度分别为$\mathcal{O}(1)$与$\mathcal{O}(N)$，更新

$\boldsymbol{k}_m$ 的计算复杂度为 $\mathcal{O}(N)$。根据以上分析，分布式控制分配层相对于微小卫星数量的计算复杂度为 $\mathcal{O}(N)$。

令$\overline{\boldsymbol{\theta}}_i=\overline{\boldsymbol{\alpha}}_i\boldsymbol{C}_b^i\boldsymbol{\theta}_i$，且$\overline{\boldsymbol{\alpha}}_i^{\mathrm{T}}\overline{\boldsymbol{\alpha}}_i=1/2\boldsymbol{\alpha}_i$，式（8-35）中优化问题可整理为如下集中式的形式

$$\begin{cases}\min & J=\overline{\boldsymbol{\theta}}^{\mathrm{T}}\overline{\boldsymbol{\theta}}\\ \text{s. t.} & \overline{\boldsymbol{A}}\,\overline{\boldsymbol{\theta}}=\boldsymbol{1}_3\end{cases} \tag{8-63}$$

式中：$\overline{\boldsymbol{\theta}}=[\overline{\boldsymbol{\theta}}_1^{\mathrm{T}},\cdots,\overline{\boldsymbol{\theta}}_N^{\mathrm{T}}]^{\mathrm{T}}$；$\overline{\boldsymbol{A}}=[\boldsymbol{C}_1^b\overline{\boldsymbol{\alpha}}_1^{-1},\cdots,\boldsymbol{C}_N^b\overline{\boldsymbol{\alpha}}_N^{-1}]$。式（8-63）中优化问题的解$\overline{\boldsymbol{\theta}}$是方程$\overline{\boldsymbol{A}}\,\overline{\boldsymbol{\theta}}=\boldsymbol{1}_3$ 的最小二乘解。因此，式（8-63）中优化问题的解 $\boldsymbol{\theta}$ 可通过如下的集中式方法来获得

$$\boldsymbol{\theta}=\boldsymbol{A}\overline{\boldsymbol{\theta}}=\boldsymbol{A}(\overline{\boldsymbol{A}}^{\mathrm{T}}\overline{\boldsymbol{A}})^{-1}\overline{\boldsymbol{A}}^{\mathrm{T}}\boldsymbol{1}_3 \tag{8-64}$$

式中：$\boldsymbol{A}=\operatorname{diag}\{\boldsymbol{C}_1^b\overline{\boldsymbol{\alpha}}_1^{-1},\cdots,\boldsymbol{C}_N^b\overline{\boldsymbol{\alpha}}_N^{-1}\}$。

式（8-64）相对于微小卫星数量的计算复杂度为 $\mathcal{O}(N^3)$。考虑到更新 $\boldsymbol{\alpha}_i$ 与 $\boldsymbol{k}_m$ 的计算复杂度均为 $\mathcal{O}(N)$，以集中式的方式进行控制力矩分配系数更新的计算复杂度为 $\mathcal{O}(N^3)$。

由于总控制量解算层仅给出组合体姿态运动所需的总控制力矩，因此其计算复杂度与微小卫星的数量无关。因此，基于分布式与集中式信息的合作博弈控制方法的计算复杂度分别为 $\mathcal{O}(N)$ 与 $\mathcal{O}(N^3)$。这意味着当多颗微小卫星通过基于分布式信息的方法进行合作博弈控制策略的计算时，其数量对控制计算复杂度的影响能够被降低。

### 8.4.4 仿真验证

#### 1. 失效卫星姿态接管控制仿真验证

首先对基于分布式信息的控制受限合作博弈控制方法应用于失效卫星姿态接管控制任务的有效性进行验证。在此基础上，通过采用不同数量的微小卫星进行多组失效卫星姿态接管控制的仿真实验，对以集中式和分布式方式进行微小卫星控制分配系数更新时的控制计算时间进行统计与对比分析，以验证所设计的基于分布式信息的控制受限合作博弈控制方法在降低微小卫星控制计算时间消耗方面的有效性。

首先通过 6 颗微小卫星进行失效卫星的姿态接管控制，不失一般性，假设组合体本体坐标系的三轴与微小卫星 $v_1$ 的惯性主轴相平行。微小卫星通信拓扑如图 8-14 所示。微小卫星控制力矩幅值 $u_m=0.01\mathrm{N\cdot m}$，预测/控制时域 $N_c=3$。边 $e_{ij}\in\mathcal{E}$，$i\neq j$ 对应的权值 $w_{ij}=\gamma=-0.1$。各星本体坐标系到组合体本体坐标系的转换矩阵分别为

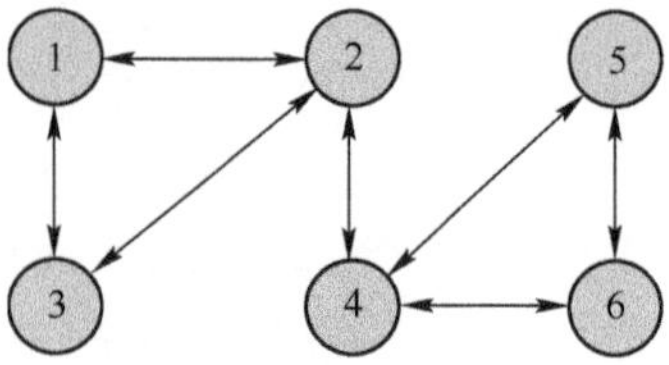

图 8-14　算例 1 微小卫星通信拓扑图

$$C_1^b=\begin{bmatrix}1&0&0\\0&1&0\\0&0&1\end{bmatrix},\quad C_2^b=\begin{bmatrix}0.9994&0.0349&0\\-0.0349&0.9994&0\\0&0&1\end{bmatrix}$$

$$C_3^b=\begin{bmatrix}0.9613&0&-0.2756\\0&1&0\\0.2756&0&0.9613\end{bmatrix}\quad C_4^b=\begin{bmatrix}0.9986&0&-0.0523\\0&1&0\\0.0523&0&0.9986\end{bmatrix}$$

$$C_5^b=\begin{bmatrix}1&0&0\\0&0.9962&0.0872\\0&-0.0872&0.9962\end{bmatrix},\quad C_6^b=\begin{bmatrix}0.9962&0.0872&0\\-0.0872&0.9962&0\\0&0&1\end{bmatrix}$$

组合体转动惯量矩阵为

$$\boldsymbol{J}=\begin{bmatrix}106.8&20.6&28.1\\20.6&108.5&22.7\\28.1&22.7&109.5\end{bmatrix}\mathrm{kg\cdot m^2}$$

组合体的初始姿态 MRP 与姿态角速度分别为 $\boldsymbol{\sigma}_0=[0.4625,0.3695,-0.1423]^{\mathrm{T}}$ 与 $\boldsymbol{\omega}_0=[-0.0420,-0.0342,-0.0302]^{\mathrm{T}}\mathrm{rad/s}$。失效卫星要求的终端姿态 MRP 与角速度分别为 $\boldsymbol{\sigma}_f=[0,0,0]^{\mathrm{T}}$ 与 $\boldsymbol{\omega}_f=[0,0,0]^{\mathrm{T}}\mathrm{rad/s}$。控制时间间隔 $\Delta t=0.1\mathrm{s}$。

图 8-15（a）与（b）分别给出了组合体姿态 MRP 与角速度变化曲线，通过所设计的基于分布式信息的控制受限合作博弈控制方法，组合体的姿态 MRP 及角速度能够跟踪期望轨迹并收敛到期望值上。图 8-16 给出了微小卫星控制力矩随时间变化的曲线。可以看出，在整个姿态接管控制过程中，所有微小卫星控制力矩都位于 $[-0.01,0.01]\mathrm{N\cdot m}$ 之间，满足其控制约束，这验证了所提出的基于分布式信息的控制受限合作博弈控制方法在处理微小卫星控制约束方面的有效性。

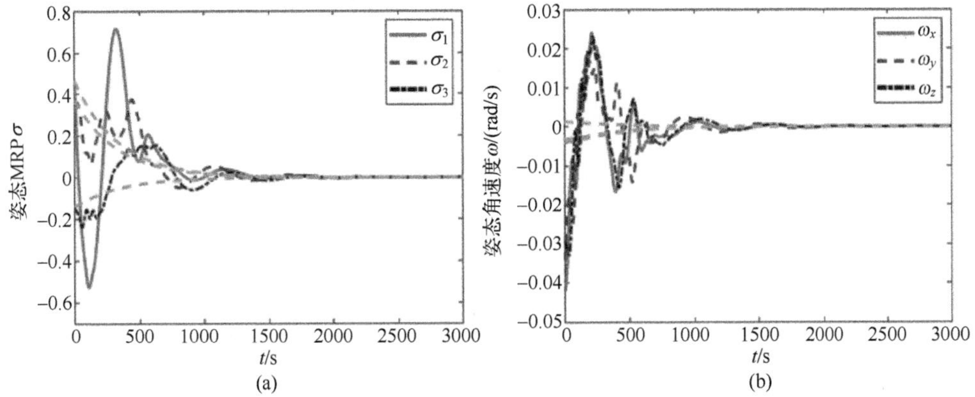


**图 8-15　组合体姿态 MRP 及角速度轨迹**

（a）姿态 MRP 轨迹；（b）姿态角速度轨迹。

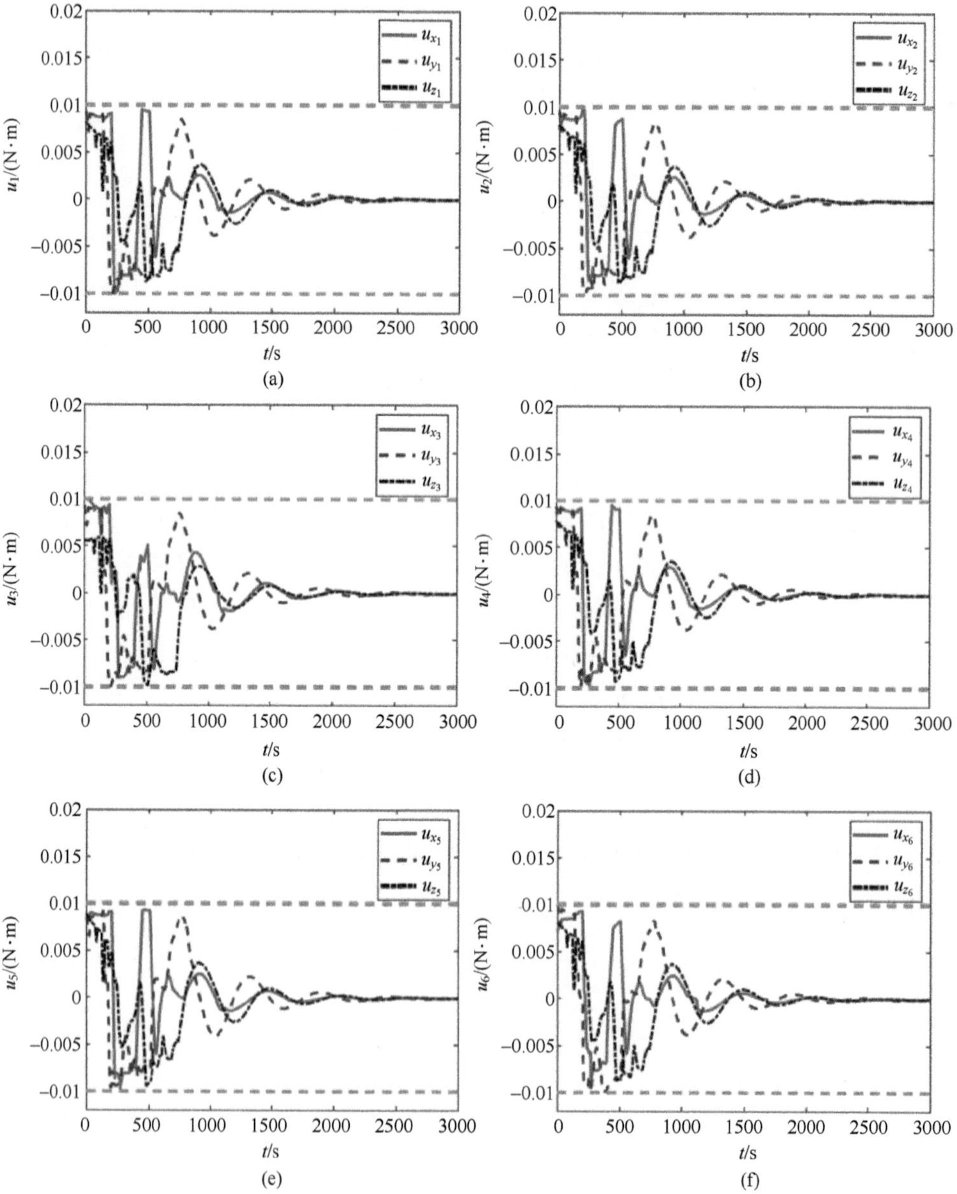


**图 8-16 微小卫星控制力矩变化曲线**

（a）微小卫星 1；（b）微小卫星 2；（c）微小卫星 3；
（d）微小卫星 4；（e）微小卫星 5；（f）微小卫星 6。

为了对比基于集中式与分布式信息的合作博弈控制方法的控制计算时间，在相同仿真条件下，使用两种方法分别进行失效卫星姿态接管控制的仿真实验。表 8-2

给出了使用不同数量的微小卫星进行多组实验时，两种方法在控制分配层与总控制量解算层所消耗的平均计算时间。可以看出两种方法在总控制量解算层所消耗的平均计算时间较为相近，且均不随微小卫星数量的增加而单调增加。而在控制分配层，基于分布式信息的方法所消耗的时间比集中式低一个量级，且随微小卫星数量的增加也增加得更为缓慢，如图 8-17 所示。因此，基于分布式信息的方法在控制分配层与总控制量解算层所消耗的总控制计算时间更少，且能有效降低微小卫星数量对总控制计算时间的影响程度，这验证了本节提出的基于分布式信息的合作博弈控制方法在降低微小卫星控制计算时间消耗方面的有效性。

**表 8-2　基于集中式与分布式信息的合作博弈控制方法平均计算时间**

| 方法 | 控制层 | 数量 | | | | | | |
|---|---|---|---|---|---|---|---|---|
| | | 3 | 6 | 9 | 12 | 15 | 18 | 21 |
| 集中式 | 分配层（$\times10^{-4}$s） | 1.4711 | 1.9894 | 2.4253 | 2.8767 | 3.3696 | 3.9232 | 4.4056 |
| | 解算层（$\times10^{-4}$s） | 8.1107 | 8.1907 | 8.0987 | 8.0720 | 8.0227 | 8.3083 | 8.3019 |
| | 总共（$\times10^{-4}$s） | 9.5818 | 10.1801 | 10.524 | 10.9487 | 11.3923 | 12.2315 | 12.7075 |
| 分布式 | 分配层（$\times10^{-5}$s） | 3.5210 | 3.5502 | 3.5656 | 3.6116 | 3.6526 | 3.8074 | 3.8677 |
| | 解算层（$\times10^{-4}$s） | 8.1535 | 8.1063 | 8.0084 | 8.1151 | 8.1366 | 8.2684 | 8.2806 |
| | 总共（$\times10^{-4}$s） | 8.5056 | 8.4613 | 8.3650 | 8.4763 | 8.5019 | 8.6491 | 8.6674 |

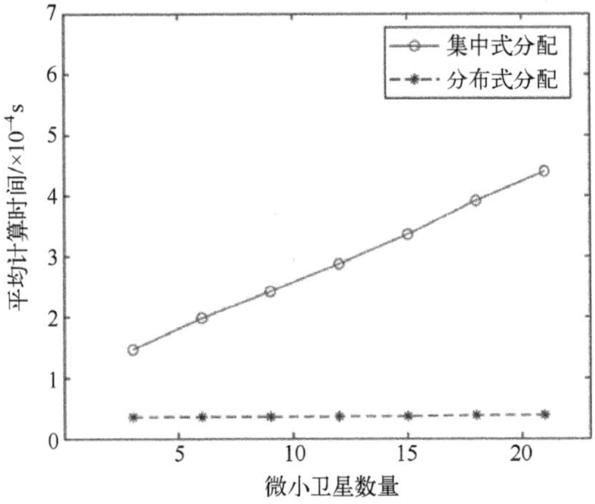


**图 8-17　采用不同数量微小卫星时控制分配系数计算时间**

#### 2. 不同构型下姿态接管控制性能对比分析

本小节采用相同数量、不同构型的两组微小卫星进行失效卫星姿态接管控制的仿真实验，以展示微小卫星构型对失效卫星姿态接管控制性能的影响。第一组

微小卫星采用算例 1 中前 3 颗微小卫星的构型，记作构型 1，第二组微小卫星采用如下的构型，记作构型 2

$$\boldsymbol{C}_1^b=\begin{bmatrix}1&0&0\\0&1&0\\0&0&1\end{bmatrix},\quad \boldsymbol{C}_2^b=\begin{bmatrix}0.8640&0.4031&-0.3017\\-0.2477&0.8620&0.4423\\0.4384&-0.3074&0.8446\end{bmatrix}$$

$$\boldsymbol{C}_3^b=\begin{bmatrix}0.8713&-0.4258&0.2441\\0.3171&0.8680&0.3822\\-0.3746&-0.2556&0.8913\end{bmatrix}$$

对于构型 1 来说，各星所对应 $|\boldsymbol{C}_b^i|^{-1}\mathbf{1}_3$ 的取值分别为 $|\boldsymbol{C}_b^1|^{-1}\mathbf{1}_3=[1,1,1]^{\mathrm{T}}$，$|\boldsymbol{C}_b^2|^{-1}\mathbf{1}_3=[0.9668,0.9668,1.0000]^{\mathrm{T}}$，$|\boldsymbol{C}_b^3|^{-1}\mathbf{1}_3=[0.8085,1.0000,0.8085]^{\mathrm{T}}$。对于构型 2 来说，各星所对应的 $|\boldsymbol{C}_b^i|^{-1}\mathbf{1}_3$ 的取值分别为 $|\boldsymbol{C}_b^1|^{-1}\mathbf{1}_3=[1,1,1]^{\mathrm{T}}$，$|\boldsymbol{C}_b^2|^{-1}\mathbf{1}_3=[0.6638,0.6296,0.6172]^{\mathrm{T}}$，$|\boldsymbol{C}_b^3|^{-1}\mathbf{1}_3=[0.6221,0.6486,0.6735]^{\mathrm{T}}$。因此，与构型 2 相比，当微小卫星采用构型 1 时，其 $|\boldsymbol{C}_b^i|^{-1}\mathbf{1}_3$ 取值较大，根据注 8.2 中的分析，采用构型 1 的微小卫星在进行控制策略求解时，其控制约束所带来的保守性较低。

图 8-18 给出了微小卫星采用构型 1 与构型 2 时，组合体误差姿态 MRP 与误差角速度随时间变化的曲线。各星控制力矩变化曲线如图 8-19 所示。从图 8-19 可以看出，当微小卫星采用构型 1 时，组合体的误差姿态 MRP 与误差角速度变化得更为平缓，并且收敛更快。因此，通过适当地调整微小卫星的构型使得 $|\boldsymbol{C}_b^i|^{-1}\mathbf{1}_3$ 取值尽可能大，失效卫星姿态接管控制性能可以得到提升。这验证了注 8.2 中对微小卫星构型与失效卫星姿态接管控制性能之间关系分析的正确性。

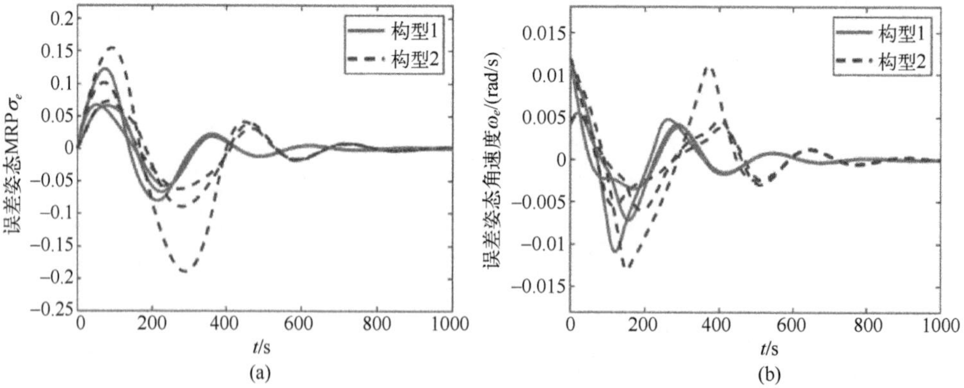


**图 8-18 不同微小卫星构型下组合体误差姿态 MRP 与误差角速度变化曲线**

（a）误差姿态 MRP 轨迹；（b）误差姿态角速度轨迹。

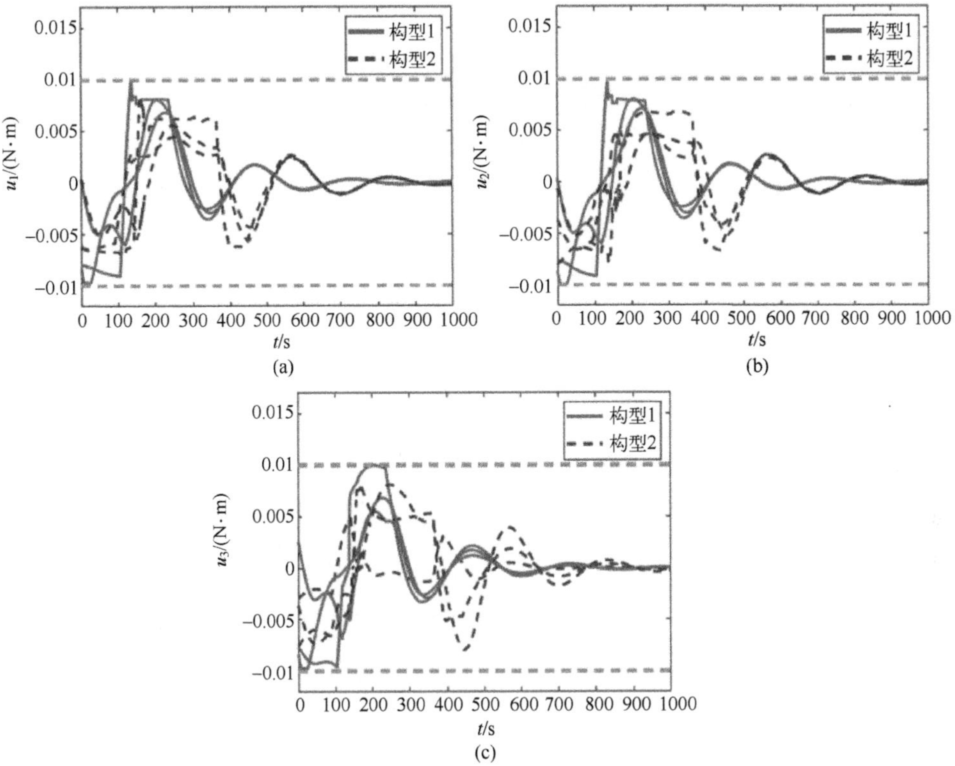


**图 8-19 不同构型下微小卫星控制力矩变化曲线**

（a）微小卫星 1；（b）微小卫星 2；（c）微小卫星 3。

## 8.5 小结

本章面向失效卫星姿态接管控制需求，分别从微小卫星非合作博弈和合作博弈的角度出发，进行了多星控制受限协作博弈模型的建立与博弈控制方法的研究。主要研究工作和结果有：

（1）利用模型预测控制处理约束的优势，通过将微小卫星的博弈控制问题转换为一组模型预测控制问题，建立了多星控制受限非合作/合作博弈模型，并基于此设计了多星控制受限非合作/合作博弈控制方法。所设计的非合作博弈控制方法能够在避免进行微分博弈方法所要求的复杂耦合 HJ 方程组求解的情况下，通过各星独立地进行一个二次规划问题的求解获得各自的博弈控制策略。

（2）在相同的仿真条件下，对多星采用非合作/合作博弈控制方法时的能量消耗进行了仿真对比分析。结果表明，与非合作博弈仅能实现各星局部目标函数的优化相比，合作博弈控制方法能够同时实现所有微小卫星目标函数的优化，因此微小卫星总体能量消耗量更少。

（3）针对多星合作博弈控制集中式求解方法给中央处理器带来较大计算/通信负担的问题，设计了一种基于分布式信息的多星控制受限合作博弈控制方法。该方法能够通过多星帕累托最优控制分配系数的分布式更新，实现计算/通信负担在各星之间的分担。对所设计方法与完全集中式合作博弈控制方法的计算复杂度进行了理论与仿真对比分析，结果表明，该方法在降低多星合作博弈控制策略计算时间方面具有优势。

# 参考文献


[1] 韩楠. 多星协同作业的博弈控制研究［D］. 西安：西北工业大学, 2021.

[2] HAN N, LUO J, ZHENG Z, et al. Distributed cooperative game method for attitude takeover of failed satellites using nanosatellites［J］. Aerospace Science and Technology, 2020, 106：106151.

[3] REN W, CAO Y. Distributed coordination of multi - agent networks：emergent problems, models, and issues［M］. London：Springer, 2011.

[4] XIAO L, BOYD S. Optimal scaling of a gradient method for distributed resource allocation［J］. Journal of Optimization Theory and Applications, 2006, 129（03）：469-488.

# 09 第 9 章 多星协同运输的合作博弈控制

## 9.1 引言

未来空间太阳能电站、大型空间望远镜等大型空间设施难以通过一次性发射完成建造，需要通过在轨装配技术完成其在轨建造、组装和部署。为了将一些空间组装模块或子结构安装在大型空间设施的主体结构上，需要对空间组装模块或子结构的姿轨运动进行控制，以满足其与主体结构对接的姿轨状态需求。考虑到子结构可能不具备执行机构，可通过具有简单机动能力的多颗微小卫星为子结构提供控制力或力矩，以对其进行协同运输。为了使子结构的姿轨状态满足任务要求，本章在前两章多星协同姿态接管控制研究的基础上，考虑协同运输任务中子结构姿轨耦合关系的影响，面向子结构姿轨接管控制和运输需求进行多星协同控制问题研究。

多星协同运输任务面临多种复杂的状态与控制约束条件。此外，在实际的空间协同运输任务中，由于微小卫星的燃料消耗、在轨装配航天器上柔性附件的存在，在轨装配航天器的质量、质心位置及转动惯量矩阵等动力学参数均具有不确定性。这些不确定性以及外界干扰、在轨装配航天器姿轨耦合效应会带来未知扰动，从而对在轨装配航天器的姿轨运动产生不利影响。为此，本章在考虑多约束、外界干扰、在轨装配航天器动力学参数不确定性及姿轨耦合效应影响的情况下，进行多星协同运输合作博弈控制方法的研究。同时，考虑到微小卫星计算/通信能力的有限性，研究多星协同运输合作博弈控制的分布式实现方式。本章的主要内容源自文献［1-3］。

## 9.2 多星协同运输任务描述

为实现子结构与大型空间设施主体结构的对接与组装，多颗微小卫星需要同时对子结构的轨道与姿态运动进行控制，以满足对接所提出的姿轨状态要求。本章分别通过力卫星与力矩卫星来为子结构的轨道及姿态运动提供控制力和控制力矩。力卫星与力矩卫星的定义如表9-1所示，其示意图以及带有微小卫星的子结构示意图如图9-1所示。本章后续将带有微小卫星的子结构称为在轨装配航天器，将主体结构称为目标航天器。

**表9-1 力/力矩卫星定义**

| 类　型 | 定　义 |
| --- | --- |
| 力卫星 | 力卫星在除了与子结构相接的面以外的每个面上携带有一个推力器喷嘴，如图9-1（a）所示，可沿 $x_{oi}$、$y_{oi}$ 轴的正负方向和 $z_{oi}$ 轴的负方向产生控制力。 |
| 力矩卫星 | 力矩卫星携带有三轴反作用飞轮，如图9-1（b）所示，可以沿 $x_{ai}$、$y_{ai}$、$z_{ai}$ 轴的正负方向产生控制力矩。 |

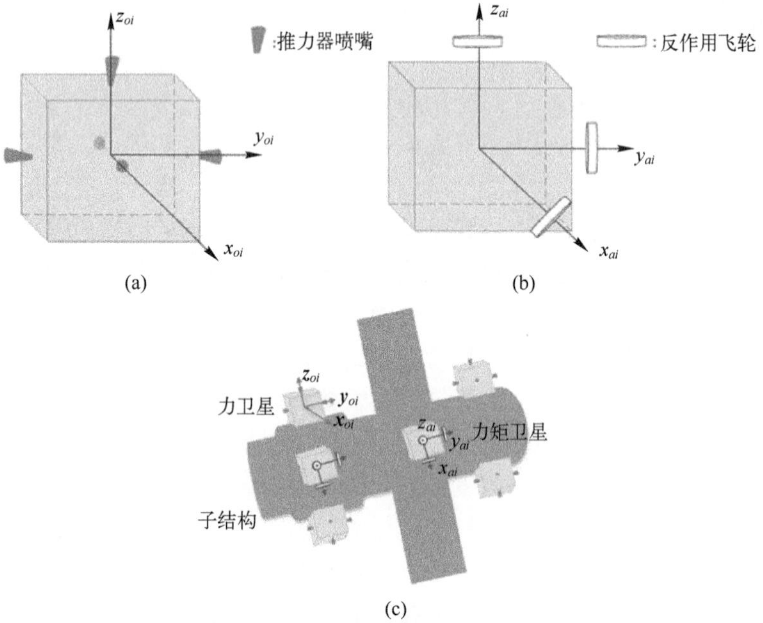


**图9-1 微小卫星与在轨装配航天器示意图**

（a）力卫星示意图；（b）力矩卫星示意图；（c）在轨装配航天器示意图。

为了更清楚地进行变量定义，本章通过下标 $\beta \in \{o, a\}$ 来对与在轨装配航天器轨道与姿态相关的变量进行区分。令 $v_{oi}/v_{ai}$ 表示第 $i$ 颗力卫星/力矩卫星，$\mathcal{V}_\beta = \{v_{\beta 1}, v_{\beta 2}, \cdots, v_{\beta N_\beta}\}$ 表示所有力卫星（$\beta = o$）或力矩卫星（$\beta = a$）构成的集合，其中 $N_\beta \geqslant 2$ 为一正数，表示力卫星或力矩卫星的数量。

本章将协同运输任务的实施分为两个阶段，如图9-2所示。在第一阶段，微小卫星需要满足在轨装配航天器进入目标航天器视线范围内的轨道状态需求。在第二阶段，微小卫星一方面需要将在轨装配航天器运输到对接点处，另一方面需要实现在轨装配航天器与目标航天器姿态运动的同步，以满足其与目标航天器对接的姿轨状态需求。

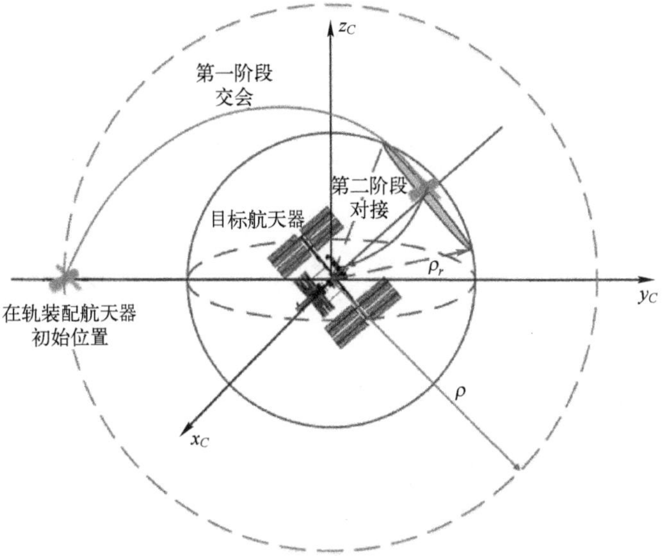


**图 9-2 协同运输任务示意图**

# 9.3 多约束合作博弈控制

## 9.3.1 多约束合作博弈控制模型

### 1. 姿轨运动方程

令 $p_x$、$p_y$、$p_z$ 表示在轨装配航天器在 $\mathcal{F}_C$ 系中的三个位置分量，记 $\boldsymbol{x}_o=[p_x, p_y, p_z, \dot{p}_x, \dot{p}_y, \dot{p}_z]^{\mathrm{T}}$，假设目标航天器位于近圆轨道上，根据式（2-29）中的 CW 方程[4]，在轨装配航天器相对目标航天器的轨道运动可由下式进行描述

$$\dot{\boldsymbol{x}}_o=\boldsymbol{A}_o\boldsymbol{x}_o+\sum_{i=1}^{N_o}\boldsymbol{B}_{oi}\boldsymbol{u}_{oi} \tag{9-1}$$

式中：$\boldsymbol{u}_{oi}$为力卫星 $v_{oi}$在 $\mathcal{F}_{oi}$ 系中产生的控制力；$\boldsymbol{A}_o$ 与 $\boldsymbol{B}_{oi}$的表达式为

$$\boldsymbol{A}_o=\begin{bmatrix}0&0&0&1&0&0\\0&0&0&0&1&0\\0&0&0&0&0&1\\3n_0^2&0&0&0&2n_0&0\\0&0&0&-2n_0&0&0\\0&0&-n_0^2&0&0&0\end{bmatrix},\quad \boldsymbol{B}_{oi}=\begin{bmatrix}\boldsymbol{0}_{3\times3}\\ \dfrac{1}{m}\boldsymbol{C}_b^C\boldsymbol{C}_{oi}^b\end{bmatrix} \tag{9-2}$$

式（9-2）中，$n_0=\sqrt{\mu/r_0^3}$ 为目标航天器的轨道角速度，$\mu$ 为地球引力常数，$r_0$

为目标航天器轨道半径，$m$ 为在轨装配航天器质量。

在轨装配航天器的姿态运动方程根据式（2-73）与式（2-78）获得，由下式给出

$$\dot{\boldsymbol{x}}_a = \boldsymbol{f}_a(\boldsymbol{x}_a) + \sum_{i=1}^{N_a} \boldsymbol{B}_{ai}\boldsymbol{u}_{ai} \tag{9-3}$$

式中：$\boldsymbol{x}_a = [\boldsymbol{\sigma}^{\mathrm{T}}, \boldsymbol{\omega}^{\mathrm{T}}]^{\mathrm{T}}$，$\boldsymbol{\sigma}$ 与 $\boldsymbol{\omega}$ 分别为在轨装配航天器的姿态 MRP 与角速度，且

$$\boldsymbol{f}_a(\boldsymbol{x}_a) = \begin{bmatrix} \boldsymbol{G}(\boldsymbol{\sigma})\boldsymbol{\omega} \\ -\boldsymbol{J}^{-1}\boldsymbol{\omega}\times(\boldsymbol{J}\boldsymbol{\omega}) \end{bmatrix}, \quad \boldsymbol{B}_{ai} = \begin{bmatrix} \boldsymbol{0}_{3\times3} \\ \boldsymbol{J}^{-1}\boldsymbol{C}_{ai}^{b} \end{bmatrix} \tag{9-4}$$

其中，$\boldsymbol{J}$ 为在轨装配航天器转动惯量矩阵；$\boldsymbol{u}_{ai}$ 为力矩卫星 $v_{ai}$ 在 $\mathcal{F}_{ai}$ 系中产生的控制力矩。

**2. 多约束合作博弈控制问题描述**

协同运输任务涉及包括在轨装配航天器姿轨动力学约束、微小卫星控制约束、视线范围约束、路径安全约束、边界条件约束等在内的多种状态控制约束条件。为获得满足协同运输过程中在轨装配航天器姿轨控制需求的多星多约束合作博弈控制策略，微小卫星需通过控制策略的调整，在使任务所包含约束得到满足的同时，实现对所有微小卫星局部目标函数加权组合的优化。给定微小卫星局部目标函数 $J_{\beta i}$，多星多约束合作博弈问题可描述为

$$\begin{aligned} &\min \quad J_\beta = \sum_{i=1}^{N_\beta} \alpha_{\beta i} J_{\beta i} \\ &\text{s. t.} \quad \begin{cases} \text{式 (9-1) 或式 (9-3)} \\ \boldsymbol{x}_\beta \in \mathcal{X}_\beta \\ \boldsymbol{u}_{\beta i} \in \mathcal{U}_\beta,\ i \in \mathbb{N}_\beta \\ \boldsymbol{x}_\beta(t_0) = \boldsymbol{x}_{\beta 0},\ \boldsymbol{x}_\beta(t_f) \in \mathcal{X}_{\beta f},\ \beta \in \{o, a\} \end{cases} \end{aligned} \tag{9-5}$$

式中：$\boldsymbol{x}_\beta$ 为在轨装配航天器轨道/姿态状态变量；$\boldsymbol{x}_{\beta 0}$ 为在轨装配航天器轨道/姿态状态初值；$\mathbb{N}_\beta = \{1, 2, \cdots, N_\beta\}$；$\mathcal{X}_\beta$、$\mathcal{X}_{\beta f}$ 与 $\mathcal{U}_\beta$ 为可行状态控制约束集。权值 $\alpha_{\beta i}$ 满足 $0 \leqslant \alpha_{\beta i} \leqslant 1$ 且 $\sum_{i=1}^{N_\beta} \alpha_{\beta i} = 1$。当 $\beta$ 分别取 $o$ 与 $a$ 时，式（9-5）可以分别对力卫星与力矩卫星的合作博弈行为进行描述。

针对式（9-5）中的多星多约束合作博弈模型，本节多约束条件下多星协同运输的控制目标为：在考虑在轨装配航天器姿轨动力学约束、视线范围约束、路径安全约束、边界条件约束、微小卫星控制约束等多种约束条件的情况下，进行可行状态控制约束集 $\mathcal{X}_\beta$、$\mathcal{X}_{\beta f}$ 与 $\mathcal{U}_\beta$ 的确定，并在此基础上面向微小卫星燃料/能量消耗优化需求，进行满足多种状态控制约束条件的多星合作博弈控制策略确定，以通过多颗微小卫星的互相协同，实现对在轨装配航天器姿轨运动的控制。

## 9.3.2 多约束合作博弈控制方法

本节针对式（9-5）中的合作博弈模型进行多星多约束合作博弈控制方法研究。为确保子结构能够被导引至对接点，首先进行在轨装配航天器期望姿轨运动轨迹的设计以及微小卫星开环合作博弈控制策略的确定。之后，为实现在轨装配航天器姿轨状态对期望轨迹的跟踪，进行事件触发多星合作博弈误差补偿控制器的设计，以在尽可能减少微小卫星计算通信负担的情况下，实现微小卫星对在轨装配航天器姿轨跟踪误差的补偿。

**1. 开环合作博弈控制策略**

本节针对式（9-5）中的合作博弈模型进行在轨装配航天器燃料最优轨道运动轨迹与能量最优姿态运动轨迹的优化，轨迹优化所获得的微小卫星帕累托最优策略将作为协同运输过程中各星的开环合作博弈控制策略。由于第一阶段的目标是将在轨装配航天器导引至目标航天器的视线范围内，不要求其与目标航天器姿态运动同步，因此第一阶段仅为在轨装配航天器优化一条轨道运动轨迹，同时获得对应于该条轨迹的力卫星开环最优控制力。在第二阶段，为实现在轨装配航天器与目标航天器的对接，需要在将在轨装配航天器控制到对接点处的同时，实现其与目标航天器之间姿态运动的同步。因此，在第二阶段需同时进行在轨装配航天器轨道与姿态运动轨迹的设计，并获得对应于所得轨道与姿态运动轨迹的力卫星和力矩卫星开环最优控制力和控制力矩。

1）第一阶段开环合作博弈控制策略

为了尽可能地节省第一阶段力卫星的燃料消耗，为每颗力卫星设计如下局部目标函数

$$J_{oi}^{\mathrm{I}} = \int_{t_0}^{t_f^{\mathrm{I}}} \|\boldsymbol{u}_{oid}\|_1 \mathrm{d}t, \quad i \in \mathbb{N}_o \tag{9-6}$$

式中：$\boldsymbol{u}_{oid}$为力卫星 $v_{oi}$的开环控制力；$t_0$ 为任务起始时刻；$t_f^{\mathrm{I}}$ 为第一阶段结束时刻；$\|\boldsymbol{u}_{oid}\|_1$ 为 $\boldsymbol{u}_{oid}$的 1 范数。

第一阶段需要考虑的约束包括相对轨道动力学约束、路径安全约束、视线范围约束、初始/终端边界条件以及力卫星控制约束。其中，相对轨道动力学约束由式（9-1）给出，路径安全约束对在轨装配航天器和目标航天器之间的最小距离进行限制，以避免两者相碰，可以表示为

$$p_{xd}^2+p_{yd}^2+p_{zd}^2 \geqslant \rho_s^2 \tag{9-7}$$

式中：$p_{xd}$、$p_{yd}$和 $p_{zd}$分别为在轨装配航天器最优轨道运动轨迹在 $\mathcal{F}_C$ 系中所对应的位置分量；$\rho_s$ 为在轨装配航天器和目标航天器之间的安全距离。

终端边界条件分为两部分。首先，为了使在轨装配航天器能够进入第二阶段，在第一阶段结束时，$\rho=\rho_r$ 需要得到满足，如图 9-2 所示。同时，为了确保在轨装配航天器不会逃离目标航天器的视线范围，在第一阶段结束时，希望在轨

装配航天器在 $\mathcal{F}_C$ 系中的轨道速度为 0。由此可得如下的约束：

$$\begin{cases}(p_{xdf}^{\mathrm{I}})^2+(p_{ydf}^{\mathrm{I}})^2+(p_{zdf}^{\mathrm{I}})^2=\rho_r^2\\ \dot{p}_{xdf}^{\mathrm{I}}=\dot{p}_{ydf}^{\mathrm{I}}=\dot{p}_{zdf}^{\mathrm{I}}=0\end{cases}\tag{9-8}$$

式中：$p_{xdf}^{\mathrm{I}}$、$p_{ydf}^{\mathrm{I}}$、$p_{zdf}^{\mathrm{I}}$为第一阶段结束时，优化得到的轨道运动轨迹将在轨装配航天器导引到的位置分量。其次，为了使在轨装配航天器在第二阶段开始时进入目标航天器的视线范围内，在第一阶段结束时，在轨装配航天器在 $\mathcal{F}_C$ 系中的位置矢量所对应的单位矢量 $\boldsymbol{e}_{bf}^{\mathrm{I}}$ 与目标航天器对接轴所指向的单位矢量 $\boldsymbol{e}_{\mathrm{LOS}f}^{\mathrm{I}}$（假设目标航天器的观测范围为一绕其对接轴所形成的圆锥）之间的夹角需要小于目标航天器的视线锥角 $\theta$，如图 9-3 所示。因此，由下式给出的约束需要得到满足：

$$\cos(\kappa\theta)\leqslant\cos\langle\boldsymbol{e}_{\mathrm{LOS}f}^{\mathrm{I}},\boldsymbol{e}_{bf}^{\mathrm{I}}\rangle\leqslant\cos 0\tag{9-9}$$

式中：$\kappa$ 为用来进行目标航天器视线锥收缩的正数，满足 $0<\kappa<1$。在第一阶段开始时，由于在轨装配航天器与目标航天器之间的距离较大，在轨装配航天器对目标航天器的姿态测量可能存在误差，这会导致目标航天器视线锥的测量误差。通过合理进行 $\kappa$ 的设计，能够保证在第一阶段开始目标航天器的姿态测量存在有界误差时，在轨装配航天器仍能进入目标航天器的视线范围内，而如果不引入 $\kappa$，或者令 $\kappa=1$，在轨装配航天器则有可能无法进入目标航天器的视线范围内，如图 9-4 所示。假设目标航天器的姿态测量误差上界为$\bar{\delta}_{at}^{\mathrm{I}}$，则能够保证在轨装配航天器进入其视线范围的 $\kappa$ 可设计为

$$(1-\kappa)\theta\geqslant\bar{\delta}_{at}^{\mathrm{I}}\tag{9-10}$$

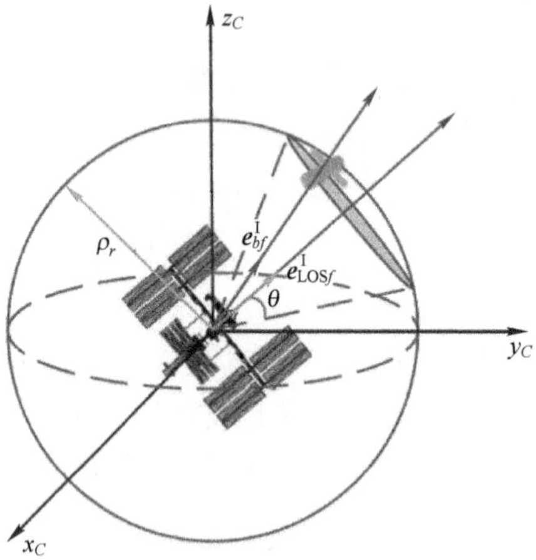


**图 9-3　第一阶段结束时的视线范围约束**

力卫星的控制约束分为两部分。首先，考虑到力卫星仅能产生有限的控制力，下述控制幅值约束需要得到满足

$$-\eta\bar{u}_o\mathbf{1}_3\leqslant\boldsymbol{u}_{oid}\leqslant\eta\bar{u}_o\mathbf{1}_3^{\bar{3}},\quad i\in\mathbb{N}_o\tag{9-11}$$

式中：$\bar{u}_o$ 为力卫星所能产生的控制力幅值；$\mathbf{1}_n^{\bar{m}}$ 为第 $m$ 个元素被替换为 0 的 $\mathbf{1}_n$ 矢

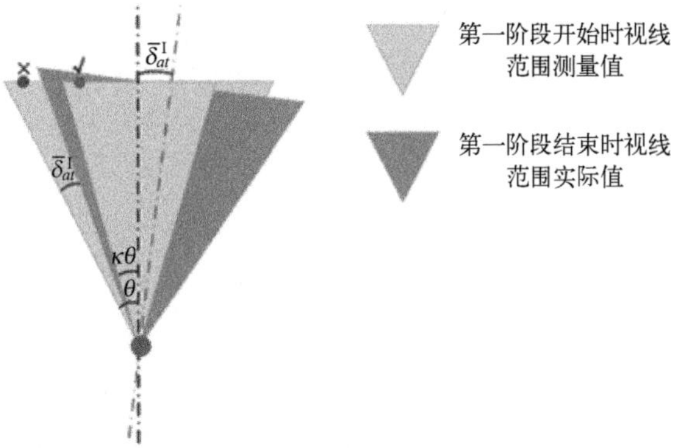


**图 9-4　通过引入 $\kappa$ 处理目标航天器姿态测量误差示意图**

（下端圆圈表示目标航天器，×与√分别表示在第一阶段结束时，不引入与引入 $\kappa$ 的情况下所获得的轨道运动轨迹将在轨装配航天器所导引到的相对于目标航天器的位置）

量。$\mathbf{1}_3^{\bar{3}}$ 中的第三个元素为 0，这是因为力卫星无法沿着 $z_{oi}$ 轴正方向产生控制力，如图 9-1 所示。$0 \leqslant \eta < 1$ 为一正数，被用来保证力卫星的开环控制力不会饱和，因此能够留有一些控制裕度来进行期望轨迹跟踪误差的补偿。其次，为了避免力卫星对在轨装配航天器的姿态运动造成不必要的扰动，要求所有力卫星所产生的合力矩为 0，这一约束可表示为

$$\sum_{i=1}^{N_o} \boldsymbol{r}_{bi}^{\times} \boldsymbol{C}_{oi}^{b} \boldsymbol{u}_{oid} = \mathbf{0}_{3\times 1} \tag{9-12}$$

式中：$\boldsymbol{r}_{bi}$ 为在轨装配航天器质心指向力卫星 $v_{oi}$ 质心的矢量。

将式（9-6）中的目标函数、式（9-1）、式（9-7）~式（9-9）、式（9-11）~式（9-12）约束，以及一个初始边界条件约束代入式（9-5）给出的微小卫星合作博弈模型中，可得如下帕累托最优控制问题，用来进行第一阶段在轨装配航天器燃料最优轨道运动轨迹以及力卫星开环最优控制力的求解

$$\min_{\boldsymbol{u}_{od}} \quad J^{\mathrm{I}} = \sum_{i=1}^{N_o} \alpha_{oi} J_{oi}^{\mathrm{I}} = \int_{t_o}^{t_f^{\mathrm{I}}} \boldsymbol{\alpha}_o^{\mathrm{T}} |\boldsymbol{u}_{od}| \mathrm{d}t$$

$$\text{s.t.} \begin{cases} \dot{\boldsymbol{x}}_{od} = \boldsymbol{A}_o \boldsymbol{x}_{od} + \sum_{i=1}^{N_o} \boldsymbol{B}_{oi} \boldsymbol{u}_{oid} \\ x_d^2 + y_d^2 + z_d^2 \geqslant \boldsymbol{\rho}_s^2 \\ (x_{df}^{\mathrm{I}})^2 + (y_{df}^{\mathrm{I}})^2 + (z_{df}^{\mathrm{I}})^2 = \boldsymbol{\rho}_r^2 \\ \dot{x}_{df}^{\mathrm{I}} = \dot{y}_{df}^{\mathrm{I}} = \dot{z}_{df}^{\mathrm{I}} = 0 \\ \cos(\boldsymbol{\kappa\theta}) \leqslant \cos\langle \boldsymbol{e}_{\mathrm{LOS}f}^{\mathrm{I}}, \boldsymbol{e}_{bf}^{\mathrm{I}} \rangle \leqslant \cos 0 \\ -\eta \bar{u}_o \mathbf{1}_3 \leqslant \boldsymbol{u}_{oid} \leqslant \eta \bar{u}_o \mathbf{1}_3^{\bar{3}},\ i \in \mathbb{N}_o \\ \sum_{i=1}^{N_o} \boldsymbol{r}_{bi}^{\times} \boldsymbol{C}_{oi}^{b} \boldsymbol{u}_{oid} = \mathbf{0}_{3\times 1} \\ \boldsymbol{x}_{od}(t_0) = \boldsymbol{x}_{o0} \end{cases} \tag{9-13}$$

式中：$\boldsymbol{\alpha}_o=[\alpha_{o1},\alpha_{o2},\cdots,\alpha_{oN_o}]^{\mathrm{T}}\otimes\mathbf{1}_3$，$\boldsymbol{u}_{od}=[\boldsymbol{u}_{o1d}^{\mathrm{T}},\boldsymbol{u}_{o2d}^{\mathrm{T}},\cdots,\boldsymbol{u}_{oN_od}^{\mathrm{T}}]^{\mathrm{T}}$ 为力卫星开环控制力序列；$|\boldsymbol{u}_{od}|$为由矢量 $\boldsymbol{u}_{od}$中每一元素的绝对值构成的矢量；$\boldsymbol{x}_{od}$为在轨装配航天器在其最优轨道运动轨迹上的期望轨道状态；$\boldsymbol{x}_{o0}$为在轨装配航天器的初始轨道状态。

2）第二阶段开环合作博弈控制策略

在第二阶段，为了实现在轨装配航天器与目标航天器的对接，需要同时进行在轨装配航天器姿轨运动轨迹的规划。接下来，在考虑在轨装配航天器姿轨运动耦合关系的基础上，分别面向力卫星燃料消耗与力矩卫星能量消耗优化需求，进行在轨装配航天器轨道与姿态运动轨迹的优化，并同时获得相应的力卫星/力矩卫星开环合作博弈控制力/力矩。

在进行在轨装配航天器姿态运动轨迹优化时，为了尽可能地节省力矩卫星的能量消耗，为每一力矩卫星设计如下的局部目标函数：

$$J_{ai}^{\mathrm{II}}=\int_{t_f^{\mathrm{I}}}^{t_f}\boldsymbol{u}_{aid}^{\mathrm{T}}\boldsymbol{u}_{aid}\mathrm{d}t,\quad i\in\mathbb{N}_a \tag{9-14}$$

式中：$t_f$ 为第二阶段终端时刻；$\boldsymbol{u}_{aid}$为力矩卫星 $v_{ai}$的开环控制力矩。

第二阶段在轨装配航天器姿态运动轨迹优化时所需考虑的约束包括姿态动力学约束，力矩卫星控制幅值约束，以及初始/终端边界条件约束。姿态动力学约束由式（9-3）给出，控制幅值约束可记作

$$-\eta\bar{u}_a\mathbf{1}_3\leqslant\boldsymbol{u}_{aid}\leqslant\eta\bar{u}_a\mathbf{1}_3,\quad i\in\mathbb{N}_a \tag{9-15}$$

式中：$\bar{u}_a$ 为力矩卫星所能产生的控制力矩幅值。

初始/终端边界条件约束可记作

$$\boldsymbol{x}_{ad}(t_f^{\mathrm{I}})=\boldsymbol{x}_{af}^{\mathrm{I}},\quad \boldsymbol{x}_{ad}(t_f)=\boldsymbol{x}_{tf} \tag{9-16}$$

式中：$\boldsymbol{x}_{ad}$为在轨装配航天器最优姿态运动轨迹上的期望姿态状态；$\boldsymbol{x}_{af}^{\mathrm{I}}=[\boldsymbol{\sigma}_{af}^{\mathrm{I\,T}},\boldsymbol{\omega}_{af}^{\mathrm{I\,T}}]^{\mathrm{T}}$，$\boldsymbol{\sigma}_{af}^{\mathrm{I}}$和 $\boldsymbol{\omega}_{af}^{\mathrm{I}}$分别为第一阶段结束时（第二阶段开始时），在轨装配航天器的姿态 MRP 和角速度。因此，式（9-16）中的边界条件能够保证两个阶段的平稳过渡。$\boldsymbol{x}_{tf}=[\boldsymbol{\sigma}_{tf}^{\mathrm{T}},\boldsymbol{\omega}_{tf}^{\mathrm{T}}]^{\mathrm{T}}$，$\boldsymbol{\sigma}_{tf}$和 $\boldsymbol{\omega}_{tf}$分别为第二阶段结束时目标航天器的姿态 MRP 和角速度。因此，式（9-16）中的终端边界条件可以使在轨装配航天器的姿态运动与目标航天器同步。

根据式（9-5）中的微小卫星合作博弈模型、式（9-14）中的力矩卫星局部目标函数、式（9-15）与式（9-16）中的约束，可得如下帕累托最优控制问题，用于进行在轨装配航天器能量最优姿态运动轨迹以及力矩卫星开环最优控制力矩的求解，

$$\min_{\boldsymbol{u}_{ad}}\quad J_a^{\mathrm{II}}=\sum_{i=1}^{N_a}\alpha_{ai}J_{ai}^{\mathrm{II}}=\int_{t_f^{\mathrm{I}}}^{t_f}\boldsymbol{u}_{ad}^{\mathrm{T}}\boldsymbol{\alpha}_a\boldsymbol{u}_{ad}\mathrm{d}t$$

$$\text{s.t.}\quad \begin{cases} \dot{\boldsymbol{x}}_{ad} = \boldsymbol{f}_a(\boldsymbol{x}_{ad}) + \sum_{i=1}^{N_a} \boldsymbol{B}_{ai}\boldsymbol{u}_{aid} \\ -\eta \bar{u}_a \mathbf{1}_3 \leqslant \boldsymbol{u}_{aid} \leqslant \eta \bar{u}_a \mathbf{1}_3, \quad i \in \mathbb{N}_a \\ \boldsymbol{x}_{ad}(t_f^{\mathrm{I}}) = \boldsymbol{x}_{af}^{\mathrm{I}},\ \boldsymbol{x}_{ad}(t_f) = \boldsymbol{x}_{tf} \end{cases} \tag{9-17}$$

式中：$\boldsymbol{\alpha}_a = \operatorname{diag}\{\alpha_{a1}, \alpha_{a2}, \cdots, \alpha_{aN_a}\} \otimes \boldsymbol{I}_3$，$\boldsymbol{u}_{ad} = [\boldsymbol{u}_{a1d}^{\mathrm{T}}, \boldsymbol{u}_{a2d}^{\mathrm{T}}, \cdots, \boldsymbol{u}_{aN_ad}^{\mathrm{T}}]^{\mathrm{T}}$ 为力矩卫星开环控制力矩序列。

在第二阶段，为实现在轨装配航天器与目标航天器的对接，还需为在轨装配航天器设计一条燃料最优轨道运动轨迹。从式（9-1）和式（9-2）可以看出，在轨装配航天器轨道运动通过转换矩阵 $\boldsymbol{C}_b^C$ 受其姿态影响。因此，在进行在轨装配航天器燃料最优轨道运动轨迹设计时，需对已获得的在轨装配航天器期望姿态状态信息予以考虑。

与第一阶段类似，为实现力卫星在第二阶段燃料消耗的优化，各力卫星采取如下的局部目标函数：

$$J_{oi}^{\mathrm{II}} = \int_{t_f^{\mathrm{I}}}^{t_f} \|\boldsymbol{u}_{oid}\|_1 \mathrm{d}t, \quad i \in \mathbb{N}_o \tag{9-18}$$

将式（9-18）中的局部目标函数、式（9-1）中的相对轨道动力学约束、式（9-11）、式（9-12）中的控制约束，以及一组边界条件约束代入式（9-5）给出的微小卫星合作博弈模型中，可得如下帕累托最优控制问题，用于进行第二阶段在轨装配航天器燃料最优轨道运动轨迹以及力卫星开环最优控制力的确定，

$$\min_{\boldsymbol{u}_{od}} \quad J^{\mathrm{II}} = \sum_{i=1}^{N_o} \alpha_{oi} J_{oi}^{\mathrm{II}} = \int_{t_f^{\mathrm{I}}}^{t_f} \boldsymbol{\alpha}_o^{\mathrm{T}} |\boldsymbol{u}_{od}| \mathrm{d}t$$

$$\text{s.t.}\quad \begin{cases} \dot{\boldsymbol{x}}_{od} = \boldsymbol{A}_o \boldsymbol{x}_{od} + \sum_{i=1}^{N_o} \boldsymbol{B}_{oi}\boldsymbol{u}_{oid} \\ -\eta \bar{u}_o \mathbf{1}_3 \leqslant \boldsymbol{u}_{oid} \leqslant \eta \bar{u}_o \mathbf{1}_3^{3}, \quad i \in \mathbb{N}_o \\ \sum_{i=1}^{N_o} \boldsymbol{r}_{bi}^{\times} \boldsymbol{C}_{oi}^{b} \boldsymbol{u}_{oid} = \mathbf{0}_{3\times 1} \\ \boldsymbol{x}_{od}(t_f^{\mathrm{I}}) = \boldsymbol{x}_o(t_f^{\mathrm{I}}),\ \boldsymbol{x}_{od}(t_f) = \boldsymbol{x}_{pf} \end{cases} \tag{9-19}$$

式中：$\boldsymbol{B}_{oi} = \left[\mathbf{0}_{3\times 3}; \dfrac{1}{m}\boldsymbol{C}_b^C \boldsymbol{C}_{oi}^b\right]$，且 $\boldsymbol{C}_b^C = \boldsymbol{C}_I^C \boldsymbol{C}_b^I$。$\boldsymbol{C}_I^C$ 可以根据 $\mathcal{F}_C$ 系相对于 $\mathcal{F}_I$ 系的方位来确定，$\boldsymbol{C}_b^I$ 可根据通过求解式（9-17）中优化问题所获得的在轨装配航天器期望姿态 MRP 来确定。$\boldsymbol{x}_{pf}$ 包含第二阶段结束时对接点在 $\mathcal{F}_C$ 系中的位置与线速度。

通过求解式（9-13）、式（9-17）与式（9-19）中的帕累托最优控制问题得到的微小卫星帕累托最优控制策略，可直接作为协同运输过程中各星的开环合作博弈控制策略以进行在轨装配航天器姿轨运动的控制。为确保在轨装配航天器

能够实现对优化得到的期望姿轨运动轨迹的跟踪，下面将设计多星事件触发闭环协同误差补偿控制器，以在尽可能节省微小卫星计算资源的情况下，实现对在轨装配航天器姿轨跟踪误差的抑制。

**2. 闭环合作博弈误差补偿控制**

为了保证在轨装配航天器能够对所获得的期望轨道与姿态运动轨迹进行跟踪，接下来针对式（9-5）中的合作博弈模型，基于模型预测控制原理为微小卫星设计协同误差补偿控制器。

1）离散线性误差动力学方程

根据式（9-1），可得离散形式的在轨装配航天器相对轨道运动方程为

$$\boldsymbol{x}_{o,k+1}=\boldsymbol{A}_{o,k}\boldsymbol{x}_{o,k}+\sum_{i=1}^{N_o}\boldsymbol{B}_{oi,k}\boldsymbol{u}_{oi,k} \tag{9-20}$$

式中：

$$\boldsymbol{A}_{o,k}=e^{\boldsymbol{A}_o\Delta t},\quad \boldsymbol{B}_{oi,k}=\int_0^{\Delta t}e^{\boldsymbol{A}_o\tau}\boldsymbol{B}_{oi}\mathrm{d}\tau,\quad i\in\mathbb{N}_o \tag{9-21}$$

根据式（9-20），可得离散形式的在轨装配航天器误差轨道运动方程为

$$\boldsymbol{x}_{oe,k+1}=\boldsymbol{A}_{o,k}\boldsymbol{x}_{o,k}+\sum_{i=1}^{N_o}\boldsymbol{B}_{oi,k}\boldsymbol{u}_{oi,k}-\boldsymbol{x}_{od,k+1} \tag{9-22}$$

式中：$\boldsymbol{x}_{oe,k+1}$和$\boldsymbol{x}_{od,k+1}$分别为在轨装配航天器在$t_{k+1}$时刻的误差与期望轨道状态量。

式（9-3）中给出的姿态运动模型可在期望轨迹$x_{ad}$附近线性化为

$$\begin{aligned}\dot{\boldsymbol{x}}_a&=\boldsymbol{f}_a(\boldsymbol{x}_{ad})+\left.\frac{\partial\boldsymbol{f}_a}{\partial\boldsymbol{x}_a}\right|_{\boldsymbol{x}_{ad}}(\boldsymbol{x}_a-\boldsymbol{x}_{ad})+\sum_{i=1}^{N_a}\boldsymbol{B}_{ai}\boldsymbol{u}_{ai}\\&=\boldsymbol{A}_a(\boldsymbol{x}_{ad})\boldsymbol{x}_a+\boldsymbol{h}_a(\boldsymbol{x}_{ad})+\sum_{i=1}^{N_a}\boldsymbol{B}_{ai}\boldsymbol{u}_{ai}\end{aligned} \tag{9-23}$$

式中：

$$\begin{cases}\boldsymbol{A}_a(\boldsymbol{x}_{ad})=\left.\dfrac{\partial\boldsymbol{f}_a}{\partial\boldsymbol{x}_a}\right|_{\boldsymbol{x}_{ad}}\\\boldsymbol{h}_a(\boldsymbol{x}_{ad})=\boldsymbol{f}_a(\boldsymbol{x}_{ad})-\boldsymbol{A}_a(\boldsymbol{x}_{ad})\boldsymbol{x}_{ad}\end{cases} \tag{9-24}$$

式（9-23）可进一步离散化为

$$\boldsymbol{x}_{a,k+1}=\boldsymbol{A}_{a,k}\boldsymbol{x}_{a,k}+\sum_{i=1}^{N_a}\boldsymbol{B}_{ai,k}\boldsymbol{u}_{ai,k}+\boldsymbol{h}_{a,k} \tag{9-25}$$

式中：

$$\begin{aligned}&\boldsymbol{A}_{a,k}=e^{\boldsymbol{A}_a(\boldsymbol{x}_{ad,k})\Delta t},\quad \boldsymbol{B}_{ai,k}=\int_0^{\Delta t}e^{\boldsymbol{A}_a(\boldsymbol{x}_{ad,k})\tau}\boldsymbol{B}_{ai}\mathrm{d}\tau,\quad i\in\mathbb{N}_a\\&\boldsymbol{h}_{a,k}=\int_0^{\Delta t}e^{\boldsymbol{A}_a(\boldsymbol{x}_{ad,k})\tau}\boldsymbol{h}_a(\boldsymbol{x}_{ad,k})\mathrm{d}\tau\end{aligned} \tag{9-26}$$

因此，在轨装配航天器离散形式的误差姿态运动方程为

$$x_{ae,k+1}=A_{a,k}x_{a,k}+\sum_{i=1}^{N_a}B_{ai,k}u_{ai,k}+h_{a,k}-x_{ad,k+1} \tag{9-27}$$

式中：$x_{ae,k+1}$和$x_{ad,k+1}$分别为在轨装配航天器在$t_{k+1}$时刻的误差与期望姿态状态量。

2）误差补偿控制器设计

根据式（9-22）和式（9-27）给出的在轨装配航天器误差轨道与姿态运动方程，下面基于模型预测控制原理进行多星协同误差补偿控制器的设计。为了能够统一进行力卫星与力矩卫星协同误差补偿控制器的设计，首先给出式（9-22）和式（9-27）中误差轨道与姿态运动方程的统一表达式：

$$x_{\beta e,k+1}=A_{\beta,k}x_{\beta,k}+\sum_{i=1}^{N_\beta}B_{\beta i,k}u_{\beta i,k}+h_{\beta,k}-x_{\beta d,k+1},\quad \beta\in\{o,a\} \tag{9-28}$$

式中：$h_{o,k}=0_{6\times1}$。

为保证在轨装配航天器能够对所设计的期望轨道与姿态运动轨迹进行跟踪，在时刻$t_k$，为每颗微小卫星设计如下的局部目标函数：

$$J_{e\beta i,k}=\sum_{p=k}^{k+N_c-1}(x_{\beta e,p+1}^{\mathrm{T}}q_{\beta i}x_{\beta e,p+1}+\Delta u_{\beta i,p}^{\mathrm{T}}r_{\beta i}\Delta u_{\beta i,p}),\quad \beta\in\{o,a\},\ i\in\mathbb{N}_\beta \tag{9-29}$$

式中：$q_{\beta i}$和$r_{\beta i}$为对称正定矩阵；$\Delta u_{\beta i,p}$为$t_p$时刻微小卫星的补偿控制策略。本章中，预测及控制时域均取为$N_c$。

为了获得微小卫星的帕累托最优补偿控制策略，需要在满足系统误差动力学约束、微小卫星控制幅值约束，以及所有力卫星合力矩为零约束的情况下，分别对力/力矩卫星局部目标函数的加权组合进行优化。这样，微小卫星的帕累托最优补偿控制策略可通过求解如下的约束优化问题来获得：

$$\begin{gathered}\min_{\Delta U_{\beta,k}}\ J_{e\beta,k}=\sum_{i=1}^{N_\beta}\alpha_{\beta i}J_{e\beta i,k}=X_{\beta e,k}^{\mathrm{T}}Q_\beta X_{\beta e,k}+\Delta U_{\beta,k}^{\mathrm{T}}R_\beta\Delta U_{\beta,k}\\ \text{s.t.}\ \begin{cases}x_{\beta e,k+1}=A_{\beta,k}x_{\beta,k}+\sum_{i=1}^{N_\beta}B_{\beta i,k}u_{\beta i,k}+h_{\beta,k}-T_{\beta,k}x_{\beta d,k+1}\\ U_{\beta m}\leqslant U_{\beta d,k}+\Delta U_{\beta,k}\leqslant U_{\beta M}\\ (I_{N_c}\otimes R_b^{\times})(U_{\beta d,k}+\Delta U_{\beta,k})=0_{3N_c\times1},\ \beta=o\end{cases}\end{gathered} \tag{9-30}$$

式中：$Q_\beta=\sum_{i=1}^{N_\beta}\alpha_{\beta i}Q_{\beta i}$，$Q_{\beta i}=I_{N_c}\otimes q_{\beta i}$，$R_\beta=I_{N_c}\otimes\mathrm{diag}\{\alpha_{\beta1}r_{\beta1},\alpha_{\beta2}r_{\beta2},\cdots,\alpha_{\beta N_\beta}r_{\beta N_\beta}\}$，且有

$$\begin{aligned}X_{\beta e,k}&=[x_{\beta e,k+1}^{\mathrm{T}},x_{\beta e,k+2}^{\mathrm{T}},\cdots,x_{\beta e,k+N_c}^{\mathrm{T}}]^{\mathrm{T}}\\ \Delta U_{\beta,k}&=[\Delta u_{\beta,k}^{\mathrm{T}},\Delta u_{\beta,k+1}^{\mathrm{T}},\cdots,\Delta u_{\beta,k+N_c-1}^{\mathrm{T}}]^{\mathrm{T}}\\ U_{\beta d,k}&=[u_{\beta d,k}^{\mathrm{T}},u_{\beta d,k+1}^{\mathrm{T}},\cdots,u_{\beta d,k+N_c-1}^{\mathrm{T}}]^{\mathrm{T}}\end{aligned} \tag{9-31}$$

矢量$\Delta u_{\beta,p}=[\Delta u_{\beta1,p}^{\mathrm{T}},\Delta u_{\beta2,p}^{\mathrm{T}},\cdots,\Delta u_{\beta N_\beta,p}^{\mathrm{T}}]^{\mathrm{T}}$，$u_{\beta d,p}=[u_{\beta1d,p}^{\mathrm{T}},u_{\beta2d,p}^{\mathrm{T}},\cdots,u_{\beta N_\beta d,p}^{\mathrm{T}}]^{\mathrm{T}}$分别为$t_p$时刻力卫星或力矩卫星的补偿及开环最优控制策略集合，且$u_{\beta i,k}=u_{\beta id,k}+\Delta u_{\beta i,k}$。

$\boldsymbol{U}_{\beta m}=-\bar{u}_{\beta}\boldsymbol{1}_{3N_{\beta}N_c}$，$\boldsymbol{U}_{oM}=\boldsymbol{1}_{N_c}\otimes(\boldsymbol{1}_{N_o}\otimes(\bar{u}_o\boldsymbol{1}_3^{\bar{3}}))$，$\boldsymbol{U}_{aM}=\bar{u}_a\boldsymbol{1}_{3N_aN_c}$。

令 $\boldsymbol{X}_{\beta d,k}=[\boldsymbol{x}_{\beta d,k+1}^{\mathrm{T}},\boldsymbol{x}_{\beta d,k+2}^{\mathrm{T}},\cdots,\boldsymbol{x}_{\beta d,k+N_c}^{\mathrm{T}}]^{\mathrm{T}}$，那么根据式（9-28），可得

$$\boldsymbol{X}_{\beta e,k}=\boldsymbol{L}_{\beta,k}\boldsymbol{x}_{\beta,k}+\boldsymbol{W}_{\beta,k}\boldsymbol{U}_{\beta d,k}+\boldsymbol{W}_{\beta,k}\Delta\boldsymbol{U}_{\beta,k}+\boldsymbol{H}_{\beta,k}-\boldsymbol{X}_{\beta d,k} \tag{9-32}$$

式中：

$$\boldsymbol{L}_{\beta,k}=\begin{bmatrix}\boldsymbol{A}_{\beta,k}\\ \boldsymbol{A}_{\beta,k}^2\\ \vdots\\ \boldsymbol{A}_{\beta,k}^{N_c}\end{bmatrix},\quad \boldsymbol{W}_{\beta,k}=\begin{bmatrix}\boldsymbol{B}_{\beta,k} & & & \\ \boldsymbol{A}_{\beta,k}\boldsymbol{B}_{\beta,k} & \boldsymbol{B}_{\beta,k} & & \\ \vdots & \vdots & \ddots & \\ \boldsymbol{A}_{\beta,k}^{N_c-1}\boldsymbol{B}_{\beta,k} & \boldsymbol{A}_{\beta,k}^{N_c-2}\boldsymbol{B}_{\beta,k} & \cdots & \boldsymbol{B}_{\beta,k}\end{bmatrix}$$

$$\boldsymbol{H}_{\beta,k}=\begin{bmatrix}\boldsymbol{h}_{\beta,k}\\ \boldsymbol{A}_{\beta,k}\boldsymbol{h}_{\beta,k}+\boldsymbol{h}_{\beta,k}\\ \boldsymbol{A}_{\beta,k}^{N_c-1}\boldsymbol{h}_{\beta,k}+\boldsymbol{A}_{\beta,k}^{N_c-2}\boldsymbol{h}_{\beta,k}+\cdots+\boldsymbol{h}_{\beta,k}\end{bmatrix} \tag{9-33}$$

且 $\boldsymbol{B}_{\beta,k}=[\boldsymbol{B}_{\beta 1,k},\boldsymbol{B}_{\beta 2,k},\cdots,\boldsymbol{B}_{\beta N_{\beta},k}]$。

将式（9-32）代入式（9-30）的目标函数中，$J_{e\beta,k}$可整理为

$$\begin{aligned}J_{e\beta,k}=&(\boldsymbol{x}_{\beta,k}^{\mathrm{T}}\boldsymbol{L}_{\beta,k}^{\mathrm{T}}+\boldsymbol{U}_{\beta d,k}^{\mathrm{T}}\boldsymbol{W}_{\beta,k}^{\mathrm{T}}+\boldsymbol{H}_{\beta,k}^{\mathrm{T}}-\boldsymbol{X}_{\beta d,k}^{\mathrm{T}})\boldsymbol{Q}_{\beta}(\boldsymbol{L}_{\beta,k}\boldsymbol{x}_{\beta,k}+\boldsymbol{W}_{\beta,k}\boldsymbol{U}_{\beta d,k}+\\&\boldsymbol{H}_{\beta,k}-\boldsymbol{X}_{\beta d,k})+2(\boldsymbol{x}_{\beta,k}^{\mathrm{T}}\boldsymbol{L}_{\beta,k}^{\mathrm{T}}+\boldsymbol{U}_{\beta d,k}^{\mathrm{T}}\boldsymbol{W}_{\beta,k}^{\mathrm{T}}+\boldsymbol{H}_{\beta,k}^{\mathrm{T}}-\boldsymbol{X}_{\beta d,k}^{\mathrm{T}})\boldsymbol{Q}_{\beta}\boldsymbol{W}_{\beta,k}\Delta\boldsymbol{U}_{\beta,k}+\\&\Delta\boldsymbol{U}_{\beta,k}^{\mathrm{T}}\boldsymbol{W}_{\beta,k}^{\mathrm{T}}\boldsymbol{Q}_{\beta}\boldsymbol{W}_{\beta,k}\Delta\boldsymbol{U}_{\beta,k}+\Delta\boldsymbol{U}_{\beta,k}^{\mathrm{T}}\boldsymbol{R}_{\beta}\Delta\boldsymbol{U}_{\beta,k}\end{aligned} \tag{9-34}$$

式（9-34）中第一项不包含优化变量 $\Delta\boldsymbol{U}_{\beta,k}$，在优化过程中可以被省略。这样，式（9-30）可被转化为如下的二次规划问题：

$$\begin{aligned}&\min_{\Delta U_{\beta,k}}\quad J_{e\beta,k}=\frac{1}{2}\Delta\boldsymbol{U}_{\beta,k}^{\mathrm{T}}\boldsymbol{S}_{\beta,k}\Delta\boldsymbol{U}_{\beta,k}+\boldsymbol{V}_{\beta,k}^{\mathrm{T}}\Delta\boldsymbol{U}_{\beta,k}\\&\text{s. t.}\quad\begin{cases}-\boldsymbol{U}_{\beta d,k}+\boldsymbol{U}_{\beta m}\leqslant\Delta\boldsymbol{U}_{\beta,k}\leqslant-\boldsymbol{U}_{\beta d,k}+\boldsymbol{U}_{\beta M}\\(\boldsymbol{I}_{N_c}\otimes\boldsymbol{R}_b^{\times})\Delta\boldsymbol{U}_{\beta,k}=-(\boldsymbol{I}_{N_c}\otimes\boldsymbol{R}_b^{\times})\boldsymbol{U}_{\beta d,k},\ \beta=o\end{cases}\end{aligned} \tag{9-35}$$

式中：$\boldsymbol{V}_{\beta,k}=2\boldsymbol{W}_{\beta,k}^{\mathrm{T}}\boldsymbol{Q}_{\beta}(\boldsymbol{L}_{\beta,k}\boldsymbol{x}_{\beta,k}+\boldsymbol{W}_{\beta,k}\boldsymbol{U}_{\beta d,k}+\boldsymbol{H}_{\beta,k}-\boldsymbol{X}_{\beta d,k})$，$\boldsymbol{S}_{\beta,k}=2(\boldsymbol{W}_{\beta,k}^{\mathrm{T}}\boldsymbol{Q}_{\beta}\boldsymbol{W}_{\beta,k}+\boldsymbol{R}_{\beta})$。

式（9-35）中的二次规划问题可以方便地进行在线求解，以获得微小卫星补偿控制策略 $\Delta\boldsymbol{U}_{\beta,k}$。当与本节前面所获得的开环合作博弈控制策略 $\boldsymbol{U}_{\beta d,k}$一起使用时，便可实现力卫星或力矩卫星的闭环协同控制。由于本节前面所得的开环合作博弈控制策略对应于优化得到的在轨装配航天器期望姿轨运动轨迹，因此，在理想情况下，微小卫星可直接使用所得的开环合作博弈控制策略进行装配航天器的姿轨运动控制。通过协同误差补偿控制器可实现对跟踪误差的抑制，但每一时刻进行误差补偿会带来较大的计算负担。为降低微小卫星的计算负担，可根据协同运输任务的控制精度要求，为协同误差补偿控制器设计事件触发机制。仅当在轨装配航天器的姿轨跟踪精度不满足预先设定的任务要求时，各颗微小卫星才进行式（9-35）中二次规划问题的求解以获得补偿控制策略对在轨装配航天器姿轨跟踪误差进行补偿。

令 $\boldsymbol{\varepsilon}_{po}$、$\boldsymbol{\varepsilon}_{vo}$、$\boldsymbol{\varepsilon}_{pa}$、$\boldsymbol{\varepsilon}_{va}$分别表示在轨装配航天器的轨道位置、轨道速度、姿态MRP与姿态角速度的跟踪误差上限。为节省计算资源，令$\{t_{o,j}\}$与$\{t_{a,j}\}$ $(j=1,2,\cdots)$为两组单调递增的时间序列，分别表示力卫星与力矩卫星需要通过协同误差补偿控制器进行误差补偿的时刻。在最新进行误差补偿的$t_{\beta,j}$时刻后，可设计如下的事件触发条件确定下一个需要进行误差补偿的时刻：

$$\begin{cases}t_{o,j+1}=\inf\limits_{t_k>t_{o,j}}\{(\boldsymbol{x}_{oe,k}^{\mathrm{T}}\boldsymbol{Q}_p\boldsymbol{x}_{oe,k})^{\frac{1}{2}}\geqslant\boldsymbol{\varepsilon}_{po}\quad \text{or}\quad (\boldsymbol{x}_{oe,k}^{\mathrm{T}}\boldsymbol{Q}_v\boldsymbol{x}_{oe,k})^{\frac{1}{2}}\geqslant\boldsymbol{\varepsilon}_{vo}\}\\ t_{a,j+1}=\inf\limits_{t_k>t_{a,j}}\{(\boldsymbol{x}_{ae,k}^{\mathrm{T}}\boldsymbol{Q}_p\boldsymbol{x}_{ae,k})^{\frac{1}{2}}\geqslant\boldsymbol{\varepsilon}_{pa}\quad \text{or}\quad (\boldsymbol{x}_{ae,k}^{\mathrm{T}}\boldsymbol{Q}_v\boldsymbol{x}_{ae,k})^{\frac{1}{2}}\geqslant\boldsymbol{\varepsilon}_{va}\}\end{cases}\tag{9-36}$$

式中：$\boldsymbol{Q}_p=\mathrm{diag}\{\boldsymbol{I}_3,\boldsymbol{0}_{3\times3}\}$，$\boldsymbol{Q}_v=\mathrm{diag}\{\boldsymbol{0}_{3\times3},\boldsymbol{I}_3\}$。

微小卫星结合本节前面获得的开环合作博弈控制策略，以及式（9-36）中条件被触发时通过求解式（9-35）中二次规划问题所获得的补偿控制策略，便可控制在轨装配航天器沿着期望姿轨运动轨迹运动，实现其与目标航天器的对接。

综合上述分析，可得多星多约束合作博弈协同运输控制框图，如图9-5所示。图中左侧的多星开环帕累托最优合作博弈控制策略可在协同运输任务开始前获得，仅当式（9-36）中的条件被触发时，微小卫星才需使用图中中部的闭环合作博弈误差补偿控制器进行补偿控制策略的计算，因此所设计的多约束合作博弈控制方法能够以较少的计算要求，在尽可能优化各星燃料/能量消耗量的基础上实现其对在轨装配航天器姿轨运动的控制。

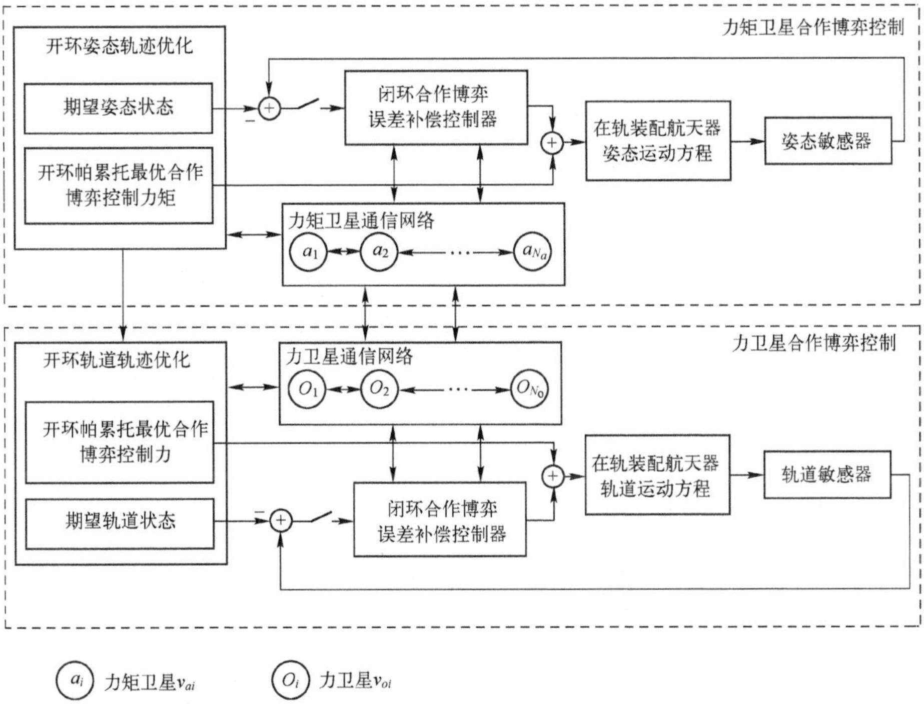


图9-5　多约束合作博弈协同运输控制框图

### 9.3.3 仿真验证

假设目标航天器的轨道半径为 $r_0=42164\text{km}$，轨道角速度为 $n_0=\sqrt{\mu/r_0^3}=7.2922\times10^{-5}\text{rad/s}$，轨道倾角为 30°，升交点赤经为 20°。在轨装配航天器的初始位置为 $\boldsymbol{p}_0=[0,-1000,0]^{\mathrm{T}}\text{m}$，目标航天器的对接轴为沿其本体坐标系 $\mathcal{F}_t$ 的 $x_t$ 轴，在轨装配航天器所需到达的对接点位于 $\mathcal{F}_t$ 中的点 $\boldsymbol{p}_t=[1,0,0]^{\mathrm{T}}\text{m}$ 处。目标航天器的姿态 MRP 为 $\boldsymbol{\sigma}_t=[0.2605,-0.1824,0.4193]^{\mathrm{T}}$。在轨装配航天器的质量与惯量矩阵分别为 $m=600\text{kg}$ 以及

$$\boldsymbol{J}=\begin{bmatrix}506.8 & 80.6 & 98.1\\ 80.6 & 508.5 & 92.7\\ 98.1 & 92.7 & 510.5\end{bmatrix}\text{kg}\cdot\text{m}^2$$

不失一般性，假设通过 4 颗力卫星和 4 颗力矩卫星分别为在轨装配航天器提供控制力和控制力矩。4 颗力卫星质心在 $\mathcal{F}_b$ 系中的坐标分别为 $\boldsymbol{r}_{o1}=[0,-1,1]^{\mathrm{T}}\text{m}$，$\boldsymbol{r}_{o2}=[0,1,1]^{\mathrm{T}}\text{m}$，$\boldsymbol{r}_{o3}=[0,-1,-1]^{\mathrm{T}}\text{m}$，$\boldsymbol{r}_{o4}=[0,1,-1]^{\mathrm{T}}\text{m}$。4 颗力卫星的转换矩阵分别为

$$\boldsymbol{C}_{o1}^b=\boldsymbol{C}_{o2}^b=\boldsymbol{I}_3,\quad \boldsymbol{C}_{o3}^b=\boldsymbol{C}_{o4}^b=\begin{bmatrix}-1 & 0 & 0\\ 0 & 1 & 0\\ 0 & 0 & -1\end{bmatrix}$$

4 颗力矩卫星的转换矩阵分别为

$$\boldsymbol{C}_{a1}^b=\begin{bmatrix}1 & 0 & 0\\ 0 & 1 & 0\\ 0 & 0 & 1\end{bmatrix},\quad \boldsymbol{C}_{a2}^b=\begin{bmatrix}0.8640 & 0.4031 & -0.3017\\ -0.2477 & 0.8620 & 0.4423\\ 0.4384 & -0.3074 & 0.8446\end{bmatrix}$$

$$\boldsymbol{C}_{a3}^b=\begin{bmatrix}0.8713 & -0.4258 & 0.2441\\ 0.3171 & 0.8680 & 0.3822\\ -0.3746 & -0.2556 & 0.8913\end{bmatrix},\quad \boldsymbol{C}_{a4}^b=\begin{bmatrix}0.9781 & 0.0217 & -0.2068\\ 0 & 0.9945 & 0.1045\\ 0.2079 & -0.1022 & 0.9728\end{bmatrix}$$

本章仿真中，力卫星和力矩卫星的控制幅值分别为 $\bar{u}_o=0.7\text{N}$ 和 $\bar{u}_a=0.01\text{N}\cdot\text{m}$，$\eta=0.95$。在轨装配航天器与目标航天器之间的安全距离设置为 $\rho_s=30\text{m}$。目标航天器视线锥角为 $\theta=30°$。假设在第一阶段起始时刻处，目标航天器的姿态测量误差上界为 $\bar{\delta}_{at}^{\mathrm{I}}=8°$。根据式（9-10），$\kappa$ 选为 $\kappa=0.7333$。在轨装配航天器的姿轨控制误差上限分别为 $\varepsilon_{po}=10^{-4}\text{m}$，$\varepsilon_{vo}=10^{-4}\text{m/s}$，$\varepsilon_{pa}=10^{-4}$，$\varepsilon_{va}=10^{-4}\text{rad/s}$。控制时间间隔 $\Delta t=0.1\text{s}$。

根据如上参数设置，可进行在轨装配航天器期望姿轨运动轨迹与多星开环合作博弈控制策略的优化。图 9-6（a）和（b）分别给出了在轨装配航天器期望相对轨道位置与速度轨迹。如图 9-6（a）所示，在第一阶段终端时刻，所获得的期望轨道运动轨迹可以将在轨装配航天器导引至距离主体结构 50m 的位置处，

位于 $\mathcal{F}_C$ 系中的$[43.9039, 11.5490, 20.9539]^{\mathrm{T}}$m 坐标点处，此处在 $\mathcal{F}_C$ 系中对应的单位矢量为 $\boldsymbol{e}_{bf}^{\mathrm{I}}=[0.8781, 0.2310, 0.4191]^{\mathrm{T}}$。在第一阶段终端时刻，目标航天器的对接轴在 $\mathcal{F}_C$ 系中指向单位矢量 $\boldsymbol{e}_{\mathrm{LOS}f}^{\mathrm{I}}=[0.7022, 0.5069, 0.5000]^{\mathrm{T}}$ 的方向。$\boldsymbol{e}_{bf}^{\mathrm{I}}$ 与 $\boldsymbol{e}_{\mathrm{LOS}f}^{\mathrm{I}}$之间的夹角为 19.3965°，小于视线锥角 $\theta=30°$。因此，在第一阶段终端时刻，所获得的期望相对轨道运动轨迹能够将在轨装配航天器导引至目标航天器的视线范围内，在任务末端也能够将在轨装配航天器导引至期望的对接位置。

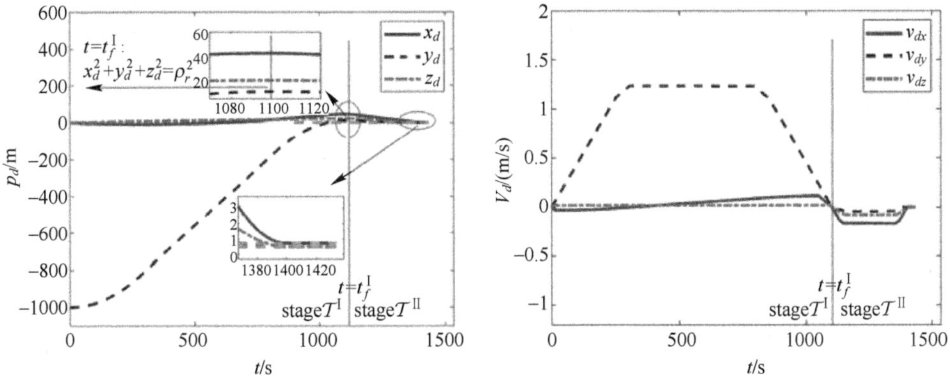

(a) (b)

**图 9-6 在轨装配航天器期望相对轨道位置及速度轨迹**

（a）期望相对轨道位置轨迹；（b）期望相对轨道速度轨迹。

图 9-7（a）与（b）分别给出了在轨装配航天器的期望姿态 MRP 与角速度运动轨迹，其中在轨装配航天器的期望姿态 MRP 与目标航天器姿态 MRP 在任务末端趋于一致。因此，若在轨装配航天器跟踪所获得的期望姿态运动轨迹，其能够在任务末端实现与目标航天器姿态运动的同步。

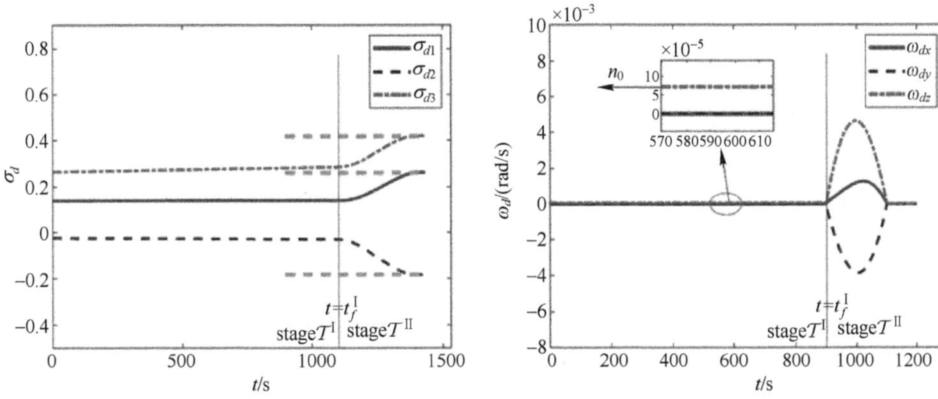

(a) (b)

**图 9-7 在轨装配航天器期望姿态 MRP 与角速度轨迹**

（a）期望姿态 MRPs 轨迹；（b）期望姿态角速度轨迹。

在轨装配航天器相对轨道位置与速度跟踪误差轨迹分别如图 9-8（a）与（b）所示。在第一阶段的开始与最后 200s，由于在轨装配航天器需要跟踪一组变化较大的期望轨道运动轨迹，如图 9-6（b）所示，图 9-8 中的相对轨道位置与速度跟踪误差较大。在第二阶段，在轨装配航天器的相对轨道位置与速度跟踪误差变化情况与第一阶段类似。图 9-9（a）与（b）分别给出了在轨装配航天器姿态 MRP 与角速度跟踪误差随时间变化曲线。由于在第一阶段，在轨装配航天器的期望姿态角速度 $\boldsymbol{\omega}_d=[0,0,n_0]^{\mathrm{T}}\mathrm{rad/s}$，为一个小的常值矢量，在轨装配航天器的姿态 MRP 与角速度跟踪误差均为小量。在第二阶段，在轨装配航天器期望角速度轨迹变化较为剧烈，因此姿态 MRP 与角速度跟踪误差也相对较大。在第二阶段末端，在多颗力卫星与力矩卫星的合作博弈控制下，在轨装配航天器的相对轨道位置与速度跟踪误差，以及姿态 MRP 与角速度跟踪误差均收敛至 $10^{-4}$ 量级以内，满足控制精度要求。

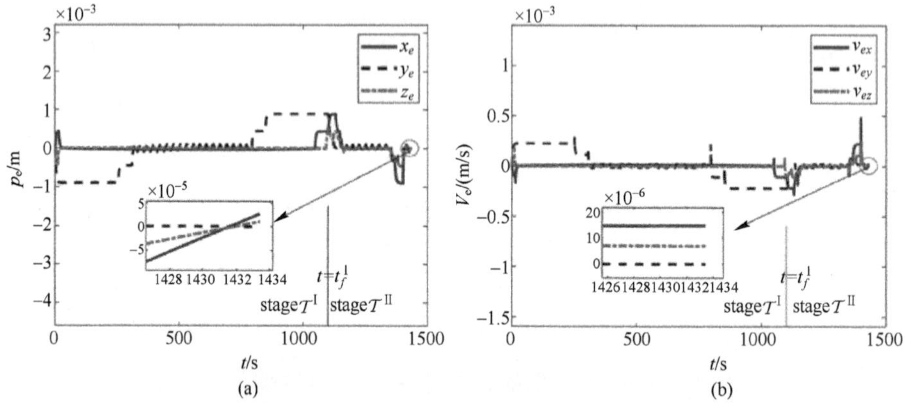


**图 9-8 在轨装配航天器相对轨道位置及速度跟踪误差轨迹**

（a）相对轨道位置跟踪误差轨迹；（b）相对轨道速度跟踪误差轨迹。

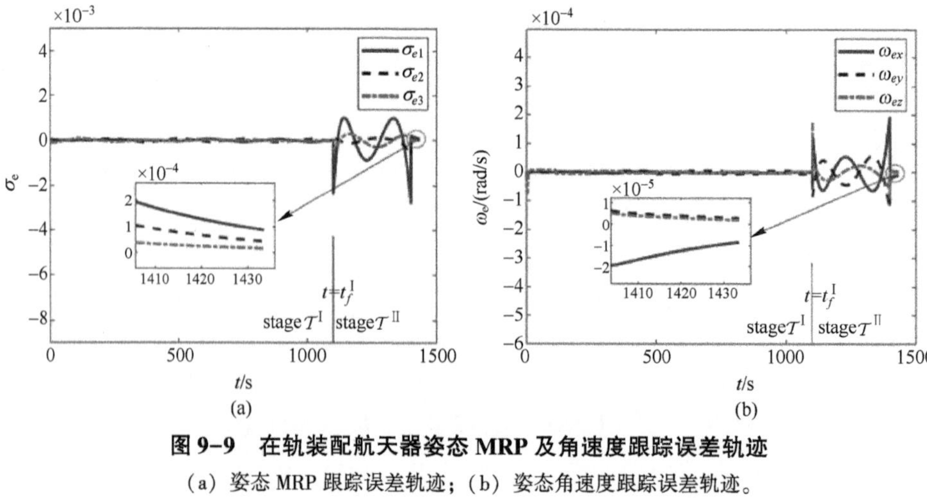


**图 9-9 在轨装配航天器姿态 MRP 及角速度跟踪误差轨迹**

（a）姿态 MRP 跟踪误差轨迹；（b）姿态角速度跟踪误差轨迹。

图 9-10 给出了力卫星控制力随时间变化的曲线，可以看到在整个任务过程中，力卫星控制力幅值约束均能得到满足。此外，图 9-10 中，所有力卫星均不沿 $\mathcal{F}_{oi}$ 系的 $z_{oi}$ 轴正方向产生控制力，这满足力卫星沿其本体坐标系 $z_{oi}$ 轴正方向不能产生推力的要求，因为对应于该方向的面与子结构相连，无法进行推力器的安装。图 9-11 给出了所有力卫星产生的合力矩随时间变化的曲线。由于在进行微小卫星开环合作博弈控制策略与闭环合作博弈误差补偿控制策略的确定时，均对由力卫星可能引起的干扰力矩进行了抑制，因此在整个协同运输过程中，所有力卫星仅产生很小的力矩，仅对在轨装配航天器的姿态运动产生很小的扰动。力矩卫星在协同运输任务过程中的控制力矩随时间变化的曲线如图 9-12 所示，可以看到控制力矩幅值约束均能得到满足。在整个协同运输过程中，在式（9-36）中事件驱动条件的作用下，力卫星与力矩卫星分别需要在整个协同运输任务的 14335 个控制时刻通过式（9-35）中的协同误差补偿控制器进行 7706 与 3484 次补偿控制策略的计算。可以看出，事件驱动误差补偿控制器有效降低了微小卫星进行补偿控制策略求解的次数，因此有效地降低了微小卫星的计算负担。

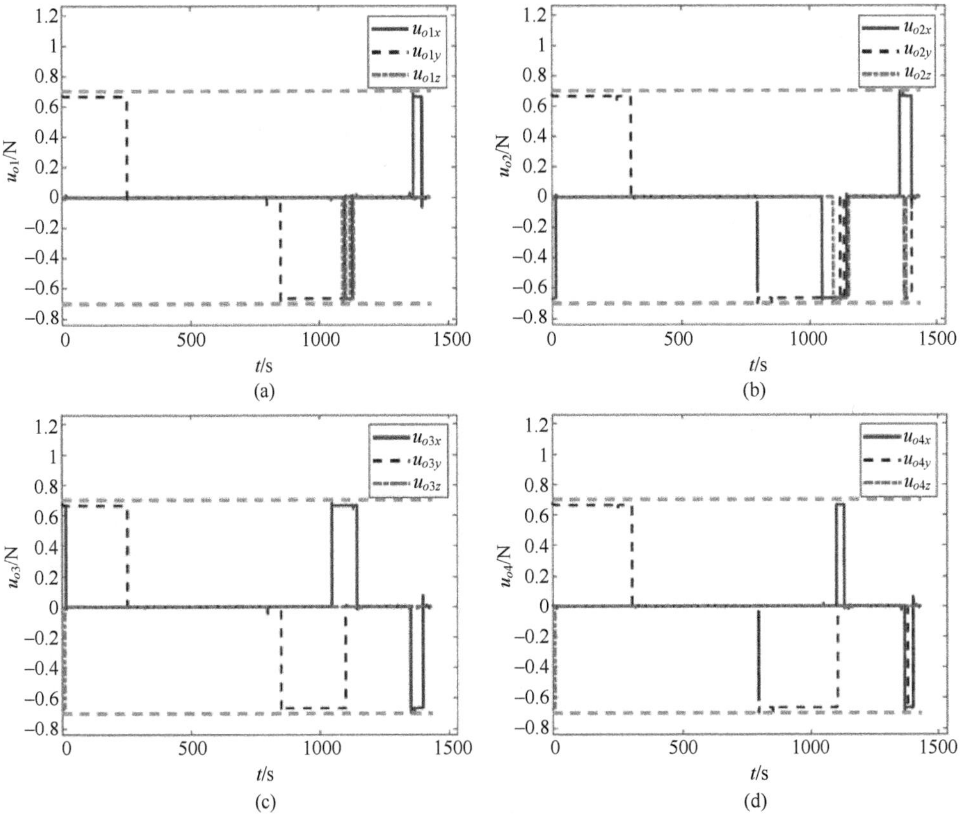


**图 9-10　力卫星控制力随时间变化曲线**

（a）力卫星 1；（b）力卫星 2；（c）力卫星 3；（d）力卫星 4。

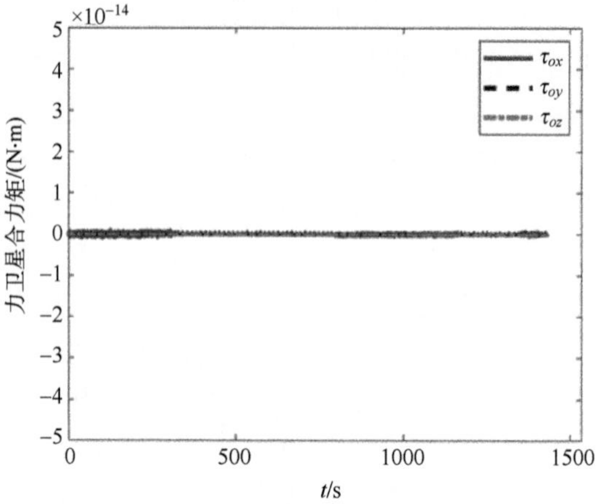


图 9-11　力卫星合力矩随时间变化曲线

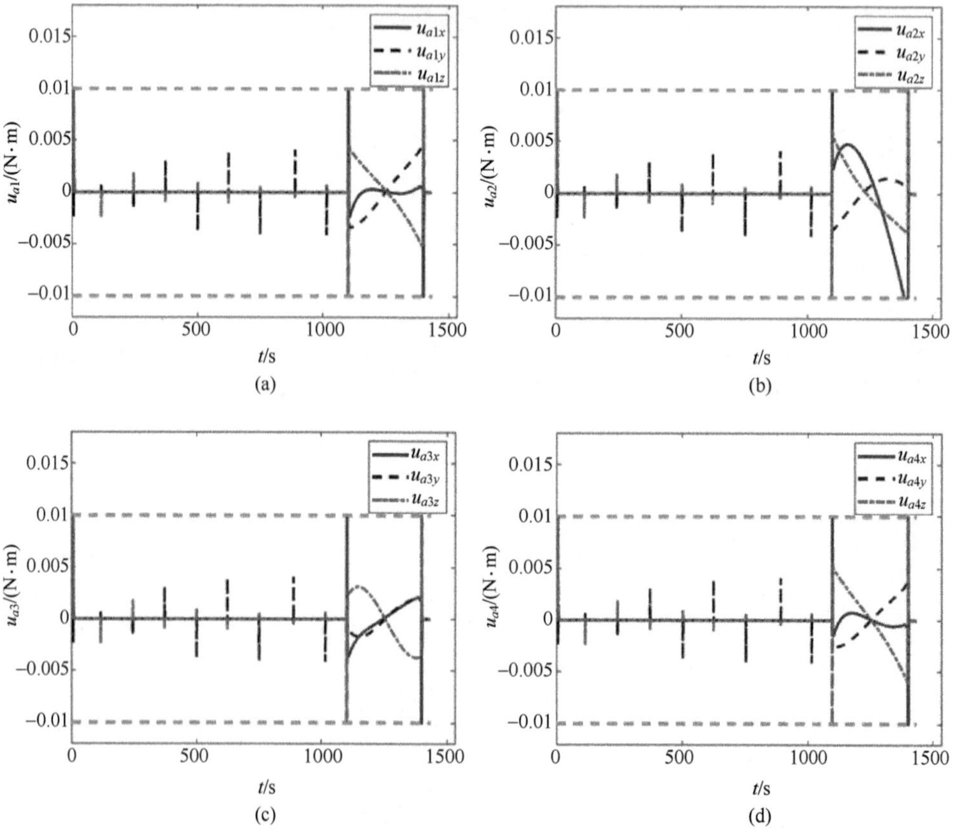


图 9-12　力矩卫星控制力矩随时间变化曲线

（a）力矩卫星 1；（b）力矩卫星 2；（c）力矩卫星 3；（d）力矩卫星 4。

# 9.4 分布式鲁棒合作博弈控制

9.3节在考虑复杂状态控制约束的情况下，针对空间协同运输任务进行了集中式多星合作博弈控制方法的研究，实现了不考虑不确定性及干扰情况下多颗微小卫星对在轨装配航天器姿轨运动的控制。在实际的空间协同运输任务中，由于微小卫星的燃料消耗、在轨装配航天器上柔性附件的存在，在轨装配航天器的质量、质心位置及转动惯量矩阵等动力学参数均具有不确定性。这些不确定性以及外界干扰、在轨装配航天器姿轨耦合效应会带来未知扰动，从而对在轨装配航天器的姿轨运动产生不利影响。为获得期望的姿轨控制性能，需对这些未知扰动所带来的影响予以考虑与抑制。此外，考虑到微小卫星计算通信能力的有限性，希望各颗微小卫星可通过局部信息交互实现其合作博弈控制策略的确定，进而实现计算与通信负担在各星之间的分担。

本节在9.3节研究工作的基础上，进一步考虑外界干扰、微小卫星控制约束、在轨装配航天器动力学参数不确定性及姿轨耦合效应的影响，进行基于分布式信息的多星鲁棒合作博弈控制方法研究。首先，面向在轨装配航天器姿轨运动控制需求，进行微小卫星合作博弈模型的建立；之后，以第8章中基于分布式信息的多星合作博弈控制方法为基础，进行基于分布式信息的多星鲁棒合作博弈控制方法的设计。所设计方法通过基于多星局部信息交互的最优控制分配系数更新，实现计算与通信负担在各星之间的分担，并通过在在轨装配航天器姿轨运动控制器中引入干扰观测器与新型控制饱和补偿器，实现对由外界干扰、微小卫星控制饱和、在轨装配航天器动力学参数不确定性与姿轨耦合效应等所产生的扰动的抑制。

## 9.4.1 多星鲁棒合作博弈控制模型

### 1. 协同运输系统受扰姿轨动力学方程

1）受扰轨道动力学方程

令 $p_x$、$p_y$、$p_z$ 表示在轨装配航天器在 $\mathcal{F}_C$ 系中的三个位置分量，记 $\boldsymbol{p}_o=[p_x, p_y, p_z]^{\mathrm{T}}$ 与 $\boldsymbol{v}_o=[\dot{p}_x, \dot{p}_y, \dot{p}_z]^{\mathrm{T}}$，在轨装配航天器在 $\mathcal{F}_C$ 系中的相对轨道运动学方程为

$$\dot{\boldsymbol{p}}_o=\boldsymbol{v}_o \tag{9-37}$$

相对轨道动力学方程由下式给出

$$m\dot{\boldsymbol{v}}_o=m\boldsymbol{A}_{o1}\boldsymbol{p}_o+m\boldsymbol{A}_{o2}\boldsymbol{v}_o+\boldsymbol{u}_o+\boldsymbol{d}_o \tag{9-38}$$

式中：$\boldsymbol{A}_{o1}$ 与 $\boldsymbol{A}_{o2}$ 为

$$\boldsymbol{A}_{o1}=\begin{bmatrix}3n_0^2 & 0 & 0\\ 0 & 0 & 0\\ 0 & 0 & -n_0^2\end{bmatrix},\quad \boldsymbol{A}_{o2}=\begin{bmatrix}0 & 2n_0 & 0\\ -2n_0 & 0 & 0\\ 0 & 0 & 0\end{bmatrix} \tag{9-39}$$

式（9-38）中，$m=m_0+\Delta m$ 为在轨装配航天器的质量，$m_0$ 为 $m$ 的估值，$\Delta m$ 为 $m$ 的有界不确定性。$\boldsymbol{d}_o$ 为外界干扰力。$\boldsymbol{u}_o=[u_{ox},u_{oy},u_{oz}]^{\mathrm{T}}=\sum_{i=1}^{N_o}\boldsymbol{C}_{oi}^{C}\boldsymbol{u}_{oi}$ 为力卫星实际产生的总控制力。$\boldsymbol{u}_{oi}=[u_{oix},u_{oiy},u_{oiz}]^{\mathrm{T}}$ 为力卫星 $v_{oi}$ 在 $\mathcal{F}_{oi}$ 系中实际产生的控制力，满足

$$u_{oil}=\begin{cases}\overline{u}_{ol}, & u_{oil,c}>\overline{u}_{ol}\\ u_{oil,c}, & \underline{u}_{ol}\leqslant u_{oil,c}\leqslant\overline{u}_{ol}, \quad l=x,y,z\\ \underline{u}_{ol}, & u_{oil,c}<\underline{u}_{ol}\end{cases} \tag{9-40}$$

式中：$\overline{u}_{ol}$及$\underline{u}_{ol}$为力卫星沿着 $\mathcal{F}_{oi}$系的 $l_{oi}(l=x,y,z)$ 轴所能产生的控制力幅值上下界；$\boldsymbol{u}_{oi,c}=[u_{oix,c},u_{oiy,c},u_{oiz,c}]^{\mathrm{T}}$ 为鲁棒合作博弈控制方法给出的力卫星 $v_{oi}$所需产生的控制力。

2）受扰姿态动力学方程

采用姿态 MRP 进行在轨装配航天器姿态运动的描述，在轨装配航天器的姿态运动学方程为

$$\dot{\boldsymbol{\sigma}}=\boldsymbol{G}(\boldsymbol{\sigma})\boldsymbol{\omega} \tag{9-41}$$

令 $\zeta_{ail}$表示沿着力矩卫星 $v_{ai}$ 本体坐标系 $l_{ai}(l=x,y,z)$ 轴安装的反作用飞轮，$\omega_{ail}$为飞轮 $\zeta_{ail}$的旋转速度，$J_w$ 为飞轮绕旋转轴的转动惯量。在轨装配航天器在 $\mathcal{F}_b$ 系中的总角动量为

$$\boldsymbol{h}=\boldsymbol{J}\boldsymbol{\omega}+\boldsymbol{h}_w \tag{9-42}$$

式中：$\boldsymbol{J}=\boldsymbol{J}_0+\Delta\boldsymbol{J}$ 为在轨装配航天器的转动惯量矩阵，$\boldsymbol{J}_0$ 是 $\boldsymbol{J}$ 的估值，$\Delta\boldsymbol{J}$ 是 $\boldsymbol{J}$ 的有界不确定性；$\boldsymbol{h}_w=\sum_{i=1}^{N_a}\boldsymbol{C}_{ai}^{b}\boldsymbol{J}_w\boldsymbol{\omega}_{ai}$ 为 $\mathcal{F}_b$ 系中所有飞轮的角动量，$\boldsymbol{J}_w=J_w\boldsymbol{I}_3$ 且 $\boldsymbol{\omega}_{ai}=[\omega_{aix},\omega_{aiy},\omega_{aiz}]^{\mathrm{T}}$。在轨装配航天器的姿态动力学方程由下式给出

$$\boldsymbol{J}\dot{\boldsymbol{\omega}}=-\boldsymbol{\omega}^{\times}(\boldsymbol{J}\boldsymbol{\omega}+\boldsymbol{h}_w)+\boldsymbol{u}_a+\boldsymbol{d}_{oa}+\boldsymbol{d}_a \tag{9-43}$$

式中：$\boldsymbol{d}_{oa}=\sum_{i=1}^{N_o}\boldsymbol{r}_{oi}^{\times}\boldsymbol{C}_{oi}^{b}\boldsymbol{u}_{oi}$，其中 $\boldsymbol{C}_{oi}^{b}\boldsymbol{u}_{oi}$为力卫星 $v_{oi}$的控制力在 $\mathcal{F}_b$ 系中的描述，$\boldsymbol{r}_{oi}=\boldsymbol{r}_{oi0}+\Delta\boldsymbol{r}_{oi}$为力卫星 $v_{oi}$在 $\mathcal{F}_b$ 系中的质心位置矢量，$\boldsymbol{r}_{oi0}$为 $\boldsymbol{r}_{oi}$的标称值，$\Delta\boldsymbol{r}_{oi}$为 $\boldsymbol{r}_{oi}$的有界不确定性。$\boldsymbol{d}_{oa}$实际上是由所有力卫星的控制力所产生的合力矩，在进行微小卫星合作博弈控制方法的设计时，可被视为在轨装配航天器姿轨耦合效应所产生的干扰力矩。$\boldsymbol{d}_a$ 为外界干扰力矩，$\boldsymbol{u}_a=\sum_{i=1}^{N_a}\boldsymbol{C}_{ai}^{b}\boldsymbol{u}_{ai}$ 是所有力矩卫星在 $\mathcal{F}_b$系中实际产生的合控制力矩。$\boldsymbol{u}_{ai}=-\boldsymbol{J}_w\dot{\boldsymbol{\omega}}_{ai}=[u_{aix},u_{aiy},u_{aiz}]^{\mathrm{T}}$ 是力矩卫星 $v_{ai}$在 $\mathcal{F}_{ai}$系中实际

产生的控制力矩，满足

$$u_{ail}=\begin{cases}\overline{u}_{al}, & u_{ail,c}>\overline{u}_{al}\\ u_{ail,c}, & \underline{u}_{al}\leqslant u_{ail,c}\leqslant\overline{u}_{al},\ l=x,y,z\\ \underline{u}_{al}, & u_{ail,c}<\underline{u}_{al}\end{cases}\tag{9-44}$$

式中：$\overline{u}_{al}$与$\underline{u}_{al}$分别为力矩卫星沿着 $\mathcal{F}_{ai}$系的 $l_{ai}(l=x,y,z)$轴所能产生的控制力矩幅值上下界；$\boldsymbol{u}_{ai,c}=[u_{aix,c},u_{aiy,c},u_{aiz,c}]^{\mathrm{T}}$ 为鲁棒合作博弈控制方法给出的力矩卫星 $v_{ai}$所需产生的控制力矩。

**2. 多星合作博弈模型**

令 $\theta_{\beta ix}$、$\theta_{\beta iy}$、$\theta_{\beta iz}$为力卫星/力矩卫星 $v_{\beta i}$的控制分配系数，则由力卫星/力矩卫星 $v_{\beta i}$产生的控制力/控制力矩在 $\mathcal{F}_C/\mathcal{F}_b$ 系下可表示为

$$\begin{cases}{}^{C}\boldsymbol{u}_{oi}=\boldsymbol{\Theta}_{oi}\boldsymbol{u}_{o}\\ {}^{b}\boldsymbol{u}_{ai}=\boldsymbol{\Theta}_{ai}\boldsymbol{u}_{a}\end{cases}\tag{9-45}$$

式中：$\boldsymbol{\Theta}_{\beta i}=\mathrm{diag}\{\theta_{\beta ix},\theta_{\beta iy},\theta_{\beta iz}\}$，左上标×表示一个描述在 $\mathcal{F}_{\times}$系中的矢量。$\boldsymbol{u}_{\beta i}$在 $\mathcal{F}_{\beta i}$中可描述为

$$\begin{cases}{}^{oi}\boldsymbol{u}_{oi}=\boldsymbol{C}_{C}^{oi}\boldsymbol{\Theta}_{oi}\boldsymbol{u}_{o}\\ {}^{ai}\boldsymbol{u}_{ai}=\boldsymbol{C}_{b}^{ai}\boldsymbol{\Theta}_{ai}\boldsymbol{u}_{a}\end{cases}\tag{9-46}$$

为寻找微小卫星能量最优控制分配系数，可为各星设计如下局部目标函数

$$\begin{cases}J_{oi}=\dfrac{1}{2}\boldsymbol{\theta}_{oi}^{\mathrm{T}}\boldsymbol{C}_{oi}^{C}\boldsymbol{\alpha}_{oi}\boldsymbol{C}_{C}^{oi}\boldsymbol{\theta}_{oi}\\ J_{ai}=\dfrac{1}{2}\boldsymbol{\theta}_{ai}^{\mathrm{T}}\boldsymbol{C}_{ai}^{b}\boldsymbol{\alpha}_{ai}\boldsymbol{C}_{b}^{ai}\boldsymbol{\theta}_{ai}\end{cases}\tag{9-47}$$

式中：$\boldsymbol{\theta}_{\beta i}=[\theta_{\beta ix},\theta_{\beta iy},\theta_{\beta iz}]^{\mathrm{T}}$；$\boldsymbol{\alpha}_{\beta i}=\mathrm{diag}\{\alpha_{\beta ix},\alpha_{\beta iy},\alpha_{\beta iz}\}$为微小卫星局部目标函数的权值系数矩阵。

1）力卫星合作博弈模型

在进行子结构协同运输的过程中，期望力卫星尽可能不要产生多余的力矩。考虑到子结构可以在地面预先进行设计，因此可以合理地对子结构表面的标准化接口进行适当的布置，以便力卫星能够对称地安装在子结构的质心周围。为了提高力卫星的协调效率，可对各力卫星进行配对。当两颗力卫星沿着同一方向产生相同大小的控制力时，其所产生的合力矩为 0，这两颗力卫星就可以进行配对。表 9-2 给出了力卫星的配对准则。其中 $\boldsymbol{e}_{oil}$表示沿着力卫星 $v_{oi}$本体坐标系 $\mathcal{F}_{oi}$的 $l_{oi}(l=x,y,z)$轴正方向的单位矢量。对于力卫星 $v_{oi}$来说，力卫星 $v_{oj}$可以沿着 $l_{oi}$轴与力卫星 $v_{oi}$配对，当且仅当力卫星 $v_{oj}$的本体坐标系 $\mathcal{F}_{oj}$的一个坐标轴与 $l_{oi}$轴相平行（表 9-2 中第三列的第一个条件），且当两颗力卫星沿着 $l_{oi}$轴的相同方向产生相同大小的控制力时，合力矩为 0（表 9-2 中第三列的第二个条件）。由于沿着每一力卫星的 $z$ 惯性主轴，推力器是单向安装的，因此一颗力卫星的 $z$ 惯性主轴

只能与另一颗力卫星的 $z$ 惯性主轴相配对。沿着力卫星的 $x$ 及 $y$ 惯性主轴，推力器是双向安装的，因此两颗力卫星的 $x$ 及 $y$ 惯性主轴可以互相进行配对。

**表 9-2 力卫星配对准则表**

| 力卫星 $\boldsymbol{v}_{oi}$ 惯性主轴 | 力卫星 $\boldsymbol{v}_{oj}$ 惯性主轴 | 配对条件 |
|---|---|---|
| $x_{oi}$ | $x_{oj}$ | $\boldsymbol{C}_{oi}^{b}\boldsymbol{e}_{oix}=\pm\boldsymbol{C}_{oj}^{b}\boldsymbol{e}_{ojx}$ 且 $\boldsymbol{r}_{oi0}^{\times}\boldsymbol{C}_{oi}^{b}\boldsymbol{e}_{oix}=\mp\boldsymbol{r}_{oj0}^{\times}\boldsymbol{C}_{oj}^{b}\boldsymbol{e}_{ojx}$ |
| | $y_{oj}$ | $\boldsymbol{C}_{oi}^{b}\boldsymbol{e}_{oix}=\pm\boldsymbol{C}_{oj}^{b}\boldsymbol{e}_{ojy}$ 且 $\boldsymbol{r}_{oi0}^{\times}\boldsymbol{C}_{oi}^{b}\boldsymbol{e}_{oix}=\mp\boldsymbol{r}_{oj0}^{\times}\boldsymbol{C}_{oj}^{b}\boldsymbol{e}_{ojy}$ |
| $y_{oi}$ | $x_{oj}$ | $\boldsymbol{C}_{oi}^{b}\boldsymbol{e}_{oiy}=\pm\boldsymbol{C}_{oj}^{b}\boldsymbol{e}_{ojx}$ 且 $\boldsymbol{r}_{oi0}^{\times}\boldsymbol{C}_{oi}^{b}\boldsymbol{e}_{oiy}=\mp\boldsymbol{r}_{oj0}^{\times}\boldsymbol{C}_{oj}^{b}\boldsymbol{e}_{ojx}$ |
| | $y_{oj}$ | $\boldsymbol{C}_{oi}^{b}\boldsymbol{e}_{oiy}=\pm\boldsymbol{C}_{oj}^{b}\boldsymbol{e}_{ojy}$ 且 $\boldsymbol{r}_{oi0}^{\times}\boldsymbol{C}_{oi}^{b}\boldsymbol{e}_{oiy}=\mp\boldsymbol{r}_{oj0}^{\times}\boldsymbol{C}_{oj}^{b}\boldsymbol{e}_{ojy}$ |
| $z_{oi}$ | $z_{oj}$ | $\boldsymbol{C}_{oi}^{b}\boldsymbol{e}_{oiz}=\boldsymbol{C}_{oj}^{b}\boldsymbol{e}_{ojz}$ 且 $\boldsymbol{r}_{oi0}^{\times}\boldsymbol{C}_{oi}^{b}\boldsymbol{e}_{oiz}=-\boldsymbol{r}_{oj0}^{\times}\boldsymbol{C}_{oj}^{b}\boldsymbol{e}_{ojz}$ |

令 $m_{fi}$ 与 $\mathcal{C}_i$ 分别表示力卫星 $v_{oi}$ 的剩余燃料质量及其配对星的集合，那么可设计如下的 $\boldsymbol{\alpha}_{oi}$ 以实现力卫星燃料消耗的均衡，即剩余燃料越少的力卫星分配到越小的控制力

$$\boldsymbol{\alpha}_{oi}=e^{\kappa_o/(m_{fi}+\sum_{j\in\mathcal{C}_i}m_{fj})}\boldsymbol{I}_3 \tag{9-48}$$

式中：$\kappa_o>0$，$\kappa_o$ 取值大小决定了力卫星燃料剩余量对控制力分配的影响程度。

为了避免产生多余的力矩，仅对在轨装配航天器所需控制力的一半进行分配，另一半控制力的施加可由各力卫星的配对星沿着相同的方向产生相同大小的控制力来实现。因此，根据式（9-47）中的力卫星局部目标函数，以及式（9-48）中的权值，力卫星的合作博弈问题可描述为

$$\begin{cases}\min \quad J_o=\sum_{i=1}^{N_o}J_{oi}\\ \text{s.t.} \quad \sum_{i=1}^{N_o}\boldsymbol{\theta}_{oi}=\dfrac{1}{2}\mathbf{1}_3\end{cases} \tag{9-49}$$

2）*力矩卫星合作博弈模型*

令 $\varpi$ 表示力矩卫星所携带的飞轮的饱和角速度，则力矩卫星 $v_{ai}$ 的飞轮 $\zeta_{ail}$ 的饱和度可量化为

$$\Pi_{ail}=\begin{cases}0, & \mathrm{sgn}(u_{ail})=\mathrm{sgn}(\omega_{ail})\\ \left|\dfrac{\omega_{ail}}{\varpi}\right|, & \text{其他}\end{cases} \tag{9-50}$$

为实现力矩卫星飞轮的能量均衡，可设计如下的 $\alpha_{ail}$，以便具有更高饱和度的飞轮能够分配到更少的力矩

$$\alpha_{ail}=e^{\kappa_a\Pi_{ail}} \tag{9-51}$$

式中：$\kappa_a>0$，通过适当增加 $\kappa_a$ 的取值，可提高飞轮饱和度对控制分配的影响程度。

根据式（9-47）中的力矩卫星局部目标函数，以及式（9-51）中的权值，

力矩卫星的合作博弈问题可描述为

$$\begin{cases}\min \quad J_a = \sum\limits_{i=1}^{N_a} J_{ai} \\ \text{s. t.} \quad \sum\limits_{i=1}^{N_a} \boldsymbol{\theta}_{ai} = \mathbf{1}_3\end{cases} \tag{9-52}$$

基于式（9-37）与式（9-38）给出的在轨装配航天器受扰轨道运动学/动力学方程，式（9-41）与式（9-43）给出的在轨装配航天器受扰姿态运动学/动力学方程，式（9-46）给出的力/力矩卫星控制力/力矩表达式，以及式（9-49）与式（9-52）给出的力/力矩卫星合作博弈模型，外界干扰及不确定性存在情况下的多星协同运输控制目标为：力/力矩卫星通过局部信息交互分别进行式（9-49）与式（9-52）中优化问题的求解，以实现对其帕累托最优控制分配系数的逼近，并在此基础上，在考虑外界干扰、在轨装配航天器动力学参数不确定性与姿轨耦合效应的情况下，确定满足其控制约束的合作博弈控制策略，对在轨装配航天器的姿轨运动进行控制，以实现在轨装配航天器与主体结构的对接。

## 9.4.2 基于分布式信息的鲁棒合作博弈控制方法

为了减少微小卫星的计算与通信负担，本小节进行基于分布式信息的多星鲁棒合作博弈控制方法的设计，以通过多星互相协同控制在轨装配航天器的姿轨运动，实现子结构在主体结构上的安装。首先，通过基于分布式信息的多星最优控制分配系数更新，实现计算与通信负担在各星之间的分担；之后，分别面向在轨装配航天器姿轨控制需求进行其姿轨运动控制器设计，并通过干扰观测器的设计与引入进行外界干扰、在轨装配航天器动力学参数不确定性与姿轨耦合效应所产生扰动的抑制，通过控制饱和补偿器的设计与引入对微小卫星控制约束进行处理；最后，结合在轨装配航天器姿轨控制器输出与各星控制分配系数确定各星合作博弈控制策略，以通过多星互相协同实现其对在轨装配航天器姿轨运动的控制。

**1. 力/力矩卫星控制分配系数**

为将计算与通信负担分担在各星之间，本节通过力/力矩卫星之间的局部信息交互进行其帕累托最优控制分配系数的更新。力/力矩卫星之间的信息交互通过无向图 $\mathcal{G}_\beta=(\mathcal{V}_\beta,\mathcal{E}_\beta)$ 来描述，其中 $\mathcal{V}_\beta=\{v_{\beta 1},v_{\beta 2},\cdots,v_{\beta N_\beta}\}$ 为力/力矩卫星组成的集合，$\mathcal{E}_\beta\subseteq\mathcal{V}_\beta\times\mathcal{V}_\beta$ 表示力/力矩卫星之间通信链路的边 $e_{\beta i\beta j}=(v_{\beta i},v_{\beta j})$ 组成的集合，当且仅当微小卫星 $v_{\beta i}$ 与 $v_{\beta j}$ 之间存在直接信息交互时，$e_{\beta i\beta j}\in\mathcal{E}_\beta$，且 $e_{\beta i\beta j}\in\mathcal{E}_\beta\Leftrightarrow e_{\beta j\beta i}\in\mathcal{E}_\beta$[5]。

为通过力/力矩卫星之间的局部信息交互实现其帕累托最优控制分配系数的更新，通过如下分布式优化方法进行式（9-49）与式（9-52）中优化问题的求解：

$$\boldsymbol{\theta}_{\beta i,k+1}=\boldsymbol{\theta}_{\beta i,k}-\sum_{j=1}^{N_\beta}(w_{\beta ij}\otimes\boldsymbol{I}_3)\nabla J_{\beta j,k} \tag{9-53}$$

式中：$\nabla J_{\beta i,k}=\left.\dfrac{\partial J_{\beta i}}{\partial\boldsymbol{\theta}_{\beta i}}\right|_{\boldsymbol{\theta}_{\beta i,k}}$；$w_{\beta ij}$为边 $e_{\beta i\beta j}$所对应的权值，$w_{\beta ii}$为微小卫星 $v_{\beta i}$ 自身的权值，$w_{\beta ij}=0$ 当且仅当 $e_{\beta i\beta j}\notin\mathcal{E}_\beta$。

根据定理 8.1，对于所有力卫星 $v_{oi}$与力矩卫星 $v_{ai}$，如果其目标函数 $J_{\beta i}(\beta\in\{o,a\})$是二次连续可微凸函数，存在正数$\underline{\iota}_{\beta i}$与$\bar{\iota}_{\beta i}$，使 $J_{\beta i}$的二阶导数满足$\underline{\iota}_{\beta i}\boldsymbol{I}_3\leqslant\partial^2 J_{\beta i}/\partial\boldsymbol{\theta}_{\beta i}^2\leqslant\bar{\iota}_{\beta i}\boldsymbol{I}_3$，且力卫星与力矩卫星通信拓扑均为无向连通图，权值 $w_{\beta ij}$依据下式选取时，

$$w_{\beta ij}=\begin{cases}\gamma_\beta,\ e_{\beta i\beta j}\in\mathcal{E}_\beta\\-d_{\beta i}\gamma_\beta,\ i=j\\0,\ \text{其他}\end{cases} \tag{9-54}$$

式中：$d_{\beta i}$为微小卫星 $v_{\beta i}$的度，$\gamma_\beta$ 满足

$$-\frac{1}{\max\limits_{i\in\{1,2,\cdots,N_\beta\}} d_{\beta i}\bar{\iota}_{\beta i}}<\gamma_\beta<0 \tag{9-55}$$

那么式（9-53）能够使得力卫星与力矩卫星的控制分配系数 $\boldsymbol{\theta}_{oi}$与 $\boldsymbol{\theta}_{ai}$分别收敛到式（9-49）与式（9-52）中优化问题的最优解处，如果力卫星及力矩卫星的控制分配系数初值分别满足 $\sum_{i=1}^{N_o}\boldsymbol{\theta}_{oi,0}=1/2\mathbf{1}_3$ 及 $\sum_{i=1}^{N_a}\boldsymbol{\theta}_{ai,0}=\mathbf{1}_3$。

**2. 鲁棒合作博弈控制策略**

1）鲁棒轨道跟踪控制器

令 $\boldsymbol{p}_{od}$与 $\boldsymbol{v}_{od}$分别表示在轨装配航天器的期望轨道位置与速度。令 $\boldsymbol{p}_{oe}=\boldsymbol{p}_o-\boldsymbol{p}_{od}$，$\boldsymbol{p}_{oe}$的一阶导数为

$$\dot{\boldsymbol{p}}_{oe}=\dot{\boldsymbol{p}}_o-\dot{\boldsymbol{p}}_{od}=\boldsymbol{v}_{oe} \tag{9-56}$$

式中：$\boldsymbol{v}_{oe}=\boldsymbol{v}_o-\boldsymbol{v}_{od}$。

为在轨装配航天器设计如下的参考相对轨道速度轨迹：

$$\boldsymbol{v}_{or}=\boldsymbol{v}_{od}-k_{o1}\boldsymbol{p}_{oe} \tag{9-57}$$

式中：$k_{o1}>0$ 为可调增益。

考虑如下的李雅普诺夫函数

$$V_{o1}=\frac{1}{2}\boldsymbol{p}_{oe}^{\mathrm{T}}\boldsymbol{p}_{oe} \tag{9-58}$$

令在轨装配航天器的相对轨道速度跟踪参考轨迹 $\boldsymbol{v}_{or}$，$V_{o1}$的一阶导数为

$$\begin{aligned}\dot{V}_{o1}&=\boldsymbol{p}_{oe}^{\mathrm{T}}\boldsymbol{v}_{oe}=\boldsymbol{p}_{oe}^{\mathrm{T}}(\boldsymbol{v}_{or}-\boldsymbol{v}_{od})\\&=-k_{o1}\boldsymbol{p}_{oe}^{\mathrm{T}}\boldsymbol{p}_{oe}\end{aligned} \tag{9-59}$$

由于 $k_{o1}>0$，$\dot{V}_{o1}<0$（$\boldsymbol{p}_{oe}\neq\mathbf{0}$），因此，通过控制在轨装配航天器的相对轨道

速度使得 $\boldsymbol{v}_o \to \boldsymbol{v}_{or}$，可使 $\boldsymbol{p}_{oe} \to \boldsymbol{0}$。为使 $\boldsymbol{v}_o \to \boldsymbol{v}_{or}$，下面进行在轨装配航天器鲁棒轨道跟踪控制器的设计。

定义 $\boldsymbol{y}_o = \boldsymbol{v}_o - \boldsymbol{v}_{or}$，可得

$$m_0 \dot{\boldsymbol{y}}_o = m_0 \boldsymbol{A}_{o1} \boldsymbol{p}_o + m_0 \boldsymbol{A}_{o2} \boldsymbol{v}_o + \boldsymbol{u}_o + \boldsymbol{\delta}_o - m_0 \dot{\boldsymbol{v}}_{or} \tag{9-60}$$

式中：$\boldsymbol{\delta}_o = \Delta m(\boldsymbol{A}_{o1}\boldsymbol{p}_o + \boldsymbol{A}_{o2}\boldsymbol{v}_o - \dot{\boldsymbol{v}}_o) + \boldsymbol{d}_o$。

为了获得 $\boldsymbol{\delta}_o$ 的估值 $\hat{\boldsymbol{\delta}}_o$，使用如下的扰动观测器[6-7]：

$$\hat{\boldsymbol{\delta}}_o = \boldsymbol{s}_o + \gamma_o m_0 \boldsymbol{y}_o \tag{9-61}$$

式中：$\boldsymbol{s}_o$ 满足如下的动力学方程

$$\dot{\boldsymbol{s}}_o = -\gamma_o \boldsymbol{s}_o - \gamma_o(\gamma_o m_0 \boldsymbol{y}_o + m_0 \boldsymbol{A}_{o1}\boldsymbol{p}_o + m_0 \boldsymbol{A}_{o2}\boldsymbol{v}_o + \boldsymbol{u}_o - m_0 \dot{\boldsymbol{v}}_{or}) \tag{9-62}$$

$\gamma_o > 0$ 为可调增益。

为了对在轨装配航天器轨道跟踪误差进行抑制，设计如下鲁棒轨道跟踪控制器：

$$\boldsymbol{u}_{o,c} = m_0(-\boldsymbol{A}_{o1}\boldsymbol{p}_o - \boldsymbol{A}_{o2}\boldsymbol{v}_o + \dot{\boldsymbol{v}}_{or} - k_{o2}\boldsymbol{y}_o + \eta_o \boldsymbol{\xi}_o - m_0^{-1}\hat{\boldsymbol{\delta}}_o) \tag{9-63}$$

式中：$\boldsymbol{\xi}_o$ 为如下控制饱和补偿器的状态

$$\dot{\boldsymbol{\xi}}_o = \begin{cases} -k_o \boldsymbol{\xi}_o - \eta_o \boldsymbol{y}_o - \dfrac{|m_0^{-1}\boldsymbol{y}_o^{\mathrm{T}} \Delta \boldsymbol{u}_o|}{\boldsymbol{\xi}_o^{\mathrm{T}} \boldsymbol{\xi}_o} \boldsymbol{\xi}_o, & \|\boldsymbol{\xi}_o\|_2 \geqslant \theta_o \\ -k_o \boldsymbol{\xi}_o - \eta_o \boldsymbol{y}_o + \Delta \boldsymbol{u}_o, & \|\boldsymbol{\xi}_o\|_2 < \theta_o \end{cases} \tag{9-64}$$

式（9-63）与式（9-64）中 $k_{o2} > 0$，$k_o > 0$ 及 $\eta_o$ 为可调增益，$\theta_o$ 为一个取值很小的正数，可避免式（9-64）中控制饱和补偿器产生奇异。$\Delta \boldsymbol{u}_o = \boldsymbol{u}_o - \boldsymbol{u}_{o,c}$ 是力卫星实际产生的控制力与轨道跟踪控制器给出的指令控制力之间的控制差值。

**定理 9.1：** 考虑式（9-37）与式（9-38）中的相对轨道运动模型。如果参数不确定性 $\Delta m$，干扰力 $\boldsymbol{d}_o$ 及其一阶导数 $\dot{\boldsymbol{d}}_o$ 是有界的，且 $k_{o2} > m_0^{-1}$，$\gamma_o > 0.5 m_0^{-1} + 0.5$，$k_o > 0.5$，那么式（9-63）中的控制器，式（9-64）中的控制饱和补偿器及式（9-61）的干扰观测器能够确保 $\boldsymbol{y}_o$，$\boldsymbol{\xi}_o$ 与 $\tilde{\boldsymbol{\delta}}_o = \hat{\boldsymbol{\delta}}_o - \boldsymbol{\delta}_o$ 一致最终有界。

**证明：** 考虑如下的李雅普诺夫函数

$$V_{o2} = \frac{1}{2}\boldsymbol{y}_o^{\mathrm{T}}\boldsymbol{y}_o + \frac{1}{2}\boldsymbol{\xi}_o^{\mathrm{T}}\boldsymbol{\xi}_o + \frac{1}{2}\tilde{\boldsymbol{\delta}}_o^{\mathrm{T}}\tilde{\boldsymbol{\delta}}_o \tag{9-65}$$

根据 $\Delta \boldsymbol{u}_o = \boldsymbol{u}_o - \boldsymbol{u}_{o,c}$，可得 $\boldsymbol{u}_o = \boldsymbol{u}_{o,c} + \Delta \boldsymbol{u}_o$。

$$\dot{\hat{\boldsymbol{\delta}}}_o = -\gamma_o(\hat{\boldsymbol{\delta}}_o - \boldsymbol{\delta}_o) = -\gamma_o \tilde{\boldsymbol{\delta}}_o \tag{9-66}$$

式中：$\tilde{\boldsymbol{\delta}}_o = \hat{\boldsymbol{\delta}}_o - \boldsymbol{\delta}_o$，且

$$\dot{\tilde{\boldsymbol{\delta}}}_o = \dot{\hat{\boldsymbol{\delta}}}_o - \dot{\boldsymbol{\delta}}_o = -\gamma_o \tilde{\boldsymbol{\delta}}_o - \dot{\boldsymbol{\delta}}_o \tag{9-67}$$

根据式（9-60），式（9-63），式（9-64）以及式（9-67），可得 $V_{o2}$ 的一阶导数为

$$\begin{aligned}\dot{V}_{o2}&=\boldsymbol{y}_o^{\mathrm{T}}\dot{\boldsymbol{y}}_o+\boldsymbol{\xi}_o^{\mathrm{T}}\dot{\boldsymbol{\xi}}_o+\widetilde{\boldsymbol{\delta}}_o^{\mathrm{T}}\dot{\widetilde{\boldsymbol{\delta}}}_o\\&=-\gamma_o\widetilde{\boldsymbol{\delta}}_o^{\mathrm{T}}\widetilde{\boldsymbol{\delta}}_o-\widetilde{\boldsymbol{\delta}}_o^{\mathrm{T}}\dot{\boldsymbol{\delta}}_o+\boldsymbol{\xi}_o^{\mathrm{T}}\dot{\boldsymbol{\xi}}_o+\boldsymbol{y}_o^{\mathrm{T}}(\boldsymbol{A}_{o1}\boldsymbol{p}_o+\boldsymbol{A}_{o2}\boldsymbol{v}_o-\dot{\boldsymbol{v}}_{od}+k_{o1}\dot{\boldsymbol{p}}_{oe}+\\&\quad m_0^{-1}\boldsymbol{u}_{o,c}+m_0^{-1}\Delta\boldsymbol{u}_o+m_0^{-1}\boldsymbol{\delta}_o)\\&=-k_{o2}\boldsymbol{y}_o^{\mathrm{T}}\boldsymbol{y}_o-\gamma_o\widetilde{\boldsymbol{\delta}}_o^{\mathrm{T}}\widetilde{\boldsymbol{\delta}}_o+\eta_o\boldsymbol{y}_o^{\mathrm{T}}\boldsymbol{\xi}_o+m_0^{-1}\boldsymbol{y}_o^{\mathrm{T}}\Delta\boldsymbol{u}_o-m_0^{-1}\boldsymbol{y}_o^{\mathrm{T}}\widetilde{\boldsymbol{\delta}}_o-\widetilde{\boldsymbol{\delta}}_o^{\mathrm{T}}\dot{\boldsymbol{\delta}}_o+\boldsymbol{\xi}_o^{\mathrm{T}}\dot{\boldsymbol{\xi}}_o\end{aligned}\tag{9-68}$$

分以下两种情况进行定理 9.1 的证明。

情况 1：当 $\|\boldsymbol{\xi}_o\|_2\geqslant\theta_o$ 时，$\boldsymbol{\xi}_o^{\mathrm{T}}\dot{\boldsymbol{\xi}}_o=-k_o\boldsymbol{\xi}_o^{\mathrm{T}}\boldsymbol{\xi}_o-\eta_o\boldsymbol{\xi}_o^{\mathrm{T}}\boldsymbol{y}_o-|m_0^{-1}\boldsymbol{y}_o^{\mathrm{T}}\Delta\boldsymbol{u}_o|$，那么

$$\begin{aligned}\dot{V}_{o2}&=-k_{o2}\boldsymbol{y}_o^{\mathrm{T}}\boldsymbol{y}_o-\gamma_o\widetilde{\boldsymbol{\delta}}_o^{\mathrm{T}}\widetilde{\boldsymbol{\delta}}_o+\eta_o\boldsymbol{y}_o^{\mathrm{T}}\boldsymbol{\xi}_o+m_0^{-1}\boldsymbol{y}_o^{\mathrm{T}}\Delta\boldsymbol{u}_o-m_0^{-1}\boldsymbol{y}_o^{\mathrm{T}}\widetilde{\boldsymbol{\delta}}_o-\widetilde{\boldsymbol{\delta}}_o^{\mathrm{T}}\dot{\boldsymbol{\delta}}_o+\boldsymbol{\xi}_o^{\mathrm{T}}\dot{\boldsymbol{\xi}}_o\\&\leqslant-k_{o2}\boldsymbol{y}_o^{\mathrm{T}}\boldsymbol{y}_o-\gamma_o\widetilde{\boldsymbol{\delta}}_o^{\mathrm{T}}\widetilde{\boldsymbol{\delta}}_o-k_o\boldsymbol{\xi}_o^{\mathrm{T}}\boldsymbol{\xi}_o-m_0^{-1}\boldsymbol{y}_o^{\mathrm{T}}\widetilde{\boldsymbol{\delta}}_o-\widetilde{\boldsymbol{\delta}}_o^{\mathrm{T}}\dot{\boldsymbol{\delta}}_o\\&=-(k_{o2}-0.5m_0^{-1})\boldsymbol{y}_o^{\mathrm{T}}\boldsymbol{y}_o-(\gamma_o-0.5m_0^{-1}-0.5)\widetilde{\boldsymbol{\delta}}_o^{\mathrm{T}}\widetilde{\boldsymbol{\delta}}_o-k_o\boldsymbol{\xi}_o^{\mathrm{T}}\boldsymbol{\xi}_o+0.5\dot{\boldsymbol{\delta}}_o^{\mathrm{T}}\dot{\boldsymbol{\delta}}_o-\\&\quad 0.5(m_0^{-1}\boldsymbol{y}_o^{\mathrm{T}}\boldsymbol{y}_o+2m_0^{-1}\boldsymbol{y}_o^{\mathrm{T}}\widetilde{\boldsymbol{\delta}}_o+m_0^{-1}\widetilde{\boldsymbol{\delta}}_o^{\mathrm{T}}\widetilde{\boldsymbol{\delta}}_o)-0.5(\widetilde{\boldsymbol{\delta}}_o^{\mathrm{T}}\widetilde{\boldsymbol{\delta}}_o+2\boldsymbol{\delta}_o^{\mathrm{T}}\dot{\boldsymbol{\delta}}_o+\dot{\boldsymbol{\delta}}_o^{\mathrm{T}}\dot{\boldsymbol{\delta}}_o)\\&\leqslant-(k_{o2}-0.5m_0^{-1})\boldsymbol{y}_o^{\mathrm{T}}\boldsymbol{y}_o-(\gamma_o-0.5m_0^{-1}-0.5)\widetilde{\boldsymbol{\delta}}_o^{\mathrm{T}}\widetilde{\boldsymbol{\delta}}_o-k_o\boldsymbol{\xi}_o^{\mathrm{T}}\boldsymbol{\xi}_o+c_{o1}\end{aligned}\tag{9-69}$$

情况 2：当 $\|\boldsymbol{\xi}_o\|_2<\theta_o$ 时，$\boldsymbol{\xi}_o^{\mathrm{T}}\dot{\boldsymbol{\xi}}_o=-k_o\boldsymbol{\xi}_o^{\mathrm{T}}\boldsymbol{\xi}_o-\eta_o\boldsymbol{\xi}_o^{\mathrm{T}}\boldsymbol{y}_o+\boldsymbol{\xi}_o^{\mathrm{T}}\Delta\boldsymbol{u}_o$，那么

$$\begin{aligned}\dot{V}_{o2}&=-k_{o2}\boldsymbol{y}_o^{\mathrm{T}}\boldsymbol{y}_o-\gamma_o\widetilde{\boldsymbol{\delta}}_o^{\mathrm{T}}\widetilde{\boldsymbol{\delta}}_o+\eta_o\boldsymbol{y}_o^{\mathrm{T}}\boldsymbol{\xi}_o+m_0^{-1}\boldsymbol{y}_o^{\mathrm{T}}\Delta\boldsymbol{u}_o-m_0^{-1}\boldsymbol{y}_o^{\mathrm{T}}\widetilde{\boldsymbol{\delta}}_o-\widetilde{\boldsymbol{\delta}}_o^{\mathrm{T}}\dot{\boldsymbol{\delta}}_o+\boldsymbol{\xi}_o^{\mathrm{T}}\dot{\boldsymbol{\xi}}_o\\&\leqslant-k_{o2}\boldsymbol{y}_o^{\mathrm{T}}\boldsymbol{y}_o-\gamma_o\widetilde{\boldsymbol{\delta}}_o^{\mathrm{T}}\widetilde{\boldsymbol{\delta}}_o-k_o\boldsymbol{\xi}_o^{\mathrm{T}}\boldsymbol{\xi}_o+m_0^{-1}\boldsymbol{y}_o^{\mathrm{T}}\Delta\boldsymbol{u}_o-m_0^{-1}\boldsymbol{y}_o^{\mathrm{T}}\widetilde{\boldsymbol{\delta}}_o+\boldsymbol{\xi}_o^{\mathrm{T}}\Delta\boldsymbol{u}_o-\widetilde{\boldsymbol{\delta}}_o^{\mathrm{T}}\dot{\boldsymbol{\delta}}_o\\&=-(k_{o2}-m_0^{-1})\boldsymbol{y}_o^{\mathrm{T}}\boldsymbol{y}_o-(\gamma_o-0.5m_0^{-1}-0.5)\widetilde{\boldsymbol{\delta}}_o^{\mathrm{T}}\widetilde{\boldsymbol{\delta}}_o-(k_o-0.5)\boldsymbol{\xi}_o^{\mathrm{T}}\boldsymbol{\xi}_o-\\&\quad 0.5(m_0^{-1}\boldsymbol{y}_o^{\mathrm{T}}\boldsymbol{y}_o-2m_0^{-1}\boldsymbol{y}_o^{\mathrm{T}}\Delta\boldsymbol{u}_o+m_0^{-1}\Delta\boldsymbol{u}_o^{\mathrm{T}}\Delta\boldsymbol{u}_o)-\\&\quad 0.5(m_0^{-1}\boldsymbol{y}_o^{\mathrm{T}}\boldsymbol{y}_o+2m_0^{-1}\boldsymbol{y}_o^{\mathrm{T}}\widetilde{\boldsymbol{\delta}}_o+m_0^{-1}\widetilde{\boldsymbol{\delta}}_o^{\mathrm{T}}\widetilde{\boldsymbol{\delta}}_o)-0.5(\boldsymbol{\xi}_o^{\mathrm{T}}\boldsymbol{\xi}_o-2\boldsymbol{\xi}_o^{\mathrm{T}}\Delta\boldsymbol{u}_o+\Delta\boldsymbol{u}_o^{\mathrm{T}}\Delta\boldsymbol{u}_o)-\\&\quad 0.5(\widetilde{\boldsymbol{\delta}}_o^{\mathrm{T}}\widetilde{\boldsymbol{\delta}}_o+2\boldsymbol{\delta}_o^{\mathrm{T}}\dot{\boldsymbol{\delta}}_o+\dot{\boldsymbol{\delta}}_o^{\mathrm{T}}\dot{\boldsymbol{\delta}}_o)+0.5\dot{\boldsymbol{\delta}}_o^{\mathrm{T}}\dot{\boldsymbol{\delta}}_o+0.5(m_0^{-1}+1)\Delta\boldsymbol{u}_o^{\mathrm{T}}\Delta\boldsymbol{u}_o\\&\leqslant-(k_{o2}-m_0^{-1})\boldsymbol{y}_o^{\mathrm{T}}\boldsymbol{y}_o-(\gamma_o-0.5m_0^{-1}-0.5)\widetilde{\boldsymbol{\delta}}_o^{\mathrm{T}}\widetilde{\boldsymbol{\delta}}_o-(k_o-0.5)\boldsymbol{\xi}_o^{\mathrm{T}}\boldsymbol{\xi}_o+c_{o2}\end{aligned}\tag{9-70}$$

式中：$c_{o1}=0.5\|\dot{\boldsymbol{\delta}}_o\|_2^2$；$c_{o2}=0.5(\|\dot{\boldsymbol{\delta}}_o\|_2^2+(m_0^{-1}+1)\|\Delta\boldsymbol{u}_o\|_2^2)$。

根据式（9-69）与式（9-70），当系数矩阵满足 $k_{o2}>m_0^{-1}$，$\gamma_o>0.5m_0^{-1}+0.5$ 且 $k_o>0.5$ 时，存在正定矩阵 $\boldsymbol{\Gamma}_o$ 使得

$$\dot{V}_{o2}\leqslant-\boldsymbol{Z}_o^{\mathrm{T}}\boldsymbol{\Gamma}_o\boldsymbol{Z}_o+c_{oM}\tag{9-71}$$

式中：$\boldsymbol{Z}_o=[\boldsymbol{y}_o^{\mathrm{T}},\widetilde{\boldsymbol{\delta}}_o^{\mathrm{T}},\boldsymbol{\xi}_o^{\mathrm{T}}]^{\mathrm{T}}$；$c_{oM}=\max\{c_{o1},c_{o2}\}$为一个正数。令 $\boldsymbol{\lambda}_{m\Gamma_o}$为 $\boldsymbol{\Gamma}_o$ 的最小特征值，那么一旦 $\|\boldsymbol{Z}_o\|_2>\sqrt{c_{oM}/\boldsymbol{\lambda}_{m\Gamma_o}}$，$\dot{V}_{o2}<0$，这意味着 $\boldsymbol{y}_o$，$\widetilde{\boldsymbol{\delta}}_o$及 $\boldsymbol{\xi}_o$ 是一致最终有界的。

由于当在轨装配航天器的轨道速度跟踪式（9-57）中的参考轨迹 $\boldsymbol{v}_{or}$时，$\boldsymbol{p}_{oe}\to\boldsymbol{0}_3$。此外，当 $\boldsymbol{p}_{oe}\to\boldsymbol{0}_3$ 时，$\boldsymbol{v}_{or}\to\boldsymbol{v}_{od}$。因此，根据定理 9.1，当使用式（9-57）中的参考轨迹及式（9-63）中的控制器时，在轨装配航天器的相对轨道位置及速度可以跟踪其期望值 $\boldsymbol{p}_{od}$与 $\boldsymbol{v}_{od}$。

2）鲁棒姿态跟踪控制器

令 $\boldsymbol{\sigma}_d$ 表示在轨装配航天器的期望姿态 MRP，定义 $\boldsymbol{\sigma}_e=\boldsymbol{\sigma}-\boldsymbol{\sigma}_d$，$\boldsymbol{\sigma}_e$ 的一阶导数为

$$\dot{\boldsymbol{\sigma}}_e=\boldsymbol{G}(\boldsymbol{\sigma})\boldsymbol{\omega}-\dot{\boldsymbol{\sigma}}_d \tag{9-72}$$

根据式（9-41）中的在轨装配航天器姿态运动学方程，可得对应于在轨装配航天器期望姿态 MRP $\boldsymbol{\sigma}_d$ 的期望姿态角速度为

$$\boldsymbol{\omega}_d=\boldsymbol{G}^{-1}(\boldsymbol{\sigma}_d)\dot{\boldsymbol{\sigma}}_d \tag{9-73}$$

为使在轨装配航天器的姿态 MRP 跟踪期望值 $\boldsymbol{\sigma}_d$，设计如下的参考角速度轨迹

$$\boldsymbol{\omega}_r=\boldsymbol{G}(\boldsymbol{\sigma})^{-1}(\dot{\boldsymbol{\sigma}}_d-k_{a1}\boldsymbol{\sigma}_e) \tag{9-74}$$

式中：$k_{a1}>0$ 为可调增益。

考虑如下的李雅普诺夫函数

$$V_{a1}=\frac{1}{2}\boldsymbol{\sigma}_e^{\mathrm{T}}\boldsymbol{\sigma}_e \tag{9-75}$$

令在轨装配航天器的姿态角速度跟踪参考轨迹 $\boldsymbol{\omega}_r$，可得 $V_{a1}$ 的一阶导数为

$$\begin{aligned}\dot{V}_{a1}&=\boldsymbol{\sigma}_e^{\mathrm{T}}\dot{\boldsymbol{\sigma}}_e=\boldsymbol{\sigma}_e^{\mathrm{T}}(\boldsymbol{G}(\boldsymbol{\sigma})\boldsymbol{\omega}_r-\dot{\boldsymbol{\sigma}}_d)\\&=-k_{a1}\boldsymbol{\sigma}_e^{\mathrm{T}}\boldsymbol{\sigma}_e\end{aligned} \tag{9-76}$$

由于 $k_{a1}>0$，$\dot{V}_{a1}<0$（$\boldsymbol{\sigma}_e\neq\boldsymbol{0}$）时，因此，通过控制在轨装配航天器的姿态角速度以使 $\boldsymbol{\omega}\to\boldsymbol{\omega}_r$，则 $\boldsymbol{\sigma}_e\to\boldsymbol{0}$。为使 $\boldsymbol{\omega}\to\boldsymbol{\omega}_r$，接下来进行鲁棒姿态跟踪控制器的设计。

将式（9-43）中的在轨装配航天器姿态动力学方程重新整理如下：

$$\begin{aligned}\boldsymbol{J}_0\dot{\boldsymbol{\omega}}&=-\boldsymbol{\omega}^{\times}(\boldsymbol{J}_0\boldsymbol{\omega}+\boldsymbol{h}_w)+\boldsymbol{u}_a-\boldsymbol{\omega}^{\times}(\Delta\boldsymbol{J}\boldsymbol{\omega})-\Delta\boldsymbol{J}\dot{\boldsymbol{\omega}}+\boldsymbol{d}_{oa}+\boldsymbol{d}_a\\&=-\boldsymbol{\omega}^{\times}(\boldsymbol{J}_0\boldsymbol{\omega}+\boldsymbol{h}_w)+\boldsymbol{u}_a+\boldsymbol{\delta}_a\end{aligned} \tag{9-77}$$

式中：$\boldsymbol{\delta}_a=-\boldsymbol{\omega}^{\times}(\Delta\boldsymbol{J}\boldsymbol{\omega})-\Delta\boldsymbol{J}\dot{\boldsymbol{\omega}}+\boldsymbol{d}_{oa}+\boldsymbol{d}_a$。

定义 $\boldsymbol{y}_a=\boldsymbol{\omega}-\boldsymbol{\omega}_r$，那么

$$\boldsymbol{J}_0\dot{\boldsymbol{y}}_a=-\boldsymbol{\omega}^{\times}(\boldsymbol{J}_0\boldsymbol{\omega}+\boldsymbol{h}_w)+\boldsymbol{u}_a+\boldsymbol{\delta}_a-\boldsymbol{J}_0\dot{\boldsymbol{\omega}}_r \tag{9-78}$$

使用如下的非线性干扰观测器进行 $\boldsymbol{\delta}_a$ 的估计：

$$\hat{\boldsymbol{\delta}}_a=\boldsymbol{s}_a+\gamma_a\boldsymbol{J}_0\boldsymbol{y}_a \tag{9-79}$$

式中：$\hat{\boldsymbol{\delta}}_a$ 为 $\boldsymbol{\delta}_a$ 的估值，$\boldsymbol{s}_a$ 满足如下的动力学方程

$$\dot{\boldsymbol{s}}_a=-\gamma_a\boldsymbol{s}_a-\gamma_a(\gamma_a\boldsymbol{J}_0\boldsymbol{y}_a-\boldsymbol{J}_0\dot{\boldsymbol{\omega}}_r-\boldsymbol{\omega}^{\times}(\boldsymbol{J}_0\boldsymbol{\omega}+\boldsymbol{h}_w)+\boldsymbol{u}_a) \tag{9-80}$$

$\gamma_a>0$ 为可调增益。

设计如下的姿态跟踪控制器：

$$\boldsymbol{u}_{a,c}=\boldsymbol{\omega}^{\times}(\boldsymbol{J}_0\boldsymbol{\omega}+\boldsymbol{h}_w)-k_{a2}\boldsymbol{J}_0\boldsymbol{y}_a+\boldsymbol{J}_0\dot{\boldsymbol{\omega}}_r+\eta_a\boldsymbol{J}_0\boldsymbol{\xi}_a-\hat{\boldsymbol{\delta}}_a \tag{9-81}$$

式中：$\boldsymbol{\xi}_a$ 为如下控制饱和补偿器的状态变量

$$\dot{\boldsymbol{\xi}}_a=\begin{cases}-k_a\boldsymbol{\xi}_a-\eta_a\boldsymbol{y}_a-\dfrac{|\boldsymbol{y}_a^{\mathrm{T}}\boldsymbol{J}_0^{-1}\Delta\boldsymbol{u}_a|}{\boldsymbol{\xi}_a^{\mathrm{T}}\boldsymbol{\xi}_a}\boldsymbol{\xi}_a, & \|\boldsymbol{\xi}_a\|_2\geqslant\theta_a\\-k_a\boldsymbol{\xi}_a-\eta_a\boldsymbol{y}_a+\Delta\boldsymbol{u}_a, & \|\boldsymbol{\xi}_a\|_2<\theta_a\end{cases} \tag{9-82}$$

式（9-81）与式（9-82）中，$k_{a2}>0$，$k_a>0$ 与 $\eta_a$ 为可调增益，$\theta_a$ 为一个取值很小的正数，可避免式（9-82）中的控制饱和补偿器产生奇异，$\Delta\boldsymbol{u}_a=\boldsymbol{u}_a-\boldsymbol{u}_{a,c}$。

**定理 9.2**：考虑式（9-41）与式（9-43）中的在轨装配航天器姿态运动模型。如果参数不确定性 $\Delta\boldsymbol{J}$，$\Delta\boldsymbol{r}_{oi}$，干扰力矩 $\boldsymbol{d}_a$ 及其一阶导数 $\dot{\boldsymbol{d}}_a$ 是有界的，且 $k_{a2}>\lambda_{MJ}$，$\gamma_a>0.5\lambda_{MJ}+0.5$，$k_a>0.5$，$\lambda_{MJ}$ 为 $\boldsymbol{J}_0^{-1}$ 的最大特征值，那么式（9-81）中的控制器，式（9-82）中的控制饱和补偿器及式（9-79）中的干扰观测器能够确保 $\boldsymbol{y}_a$，$\boldsymbol{\xi}_a$ 与 $\widetilde{\hat{\boldsymbol{\delta}}}_a=\hat{\boldsymbol{\delta}}_a-\boldsymbol{\delta}_a$ 一致最终有界。

**证明**：定理 9.2 的证明与定理 9.1 类似，不再赘述。

由于当在轨装配航天器姿态角速度跟踪 $\boldsymbol{\omega}_r$ 时，$\boldsymbol{\sigma}_e\to 0$，且 $\boldsymbol{\sigma}_e\to 0$ 时，$\boldsymbol{\sigma}\to\boldsymbol{\sigma}_d$，根据式（9-74），$\boldsymbol{\omega}_r\to\boldsymbol{G}(\boldsymbol{\sigma}_d)^{-1}\dot{\boldsymbol{\sigma}}_d=\boldsymbol{\omega}_d$。因此根据定理 9.2，当使用式（9-74）中参考轨迹及式（9-81）中控制器时，在轨装配航天器姿态 MRP 及角速度均可跟踪其期望值 $\boldsymbol{\sigma}_d$ 与 $\boldsymbol{\omega}_d$。

综合 9.4.2 节中的分析，可得基于分布式信息的多星鲁棒合作博弈控制框图，如图 9-13 所示。在每一控制时刻，各星根据 9.4.2 节中基于局部信息交互所得的控制分配系数，及鲁棒控制力/力矩，通过式（9-46）计算各自鲁棒合作博弈控制策略，并在此基础上通过互相协同对在轨装配航天器的姿轨运动进行控制。值得注意的是，由式（9-46）直接得到的控制力/力矩有可能不满足微小卫星的控制约束。在这种情况下，各星可根据式（9-40）与式（9-44）中的控制饱和函数获得其满足控制约束的控制力/力矩。微小卫星实际控制输入与期望控制输入之间的差值 $\Delta\boldsymbol{u}_\beta$ 所产生的影响，可以通过式（9-64）与式（9-82）中的控制饱和补偿器来予以补偿。此外，在实际工程应用中，$\Delta\boldsymbol{u}_\beta$ 不能过大。如果 $\Delta\boldsymbol{u}_\beta$ 过大，微小卫星的执行机构可能无法产生足够的控制力或控制力矩实现系统的稳定[8]。为了避免产生过大的 $\Delta\boldsymbol{u}_\beta$，可在进行协同运输之前，在考虑所有微小卫星总控制能力的情况下，为在轨装配航天器优化一组期望轨道与姿态运动轨迹。

### 9.4.3 仿真验证

假设目标航天器位于半径 $r_0=42164\text{km}$ 的圆轨道上，轨道角速度为 $n_0=\sqrt{\mu/r_0^3}=7.2922\times10^{-5}\text{rad/s}$。轨道倾角为 30°，升交点赤经为 20°。不失一般性，假设 8 颗力卫星与 4 颗力矩卫星参与进行子结构协同运输。力卫星在在轨装配航天器本体坐标系 $\mathcal{F}_b$ 中的标称位置矢量为 $\boldsymbol{r}_{o10}=[0,-1,0.5]^{\mathrm{T}}\text{m}$，$\boldsymbol{r}_{o20}=[0,1,0.5]^{\mathrm{T}}\text{m}$，$\boldsymbol{r}_{o30}=[0,-1,-0.5]^{\mathrm{T}}\text{m}$，$\boldsymbol{r}_{o40}=[0,1,-0.5]^{\mathrm{T}}\text{m}$，$\boldsymbol{r}_{o50}=[0.5,-1,0]^{\mathrm{T}}\text{m}$，$\boldsymbol{r}_{o60}=[0.5,1,0]^{\mathrm{T}}\text{m}$，$\boldsymbol{r}_{o70}=[-0.5,-1,0]^{\mathrm{T}}\text{m}$ 以及 $\boldsymbol{r}_{o80}=[-0.5,1,0]^{\mathrm{T}}\text{m}$。从力卫星本体坐标系 $\mathcal{F}_{oi}$ 到 $\mathcal{F}_b$ 系的转换矩阵为

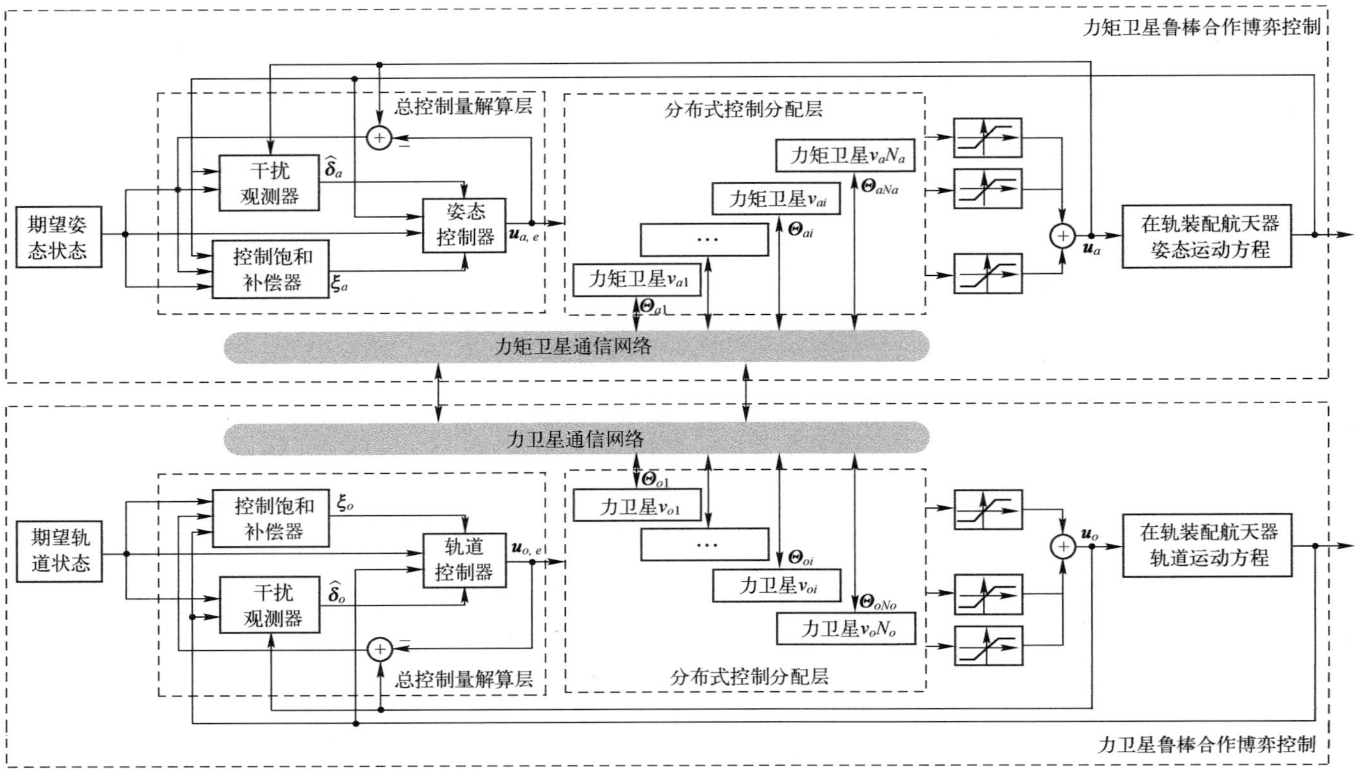


图 9-13　基于分布式信息的鲁棒合作博弈控制框图

$$\boldsymbol{C}_{o1}^{b}=\boldsymbol{C}_{o2}^{b}=\boldsymbol{I}_3,\quad \boldsymbol{C}_{o3}^{b}=\boldsymbol{C}_{o4}^{b}=\begin{bmatrix}1 & 0 & 0\\ 0 & -1 & 0\\ 0 & 0 & -1\end{bmatrix}$$

$$\boldsymbol{C}_{o5}^{b}=\boldsymbol{C}_{o6}^{b}=\begin{bmatrix}0 & 0 & -1\\ 0 & 1 & 0\\ 1 & 0 & 0\end{bmatrix},\quad \boldsymbol{C}_{o7}^{b}=\boldsymbol{C}_{o8}^{b}=\begin{bmatrix}0 & 0 & 1\\ 0 & 1 & 0\\ -1 & 0 & 0\end{bmatrix}$$

从力矩卫星本体坐标系 $\mathcal{F}_{ai}$ 到 $\mathcal{F}_b$ 系的转换矩阵为

$$\boldsymbol{C}_{a1}^{b}=\begin{bmatrix}0.9848 & -0.1586 & 0.0706\\ 0.1736 & 0.8997 & -0.4006\\ -1 & 0.4067 & 0.9135\end{bmatrix},\quad \boldsymbol{C}_{a2}^{b}=\begin{bmatrix}0.9659 & 0.2462 & -0.0800\\ -0.2588 & 0.9187 & -0.2985\\ 0 & 0.3090 & 0.9511\end{bmatrix}$$

$$\boldsymbol{C}_{a3}^{b}=\begin{bmatrix}1 & 0 & 0\\ 0 & 0.9903 & -0.1392\\ 0 & 0.1392 & 0.9903\end{bmatrix},\quad \boldsymbol{C}_{a4}^{b}=\begin{bmatrix}0.9962 & 0.0872 & 0\\ -0.0872 & 0.9962 & 0\\ 0 & 0 & 1\end{bmatrix}$$

在轨装配航天器质量及转动惯量矩阵的标称值分别为 $m_0=600\text{kg}$ 及

$$\boldsymbol{J}_0=\begin{bmatrix}506.8 & 80.6 & 98.1\\ 80.6 & 508.5 & 92.7\\ 98.1 & 92.7 & 510.5\end{bmatrix}\text{kg}\cdot\text{m}^2$$

在轨装配航天器的参数不确定性设置为

$$\Delta\boldsymbol{J}=[4,2,2;2,4,4;2,6,6]\cos(0.03t)\,\text{kg}\cdot\text{m}^2$$

$$\Delta\boldsymbol{r}_{oi}=[0.005,0.01,0.005]^{\text{T}}\cos(0.03t)\,\text{m}$$

在轨装配航天器的质量不确定性主要由力卫星的燃料消耗引起，在仿真中设置为 $\Delta m=\int_{t_0}^{t}\sum_{i=1}^{N_o}\|\boldsymbol{u}_{oi}\|_1/(I_{sp}g_0)\,\text{d}t$。$t_0$ 为任务起始时刻，$I_{sp}=220\text{s}$ 为力卫星的燃料比冲，$g_0$ 为海平面引力加速度。干扰力与干扰力矩设置为 $\boldsymbol{d}_o=[0.1,0.2,0.1]^{\text{T}}\sin(0.03t)\,\text{N}$，$\boldsymbol{d}_a=[0.001,0.002,0.001]^{\text{T}}\sin(0.03t)\,\text{N}\cdot\text{m}$。

在轨装配航天器在 $\mathcal{F}_C$ 系中的初始轨道位置与速度分别为 $\boldsymbol{p}_{o0}=[0,-500,0]^{\text{T}}\text{m}$ 与 $\boldsymbol{v}_{o0}=[0,0,0]^{\text{T}}\text{m/s}$。在轨装配航天器的初始姿态 MRP 与角速度分别为 $\boldsymbol{\sigma}_0=[0.1307,0.1710,0.1204]^{\text{T}}$ 与 $\boldsymbol{\omega}_0=[0,0,0]^{\text{T}}\text{rad/s}$。假设对接点位于 $\mathcal{F}_t$ 系中的 $\boldsymbol{p}_t^d=[1,0,0]^{\text{T}}\text{m}$ 处，为实现与目标航天器的对接，在轨装配航天器需要实现与目标航天器姿态 $\boldsymbol{\sigma}_t=[0.2633,-0.1867,0.4179]^{\text{T}}$ 的同步。考虑到力卫星与力矩卫星控制能力的有限性，首先在考虑所有微小卫星总体控制能力约束、在轨装配航天器初始/终端状态约束以与轨道/姿态运动学/动力学约束的情况下，通过 GPOPS[9] 优化得到一组期望轨道/姿态运动轨迹，以便将在轨装配航天器的姿轨状态导引至其期望值。

姿轨跟踪控制器与干扰观测器中的系数为 $k_{o1}=k_{a1}=3$，$k_{o2}=k_{a2}=0.4$，$k_o=$

$k_a=1$，$\gamma_o=\gamma_a=0.4$。力卫星控制分配系数初值 $\boldsymbol{\theta}_{oi,0}=[1/16,1/16,1/16]^{\mathrm{T}}$，力矩卫星控制分配系数初值 $\boldsymbol{\theta}_{ai,0}=[1/4,1/4,1/4]^{\mathrm{T}}$。控制时间间隔 $\Delta t=0.1\mathrm{s}$。图9-14给出了力卫星与力矩卫星的通信拓扑。边 $e_{\beta i\beta j}\in\mathcal{E}_\beta$，$i\neq j$ 时的权值为 $w_{\beta ij}=\gamma_\beta=-0.2(\beta\in\{o,a\})$。

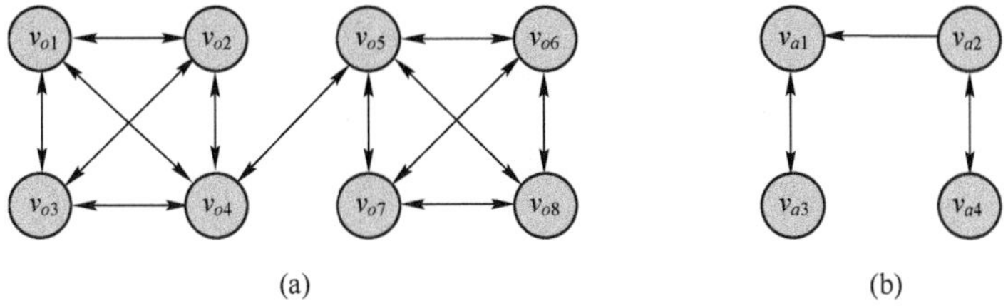


**图 9-14　微小卫星通信拓扑**

（a）力卫星通信拓扑；（b）力矩卫星通信拓扑。

图9-15给出了在轨装配航天器相对轨道位置与速度变化曲线。图9-15（a）中的圆圈表示对接点的位置变化曲线。在协同运输任务终端时刻，在轨装配航天器与对接点的轨道位置变化曲线很好地重合在一起，这意味着在轨装配航天器已被协同运输到期望的对接点处。

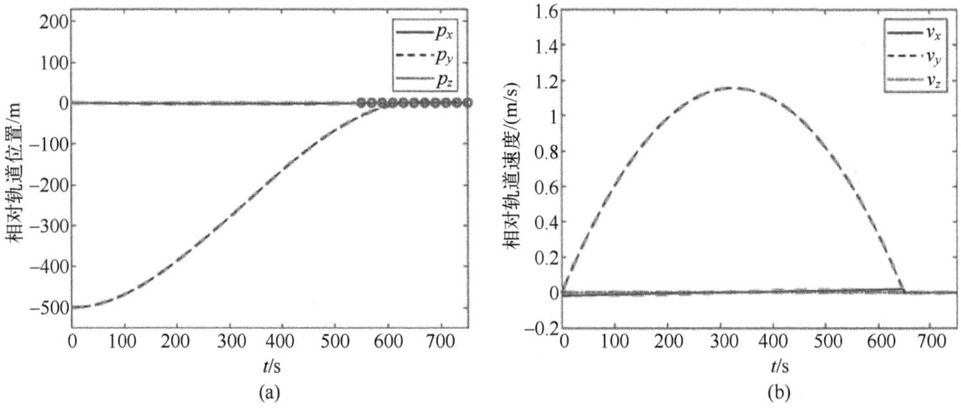


**图 9-15　在轨装配航天器相对轨道位置与速度变化曲线**

（a）相对轨道位置变化曲线；（b）相对轨道速度变化曲线。

在轨装配航天器的姿态MRP与角速度变化曲线如图9-16所示。图9-16（a）中圆圈为目标航天器的姿态MRP变化曲线。可以看出，在任务终端，在轨装配航天器实现了与目标航天器姿态的同步。

轨道与姿态干扰观测器的输出如图9-17所示，图9-18给出了轨道与姿态干扰观测误差 $\tilde{\boldsymbol{\delta}}_o$ 与 $\tilde{\boldsymbol{\delta}}_a$ 随时间变化的曲线。图9-15（b）与图9-16（b）中，在时间间隔[600,700]s内，当在轨装配航天器的期望轨道速度与姿态角速度变为0的时刻，其轨道与姿态加速度出现了较大的变化。因此在图9-18（a）与（b）

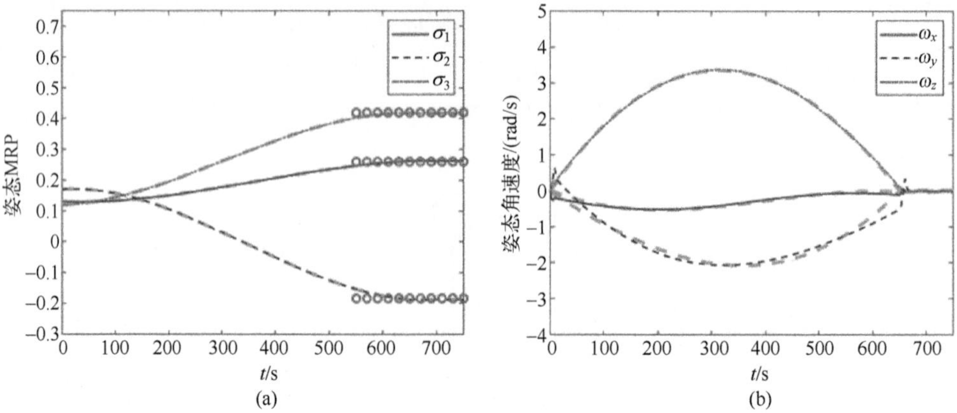


**图 9-16 在轨装配航天器姿态 MRP 与角速度变化曲线**

(a) 姿态 MRP 变化曲线；(b) 姿态角速度变化曲线。

中的对应时刻，干扰观测器出现了较大的观测误差。这些观测误差随后立即得到了有效的抑制。总体来说，式（9-61）与式（9-79）中的干扰观测器很好地实现了对扰动的估计，这使得在整个协同运输任务过程中，在轨装配航天器的轨道与姿态运动得到了鲁棒且平稳的控制，如图 9-15 与图 9-16 所示。

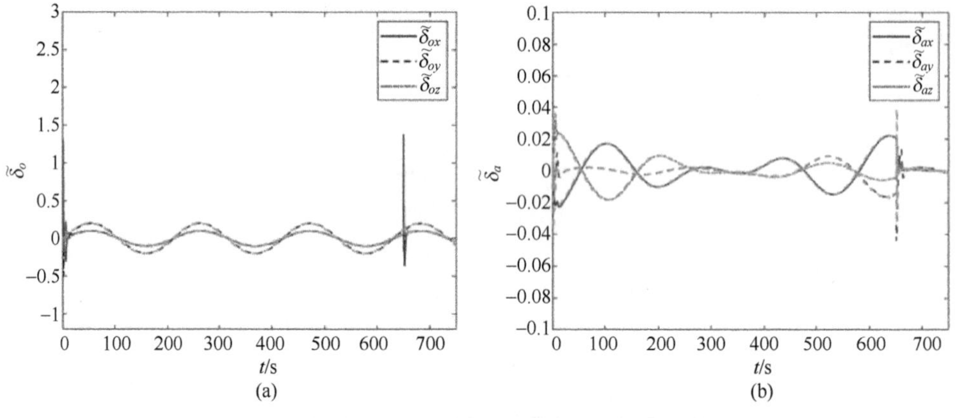


**图 9-17 轨道与姿态干扰观测器输出**

(a) 轨道干扰观测器输出；(b) 姿态干扰观测器输出。

图 9-19 与图 9-20 给出了力卫星与力矩卫星的控制力与控制力矩随时间变化的曲线及其控制约束。与干扰观测器的输出类似，力卫星与力矩卫星的控制曲线在时间间隔[600,700]s 出现了跳变，这是由在轨装配航天器所要求的较大姿态与轨道加速度造成的。从图 9-19 与图 9-20 可以看出，力卫星与力矩卫星的控制输入均满足控制约束。此外，对于每一力卫星，其在 $z$ 惯性主轴仅沿着负方向产生控制力，这满足力卫星无法沿着其 $z$ 惯性主轴的正方向产生控制力的要求，因为该方向对应的表面与子结构相连，无法安装推力器。

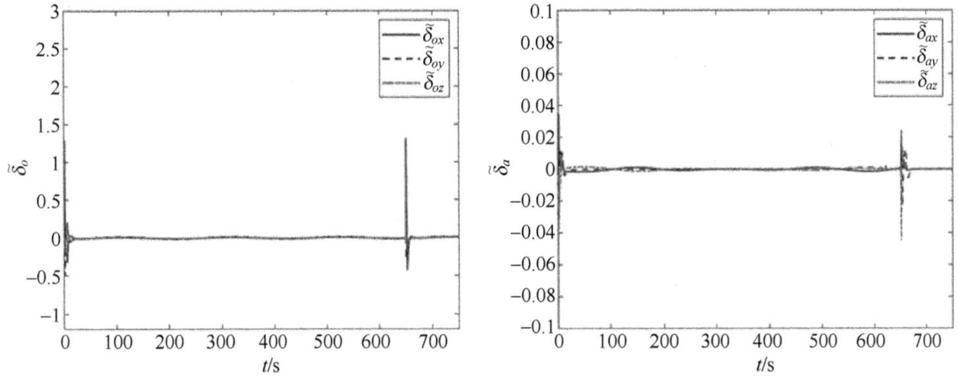


(a) (b)

**图 9-18　轨道与姿态干扰观测误差**

（a）轨道干扰观测误差；（b）姿态干扰观测误差。

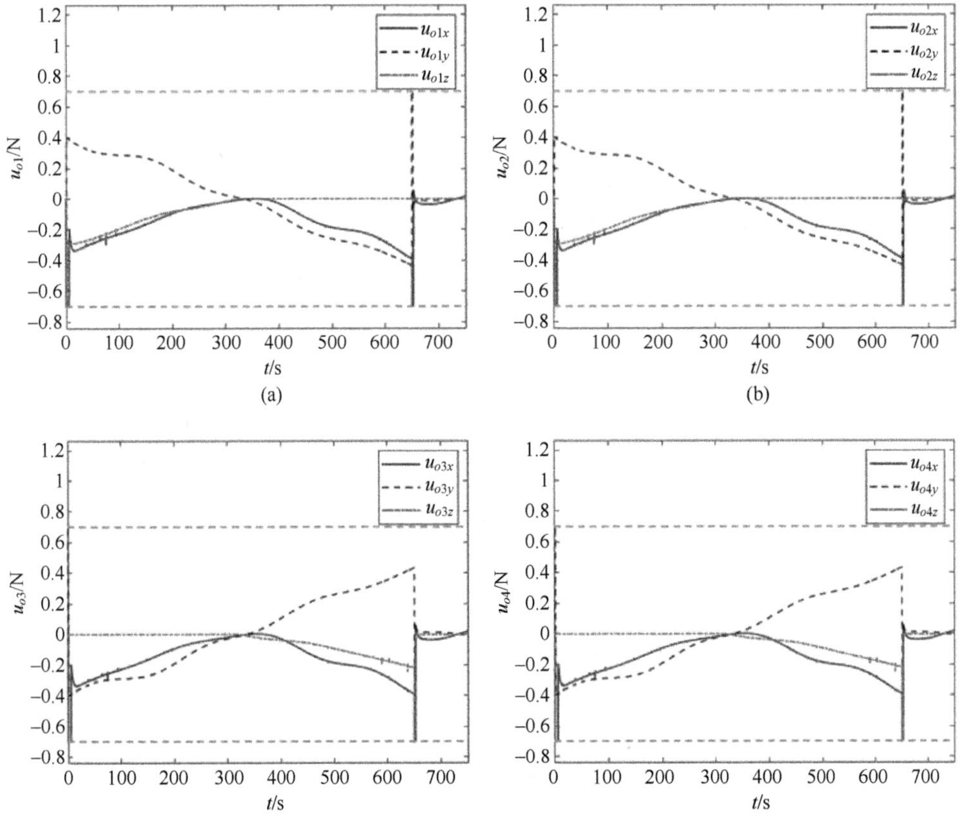


(a) (b) (c) (d)

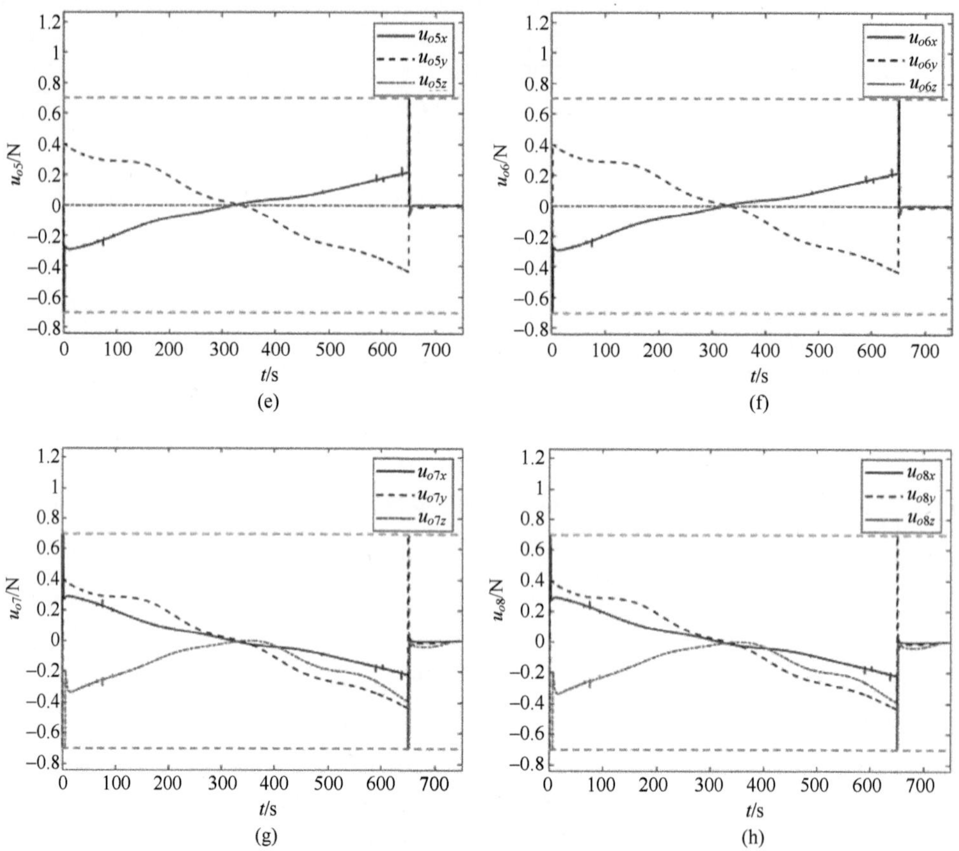


**图 9-19　力卫星控制力**

（a）力卫星 1；（b）力卫星 2；（c）力卫星 3；（d）力卫星 4；（e）力卫星 5；（f）力卫星 6；（g）力卫星 7；（h）力卫星 8。

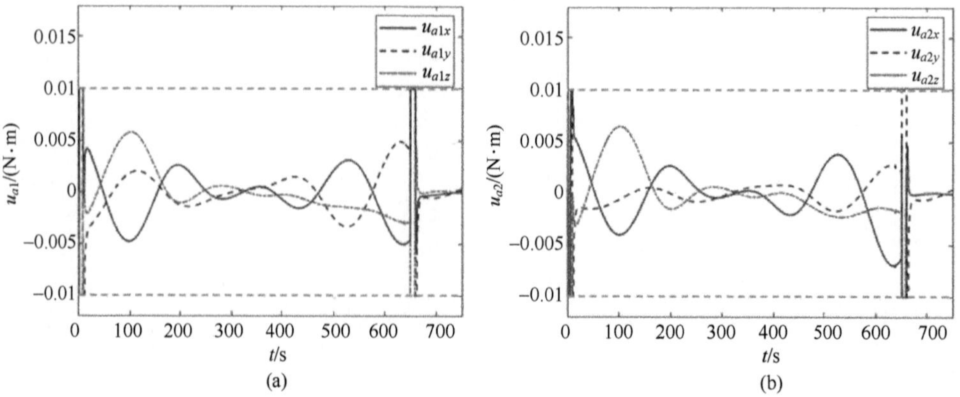

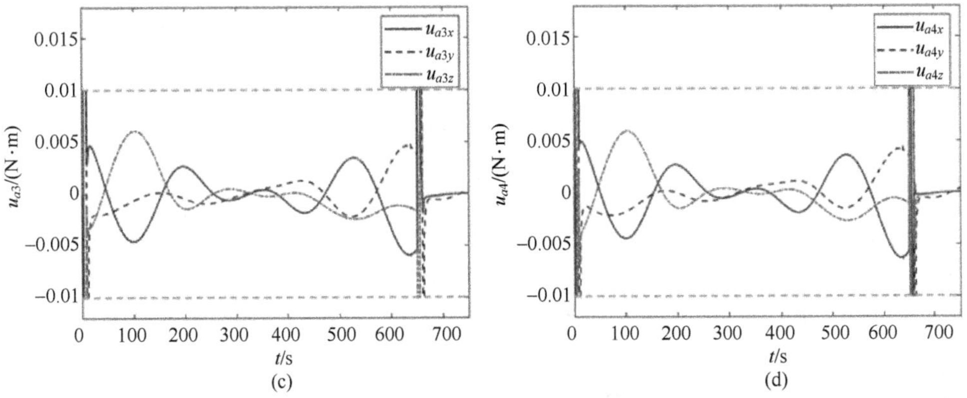


**图 9-20　力矩卫星控制力矩**

(a) 力矩卫星 1；(b) 力矩卫星 2；(c) 力矩卫星 3；(d) 力矩卫星 4。

## 9.5 小结

本章针对空间协同运输任务，研究了能够处理多种复杂状态控制约束、外界干扰、在轨装配航天器动力学参数不确定性以及姿轨耦合效应影响的多星合作博弈控制方法，来解决多星协同运输过程中的协同与合作问题。主要研究工作和结果有：

(1) 建立了复杂约束条件下的多星合作博弈控制模型和控制方法，实现了多星燃料/能量最优开环合作博弈控制策略的确定以及在轨装配航天器期望姿轨运动轨迹的优化；设计了事件驱动多星协同误差补偿控制器，在减少微小卫星计算负担的情况下，通过微小卫星闭环合作博弈控制，实现了子结构对期望姿轨运动轨迹的跟踪及在主体结构上的装配。

(2) 建立了多星协同运输受扰合作博弈控制模型，设计了多星鲁棒合作博弈控制方法。该方法通过干扰观测器与控制饱和补偿器的设计与引入，能够实现对扰动的补偿与抑制，以及对微小卫星控制约束的处理。通过驱使子结构跟踪考虑多约束的开环姿轨运动轨迹，该方法能够同时实现对协同运输任务中复杂状态/控制约束、外界干扰、动力学不确定性以及姿轨耦合效应影响的处理。

(3) 本章所设计的基于分布式信息的多星鲁棒合作博弈控制方法，能够通过微小卫星帕累托最优控制分配系数的分布式更新，实现基于微小卫星局部信息交互的合作博弈控制策略确定，因而能够有效地将计算及通信负担分担在各星之间。

## 参考文献

[1] 韩楠. 多星协同作业的博弈控制研究 [D]. 西安：西北工业大学，2021.
[2] HAN N, LUO J, ZONG L. Cooperative game method for on-orbit substructure transportation

using modular robots [J]. IEEE Transactions on Aerospace and Electronic Systems, 2022, 58 (2): 1161-1175.

[3] HAN N, LUO J, ZHENG Z. Robust coordinated control for on-orbit substructure transportation under distributed information [J]. Nonlinear Dynamics, 2021, 104: 2331-2346.

[4] HOWARD D. C. Orbital mechanics for engineering students [M]. Oxford: Butterworth-Heinemann, 2013.

[5] REN W, CAO Y. Distributed coordination of multi - agent networks: Emergent problems, models, and issues [M]. London: Springer, 2011.

[6] DU J, HU X, KRSTIĆ M, et al. Robust dynamic positioning of ships with disturbances under input saturation [J]. Automatica, 2016, 73: 207-214.

[7] GUO L, CHEN W H. Disturbance attenuation and rejection for systems with nonlinearity via DOBC approach [J]. International Journal of Robust and Nonlinear Control, 2005, 15 (3): 109-125.

[8] SUN L, ZHENG Z. Disturbance-observer-based robust backstepping attitude stabilization of spacecraft under input saturation and measurement uncertainty [J]. IEEE Transactions on Industrial Electronics, 2017, 64 (10): 7994-8002.

[9] RAO A V, BENSON D A, DARBY C, et al. Corrigendum: Algorithm 902: GPOPS, a Matlab software for solving multiple-phase optimal control problems using the gauss pseudospectral method [J]. ACM Transactions on Mathematical Software (TOMS), 2011, 38 (1): 1-2.

# 10

# 第 10 章 多星协同在轨组装的博弈规划与控制

## 10.1 引言

随着空间技术与应用的不断发展，对于诸如大型空间望远镜、大型空间天线和空间太阳能电站等大型空间设施的需求日益迫切[1-3]。相较于以直接装载或以可展开结构的形式部署大型空间设施，在轨组装方式能够不受运载火箭整流罩包络以及推力的限制且可扩展性更好[4]。考虑到航天员出舱进行组装操作的危险性，基于机器人和微小卫星等智能体的自主在轨组装是未来在轨组装的重要发展趋势。自主在轨组装方式根据智能体对组装模块的操作方式不同分为三类，分别是自组装空间机械臂、附着型组装机器人和自由飞行微小卫星[4]。其中，基于自由飞行微小卫星的多星协同在轨组装方式，通过多颗微小卫星与组装模块形成组合体的方式为组装模块提供组装过程所需的控制力和力矩，具有任务适应强和鲁棒性好的优点。

本章根据多星协同特点和在轨组装的任务需求，应用博弈论描述微小卫星与环境的交互以及微小卫星之间的动态交互，研究多星协同在轨组装的博弈规划与控制问题[5]。首先，对多星协同在轨组装的过程及其中涉及的博弈规划与控制问题进行了描述；其次，分别研究了多星协同组装的任务规划问题、多星协同运输组装模块的博弈控制问题和组装结构渐增的博弈控制问题。

## 10.2 多星协同在轨组装过程中的博弈规划与控制问题

多星协同在轨组装是多个微小卫星通过标准化接口或者机械臂与组装模块或组装结构固连，相互协同有序地实现组装模块的运输和组装，以及组装结构渐增的重构控制与稳定任务。其中，组装模块是指要被组装的部组件和基本模块；组装结构是由多个组装模块在轨组装形成的空间结构。

多星协同在轨组装过程包括三个阶段。第一个阶段是多星协同组装的任务规划阶段，用于组装模块操作的各个微小卫星通过任务规划决定某些微小卫星合作执行某个模块组装任务，这些微小卫星根据规划结果与分配到的组装模块通过标准化接口固连。第二个阶段是组装模块的运输和组装阶段，与组装模块固连的多个微小卫星利用自身的执行机构协同对组装模块进行轨道和姿态运动控制，使组装模块达到期望状态并被组装。当完成组装模块运输和组装后，一些微小卫星根据在轨组装控制需求固连在组装结构上执行组装结构的控制，为后续组装和重构做好准备，其他一些微小卫星继续执行其他模块的运输和组装。第三个阶段是组装结构的重构控制和稳定阶段，微小卫星通过协同控制实现构型渐增组装过程的重构控制和整个组装结构的稳定控制。为了充分发挥微小卫星的灵活性和自主性来更加协调高效地完成在轨组装任务，本章针对多星协同在轨组装过程中不同阶段的需求和约束，利用博弈论描述微小卫星与环境的交互以及微小卫星之间的动态交互，开展多星协同在轨组装的博弈规划与控制方法研究。主要研究工作有：

（1）**多星协同组装博弈任务规划**。在多星协同在轨组装的过程中，需要解决完成在轨组装任务的微小卫星集合中的哪些微小卫星合作执行模块组装任务集合中哪个组装模块的运输和组装，即多星协同组装任务规划问题。多星协同组装任务规划示意图如图 10-1 所示。在多星协同组装任务规划时，一方面，由于用于组装模块运输的微小卫星数量是动态变化的；另一方面，实际模块组装任务的执行时长和任务规划结果可能存在差距。这些因素使得各个微小卫星对利益的需求处于不断变化的状态，需要在避免微小卫星之间任务选择冲突的同时提高对动态场景的适应性，因此，该问题实质上是一个应对任务环境动态变化的任务规划问题。集中式的任务规划方法依赖于中心节点的计算和通信完成任务规划，存在扩展性差和响应速度慢的问题。考虑到每个微小卫星都有独立的处理器，本章 10.3 节将各个微小卫星视为理性的博弈参与者，基于博弈论研究了事件触发的博弈任务规划方法，实现任务环境动态变化下微小卫星对组装任务的协同决策，提高系统对不同规模场景的适应性和对任务环境动态变化的鲁棒性。

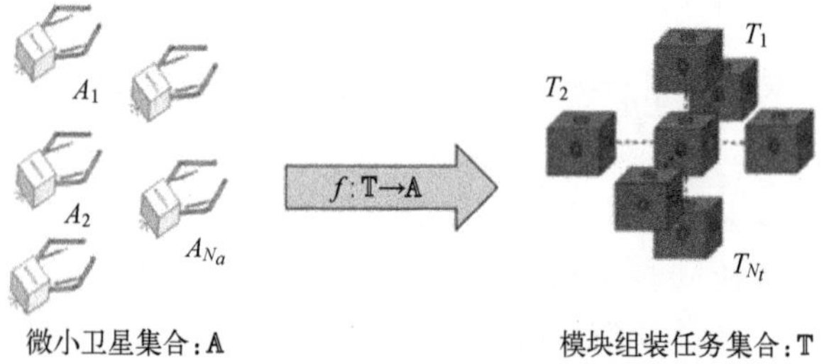


**图 10-1 多星协同组装任务规划示意图**

(2) **组装模块的多星协同运动控制**。根据组装任务规划结果，多个要合作的微小卫星与分配到的组装模块通过标准化接口固连，如图 10-2 所示。组装模块的多星协同运动控制要解决的是这些微小卫星利用自身的执行机构使组装模块达到期望组装状态的运动控制问题，包括组装模块的姿态稳定、姿态调整和轨道运输等。由于合作的微小卫星之间存在控制输入耦合，组装模块的多星协同运动控制需要研究多个微小卫星的决策互动以实现协同控制，从而在达到期望状态的同时降低个体能量消耗。如果将固连在组装模块上的各个微小卫星视为理性的博弈参与者，则可以利用博弈论来研究微小卫星对各自控制输入的独立决策和局部性能指标函数的优化，实现组装模块的多星协同运动控制。这样，就可以应用本书第 6~8 章介绍的内容和方法研究和解决组装模块的多星协同运动控制中姿态稳定和姿态调整的博弈控制问题。本章 10.4 节结合航天器脉冲控制的实际要求，研究了多星协同运输组装模块的脉冲推力约束博弈控制，在满足约束和尽可能减少微小卫星之间通信资源消耗的情况下，实现组装模块的轨道运动控制。

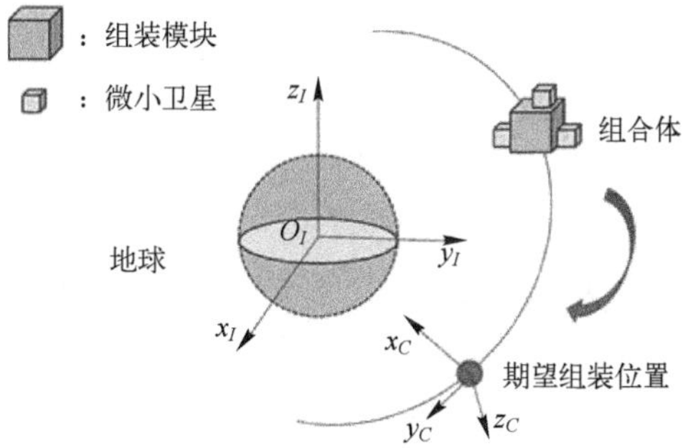


**图 10-2　多星协同组装模块示意图**

(3) **组装结构的多星协同重构控制**。当组装模块被多个微小卫星运输和控制到期望状态并被组装后，一些微小卫星根据组装结构的控制需求固连在组装结构上，其他一些微小卫星返回储存舱继续进行组装模块的任务规划和运动控制。如图 10-3 所示，组装过程中组装结构是构型渐增的，需要解决组装结构构型渐增或者组装结构变形过程中质量特性和微小卫星配置突变情况下的重构稳定控制问题，使组装系统具有可扩展性。已有的重构控制思路是在某一个坐标系下，考虑组装结构的质量特性和微小卫星配置变化，重新构建整个组装结构的动力学模型，并在此基础上进行博弈控制器的设计来实现各个微小卫星之间的协调。然而，这种思路的可扩展性较弱，组装结构上每新增一个子结构，微小卫星就需要进行组装结构的动力学模型重新构建；组装结构上每新增一个微小卫星，微小卫星间的通信网络拓扑就需要变化来保证微小卫星之间能够进行博弈协商。本章 10.5 节针对组装结构的重构控制问题，研究了分层博弈控制方法，在保证组装结构稳定性的同时提高了可扩展性。

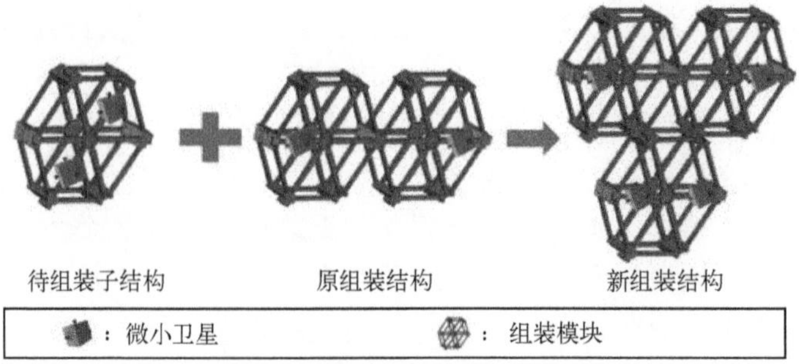


**图 10-3 组装结构渐增示意图**

## 10.3 多星协同组装博弈任务规划

本节针对多星协同在轨组装的任务规划问题，研究能应对任务环境动态变化和任务多约束的分布式任务规划方法。考虑用于组装模块运输和组装的微小卫星数量动态变化等导致的任务环境动态性，设计基于实时反馈信息的事件触发机制，在减小任务规划规模的同时可提高系统的动态响应能力。对于任一事件触发时刻的即时规划问题，将微小卫星视为理性的博弈参与者来构建博弈模型，期望通过各自的策略交互实现效用的最大化。其中，考虑模块组装任务在任务优先级和多星协同数量上的约束并兼顾任务时长和能量消耗，构建了微小卫星的效用函数，从而避免对约束的显式处理；基于个体间的局部信息交互，设计了分布式博弈任务规划算法，从而迭代逼近 Nash 均衡。

### 10.3.1 多星协同组装任务规划问题描述

多星协同在轨组装任务规划问题可以描述为：对于一组待组装的模块，在满足任务约束的情况下，要确定哪些微小卫星合作执行哪个模块组装任务，从而使全局收益最大化。

将一个模块的组装操作定义为一个任务，则模块组装任务的集合表示为$\mathbb{T}=\{T_1,T_2,\cdots,T_{N_t}\}$，其中，$N_t$ 代表模块的数量。模块组装任务的状态可以用一个五元组来描述该任务的信息：

$$Q_{T_i}(t)=<id_{T_i},\mathrm{pos}_{T_i},\mathrm{pre}_{T_i},\mathrm{num}_{T_i},\mathrm{state}_{T_i}> \tag{10-1}$$

式中：$id_{T_i}$为模块的编号；$\mathrm{pos}_{T_i}=\{\mathrm{pos}_a^{T_i},\mathrm{pos}_b^{T_i}\}$为该模块的初始储存位置和期望组装位置；$\mathrm{pre}_{T_i}$为该模块被组装的优先级，可由装配序列规划得到；$\mathrm{num}_{T_i}=\{\mathrm{num}_{low},\mathrm{num}_{up}\}$为组装该模块至少需要的卫星个数和最多需要的卫星个数；$\mathrm{state}_{T_i}$为当前时刻组装模块的状态，可能的状态包括“完成”“执行”和“等待”。初始时刻，所有模块组装任务都处于“等待”状态。

假设负责组装模块的卫星为同构卫星，即所有卫星是同一个型号，从形状、体积到载荷配置等均完全相同。同时，假设各个微小卫星具备在轨组装任务中必要的姿轨运动能力、计算能力等，且能够基于无向连通的通信网络进行信息交互。定义用于组装模块的微小卫星集合为$\mathbb{A}=\{A_1,A_2,\cdots,A_{N_a}\}$，其中，$N_a$代表所有微小卫星的数量。由于在轨组装过程中存在微小卫星数量变化，因此$N_a$不是一个固定值。各微小卫星的信息可由一个二元组描述：

$$Q_{A_j}(t)=<id_{A_j},\mathrm{state}_{A_j}> \tag{10-2}$$

式中：$id_{A_j}$为微小卫星$A_j$的编号；$\mathrm{state}_{A_j}$为当前时刻微小卫星的状态，可能的状态包括“空闲”“工作”和“故障”。初始时刻，所有微小卫星都处于“空闲”状态。只有“空闲”状态的微小卫星才参与组装任务规划。当微小卫星处于“工作”状态时，不考虑任务执行中断的情况。

基于模块组装任务集和微小卫星集的定义，多星协同组装任务规划问题用的数学描述为

$$\begin{gathered}\max\sum_{i\in\mathbb{A}}\Big(\sum_{j\in\mathbb{T}}Y_j^i x_j^i\Big)\\ \text{s.t.}\ \ \mathrm{num}_{\mathrm{low}}\leqslant\sum_{j=1}^{N_a}x_j^i\leqslant\mathrm{num}_{\mathrm{up}},\ \ \forall\, T_i\in\mathbb{T}\\ t_{T_i}\leqslant t_{T_k},\ \text{when}\ \mathrm{pre}_{T_i}\geqslant\mathrm{pre}_{T_k},\ \ \forall\, T_i,T_k\in\mathbb{T}\end{gathered} \tag{10-3}$$

式中：二元变量$x_j^i\in\{0,1\}$为任务规划的决策变量，表示微小卫星$A_j$是否执行模块组装任务$T_i$；$Y_j^i$为微小卫星$A_j$执行任务$T_i$的非负收益，在 10.3.2 节具体定义。任务规划除了要求全局收益尽可能大，还需要满足如下两个任务约束。第一，模块组装过程中，需要微小卫星为其提供姿轨运动能力。为了完成组装任务，单个模块组装任务所需的微小卫星数量需要满足一定限制。第二，由于组装模块之间存在复杂的干涉关系，需要按照一定的顺序进行组装，需要满足优先级约束。其中，$t_{T_i}$表示模块组装任务开始执行时间。

根据文献［6］所提出的任务规划问题分类法则，将式（10-3）表示的任务规划问题归类为 ST-MR 任务规划问题，其中，ST 指的是每个智能体每次能执行的任务数量为单个，MR 指的是每个组装任务所需的智能体数量为多个。当$N_a\geqslant\sum_{i=1}^{N_t}\mathrm{num}_{\mathrm{low}}$时，该问题是一个即时规划问题，因为这种情况下系统中的微小卫星仅需执行一次或零次模块组装任务，即可完成模块组装任务集合中的所有任务。当$N_a<\sum_{i=1}^{N_t}\mathrm{num}_{\mathrm{low}}$，微小卫星需要多次往返分批执行模块组装任务，通常被描述为一个时间扩展规划问题或多个即时规划问题。

### 10.3.2 微小卫星收益函数设计

为了实现微小卫星对任务的评估，本小节进行微小卫星的收益函数设计。首先，结合组装模块的轨道运动模型和微小卫星的局部性能指标函数，将模块组装过程中的多星协同运动控制问题建模为线性二次型微分博弈问题，从而得到包含微小卫星协同数量、任务完成时长和燃料消耗等评估因素的信息矩阵。其次，考虑任务优先级约束、多星协同数量约束的同时兼顾任务时长和能量消耗，进行微小卫星的收益函数设计，从而避免对约束的显式处理。

**1. 轨道运动模型**

为了实现模块的组装，多个微小卫星与模块固连并利用自身执行机构使得模块满足组装的姿轨状态需求。此处仅考虑轨道运动对任务时长和任务燃料消耗的影响来建立模块和微小卫星形成组合体的轨道运动方程。

多个微小卫星通过标准化接口固连在没有运动能力的组装模块表面，并通过自身的执行机构将组装模块控制到期望的轨道位置。为构建多星协同组装模块的动力学模型，涉及的坐标系包括 CWH 坐标系 $O_cx_cy_cz_c$、微小卫星本体坐标系 $O_ix_iy_iz_i$ 以及组合体本体坐标系 $O_bx_by_bz_b$。其中，组合体的本体坐标系以组合体的质心为原点，其坐标轴与任一微小卫星的惯性主轴平行。

将协同执行一个模块组装任务 $T_k$ 的 $N$ 个微小卫星所组成子集定义为 $\Omega_N \subset \mathbb{A}$。同时，假设微小卫星与模块固连后形成的组合体为刚体，不同数量的微小卫星与模块固连的位姿均为预先设定值且在运动过程中保持不变。对于由 $N$ 个微小卫星合作执行的模块组装任务，考虑到组合体的初始位置和期望组装位置之间的距离远远小于轨道半径，因此组合体相对于期望位置的轨道运动可由 CWH 方程描述

$$\dot{\boldsymbol{x}} = \boldsymbol{A}\boldsymbol{x} + \sum_{i=1}^{N} \boldsymbol{B}_i \boldsymbol{u}_i \tag{10-4}$$

式中：$\boldsymbol{x} = [\boldsymbol{r}^{\mathrm{T}}, \boldsymbol{v}^{\mathrm{T}}]^{\mathrm{T}} \in \mathbb{R}^{6\times1}$，$\boldsymbol{r} = [r_x, r_y, r_z]^{\mathrm{T}}$ 为组合体在 $O_cx_cy_cz_c$ 下的轨道位置，$\boldsymbol{v} = \dot{\boldsymbol{r}} = [v_x, v_y, v_z]^{\mathrm{T}}$；$\boldsymbol{u}_i = [u_{ix}, u_{iy}, u_{iz}]^{\mathrm{T}} \in \mathbb{R}^{3\times1}$ 为微小卫星在其本体坐标系下产生的控制力；且

$$\boldsymbol{A} = \begin{bmatrix} \boldsymbol{0}_{3\times3} & \boldsymbol{I}_3 \\ \boldsymbol{A}_{21} & \boldsymbol{A}_{22} \end{bmatrix} \in \mathbb{R}^{6\times6}, \quad \boldsymbol{B}_i = \begin{bmatrix} \boldsymbol{0}_{3\times3} \\ \dfrac{1}{m}\boldsymbol{C}_b^C \boldsymbol{C}_i^b \end{bmatrix} \in \mathbb{R}^{6\times3}$$

$$\boldsymbol{A}_{21} = \begin{bmatrix} 3n_0^2 & 0 & 0 \\ 0 & 0 & 0 \\ 0 & 0 & -n_0^2 \end{bmatrix}, \quad \boldsymbol{A}_{22} = \begin{bmatrix} 0 & 2n_0 & 0 \\ -2n_0 & 0 & 0 \\ 0 & 0 & 0 \end{bmatrix}$$

式中：$m$ 为组合体质量；$n_0 = \sqrt{\mu / r_0^3}$ 为平均轨道角速度；$r_0$ 为期望位置的轨道半

径；$\boldsymbol{C}_i^b$ 为从 $O_ix_iy_iz_i$ 到 $O_bx_by_bz_b$ 的转移矩阵；$\boldsymbol{C}_b^c$ 为从 $O_bx_by_bz_b$ 到 $O_cx_cy_cz_c$ 的转移矩阵。该式反映了组合体的状态 $\boldsymbol{x}$ 和各个微小卫星控制策略 $\boldsymbol{u}_i$ 之间的关系。

**2. 信息矩阵构建**

收益函数的设计要反映的是微小卫星和模块组装任务之间的匹配程度。影响微小卫星收益函数的主要因素有三点：第一，执行该模块组装任务的微小卫星协同数量；第二，完成该模块组装任务的时间消耗；第三，完成该模块组装任务的个体平均燃料消耗。其中，后两者与微小卫星协同数量有关。因此，此处设计基于线性二次型微分博弈的多星协同轨道控制方法，构建包含微小卫星协同数量、任务完成时长和燃料消耗等评估因素的信息矩阵。

以 $N$ 个微小卫星为该博弈的参与者，以微小卫星的控制输入为博弈策略，构建线性二次型微分博弈模型。为实现期望位置接近的同时减少微小卫星的能量消耗，各微小卫星的局部性能指标函数定义为二次型形式

$$J_i(t,\boldsymbol{x}_0,\boldsymbol{u}_i,\boldsymbol{u}_{\hat{i}}) = \int_0^\infty \left(\boldsymbol{x}^{\mathrm{T}}\boldsymbol{Q}_i\boldsymbol{x} + \sum_{j=1}^{N}\boldsymbol{u}_j^{\mathrm{T}}\boldsymbol{R}_{ij}\boldsymbol{u}_j\right)\mathrm{d}t,\quad i\in\boldsymbol{\Omega}_N \tag{10-5}$$

式中：$N$ 为协同执行一个模块组装任务的微小卫星数量；$\boldsymbol{x}_0$ 为组合体的初始状态；$\boldsymbol{u}_i$ 为除了微小卫星 $A_i$ 之外的其他微小卫星的控制力；加权矩阵 $\boldsymbol{Q}_i\in\mathbb{R}^{6\times6}$ 和 $\boldsymbol{R}_{ij}\in\mathbb{R}^{3\times3}$ 均为对称正定矩阵。给定容许反馈控制策略集 $\boldsymbol{u}(\boldsymbol{x})\in\boldsymbol{\Psi}(\boldsymbol{\Omega})$，对应于局部性能指标函数式（10-5）的值函数为

$$V_i(\boldsymbol{x}_t,\boldsymbol{u}_i,\boldsymbol{u}_{\hat{i}}) = \int_0^\infty \left(\boldsymbol{x}^{\mathrm{T}}\boldsymbol{Q}_i\boldsymbol{x} + \sum_{j=1}^{N}\boldsymbol{u}_j^{\mathrm{T}}\boldsymbol{R}_{ij}\boldsymbol{u}_j\right)\mathrm{d}t,\quad i\in\boldsymbol{\Omega}_N \tag{10-6}$$

在考虑组合体轨道动力学约束的情况下，多星协同在轨组装任务被描述为微小卫星的线性二次型微分博弈问题：

$$\begin{cases} V^*(\boldsymbol{x}) = \min\limits_{\boldsymbol{u}_i} V_i(\boldsymbol{x}),\quad i\in\boldsymbol{\Omega}_N \\ \text{s. t. } \dot{\boldsymbol{x}} = \boldsymbol{A}\boldsymbol{x} + \sum\limits_{i=1}^{N}\boldsymbol{B}_i\boldsymbol{u}_i \end{cases} \tag{10-7}$$

各个微小卫星通过独立求解式（10-7）所描述的问题，优化各自的局部性能指标函数达到定义 2.2 所述的 Nash 均衡状态，从而实现组合体对期望状态的接近。

对于式（10-7）表示的线性二次型微分博弈问题，可以推导得到各个微小卫星的最优反馈控制策略为

$$\boldsymbol{u}_i = -\boldsymbol{R}_{ii}^{-1}\boldsymbol{B}_i^{\mathrm{T}}\boldsymbol{P}_i\boldsymbol{x},\quad i\in\boldsymbol{\Omega}_N \tag{10-8}$$

式中：$\boldsymbol{P}_i\in\mathbb{R}^{6\times6}$ 为对称正定矩阵，且满足如下耦合代数黎卡提方程组

$$\begin{aligned} 0 = {} & \boldsymbol{Q}_i + \left(\boldsymbol{A} - \sum_{j=1}^{N}\boldsymbol{S}_i\boldsymbol{P}_j\right)^{\mathrm{T}}\boldsymbol{P}_i + \boldsymbol{P}_i\left(\boldsymbol{A} - \sum_{j=1}^{N}\boldsymbol{S}_j\boldsymbol{P}_j\right) + \\ & \boldsymbol{P}_j\boldsymbol{S}_i\boldsymbol{P}_i + \sum_{j\in N_i}\boldsymbol{P}_j\boldsymbol{S}_{ji}\boldsymbol{P}_j,\quad i\in\boldsymbol{\Omega}_N \end{aligned} \tag{10-9}$$

式中：$j\in N_i$ 为除了编号为 $i$ 之外的其他微小卫星；$\boldsymbol{S}_i = \boldsymbol{B}_i\boldsymbol{R}_{ii}^{-1}\boldsymbol{B}_i^{\mathrm{T}}$，$\boldsymbol{S}_j = \boldsymbol{B}_j\boldsymbol{R}_{jj}^{-1}\boldsymbol{B}_j^{\mathrm{T}}$，

$S_{ji}=B_jR_{jj}^{-1}R_{ij}R_{jj}^{-1}B_j^{\mathrm{T}}$。

基于线性二次型微分博弈控制策略式（10-9）构建不同微小卫星数量 $N$ 下任务完成时间和平均燃料消耗的信息矩阵。即给定不同的微小卫星数量 $N$，基于式（10-8）计算各个微小卫星的控制策略，从而得到该策略下的执行时间和燃料消耗，从而构建出信息矩阵。定义每个模块组装任务的信息矩阵为

$$N_{T_i}=(z_{mn})_{N_a\times 4} \tag{10-10}$$

其中，矩阵的第一列记录微小卫星协同数量，第二列利用二元变量记录执行该模块组装任务的完成情况，对应的第三列和第四列记录任务执行消耗的时长以及微小卫星的平均燃料消耗。当微小卫星的数量不满足模块组装任务要求微小卫星数量的上下界限制时，完成情况记为 0，消耗时长和消耗燃料记为 $\phi$。

**3. 收益函数设计**

基于离线构建的信息矩阵，同时考虑模块组装任务的优先级约束以及协同数量约束，将微小卫星 $A_j$ 与其他 $N-1$ 个微小卫星协同执行一个任务 $T_i$ 所获得收益表示为

$$Y_j^i=y1_j^i-y2_j^i \tag{10-11}$$

式中：$y1_j^i$ 为执行一个模块组装任务 $T_i$ 的奖励函数；$y2_j^i$ 为执行一个模块组装任务 $T_i$ 的损失函数。

考虑任务的完成时间 dur 以及多个微小卫星协作，设计如下奖励函数

$$y1_j^i=\alpha e^{-\lambda \mathrm{dur}+\gamma \mathrm{prec}_i}R_{T_i}/N \tag{10-12}$$

式中：$\alpha$ 为协同数量约束的惩罚项，与信息矩阵的第二列元素相对应。当任务分配满足协同数量约束时，$\alpha=1$；当任务分配违反数量约束时，$\alpha=0$。$\lambda>0$ 和 $\gamma>0$ 分别为时间折扣因子和优先级折扣因子；$R_{T_i}$表示模块组装任务 $T_i$ 的静态奖励。此外，由于一个模块组装任务要求多个微小卫星协同执行，因此完成该任务的 $N$ 个微小卫星平分奖励。

考虑到任务执行过程中的燃料消耗，设计如下损失函数

$$y2_j^i=\beta \mathrm{fuel} \tag{10-13}$$

式中：参数 $\beta$ 是为了保证个体执行一个模块组装任务的奖励不小于燃料消耗带来的损失而引入的；fuel 对应于信息矩阵第四列的值，表示微小卫星执行该模块组装任务的平均燃料消耗。

从微小卫星收益函数的设计可以看出，微小卫星执行一个模块组装任务的收益值会根据协同数量的变化处于不断调整变化的状态。这表明微小卫星的收益不仅与自身的任务选择有关，也与其他微小卫星的任务选择有关。

## 10.3.3 事件触发的分布式博弈任务规划

本小节基于 10.3.2 节设计的收益函数进行事件触发分布式博弈任务规划方法设计，期望通过微小卫星的局部信息交互实现任务规划的协同。首先，面向任

务环境动态变化问题，设计事件触发机制，以保证系统的动态响应能力。其次，将事件触发时刻的即时规划问题归纳为博弈问题，并进行分布式算法的设计，以提高微小卫星的自主性；并对所设计的分布式博弈任务规划算法的收敛性进行分析，说明算法的科学性。

**1. 事件触发机制**

在轨组装任务通常涉及大量待组装的模块，这导致了微小卫星集合$\mathbb{A}$ 无法一次完成所有模块的组装任务。虽然时间扩展的任务规划方式可以在任务执行之前预先离线规划出各个微小卫星在哪段时间与哪些微小卫星合作来执行哪些任务，然而当任务在执行中无法按照时间扩展的任务规划结果严格推进时，会引起新的冲突。此外，任务执行过程中存在微小卫星的退出和加入，微小卫星系统对收益的需求处于不断调整变化的状态。因此，此处引入了事件触发机制来确定每次即时规划的时机，使微小卫星在任务环境动态变化的场景下实现自主分配和协作。

事件触发机制的关键在于触发事件的设计。实时反馈信息包括各个模块组装任务的状态 $O_{T_i}(t)$ 和各个微小卫星的状态 $O_{A_j}(t)$。为了平衡微小卫星的分布式任务规划压力和对任务环境动态变化的响应能力，设计基于实时反馈信息的事件触发条件

$$t_{\text{trig}+1}=\inf_{t_k>t_{\text{trig}}}\{N_s\geqslant N_{\text{trig}}\} \tag{10-14}$$

式中：$N_s$ 为处于“空闲”状态的微小卫星总数量，可利用实时反馈信息统计得到；$N_{\text{trig}}$为设定的每次任务规划至少需要的微小卫星数量。在上一个事件触发时刻 $t_{\text{trig}}$后，微小卫星利用实时的反馈信息判断事件触发条件是否满足，若满足，则触发规划算法，对这 $N_s$ 个微小卫星进行任务规划。

根据触发条件的设计可知，对于任一事件触发时刻的即时规划问题，涉及的微小卫星并不是整个微小卫星系统$\mathbb{A}$ ，而是其中的一部分，将参与事件触发后任务规划的这部分微小卫星集合记为 $\mathcal{A}$，其数量为 $N_s$。另外，涉及的模块组装任务并不是所有处于“等待”状态的模块组装任务，而是根据模块组装任务的优先级和约束关系 $\text{num}_{\text{low}}\times N_r<N_{\text{trig}}<\text{num}_{\text{up}}\times N_r$ 来确定的。将参与的这部分任务集合记为 $\mathcal{T}$，其数量为 $N_r$。因此，事件触发策略下的即时规划问题可以描述为

$$\max\sum_{i\in\mathcal{A}}\Big(\sum_{j\in\mathcal{T}}Y_j^i x_j^i\Big) \tag{10-15}$$

从式（10-15）可以看出，由于收益函数中引入了协同数量约束的惩罚项和优先级约束的折扣因子，可以避免任务规划对这些约束的直接处理，而是让微小卫星从收益增加的角度避免选择那些不满足约束的规划结果。

**2. 分布式博弈任务规划算法**

为了实现微小卫星之间在任务选择上的协同，将事件触发后的即时规划问题（10-15）视为一个博弈问题来解决。

从博弈理论的角度分析，事件触发后的即时规划问题（10-15）中，微小卫

星 $A_j \in \mathcal{A}$ 构成了博弈的参与者，模块组装任务集合 $T_i \in \mathcal{T}$ 构成了参与者的策略空间，以全局收益函数作为博弈参与者的效用函数 $U_j$。这样，由式（10-15）表示的即时规划问题被建模为一个博弈问题

$$\mathcal{G}=(\mathcal{A},\{T_0,\mathcal{T}\}_{j\in\mathcal{A}},\{U_j\}_{j\in\mathcal{A}}) \tag{10-16}$$

式中：$T_0$ 为该个体不选择任何任务。每个微小卫星作为博弈的理性参与者，通过信息交互得到其他参与者采取的策略 $s_{\hat{i}} \in \{T_0,\mathcal{T}\}$，并根据其他参与者的策略不断调整自身的策略 $s_i \in \{T_0,\mathcal{T}\}$，从而使得效用函数最优。因此，将所有微小卫星在一轮博弈中采取的策略组合定义为 $S=\{s_i,s_{\hat{i}}\}$。

博弈问题的关键在于寻找 Nash 均衡。对于博弈问题（10-16），当对于任意的微小卫星 $A_j \in \mathcal{A}$ 都满足如下条件时，则达到 Nash 均衡

$$U_i^*(s_i^*,s_{\hat{i}}^*)=\max_{s_i\in\{T_0,\mathcal{T}\}} U_i(s_i,s_{\hat{i}}^*) \tag{10-17}$$

最优效用函数对应的最优策略组合 $S^*=\{s_i^*,s_{\hat{i}}^*\}$ 为 Nash 均衡策略。由于每个微小卫星为独立的个体，仅能在不影响其他微小卫星的基础上，结合其他微小卫星的任务选择策略，通过对自身效用函数的优化改变自身的任务选择策略。然而，其他微小卫星的策略在 Nash 均衡寻找的一开始也是未知的。因此，本小节基于博弈协商机制设计了如下的分布式任务规划算法，使微小卫星通过不断的信息交互和策略调整来趋近于 Nash 均衡状态，从而得到事件触发时刻的即时规划结果。分布式博弈任务规划算法如表 10-1 所示。算法开始时，微小卫星从各自的策略集中随机选择一个策略，组成初始策略组合。算法的迭代过程是各个微小卫星之间博弈协商的过程。在每轮博弈协商中，每个微小卫星基于信息交互得到的其他微小卫星的最新策略 $s_i^{[\text{iter}-1]}$，结合效用函数的优化，得到遵循贪婪准则的最佳反应策略作为最新的策略 $s_i^{[\text{iter}]}$。所有微小卫星都在本轮进行策略更新后，得到本轮的策略组合 $S^{[\text{iter}]}$。按照上述流程，博弈协商过程不断推进，直到策略组合不再发生变化。这表明微小卫星无法通过调整自身的策略来优化效用函数，此时终止迭代，得到该事件触发时刻的即时规划方案。

**表 10-1 分布式博弈任务规划算法**

| 步骤 | 执行的操作 |
|---|---|
| 1 | 给定参与者 $\mathcal{A}$，策略集 $\mathcal{T}$ |
| 2 | 令 iter=1，并随机生成初始策略组合 $S^{[0]}$ |
| 3 | While $S^{[\text{iter}]} \neq S^{[\text{iter}-1]}$ |
| 4 | For $i=1\rightarrow N_s$ |
| 5 | 接收来自相邻个体的决策信息 $s_{\hat{i}}^{[\text{iter}-1]}$ |
| 6 | $s_i^{[\text{iter}]}=\arg\max_{s_i\in\{T_0,\mathcal{T}\}} U_i\left(s_i,s_{\hat{i}}^{[\text{iter}-1]}\right)$，对应的收益函数值为 $U_i^{[\text{iter}]}$ |

续表

| 步骤 | 执行的操作 |
|---|---|
| 7 | $s_i^{[\text{iter}-1]} = s_i^{[\text{iter}]}$ |
| 8 | 将自身决策信息发送给相邻个体 |
| 9 | End For |
| 10 | $S^{[\text{iter}]} = \{s_i^{[\text{iter}]}, s_{\hat{i}}^{[\text{iter}]}\}$ |
| 11 | iter=iter+1 |
| 12 | End While |
| 13 | Return $S^{[\text{iter}]}$ |

**定理 10.1**：若事件触发后微小卫星数量和模块组装数量满足 $\text{nurn}_{\text{low}} \times N_r < N_s < \text{num}_{\text{up}} \times N_r$，则表 10-1 所示的分布式博弈任务规划算法一定能够经过有限次的迭代收敛到 Nash 均衡。

**证明**：对于该定理的证明分为两部分，一部分是证明 Nash 均衡的存在性，一部分是证明算法的收敛性。

根据文献［7］所提出的 Nash 均衡存在性理论，在博弈参与者及其策略均有限的条件下，该博弈至少存在一个 Nash 均衡。对于任一事件触发后的即时规划问题，微小卫星的数量、模块组装任务的数量均为确定且有限的，则微小卫星所能够采取的策略组合也是有限的。由于微小卫星数量和任务数量满足关系 $\text{num}_{\text{low}} \times N_r < N_s < \text{num}_{\text{up}} \times N_r$，则保证了必定有策略组合满足协同数量的要求。而事件触发后涉及的模块组装任务均为优先级高的任务，且在效用函数中加入了对优先级的惩罚，因此也一定满足优先级约束。结合 Nash 均衡的定义，可知事件触发的任务规划中存在 Nash 均衡。

由于参与即时规划的模块组装任务数量是有限的，则 $U_i$ 的最大值 $U_i^{\max} < \infty$。对于任一初始策略组合 $S^{[0]}$，由于

$$U_j(s_j^{[\text{iter}]}, s_{\hat{j}}^{[\text{iter}-1]}) - U_j(s_j^{[\text{iter}-1]}, s_{\hat{j}}^{[\text{iter}-1]}) \geqslant 0, \quad A_j \in \mathcal{A} \tag{10-18}$$

因此，分布式博弈任务规划算法的迭代过程是非递减的，经过有限次的迭代后收敛。值得说明的是，由于微小卫星的效用函数对不满足约束的情况做出了惩罚，因此即使初始策略组合是不满足约束条件的，微小卫星也会在迭代过程中逐渐趋近于满足约束的 Nash 均衡。

综上，可以得到多星协同在轨组装的任务规划框图，如图 10-4 所示。在每个事件触发时刻，微小卫星基于通信获得的其他微小卫星最新策略，通过独立优化效用函数实现策略的最优调整。相较于集中式任务规划方法，分布式任务规划将计算和通信负担分散在各个微小卫星间，避免了中心节点压力；同时充分发挥微小卫星的自主性，提高了方法的可扩展性。

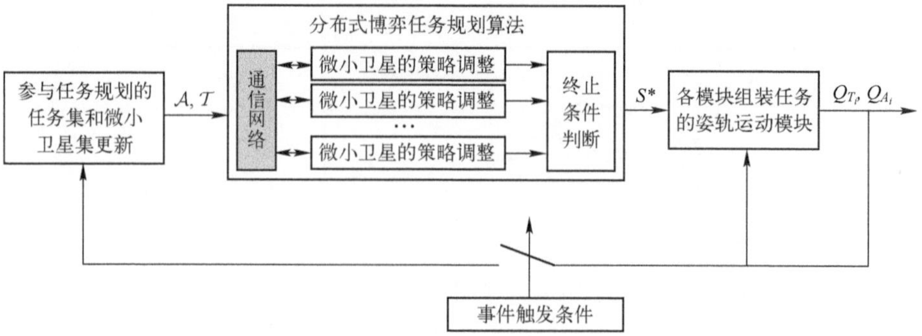


**图 10-4　多星协同在轨组装任务规划框图**

### 10.3.4　仿真验证

为验证本节所设计的事件触发博弈任务规划方法的有效性，以 MATLAB 2018B 作为开发平台，在以 CPU 为英特尔 Core i5（1.60GHz）、内存为 8GB、系统为 Windows 10 的 PC 上运行，进行多星协同任务规划仿真验证。不失一般性，给定每个模块组装任务所需微小卫星数量的上下界为 $\text{num}_{\text{up}}=6$、$\text{num}_{\text{low}}=2$，每个任务的静态收益为 $R_{T_i}=100$，任务优先级与任务编号一致。

**1. 信息矩阵构建**

由于效用函数的计算依赖于信息矩阵，因此本小节基于以下仿真参数的设置来构建信息矩阵。设置每个模块的质量为 100kg，微小卫星的质量为 10kg。给定某一个模块组装任务期望位置的轨道半径为 $r_0=42164\text{km}$，轨道角速度为 $\omega_0=7.2922\times10^{-5}\text{rad/s}$，轨道倾角为 30°，升交点赤经为 20°。该模块组装的初始状态设置为 $\boldsymbol{x}=[0,-20,0,0,0,0]^{\text{T}}$。多星协同模块组装的场景下，每个微小卫星的转换矩阵分别为

$$\boldsymbol{C}_1^b=\boldsymbol{C}_2^b=\begin{bmatrix}1&0&0\\0&1&0\\0&0&1\end{bmatrix},\quad \boldsymbol{C}_3^b=\boldsymbol{C}_4^b=\begin{bmatrix}-1&0&0\\0&-1&0\\0&0&-1\end{bmatrix},\quad \boldsymbol{C}_5^b=\boldsymbol{C}_6^b=\begin{bmatrix}0&0&1\\0&1&0\\-1&0&0\end{bmatrix}$$

同时，设置局部性能指标函数（10-7）中的加权矩阵为 $\boldsymbol{Q}_i=0.001\boldsymbol{I}_6$，$\boldsymbol{R}_{ij}=0.001\boldsymbol{I}_3$。微小卫星的力控制幅值为 $u_{\max}=0.5\text{N}$。

以 4 个微小卫星 $A_1\sim A_4$ 协同进行组装模块的轨道运动进行分析，图 10-5 给出了线性二次型微分博弈控制下的组合体相对位置和相对速度随时间的变化曲线。可以看出，各微小卫星在基于线性二次型微分博弈的控制策略下可以使得模块接近期望位置，说明了微分博弈在多星协同控制方面的有效性。在控制精度为 $10^{-4}$的条件下，收敛时间为 181.63s。图 10-6 为线性二次型微分博弈方法下的微小卫星的控制力随时间的变化情况。由于该控制策略为状态反馈控制，因此在控制的初始时刻状态量幅值较大时，所需的控制力也比较大。

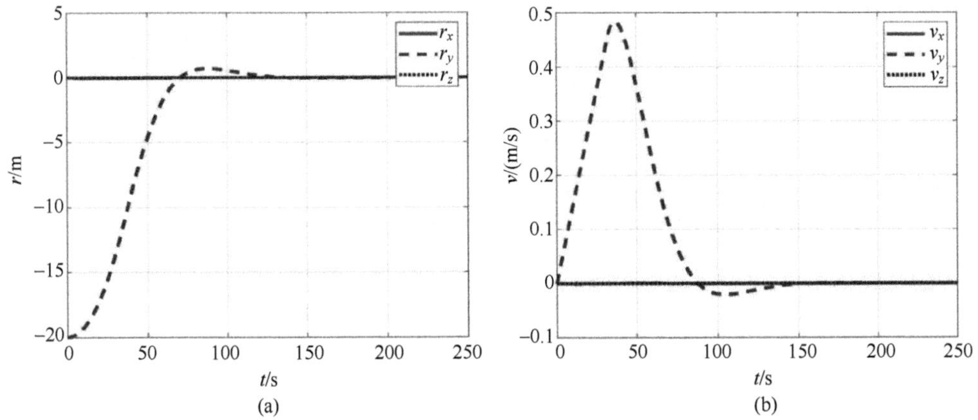


**图 10-5　组合体状态变化曲线**

（a）相对轨道位置；（b）相对轨道速度。

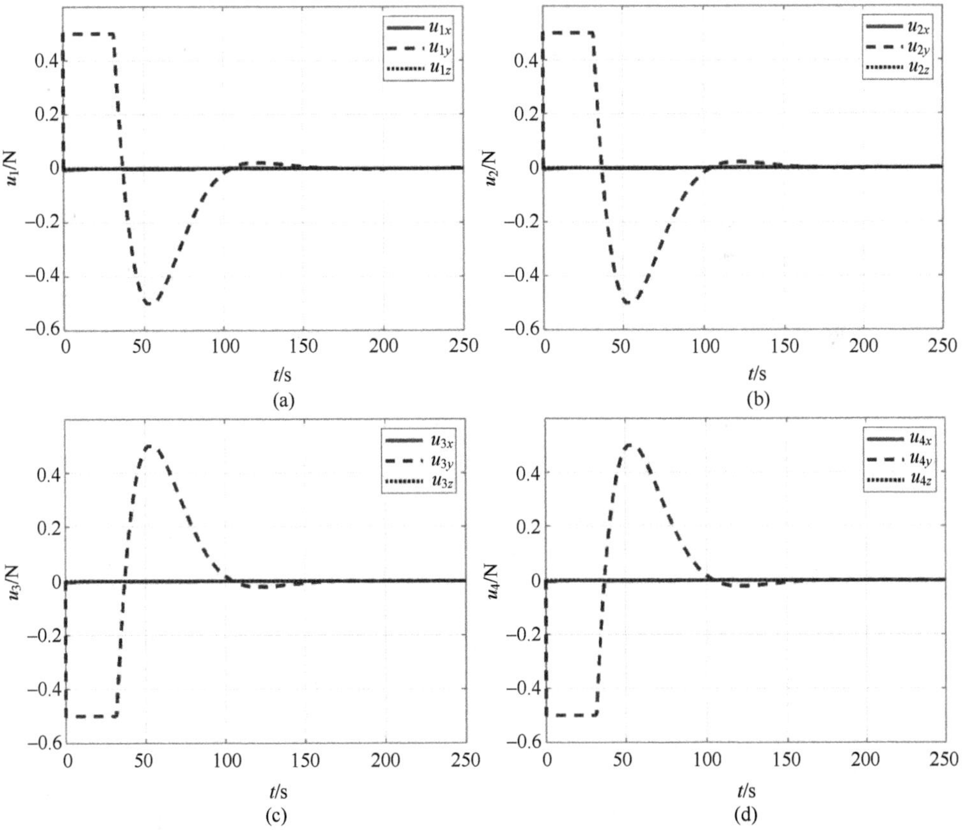


**图 10-6　微小卫星控制力随时间变化曲线**

（a）$A_1$；（b）$A_2$；（c）$A_3$；（d）$A_4$。

以 $\text{fuel}=\sum_{i=1}^{N}\int_{t_0}^{t_f}\|\boldsymbol{u}_i\|_1\mathrm{d}\tau$ 为燃料评价函数，根据不同数量微小卫星下的模块组装轨道运动仿真结果可以得到对应的收敛时间和燃料消耗评价值，其结果如图 10-7 所示。从图 10-7 可以看出，随着协同数量的增多，则模块组装任务的收敛时间会逐渐缩短，每个微小卫星的平均燃料消耗会逐渐减少。基于上述结果，就可以构建出模块组装任务的信息矩阵。

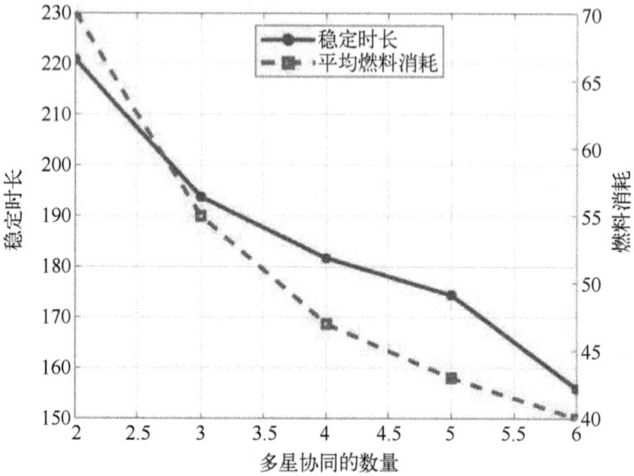


**图 10-7 不同数量微小卫星下的信息值**

**2. 有效性验证**

首先，本小节随机给定 6 个事件触发后的即时规划问题来说明事件触发机制的合理性。任一事件触发后的规划问题中涉及的微小卫星数量为 $N_s$，模块组装任务数量为 $N_r$，将该事件触发后的规划问题记为 $Q(N_s,N_r)$。需要注意的是，每个 $Q(N_s,N_r)$ 的设置满足关系 $\text{num}_{\text{low}}\times N_r\leqslant N_s\leqslant\text{num}_{\text{up}}\times N_r$。6 个事件触发后的规划问题中，奖励函数涉及的相关参数均设置为 $\lambda=0.01$，$\gamma=0.1$，损失函数涉及的相关参数设置为 $\beta=0.01$。

图 10-8（a）给出了 6 个事件触发后的即时规划问题在进行分布式博弈任务规划时的迭代收敛曲线。从图 10-8（a）可以看出，本节提出的分布式任务规划算法具有很好的收敛性，能够在微小卫星进行一到两轮协商迅速收敛。这说明如果在事件触发策略的参数 $N_{\text{trig}}$ 的设置使得关系 $\text{num}_{\text{low}}\times N_r\leqslant N_s\leqslant\text{num}_{\text{up}}\times N_r$ 得到满足，则事件触发后的即时规划问题在本章所提出的分布式规划方法下存在 Nash 均衡且均可收敛。图 10-8（b）给出了 $N_r=3$ 时不同的微小卫星数量 $N_s$ 下的分布式任务规划算法的计算机运行时长。为了消除随机因素的影响，每个事件触发后的即时规划问题求解 100 次，计算时间取平均值。从图 10-8（b）可以看出随着微小卫星数量的增多，分布式任务规划算法的总仿真时长也是逐渐增长的，但是由于微小卫星是基于交互信息来独立优化各自的策略，单个微小卫星的计算时

长并没有随着微小卫星数量的增加而显著增加。这充分说明了分布式任务规划的优势，即系统中微小卫星的加入或退出并不会影响任务规划的性能，提高了对任务环境动态变化的适应性。

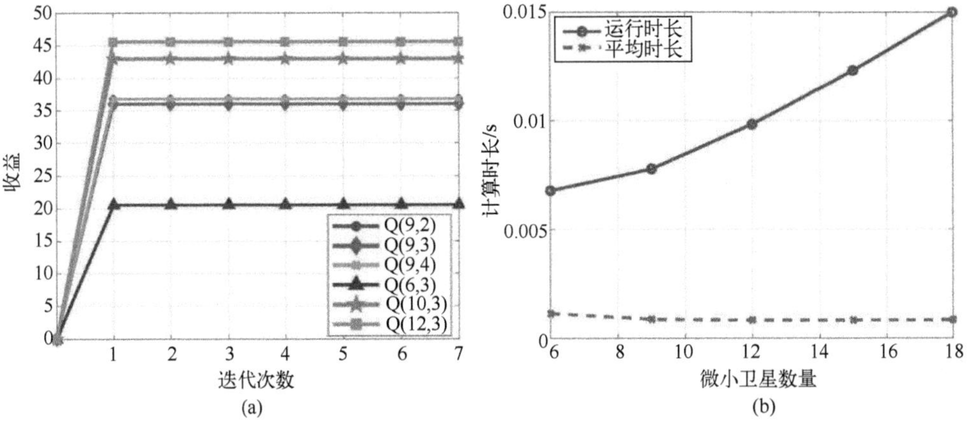


**图 10-8　不同即时规划问题的算法性能**

（a）不同即时规划问题的算法收敛性；（b）$N_r=3$ 时的算法计算时长。

其次，针对 $Q(8,3)$ 的即时规划问题，将本节提出的分布式博弈规划算法与其他算法进行对比，其他参数同上。事件触发后即时规划的博弈协商过程如图 10-9 所示。从图 10-9 可以看出，在博弈协商过程中，全局效用值是非减的，说明博弈协商能在有限步收敛到 Nash 均衡。初始策略组合为各个微小卫星在策略集中随机选的策略 $S=\{T_3,T_2,T_1,T_2,T_3,T_0,T_3,T_0\}$。在第一轮博弈协商过程和第二轮协商过程，各微小卫星依次进行决策来实现收益的最大化，得到微小卫星的策略组合为 $S=\{T_1,T_2,T_1,T_2,T_3,T_1,T_3,T_2\}$，即事件触发后微小卫星 $A_1,A_3,A_6$

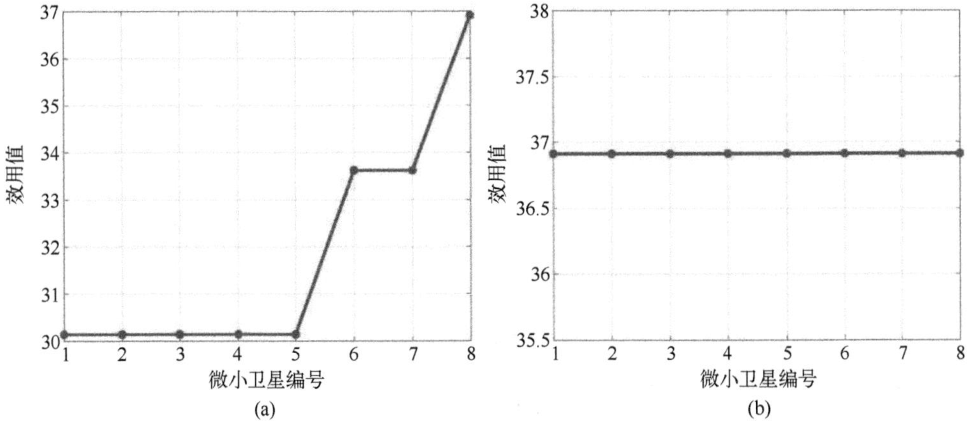


**图 10-9　博弈协商过程**

（a）第一轮博弈协商过程；（b）第二轮博弈协商过程。

协同执行模块组装任务 $T_1$，微小卫星 $A_2,A_4,A_8$ 协同执行模块组装任务 $T_2$，微小卫星 $A_5,A_3,A_7$ 协同执行模块组装任务 $T_3$。

表 10-2 为本节所提任务规划方法与使用穷举法、粒子群算法的任务规划方法在相同的即时规划问题下的仿真结果对比。其中，给定粒子群算法的种群个数为 100 个，迭代次数为 10 次。从规划结果来看，所有的方法都收敛到相同的效用值。从计算速度上来看，穷举法和离散粒子群算法的计算时长远大于本节所提出的方法。对于穷举法，其计算复杂度是随着场景中的任务数量和微小卫星数量呈指数增长的。对于粒子群算法，其计算复杂度取决于种群数量和迭代次数。而本节方法一方面通过效用函数的巧妙设计避免了约束处理所消耗的时长，另一方面通过分布式博弈优化，使得收敛速度加快，因此其计算时长远远小于其他两种方法。

**表 10-2　同一即时规划问题下不同算法的任务规划性能**

| 对比方法和性能 | 本节方法 | 穷举法 | 粒子群算法 |
|---|---|---|---|
| 效用值 | 36.91 | 36.91 | 36.91 |
| 计算时长 | 0.008s | 8.5s | 0.32s |

## 10.4 组装模块协同运输的脉冲推力约束博弈控制

本节针对组装模块的多星协同轨道运动问题，为了在满足约束的同时减少微小卫星之间的通信资源消耗，研究了脉冲推力下的约束博弈控制方法。脉冲推力机动是一种常见的航天器控制模式，由脉冲作用段和自由运动段组成。其中，闭环脉冲控制仅需在脉冲作用段进行脉冲推力的求解，能够与约束博弈问题进行有机融合，从而有效降低通信和计算次数。对于博弈建模，将脉冲推力与控制幅值约束合并表示为存在周期和幅值限制的力约束，将姿轨耦合效应的影响表示为避免干扰姿态的力矩约束，得到轨道运动的多约束博弈问题，从而减小计算和通信的次数。对于博弈均衡求解，以模型预测控制作为约束优化的框架，设计分布式预测博弈控制算法来计算博弈均衡对应的控制策略，从而能够有效满足各项约束。

### 10.4.1 多星协同运输的轨道运动博弈模型

在 10.3.2 节利用基于线性二次型微分博弈的轨道运动控制来构建信息矩阵时，控制方法的设计更侧重于利用简化的建模和计算实现对影响因素的评估。而本节会具体考虑姿轨耦合效应的影响、执行机构配置和有限控制幅值的影响、计算和通信资源有限等来构建相关过程约束，实现对组装模块轨道运动控制中各种约束的全面考虑。

**1. 多星博弈模型**

对于由 $N$ 个微小卫星和待组装模块组成的组合体运动系统，组合体相对于期望位置的轨道运动方程与 10.3.2 节相同，即

$$\dot{\boldsymbol{x}} = \boldsymbol{A}\boldsymbol{x} + \sum_{i=1}^{N} \boldsymbol{B}_i \boldsymbol{u}_i \tag{10-19}$$

式中变量和矩阵等的定义与式（10-4）中的定义相同，此处不再一一赘述。各个微小卫星之间基于无向连通网络进行信息交互。

将 $N$ 个微小卫星视为博弈参与者，各微小卫星期望通过信息交互和策略更新以尽可能小的能量消耗实现组合体对期望位置的接近。因此，微小卫星的局部性能指标函数定义为

$$J_i(\boldsymbol{x}_0, \boldsymbol{u}_i, \boldsymbol{u}_{\hat{i}}) = \int_t^{\infty} \left(\boldsymbol{x}^{\mathrm{T}} \boldsymbol{Q}_i \boldsymbol{x} + \sum_{j=1}^{N} \boldsymbol{u}_j^{\mathrm{T}} \boldsymbol{R}_{ij} \boldsymbol{u}_j\right) \mathrm{d}\tau, \quad i \in \boldsymbol{\Omega}_N \tag{10-20}$$

式中：加权矩阵 $\boldsymbol{Q}_i \in \mathbb{R}^{6\times6}$ 和 $\boldsymbol{R}_{ij} \in \mathbb{R}^{3\times3}$ 均为正定对称矩阵。各个微小卫星可通过局部性能函数的独立优化方式来获得自身的控制策略。

**2. 多约束博弈模型**

微小卫星在施加控制力过程中可能会产生控制力矩，对组合体姿态运动造成不必要的扰动。为了减小姿轨耦合影响，构建如下力矩约束，以使 $N$ 个微小卫星产生的合力矩为 0

$$\sum_{i=1}^{N} \boldsymbol{r}_{bi}^{\times} \boldsymbol{C}_i^b \boldsymbol{u}_i = \boldsymbol{0}_{3\times1} \tag{10-21}$$

式中：$\boldsymbol{r}_{bi}$ 为从组合体的质心向微小卫星质心 $O_i$ 的矢量。从式（10-22）可以看出，该力矩约束会导致微小卫星之间的耦合。

假设微小卫星和组装模块的接触面与 $-z_i$ 轴垂直，则微小卫星无法沿 $+z_i$ 方向产生推力。因此，考虑执行机构配置和控制幅值的影响，构建如下力约束

$$-u_{\max} \boldsymbol{1}_3 \leqslant \boldsymbol{u}_i(t) \leqslant u_{\max} \boldsymbol{1}_3^{\bar{3}} \tag{10-22}$$

式中：$\boldsymbol{1}_n$ 为 $n\times1$ 维的全 1 矢量；$\boldsymbol{1}_n^{\bar{m}}$ 为矢量 $\boldsymbol{1}_n$ 中的第 $m$ 个元素为 0。

为了减少通信及计算次数，采用如图 10-10 所示的脉冲推力形式，每个微小卫星具有相同的脉冲周期和脉冲施加时刻。从图 10-10 可以看出，整个运动过程是由多个脉冲周期组成的，每个脉冲周期是由一个脉冲作用段和一个自由运动段组成的。定义一个脉冲周期时长为 $T=n\tau$，其中 $n$ 为一个脉冲周期的采样次数。那么，脉冲作用段的特征为：①持续时间为一个采样周期 $\tau$；②脉冲幅值限制为 $u_{\max}$。作为相邻两个脉冲推力之间的时间段，自由运动段的特征为：①持续时间为 $(n-1)\tau$；②自由运动段没有推力作用。因此，可将脉冲推力合并在式（10-22）中，脉冲推力段的力约束为

$$-u_{\max} \boldsymbol{1}_3 \leqslant \boldsymbol{u}_i(t_{wn}) \leqslant u_{\max} \boldsymbol{1}_3^{\bar{3}} \tag{10-23}$$

式中：$t_{wn}$ 为第 $w$ 个脉冲周期的脉冲推力施加时刻。而自由运动段内各个微小卫

星不产生控制力

$$\boldsymbol{u}_i(t)=\boldsymbol{0}_{3\times 1},\quad \forall t\in[t_{wn+1},t_{(w+1)n}] \tag{10-24}$$

式中：$t_{wn+1}$和$t_{(w+1)n}$分别为第 $w$ 个脉冲周期自由运动段的开始时间和结束时间。

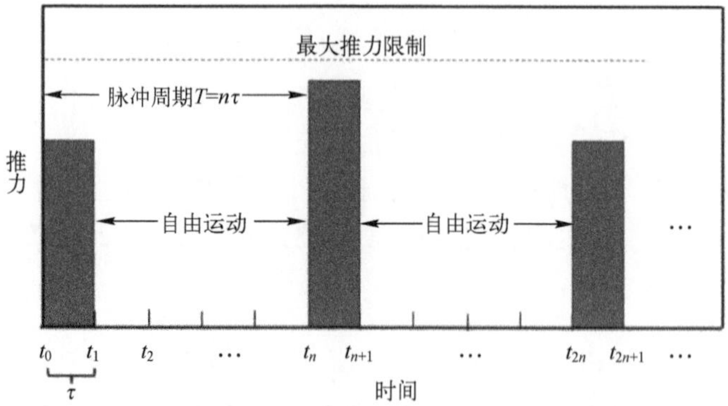


**图 10-10 脉冲推力示意图[8]**

对于式（10-19）表示的系统，微小卫星在满足式（10-21）的力矩约束、式（10-23）和式（10-24）力约束的情况下独立优化局部性能指标函数（10-20），将该问题描述为微小卫星的多约束博弈问题

$$\min_{\boldsymbol{u}_i} J_i=\int_t^{\infty}\left(\boldsymbol{x}^{\mathrm{T}}\boldsymbol{Q}_i\boldsymbol{x}+\sum_{j=1}^{N}\boldsymbol{u}_j^{\mathrm{T}}\boldsymbol{R}_{ij}\boldsymbol{u}_j\right)\mathrm{d}\tau,\quad i\in\Omega_N$$

$$\text{s. t.}\begin{cases}\dot{\boldsymbol{x}}=\boldsymbol{A}\boldsymbol{x}+\sum\limits_{i=1}^{N}\boldsymbol{B}_i\boldsymbol{u}_i\\ \sum\limits_{i=1}^{N}\boldsymbol{r}_{bi}^{\times}\boldsymbol{C}_i^{b}\boldsymbol{u}_i=\boldsymbol{0}_{3\times 1}\\ -u_{\max}\boldsymbol{1}_3\leqslant\boldsymbol{u}_i(t_{wn})\leqslant u_{\max}\boldsymbol{1}_3^3\\ \boldsymbol{u}_i(t)=\boldsymbol{0}_{3\times 1},\quad\forall t\in[t_{wn+1},t_{(w+1)n})\\ \boldsymbol{x}(t_0)=\boldsymbol{x}_0\end{cases} \tag{10-25}$$

在任一脉冲时刻，每个微小卫星通过优化求解式（10-26）的约束博弈问题进行个体控制策略的更新，实现各自局部性能指标函数的优化，即达到定义 2.3 所表示的 $\varepsilon$-Nash 均衡的状态。

### 10.4.2 脉冲推力预测博弈控制方法

考虑到模型预测控制的本质是在每个时刻求解一个开环最优控制问题，而博弈的本质是考虑博弈参与者的多边优化问题，两者的相似性使得式（10-26）的博弈问题可以在模型预测控制框架下实现约束的有效处理。因此，本小节利用模型预测控制进行约束博弈控制方法的设计。首先，结合模型预测控制特点，建立预测时域下的约束博弈问题；其次，考虑到约束博弈问题的耦合性，构建微小卫星可独立优化的二次规划（quadratic programming，QP）问题，微小卫星可通过局部信息交互和迭代求解逐步逼近 Nash 均衡。

**1. 预测博弈模型建立**

将任务的开始时间和结束时间分别定义为 $t_0$ 和 $t_f$，则该任务时长包含 $N_f$ 个采样步长 $\tau$，$[t_0,t_1,\cdots,t_l,\cdots,t_{N_f-1},t_f]$ 且 $t_f=t_{N_f}$。设置预测时域的步长 $N_p$ 为一个脉冲周期采样次数 $n$ 的 $p$ 倍，控制时域的步长 $N_q$ 为一个脉冲周期采样次数 $n$ 的 $q$ 倍，且 $p=q$。为了得到预测时域的约束博弈模型，下面对连续时域的动力学模型、局部性能指标函数以及多个约束分别进行离散化和连续迭代。

对于动力学模型（10-19），在采样时刻 $t_l$ 处，将其离散化为

$$\boldsymbol{x}_{l+1}=\hat{\boldsymbol{A}}\boldsymbol{x}_l+\sum_{i=1}^{N}\hat{\boldsymbol{B}}_i\boldsymbol{u}_{i,l} \tag{10-26}$$

式中：$\boldsymbol{x}_l=\boldsymbol{x}(t_l)$，$\boldsymbol{u}_{i,l}=\boldsymbol{u}_i(t_l)$，且

$$\hat{A}b=e^{A\tau}\in\mathbb{R}^{6\times 6},\quad \hat{\boldsymbol{B}}_i=\int_0^{\tau}e^{A\tau}\boldsymbol{B}_i\mathrm{d}t\in\mathbb{R}^{6\times 3}$$

定义预测时域$[t_k,t_{k+N_p-1}]$内的各微小卫星控制矢量和状态矢量分别为

$$\boldsymbol{U}_{i,k}=[\boldsymbol{u}_{i,k}^{\mathrm{T}}\quad \boldsymbol{u}_{i,k+1}^{\mathrm{T}}\quad\cdots\quad \boldsymbol{u}_{i,k+N_p-1}^{\mathrm{T}}]^{\mathrm{T}}\in\mathbb{R}^{3N_p\times 1}$$

$$\boldsymbol{X}_k=[\boldsymbol{x}_{k+1}^{\mathrm{T}}\quad \boldsymbol{x}_{k+2}^{\mathrm{T}}\quad\cdots\quad \boldsymbol{x}_{k+N_p}^{\mathrm{T}}]^{\mathrm{T}}\in\mathbb{R}^{6N_p\times 1}$$

式中：$k=\{0,n,2n,\cdots\}$为每次进行新的策略求解的时刻下标，也是每个脉冲推力施加时刻对应的下标。那么，对离散动力学模型（10-26）进行连续迭代可得到预测时域内的动力学模型为

$$\boldsymbol{X}_k=\boldsymbol{\Lambda}\boldsymbol{x}_k+\sum_{i=1}^{N}\boldsymbol{\Theta}_i U_{i,k} \tag{10-27}$$

式中：系数矩阵具有如下形式

$$\boldsymbol{\Lambda}=[\hat{\boldsymbol{A}}^{\mathrm{T}}\quad(\hat{\boldsymbol{A}}^2)^{\mathrm{T}}\quad\cdots\quad(\hat{\boldsymbol{A}}^{N_p})^{\mathrm{T}}]^{\mathrm{T}}\in\mathbb{R}^{6N_p\times 6}$$

$$\boldsymbol{\Theta}_i=\begin{bmatrix}\hat{\boldsymbol{B}}_i & & & \\ \hat{\boldsymbol{A}}\hat{\boldsymbol{B}}_i & \hat{\boldsymbol{B}}_i & & \\ \vdots & \vdots & \ddots & \\ \hat{\boldsymbol{A}}^{N_p-1}\hat{\boldsymbol{B}}_i & \hat{\boldsymbol{A}}^{N_p-2}\hat{\boldsymbol{B}}_i & \cdots & \hat{\boldsymbol{B}}_i\end{bmatrix}\in\mathbb{R}^{6N_p\times 3N_p}$$

对于微小卫星的局部性能指标函数（10-20），在 $t_k$ 处，将其离散化为

$$J_i=\sum_{g=k}^{k+N_p-1}\left(\boldsymbol{x}_{g+1}^{\mathrm{T}}\boldsymbol{Q}_i\boldsymbol{x}_{g+1}+\sum_{j=1}^{N}\boldsymbol{u}_{j,g}^{\mathrm{T}}\boldsymbol{R}_{ij}\boldsymbol{u}_{j,g}\right),\quad i\in\Omega_N \tag{10-28}$$

局部性能指标函数（10-28）在预测时域内可写为

$$J_{i,k}=\boldsymbol{X}_k^{\mathrm{T}}\boldsymbol{Q}_{i,k}\boldsymbol{X}_k+\sum_{j=1}^{N}\boldsymbol{U}_{j,k}^{\mathrm{T}}\boldsymbol{R}_{ij,k}\boldsymbol{U}_{j,k},\quad i\in\Omega_N \tag{10-29}$$

式中：$\boldsymbol{Q}_{i,k}=\boldsymbol{I}_{N_p}\otimes\boldsymbol{Q}_i$，$\boldsymbol{R}_{ij,k}=\boldsymbol{I}_{N_p}\otimes\boldsymbol{R}_{ij}$，$\otimes$为克罗内克积运算。

对于力矩约束式（10-21），其在预测时域内具有如下形式

$$\sum_{i=1}^{N}(\boldsymbol{I}_{N_p}\otimes\boldsymbol{r}_{bi}^{\times}\boldsymbol{C}_i^{b})\boldsymbol{U}_{i,k}=\boldsymbol{0}_{3N_p\times1} \tag{10-30}$$

对于力约束式（10-23）和式（10-24），考虑到脉冲作用段为一个采样周期且预测时域为脉冲周期的整数倍，则力约束在预测时域内具有如下形式

$$-u_{\max}\boldsymbol{1}_p\otimes\begin{bmatrix}\boldsymbol{1}_3\\\boldsymbol{0}_{3(n-1)\times1}\end{bmatrix}\leqslant\boldsymbol{U}_{i,k}\leqslant u_{\max}\boldsymbol{1}_p\otimes\begin{bmatrix}\boldsymbol{1}_3^{\bar{3}}\\\boldsymbol{0}_{3(n-1)\times1}\end{bmatrix} \tag{10-31}$$

综合上述分析，组装模块的多星协同轨道运动博弈问题被描述为预测时域下的约束博弈模型

$$\min_{\boldsymbol{U}_{i,k}}J_{i,k}=\boldsymbol{X}_k^{\mathrm{T}}\boldsymbol{Q}_{i,k}\boldsymbol{X}_k+\sum_{j=1}^{N}\boldsymbol{U}_{j,k}^{\mathrm{T}}\boldsymbol{R}_{ij,k}\boldsymbol{U}_{j,k}i\in\Omega_N$$

$$\text{s. t.}\begin{cases}\boldsymbol{X}_k=\boldsymbol{\Lambda}\boldsymbol{x}_k+\sum\limits_{j=1}^{N}\boldsymbol{\Theta}_j\boldsymbol{U}_{j,k}\\-u_{\max}\boldsymbol{1}_p\otimes\begin{bmatrix}\boldsymbol{1}_3\\\boldsymbol{0}_{3(n-1)\times1}\end{bmatrix}\leqslant\boldsymbol{U}_{i,k}\leqslant u_{\max}\boldsymbol{1}_p\otimes\begin{bmatrix}\boldsymbol{1}_3^{\bar{3}}\\\boldsymbol{0}_{3(n-1)\times1}\end{bmatrix}\\\sum\limits_{j=1}^{N}(\boldsymbol{I}_{N_p}\otimes\boldsymbol{r}_{bi}^{\times}\boldsymbol{C}_j^{b})\boldsymbol{U}_{j,k}=\boldsymbol{0}_{3N_p\times1}\end{cases}$$

$$\tag{10-32}$$

从式（10-34）可以看出，预测约束博弈模型通过构建优化问题来求解微小卫星的控制序列，因此能够非常自然地将约束建立在优化问题之中；而预测时域模型的构建使得微小卫星能够利用未来 $N_p$ 步的预测信息优化个体的控制策略，相对于考虑整个时域的优化来说通过损失一部分最优性来减少计算复杂度。同时，结合滚动优化思想，各个微小卫星仅施加控制序列 $\boldsymbol{U}_{i,k}$ 中的第一个控制作用来进行组合体的轨道运动控制，实现系统的闭环控制。然而，微小卫星无法直接进行式（10-32）的独立求解。

**2. 分布式预测博弈控制算法**

微小卫星无法对预测时域的博弈问题（10-32）进行独立求解的原因是其中存在耦合因素，包括耦合的动力学模型和力矩约束。

为了处理动力学模型引起的耦合，将式（10-27）代入式（10-29）中，得到微小卫星的局部性能指标函数

$$\begin{aligned}J_{i,k}=&\sum_{j\in N_i}\boldsymbol{U}_{j,k}^{\mathrm{T}}\boldsymbol{R}_{ij,k}\boldsymbol{U}_{j,k}+\\&\Big(\boldsymbol{x}_k^{\mathrm{T}}\boldsymbol{\Lambda}^{\mathrm{T}}+\sum_{j\in N_i}\boldsymbol{U}_{j,k}^{\mathrm{T}}\boldsymbol{\Theta}_j^{\mathrm{T}}\Big)\boldsymbol{Q}_{i,k}\Big(\boldsymbol{\Lambda}\boldsymbol{x}_k+\sum_{j\in N_i}\boldsymbol{\Theta}_j\boldsymbol{U}_{j,k}\Big)+\\&2\Big(\boldsymbol{x}_k^{\mathrm{T}}\boldsymbol{\Lambda}^{\mathrm{T}}+\sum_{j\in N_i}\boldsymbol{U}_{j,k}^{\mathrm{T}}\boldsymbol{\Theta}_j^{\mathrm{T}}\Big)\boldsymbol{Q}_{i,k}\boldsymbol{\Theta}_i\boldsymbol{U}_{i,k}+\end{aligned}$$

$$\boldsymbol{U}_{i,k}^{\mathrm{T}}(\boldsymbol{R}_{ii,k} + \boldsymbol{\Theta}_i^{\mathrm{T}}\boldsymbol{Q}_{i,k}\boldsymbol{\Theta}_i)\boldsymbol{U}_{i,k}, \quad i \in \Omega_N \tag{10-33}$$

从式（10-35）可以看出，局部性能指标中仅包含需要优化的各个微小卫星的控制序列，而不显式包含预测状态 $\boldsymbol{X}_k$。由于各个微小卫星仅能通过独立优化局部性能指标函数提升自身的策略 $\boldsymbol{U}_{i,k}$，且个体目标和全局目标一致，因此可舍去该式中不包含 $\boldsymbol{U}_{i,k}$的项，得到局部性能指标函数为

$$J_{i,k} = \frac{1}{2}\boldsymbol{U}_{i,k}^{\mathrm{T}}\boldsymbol{M}_{i2}\boldsymbol{U}_{i,k} + \boldsymbol{M}_{i1}^{\mathrm{T}}\boldsymbol{U}_{i,k}, \quad i \in \Omega_N \tag{10-34}$$

式中：

$$\boldsymbol{M}_{i2} = 2(\boldsymbol{R}_{ii,k} + \boldsymbol{\Theta}_i^{\mathrm{T}}\boldsymbol{Q}_{i,k}\boldsymbol{\Theta}_i) \in \mathbb{R}^{3N_p \times 3N_p}$$

$$\boldsymbol{M}_{i1} = 2\boldsymbol{\Theta}_i^{\mathrm{T}}\boldsymbol{Q}_{i,k}\left(\boldsymbol{\Lambda}\boldsymbol{x}_k + \sum_{j \in N_i}\boldsymbol{\Theta}_j\boldsymbol{U}_{j,k}\right) \in \mathbb{R}^{3N_p \times 1}$$

为了处理力矩约束引起的耦合，将力矩约束式（10-30）转化为目标约束

$$\min_{\boldsymbol{U}_{i,k}}\left(\sum_{j=1}^{N}(\boldsymbol{I}_{N_p} \otimes \boldsymbol{r}_{bj}^{\times}\boldsymbol{C}_j^b)\boldsymbol{U}_{j,k}\right)^{\mathrm{T}}\left(\sum_{j=1}^{N}(\boldsymbol{I}_{N_p} \otimes \boldsymbol{r}_{bj}^{\times}\boldsymbol{C}_j^b)\boldsymbol{U}_{j,k}\right) \tag{10-35}$$

由于微小卫星仅能优化自身的控制 $\boldsymbol{U}_{i,k}$，将式（10-35）改写为关于优化变量 $\boldsymbol{U}_{i,k}$的二次型形式

$$\min_{\boldsymbol{U}_{i,k}}\begin{bmatrix} 1 \\ \boldsymbol{U}_{i,k} \end{bmatrix}^{\mathrm{T}}\boldsymbol{M}_{i3}\begin{bmatrix} 1 \\ \boldsymbol{U}_{i,k} \end{bmatrix} \tag{10-36}$$

式中：$\boldsymbol{M}_{i3} \in \mathbb{R}^{(3N_p+1)\times(3N_p+1)}$，具体形式为

$$\boldsymbol{M}_{i3} = \left[\sum_{j \in N_i}(\boldsymbol{I}_{N_p} \otimes \boldsymbol{r}_{bj}^{\times}\boldsymbol{C}_j^b)\boldsymbol{U}_{j,k}, \boldsymbol{I}_{N_p} \otimes \boldsymbol{r}_{bi}^{\times}\boldsymbol{C}_i^b\right]^{\mathrm{T}}\left[\sum_{j \in N_i}(\boldsymbol{I}_{N_p} \otimes \boldsymbol{r}_{bj}^{\times}\boldsymbol{C}_j^b)\boldsymbol{U}_{j,k}, \boldsymbol{I}_{N_p} \otimes \boldsymbol{r}_{bi}^{\times}\boldsymbol{C}_i^b\right]$$

结合式（10-34）和式（10-36），各微小卫星的独立优化问题可表示为如下 QP 问题

$$\begin{cases} \min\limits_{\boldsymbol{U}_{i,k}} J_{i,k} = \dfrac{1}{2}\begin{bmatrix} 1 \\ \boldsymbol{U}_{i,k} \end{bmatrix}^{\mathrm{T}}\boldsymbol{H}_{i2}\begin{bmatrix} 1 \\ \boldsymbol{U}_{i,k} \end{bmatrix} + \boldsymbol{H}_{i1}^{\mathrm{T}}\begin{bmatrix} 1 \\ \boldsymbol{U}_{i,k} \end{bmatrix} \\ \text{s. t.} -u_{\max}\boldsymbol{1}_p \otimes \begin{bmatrix} \boldsymbol{1}_3 \\ \boldsymbol{0}_{3(n-1)\times 1} \end{bmatrix} \leqslant \boldsymbol{U}_{i,k} \leqslant u_{\max}\boldsymbol{1}_p \otimes \begin{bmatrix} \boldsymbol{1}_3^{\bar{3}} \\ \boldsymbol{0}_{3(n-1)\times 1} \end{bmatrix} \end{cases} \tag{10-37}$$

式中：

$$\boldsymbol{H}_{i2} = \alpha\boldsymbol{M}_{i3} + \begin{bmatrix} 1 & 0 \\ 0 & \boldsymbol{M}_{i2} \end{bmatrix} \in \mathbb{R}^{(3N_p+1)\times(3N_p+1)}, \boldsymbol{H}_{i1} = \begin{bmatrix} 1 \\ \boldsymbol{M}_{i1} \end{bmatrix} \in \mathbb{R}^{(3N_p+1)\times 1}$$

在每个脉冲作用时刻 $t_k$ 处，微小卫星 $A_i$ 可以基于其他个体的优化序列 $\boldsymbol{U}_{j,k}$求解式（10-37）表示的优化问题，得到控制序列 $\boldsymbol{U}_{i,k}$并只施加第一个控制作用。

然而，在每个脉冲作用时刻 $t_k$ 处，其他个体的控制序列 $\boldsymbol{U}_{j,k}$在初始求解时也是未知的。因此，在 QP 问题求解基础上，还要进行策略调整的迭代和终止条件设计。

将预测时域内每个微小卫星的初始迭代策略设置为 $\boldsymbol{U}_{i,k}^{[0]} = \boldsymbol{0}_{3N_p\times 1}$，并通过通信网络发布给其他微小卫星。那么，在迭代过程中，每个微小卫星基于通信得到的

其他微小卫星的优化控制序列 $\boldsymbol{U}_{m,k}^{[\text{iter}-1]}$，就可以通过求解式（10-37）进行自身策略的调整

$$\boldsymbol{U}_{i,k}^{[\text{iter}]}=f(\boldsymbol{U}_{\hat{i},k}^{[\text{iter}-1]}) \tag{10-38}$$

式中：$\boldsymbol{U}_{\hat{i},k}^{[\text{iter}-1]}$ 指通过通信得到其他微小卫星的最新的控制序列。为了保证微小卫星能得到其他所有其他微小卫星的优化控制序列，微小卫星之间的通信设置为无向连通结构。

为了获得微小卫星的均衡，需要满足以下判断条件

$$E_{J_k}=\max_{i\in N}E_{Ji,k}\leqslant\varepsilon \tag{10-39}$$

式中：$E_{Ji,k}=|J_{i,k}^{\{\text{iter}\}}-J_{i,k}^{\{\text{iter}-1\}}|$ 为微小卫星两次策略调整的局部性能指标函数优化量。然而，迭代求解式（10-38）直到式（10-39）成立要求多个微小卫星进行多轮策略调整，会造成过大的计算负担。因此，在实际计算中，设置最大的策略调整次数 $\text{iter}_{\max}$，当 $\text{iter}>\text{iter}_{\max}$ 或式（10-39）得到满足时，即终止策略调整，各个微小卫星施加控制序列中第一个控制作用来进行组合体的轨道运动控制。值得一提的是，如果部分微小卫星发生故障但剩余微小卫星之间的通信拓扑仍能保证无向连通结构，那么剩余个体的信息交互和控制更新仍然可以正常进行，这说明本节提出的预测博弈控制方法具有容错性。

基于上述分析，可得到在脉冲作用时刻 $t_k$ 处的微小卫星分布式迭代求解控制策略的过程和预测博弈控制算法。从表 10-3 可以看出，每个微小卫星仅在脉冲作用时刻与其他微小卫星通信并迭代计算预测时域内的控制序列，并施加控制序列中的第一个控制作用，从而实现将组装模块转移到期望位置附近。

**表 10-3　预测博弈控制算法**

| 步　骤 | 执行的操作 |
|---|---|
| 1 | 给定 $t_k, \boldsymbol{x}_k, \boldsymbol{U}_{i,k}^{[0]}=\boldsymbol{0}_{3N_p\times1}$ |
| 2 | **While** $\text{iter}\leqslant\text{iter}_{\max}$ or $E_{J_k}>\varepsilon$ |
| 3 | 　　微小卫星 $A_i$ 根据式（10-38）改进控制序列 $\boldsymbol{U}_{i,k}^{[\text{iter}]}$； |
| 4 | 　　$E_{Ji,k}=\max\limits_{i\in N}E_{Ji,k}$； |
| 5 | 　　$\boldsymbol{U}_{i,k}^{[\text{iter}-1]}=\boldsymbol{U}_{i,k}^{[\text{iter}]}$； |
| 6 | 　　$\text{iter}=\text{iter}+1$； |
| 7 | **End While** |
| 13 | Return $\boldsymbol{u}_{i,k}$ |

## 10.4.3　仿真验证

本小节对所设计的脉冲推力约束博弈控制方法进行仿真验证。仿真分为两部

分，在第一部分中将本节所提出的方法与传统集中式方法进行对比，以说明脉冲推力约束博弈控制方法在约束处理、容错性和鲁棒性等方面的优势；在第二部分中对不同的脉冲推力相关参数进行对比，以说明不同的脉冲周期设置对控制效果的影响。

不失一般性，利用 4 个微小卫星进行组装模块的轨道运动控制，微小卫星之间的通信为环形拓扑结构。组合体期望位置的轨道相关参数以及各微小卫星的转换矩阵 $\boldsymbol{C}_i^b$ 与 10.3 节的仿真设置相同。组合体的初始相对位置为 $\boldsymbol{r}=[0,-20,0]^{\mathrm{T}}$，组合体质量为 $m=100\mathrm{kg}$。4 个微小卫星在 $O_b x_b y_b z_b$ 下的坐标分别为 $\boldsymbol{r}_1=[0,-1,1]^{\mathrm{T}}$，$\boldsymbol{r}_2=[0,1,1]^{\mathrm{T}}$，$\boldsymbol{r}_3=[0,-1,-1]^{\mathrm{T}}$ 以及 $\boldsymbol{r}_4=[0,1,-1]^{\mathrm{T}}$。

**1. 控制效果**

本节对所设计的脉冲推力约束博弈控制方法在约束处理上、容错性上和鲁棒性上的效果进行仿真验证。相关参数设置如下：局部性能指标函数的加权矩阵分别为 $\boldsymbol{Q}_1=\boldsymbol{Q}_2=\boldsymbol{Q}_3=\boldsymbol{Q}_4=0.001\boldsymbol{I}_6$、$\boldsymbol{R}_{11}=\boldsymbol{R}_{22}=\boldsymbol{R}_{33}=\boldsymbol{R}_{44}=0.001\boldsymbol{I}_3$；微小卫星的脉冲推力幅值为 $u_{\max}=0.5\mathrm{N}$；采样周期为 $\tau=0.5\mathrm{s}$，脉冲周期的采样次数为 $n=10$，预测时域参数为 $p=20$，即 $N_p=200$；最大更新次数为 $\mathrm{iter}_{\max}=3$。

1）有效性验证

图 10-11 给出了脉冲推力约束博弈控制方法下组合体的相对轨道位置和相对轨道速度的变化曲线。从图 10-11 可以看出，组合体的相对轨道位置在 200s 左右趋于 0，控制精度优于 $1\times10^{-3}\mathrm{m}$，说明本节所提出的预测博弈控制方法可以满足动力学约束。

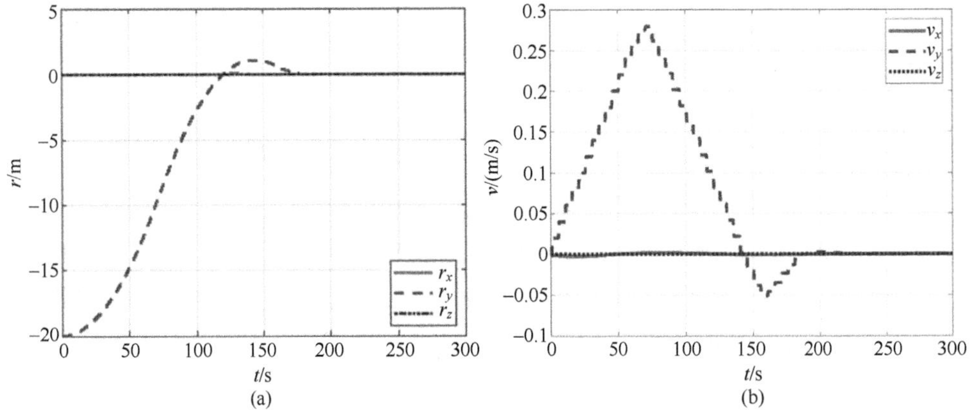


**图 10-11 组合体的相对轨道状态**

（a）相对轨道位置；（b）相对轨道速度。

图 10-12 给出了脉冲推力约束博弈控制方法下各个微小卫星的控制力变化曲线。从图 10-12 可以看出，在多星协同对组装模块进行轨道运动控制过程中，每个微小卫星的控制力是周期性的且在一定幅值范围内，说明力约束条件得到了

满足。图 10-13 是 4 个微小卫星的控制力产生的合力矩变化情况，可以看出合力矩被约束在 $3\times10^{-4}$N·m 以内，该力矩作为姿态控制系统的干扰力矩完全可以被姿态控制的鲁棒性所抑制，说明所提出的预测博弈控制方法可以满足力矩约束条件。

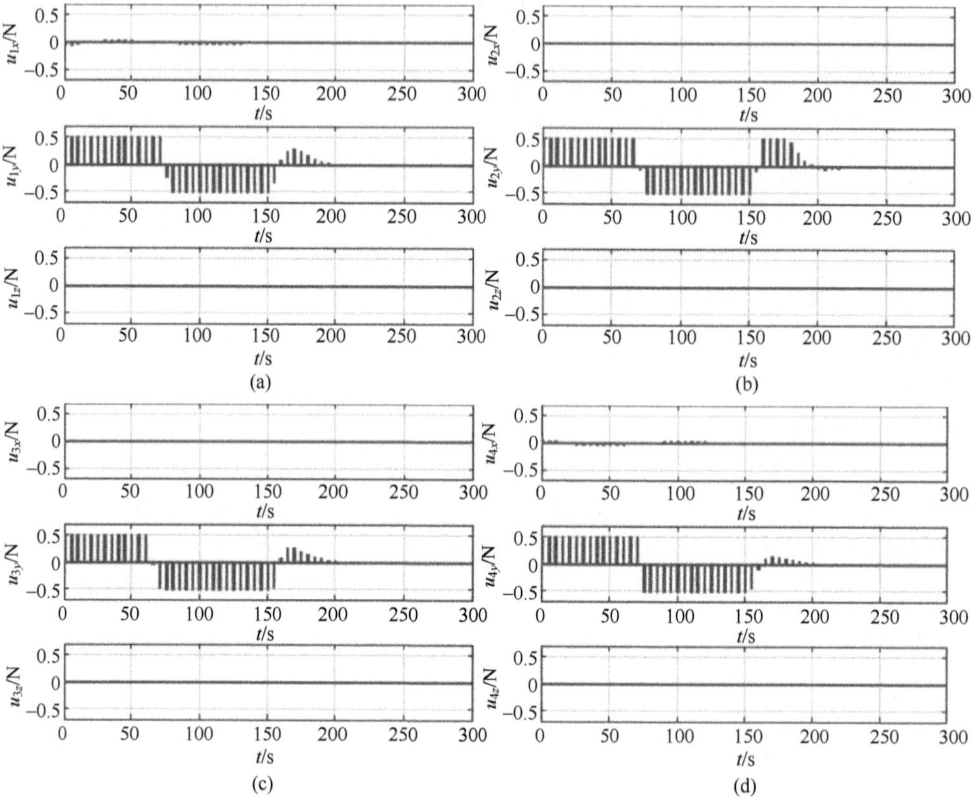


**图 10-12 各个微小卫星控制力**

(a) 微小卫星 1；(b) 微小卫星 2；(c) 微小卫星 3；(d) 微小卫星 4。

此外，本节所提出的预测博弈控制方法仅在脉冲作用时刻进行通信和控制的更新，在 300s 的仿真时长上控制更新次数为 60 次。这说明本节所提出的脉冲推力约束博弈控制方法能够减少执行机构的频繁控制，延长执行机构寿命。

综上，脉冲推力约束博弈控制方法能够以相对少的计算及通信资源在满足约束的情况下实现对期望位置的逐渐趋近。这是因为模型预测框架实现了对约束的处理，脉冲推力形式减少了计算和通信的次数。

2）容错性验证

为验证所提出方法在容错性方面的优势，设置微小卫星 $A_4$ 在仿真的第 50s 发生故障，无法通信和提供控制力。图 10-14 给出了本节所提出方法的控制结果。

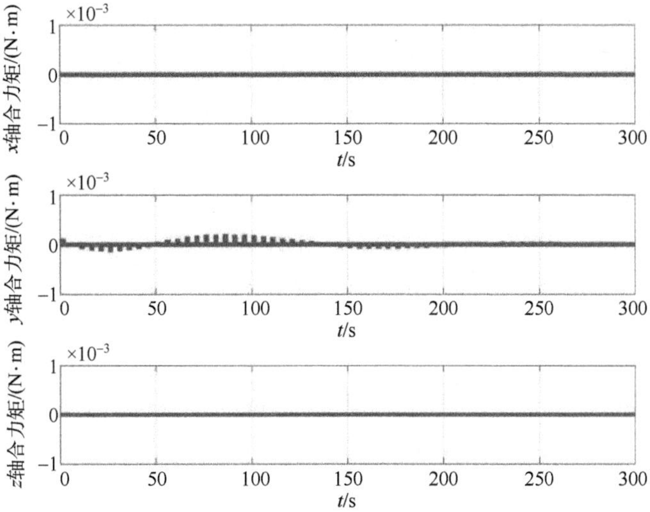


**图 10-13　微小卫星的合力矩**

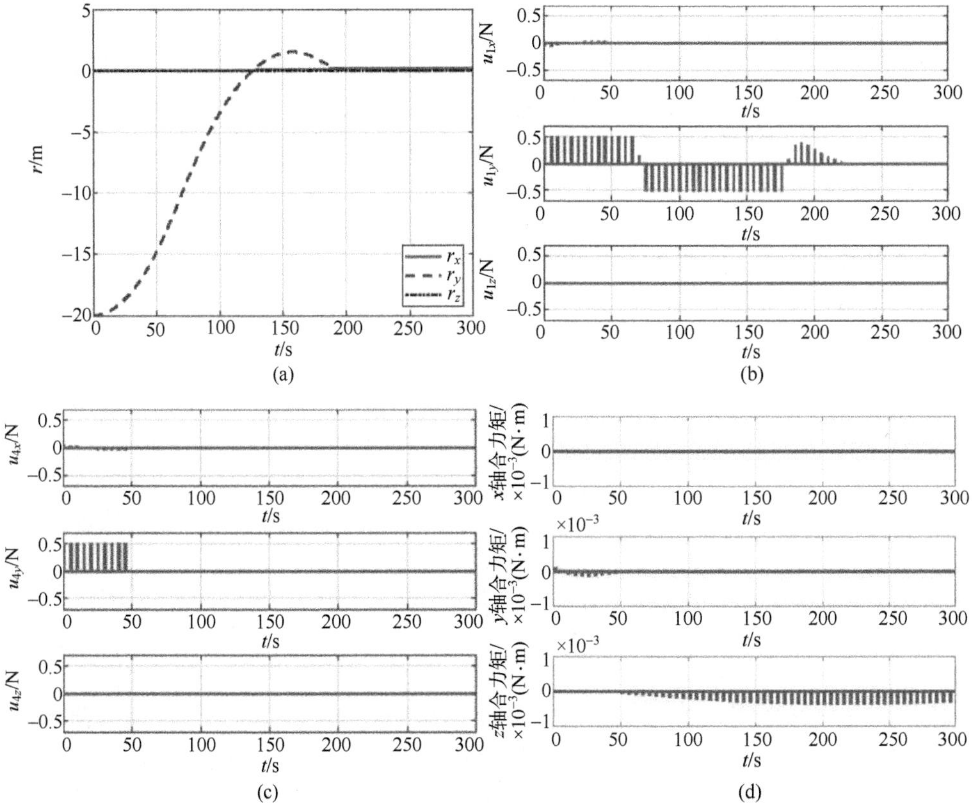


**图 10-14　容错性结果**

(a) 组合体的相对轨道位置；(b) 微小卫星 1 的控制力；(c) 微小卫星 4 的控制力；(d) 各微小卫星的合力矩。

从图 10-14（a）可以看出，在微小卫星 $A_4$ 失效的情况，其他微小卫星仍旧能够控制组合体到达期望位置。图 10-14（b）说明了只要剩余正常个体的通信网络是全连通的，微小卫星仍能够正常进行控制力的更新。从图 10-14（d）可以看出，在微小卫星非对称排布的情况下，合力矩仍能够被约束在 $3\times10^{-4}$以内。

上述结果说明了本节所提出的方法对个体失效具有较好的容错性。这是因为博弈模型避免了中心式解算和控制分配，环形无向连通结构保证了在一个个体失效的情况下其他个体仍旧能够正常通信，分布式优化使得微小卫星获取信息后能够独立计算。

3）鲁棒性验证

为验证所提出的脉冲推力约束博弈控制方法对扰动引起的轨道控制误差的抑制能力，在引入如下的干扰力的同时，以均值为 0、标准差为 $3\times10^{-3}$的白噪声作为位置测量误差，得到的鲁棒性验证仿真结果如图 10-15 所示。

$$\boldsymbol{d}=10^{-4}\times\begin{bmatrix}1+\sin(\omega_0 t)\\2+\sin(\omega_0 t+\pi/3)\\-2.5+\cos(\omega_0 t)\end{bmatrix}\text{N}$$

从图 10-15（a）可以看出，在上述不确定因素存在的条件下，脉冲推力预测博弈控制方法能够使组合体轨道位置逐渐靠近期望位置。从图 10-15（b）可以看出，在不确定存在情况下所提出方法仍能够满足控制约束。

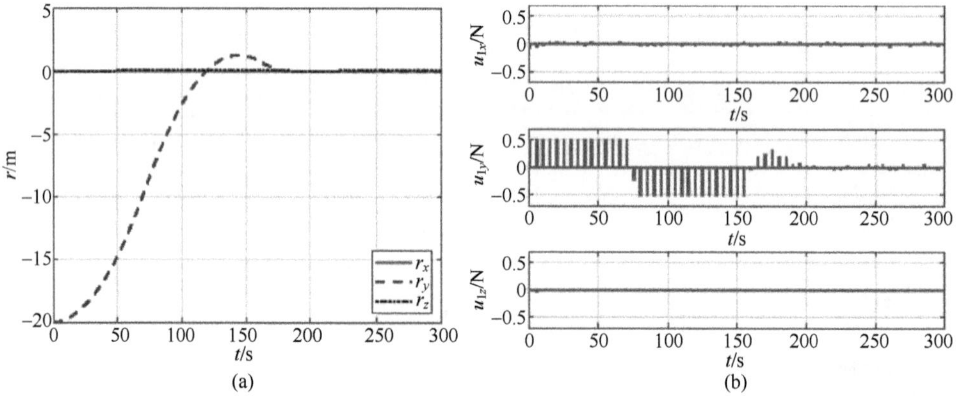


**图 10-15　鲁棒性结果**

（a）组合体的相对轨道位置；（b）微小卫星 1 的控制力。

上述结果说明了本节所提出的方法对不确定性因素不敏感。这是因为预测模型和滚动优化策略使得预测博弈控制算法具有一定的鲁棒性。

**2. 控制性能分析**

为了分析不同脉冲周期对控制效果的影响，取两组不同的脉冲周期来进行仿真。第一组仿真中，取脉冲周期的采样次数为 $n=1$，即连续控制的情况。第二组仿真中，取脉冲周期的采样次数为 $n=20$。其他仿真参数与上一小节相同。

图 10-16 给出了不同脉冲周期下的组合体相对轨道随时间变化过程。结合图 10-11 中 $n=10$ 时的结果可得，在相同采样时长和预测时域步长的情况，脉冲周期越短，超调量就越小，收敛速度就越快。

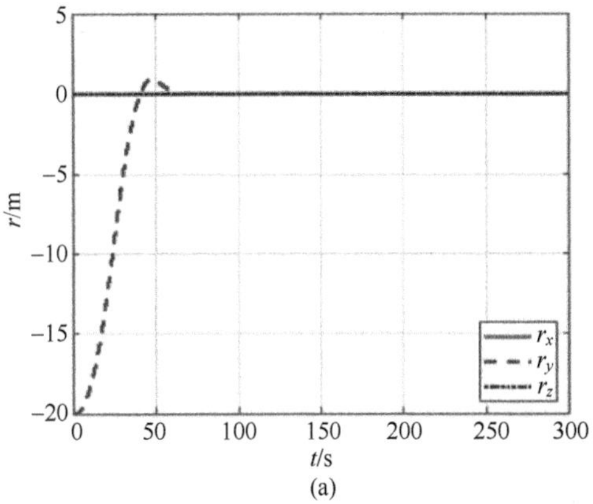

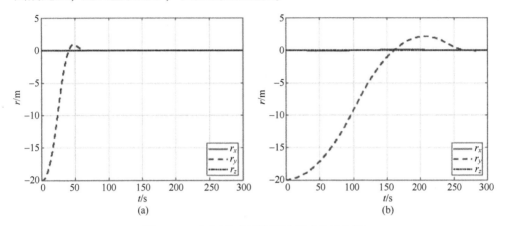

**图 10-16　不同脉冲周期下的相对轨道位置**

（a）$n=1$；（b）$n=20$。

图 10-17 给出了不同脉冲周期下的微小卫星 $A_1$ 控制力随时间变化过程。结合图 10-12 的结果可得，脉冲周期越短，两次脉冲作用之间的间隔越小，收敛速度就越快。特殊地，脉冲周期 $n=1$ 时，脉冲控制变成了连续控制。

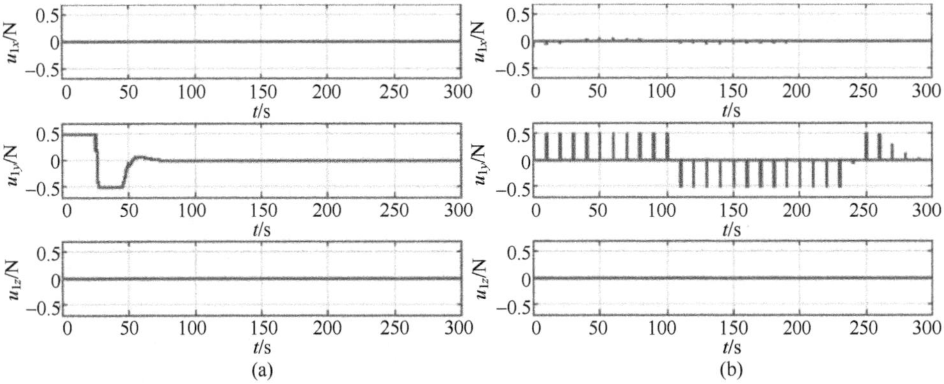


**图 10-17　不同脉冲周期下微小卫星 1 的控制力**

（a）$n=1$；（b）$n=20$。

从表 10-4 可以看出，在相同采样时长和预测时域步长的情况下，脉冲周期的采样次数越小，所消耗的燃料越大，其中，连续推力控制即 $n=1$ 时的燃耗评价值是脉冲推力 $n=20$ 时的 3.6 倍；所需要总通信次数也越多，其中，连续推力所需单个微小卫星总通信次数是脉冲推力时通信次数的 20 倍。在实际应用中，脉冲周期可以通过任务时间窗口、燃耗情况和通信设备情况进行对应的调整。

**表 10-4 不同脉冲周期下的燃料消耗评估及通信次数统计**

| 对比性能 | $n=1$ | $n=10$ | $n=20$ |
|---|---|---|---|
| 总燃料评价值 | 199.7770 | 69.0107 | 55.9185 |
| 总通信次数 | 3600 | 360 | 180 |

## 10.5 组装结构的重构博弈控制

本节针对组装结构的重构稳定问题，为了在保证组装结构稳定性能的同时提高可扩展性，进行了分层博弈控制方法的研究。在上层博弈中，将不同子结构之间的策略交互描述为图博弈，以保证重构控制的可扩展性。其中，利用 10.4 节的方法计算各个子结构所需提供的控制力。在下层博弈中，将一个子结构上的微小卫星之间的策略交互描述为合作博弈，以减少各个微小卫星之间的通信和计算压力。其中，将帕累托最优的求解嵌套到上层博弈的迭代中，通过子结构控制力的分配得到各个微小卫星所需提供的控制力。

### 10.5.1 多星重构控制的分层博弈模型

**1. 组装结构的动力学模型**

在轨组装过程空间结构渐增，原组装结构由于其他模块或子结构的组装而变成了新组装结构。每次有新的子结构组装后，组装结构的姿态和位置会从期望状态发生偏移。因此，本节针对每次质量特性变化后新组装结构的重构控制问题，通过原组装结构上的微小卫星和新组装子结构上的微小卫星进行协同，使得组装结构重新回到期望的状态，以便于下一个模块的组装。

将新组装结构上的每个子结构记为 $i\in\mathcal{M}$，其中，$\mathcal{M}$ 表示组装结构上子结构的集合；将子结构 $i$ 上的第 $j$ 个微小卫星记为 $A_j^i\in\mathcal{N}_i$，其中，$\mathcal{N}_i$ 表示第 $i$ 个子结构上微小卫星的集合。为了实现组装结构的重构控制，需要分别进行组装结构的姿态和轨道控制，使得组装结构回到期望的状态。相较于组装结构的姿态重构控制，组装结构的轨道重构控制约束更多，处理更复杂，因此以组装结构的轨道控制为例进行重构控制器的设计，姿态控制具有类似的设计过程而不再赘述。后续涉及的坐标系除了 10.3.2 节提到得 CWH 坐标系 $O_cx_cy_cz_c$ 和各个微小卫星的体坐标系 $O_{ij}x_{ij}y_{ij}z_{ij},i\in\mathcal{M},j\in\mathcal{N}_i$，还定义了各子结构的体坐标系 $O_{bi}x_{bi}y_{bi}z_{bi},i\in\mathcal{M}$。该坐标系以各子结构的质心为原点，$x_{bi}$、$y_{bi}$ 和 $z_{bi}$ 轴与其上微小卫星 $A_1^i$ 的惯性主轴平行。

质量特性在动力学描述和控制器的设计中起到重要作用，其准确性会影响到动力学模型的精度和控制的精度。因此，在构建动力学模型之前，对组装结构的

质量特性进行重构。影响轨道控制的质量特性包括质量和质心，其重构公式分别为[9]

$$\begin{aligned} m_{agg} &= m_i + \sum_{k \in \mathcal{M}_{\hat{i}}} m_k \\ {}^{i}\boldsymbol{r}_g^{ij} &= \frac{1}{m_{agg}} m_i \, {}^{i}\boldsymbol{r}_i^{ij} + \frac{1}{m_{agg}} \sum_{k \in \mathcal{M}_{\hat{i}}} m_k \, {}^{i}\boldsymbol{r}_k^{ij} \end{aligned} \tag{10-40}$$

式中：$m_k$ 为第 $k$ 个子结构的质量；$m_{agg}$ 为组装结构重构后的总质量；$\mathcal{M}_{\hat{i}}$ 为除了子结构 $i$ 之外的其他子结构；${}^{i}\boldsymbol{r}_g^{ij}$ 为坐标系 $O_{bi}x_{bi}y_{bi}z_{bi}$ 下从组装结构的质心指向微小卫星 $A_j^i$ 质心的矢量；${}^{i}\boldsymbol{r}_k^{ij}$ 为坐标系 $O_{bi}x_{bi}y_{bi}z_{bi}$ 下从子结构 $k$ 的质心指向微小卫星 $A_j^i$ 质心的矢量。

基于式（10-40）描述的组装结构质量特性，对组装结构的轨道运动方程进行重构。为了在准确描述组装结构轨道运动的同时保留各子结构的自主性以便于后续分层博弈控制器设计，将相对运动模型建立为互联系统的形式。对于组装结构内的每个子结构，其相对轨道运动方程表示为

$$\begin{aligned} \dot{\boldsymbol{x}}_i &= \boldsymbol{A}_i \boldsymbol{x}_i + \sum_{j \in \mathcal{N}_i} \boldsymbol{B}_{ij} \boldsymbol{u}_{ij} + \sum_{k \in \mathcal{M}_{\hat{i}}} \boldsymbol{B}_k \boldsymbol{\tau}_k \\ &= \boldsymbol{A}_i \boldsymbol{x}_i + \boldsymbol{B}_i \boldsymbol{\tau}_i + \sum_{k \in \mathcal{M}_{\hat{i}}} \boldsymbol{B}_k \boldsymbol{\tau}_k, \quad i \in \mathcal{M} \end{aligned} \tag{10-41}$$

式中：$\boldsymbol{x}_i = [\boldsymbol{r}_i^{\mathrm{T}}, \dot{\boldsymbol{r}}_i^{\mathrm{T}}]^{\mathrm{T}} \in \mathbb{R}^{6\times1}$ 为子结构 $i$ 测量得到的轨道状态矢量，$\boldsymbol{r}_i = [x, y, z]^{\mathrm{T}}$ 表示相对轨道位置，$\dot{\boldsymbol{r}}_i = [\dot{x}, \dot{y}, \dot{z}]^{\mathrm{T}}$ 表示子结构 $i$ 的相对轨道速度。状态矩阵具体形式为

$$\boldsymbol{A}_i = \begin{bmatrix} \boldsymbol{0}_{3\times3} & \boldsymbol{I}_3 \\ \boldsymbol{A}_{21} & \boldsymbol{A}_{22} \end{bmatrix} \in \mathbb{R}^{6\times6}, \quad \boldsymbol{A}_{21} = \begin{bmatrix} 3n_0^2 & 0 & 0 \\ 0 & 0 & 0 \\ 0 & 0 & -n_0^2 \end{bmatrix}, \quad \boldsymbol{A}_{22} = \begin{bmatrix} 0 & 2n_0 & 0 \\ -2n_0 & 0 & 0 \\ 0 & 0 & 0 \end{bmatrix}$$

$\boldsymbol{u}_{ij}$ 表示微小卫星 $A_j^i$ 在其本体坐标系 $O_{ij}x_{ij}y_{ij}z_{ij}$ 下的控制力。考虑到质量特性的重构，控制矩阵中所使用的质量信息并非子结构的质量信息 $m_i$，而是重构的质量信息 $m_{agg}$。因此，对应于微小卫星 $A_j^i$ 的控制矩阵为

$$\boldsymbol{B}_{ij} = \begin{bmatrix} \boldsymbol{0}_{3\times3} \\ \dfrac{1}{m_{agg}} \boldsymbol{C}_{bi}^{c} \boldsymbol{C}_{ij}^{bi} \end{bmatrix} \in \mathbb{R}^{6\times3}$$

式中：$\boldsymbol{C}_{ij}^{bi}$ 为从坐标系 $O_{ij}x_{ij}y_{ij}z_{ij}$ 到坐标系 $O_{bi}x_{bi}y_{bi}z_{bi}$ 的转换矩阵；$\boldsymbol{C}_{bi}^{c}$ 为从 $O_{bi}x_{bi}y_{bi}z_{bi}$ 到 $O_c x_c y_c z_c$ 的转换矩阵。

$\boldsymbol{\tau}_i$ 为坐标系 $O_c x_c y_c z_c$ 下子结构 $i$ 中所有微小卫星产生的合力，存在如下关系：

$$\boldsymbol{\tau}_i = \sum_{j \in \mathcal{N}_i} \boldsymbol{C}_{bi}^{c} \boldsymbol{C}_{ij}^{bi} \boldsymbol{u}_{ij} \tag{10-42}$$

对应于子结构 $i$ 的控制矩阵为

$$\boldsymbol{B}_i=\begin{bmatrix}\boldsymbol{0}_{3\times3}\\ \dfrac{1}{m_{agg}}\boldsymbol{I}_3\end{bmatrix}\in\mathbb{R}^{6\times3}$$

此外，式（10-41）中还存在其他子结构的控制项。

通过将式（10-41）与上一节组装模块的相对轨道运动模型进行对比，可以看出其差异主要体现在如下几点：第一，子结构动力学建模使用的质量特性不同；第二，子结构的状态不仅受到其上微小卫星影响，还受到其他子结构控制的影响。而互联系统的建模形式能够让子结构通过与其他子结构的通信进行动力学的重构，从而提高了系统的灵活性。

**2. 组装结构重构控制的分层博弈模型**

对于每个子结构 $i$，将其上 $\mathcal{N}_i$ 个微小卫星视为博弈参与者，各微小卫星的控制目标是以尽可能小的能量消耗实现子结构对期望位置 $\boldsymbol{x}_{id}$ 的接近。基于该目标，子结构 $i$ 上每个微小卫星 $A_j^i$ 的局部性能指标函数可写为如下二次型形式

$$J_{ij}=\int_{t_0}^{t_f}\Big(\big((\boldsymbol{x}_i-\boldsymbol{x}_{id})^{\mathrm{T}}\boldsymbol{Q}_i(\boldsymbol{x}_i-\boldsymbol{x}_{id})+\sum_{j\in\mathcal{N}_i}\boldsymbol{u}_{ij}^{\mathrm{T}}\boldsymbol{R}_{ij}\boldsymbol{u}_{ij}+\sum_{k\in\mathcal{M}_{\hat{i}}}\sum_{j\in\mathcal{N}_k}\boldsymbol{u}_{kj}^{\mathrm{T}}\boldsymbol{R}_{ikj}\boldsymbol{u}_{kj}\Big)\mathrm{d}t \tag{10-43}$$

式中：$\boldsymbol{Q}_i\in\mathbb{R}^{6\times6}$、$\boldsymbol{R}_{ij}\in\mathbb{R}^{3\times3}$ 和 $\boldsymbol{R}_{ikj}\in\mathbb{R}^{3\times3}$ 均为对称正定加权矩阵。局部性能指标函数第一项表示对期望位置接近误差的惩罚，第二项表示从微小卫星 $A_j^i$ 的角度对子结构上各微小卫星的能量消耗的惩罚。此外，由于子结构的状态不仅受到其他微小卫星的影响，还受到其他子结构上微小卫星的影响，因此局部性能指标函数中加入了第三项，表示从微小卫星 $A_j^i$ 的角度对其他子结构能量消耗的惩罚。值得注意的是，不同子结构之间的相对位置不变，因此每个子结构的控制目标是基本一致的。

子结构在组装到原组装结构上之前，仅存在子结构内部 $\mathcal{N}_i$ 个微小卫星的通信。在子结构组装后，为了在不改变各子结构内部通信网络的情况下实现子结构间的信息交换，可以仅增加了子结构 $i$ 的某一个微小卫星与其他子结构上的某一个微小卫星之间的通信链路，将子结构 $i$ 中与其他子结构进行通信的微小卫星称为参考卫星。基于这样的思路，各子结构的通信网络以如下无向图来描述

$$\mathcal{G}_i=(\mathcal{N}_i,\varepsilon_i,\varepsilon_{ik}),\quad i\in\mathcal{M},k\in\mathcal{M}_{\hat{i}} \tag{10-44}$$

式中：$\varepsilon_i\in\mathcal{N}_i\times\mathcal{N}_i$ 为子结构 $i$ 内部各微小卫星的通信链路的边集，其中任一元素 $e_{jl}^i=(A_j^i,A_l^i)\in\varepsilon_i$ 表示 $A_j^i$ 和 $A_l^i$ 之间存在直接的通信连接，且满足 $e_{jl}^i\Leftrightarrow e_{lj}^i$。$\varepsilon_{ik}$ 为子结构 $i$ 与其他子结构 $k$ 之间的通信链路的边集，其中任一元素 $e_{ab}^{ik}=(A_a^i,A_b^k)\in\varepsilon_{ik}$ 表示以微小卫星 $A_a^i$ 和微小卫星 $A_b^k$ 为各自子结构的参考卫星来实现子结构 $i$ 与子结构 $k\in\mathcal{M}_{\hat{i}}$ 之间能够直接的信息交互，且满足 $e_{ab}^{ik}\Leftrightarrow e_{ba}^{ki}$。

轨道重构控制中需要满足的约束与上一节类似，包括由于姿轨耦合影响带来

的控制力矩约束和由于执行机构配置和脉冲推力带来的控制力约束。对于力矩约束，要求组装结构上所有子结构内的微小卫星产生的合力矩为 0

$$\sum_{j\in\mathcal{N}_i} {}^{i}\boldsymbol{r}_g^{ij\times}\boldsymbol{C}_{ij}^{bi}\boldsymbol{u}_{ij} = -\sum_{k\in\mathcal{M}_{\hat{i}}} {}^{i}\boldsymbol{L}_k \tag{10-45}$$

式中：${}^{i}\boldsymbol{L}_k$ 为坐标系 $O_{bi}x_{bi}y_{bi}z_{bi}$ 下子结构 $k$ 的微小卫星产生的合力矩，可由下式计算

$$ {}^{i}\boldsymbol{L}_k = \boldsymbol{C}_{bk}^{bi}\sum_{j\in\mathcal{N}_k} {}^{k}\boldsymbol{r}_g^{kj\times}\boldsymbol{C}_{kj}^{bk}\boldsymbol{u}_{kj} \tag{10-46}$$

对控制力约束，一方面微小卫星无法在$+z_{ij}$方向产生力，另一方面脉冲推力形式以 $\Delta t$ 为脉冲作用时长、以 $u_{\max}$ 为脉冲作用最大幅值、以 $T=n\Delta t$ 为脉冲周期，因此，第 $w$ 个脉冲周期的力约束为

$$\begin{aligned} &-u_{\max}\mathbf{1}_3 \leqslant \boldsymbol{u}_{ij}(t) \leqslant u_{\max}\mathbf{1}_3^{\bar{3}},\ \forall t\in[t_{wn},t_{wn+1}) \\ &\boldsymbol{u}_{ij}(t)=\mathbf{0}_{3\times1},\ \forall t\in[t_{wn+1},t_{(w+1)n}) \end{aligned} \tag{10-47}$$

对于由式（10-41）描述的系统，重构控制器的设计目标是各微小卫星基于 $\mathcal{G}_i$ 的信息交互，在满足控制约束式（10-45）和式（10-47）的条件下，通过对局部性能指标函数的独立优化实现各个微小卫星控制策略 $\boldsymbol{u}_{ij}$ 的协调，从而满足组装结构稳定的控制要求。为了兼顾组装结构上各子结构之间的策略交互和各微小卫星之间的策略交互，本节利用分层博弈框架来进行建模。图 10-18 为分层博弈框架的示意图。

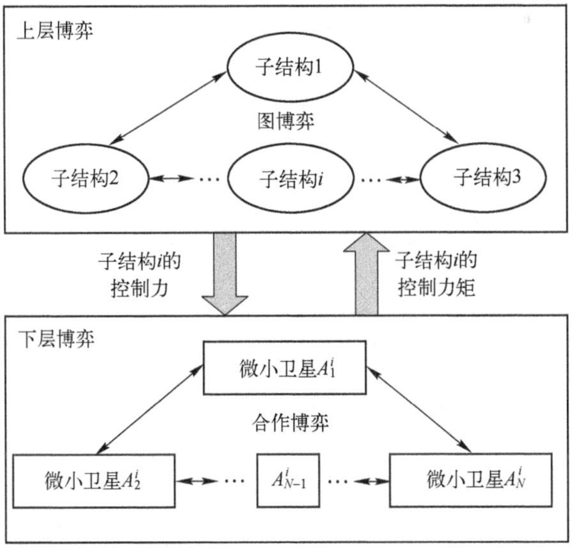


**图 10-18　分层博弈框架**

上层博弈表示组装结构内各子结构之间的交互。各个子结构通过参考卫星进行通信，以图博弈的方式进行协同，得到各子结构所需提供的控制力 $\boldsymbol{\tau}_i$，使得整

个组装结构能够达到期望的状态。下层博弈表示子结构内部的微小卫星之间的交互。各个微小卫星以合作博弈的方式进行相互协调，计算各自的控制力 $\boldsymbol{u}_{ij}$，使得上层优化得到的控制力能够得到完全分配。上层博弈和下层博弈是相互融合的，具体体现在上下层博弈的约束条件上。第一，下层每个微小卫星的控制力约束会使得上层子结构所能提供的控制力也存在约束范围；第二，上层子结构优化得到的控制力会使得下层微小卫星之间存在分配约束；第三，控制力矩约束在上层博弈中协商，在下层博弈中满足。

## 10.5.2 多星协同分层控制器设计

本小节通过子结构间博弈和子结构内部微小卫星间博弈的分离建模和约束耦合，进行多星协同分层博弈控制器设计。对于上层博弈，面向组装结构重构控制问题，进行子结构之间的图博弈建模和问题转化。对于下层博弈，面向子结构控制力的分配问题，进行子结构内微小卫星的合作博弈建模和问题转化。最后，设计基于迭代思想的分层博弈控制算法来求解分层博弈的均衡解，给出每个微小卫星所需提供的控制力。

**1. 上层图博弈**

给定组装结构的期望状态，上层博弈的目的是各个子结构通过各自局部性能指标函数的优化得到各自的最优控制策略，使组装结构达到期望位置。结合图博弈的定义[10]，将子结构之间的协调建模为图博弈。

(1) 参与者：组装结构上的所有子结构 $i \in \mathcal{M}$ 被视为图博弈的参与者，各参与者之间通过通信拓扑进行信息交互。每个子结构受到由式（10-41）表示的系统驱动，各子结构的系统模型是耦合的。

(2) 策略集：每个子结构决定所需提供的控制力 $\boldsymbol{\tau}_i$，从而优化该子结构的局部性能指标函数。由于每个微小卫星存在控制力约束，为了实现下层控制策略的有效分配，每个子结构的策略集需要满足如下控制约束

$$\begin{aligned} &\boldsymbol{\tau}_{\min} \leqslant \boldsymbol{\tau}_i(t) \leqslant \boldsymbol{\tau}_{\max}, \quad \forall t \in [t_{wn}, t_{wn+1}) \\ &\boldsymbol{\tau}_i(t) = \boldsymbol{0}_{3\times1}, \quad \forall t \in [t_{wn+1}, t_{(w+1)n}) \end{aligned} \tag{10-48}$$

式中：$\boldsymbol{\tau}_{\min}$ 和 $\boldsymbol{\tau}_{\max}$ 能够通过式（10-42）和式（10-47）计算得到。

(3) 局部性能指标函数：每个子结构的局部性能指标函数具有如下形式

$$\begin{aligned} J_i = \int_{t_0}^{t_f} \Big( &(\boldsymbol{x}_i - \boldsymbol{x}_{id})^{\mathrm{T}} \boldsymbol{Q}_i (\boldsymbol{x}_i - \boldsymbol{x}_{id}) + \boldsymbol{\tau}_i^{\mathrm{T}} \boldsymbol{R}_i \boldsymbol{\tau}_i + \\ &\sum_{k \in \mathcal{M}_{\hat{i}}} \boldsymbol{\tau}_k^{\mathrm{T}} \boldsymbol{R}_{ik} \boldsymbol{\tau}_k \Big) \mathrm{d}t \end{aligned} \tag{10-49}$$

式中：$\boldsymbol{R}_i$ 满足 $\boldsymbol{\tau}_i^{\mathrm{T}} \boldsymbol{R}_i \boldsymbol{\tau}_i = \sum_{j \in \mathcal{N}_i} \boldsymbol{u}_{ij}^{\mathrm{T}} \boldsymbol{R}_{ij} \boldsymbol{u}_{ij}$。

根据微小卫星的局部性能指标函数，各子结构在策略集的范围内优化其博弈策略，直到所有子结构的性能指标函数都达到最优，即对于任意的子结构 $i \in \mathcal{M}$

都满足下式

$$J_i^* = J_i(\boldsymbol{\tau}_i^*, \boldsymbol{\tau}_{\hat{i}}^*) \leqslant J_i(\boldsymbol{\tau}_i, \boldsymbol{\tau}_{\hat{i}}^*) \tag{10-50}$$

对应的最优博弈策略 $\{\boldsymbol{\tau}_i, \boldsymbol{\tau}_{\hat{i}}^*\}$ 称为图博弈的 Nash 均衡策略。

综上，上层图博弈问题可描述为

$$\min_{\tau_i} J_i = \int_{t_0}^{t_f} \left( (\boldsymbol{x}_i - \boldsymbol{x}_{id})^{\mathrm{T}} \boldsymbol{Q}_i (\boldsymbol{x}_i - \boldsymbol{x}_{id}) + \boldsymbol{\tau}_i^{\mathrm{T}} \boldsymbol{R}_i \boldsymbol{\tau}_i + \sum_{k \in \mathcal{M}_{\hat{i}}} \boldsymbol{\tau}_k^{\mathrm{T}} \boldsymbol{R}_{ik} \boldsymbol{\tau}_k \right) \mathrm{d}t, \quad i \in \mathcal{M}$$

$$\text{s. t.} \begin{cases} \dot{\boldsymbol{x}}_i = \boldsymbol{A}_i \boldsymbol{x}_i + \boldsymbol{B}_i \boldsymbol{\tau}_i + \sum\limits_{k \in \mathcal{M}_{\hat{i}}} \boldsymbol{B}_i \boldsymbol{\tau}_k \\ \boldsymbol{\tau}_{\min} \leqslant \boldsymbol{\tau}_i(t) \leqslant \boldsymbol{\tau}_{\max}\ \forall t \in [t_{wn}, t_{wn+1}) \\ \boldsymbol{\tau}_i(t) = \boldsymbol{0}_{3\times 1}, \forall t \in [t_{wn+1}, t_{(w+1)n}) \\ \boldsymbol{x}_i(t_0) = \boldsymbol{x}_{i0} \end{cases} \tag{10-51}$$

在每个脉冲作用时刻 $t_c$，各子结构期望通过独立求解上述问题，得到 Nash 均衡策略。

由于组装结构是构型渐增的，因此组装结构上子结构的数量会逐渐增加，要求各子结构以分布式的方式得到上层博弈的均衡策略。考虑到控制约束的存在，延用上一节的思路，以模型预测控制为框架进行上层约束博弈问题的转化和解耦。

将任务的开始和结束时间分别定义为 $t_0$ 和 $t_f$，该任务时长包含 $N_f$ 个采样周期，$[t_0, t_1, \cdots, t_l, \cdots, t_f]$ 且 $t_f = t_{N_f}$。由于脉冲推力形式的周期性，各个子结构仅在脉冲作用时刻 $t_c \in \{t_0, t_n, \cdots, t_{wn}, \cdots\}$ 而不是每个采样时刻 $t_l$，进行所需提供控制力的计算。因此，预测时域和控制时域的时长都被设置为脉冲周期的 $p$ 倍，即 $N_p = p \times n$。

对于每个子结构的动力学模型，在每个采样时刻 $t_l$ 将其离散化为

$$\boldsymbol{x}_{i,l+1} = \hat{\boldsymbol{A}}_{i,l} \boldsymbol{x}_{i,l} + \hat{\boldsymbol{B}}_{i,l} \boldsymbol{\tau}_{i,l} + \sum_{k \in \mathcal{M}_{\hat{i}}} \hat{\boldsymbol{B}}_{k,l} \boldsymbol{\tau}_{k,l}, \quad i \in \mathcal{M} \tag{10-52}$$

式中：$\boldsymbol{x}_{i,l} = \boldsymbol{x}_i(t_l)$，$\boldsymbol{\tau}_{i,l} = \boldsymbol{\tau}_i(t_l)$，$\boldsymbol{\tau}_{k,l} = \boldsymbol{\tau}_k(t_l)$；系数矩阵分别为 $\hat{\boldsymbol{A}}_{i,l} = e^{\boldsymbol{A}_i \Delta t} \in \mathbb{R}^{6\times 6}$ 和 $\hat{\boldsymbol{B}}_{i,l} = \int_0^{\Delta t} e^{\boldsymbol{A}_i \Delta t} \boldsymbol{B}_i \mathrm{d}t \in \mathbb{R}^{6\times 3}$。

定义时刻 $t_l$ 的误差状态为 $\boldsymbol{x}_{ie,l+1} = \boldsymbol{x}_{i,l+1} - \boldsymbol{x}_{id}$，那么离散的误差动力学模型为

$$\boldsymbol{x}_{ie,l+1} = \hat{\boldsymbol{A}}_{i,l} \boldsymbol{x}_{i,l} + \hat{\boldsymbol{B}}_{i,l} \boldsymbol{\tau}_{i,l} + \sum_{k \in \mathcal{M}_{\hat{i}}} \hat{\boldsymbol{B}}_k \boldsymbol{\tau}_{k,l} - \boldsymbol{x}_{id}, \quad i \in \mathcal{M} \tag{10-53}$$

为了得到预测时域 $[t_c, t_{c+N_p-1}]$ 的动力学模型，定义如下矢量

$$\boldsymbol{X}_{ie,c} = [\boldsymbol{x}_{ie,c+1}^{\mathrm{T}}, \boldsymbol{x}_{ie,c+2}^{\mathrm{T}}, \cdots, \boldsymbol{x}_{ie,c+N_p}^{\mathrm{T}}]^{\mathrm{T}} \in \mathbb{R}^{6N_p \times 1}$$

$$\boldsymbol{X}_{id} = \boldsymbol{I}_{N_p} \otimes \boldsymbol{x}_{id}$$

$$\boldsymbol{T}_{i,c} = [\boldsymbol{\tau}_{i,c}^{\mathrm{T}}, \boldsymbol{\tau}_{i,c+1}^{\mathrm{T}}, \cdots, \boldsymbol{\tau}_{i,c+N_p-1}^{\mathrm{T}}]^{\mathrm{T}} \in \mathbb{R}^{3N_p \times 1}$$

$$\boldsymbol{T}_{k,c} = [\boldsymbol{\tau}_{k,c}^{\mathrm{T}}, \boldsymbol{\tau}_{k,c+1}^{\mathrm{T}}, \cdots, \boldsymbol{\tau}_{k,c+N_p-1}^{\mathrm{T}}]^{\mathrm{T}} \in \mathbb{R}^{3N_p \times 1}$$

那么预测时域的误差动力学模型可表示为

$$\boldsymbol{X}_{ie,c} = \boldsymbol{\Lambda}_i \boldsymbol{x}_{i,c} + \boldsymbol{\Xi}_i \boldsymbol{T}_{i,c} + \sum_{k \in \mathcal{M}_{\hat{i}}} \boldsymbol{\Xi}_k \boldsymbol{T}_{k,c} - \boldsymbol{X}_{id}, \quad i \in \mathcal{M} \tag{10-54}$$

式中：$\boldsymbol{x}_{i,c}$为脉冲作用时刻 $t_c$ 的采样状态。此外，系数矩阵分别为

$$\boldsymbol{\Lambda}_i = [\hat{\boldsymbol{A}}_{i,c}^{\mathrm{T}} \quad (\hat{\boldsymbol{A}}_{i,c}^{2})^{\mathrm{T}} \quad \cdots \quad (\hat{\boldsymbol{A}}_{i,c}^{N_p})^{\mathrm{T}}]^{\mathrm{T}} \in \mathbb{R}^{6N_p \times 6}$$

$$\boldsymbol{\Xi}_i = \begin{bmatrix} \hat{\boldsymbol{B}}_{i,c} & 0 & 0 & 0 \\ \hat{\boldsymbol{A}}_{i,c}\hat{\boldsymbol{B}}_{i,c} & \hat{\boldsymbol{B}}_{i,c} & 0 & 0 \\ \vdots & \vdots & \ddots & 0 \\ \hat{\boldsymbol{A}}_{i,c}^{N_p-1}\hat{\boldsymbol{B}}_{i,c} & \hat{\boldsymbol{A}}_{i,c}^{N_p-2}\hat{\boldsymbol{B}}_{i,c} & \cdots & \hat{\boldsymbol{B}}_{i,c} \end{bmatrix} \in \mathbb{R}^{6N_p \times 3N_p}$$

对于子结构的局部性能指标函数（10-49），在 $t_c$ 处将其离散化为

$$J_{i,c} = \sum_{g=c}^{c+N_p-1} \Big( \boldsymbol{x}_{ie,g+1}{}^{\mathrm{T}} \boldsymbol{Q}_i \boldsymbol{x}_{ie,g+1} + \boldsymbol{\tau}_{i,g}{}^{\mathrm{T}} \boldsymbol{R}_i \boldsymbol{\tau}_{i,g} + \sum_{k \in \mathcal{M}_{\hat{i}}} \boldsymbol{\tau}_{k,g}^{\mathrm{T}} \boldsymbol{R}_{ik} \boldsymbol{\tau}_{k,g} \Big), \quad i \in \mathcal{M} \tag{10-55}$$

因此，预测时域内子结构的局部性能指标函数可写作

$$J_{i,c} = \boldsymbol{X}_{ie,c}^{\mathrm{T}} \boldsymbol{Q}_{i,c} \boldsymbol{X}_{ie,c} + \boldsymbol{T}_{i,k}^{\mathrm{T}} \boldsymbol{R}_{i,c} \boldsymbol{T}_{i,c} + \sum_{k \in \mathcal{M}_{\hat{i}}} \boldsymbol{T}_{k,c}^{\mathrm{T}} \boldsymbol{R}_{ik,c} \boldsymbol{T}_{k,c}, \quad i \in \mathcal{M} \tag{10-56}$$

式中：$\boldsymbol{Q}_{i,c} = \boldsymbol{I}_{N_p} \otimes \boldsymbol{Q}_i$，$\boldsymbol{R}_{i,c} = \boldsymbol{I}_{N_p} \otimes \boldsymbol{R}_i$ 和 $\boldsymbol{R}_{ik,c} = \boldsymbol{I}_{N_p} \otimes \boldsymbol{R}_{ik}$。

对于子结构的控制约束（10-48），将其在预测时域内表示为

$$\boldsymbol{1}_p \otimes \begin{bmatrix} \boldsymbol{\tau}_{\min} \\ \boldsymbol{0}_{3(n-1)\times 1} \end{bmatrix} \leqslant \boldsymbol{T}_{i,c} \leqslant \boldsymbol{1}_p \otimes \begin{bmatrix} \boldsymbol{\tau}_{\max} \\ \boldsymbol{0}_{3(n-1)\times 1} \end{bmatrix}, \quad i \in \mathcal{M} \tag{10-57}$$

结合式（10-54）、式（10-56）和式（10-57），上层图博弈被转化为如下的预测时域内的约束优化模型

$$\min_{\boldsymbol{T}_{i,c}} J_{i,c} = \boldsymbol{X}_{ie,c}^{\mathrm{T}} \boldsymbol{Q}_{i,c} \boldsymbol{X}_{i,c} + \boldsymbol{T}_{i,c}^{\mathrm{T}} \boldsymbol{R}_{i,c} \boldsymbol{T}_{i,c} + \sum_{k \in \mathcal{M}_{\hat{i}}} \boldsymbol{T}_{k,c}^{\mathrm{T}} \boldsymbol{R}_{k,c} \boldsymbol{T}_{k,c}, \quad i \in \mathcal{M}$$

$$\text{s.t.} \begin{cases} \boldsymbol{X}_{ie,c} = \boldsymbol{\Lambda}_i \boldsymbol{x}_{i,c} + \boldsymbol{\Xi}_{i,c} \boldsymbol{T}_{i,c} + \sum_{k \in \mathcal{M}_{\hat{i}}} \boldsymbol{\Xi}_{k,c} \boldsymbol{T}_{k,c} - \boldsymbol{X}_{id} \\ \boldsymbol{1}_p \otimes \begin{bmatrix} \boldsymbol{\tau}_{\min} \\ \boldsymbol{0}_{3(n-1)\times 1} \end{bmatrix} \leqslant \boldsymbol{T}_{i,c} \leqslant \boldsymbol{1}_p \otimes \begin{bmatrix} \boldsymbol{\tau}_{\max} \\ \boldsymbol{0}_{3(n-1)\times 1} \end{bmatrix} \end{cases} \tag{10-58}$$

每个子结构利用脉冲作用时刻 $t_c$ 的测量状态 $\boldsymbol{x}_{i,c}$，在预测时域内进行上述问题的求解，从而优化得到每个子结构的最优控制序列 $\boldsymbol{T}_{i,c}$，并将前 $3n$ 项传递到下层博弈中。

然而，由于上述优化问题的耦合性，每个子结构无法独立求解。为了对上述问题解耦，将式（10-54）代入式（10-56），可以得到子结构的局部性能指标函数为

$$
\begin{aligned}
J_{i,c} = & \left(\boldsymbol{x}_{i,c}^{\mathrm{T}}\boldsymbol{\Lambda}_i^{\mathrm{T}} + \sum_{k\in\mathcal{M}_{\hat{i}}}\boldsymbol{T}_{k,c}^{\mathrm{T}}\boldsymbol{\Xi}_{k,c}^{\mathrm{T}} - \boldsymbol{X}_{id}^{\mathrm{T}}\right)\boldsymbol{Q}_{i,c}\left(\boldsymbol{\Lambda}_i\boldsymbol{x}_{i,c} + \sum_{k\in M_{\hat{i}}}\boldsymbol{\Xi}_k\boldsymbol{T}_{k,c} - \boldsymbol{X}_{id}\right) + \\
& 2\left(\boldsymbol{x}_{i,c}^{\mathrm{T}}\boldsymbol{\Lambda}_i^{\mathrm{T}} + \sum_{k\in\mathcal{M}_{\hat{i}}}\boldsymbol{T}_{k,c}^{\mathrm{T}}\boldsymbol{\Xi}_k^{\mathrm{T}} - \boldsymbol{X}_{id}^{\mathrm{T}}\right)\boldsymbol{Q}_{i,c}\boldsymbol{\Xi}_i\boldsymbol{T}_{i,c} + \\
& \boldsymbol{T}_{i,c}^{\mathrm{T}}(\boldsymbol{R}_{i,c} + \boldsymbol{\Xi}_{i,c}^{\mathrm{T}}\boldsymbol{Q}_{i,c}\boldsymbol{\Xi}_i)\boldsymbol{T}_{i,c} + \\
& \sum_{k\in\mathcal{M}_{\hat{i}}}\boldsymbol{T}_{k,c}^{\mathrm{T}}\boldsymbol{R}_{ik,c}\boldsymbol{T}_{k,c}, \quad i\in\mathcal{M}
\end{aligned} \tag{10-59}
$$

由于子结构仅能通过局部性能指标函数的优化提升自己的策略 $\boldsymbol{T}_{i,c}$，考虑到个体目标和全局目标的一致性，因此，舍去式（10-59）中不包含 $\boldsymbol{T}_{i,c}$的项可得

$$
\begin{aligned}
J_{i,c} = & 2\left(\boldsymbol{x}_{i,c}^{\mathrm{T}}\boldsymbol{\Lambda}_i^{\mathrm{T}} + \sum_{k\in\mathcal{M}_{\hat{i}}}\boldsymbol{T}_{k,c}^{\mathrm{T}}\boldsymbol{\Xi}_j^{\mathrm{T}} - \boldsymbol{X}_{id}^{\mathrm{T}}\right)\boldsymbol{Q}_{i,c}\boldsymbol{\Xi}_i\boldsymbol{T}_{i,c} + \\
& \boldsymbol{T}_{i,c}^{\mathrm{T}}(\boldsymbol{R}_{i,c} + \boldsymbol{\Xi}_{i,c}^{\mathrm{T}}\boldsymbol{Q}_{i,c}\boldsymbol{\Xi}_i)\boldsymbol{T}_{i,c}, \quad i\in\mathcal{M}
\end{aligned} \tag{10-60}
$$

如果其他子结构的最优控制策略 $\boldsymbol{T}_{k,c}^{*}, k\in\mathcal{M}_{\hat{i}}$是已知的，预测时域内每个子结构 $i$ 的优化问题可表示为如下 QP 形式：

$$
\begin{aligned}
& \min_{\boldsymbol{T}_{i,c}} J_{i,c} = \frac{1}{2}\boldsymbol{T}_{i,c}^{\mathrm{T}}\boldsymbol{M}_{i2}\boldsymbol{T}_{i,c} + \boldsymbol{M}_{i1}^{\mathrm{T}}\boldsymbol{T}_{i,c}, \quad i\in\mathcal{M} \\
& \text{s. t. } \boldsymbol{1}_p\otimes\begin{bmatrix}\boldsymbol{\tau}_{\min}\\ \boldsymbol{0}_{3(n-1)\times1}\end{bmatrix} \leqslant \boldsymbol{T}_{i,c} \leqslant \boldsymbol{1}_p\otimes\begin{bmatrix}\boldsymbol{\tau}_{\max}\\ \boldsymbol{0}_{3(n-1)\times1}\end{bmatrix}
\end{aligned} \tag{10-61}
$$

式中：

$$
\boldsymbol{M}_{i2,c} = 2(\boldsymbol{R}_{i,c} + \boldsymbol{\Xi}_i^{\mathrm{T}}\boldsymbol{Q}_{i,c}\boldsymbol{\Xi}_i) \in \mathbb{R}^{3N_p\times3N_p}
$$

$$
\boldsymbol{M}_{i1,c} = 2\boldsymbol{\Xi}_i^{\mathrm{T}}\boldsymbol{Q}_{i,c}\left(\boldsymbol{\Lambda}\boldsymbol{x}_{i,c} + \sum_{k\in\mathcal{M}_{\hat{i}}}\boldsymbol{\Xi}_k\boldsymbol{T}_{k,c}^{*} - \boldsymbol{X}_{id}\right) \in \mathbb{R}^{3N_p\times1}
$$

在上层博弈中，通过将博弈问题转化为预测时域的解耦优化问题，使得博弈均衡以分布式方式求解，提高了控制方法的可扩展性；通过 QP 形式的构建和脉冲推力形式的引入，能够降低各个微小卫星的计算复杂度。

**2. 下层合作博弈**

给定上层一个子结构的总控制力，下层的目标是得到能使该子结构中的微小卫星总能耗最小化的最优控制分配方案。因此，子结构内部微小卫星的协调行为可以表述为合作博弈[11]。

（1）参与者：将子结构 $i$ 上的所有微小卫星 $\mathcal{N}_i$ 视博弈参与者，各参与者之间通过通信拓扑 $\mathcal{G}_i$ 进行信息交互。

（2）策略集：每个微小卫星 $A_j^i\in\mathcal{N}_i$ 通过控制策略 $\boldsymbol{u}_{ij}$的选择，实现各个微小卫星局部性能指标函数的优化。各个微卫星在策略选择时需要满足如下三个约束：第一个约束为微小卫星的力约束，如式（10-47）所示；第二个约束为避免干扰姿态的力矩约束，如式（10-45）所示，其中，${}^{i}\boldsymbol{L}_k$ 从上层博弈的信息交互中得到；第三个约束为子结构的控制完全分配约束，其表达式可表示为

$$\sum_{j\in\mathcal{N}_i}\boldsymbol{u}_{ij}=\boldsymbol{\tau}_i \tag{10-62}$$

式中：$\boldsymbol{\tau}_i$ 为上层的博弈优化结果。

（3）局部性能指标函数：为了降低总能耗，每个微卫星的局部性能指标函数定义为

$$C_{ij}=\frac{1}{2}\boldsymbol{u}_{ij}^{\mathrm{T}}\boldsymbol{u}_{ij},\quad j\in\mathcal{N}_i \tag{10-63}$$

根据局部性能指标函数的设计，子结构上的各个微小卫星在策略集的范围内共同优化其博弈策略，期望达到定义 2.4 所表示的帕累托最优状态。在这种均衡状态下，微小卫星的策略改变会使得至少一个微小卫星的局部性能指标函数最优性受损。

由于微小卫星的局部性能指标函数为凸函数，因此帕累托最优解 $\boldsymbol{u}_i^*$ 能够通过权重系数的引入和对微小卫星局部性能指标加权组合的求解来获得。对于微小卫星 $A_j^i$ 的性能指标的权重系数 $\alpha_{ij}$，一方面要满足 $\alpha_{ij}>0$ 和 $\sum_{j\in\mathcal{N}_i}\alpha_{ij}=1$，另一方面期望平衡各个微小卫星的燃料消耗，因此权重系数设计如下

$$\alpha_{ij}=\frac{e^{k_\alpha/m_{ij}}}{\sum_{j\in\mathcal{N}_i}e^{k_\alpha/m_{ij}}},\quad j\in\mathcal{N}_i \tag{10-64}$$

式中：$m_{ij}$为微小卫星 $A_j^i$ 剩余燃料的质量；$k_\alpha>0$ 为设计参数。当 $k_\alpha$ 越大时，剩余燃料较少的微小卫星分配到的控制量越低。基于权重系数的设计，微小卫星局部性能指标的加权组合可表示为

$$C_i=\frac{1}{2}\sum_{j\in\mathcal{N}_i}\alpha_{ij}\boldsymbol{u}_{ij}^{\mathrm{T}}\boldsymbol{u}_{ij} \tag{10-65}$$

综上，子结构上的微小卫星 $\mathcal{N}_i$ 之间的合作博弈可描述为

$$\begin{aligned}&\min_{\boldsymbol{u}_{ij}}C_i=\frac{1}{2}\sum_{j\in\mathcal{N}_i}\alpha_{ij}\boldsymbol{u}_{ij}^{\mathrm{T}}\boldsymbol{u}_{ij}\\&\text{s. t.}\begin{cases}-u_{\max}\mathbf{1}_3\leqslant\boldsymbol{u}_{ij}(t)\leqslant u_{\max}\mathbf{1}_3^{\bar{3}},\quad\forall t\in[t_{wn},t_{wn+1})\\\boldsymbol{u}_{ij}(t)=\mathbf{0}_{3\times1},\quad\forall t\in[t_{wn+1},t_{(w+1)n})\\\sum_{j\in\mathcal{N}_i}{}^{i}\boldsymbol{r}_g^{ij\times}\boldsymbol{C}_{ij}^{bi}\boldsymbol{u}_{ij}=-\sum_{k\in\mathcal{M}_{\hat{i}}}{}^{i}\boldsymbol{L}_k\\\sum_{j\in\mathcal{N}_i}\boldsymbol{u}_{ij}=\boldsymbol{\tau}_i\end{cases}\end{aligned} \tag{10-66}$$

在子结构所需提供的控制力 $\boldsymbol{\tau}_i$ 和控制力矩${}^{i}\boldsymbol{L}_k$ 由上层优化或通信得到后，各个微小卫星通过式（10-66）的求解可以计算得到每个微小卫星所需提供的控制力和整个子结构产生的控制力矩。

为了保证系统的容错性，要求各个微小卫星以分布式的方式得到下层博弈的均衡策略。借鉴任务规划的思路，采用局部信息交互达成信息一致后各个微小卫

星独立问题求解的方法，来计算下层合作博弈的帕累托最优解。

首先，在每个脉冲作用时刻 $t_c$，微小卫星通过信息交互得到上层博弈中的输出即 $\boldsymbol{\tau}_{i,c}$ 和 ${}^i\boldsymbol{L}_{k,c}$，并对各自权重系数 $\alpha_{ij}$ 进行更新。其次，将优化问题转化为易于求解的 QP 问题。定义式（10-66）在脉冲作用时刻 $t_c$ 的优化变量为

$$\boldsymbol{U}_i=[\boldsymbol{u}_{i1,c}{}^{\mathrm{T}},\boldsymbol{u}_{i2,c}{}^{\mathrm{T}},\cdots,\boldsymbol{u}_{iN,c}{}^{\mathrm{T}}]^{\mathrm{T}}\in\mathbb{R}^{3N_i\times 1}$$

则优化问题可表示为

$$\min_{\boldsymbol{U}_i} C_i=\frac{1}{2}\begin{bmatrix}1\\ \boldsymbol{U}_i\end{bmatrix}^{\mathrm{T}}\boldsymbol{H}_i\begin{bmatrix}1\\ \boldsymbol{U}_i\end{bmatrix}$$

$$\text{s.t.}\begin{cases}\mathbf{1}_3\otimes(-u_{\max}\mathbf{1}_3)\leqslant\boldsymbol{U}_i\leqslant\mathbf{1}_3\otimes(u_{\max}\mathbf{1}_3^{\bar{3}}), & \forall t\in[t_{wn},t_{wn+1})\\ \boldsymbol{U}_i=\mathbf{0}_{3N_i}, \quad \forall t\in[t_{wn+1},t_{(w+1)n}) & \\ \mathbf{1}_{3\times 3N_i}\boldsymbol{U}_i=\boldsymbol{\tau}_{i,c} & \end{cases} \tag{10-67}$$

其中，控制力矩约束被表示为软约束来提高解的可行性。矩阵 $\boldsymbol{H}_i$ 具有如下形式

$$\boldsymbol{H}_i=\begin{bmatrix}1 & 0\\ 0 & \boldsymbol{H}_{i1}\end{bmatrix}+\boldsymbol{H}_{i2},\quad \boldsymbol{H}_{j1}=\begin{bmatrix}\alpha_{i1}\boldsymbol{I}_3 & 0 & 0\\ & \ddots & \\ 0 & & \alpha_{iN_i}\boldsymbol{I}_3\end{bmatrix}\in\mathbb{R}^{3N_i\times 3N_i}$$

$$\boldsymbol{H}_{i2}=\boldsymbol{K}^{\mathrm{T}}\boldsymbol{K},\quad \boldsymbol{K}=\begin{bmatrix}\sum\limits_{k\in\mathcal{M}_{\hat{i}}}{}^i\boldsymbol{L}_{k,c} & 0 & 0 & 0\\ 0 & {}^i\boldsymbol{r}_g^{i1\times}\boldsymbol{C}_{i1}^{bi} & 0 & 0\\ 0 & 0 & \ddots & 0\\ 0 & 0 & 0 & {}^i\boldsymbol{r}_g^{iN_i\times}\boldsymbol{C}_{iN_i}^{bi}\end{bmatrix}$$

可以看出，这是一个仅具有线性约束的 QP 问题，易于求解。

在下层博弈中，通过将合作博弈问题表示为有加权系数的全局优化问题，使得均衡的求解能够保证微小卫星之间的燃耗均衡性；通过分布式通信达成信息一致和 QP 问题求解实现全局优化，可以避免集中式方法的低容错性。

**3. 分层博弈控制算法**

从式（10-67）可以看出，为了计算每个微小卫星在脉冲作用时刻 $t_c$ 的最优控制输入 $\boldsymbol{u}_{ij,c}$，需要从上层博弈中得到该微小卫星所属子结构的最优控制序列 $\boldsymbol{T}_{i,c}$ 和所有其他子结构的控制力矩 ${}^i\boldsymbol{L}_{\hat{i},c}$。因此，将式（10-67）表示的下层博弈写作

$$\boldsymbol{u}_{ij,c}=f_{\mathrm{low}}(\boldsymbol{T}_{i,c},{}^i\boldsymbol{L}_{\hat{i},c}) \tag{10-68}$$

从式（10-61）可以看出，为了计算每个子结构在脉冲作用时刻 $t_c$ 的最优控制序列 $\boldsymbol{T}_{i,c}$，需要通过通信得到其他子结构的控制序列 $\boldsymbol{T}_{\hat{i},c}^*$。因此，将式（10-61）表示的上层博弈写作

$$\boldsymbol{T}_{i,c}=f_{\mathrm{up}}(\boldsymbol{T}_{\hat{i},c}) \tag{10-69}$$

然而，在脉冲作用时刻 $t_c$ 处，其他子结构的控制序列和产生的控制力矩是未

知的，因此无法进行上层博弈问题（10-69）的求解和下层博弈问题（10-68）的求解。为此，本节提出了分层博弈控制算法，具体流程如表 10-5 所示。其中，以上层博弈均衡的求解为迭代框架，计算得到各个子结构的控制力；将下层博弈均衡的求解嵌套到上层博弈的迭代中，计算得到控制分配策略。

**表 10-5 分层博弈控制算法**

| 步骤 | 执行的操作 |
|---|---|
| 1 | 已知脉冲作用时刻各子结构的状态 $\boldsymbol{x}_{i,c}$；各子结构的系数矩阵 $\boldsymbol{A}_i$、$\boldsymbol{B}_i$、$\boldsymbol{R}_i$、$\boldsymbol{Q}_i$； |
| 2 | 给定各子结构的初始控制序列 $\boldsymbol{T}_{i,c}^{[0]}=\boldsymbol{0}_{3N_p},i\in\mathcal{M}$；逼近精度 $\varepsilon$ 和最大迭代次数 $\text{iter}_{\max}$； |
| 3 | **While** $\text{iter}<\text{iter}_{\max}$ 或 $\max E_{J^{i},k}\leqslant\varepsilon$ |
| 4 | 子结构 $i$ 通过求解 $\boldsymbol{T}_{i,c}^{[\text{iter}]}=f_{\text{up}}(\boldsymbol{T}_{\hat{i},c}^{[\text{iter}-1]})$ 得到上层博弈的均衡 $\boldsymbol{T}_{i,c}^{[\text{iter}]}$；并将 $\boldsymbol{T}_{i,c}^{[\text{iter}]}$ 的前 $3n$ 项和其他子结构的控制力矩 ${}^{i}\boldsymbol{L}_{\hat{i},c}^{[\text{iter}-1]}$ 传递给下层博弈； |
| 5 | 微小卫星 $A_j^i$ 通过求解 $\boldsymbol{u}_{ij,c}^{[\text{iter}]}=f_{\text{low}}(\boldsymbol{T}_{i,c}^{[\text{iter}]},{}^{i}\boldsymbol{L}_{\hat{i},c}^{[\text{iter}-1]})$ 得到下层博弈的均衡 $\boldsymbol{u}_{ij,c}^{[\text{iter}]}$ 和 ${}^{i}\boldsymbol{L}_{\hat{i},c}^{[\text{iter}-1]}$；并将 $\boldsymbol{L}_{i,c}^{[\text{iter}]}$ 传递给上层博弈； |
| 6 | $\boldsymbol{T}_{i,c}^{[\text{iter}-1]}=\boldsymbol{T}_{i,c}^{[\text{iter}]}$，$\boldsymbol{L}_{i,c}^{[\text{iter}-1]}=\boldsymbol{L}_{i,c}^{[\text{iter}]}$，并传递给其他子结构； |
| 7 | $E_{J^{i},c}=\lvert J_{i,c}^{\text{iter}}-J_{i,c}^{\text{iter}-1}\rvert$； |
| 8 | 上层博弈中的子结构一方面将 $\boldsymbol{T}_{i,c}^{[\text{iter}]}$ 和 $\boldsymbol{L}_{i,c}^{[\text{iter}]}$ 传递给其他子结构，另一方面得到其他子结构的相关信息； |
| 9 | $\text{iter}=\text{iter}+1$； |
| 10 | **End While** |
| 11 | Return $\boldsymbol{u}_{ij,c}$ |

**注 10.1**：子结构 $i$ 在每次迭代过程中会及时将调整的策略通过通信拓扑共享给其他子结构。由于各个子结构以参考卫星进行上层博弈的计算和与其他子结构的信息，为了使得每个子结构能够得到其他所有子结构的相关信息，要求各个子结构的参考卫星之间的通信网络构成一个无向连通图，即任意两个参考卫星之间始终存在至少一条路径。而下层博弈中，各个微小卫星也需要通过通信实现信息一致性，因此各个子结构上的微小卫星之间的通信链路也满足连通性要求。

**注 10.2**：博弈中加入该子结构的控制力矩约束。如果一个子结构上没有微小卫星，则在上层博弈中将该子结构视为具有零输入策略的参与者。

**注 10.3**：组装结构的姿态重构控制与组装结构的轨道重构控制的不同点体现在如下两方面：第一，各个子结构的姿态动力学模型为非线性模型，这可以通过进行局部线性化进行解决；第二，各个微小卫星仅需满足控制力矩幅值约束，这在上述的分层博弈框架中已考虑并解决。

### 10.5.3 仿真验证

在本节对所设计的分层博弈控制方法的有效性进行数值仿真。仿真中，为了说明分层设计的合理性，将本节所提出的方法与单独上层博弈方法和单独下层博弈方法进行对比。单独上层博弈方法指的是，博弈参与者为组装结构上所有的微小卫星，均衡计算方法与分层博弈控制方法的上层博弈相同，其中，由于不存在下层博弈，需要在单独上层博弈中加入控制力矩约束。单独下层博弈方法指的是，博弈参与者也是组装结构上所有的微小卫星，策略计算方法与分层博弈控制方法的下层博弈相同，其中，由于不存在上层博弈，则需要在单独下层博弈中将原控制分配约束替换为动力学约束。

**1. 场景设置**

组装结构的轨道相关参数分别为：组装结构位于圆轨道，轨道半径为 $r_0=42164\text{km}$，轨道角速度为 $n_0=7.2922\times10^{-5}\text{rad/s}$；轨道倾角为 30°，升交点赤经为 20°。

不失一般性，在新的子结构组装到组装结构之前，组装结构上有一个子结构记为 $s_1$，质量为 100kg。该子结构上有 4 个微小卫星，坐标系 $O_{bs_1}x_{bs_1}y_{bs_1}z_{bs_1}$ 下 4 个微小卫星的质心位置分别为 ${}^{s_1}\boldsymbol{r}_{s_1}^{s_1 1}=[0,-1,1]^{\mathrm{T}}$、${}^{s_1}\boldsymbol{r}_{s_1}^{s_1 2}=[0,1,1]^{\mathrm{T}}$、${}^{s_1}\boldsymbol{r}_{s_1}^{s_1 3}=[0,-1,-1]^{\mathrm{T}}$ 和 ${}^{s_1}\boldsymbol{r}_{s_1}^{s_1 4}=[0,1,-1]^{\mathrm{T}}$，4 个微小卫星的转换矩阵分别为

$$\boldsymbol{C}_{s_1 1}^{bs_1}=\boldsymbol{C}_{s_1 2}^{bs_1}=\begin{bmatrix}1&0&0\\0&1&0\\0&0&1\end{bmatrix},\quad \boldsymbol{C}_{s_1 3}^{bs_1}=\boldsymbol{C}_{s_1 4}^{bs_1}=\begin{bmatrix}1&0&0\\0&-1&0\\0&0&-1\end{bmatrix}$$

不失一般性，同时有两个子结构组装到组装结构上，这两个子结构分别记为 $s_2$ 和 $s_3$，质量均为 100kg。子结构 $s_2$ 上的微小卫星 $A_1^{s_2}$ 和 $A_2^{s_2}$ 在坐标系 $O_{bs_2}x_{bs_2}y_{bs_2}z_{bs_2}$ 下的质心位置为 ${}^{s_2}\boldsymbol{r}_{s_2}^{s_2 1}=[-1,0,0]^{\mathrm{T}}$ 和 ${}^{s_2}\boldsymbol{r}_{s_2}^{s_2 2}=[1,0,0]^{\mathrm{T}}$；子结构 $s_3$ 上的微小卫星 $A_1^{s_3}$ 和 $A_2^{s_3}$ 在坐标系 $O_{bs_3}x_{bs_3}y_{bs_3}z_{bs_3}$ 下的质心位置为 ${}^{s_3}\boldsymbol{r}_{s_3}^{s_3 1}=[-1,0,0]^{\mathrm{T}}$ 和 ${}^{s_3}\boldsymbol{r}_{s_3}^{s_3 2}=[1,0,0]^{\mathrm{T}}$。各微小卫星的转换矩阵分别为

$$\boldsymbol{C}_{s_2 1}^{bs_2}=\boldsymbol{C}_{s_3 1}^{bs_3}=\begin{bmatrix}1&0&0\\0&1&0\\0&0&1\end{bmatrix},\quad \boldsymbol{C}_{s_2 2}^{bs_2}=\boldsymbol{C}_{s_3 2}^{bs_3}=\begin{bmatrix}1&0&0\\0&-1&0\\0&0&-1\end{bmatrix}$$

在两个模块组装在组装结构上之后，由于质量特性的变化和接触力的作用，整个组装结构的状态可能与期望状态存在一定的偏差。因此，子结构 $s_1$ 的初始相对轨道状态为 $\boldsymbol{x}_{s_1}(t_0)=[0,2,0,0,0,0]^{\mathrm{T}}$，其期望的相对轨道状态为原点。由于各子结构之间具有固定的相对关系，各子结构的期望和轨道状态能够通过相对关系进行转换得到。子结构 $s_1$ 和 $s_2$ 之间的相对状态为 $\boldsymbol{x}_{s_2}-\boldsymbol{x}_{s_1}=[0,-3,0,0,0,0]^{\mathrm{T}}$，子结构 $s_1$ 和 $s_3$ 为 $\boldsymbol{x}_{s_3}-\boldsymbol{x}_{s_1}=[0,3,0,0,0,0]^{\mathrm{T}}$。各子结构之间的转换矩阵分别为

$$C_{bs_2}^{bs_1}=C_{bs_3}^{bs_1}=\begin{bmatrix}0&0&-1\\0&1&0\\1&0&0\end{bmatrix}$$

微小卫星的控制力幅值为 $u_{\max}=0.7\text{N}$。采样时长和脉冲推力作用时长均为 $\Delta t=0.5\text{s}$，脉冲周期的采样为 $T=5\text{s}$；局部性能指标的权重矩阵分别为 $\boldsymbol{Q}_{s1}=\boldsymbol{Q}_{s2}=\boldsymbol{Q}_{s3}=0.0009\boldsymbol{I}_6$ 和 $\boldsymbol{R}_{s1}=\boldsymbol{R}_{s2}=\boldsymbol{R}_{s3}=0.001\boldsymbol{I}_3$。预测时域参数为 $N_p=200$。最大迭代次数为 $\text{iter}_{\max}=3$。

**2. 仿真结果**

在上述场景设置下进行分层博弈控制方法的仿真。由于子结构之间的固定的相对关系，图 10-19 仅给出了子结构 $s_1$ 的轨道状态。从图 10-20 可以看出，随着时间的推移，在轨组装结构逐渐收敛到所期望的状态下。

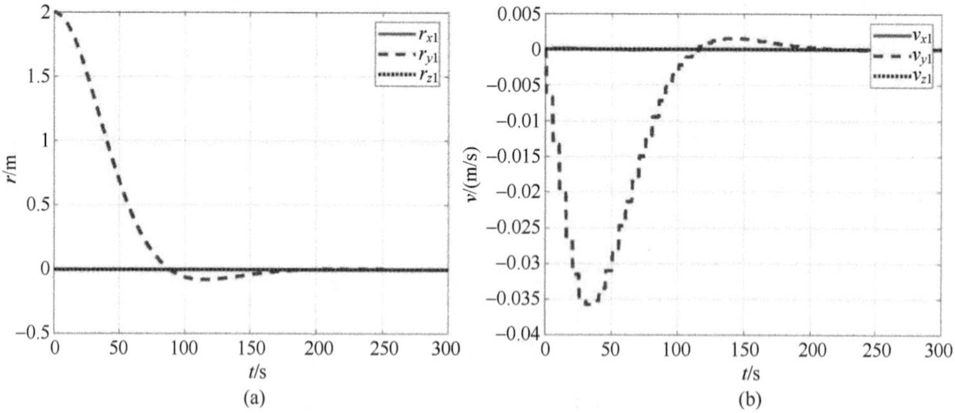


**图 10-19 子结构 $s_1$ 的轨道状态**

（a）相对轨道位置；（b）相对轨道速度。

图 10-20~图 10-22 分别给出了分层博弈控制方法下不同子结构上的微小卫星控制力随时间变化。可以看出，每个微小卫星的控制力均是周期性施加的，且控制力在幅值范围内，在+$z$ 轴无控制力出现，即控制力约束可以得到满足。图 10-23 给出了所有微小卫星的推力产生的合力矩。可以看出力矩约束可以得到满足。这些结果表明，所设计的方法具有较好的控制约束处理能力。

单独上层博弈控制方法和单独下层博弈控制方法下的子结构 $s_1$ 的状态如图 10-24 所示。从图 10-24 可以看出，单层博弈控制方法也可以最终收敛到期望状态。为了说明分层博弈控制方法相较于单层博弈的有效性和优势，建立了包括约束满足、燃耗评估、能量均衡性等相关指标，具体的对比结果如表 10-6 所示。其中，以 $\int_{t_0}^{t_f}\|\boldsymbol{u}_{ij}\|_1\text{d}t$ 作为微卫星 $A_j^i$ 的燃料消耗评估函数，并以各微小卫星之间燃料消耗评估值的方差 $\sigma$ 来对比消耗均衡性能。

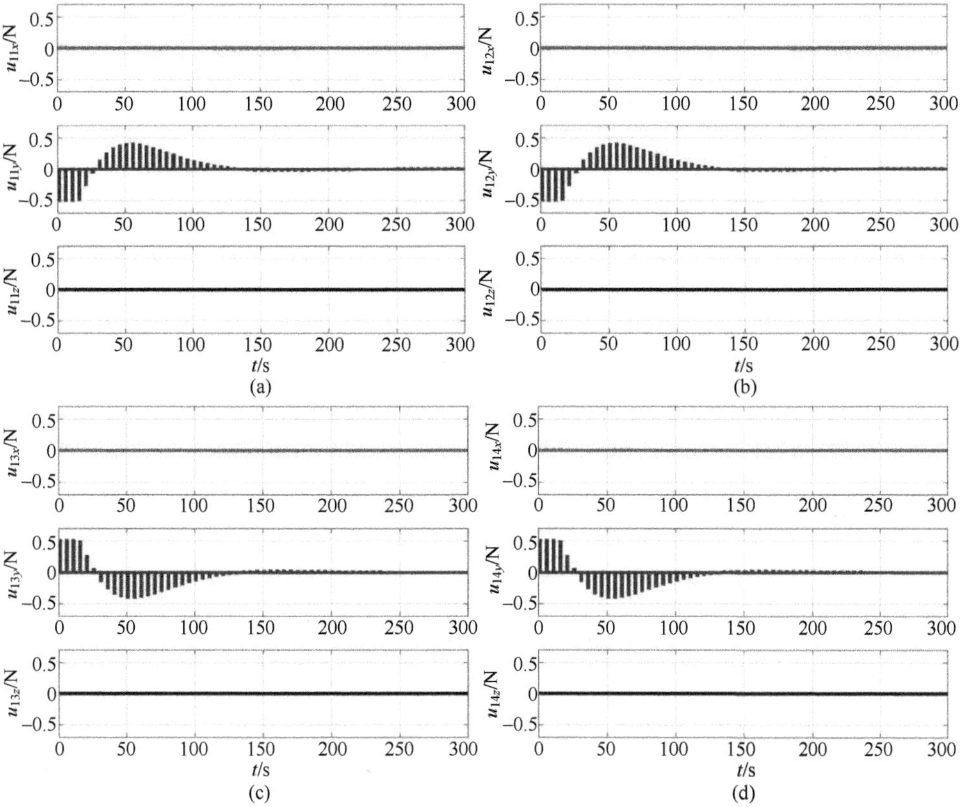


**图 10-20　子结构 $s_1$ 上各个微小卫星的控制力**

（a）微小卫星 $A_1^{s_1}$；（b）微小卫星 $A_2^{s_1}$；（c）微小卫星 $A_3^{s_1}$；（d）微小卫星 $A_4^{s_1}$。

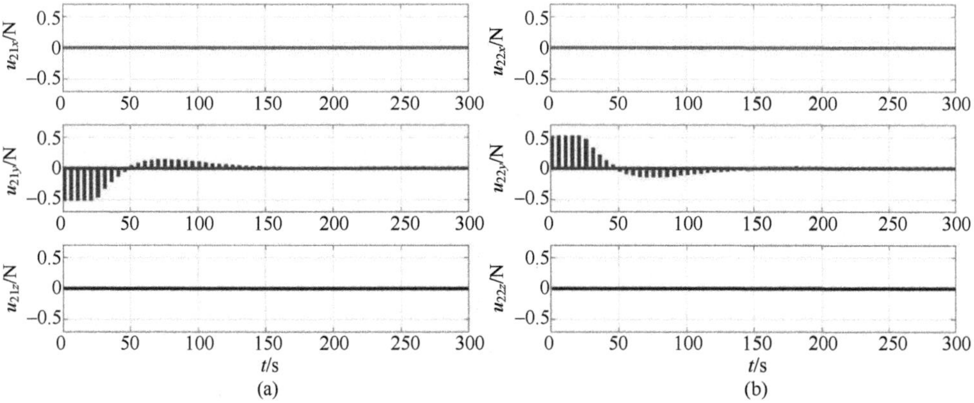


**图 10-21　子结构 $s_2$ 上各个微小卫星的控制力**

（a）微小卫星 $A_1^{s_2}$；（b）微小卫星 $A_2^{s_2}$。

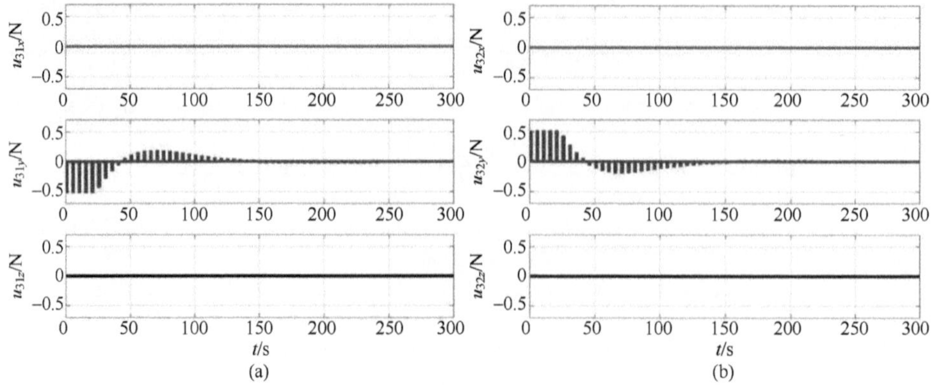


**图 10-22　子结构 $s_3$ 上各个微小卫星的控制力**

（a）微小卫星 $A_1^{s_3}$；（b）微小卫星 $A_2^{s_3}$。

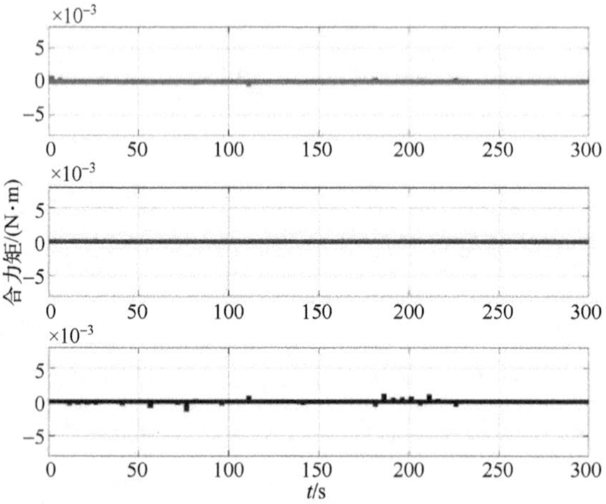


**图 10-23　各微小卫星的合力矩**

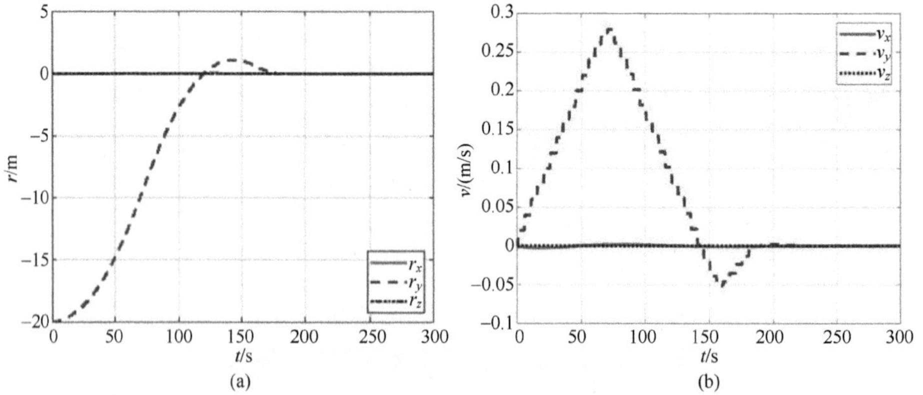


**图 10-24　子结构 $s_1$ 的轨道状态**

（a）单独上层博弈控制方法；（b）单独下层博弈控制方法。

表10-6 不同方法的性能对比

| 评估值 | 是否违反约束 | 燃料消耗评估 | 消耗均衡评估 |
|---|---|---|---|
| 分层博弈控制方法 | 否 | 41.027 | 0.757 |
| 单独上层博弈控制方法 | 否 | 43.013 | 30.141 |
| 单独下层博弈控制方法 | 否 | 35.785 | 0.174 |

从约束满足的角度来看，单独上层博弈控制方法和单独下层博弈控制方法也均能满足控制约束，其中，单独上层博弈控制方法是通过利用模型预测控制框架来将约束建立在预测时域的优化问题中，单独下层博弈控制方法是通过全局优化问题的建立来满足约束。这样的结果也间接说明了分层博弈控制的每一层都能在满足约束的同时收敛到各自的均衡状态。

从燃料消耗和均衡性的角度来看，单独下层博弈控制方法的燃料消耗相较于其他两种方法更低，这是因为单独下层博弈控制方法是通过全局优化得到各个微小卫星的控制策略。单独下层博弈控制方法和分层博弈控制由于均衡系数的引入，每个微小卫星的燃料消耗更加均衡。而单独上层博弈控制方法是分布式独立优化，分析发现 $iter_{max}$ 越大，燃料消耗更趋于均衡。

从通信网络使用的角度来看，分层博弈控制方法相较于其他两者更优。单独下层博弈控制方法和单独下层博弈控制方法需要微小卫星通过通信网络获得组装结构上其他所有微小卫星的相关信息以进行博弈策略的求解，这大大增加了通信消耗。而分层博弈控制方法通过构建上下两层博弈，能够减少微小卫星的通信个体数量和通信信息量。其中，上层博弈的各个子结构之间仅需传递与子结构相关的信息，无须传递子结构上每个微小卫星的相关信息；下层博弈的微小卫星仅需与同一子结构上的微小卫星进行交互，能够在避免直接处理动力学约束的同时尽可能保证燃耗均衡性。

## 10.6 小结

本章以多星协同在轨组装为研究背景，围绕着博弈论在多星协同组装的任务规划、组装模块的运动控制以及组装结构的重构稳定控制中的应用，进行了博弈规划与控制方法的研究。主要研究工作和结果有：

（1）对于任务环境动态变化下的多星协同组装任务规划问题，提出了事件触发分布式博弈任务规划方法。该方法通过事件触发机制来判断博弈任务规划时机，能够有效地应对任务环境动态变化；通过个体效用函数的设计来评估博弈规划效果，能够兼顾任务约束和优化目标。

（2）对于组装模块的多星协同轨道运动控制问题，提出了脉冲推力预测博弈控制方法。该方法将脉冲推力引入到控制策略计算中，能够仅在脉冲施加时刻进行通信和控制更新，节约了计算和通信资源；利用模型预测控制框架和解耦处理将多约束博弈转化为微小卫星独立求解的 QP 问题，能够实现 Nash 均衡的分布式求解。

（3）对于组装结构的多星协同重构稳定控制问题，提出了一种分层博弈控制方法。该方法在任务层面能够兼顾子结构层和微小卫星层的不同的优化目标，避免了子结构之间的冲突，提高了组装结构的可扩展性；在博弈层面能够减少各层博弈的规模和约束的数量，减轻了博弈均衡求解对通信网络的需求和求解过程的复杂度。

# 参考文献

[1] 郭继峰，王平，崔乃刚．大型空间结构在轨装配技术的发展［J］．导弹与航天运载技术，2006（3）：28-35.

[2] OEGERLE W R，MATHER J C，MACEWEN H A，et al. Concept for a large scalable space telescope：In - space assembly［C］//Space Telescopes and Instrumentation I：Optical，Infrared，and Millimeter. SPIE，2006.

[3] GOVINDARAJ S，BRINKMANN W，COLMENERO F，et al. Building a lunar infrastructure with the help of a heterogeneous（semi）autonomous multi - robot - team［C］//71th International Astronautical Congress，2021.

[4] 王明明，罗建军，袁建平，等．空间在轨装配技术综述［J］．航空学报，2021，42（01）：47-61.

[5] 柴源．多星协同空间组装博弈规划与控制研究［D］．西安：西北工业大学，2022.

[6] GERKEY B P，MATARI M J. A Formal analysis and taxonomy of task allocation in multi-robot systems［J］. The International Journal of Robotics Research，2004，23（9）：939-954.

[7] JIANG A X，LEYTON-BROWN K. A tutorial on the proof of the existence of Nash equilibria［R］. University of British Columbia Technical Report，2009.

[8] YANG X，YU J，GAO H. An impulse control approach to spacecraft autonomous rendezvous based on genetic algorithms［J］. Neurocomputing，2012，77（1）：189-196.

[9] JEWISON C M，MCCARTHY B，STERNBERG D C，et al. Resource aggregated reconfigurable control and risk - allocative path planning for on - orbit servicing and assembly of satellites［C］//AIAA Guidance，Navigation，and Control Conference. AIAA，2014.

[10] ABOUHEAF M I，LEWIS F L，VAMVOUDAKIS K G，et al. Multi - agent discrete - time graphical games and reinforcement learning solutions［J］. Automatica，2014，50（12）：3038-3053.

[11] DIMITROV D. Models in cooperative game theory［M］. Berlin Heidelberg：Springer，2005.

# 11
# 第 11 章 协同网捕目标的博弈控制

## 11.1 引言

目前，近地空间中不断增加的空间碎片以及因燃料耗尽或执行器故障而失效的卫星占用了宝贵的轨道资源，同时也对在轨正常运行的卫星和在轨作业的航天员产生了越来越严重的威胁。此外，由于愈加频繁的空间活动，地球高轨道（特别是以 GEO 轨道为代表的特殊轨道）资源也变得越来越紧张。为了保障航天器的安全运行和稳定空间环境，对现有失效卫星或者空间碎片进行捕获及离轨控制变得越来越重要。近年来，学者们陆续提出了许多种空间碎片捕获技术。其中，包含机械臂在内的硬接触式捕获方式具有可能造成新碎片、不适合捕捉大型和快速旋转物体的缺点。柔性接触捕获方式可以克服这些缺点，实现安全的碎片捕捉。在柔性接触捕获方式中，基于绳网的捕获方法具有操作距离大、重量轻、对绳网控制精度要求低等优点[1-2]，被认为是一种有潜力的主动捕获和清除空间碎片的方法。

本章研究一种多星协同绳网捕获系统及其控制方法。该捕获系统由一张四边形空间绳网和 4 个立方星组成，各立方星分别通过一条连接绳与绳网的 4 个顶角连接起来。立方星通过调整连接绳的长度，可在与目标保持安全距离的前提下，通过控制绳网的形态与位置，实现绳网对目标的捕获。为了实现对空间目标的稳定捕获，本章研究捕获系统接近及捕获目标过程中的连接绳控制方法与立方星协同控制方法。

## 11.2 协同网捕目标的过程与策略

本章研究的多星协同网捕系统由一张空间绳网和 4 个立方星组成，绳网和立方星通过 4 条系绳连接起来，如图 11-1 所示。

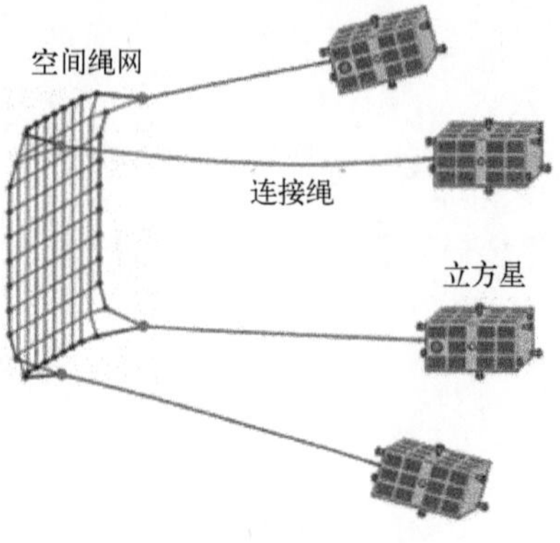


**图 11-1 捕获系统示意图**

使用该系统捕获目标分为如下三个阶段。

阶段一：捕获目标前的准备阶段。该捕获系统随其母航天器机动至所需捕获的目标附近，由母航天器释放。捕获系统被释放后，立方星携带绳网接近目标，并移动到适当的位置，为捕获目标做准备。接近目标的过程中，立方星之间需要保持适当的间距，避免碰撞或距离太近使绳网发生缠绕，或距离太远给绳网带来过大的拉力。

阶段二：目标捕获阶段。立方星携带绳网移动到适宜进行目标捕获的位置后，通过调整系绳长度的方式，控制绳网的位置、形态与方向，以实现绳网对目标的包裹与捕获。捕获目标的过程中，立方星同时需要进行其姿轨状态的稳定控制，以确保捕获目标时，系统整体状态能够保持稳定。

阶段三：捕获目标后的机动阶段。立方星控制绳网完成目标的捕获后，进行主动轨道和姿态机动，协同地携带目标脱离当前的轨道。

## 11.3 绳网动力学模型

为便于后续进行立方星协同捕获目标控制律的设计，本节给出绳网运动动力学模型。绝对节点坐标法与弹簧阻尼法是典型的绳网动力学建模方法，其中弹簧阻尼法将绳网简化为多个弹簧阻尼单元，绳网的质量集中在绳网各个节点上，节点间的连线通过弹簧-阻尼模型来描述，经绳网动力学分析与实验校验，该模型与绳网运动特性呈现出较好的一致性[3]。本节对弹簧阻尼模型进行简要介绍。

本章在参考轨道坐标系下对立方星协同网捕任务进行描述，坐标系原点位于圆轨道上的参考点 $O_C$ 处，$X_C$ 轴沿参考点径向，$Y_C$ 轴在轨道平面内指向参考点运动方向，$Z_C$ 轴垂直于轨道平面，指向由右手定则确定。

绳网示意图如图 11-2 所示，令 $n_{ij}$表示绳网第 $i$ 行、第 $j$ 列的节点，为便于后续进行绳网动力学行为的描述及立方星协同网捕控制律的设计，绳网的 4 个顶

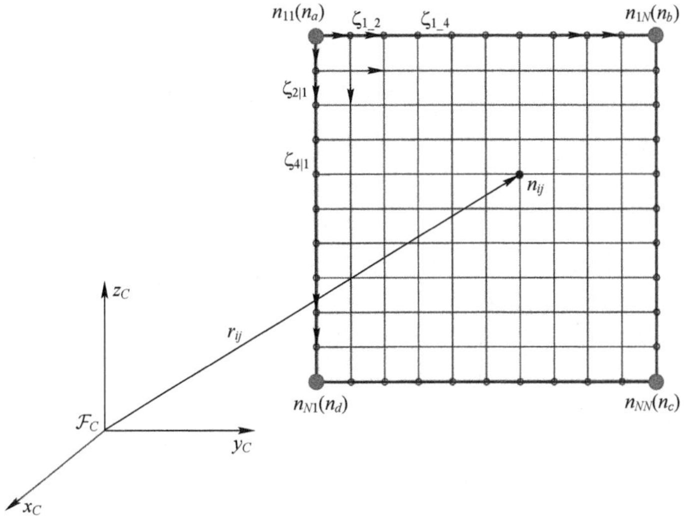


**图 11-2　绳网示意图**

角也可通过 $n_\lambda$ 来表示，其分别通过 4 根系绳与 4 颗立方星 $n_\Lambda$ 相连接，其中 $\lambda\in\{a,b,c,d\}$，$\Lambda\in\{A,B,C,D\}$。令 $\zeta_{i_j}$表示绳网第 $i$ 行的第 $j$ 段网格连接绳，$\zeta_{i|j}$表示绳网第 $j$ 列的第 $i$ 段网格连接绳，$\zeta_\lambda$表示与绳网 4 个顶角相连接的系绳。令 $\mathcal{P}_{ij}$ 表示与节点 $n_{ij}$直接相连接的所有网格连接绳 $\zeta_p$（$p=i\_j$ 或 $p=i|j$）的集合，则节点 $n_{ij}$的质量可通过下式进行计算

$$m_{ij}=\begin{cases}\dfrac{1}{2}\sum\limits_{p\in\mathcal{P}_{ij}}m_p+m_R, & i\in\{1,N\}\ \&\ j\in\{1,N\}\\ \dfrac{1}{2}\sum\limits_{p\in\mathcal{P}_{ij}}m_p, & \text{其他}\end{cases}\tag{11-1}$$

式中：$m_R$ 为绳网顶角的质量；$m_p=\pi r_p^2 l_p\rho_p$ 为网格连接绳 $\zeta_p$ 的质量，$r_p$、$l_p$ 与 $\rho_p$ 分别为连接绳 $\zeta_p$ 的半径、长度与密度；$N$ 为绳网每行/每列节点的数量。

捕获目标的过程中，绳网节点 $n_{ij}$主要受到重力、连接绳张力、与目标或绳网其他的节点接触产生的接触力的作用，绳网 4 个顶角还会额外受到与其相连接的系绳张力的作用。根据牛顿第二定律，可得绳网节点的运动方程如下

$$m_{ij}\ddot{\boldsymbol{r}}_{ij}=\sum_{p\in\mathcal{P}_{ij}}(\pm)\boldsymbol{T}_p+\boldsymbol{T}_\lambda+\boldsymbol{F}_{eij}\tag{11-2}$$

式中：$\boldsymbol{r}_{ij}$为节点 $n_{ij}$的位置矢量；$\boldsymbol{T}_p$为网格连接绳 $\zeta_p$ 的张力；$\boldsymbol{T}_\lambda$ 为系绳 $\zeta_\lambda$ 的张力，对于非绳网顶角节点，$\boldsymbol{T}_\lambda=0$；$\boldsymbol{F}_{eij}$为作用在节点 $n_{ij}$上的外力，外力可能包括重力、接触力及扰动力。$\boldsymbol{T}_p$ 可根据下式进行计算

$$\boldsymbol{T}_p=\begin{cases}T_p e_p, & l_p\geqslant l_{p,0},T_p>0\\ 0, & l_p\leqslant l_{p,0},T_{p,0}=0\end{cases}\tag{11-3}$$

式中：$T_p=k_p(l_p-l_{p,0})+\beta k_p v_l$，$l_p$ 与 $l_{p,0}$分别为连接绳 $\zeta_p$ 的真实长度与未经拉伸的

自然长度；$\boldsymbol{e}_p$ 为图 11-2 中沿连接绳 $\zeta_p$ 箭头方向所示的单位矢量。$\boldsymbol{T}_\lambda$ 的计算方式与 $\boldsymbol{T}_p$ 类似。

火箭上面级类的空间碎片是地球轨道上需要优先清理的目标之一，一般可通过圆柱体目标来表示[3-4]，本章以该类圆柱体目标为例，进行协同网捕目标控制研究。当任意一个绳网节点与目标或者其他绳网节点接触时，会出现接触力。文献［3］研究了绳网与圆柱体目标之间接触力的计算方法。给定圆柱体目标的半径 $r_t$、高度 $h_t$ 以及质心位置$[x_t, y_t, z_t]^{\mathrm{T}}$，绳网节点 $n_{ij}$与目标顶部/底部/侧面是否接触的判断条件如表 11-1 所示，其中 $\boldsymbol{r}_{tij}=\boldsymbol{r}_{ij}-\boldsymbol{r}_t$，为目标质心指向节点 $n_{ij}$的矢量，$\boldsymbol{r}_{ij}$与 $\boldsymbol{r}_t$分别为绳网节点 $n_{ij}$与待捕获目标质心在参考轨道坐标系中的位置矢量；$\boldsymbol{n}_{tz}$表示沿目标轴线的单位矢量，方向从目标底部到顶部；$d_{ij}$为节点 $n_{ij}$至目标轴线的距离，可根据下式进行计算

$$d_{ij}=\sqrt{\|\boldsymbol{r}_{tij}\|_2^2-(\boldsymbol{r}_{tij}\cdot\boldsymbol{n}_{tz})^2} \tag{11-4}$$

式中：$\|\cdot\|_2$ 为矢量的 2-范数。

**表 11-1　绳网节点与目标接触条件**

| | |
|---|---|
| 顶部 | $d_{ij}<r_t\ \&\ \boldsymbol{r}_{tij}\cdot\boldsymbol{n}_{tz}\leqslant\frac{1}{2}h_t+r_{ij}$ |
| 底部 | $d_{ij}<r_t\ \&\ \boldsymbol{r}_{tij}\cdot\boldsymbol{n}_{tz}\geqslant-\frac{1}{2}h_t-r_{ij}$ |
| 侧面 | $-\frac{1}{2}h_t<\boldsymbol{r}_{tij}\cdot\boldsymbol{n}_{tz}<\frac{1}{2}h_t\ \&\ d_{ij}\leqslant r_t+r_{ij}$ |

作用在节点 $n_{ij}$上的接触力包含法向接触力与摩擦力。文献［3］中的研究表明，摩擦力对捕获系统的影响较小，在协同网捕仿真中，为提高计算效率，一般可不考虑摩擦力的影响。法向接触力的值取决于节点 $n_{ij}$的形变量 $\delta_{ij}$与形变速率 $\dot{\delta}_{ij}$，可根据下述弹簧阻尼模型进行计算

$$\boldsymbol{F}_{n,ij}=(k_s\delta_{ij}+k_d\dot{\delta}_{ij})\boldsymbol{n}_{ij} \tag{11-5}$$

式中：$\boldsymbol{n}_{ij}$为沿接触面法线方向的单位矢量；$k_s$ 与 $k_d$ 分别为接触刚性与阻尼系数，可根据下式进行计算

$$\begin{cases}k_s=\dfrac{4}{3}\sqrt{r}\left(\dfrac{E_{1,ij}}{1-\nu_{1,ij}^2}+\dfrac{E_{2,ij}}{1-\nu_{2,ij}^2}\right)\\ k_d=2\xi\sqrt{m_{ij}k_s}\end{cases} \tag{11-6}$$

式中：$E_{1,ij}$、$E_{2,ij}$与 $\nu_{1,ij}$、$\nu_{2,ij}$分别为相接触的两种材料的杨氏模量与泊松比。

当绳网节点 $n_{ij}$与目标相接触时，$\delta_{ij}$与$\dot{\delta}_{ij}$可通过下式进行计算

$$\delta_{ij}=\begin{cases}r_{ij}+h_t/2-|\boldsymbol{r}_{tij}\cdot\boldsymbol{n}_{tz}|, & \text{顶部/底部}\\ r_{ij}+r_t-(\|\boldsymbol{r}_{tij}\|_2^2-|\boldsymbol{r}_{tij}\cdot\boldsymbol{n}_{tz}|)^{\frac{1}{2}}, & \text{侧面}\end{cases} \tag{11-7}$$

$$\dot{\delta}_{ij}=-\boldsymbol{v}_t^{ij}\cdot\boldsymbol{n}_t^{ij}$$

式中：$\boldsymbol{v}_t^{ij}$ 为节点 $n_{ij}$ 相对于其与目标上相接触点的速度；$\boldsymbol{n}_t^{ij}$ 为节点 $n_{ij}$ 与目标接触面的法矢量，从接触点指向节点 $n_{ij}$，如图 11-3 所示。

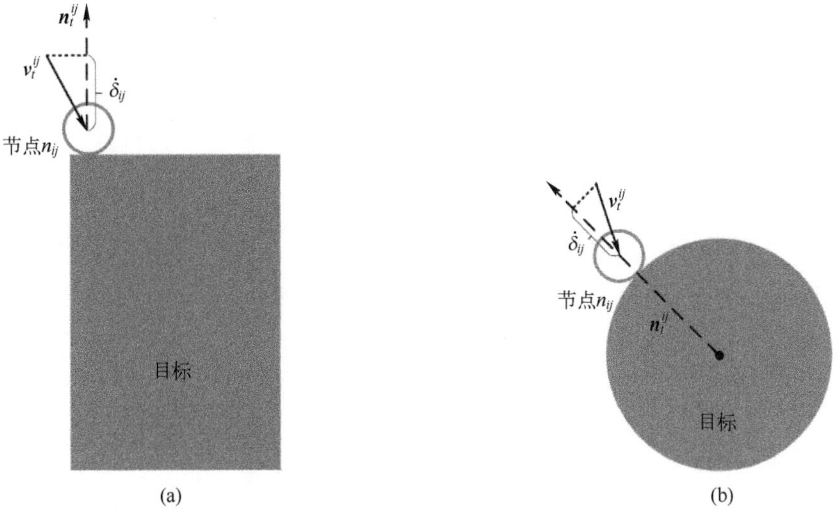


**图 11-3 绳网节点 $\boldsymbol{n}_{ij}$ 与目标接触时形变速率计算示意图**

（a）与目标顶面/底面相接触；（b）与目标侧面相接触。

当绳网节点 $n_{ij}$ 与其他节点 $n_{i'j'}$ 相接触时，$\delta_{ij}$ 与 $\dot{\delta}_{ij}$ 可通过下式进行计算

$$\begin{cases}\delta_{ij}=r_{ij}+r_{i'j'}-\|\boldsymbol{r}_{i'j'}-\boldsymbol{r}_{ij}\|_2\\ \dot{\delta}_{ij}=-(\boldsymbol{v}_{i'j'}-\boldsymbol{v}_{ij})\cdot\boldsymbol{n}_{ij}^{i'j'}\end{cases}\tag{11-8}$$

式中：$\boldsymbol{n}_{ij}^{i'j'}$ 为节点 $n_{ij}$ 与 $n_{i'j'}$ 接触面的法矢量，从节点 $n_{ij}$ 指向节点 $n_{i'j'}$。图 11-4 为绳网节点 $n_{ij}$ 与 $n_{i'j'}$ 接触时的形变速率计算示意图。

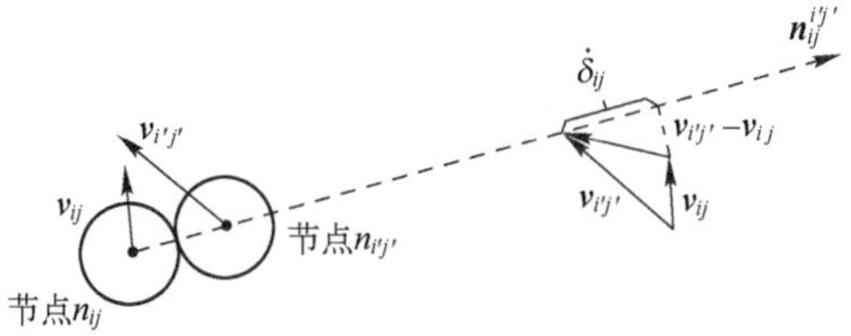


**图 11-4 绳网节点 $n_{ij}$ 与 $n_{i'j'}$ 接触时形变速率计算示意图**

## 11.4 协同网捕前的博弈控制

本节面向捕获目标前的准备阶段，建立立方星协同网捕目标的协作模型，并基于此研究立方星的协同控制方法，使得立方星能够通过主动机动控制，携带绳网机动至适合进行目标捕获的位置。

### 11.4.1 博弈模型

令 $\boldsymbol{r}_N$ 与 $\boldsymbol{r}_\Lambda$ 分别表示捕获系统几何中心与立方星 $n_\Lambda(\Lambda\in\{A,B,C,D\})$ 在参考轨道坐标系中的位置矢量，如图 11-5 所示。

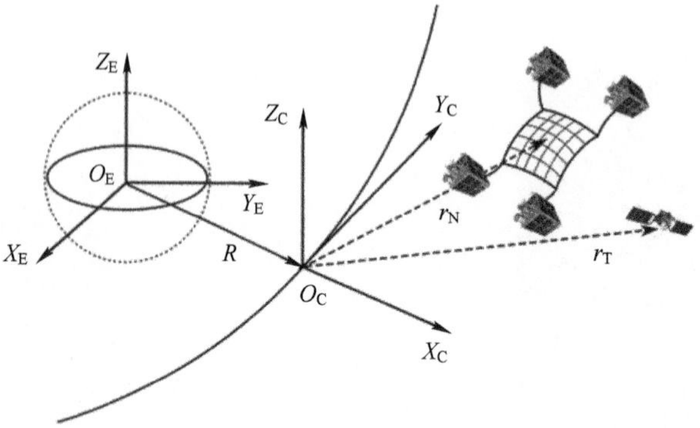


**图 11-5 捕获系统与目标位置关系**

定义 $\boldsymbol{x}_\Lambda=[\boldsymbol{r}_\Lambda^{\mathrm{T}},\dot{\boldsymbol{r}}_\Lambda^{\mathrm{T}}]^{\mathrm{T}}$，$\boldsymbol{x}_t=[\boldsymbol{r}_t^{\mathrm{T}},\dot{\boldsymbol{r}}_t^{\mathrm{T}}]^{\mathrm{T}}$，则立方星 $n_\Lambda$ 与目标在参考轨道坐标系中的轨道运动可由下式描述

$$\begin{cases}\dot{\boldsymbol{x}}_\Lambda=\boldsymbol{A}\boldsymbol{x}_\Lambda+\boldsymbol{B}_\Lambda\boldsymbol{u}_\Lambda+\boldsymbol{B}_\Lambda\boldsymbol{d}_\Lambda\\ \dot{\boldsymbol{x}}_t=\boldsymbol{A}\boldsymbol{x}_t+\boldsymbol{B}_t\boldsymbol{u}_t\end{cases}\tag{11-9}$$

式中：$\boldsymbol{u}_\Lambda=[u_{\Lambda x},u_{\Lambda y},u_{\Lambda z}]^{\mathrm{T}}$ 与 $\boldsymbol{u}_t=[u_{tx},u_{ty},u_{tz}]^{\mathrm{T}}$ 分别为立方星 $n_\Lambda(\Lambda\in\{A,B,C,D\})$ 与目标的控制输入，在本章中假定目标无机动能力，因此 $\boldsymbol{u}_t=0$，$\boldsymbol{d}_\Lambda$ 为立方星 $n_\Lambda$ 受到的扰动力（包含系绳 $\zeta_\Lambda$ 对立方星 $n_\Lambda$ 产生的作用力）。式（11-9）中的矩阵由下式给出，其中 $n_0$ 为参考点轨道角速度，$m_\Lambda$ 与 $m_t$ 分别为立方星 $n_\Lambda$ 与目标的质量。

$$\boldsymbol{A}=\begin{bmatrix}0&0&0&1&0&0\\0&0&0&0&1&0\\0&0&0&0&0&1\\3n_0^2&0&0&0&2n_0&0\\0&0&0&-2n_0&0&0\\0&0&-n_0^2&0&0&0\end{bmatrix}$$

$$\boldsymbol{B}_\Lambda=\frac{1}{m_\Lambda}\begin{bmatrix}\boldsymbol{0}_{3\times3}\\\boldsymbol{I}_{3\times3}\end{bmatrix},\quad \boldsymbol{B}_t=\frac{1}{m_t}\begin{bmatrix}\boldsymbol{0}_{3\times3}\\\boldsymbol{I}_{3\times3}\end{bmatrix}\tag{11-10}$$

为了实现对目标的捕获，各立方星需要协同控制绳网的位置与形态。将立方星协同捕获目标的过程视为多个立方星之间博弈的过程，立方星通过独立进行如下局部目标函数的优化不断进行各自控制策略的调整

$$J_\Lambda(\boldsymbol{x}_\Lambda,\boldsymbol{u}_\Lambda)=\int_t^\infty\left(\boldsymbol{x}_e^{\mathrm{T}}\boldsymbol{Q}_\Lambda\boldsymbol{X}_e+\boldsymbol{u}_\Lambda^{\mathrm{T}}\boldsymbol{R}_\Lambda\boldsymbol{u}_\Lambda+\sum_{\Lambda'\neq\Lambda}\Pi_{\Lambda,\Lambda'}f_{\Lambda,\Lambda'}\right)\mathrm{d}t \quad (11-11)$$

式中：$\boldsymbol{x}_e=\boldsymbol{x}_N-\boldsymbol{x}_t$；$\boldsymbol{Q}_\Lambda$ 和 $\boldsymbol{R}_\Lambda$ 为正定矩阵。等式右边第一项表示捕获系统对被捕目标的追踪误差，第二项表示立方星的能量消耗。协同捕获目标时，立方星之间的距离如果太近则容易发生碰撞，绳网同时也可能产生缠绕；立方星之间的距离过远则使得系绳与绳网受到较大的拉力，同时对立方星也会产生较大干扰力。因此，牵引绳网移动的 4 颗立方星之间要保持一定的安全距离。为确保立方星之间的距离满足上述安全约束，在式（11-11）中加入了立方星之间距离的障碍函数，其中$f_{\Lambda,\Lambda'}$为立方星 $n_\Lambda$与立方星 $n_{\Lambda'}$之间距离的对数势函数，具有如下的形式，$\Pi_{\Lambda,\Lambda'}$表示对应的惩罚因子

$$f_{\Lambda,\Lambda'}=\kappa\cdot\log\left(\frac{\overline{D}_{\Lambda,\Lambda'}^2}{\overline{D}_{\Lambda,\Lambda'}^2-(D_{\Lambda,\Lambda'}-\alpha)^n}\right) \quad (11-12)$$

式中：$\overline{D}_{\Lambda,\Lambda'}$与 $D_{\Lambda,\Lambda'}$分别为立方星 $n_\Lambda$ 与立方星 $n_{\Lambda'}$之间的期望距离与实际距离，参数 $\kappa$、$\alpha$、$n$ 可用于调整函数$f_{\Lambda,\Lambda'}$的形状。对数势函数随相对距离的变化曲线如图 11-6 所示。从图中可以看出，当立方星之间的距离处于两侧的安全阈值之外时，势函数的数值急剧增加，将成为优化的主要部分；而当距离处于安全范围内时，势函数的数值始终为 0，在立方星捕获目标时，不影响局部目标函数中追踪误差与能量消耗方面的优化。

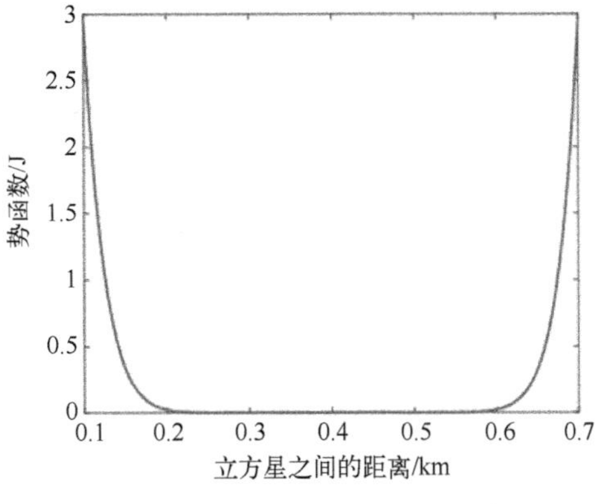


**图 11-6　对数势函数随相对距离变化曲线**

综合上述分析，立方星协同捕获目标的过程可描述为如下的博弈问题

$$J_\Lambda(\boldsymbol{x}_\Lambda,\boldsymbol{u}_\Lambda)=\int_t^\infty\left(\boldsymbol{x}_e^{\mathrm{T}}\boldsymbol{Q}_\Lambda\boldsymbol{x}_e+\boldsymbol{u}_\Lambda^{\mathrm{T}}\boldsymbol{R}_\Lambda\boldsymbol{u}_\Lambda+\sum_{\Lambda'\neq\Lambda}\Pi_{\Lambda,\Lambda'}f_{\Lambda,\Lambda'}\right)\mathrm{d}t$$

$$\text{s. t.}\begin{cases}\dot{\boldsymbol{x}}_e=\boldsymbol{f}(\boldsymbol{x}_e)+\sum\boldsymbol{B}_\Lambda\boldsymbol{u}_\Lambda\\ -u_{\max}\boldsymbol{I}_3\leqslant\boldsymbol{u}_\Lambda\leqslant u_{\max}\boldsymbol{I}_3\\ \boldsymbol{x}_e(t_0)=\boldsymbol{x}_{e0}\end{cases} \quad (11-13)$$

式中：第一个约束为系统动力学约束，第二个约束为立方星控制约束，$u_{max}$为立方星控制量幅值，第三个约束为系统初始状态约束。在每个控制时刻，各立方星通过求解式（11-13）中的优化问题进行控制策略的调整，从而实现其各自局部目标函数的优化，获得式（2-153）所定义的 $\varepsilon$-Nash 均衡策略。

## 11.4.2 博弈策略

本小节采用模型预测控制求解式（11-13）中带约束的优化问题，使各立方星实现对其 $\varepsilon$-Nash 均衡策略的逼近。由式（11-13）中的博弈模型可以看出，各立方星的状态是相互耦合的。本小节采用分布式求解框架，进行立方星控制策略求解的解耦，即每个立方星在考虑其他立方星采用其各自最新策略的情况下，独立进行各自博弈策略的更新，直到式（2-153）中的 $\varepsilon$-Nash 均衡条件得到满足，算法详细步骤见表 11-2。每一时刻在获得各立方星的 $\varepsilon$-Nash 均衡策略后，便可进行捕获系统状态的更新，并开始下一时刻各立方星控制策略的优化。

**表 11-2 立方星协同围捕博弈策略求解流程**

| | |
|---|---|
| 1 | 初始化 $\boldsymbol{x}_{\Lambda}^{*}(0), \Lambda \in \{A,B,C,D\}$ |
| | while $\Vert\boldsymbol{x}_e\Vert<\sigma$ do |
| | while max $\vert J_{\Lambda,k}^{\text{iter}}-J_{\Lambda,k}^{\text{iter}-1}\vert \leqslant \delta$ do |
| | for $\forall \Lambda \in \{A,B,C,D\}$ |
| 2 | 立方星 $n_{\Lambda}$ 求解优化问题（11-13）进行策略更新，并根据最新策略更新系统状态 |
| | end |
| 3 | iter←iter+1 |
| | end |
| 4 | 根据立方星策略更新系统状态值 |
| 5 | $k$←$k$+1 |
| | end |

## 11.4.3 仿真验证

这里通过数值仿真验证立方星使用所获得的博弈策略协同网捕目标的有效性。参考轨道高度为 36000km，各立方星在参考轨道坐标系中的初始位置分别为 $\boldsymbol{r}_A=[-250,0,250]^{\mathrm{T}}$m，$\boldsymbol{r}_B=[-250,0,-250]^{\mathrm{T}}$m，$\boldsymbol{r}_C=[250,0,250]^{\mathrm{T}}$m，$\boldsymbol{r}_D=[250,0,-250]^{\mathrm{T}}$m，速度为 $\dot{\boldsymbol{r}}_A=\dot{\boldsymbol{r}}_B=\dot{\boldsymbol{r}}_C=\dot{\boldsymbol{r}}_D=[0,0,0]^{\mathrm{T}}$m/s。目标初始位置为 $\boldsymbol{r}_t=[-1000,0,-1000]^{\mathrm{T}}$m。预测时域长度 $N_p=6$，控制时域长度 $N_c=6$，采样时间间隔 $T_s=0.1$s，最大迭代次数 $\text{iter}_{max}=20$。另外，立方星局部目标函数中相关的正定矩阵参数为

$$\boldsymbol{Q}_{\Lambda}=\begin{bmatrix}10\boldsymbol{I}_3 & \boldsymbol{0}_3\\ \boldsymbol{0}_3 & 100\boldsymbol{I}_3\end{bmatrix},\quad \boldsymbol{R}_{\Lambda}=10\boldsymbol{I}_3(\Lambda\in\{A,B,C,D\})$$

图 11-7 给出了立方星协同网捕目标的三维运动轨迹，图 11-8 为捕获系统几何中心与目标之间的距离随时间变化的曲线。可以看出，基于求解得到的 $\varepsilon$-Nash 均衡策略，立方星能够牵引绳网逐渐接近目标。在此过程中，由于受到各立方星局部目标函数中安全势函数的约束，各立方星的相对距离始终保持在安全范围之内。

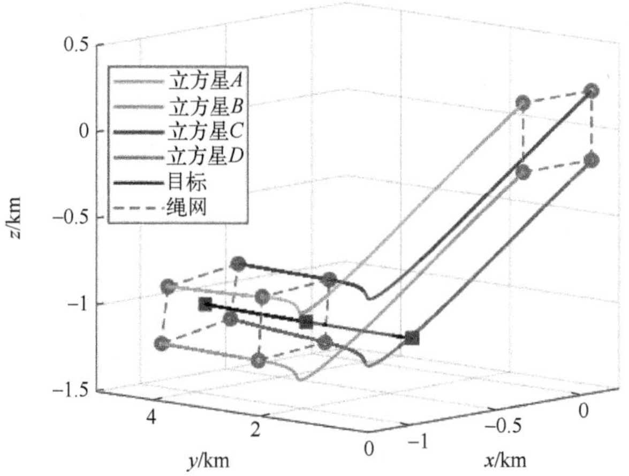


图 11-7　立方星协同网捕目标的三维运动轨迹

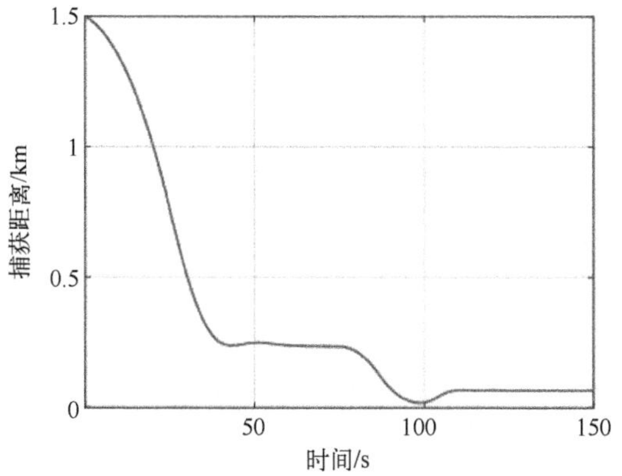


图 11-8　捕获系统几何中心与目标之间的距离随时间变化曲线

图 11-9 给出了在某一预测时域内，4 个立方星的局部目标函数值随迭代次数的变化曲线，各立方星的策略随迭代次数的增加逐渐收敛，最后可满足式（2-153）中的 $\varepsilon$-Nash 均衡条件。

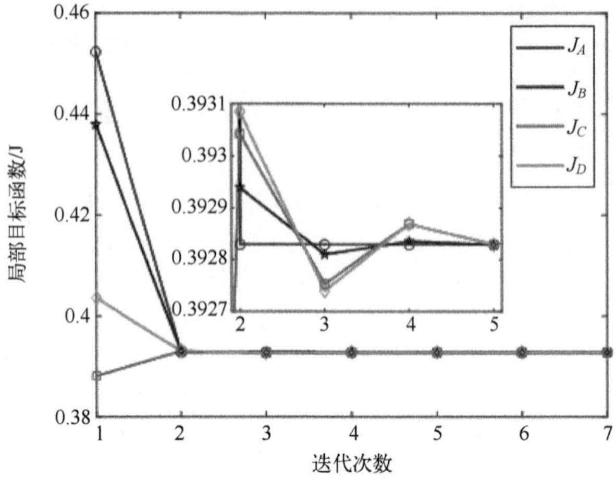


**图 11-9 立方星局部目标函数随迭代次数变化曲线**

## 11.5 捕获目标过程中的协同控制

11.4 节所研究的捕获策略可以使得立方星控制绳网接近目标，本节研究接近目标后，如何进一步通过立方星控制绳网的位置与形态，以便将目标包裹在绳网内部，完成对目标的捕获。

### 11.5.1 捕获目标系绳控制律

立方星协同捕获目标的关键在于控制绳网的 4 个顶角，以实现绳网对目标的包裹。如图 11-10 所示，令 $n_\lambda(\lambda=a,b,c,d)$ 表示绳网的 4 个顶角，顶角 $n_\lambda$ 相对目标质心的位置矢量为

$$\boldsymbol{r}_{t\lambda}=\boldsymbol{r}_\lambda-\boldsymbol{r}_t=\boldsymbol{r}_\Lambda+\boldsymbol{r}_{\Lambda\lambda}-\boldsymbol{r}_t \tag{11-14}$$

惯性系 $\mathcal{F}_I$ 下，$\boldsymbol{r}_{t\lambda}$ 的绝对导数为

$$\left.\frac{\mathrm{d}\boldsymbol{r}_{t\lambda}}{\mathrm{d}t}\right|_{\mathcal{F}_I}=\left.\frac{\mathrm{d}\boldsymbol{r}_\Lambda}{\mathrm{d}t}\right|_{\mathcal{F}_I}+\left.\frac{\mathrm{d}\boldsymbol{r}_{\Lambda\lambda}}{\mathrm{d}t}\right|_{\mathcal{F}_I}-\left.\frac{\mathrm{d}\boldsymbol{r}_t}{\mathrm{d}t}\right|_{\mathcal{F}_I} \tag{11-15}$$

令 $\boldsymbol{e}_{\Lambda\lambda}$ 为沿系绳 $\zeta_{\Lambda\lambda}$ 方向的单位矢量，则有

$$\boldsymbol{r}_{\Lambda\lambda}=l_{\Lambda\lambda}\boldsymbol{e}_{\Lambda\lambda} \tag{11-16}$$

其中 $l_{\Lambda\lambda}$ 为系绳 $\zeta_{\Lambda\lambda}$ 的长度，则 $\boldsymbol{r}_{\Lambda\lambda}$ 在惯性系中的导数为

$$\left.\frac{\mathrm{d}\boldsymbol{r}_{\Lambda\lambda}}{\mathrm{d}t}\right|_{\mathcal{F}_I}=\dot{l}_{\Lambda\lambda}\boldsymbol{e}_{\Lambda\lambda}+l_{\Lambda\lambda}\frac{\mathrm{d}\boldsymbol{e}_{\Lambda\lambda}}{\mathrm{d}t} \tag{11-17}$$

将式（11-17）代入式（11-15）中，可得

$$\begin{aligned}\left.\frac{\mathrm{d}\boldsymbol{r}_{t\lambda}}{\mathrm{d}t}\right|_{\mathcal{F}_I}&=\left.\frac{\mathrm{d}\boldsymbol{r}_\Lambda}{\mathrm{d}t}\right|_{\mathcal{F}_I}+\dot{l}_{\Lambda\lambda}\boldsymbol{e}_{\Lambda\lambda}+l_{\Lambda\lambda}\frac{\mathrm{d}\boldsymbol{e}_{\Lambda\lambda}}{\mathrm{d}t}-\left.\frac{\mathrm{d}\boldsymbol{r}_t}{\mathrm{d}t}\right|_{\mathcal{F}_I}\\&=\dot{l}_{\Lambda\lambda}e_{\Lambda\lambda}+\xi_\lambda\end{aligned} \tag{11-18}$$

式中：$\boldsymbol{\xi}_\lambda = l_{\Lambda\lambda}\dfrac{\mathrm{d}\boldsymbol{e}_{\Lambda\lambda}}{\mathrm{d}t}+\dfrac{\mathrm{d}\boldsymbol{r}_\Lambda}{\mathrm{d}t}\bigg|_{\mathcal{F}_I}-\dfrac{\mathrm{d}\boldsymbol{r}_t}{\mathrm{d}t}\bigg|_{\mathcal{F}_I}$。

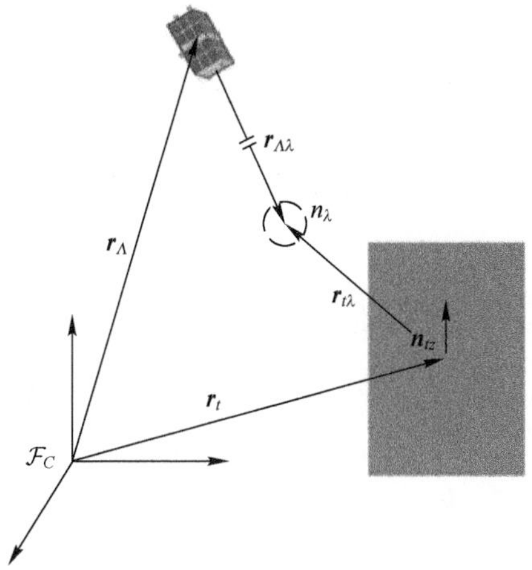


**图 11-10 立方星/绳网顶角/目标相对位置关系**

圆柱体类目标可通过半径 $r_t$、高度 $h_t$ 两个参数来描述。令 $\boldsymbol{n}_{tz}$表示沿目标轴线方向的单位矢量，方向从目标底部到顶部（与绳网接近目标的方向一致）。$\dfrac{\mathrm{d}\boldsymbol{r}_{t\lambda}}{\mathrm{d}t}$在 $\boldsymbol{n}_{tz}$上的投影为

$$\boldsymbol{n}_{tz}^{\mathrm{T}}\frac{\mathrm{d}\boldsymbol{r}_{t\lambda}}{\mathrm{d}t}=\dot{l}_{\Lambda\lambda}\boldsymbol{n}_{tz}^{\mathrm{T}}\boldsymbol{e}_{\Lambda\lambda}+\boldsymbol{n}_{tz}^{\mathrm{T}}\boldsymbol{\xi}_\lambda \tag{11-19}$$

考虑绳网从目标底部接近目标，为了实现绳网对目标的捕获，绳网顶角相对目标的速度在 $\boldsymbol{n}_{tz}$上的分量应为正数，即 $\boldsymbol{n}_{tz}^{\mathrm{T}}\dfrac{\mathrm{d}\boldsymbol{r}_{t\lambda}}{\mathrm{d}t}>0$。当期望绳网顶角 $n_\lambda$ 以速度 $v_d$ 包裹住目标时，各立方星可根据下面的收线律进行系绳长度的控制

$$\dot{l}_{\Lambda\lambda}=\frac{v_d-\boldsymbol{n}_{tz}^{\mathrm{T}}\boldsymbol{\xi}_\lambda}{\boldsymbol{n}_{tz}^{\mathrm{T}}\boldsymbol{e}_{\Lambda\lambda}} \tag{11-20}$$

### 11.5.2 立方星协同控制律

当立方星通过 11.5.1 节设计的收线律调整系绳的长度进行目标捕获时，需要同时控制立方星的姿态与轨道运动，来进行其姿轨状态的保持与稳定。本节进行立方星姿轨协同控制器的设计。

令 $\boldsymbol{x}_{o\Lambda}=[\boldsymbol{p}_{o\Lambda}^{\mathrm{T}},\boldsymbol{v}_{o\Lambda}^{\mathrm{T}}]^{\mathrm{T}}$ 与 $\boldsymbol{x}_{a\Lambda}=[\boldsymbol{p}_{a\Lambda}^{\mathrm{T}},\boldsymbol{v}_{a\Lambda}^{\mathrm{T}}]^{\mathrm{T}}$ 分别表示立方星 $n_\Lambda$ 的轨道与姿态状态量，其中 $\boldsymbol{p}_{o\Lambda}=\boldsymbol{r}_\Lambda$，$\boldsymbol{v}_{o\Lambda}=\dot{\boldsymbol{r}}_\Lambda$ 分别为立方星 $n_\Lambda$ 在参考轨道坐标系中的位置与速度矢量，$\boldsymbol{p}_{a\Lambda}=\boldsymbol{\sigma}_\Lambda$，$\boldsymbol{v}_{a\Lambda}=\boldsymbol{\omega}_\Lambda$ 分别为立方星 $n_\Lambda$ 的姿态 MRP 与角速度矢量。

根据式（11-9）与式（2-73）中的轨道与姿态运动方程，立方星 $n_\Lambda$ 的姿轨运动方程可记作

$$\begin{cases}\dot{\boldsymbol{p}}_{\beta\Lambda}=\boldsymbol{f}_{\beta\Lambda}(\boldsymbol{x}_{\beta\Lambda})\\ \dot{\boldsymbol{v}}_{\beta\Lambda}=\boldsymbol{h}_{\beta\Lambda}(\boldsymbol{x}_{\beta\Lambda})+\boldsymbol{g}_{\beta\Lambda}\boldsymbol{u}_{\beta\Lambda}+\boldsymbol{g}_{\beta\Lambda}\boldsymbol{d}_{\beta\Lambda}\end{cases}\tag{11-21}$$

式中：$\beta=o$ 或 $\beta=a$ 分别为轨道或姿态相关的变量与运动方程；$\boldsymbol{u}_{\beta\Lambda}$ 为立方星 $n_\Lambda$ 产生的控制力/控制力矩；$\boldsymbol{d}_{\beta\Lambda}$ 为系绳对立方星 $n_\Lambda$ 产生的张力/力矩。$\boldsymbol{g}_{o\Lambda}=\dfrac{1}{m_\Lambda}\boldsymbol{I}_3$，$\boldsymbol{g}_{a\Lambda}=\boldsymbol{J}_\Lambda^{-1}$，$\boldsymbol{J}_\Lambda$ 为立方星 $n_\Lambda$ 的转动惯量，且有

$$\begin{cases}\boldsymbol{f}_{o\Lambda}(\boldsymbol{p}_{o\Lambda},\boldsymbol{v}_{o\Lambda})=\boldsymbol{v}_{o\Lambda}\\ \boldsymbol{h}_{o\Lambda}(\boldsymbol{p}_{o\Lambda},\boldsymbol{v}_{o\Lambda})=\boldsymbol{A}_1\boldsymbol{p}_{o\Lambda}+\boldsymbol{A}_2\boldsymbol{v}_{o\Lambda}\\ \boldsymbol{f}_{a\Lambda}(\boldsymbol{p}_{a\Lambda},\boldsymbol{v}_{a\Lambda})=\boldsymbol{G}(\boldsymbol{p}_{a\Lambda})\boldsymbol{v}_{a\Lambda}\\ \boldsymbol{h}_{a\Lambda}(\boldsymbol{p}_{a\Lambda},\boldsymbol{v}_{a\Lambda})=\boldsymbol{J}_\Lambda^{-1}\boldsymbol{v}_{a\Lambda}^{\times}\boldsymbol{J}_\Lambda\boldsymbol{v}_{a\Lambda}\end{cases}\tag{11-22}$$

式中：

$$\boldsymbol{G}(\boldsymbol{p}_{a\Lambda})=\frac{1}{4}[(1-\boldsymbol{p}_{a\Lambda}{}^{\mathrm{T}}\boldsymbol{p}_{a\Lambda})\boldsymbol{I}_3+2\boldsymbol{p}_{a\Lambda}\boldsymbol{p}_{a\Lambda}{}^{\mathrm{T}}+2\boldsymbol{p}_{a\Lambda}{}^{\times}]\tag{11-23}$$

且

$$\boldsymbol{A}_1=\begin{bmatrix}3n_0^2&0&0\\0&0&0\\0&0&-n_0^2\end{bmatrix},\quad \boldsymbol{A}_2=\begin{bmatrix}0&2n_0&0\\-2n_0&0&0\\0&0&0\end{bmatrix}\tag{11-24}$$

定义 $z_{\beta\Lambda1}=\boldsymbol{p}_{\beta\Lambda}$，$z_{\beta\Lambda2}=\dot{\boldsymbol{p}}_{\beta\Lambda}$，则有

$$\begin{aligned}\dot{z}_{\beta\Lambda2}=\ddot{\boldsymbol{p}}_{\beta\Lambda}&=\frac{\partial\boldsymbol{f}_{\beta\Lambda}(\boldsymbol{x}_{\beta\Lambda})}{\partial t}\\&=\frac{\partial\boldsymbol{f}_{\beta\Lambda}}{\partial\boldsymbol{p}_{\beta\Lambda}}\dot{\boldsymbol{p}}_{\beta\Lambda}+\frac{\partial\boldsymbol{f}_{\beta\Lambda}}{\partial\boldsymbol{v}_{\beta\Lambda}}\dot{\boldsymbol{v}}_{\beta\Lambda}\\&=\frac{\partial\boldsymbol{f}_{\beta\Lambda}}{\partial\boldsymbol{p}_{\beta\Lambda}}\boldsymbol{f}_{\beta\Lambda}(\boldsymbol{x}_{\beta\Lambda})+\frac{\partial\boldsymbol{f}_{\beta\Lambda}}{\partial\boldsymbol{v}_{\beta\Lambda}}(\boldsymbol{h}_{\beta\Lambda}(\boldsymbol{x}_{\beta\Lambda})\\&\quad+\boldsymbol{g}_{\beta\Lambda}\boldsymbol{u}_{\beta\Lambda}+\boldsymbol{g}_{\beta\Lambda}\boldsymbol{d}_{\beta\Lambda})\end{aligned}\tag{11-25}$$

令 $\boldsymbol{w}_{\beta\Lambda}=\boldsymbol{A}_{\beta\Lambda}\boldsymbol{u}_{\beta\Lambda}+\boldsymbol{b}_{\beta\Lambda}$，其中

$$\begin{cases}\boldsymbol{A}_{\beta\Lambda}=\dfrac{\partial\boldsymbol{f}_{\beta\Lambda}}{\partial\boldsymbol{v}_{\beta\Lambda}}\boldsymbol{g}_{\beta\Lambda}\\ \boldsymbol{b}_{\beta\Lambda}=\dfrac{\partial\boldsymbol{f}_{\beta\Lambda}}{\partial\boldsymbol{p}_{\beta\Lambda}}\boldsymbol{f}_{\beta\Lambda}(\boldsymbol{x}_{\beta\Lambda})+\dfrac{\partial\boldsymbol{f}_{\beta\Lambda}}{\partial\boldsymbol{v}_{\beta\Lambda}}(\boldsymbol{h}_{\beta\Lambda}(\boldsymbol{x}_{\beta\Lambda})+\boldsymbol{g}_{\beta\Lambda}\boldsymbol{d}_{\beta\Lambda})\end{cases}\tag{11-26}$$

式（11-21）中的模型可被线性化为

$$\begin{cases}\dot{z}_{\beta\Lambda1}=z_{\beta\Lambda2}\\ \dot{z}_{\beta\Lambda2}=\boldsymbol{w}_{\beta\Lambda}\end{cases}\tag{11-27}$$

为了实现立方星姿轨状态的保持，为各星设计如下的控制器

$$\boldsymbol{w}_{\beta\Lambda}=\ddot{\boldsymbol{z}}_{\beta\Lambda1}^{d}+k_{\Lambda1}(\dot{\boldsymbol{z}}_{\beta\Lambda1}^{d}-\dot{\boldsymbol{z}}_{\beta\Lambda1})+k_{\Lambda2}(\boldsymbol{z}_{\beta\Lambda1}^{d}-\boldsymbol{z}_{\beta\Lambda1}) \tag{11-28}$$

式中：$\boldsymbol{z}_{\beta\Lambda1}^{d}=\boldsymbol{p}_{\beta\Lambda}^{d}$，$\boldsymbol{p}_{\beta\Lambda}^{d}$ 为 $\boldsymbol{p}_{\beta\Lambda}$ 的期望值，$\dot{\boldsymbol{z}}_{\beta\Lambda1}^{d}=\ddot{\boldsymbol{z}}_{\beta\Lambda1}^{d}=\boldsymbol{0}_{3\times1}$。$k_{\Lambda1}$ 与 $k_{\Lambda2}$ 为可调的正增益。

将式（11-28）代入式（11-27）中，可得

$$(\ddot{\boldsymbol{z}}_{\beta\Lambda1}^{d}-\ddot{\boldsymbol{z}}_{\beta\Lambda1})+k_{\Lambda1}(\dot{\boldsymbol{z}}_{\beta\Lambda1}^{d}-\dot{\boldsymbol{z}}_{\beta\Lambda1})+k_{\Lambda2}(\boldsymbol{z}_{\beta\Lambda1}^{d}-\boldsymbol{z}_{\beta\Lambda1})=\boldsymbol{0}_{3\times1} \tag{11-29}$$

式（11-29）表示一个关于跟踪误差 $\boldsymbol{z}_{\beta\Lambda1}^{e}=\boldsymbol{z}_{\beta\Lambda1}^{d}-\boldsymbol{z}_{\beta\Lambda1}$ 的弹簧阻尼系统，其阻尼系数为 $\dfrac{k_{\Lambda1}}{2\sqrt{k_{\Lambda2}}}$。通过选取合适的控制增益使得阻尼系数满足 $0<\dfrac{k_{\Lambda1}}{2\sqrt{k_{\Lambda2}}}<1$，可使该控制器跟踪误差 $\boldsymbol{z}_{\beta\Lambda1}^{e}$ 渐近收敛至 0[5-6]。

以上分析表明，式（11-29）中的控制器能够使得式（11-27）中系统的状态变量收敛到期望值上。由于 $\boldsymbol{z}_{\beta\Lambda1}=\boldsymbol{p}_{\beta\Lambda}$，且 $\boldsymbol{p}_{o\Lambda}=\boldsymbol{r}_{\Lambda}$，$\boldsymbol{p}_{a\Lambda}=\boldsymbol{\sigma}_{\Lambda}$，因此该控制器也能够使立方星 $n_{\Lambda}$ 的姿轨状态收敛到期望值上。

以上给出了立方星 $n_{\Lambda}$ 的姿轨控制律，接下来给出能够便于绳网捕获目标的立方星期望姿轨状态的确定方法。为了使得目标能够被捕获到绳网中，立方星所处的轨道位置一方面应该使得绳网的 4 个顶角能够包围住目标，另一方面使得所捕获的目标能够被完全包裹在绳网内部。

为了进行目标捕获，一个合理的布置是将 4 颗立方星对称地分布在目标周围。如图 11-11 所示，为了使得绳网的 4 个顶角能够包围住目标，每一个顶角 $n_{\lambda}$ 与目标轴线的距离需要大于 $r_t+r_R$。为此，立方星 $n_{\Lambda}$ 相对目标的位置 $\boldsymbol{r}_{t\Lambda}$ 需要满足如下的条件：

$$\sqrt{\|\boldsymbol{r}_{t\Lambda}\|_2^2-(\boldsymbol{r}_{t\Lambda}^{\mathrm{T}}\boldsymbol{n}_{tz})^2}\geqslant r_t+r_R \tag{11-30}$$

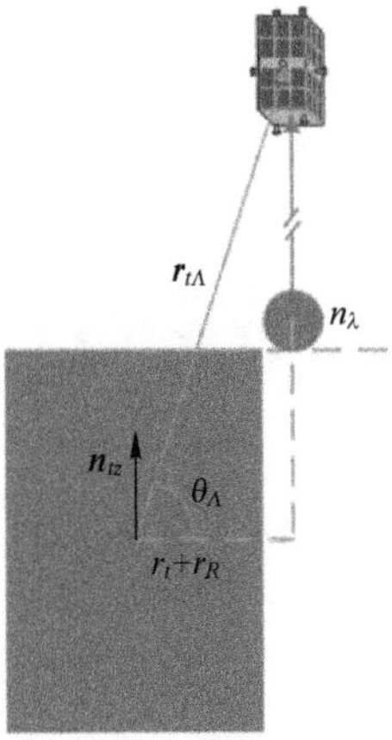


**图 11-11　绳网捕获目标条件示意图**

如图 11-12 所示，为了使得所捕获的目标能够被完全包裹在绳网内部，角 $\theta_{\lambda 1}$ 需要满足

$$\theta_{\lambda 1} \geqslant \arcsin\left(\frac{h_t+r_R}{\sqrt{2}L/2-r_t}\right)=\theta_{\lambda m} \tag{11-31}$$

式中：$L$ 为绳网边长。为此，矢量 $\boldsymbol{r}_{t\Lambda}$ 需要满足

$$\frac{\boldsymbol{r}_{t\Lambda}^{\mathrm{T}}\boldsymbol{n}_{tz}+h_t/2}{\sqrt{\|\boldsymbol{r}_{t\Lambda}\|_2^2-(\boldsymbol{r}_{t\Lambda}^{\mathrm{T}}\boldsymbol{n}_{tz})^2}-r_t} \geqslant \tan\theta_{\lambda m} \tag{11-32}$$

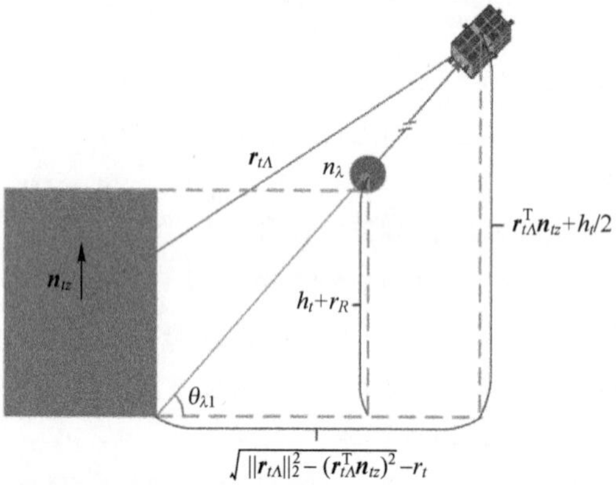


**图 11-12 目标包裹在绳网内部条件示意图**

根据上述分析，在绳网包裹住目标的过程中，可以为立方星 $n_\Lambda$ 设置合适的期望轨道位置，以使得式（11-30）与式（11-32）中的不等式成立。

为了便于进行目标的捕获，立方星期望姿态的确定可以考虑对目标进行观测的需求和立方星间通信的需求。任意一颗立方星 $n_\Lambda$ 的姿态可通过沿其本体坐标系 $\mathcal{F}_\Lambda$ 三轴 $x_\Lambda$、$y_\Lambda$、$z_\Lambda$ 的三个单位矢量 $\boldsymbol{e}_{\Lambda x}$、$\boldsymbol{e}_{\Lambda y}$、$\boldsymbol{e}_{\Lambda z}$ 确定。不失一般性，假设 $x_\Lambda$ 与 $y_\Lambda$ 轴分别为指向立方星观测相机与通信模块安装面的坐标轴。记进行目标观测的立方星为 $n_{\hat{\Lambda}}$，那么 $\boldsymbol{e}_{\hat{\Lambda}x}$ 的期望值可设置为 $\boldsymbol{e}_{\hat{\Lambda}tT}$，$\boldsymbol{e}_{\hat{\Lambda}tT}$ 为立方星 $n_{\hat{\Lambda}}$ 质心指向目标顶面中心的单位矢量，$y_{\hat{\Lambda}}$ 轴可设置为指向其他立方星，以便立方星 $n_{\hat{\Lambda}}$ 与其他立方星进行通信。

立方星 $n_{\hat{\Lambda}}$ 质心指向目标轴线的单位矢量可根据下式进行确定

$$\boldsymbol{e}_{\hat{\Lambda}tz}=\frac{-\boldsymbol{r}_{t\hat{\Lambda}}+(\boldsymbol{r}_{t\hat{\Lambda}}^{\mathrm{T}}\boldsymbol{n}_{tz})\boldsymbol{n}_{tz}}{\|-\boldsymbol{r}_{t\hat{\Lambda}}+(\boldsymbol{r}_{t\hat{\Lambda}}^{\mathrm{T}}\boldsymbol{n}_{tz})\boldsymbol{n}_{tz}\|_2} \tag{11-33}$$

立方星 $n_{\hat{\Lambda}}$ 三轴指向的标称值可设置为

$$\begin{cases}\boldsymbol{e}_{\hat{\Lambda}x}^d=\boldsymbol{e}_{\hat{\Lambda}tT}\\ \boldsymbol{e}_{\hat{\Lambda}z}^d=\boldsymbol{e}_{\hat{\Lambda}x}^d\times\boldsymbol{e}_{\hat{\Lambda}tz}\\ \boldsymbol{e}_{\hat{\Lambda}y}^d=\boldsymbol{e}_{\hat{\Lambda}z}^d\times\boldsymbol{e}_{\hat{\Lambda}x}^d\end{cases} \tag{11-34}$$

对于其他三颗立方星 $n_{\hat{\Lambda}'}$，令 $\boldsymbol{e}_{\hat{\Lambda}'\hat{\Lambda}}$ 表示立方星为 $n_{\hat{\Lambda}'}$，通信模块指向立方星 $n_{\hat{\Lambda}}$ 通信模块的单位矢量。为便于立方星 $n_{\hat{\Lambda}'}$ 与 $n_{\hat{\Lambda}}$ 进行通信，$\boldsymbol{e}_{\hat{\Lambda}'y}$ 的标称值可设置为 $\boldsymbol{e}_{\hat{\Lambda}'\hat{\Lambda}}$，同时，$\boldsymbol{e}_{\hat{\Lambda}'x}$ 近似指向系绳的方向，据此，立方星 $n_{\hat{\Lambda}'}$ 三轴指向的标称值可设置为

$$\begin{cases} \boldsymbol{e}_{\hat{\Lambda}'y}^{d} = \boldsymbol{e}_{\hat{\Lambda}'\hat{\Lambda}} \\ \boldsymbol{e}_{\hat{\Lambda}'z}^{d} = \boldsymbol{e}_{\hat{\Lambda}'\hat{\Lambda}'} \times \boldsymbol{e}_{\hat{\Lambda}'y}^{d} \\ \boldsymbol{e}_{\hat{\Lambda}'x}^{d} = \boldsymbol{e}_{\hat{\Lambda}'y}^{d} \times \boldsymbol{e}_{\hat{\Lambda}'z}^{d} \end{cases} \tag{11-35}$$

根据式（11-34）与式（11-35），可得立方星标称姿态旋转矩阵如下：

$$\begin{cases} \boldsymbol{R}_{\hat{\Lambda}}^{d} = [\boldsymbol{e}_{\hat{\Lambda}x}^{d}, \boldsymbol{e}_{\hat{\Lambda}y}^{d}, \boldsymbol{e}_{\hat{\Lambda}z}^{d}]^{\mathrm{T}} \\ \boldsymbol{R}_{\hat{\Lambda}'}^{d} = [\boldsymbol{e}_{\hat{\Lambda}'x}^{d}, \boldsymbol{e}_{\hat{\Lambda}'y}^{d}, \boldsymbol{e}_{\hat{\Lambda}'z}^{d}]^{\mathrm{T}} \end{cases} \tag{11-36}$$

根据式（11-36），即可通过姿态 MRP 与旋转矩阵之间的转换关系式来计算立方星姿态 MRP 的标称值。

### 11.5.3 仿真验证

本小节通过数值仿真验证立方星采用所设计的收线律与控制律，控制绳网进行目标捕获的有效性。立方星的质量与转动惯量分别为 $m_{\Lambda} = 20\text{kg}$ 与 $\boldsymbol{J}_{\Lambda} = [15, 10, 10]\,\text{kg}\cdot\text{m}^2$。

捕获目标的过程中，绳网顶角相对目标的速度在 $\boldsymbol{n}_{tz}$ 上的期望值设为 $v_d = 0.5\text{m/s}$。首先，假设绳网中心在参考轨道坐标系中的初始位置为 $\boldsymbol{r}_{nc} = [2.6;0;0]\,\text{m}$，即目标被包裹在绳网中央。图 11-13 给出了绳网捕获目标的仿真图，随着立方星根据式（11-20）中的收线律不断收回系绳，绳网逐渐实现了对目标的包裹与捕获。

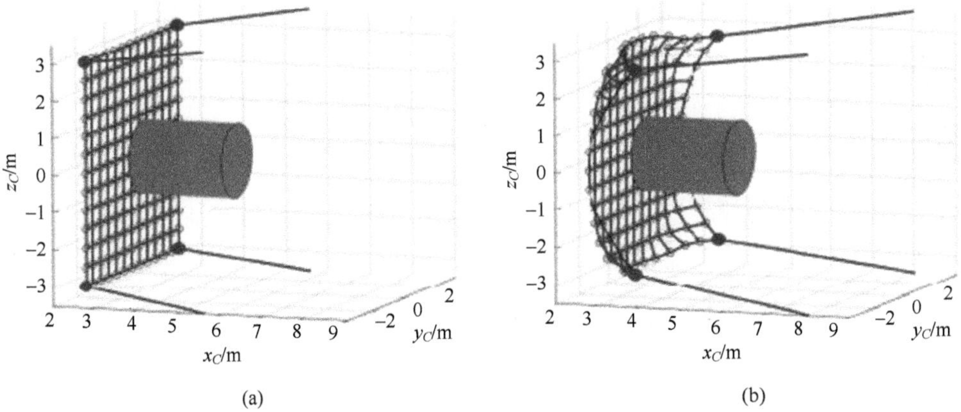

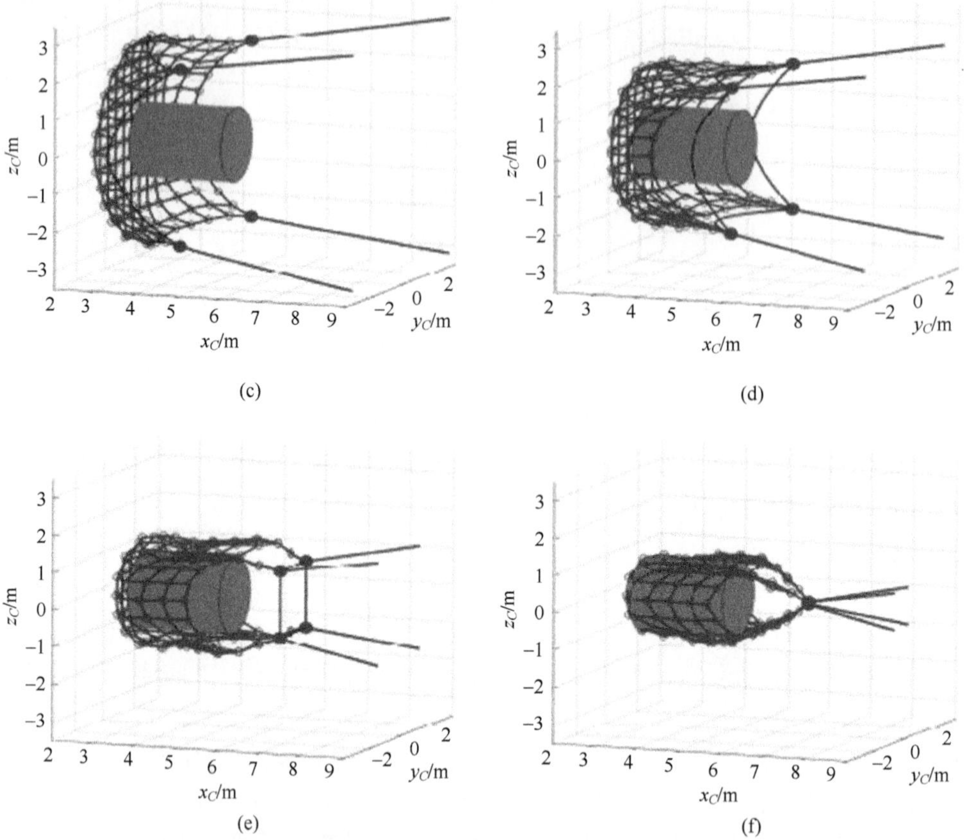


**图 11-13 绳网捕获目标仿真图（无偏置）**

（a）$t=0$s；（b）$t=2$s；（c）$t=4$s；（d）$t=6$s；（e）$t=8$s；（f）$t=8.88$s。

为了展示捕获目标过程中立方星的状态，图 11-14 给出了立方星 $n_A$ 的轨道位置与速度随时间变化的曲线，图 11-15 给出了立方星 $n_A$ 的姿态 MRP 与角速度随时间变化的曲线，图 11-16 给出了立方星 $n_A$ 轨道位置误差与姿态 MRP 误差随时间变化的曲线。可以看出，11.5.2 节所设计的控制律能够使得立方星的轨道位置与姿态 MRP 保持在期望值附近，同时将其轨道与姿态角速度稳定至很小的值，从而实现目标捕获过程中立方星姿轨状态的稳定，进而实现整体系统状态的稳定。绳网捕获目标的过程中，立方星 $n_A$ 的控制力与控制力矩随时间变化的曲线分别如图 11-17 与图 11-18 所示。

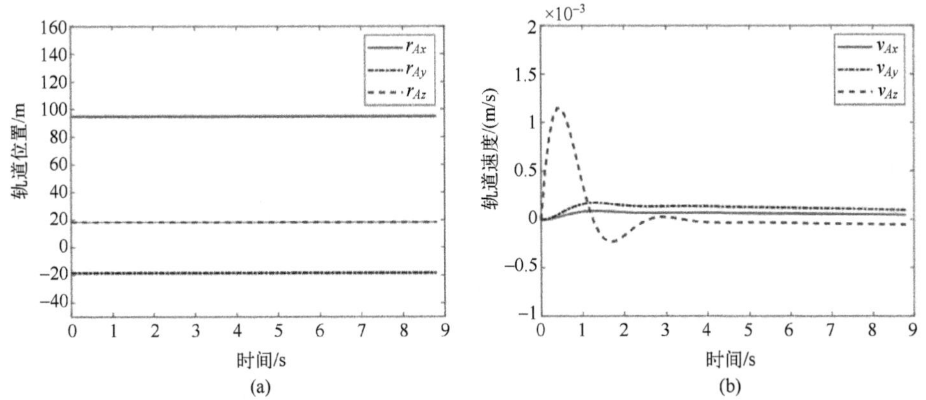


**图 11-14　立方星 $n_A$ 轨道位置与速度随时间变化曲线**

（a）轨道位置；（b）轨道速度。

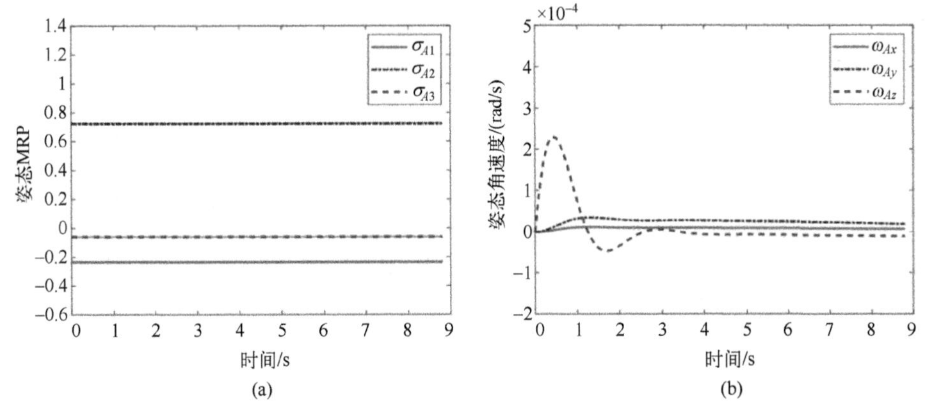


**图 11-15　立方星 $n_A$ 姿态 MRP 与角速度随时间变化曲线**

（a）姿态 MRP；（b）姿态角速度。

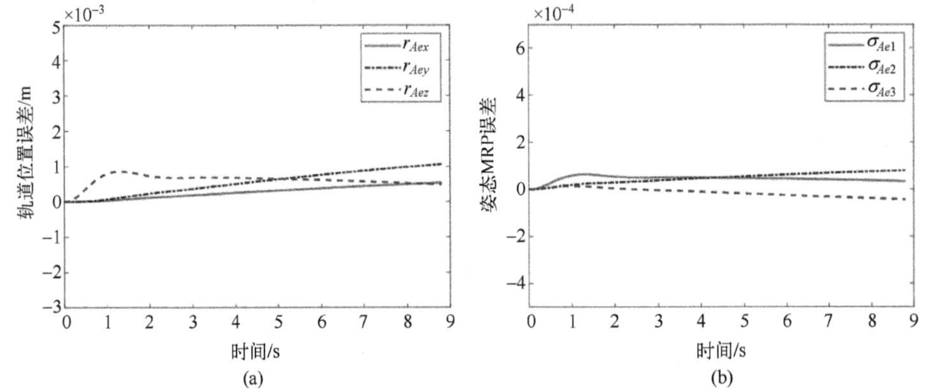


**图 11-16　立方星 $n_A$ 轨道位置误差与姿态 MRP 误差随时间变化曲线**

（a）轨道位置误差；（b）姿态 MRP 误差。

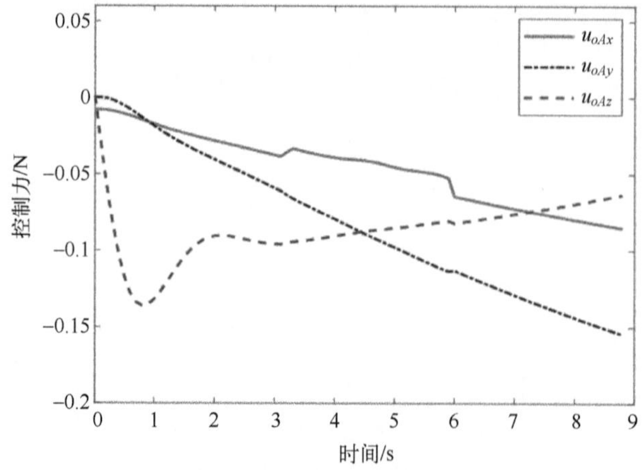


**图 11-17 立方星 $n_A$ 控制力随时间变化曲线**

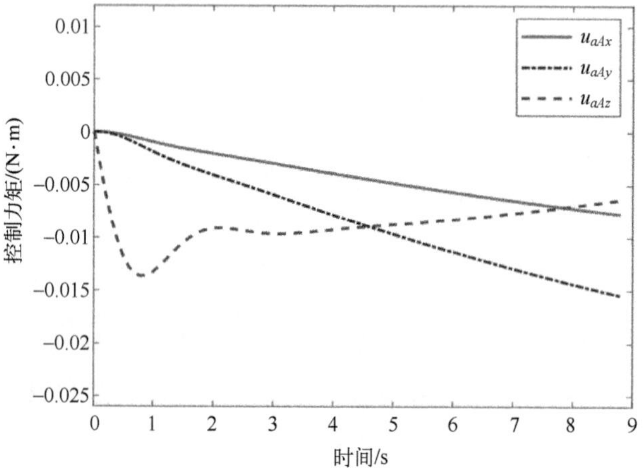


**图 11-18 立方星 $n_A$ 控制力矩随时间变化曲线**

考虑到在实际应用中，很难严格地将目标包裹在绳网的中心，接下来对目标轴线不经过绳网中心的情况进行仿真。该组仿真中，绳网在参考坐标系中的初始位置为 $\boldsymbol{r}_{nc}=[2.6000;-0.3536;-0.3536]^{\mathrm{T}}$m，此时绳网中心偏离目标轴线 0.5m。

图 11-19 给出了绳网捕获目标的仿真图，图 11-20 给出了捕获过程沿 $y_C$ 轴方向的视角。可以看出，当绳网中心偏离目标轴线时，所设计的收线律与姿轨协同控制律仍然能够使得立方星控制绳网实现对目标的包裹与捕获。

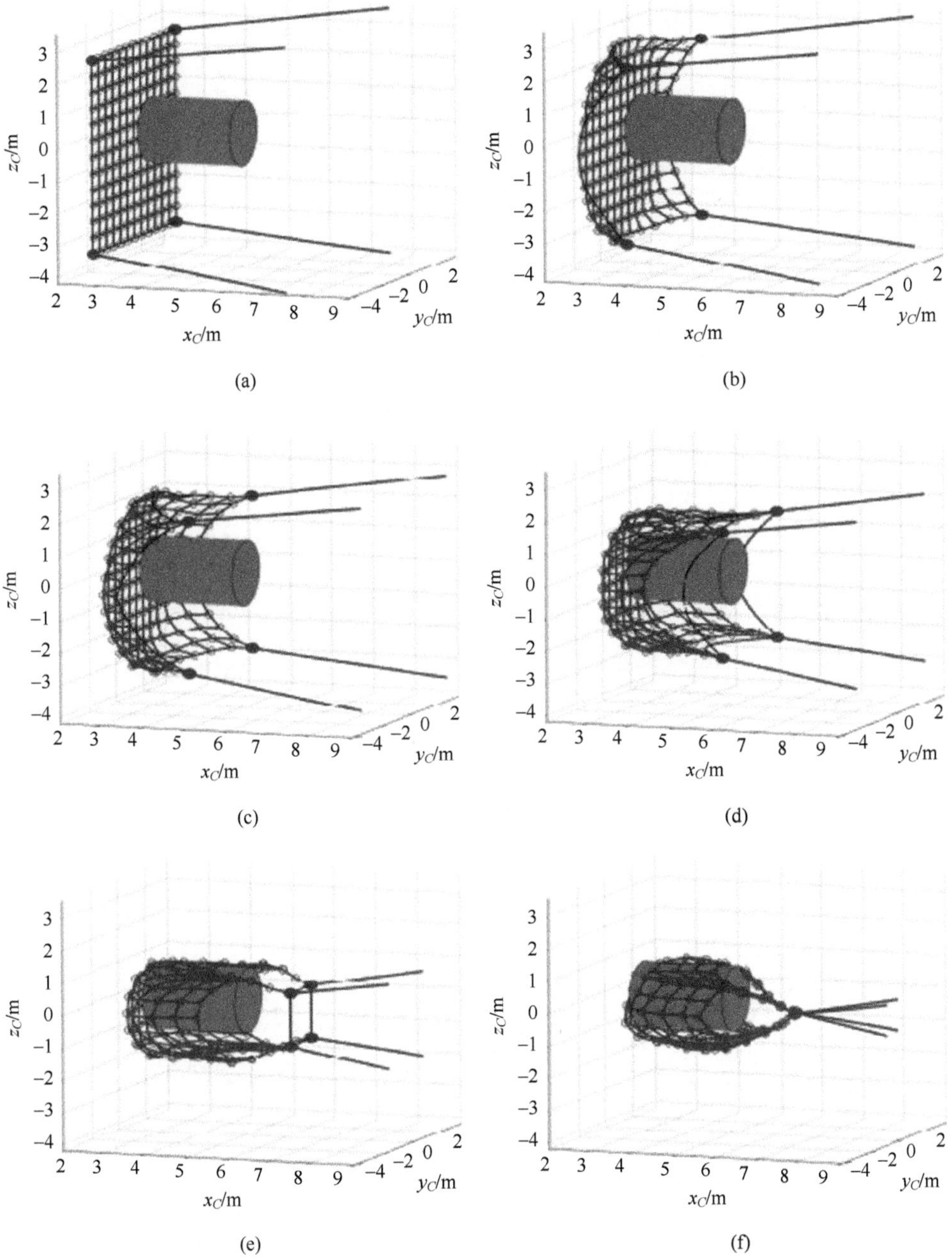


**图 11-19　绳网捕获目标仿真图（有偏置）**

（a）$t=0$s；（b）$t=2$s；（c）$t=4$s；（d）$t=6$s；（e）$t=8$s；（f）$t=8.78$s。

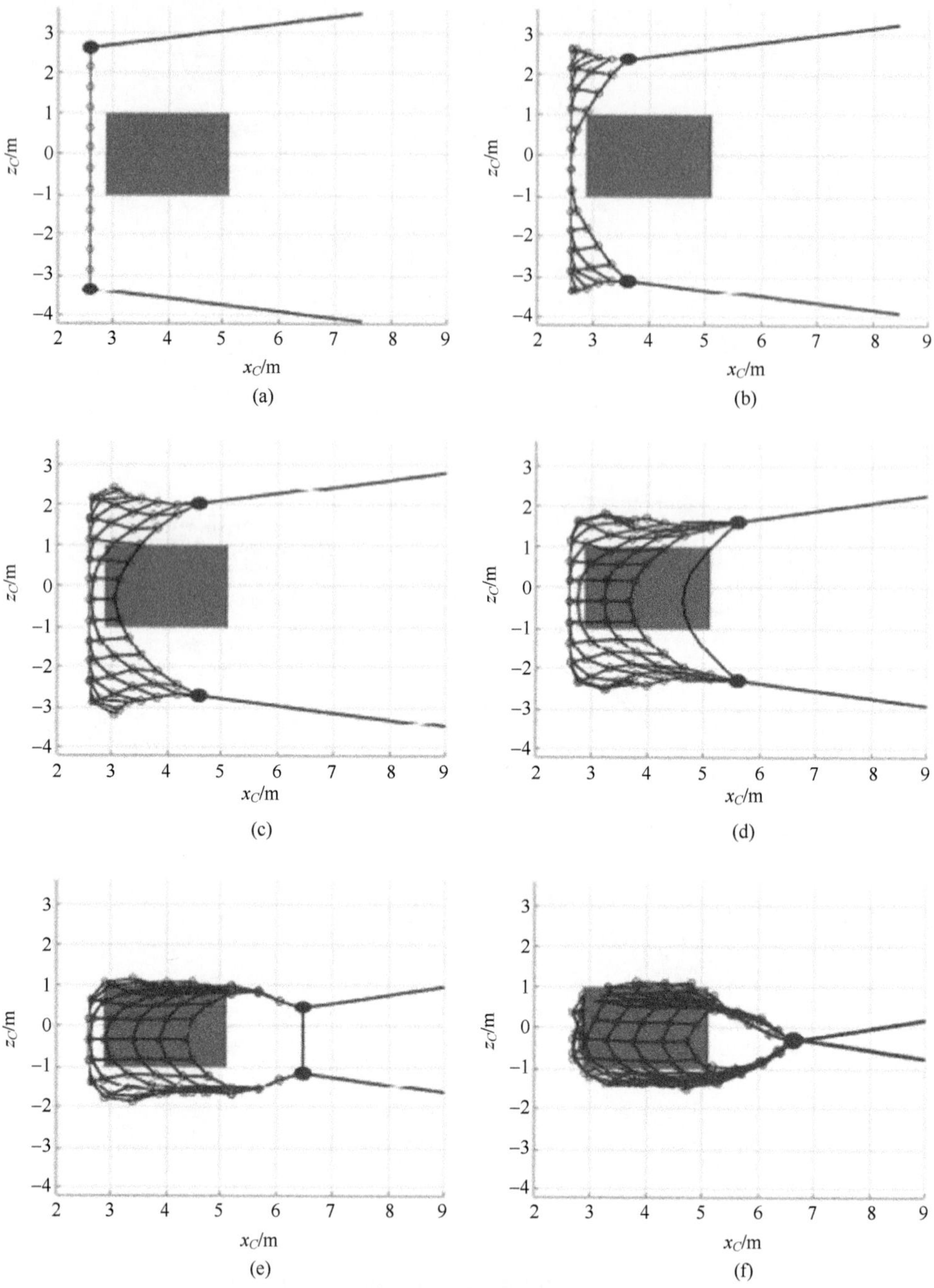


**图 11-20 绳网捕获目标仿真图（有偏置，沿 $y_C$ 轴视角）**

（a）$t$=0s；（b）$t$=2s；（c）$t$=4s；（d）$t$=6s；（e）$t$=8s；（f）$t$=8.78s。

## 11.6 小结

本章面向空间目标协同网捕任务需求，进行了立方星捕获系统接近目标、捕获目标过程中的协同控制方法的研究。主要研究工作和结果有：

（1）针对立方星绳网系统协同捕获目标的任务，提出了一种新的对数势函数来表征该系统的安全构型约束，将其作为一种障碍函数加入到牵引绳网的立方星的目标函数中，能够有效避免立方星之间发生碰撞或者给绳网带来过大拉力。在控制策略求解上，采用了一种各立方星依次决策的分布式预测博弈控制方法，能够很好地处理各立方星之间耦合的状态约束。

（2）针对立方星捕获目标过程的协同控制问题，建立了绳网顶角相对于目标的运动方程，并基于此设计了系绳收线律，使得立方星可通过调整系绳长度的方式实现对绳网位置的控制，从而实现对目标的捕获。同时，设计了绳网捕获目标过程中，各立方星的姿轨稳定控制律，使得立方星能够在整个捕获过程中进行其姿轨状态的保持与稳定，从而保持住捕获系统整体状态的稳定。

## 参考文献

[1] XU W, PENG J, LIANG B, et al. Hybrid modeling and analysis method for dynamic coupling of space robots [J]. IEEE Transactions on Aerospace and Electronic Systems, 2016, 52 (1): 85-98.

[2] BENVENUTO R, SALVI S, LAVAGNA M. Dynamics analysis and GNC design of flexible systems for space debris active removal [J]. Acta Astronautica, 2015, 110: 247-265.

[3] BOTTA E M, SHARF I, MISRA A K. Contact dynamics modeling and simulation of tether nets for space-debris capture [J]. Journal of Guidance, Control, and Dynamics, 2017, 40 (1): 110-123.

[4] ZHAO Y, HUANG P, ZHANG F. Capture dynamics and net closing control for tethered space net robot [J]. Journal of Guidance, Control, and Dynamics, 2019, 42 (1): 199-208.

[5] DORF R C, BISHOP R H, Modern control systems [M]. London: Pearson, 2011.

[6] ZONG L, LUO J, WANG M, et al. Parameters concurrent learning and reactionless control in post-capture of unknown targets by space manipulators [J]. Nonlinear Dynamics, 2019, 96: 443-457.

# 内容简介

本书面向空间安全维护和在轨服务任务对航天器智能自主协作的需求，以多航天器协同操控与协同作业的博弈问题建模、博弈决策与控制问题的求解为主线，从博弈与控制交叉融合的角度研究了典型航天器协同操控和协同作业任务的规划与控制问题。本书主要内容包括航天器相对运动动力学与博弈控制基础、航天器轨道追逃和威胁规避的博弈决策与控制、航天器协同观测的构型规划与博弈控制、失效航天器姿态协同接管和协同运输的博弈规划与控制、航天器协同在轨组装的博弈规划与控制、航天器协同网捕空间碎片的博弈控制等。

本书是航天器协作规划与控制领域的一本学术专著，适合于航空宇航科学与技术、控制理论与工程领域的科学研究和工程技术人员阅读和参考，也可作为高等院校相关专业研究生的教学参考书。

This book is oriented to the needs of intelligent and autonomous cooperative operations of spacecraft for space security maintenance and in-orbit servicing missions. It focuses on issues of game problem modeling, decision-making, and control problem solving of multi-spacecraft cooperative control and cooperative operations. The planning and control problems of typical spacecraft cooperative operations and collaborative missions are studied from the perspective of intersection of game theory and control. The main contents include the fundamentals of spacecraft relative dynamics and game control, decision-making and control of spacecraft orbit pursuit-evasion and threat avoidance, configuration planning and game control of spacecraft cooperative observation, game planning and control of failed spacecraft attitude takeover and transportation tasks, game planning and control of in-orbit assembly missions, as well as the game control of spacecraft cooperative capturing space debris with tethered net.

This book is an academic monograph about planning and control for spacecraft cooperative operations. It can be served as a reference book for research and engineering professionals in the fields of aerospace science and technology, control theory and engineering. It can also be used as teaching material for postgraduates at related majors in higher education institutions.